# 職場決勝關鍵 EXCEL 商業資料分析

正確分析+用對圖表，
你的報告更有說服力！

# 本書的使用方法

## 各節的第 1 頁

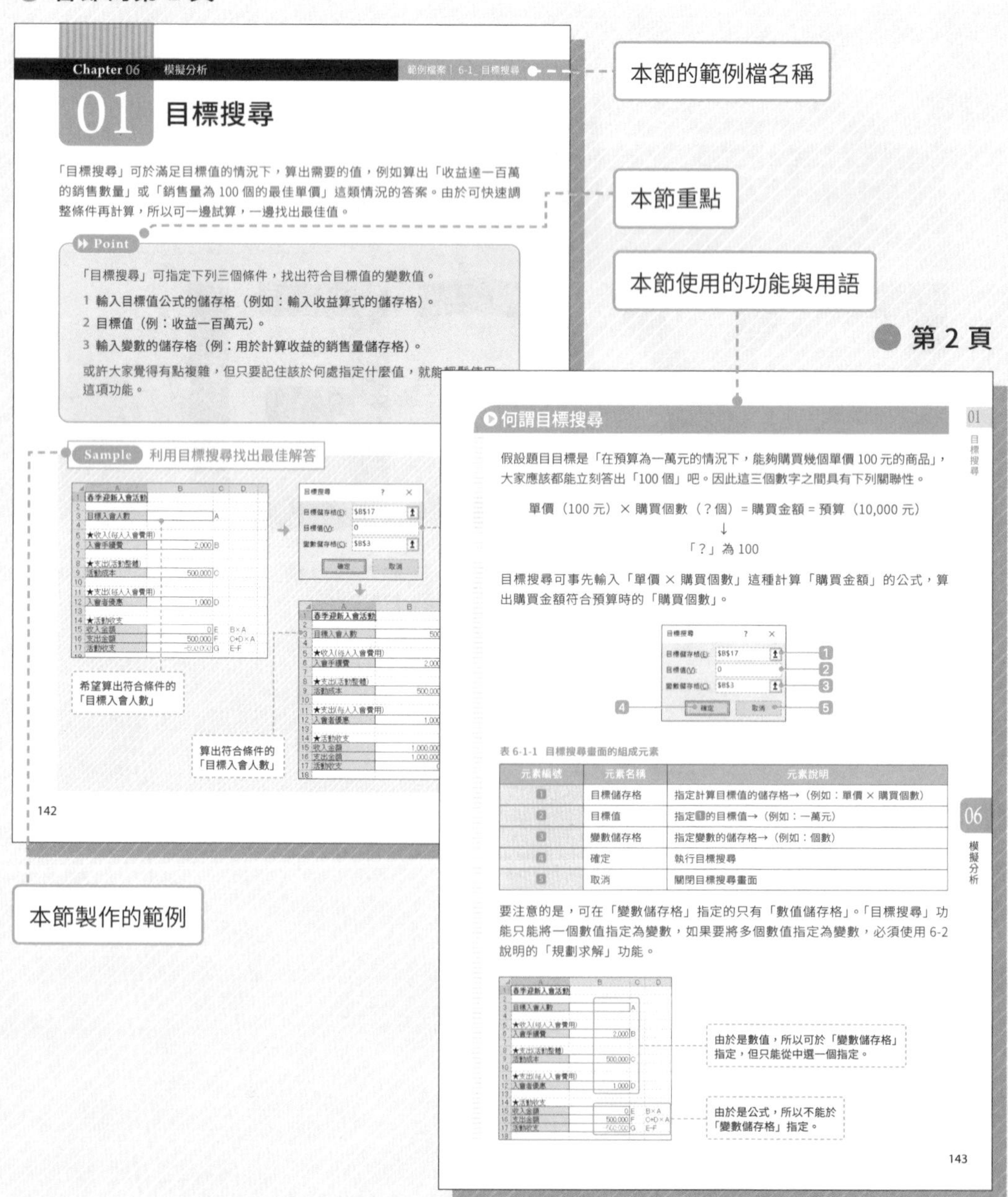

- 本書透過範例解說 Excel 商業資料分析的方法。
- 每一節的解說內容都是一個獨立單元。
- 請參考目錄與索引查詢內容。
- 只要照著步驟操作，就能學會 Excel 的資料分析。

若有需要會加上旁注，或是在每一節的最後附加下列四種說明。

 補充說明　 其他版本

 注意事項　 專欄

## 第三頁之後

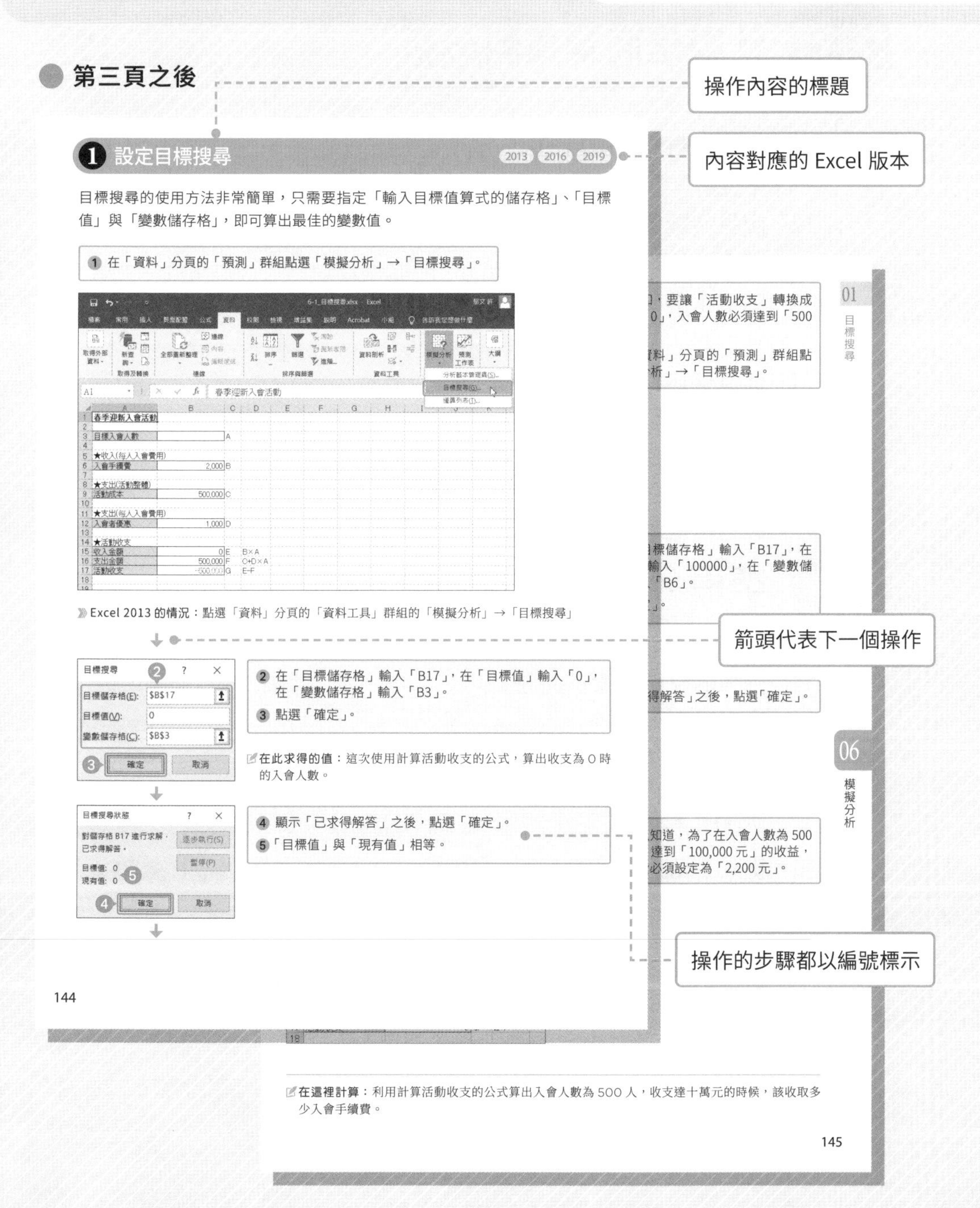

# 目錄

## Chapter 04 樞紐分析表 87



## Chapter 05 圖表 109

# Chapter 07 製作新商品企劃書 163

Chapter
10

# 下載範例檔

本書使用的範例檔均可從下列的網址下載。下載的檔案為壓縮檔，請解壓縮之後再使用。

http://books.gotop.com.tw/download/ACI032700

## 1 下載範例檔

1 啟動 Microsoft Edge。

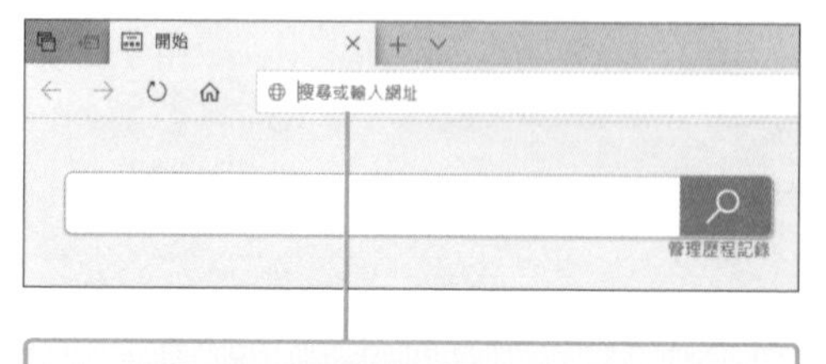


2 點選「搜尋或輸入網址」的部分，輸入上述的網站再按下 Enter 鍵。

3 頁面開啟後，點選「範例下載」下方的超連結。

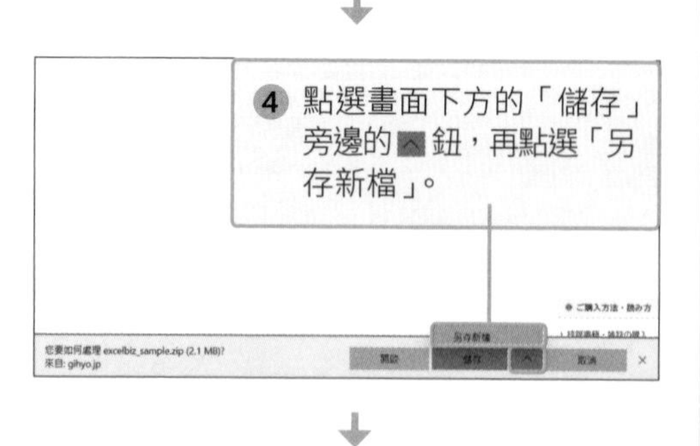

4 點選畫面下方的「儲存」旁邊的 ^ 鈕，再點選「另存新檔」。

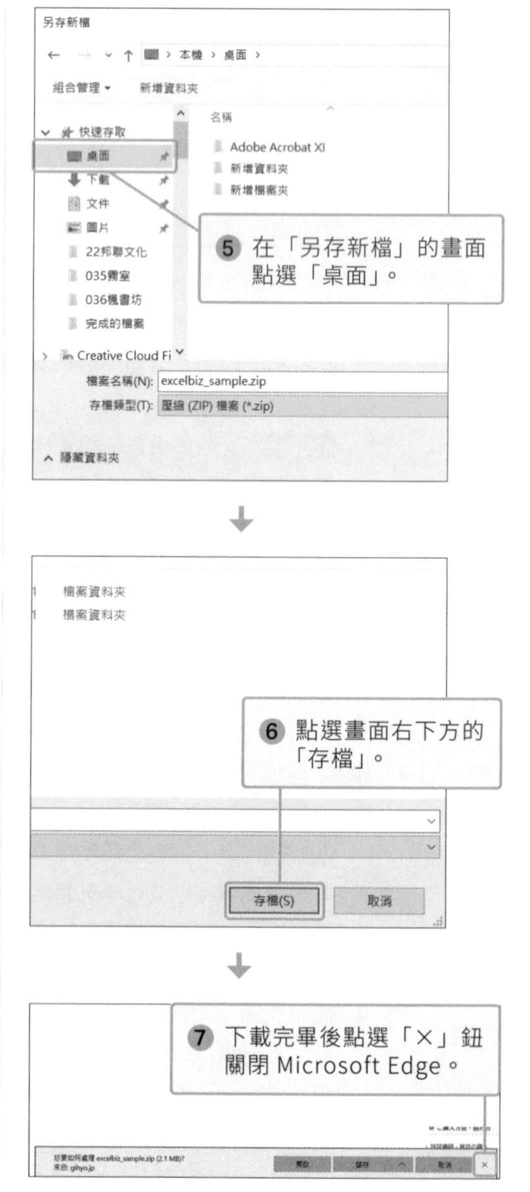


5 在「另存新檔」的畫面點選「桌面」。

6 點選畫面右下方的「存檔」。

7 下載完畢後點選「×」鈕關閉 Microsoft Edge。

## ❷ 解開範例的壓縮檔

❶ 以滑鼠右鍵點選桌面的範例檔（excelbiz_sample.zip）。

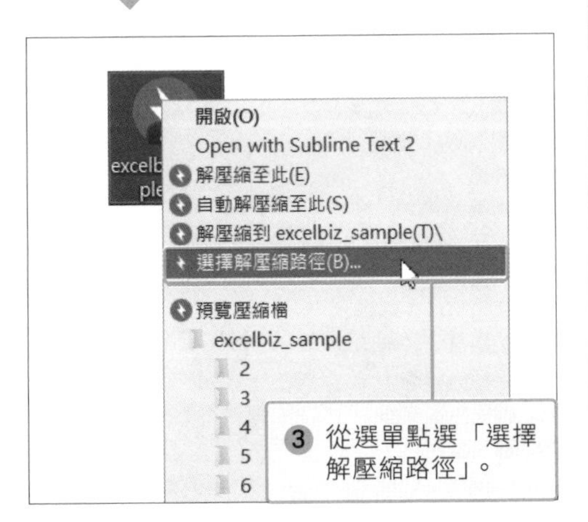


❸ 從選單點選「選擇解壓縮路徑」。

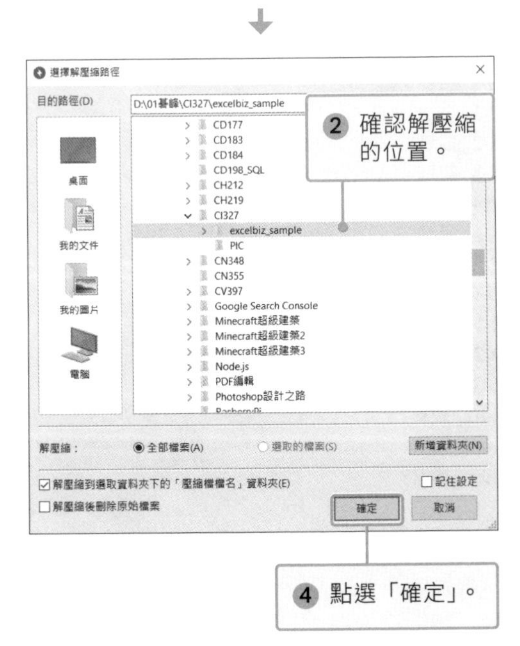


❷ 確認解壓縮的位置。

❹ 點選「確定」。

❺ 檔案解壓縮之後，會是一個資料夾。請雙點「excelbiz_sample」。

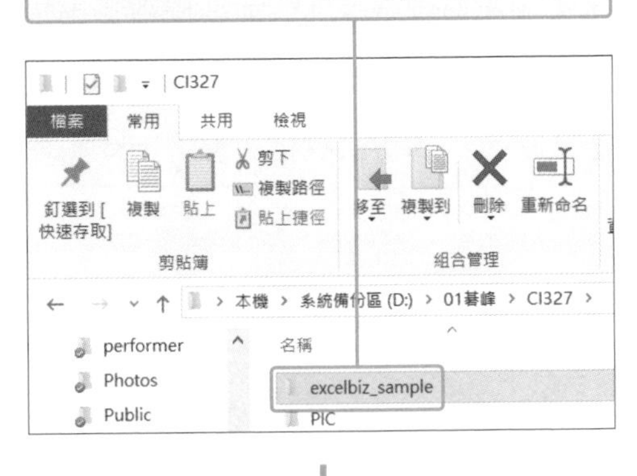


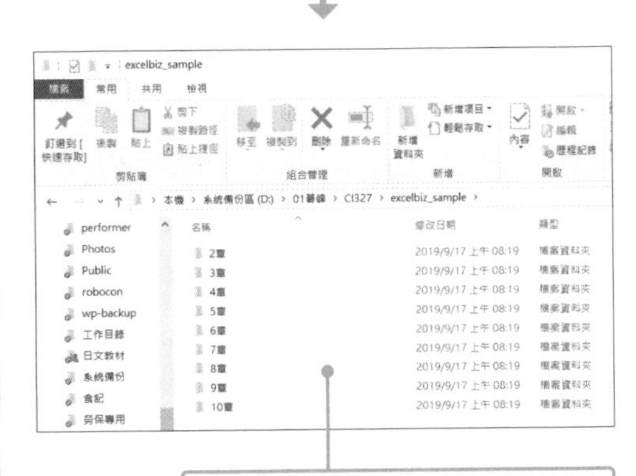


❻ 可看到各章範例檔的資料夾（參考下一頁）。

**如果無法順利解壓縮怎麼辦？**

如果您安裝的是其他種類的解壓縮軟體，有可能無法依照上述的步驟解壓縮，建議您依照手邊的軟體的解壓縮方法試著解壓縮檔案。

## 3 範例檔的資料夾結構

範例檔的資料夾與檔案的結構如下。

本書的範例檔分成操作前與操作後兩種。為了方便區分，操作後的檔案都會在檔案名稱結尾處加上「_ 完成」。

第 7 章之後的資料夾也收錄於內文製作的簡報檔案。

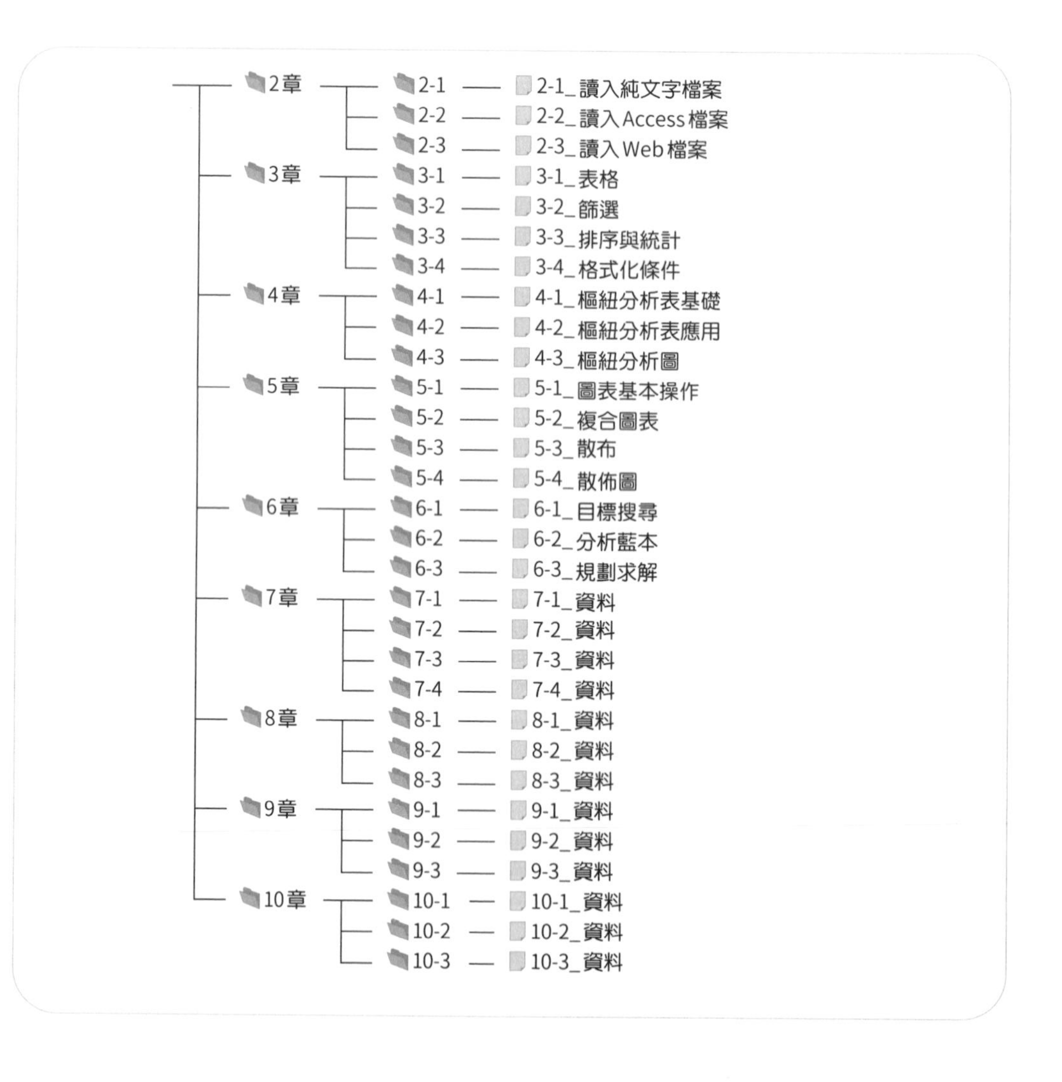

Chapter 01

# 什麼是商業資料分析

商業資料分析的目的在於製作富有說服力的簡報資料，並非學習資料分析或是 Excel 的操作技巧，所以本書會於各章依照實務的種類解說各種有效的分析手法。本章將說明本書的構造與各章的概要，讓各位了解如何快速找到「可立刻派上用場的」的知識。

# 01 商業資料分析的目的

商業資料分析的目的在於製作充滿說服力的簡報，而不是學會資料分析，更不是學習操作方法。本書是以第一線工作人員可立刻於職場應用的目的編寫。

**Point**

假設商品企劃、業務企劃、採購、經營企劃這些第一線工作人員都必須製作新商品企劃書、促銷提案書、訂購計畫書、業績報告表這類簡報。

可依下列步驟進行資料分析：

1 學會資料分析所需的基本 Excel 操作。

2 學習簡報所需的資料分析手法。

3 了解如何製作充滿說服力的簡報。

學會上述三項，才算完全學會商業資料分析的知識。

**Sample** 充滿說服力的簡報範例

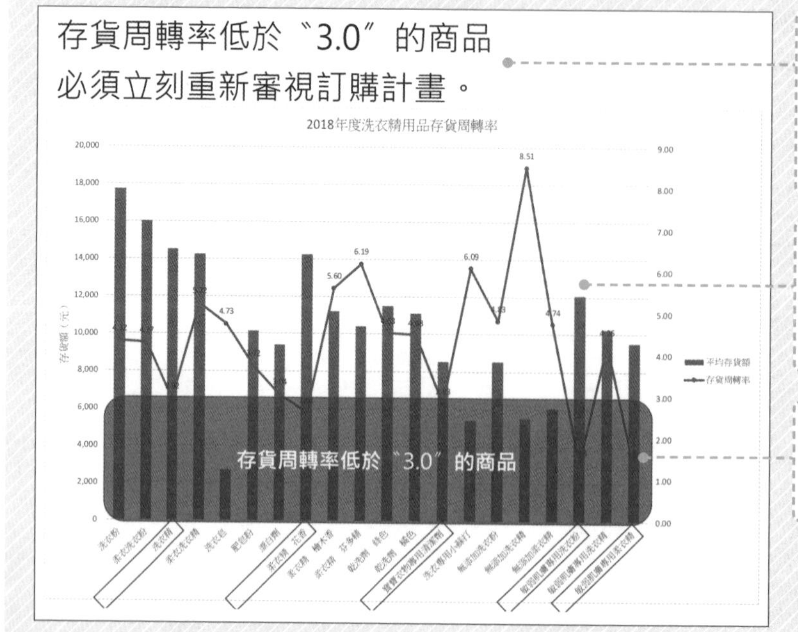


此處標題文字說明訂購計畫的重新審查與選擇目標商品的理由

以存貨周轉率與平均存貨額的數據組成的圖表

強調目標基準與目標商品的圖案

## 本書架構

為了學會資料分析所需的 Excel 基本操作，從 Chapter02 到 Chapter06 將會非常完整仔細地透過每個步驟說明 Excel 的主要資料分析功能。

各章架構請見下圖。

**第 2 章 準備分析所需的資料**

說明如何在 Excel 匯入純文字檔、Access 檔案、HTML 檔案，作為商業資料分析所需的原始資料使用。

**第 3 章 活用表格**

介紹能快速編輯資料與變更格式的表格功能。

**第 4 章 樞紐分析表**

從不同角度整理計算資料的樞紐分析表功能。

**第 5 章 圖表**

針對能在簡報發揮絕佳效果的圖表功能，說明基本操作與難度較高的複合圖表、散佈圖、泡泡圖的製作方法。

**第 6 章 模擬功能**

針對商業資料分析常用的目標搜尋、規劃求解、分析藍本 Excel 模擬功能。

為了學會簡報所需的資料分析手法與製作充滿說服力的簡報的方法，從 Chapter07 到 Chapter10，將以第一線工作人員製作的經典簡報為例題，說明這些簡報使用的資料分析手法。

各章架構如下圖。

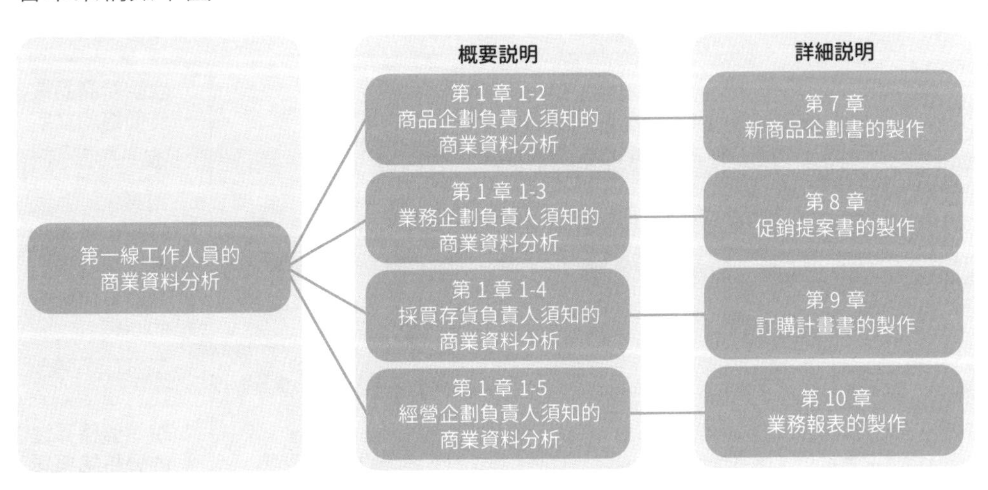


Chapter01 的 02 到 05 將分別依照第一線工作人員的職責介紹本書的內容概要。讀者亦可依需求，直接翻閱至特定章節閱讀。

# 02 商品企劃負責人須知的商業資料分析

商品企劃負責人常製作的簡報少不了新商品企劃書。製作新商品企劃書所需的資料分析手法包含 PPM（Product Portfolio Management）、雷達表、價格彈性、迴歸分析以及其他手法，本書將在 Chapter07 進一步介紹這些資料分析方法與簡報的製作方法。

**Point**

假設飲料製造商的商品企劃負責人要製作新商品企劃書。可依下列步驟進行資料分析：

1 透過 PPM 分析找出可放入企劃的商品。
2 透過雷達圖分析掌握使用者需求。
3 利用價格彈性分析確定最佳價格。
4 透過迴歸分析設定初期生產量。

將這些資料分析結果整理成精彩的簡報，就能做出極具說服力的新商品企劃書。

**Sample** 新商品企劃書的投影片範例

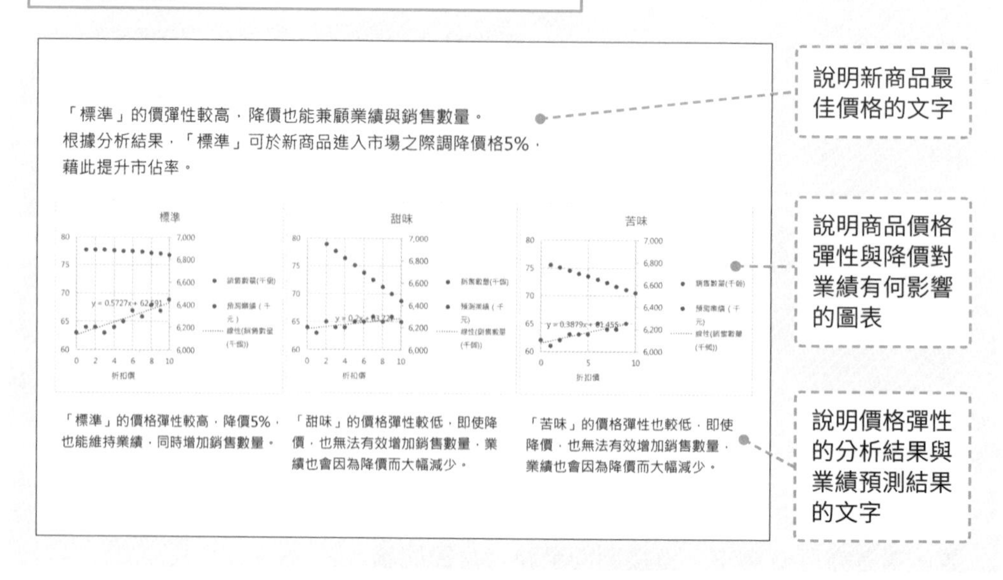

# ▶新商品企劃書的架構與內容

新商品企劃書是由下列四張投影片組成：

1. **企劃商品選擇理由的投影片**
2. **新商品改良重點的投影片**
3. **新商品最佳價格的投影片**
4. **新商品分期生產量的投影片**

## 1 企劃商品選擇理由的投影片

在1的投影片必須提出最該優先宣傳的商品。

此時可用的分析手法為 PPM（product portfolio management）。因此在這裡使用 PPM 分析結果圖表製作說明企劃商品選擇理由的投影片。完成的投影片如下圖。

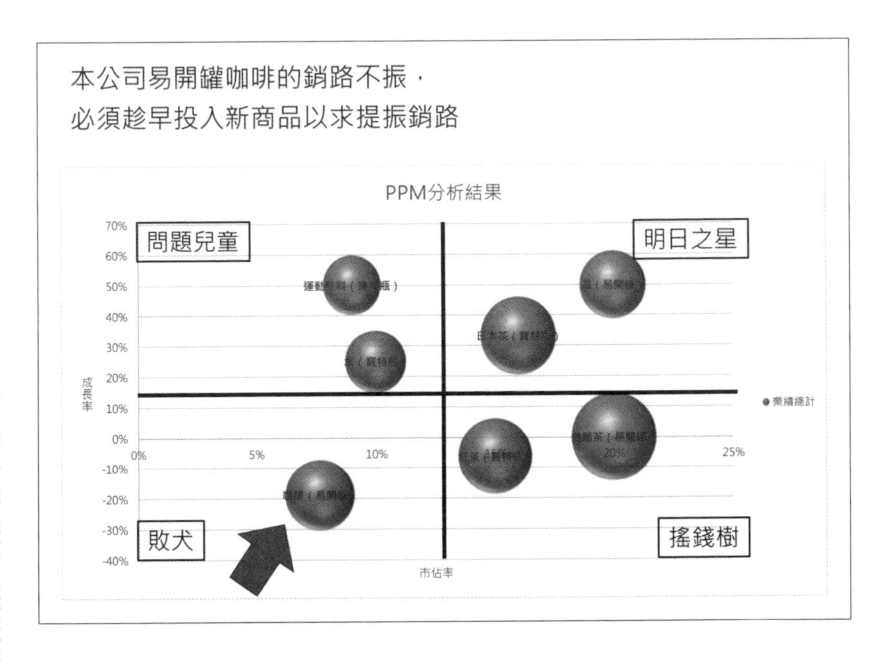

## 2 新商品改良重點的投影片

根據使用者問卷調查掌握使用者需求，找出新產品應該改良的部分。

問卷調查的資料分析使用了雷達表，說明新商品改良重點的投影片就是利用雷達表分析結果製作。完成的投影片如下圖。

根據顧客滿意度問卷調查可知、本次新商品該改良的項目共有下列三項。

①改善設計（三項商品都需改善）

②調整味道（甜味）

③變更廣告（苦味）

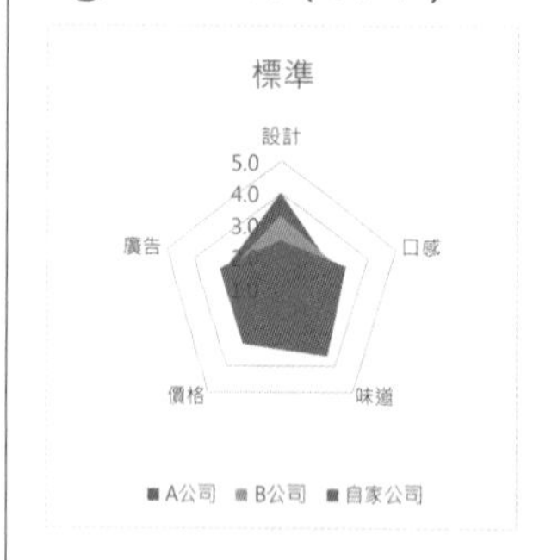


「標準」的「設計」滿意度較其他公司的產品來得低。

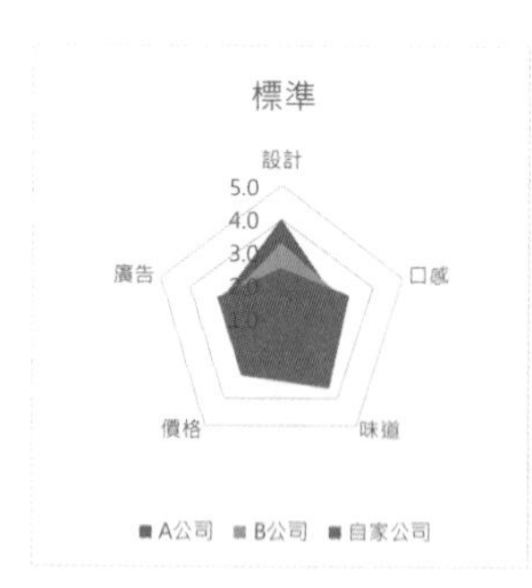


「甜味」的「設計」與「味道」滿意度較其他公司的產品來得低。

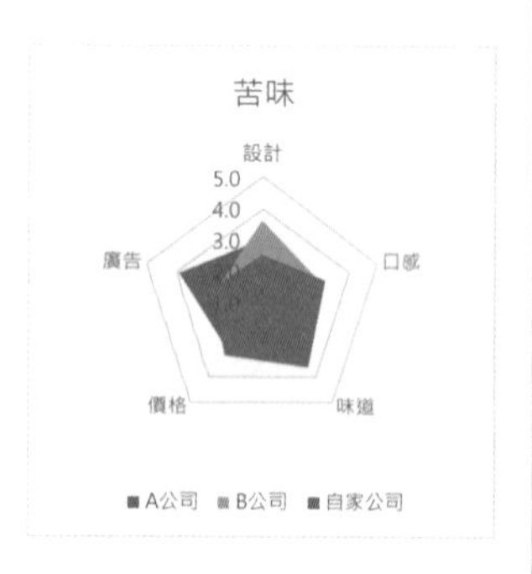


「苦味」的「設計」與「廣告」滿意度較其他公司的產品來得低。

## 3 新商品最佳價格的投影片

若要擴大新商品的市佔率，設定較以前為低的價格是有效的手段。用來分析價格調整是否對銷售數量造成影響的手法是價格彈性，因此利用價格彈性的分析結果製作說明新商品最佳價格的投影片。完成的投影片如下頁圖。

「標準」的價彈性較高，降價也能兼顧業績與銷售數量。
根據分析結果，「標準」可於新商品進入市場之際調降價格5%，
藉此提升市佔率。

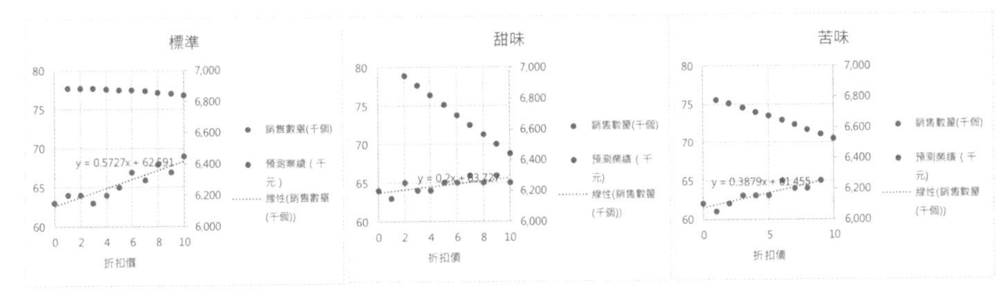


「標準」的價格彈性較高，降價5%，也能維持業績，同時增加銷售數量。

「甜味」的價格彈性較低，即使降價，也無法有效增加銷售數量，業績也會因為降價而大幅減少。

「苦味」的價格彈性也較低，即使降價，也無法有效增加銷售數量，業績也會因為降價而大幅減少。

## 4 新商品分期生產量的投影片

根據新商品初期銷售數量的預測設定適當的初期生產量。這類銷售數量的預測常用迴歸分析進行。因此本書也利用迴歸分析的結果製作說明新商品初期生產量的投影片。完成的投影片如下圖。

從結果可知，明年應該是暖冬，所以「甜味」咖啡的「1～3月」銷售數量可能會減少，但「苦味」咖啡應該會增加。從分析結果可知，「甜味」咖啡的初期生產量應較前一年少5%，「苦味」咖啡則應較前一年增加5%。

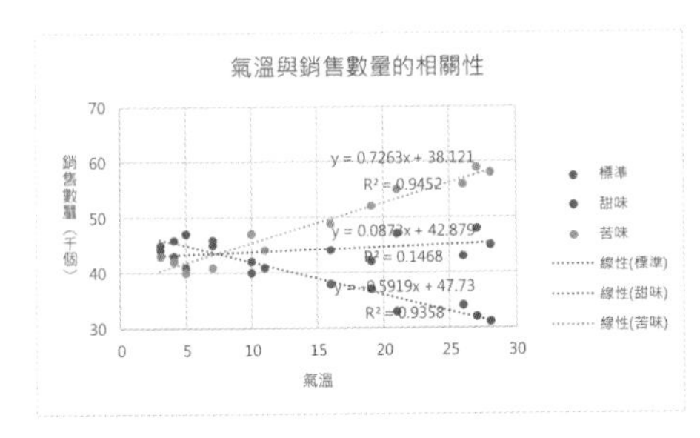


根據迴歸分析結果可知，「標準」咖啡的銷售數量與氣溫之間幾乎不具相關性，但是「甜味」與「苦味」則具有顯著的相關性。

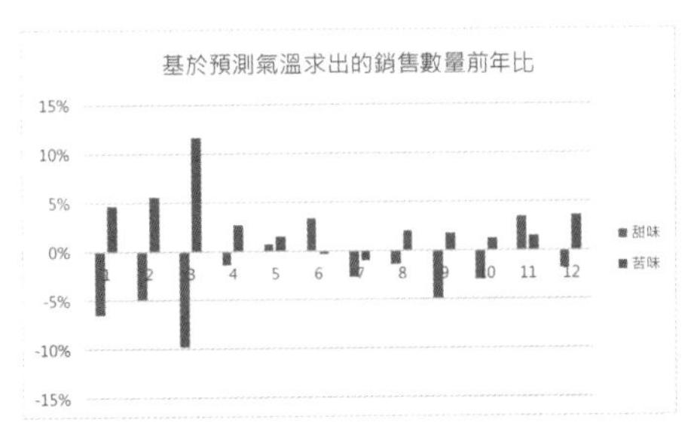


由於明年應該會是暖冬，所以「甜味」咖啡在1～3月的銷售數量會比去年減少5～10%，「苦味」咖啡則應增加5～10%。

# 03 業務企劃負責人須知的商業資料分析

業務企劃負責人常作的簡報為促銷提案書。在此使用的資料分析手法包含 Z 形圖、扇形圖、ABC 分析。這些資料分析方法與簡報製作方法將於 Chapter08 詳細說明。

**Point**

假設戶外用品製造商的業務企劃負責人要製作促銷提案書。可依照下列步驟進行資料分析：

1 利用 Z 形圖分析各部門業績傾向。

2 利用扇形圖找出成長率較高的商品。

3 利用 ABC 分析鎖定適合實施促銷的門市。

若能根據這些資料分析的結果製作精彩的簡報，就能作出極具說服力的促銷提案書。

**Sample** 促銷提案書的投影片範例

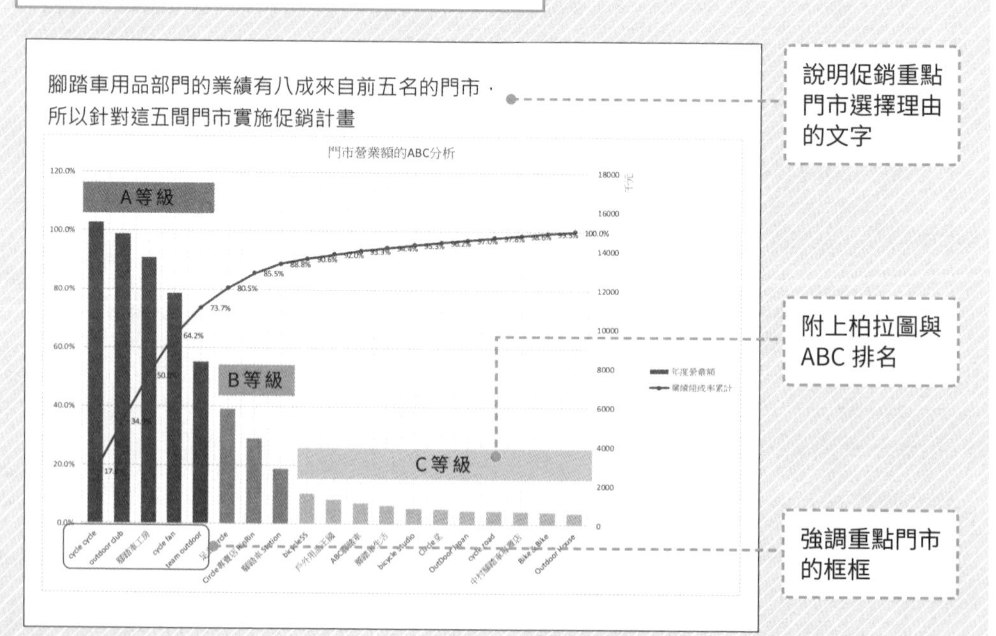

## 促銷提案書的架構與內容

促銷提案書由下列三張投影片組成：

1 說明選擇促銷目標部門理由的投影片

2 說明選擇促銷商品理由的投影片

3 說明選擇促銷重點門市理由的投影片

### 1 說明選擇促銷目標部門理由的投影片

由於希望這次的促銷能展現具體效果，有必要在1的投影片正確掌握現況，確認是否要進行促銷活動。

首先使用 Z 形圖呈現各部門業績銷售趨勢，接著利用 Z 形圖製作說明選擇促銷部門理由的投影片。完成的投影片如下圖。

本公司的三個部門之中，只有腳踏車用品部門的業績順利成長。
應該趁機強化促銷力道，以求拓展市佔率

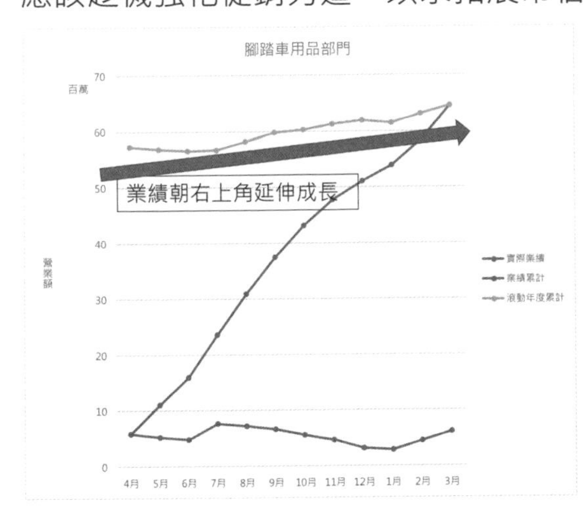


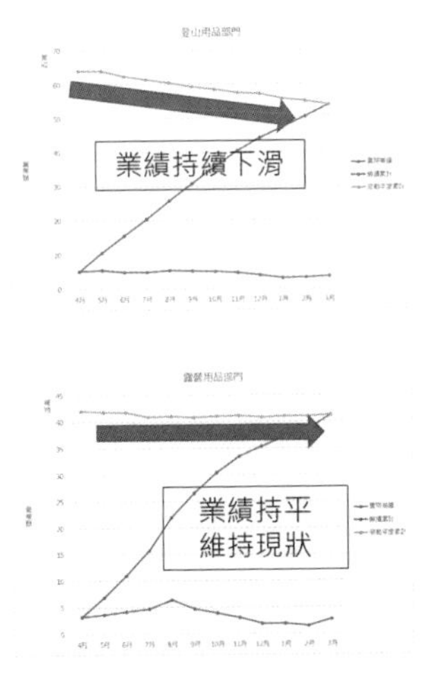


Z 形圖就是以「每月業績」、「業績累計」、「滾動年度累計」這三條折線製作的「Z」型圖表。

從這張投影片的 Z 形圖分析結果可以發現，只有「腳踏車用品部門」的業績成長，所以是重點促銷對象。

## 2 說明選擇促銷商品理由的投影片

為了達成有效的促銷活動，要在2的投影片鎖定業績有可能會成長的商品。

就算某個部門的業績呈成長趨勢，也不能不分青紅皂白實施促銷企劃，因此才利用扇形圖比較各商品的成長率，製作說明哪項商品的業績呈成長趨勢的投影片。完成的投影片如下圖。

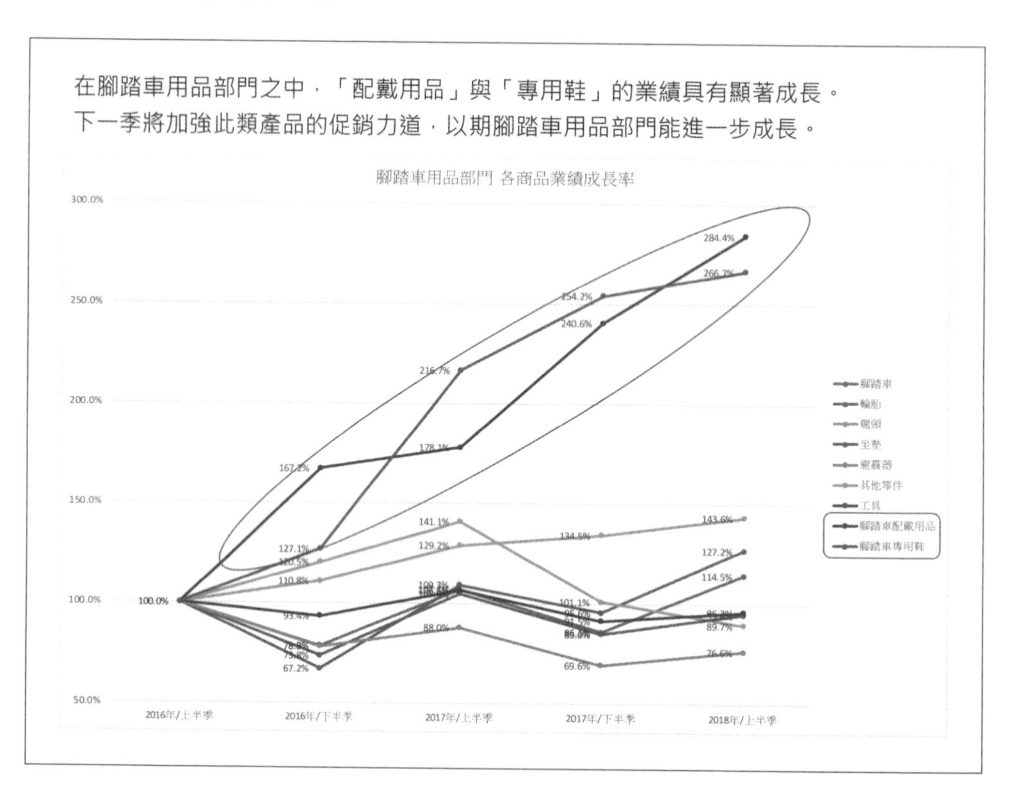


扇形圖就是以某個基準的時間點為 100%，再將後續的數值全部轉換成相對的百分比數據，然後再依照該數據繪製的折線圖。由於圖表會像扇子（Fan）開展，所以稱為扇形圖。

扇形圖是以百分比的方式呈現數值的升降，所以金額、商品成長率、商品衰退率都能一眼掌握。

從這張投影片的扇形圖分析結果可以發現「腳踏車用品」與「鞋子」的業績成長呈顯著趨勢，所以可針對該部分強化促銷活動。

## 3 說明選擇促銷重點門市理由的投影片

為了訂立促銷計畫，要在 3 的投影片決定促銷目標商品與促銷重點門市。

因此使用柏拉圖進行 ABC 分析，找出促銷重點門市，再製作說明理由的投影片。完成的投影片如下圖。

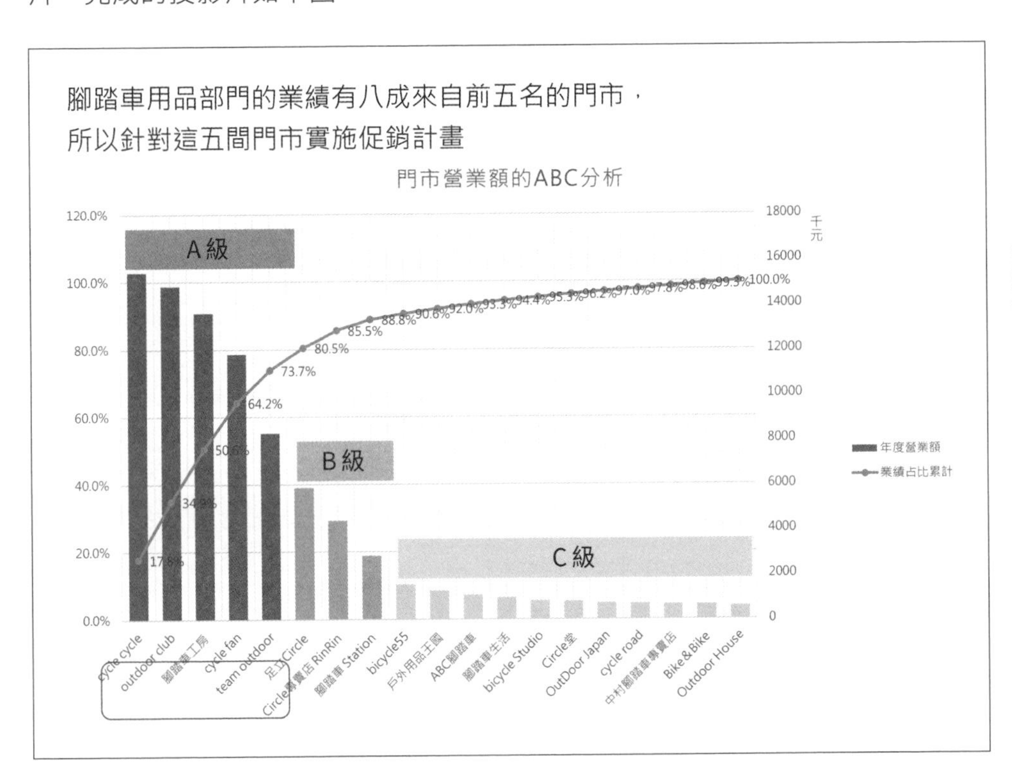


ABC 分析就是為了釐清重點管理之際的管理目標項目重要度，而以由大至小的順序排列管理目標項目，再根據資料組成比例的累計排出 A、B、C 三級的方法。

使用 ABC 分析的圖表稱為柏拉圖，主要是長條圖與折線圖組成的複合圖表，長條圖的部分會從較大的數值開始排列，組成比例的累計則以折線圖呈現。柏拉圖可具體呈現 ABC 分析的結果。

從這張投影片的 ABC 分析結果可以發現，前五名的門市囊括了八成的業績，所以要針對這些門市實施促銷活動。

# 04 採買存貨負責人須知的商業資料分析

採買存貨負責人常做的簡報之一為訂購計畫書，而製作這份計畫書所需的資料分析手法包含存貨周轉率、再訂購點、安全存貨、線性規劃法，這些資料分析方法與簡報製作方法將於 Chapter09 詳細說明。

**Point**

假設藥局日用品採購負責人準備製作訂購計畫書。可依下列步驟進行資料分析：

1 透過存貨周轉率找出存貨過多的商品。

2 透過再訂購點與安全存貨的分析找出最佳再訂購點。

3 透過線性規劃法找出架上商品的套餐組合

將上述的資料分析結果整理成精彩的簡報，就能做出具極說服力的訂購計畫書。

**Sample** 訂購計畫書的投影片範例

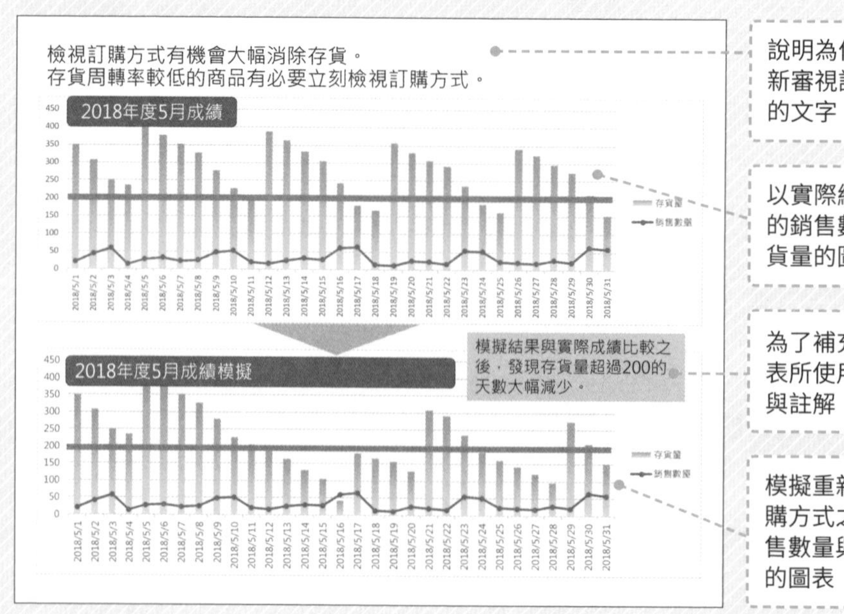


說明為何需要重新審視訂購方法的文字

以實際績效佐證的銷售數量與存貨量的圖表

為了補充說明圖表所使用的線條與註解

模擬重新審視訂購方式之後的銷售數量與存貨量的圖表

## 訂購計畫書的架構與內容

訂購計畫書由下列三張投影片組成：

1. **說明需要重新審視訂購方針的商品的投影片**
2. **提出新訂購方針的投影片**
3. **提出架上商品套餐組合的投影片**

### 1 說明需要重新審視訂購方針的商品的投影片

要擬定適當的訂購計畫，就必須在1的投影片找出存貨過多的商品，重新檢視這些商品的訂購計畫。

要了解哪些是存貨過多的商品，就必須算出存貨周轉率，接著利用計算結果製作說明哪些商品必須重新檢視訂購計畫的投影片。製作完成的投影片如下圖。

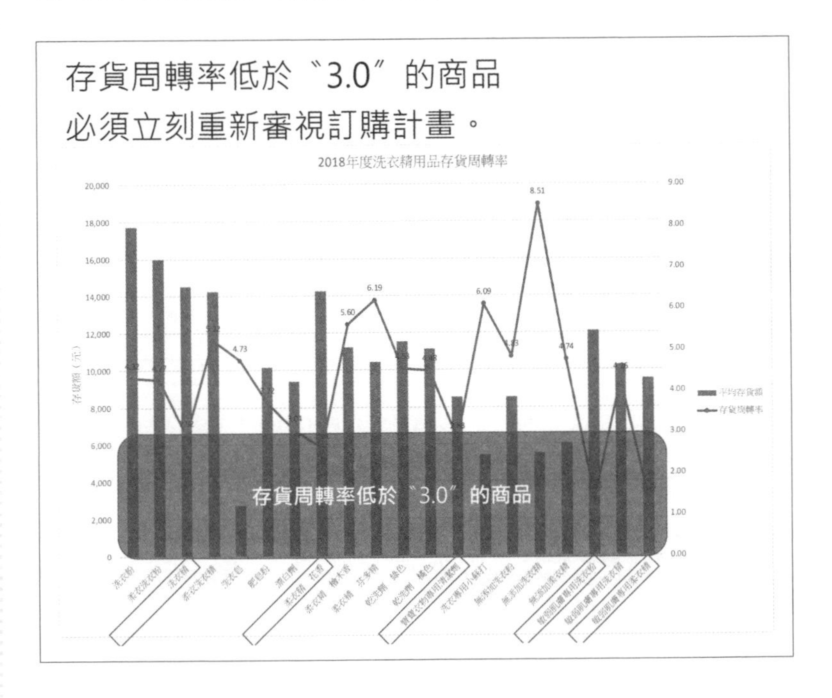


存貨周轉率是效率性分析指標之一，指的是在一定期間之內（例如一年、半年、一季、一個月），存貨輪動幾次的比率。

從這張投影片的存貨周轉率可以發現「液態清潔劑」這類商品的存貨周轉率過低，所以有必要立刻重新檢視這類商品的訂購方法。

## 2 提出新訂購方針的投影片

2的這張投影片會提出讓存貨量維持在一定水準的方法，避免存貨過多或是賣到斷貨。因此必須根據過去的銷售數量記錄訂立兼具安全存貨的訂購計畫。在這張投影片會根據過去的銷售數量記錄算出適當的再訂購點（= 訂購時間），再說明為何需要針對存貨過多的商品調整訂購方法。完成的投影片如下圖。

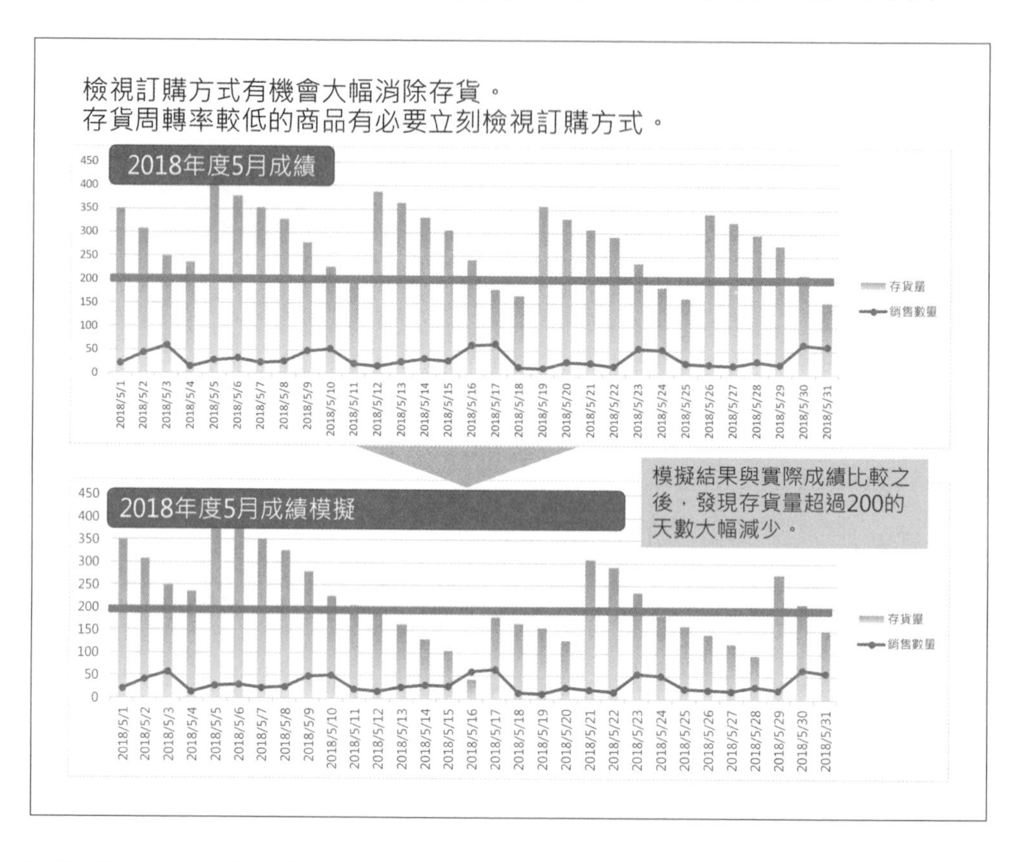


再訂購點是指存貨量低於安全庫存時，再次訂購的時間點，也就是決定訂購時間的存貨量。

安全存貨指的是能事先預防因銷售數量不均、交貨延遲、交貨量不足這類變數導致缺貨的問題。安全存貨足夠能避免存貨不足的問題，也比較不會錯失銷售機會，但存貨太多則會有庫存過多的問題。

這張投影片將說明如何根據安全存貨調整再訂購點，大幅減少存貨量。

### 3 提出架上商品套餐組合的投影片

3的投影片則提出訂購之後，該如何組合促銷商品套餐的方案。

負責銷售商品的門市或是保管商品的倉庫都有空間不足的問題，所以要增加利潤，就必須在擬定訂購計畫時思考該如何運用有限的空間。因此這張投影片要說明如何使用規劃求解找出能讓賣場達到最大獲利的商品陳列方式。完成的投影片如下圖。

根據各種商品的利潤調整陳列方式，
可增加每個陳列架的利潤。

| 商品 | 利潤/個 | 個數/1欄 | 之前的陳列方法 | | 新的陳列方法 | | 改善金額 |
|---|---|---|---|---|---|---|---|
| | | | 陳列數 | 利潤 | 陳列數 | 利潤 | |
| 洗衣粉 | 105 | 10 | 6 | 6300 | 6 | 6300 | 0 |
| 柔衣洗衣粉 | 86 | 10 | 6 | 5160 | 3 | 2580 | -2580 |
| 洗衣精 | 124 | 12 | 6 | 8928 | 8 | 11904 | 2976 |
| 柔衣洗衣精 | 118 | 12 | 6 | 8496 | 8 | 11328 | 2832 |
| 洗衣皂 | 62 | 20 | 6 | 7440 | 8 | 9920 | 2480 |
| 肥皂粉 | 102 | 10 | 6 | 6120 | 3 | 3060 | -3060 |
| | | 合計 | 36 | 42444 | 36 | 45092 | 2648 |

→之前所有商品的陳列數量都一樣。利用線性規劃法算出最佳值之後，不需要調整陳列架的大小，也不需要改變陳列商品的種類，就能讓每個陳列架的利潤增加。

此時使用的分析手法為線性規劃法。線性規劃法這種資料分析手法可求出符合多個條件的最佳值（最大值或最小值），也可用來找出線性方程式的最佳解。

這張投影片說明了透過線性規劃法算出的最大利潤商品陳列數，也提出不需調整陳列架大小或商品種類，也能增加每個商品架的利潤的可能性。

# 05 經營企劃負責人須知的商業資料分析

經營企劃負責人常製作的簡報之一為業績報告。製作所需的資料分析手法包含預算差異分析、費用分析與利益分析。這些資料分析方法與簡報製作方法都會在 Chapter10 詳盡說明。

**Point**

假設某間企業的經理人必須製作一份業績報告表。

可透過下列步驟進行資料分析：

1. **透過預算差異分析呈現每個月的預算達成率。**
2. **透過費用分析掌握每個項目佔整體費用的比例。**
3. **透過利益分析掌握各部門的利益貢獻率。**

將這些資料分析的結果整理成精彩的簡報，就能作出具極說服力的業績報告。

**Sample** 業績報告表的投影片範例

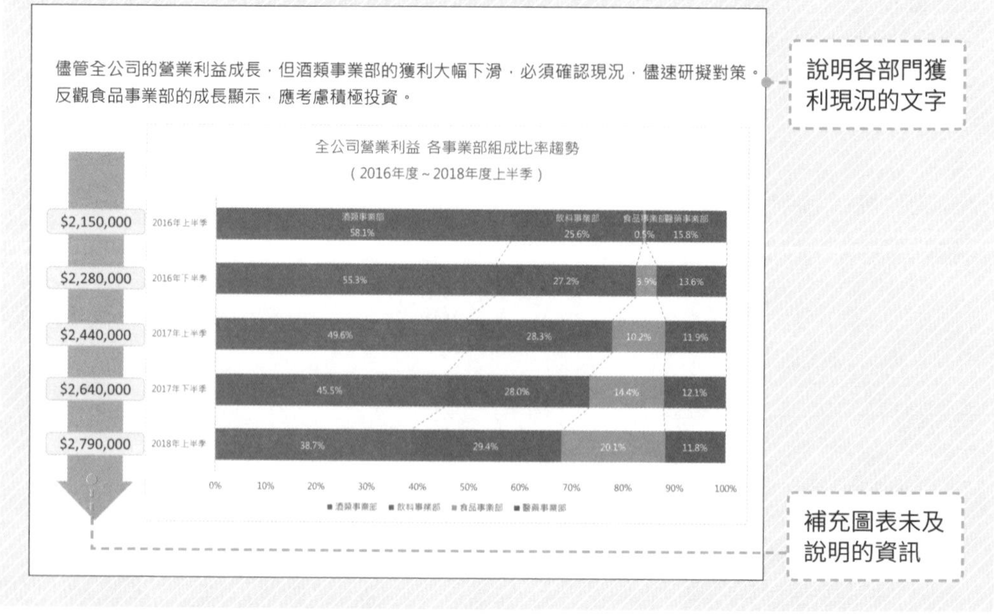

## ▶業績報告表的架構與內容

業績報告表由下列三張投影片組成：

1. 報告每月預算達成率的投影片
2. 報告各項目佔整體費用比例的投影片
3. 比較各事業營業利益佔全公司整體利益比例的投影片

### 1 報告每月預算達成率的投影片

1的投影片將呈現每月業績管理重要業務之一的預算差異管理。

企業每年都會編列每月的預算，再根據該預算策劃與執行各種戰略，所以對企業而言，能否快速分享預算達成狀況是非常重要的一環。在此製作的投影片不僅利用表格列出預算、績效與預算達成率，也透過圖表讓觀眾一眼看懂實際狀況，也將圖表的參考來源設定為變動，方便後續新增資料時也不需要調整圖表的資料範圍，讓每個月製作這類投影片的作業更有效率。製作完成的投影片如下圖。

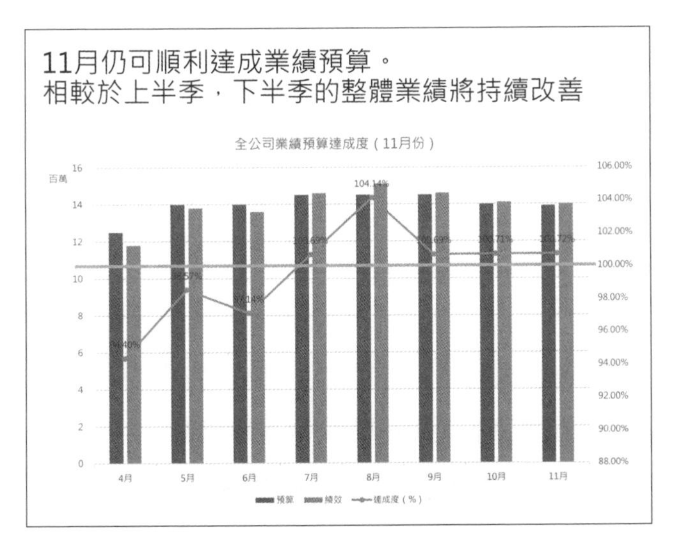


### 2 報告各項目佔整體費用比例的投影片

2的投影片會呈現各種費用在整體費用的佔比。

企業會有各種支出，所以除了努力增加業績，當然也要努力減少支出。在業績管理之中，費用管理也是非常重要的業務之一。正確了解各種費用的使用情況，是減少支出的第一步。

因此這張投影片除了利用表格記載費用的績效值，也透過多重圓形圖說明各種費用於整體的佔比。完成的投影片如下圖。

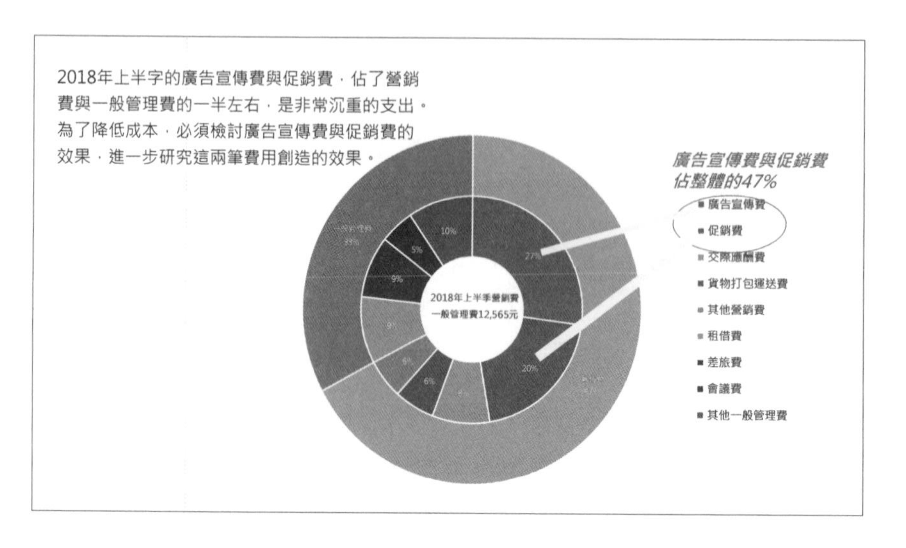


## 3 比較各事業營業利益佔全公司整體利益比例的投影片

3的投影片將報告各事業營業利益於企業整體利益的佔比。多數企業都是多角化經營，而且會分成不同事業部門推動業務。要知道該將有限的資源投入哪些事業又該投入多少資源，就必須知道公司的主要利益從何而來，或是了解哪個事業仍有成長潛力，哪個事業已開始走下坡，必須了解各種事業在企業的定位。

因此這次在投影片使用 100% 堆疊長條圖說明各事業利益於整體的佔比以及哪項事業仍有發展潛力。完成的投影片如下圖。

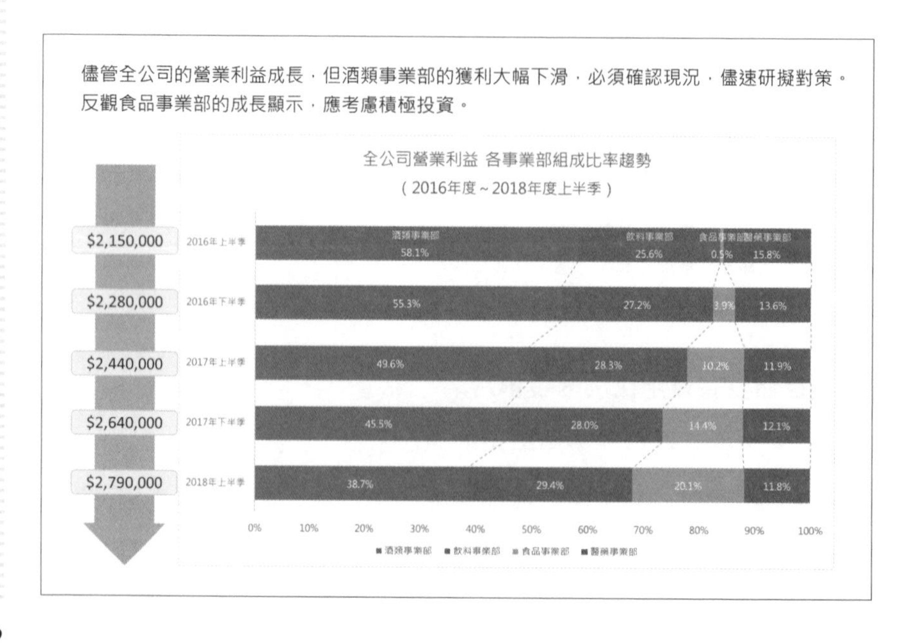

Chapter 02

# 準備分析所需的資料

在 Excel 分析資料之前，要先準備用來分析的原始資料。若原始資料不足，除了可直接在 Excel 輸入，也可匯入其他格式的檔案。本章要說明的是將純文字檔、Access 檔案與 Web 資料這三種格式的檔案匯入 Excel 的方法。

# 01 匯入純文字檔案的方法

在 Excel 分析資料時，有時資料來源是從系統部門取得的純文字檔案。為了避免無法在 Excel 開啟純文字檔案，就一起學習匯入純文字檔案的方法吧！

**Point**

純文字檔案的環境相容性較高，很適合於交換資料的時候使用。如果系統部門是從資料庫擷取資料，你就很有可能收到純文字格式的檔案。

1 將純文字檔案匯入 Excel。

2 將純文字檔案的更新套用到 Excel 裡。

只要學會這兩種方法，就能在收到純文字檔案後順利匯入 Excel。

**Sample** 將純文字檔案匯入 Excel 之後的結果

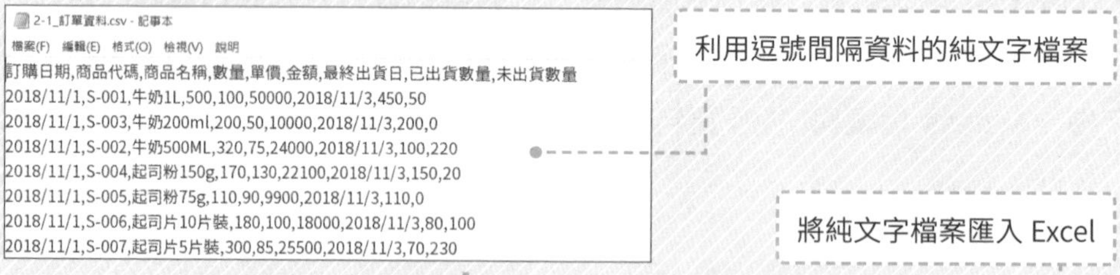

2-1_訂單資料.csv - 記事本

檔案(F) 編輯(E) 格式(O) 檢視(V) 說明

```
訂購日期,商品代碼,商品名稱,數量,單價,金額,最終出貨日,已出貨數量,未出貨數量
2018/11/1,S-001,牛奶1L,500,100,50000,2018/11/3,450,50
2018/11/1,S-003,牛奶200ml,200,50,10000,2018/11/3,200,0
2018/11/1,S-002,牛奶500ML,320,75,24000,2018/11/3,100,220
2018/11/1,S-004,起司粉150g,170,130,22100,2018/11/3,150,20
2018/11/1,S-005,起司粉75g,110,90,9900,2018/11/3,110,0
2018/11/1,S-006,起司片10片裝,180,100,18000,2018/11/3,80,100
2018/11/1,S-007,起司片5片裝,300,85,25500,2018/11/3,70,230
```

利用逗號間隔資料的純文字檔案

將純文字檔案匯入 Excel

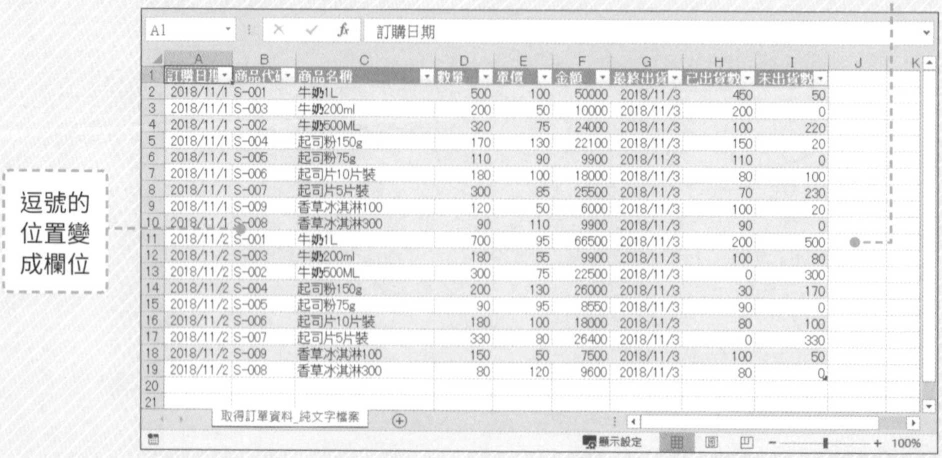

逗號的位置變成欄位

A1 訂購日期

| | A | B | C | D | E | F | G | H | I |
|---|---|---|---|---|---|---|---|---|---|
| 1 | 訂購日期 | 商品代碼 | 商品名稱 | 數量 | 單價 | 金額 | 最終出貨 | 已出貨數 | 未出貨數 |
| 2 | 2018/11/1 | S-001 | 牛奶1L | 500 | 100 | 50000 | 2018/11/3 | 450 | 50 |
| 3 | 2018/11/1 | S-003 | 牛奶200ml | 200 | 50 | 10000 | 2018/11/3 | 200 | 0 |
| 4 | 2018/11/1 | S-002 | 牛奶500ML | 320 | 75 | 24000 | 2018/11/3 | 100 | 220 |
| 5 | 2018/11/1 | S-004 | 起司粉150g | 170 | 130 | 22100 | 2018/11/3 | 150 | 20 |
| 6 | 2018/11/1 | S-005 | 起司粉75g | 110 | 90 | 9900 | 2018/11/3 | 110 | 0 |
| 7 | 2018/11/1 | S-006 | 起司片10片裝 | 180 | 100 | 18000 | 2018/11/3 | 80 | 100 |
| 8 | 2018/11/1 | S-007 | 起司片5片裝 | 300 | 85 | 25500 | 2018/11/3 | 70 | 230 |
| 9 | 2018/11/1 | S-009 | 香草冰淇淋100 | 120 | 50 | 6000 | 2018/11/3 | 100 | 20 |
| 10 | 2018/11/1 | S-008 | 香草冰淇淋300 | 90 | 110 | 9900 | 2018/11/3 | 90 | 0 |
| 11 | 2018/11/2 | S-001 | 牛奶1L | 700 | 95 | 66500 | 2018/11/3 | 200 | 500 |
| 12 | 2018/11/2 | S-003 | 牛奶200ml | 180 | 55 | 9900 | 2018/11/3 | 100 | 80 |
| 13 | 2018/11/2 | S-002 | 牛奶500ML | 300 | 75 | 22500 | 2018/11/3 | 0 | 300 |
| 14 | 2018/11/2 | S-004 | 起司粉150g | 200 | 130 | 26000 | 2018/11/3 | 30 | 170 |
| 15 | 2018/11/2 | S-005 | 起司粉75g | 90 | 95 | 8550 | 2018/11/3 | 90 | 0 |
| 16 | 2018/11/2 | S-006 | 起司片10片裝 | 180 | 100 | 18000 | 2018/11/3 | 80 | 100 |
| 17 | 2018/11/2 | S-007 | 起司片5片裝 | 330 | 80 | 26400 | 2018/11/3 | 0 | 330 |
| 18 | 2018/11/2 | S-009 | 香草冰淇淋100 | 150 | 50 | 7500 | 2018/11/3 | 100 | 50 |
| 19 | 2018/11/2 | S-008 | 香草冰淇淋300 | 80 | 120 | 9600 | 2018/11/3 | 80 | 0 |

取得訂單資料_純文字檔案

顯示設定 100%

## ▶匯入純文字檔案

純文字檔案就是不包含文字顏色這類格式或圖片的文字檔案。由於環境相容性極高，很常於交換資料的時候使用。由於 Excel 也可匯入純文字檔案，所以常有將純文字檔案匯入 Excel 再進行分析的情況。

一般來說，由資料庫輸入的純文字檔案會有用來區分欄位的「分隔符號」。
「分隔符號」通常是下列的字元。
點選「自訂」，即可選擇「分隔符號」（例如「#」）。
此外，選擇「固定寬度」，就能匯入每一欄長度一致的「固定長度格式」的純文字檔案。

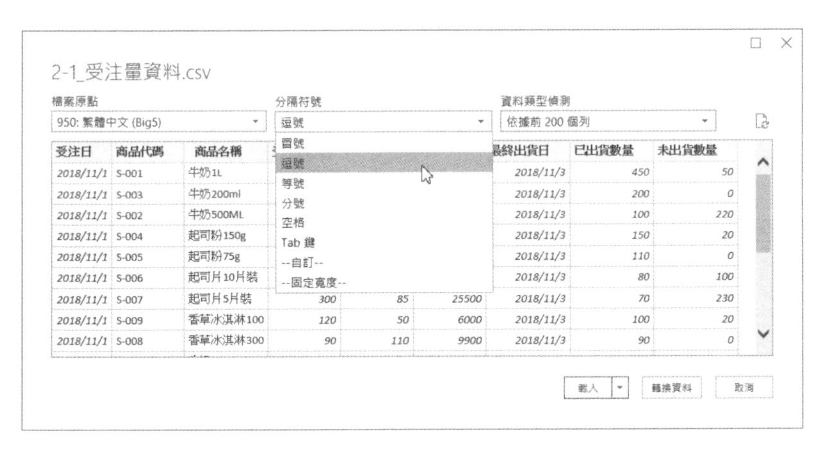


➲ 以「定位點為分隔符號」的範例。

```
2-1_載入純文字檔案_資料類型_Tab.txt - 記事本
檔案(F) 編輯(E) 格式(O) 檢視(V) 說明
Column1
訂購日期 商品代碼 商品名稱 數量 單價 金額 最終出貨日 已出貨數量
2018/11/1 S-001 牛奶1L 500 100 50000 2018/11/3 450 50
2018/11/1 S-003 牛奶200ml 200 50 10000 2018/11/3 200 0
2018/11/1 S-002 牛奶500ML 320 75 24000 2018/11/3 100 220
2018/11/1 S-004 起司粉150g 170 130 22100 2018/11/3 150 20
2018/11/1 S-005 起司粉75g 110 90 9900 2018/11/3 110 0
2018/11/1 S-006 起司片10片裝 180 100 18000 2018/11/3 80 100
```

➲ 以「空白字元為分隔符號」的範例。

```
2-1_載入純文字檔案_資料類型_空白字元.prn - 記事本
檔案(F) 編輯(E) 格式(O) 檢視(V) 說明
訂購日期商品代碼商品名稱數量 單價 金額 最終出貨已出貨數未出貨數量
2018/11/S-001 牛奶1L    500  100 500002018/11/  450  50
2018/11/S-003 牛奶200m  200   50 100002018/11/  200   0
2018/11/S-002 牛奶500M  320   75 240002018/11/  100 220
2018/11/S-004 起司粉15  170  130 221002018/11/  150  20
2018/11/S-005 起司粉75  110   90 99002018/11/   110   0
2018/11/S-006 起司片10  180  100 180002018/11/   80 100
2018/11/S-007 起司片5   300   85 255002018/11/   70 230
```

➲ 以「逗號為分隔符號」的範例。

```
2-1_載入純文字檔案_資料類型_逗號.csv - 記事本
檔案(F) 編輯(E) 格式(O) 檢視(V) 說明
Column1
"訂購日期,商品代碼,商品名稱,數量,單價,金額,最終出貨日,已出貨數量,未出貨數量"
"2018/11/1,S-001,牛奶1L,500,100,50000,2018/11/3,450,50"
"2018/11/1,S-003,牛奶200ml,200,50,10000,2018/11/3,200,0"
"2018/11/1,S-002,牛奶500ML,320,75,24000,2018/11/3,100,220"
"2018/11/1,S-004,起司粉150g,170,130,22100,2018/11/3,150,20"
"2018/11/1,S-005,起司粉75g,110,90,9900,2018/11/3,110,0"
"2018/11/1,S-006,起司片10片裝,180,100,18000,2018/11/3,80,100"
"2018/11/1,S-007,起司片5片裝,300,85,25500,2018/11/3,70,230"
```

# 1 匯入純文字檔案

2013 2016 2019

於 Excel 匯入純文字檔案的方法，除了可直接在 Excel 開啟，也可以外部檔案的方式匯入的方法。匯入外部檔案的方法比較匯入整齊的格式。

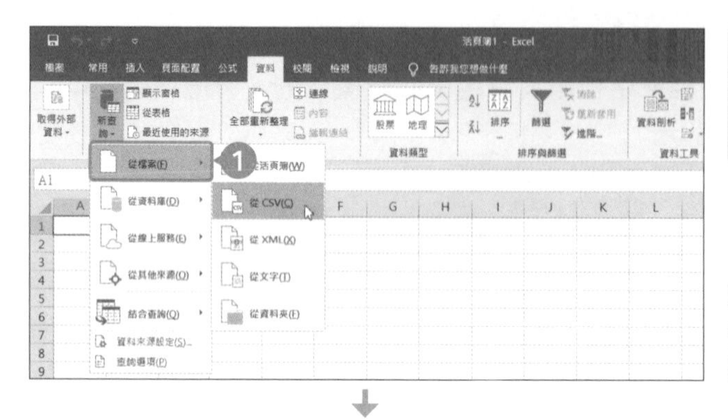


1 在「資料」分頁的「取得及轉換資料」群組點選「取得資料」按鈕。

≫ Excel 2013 的情況：

從「資料」選單的「取得外部資料」點選「從文字檔」。

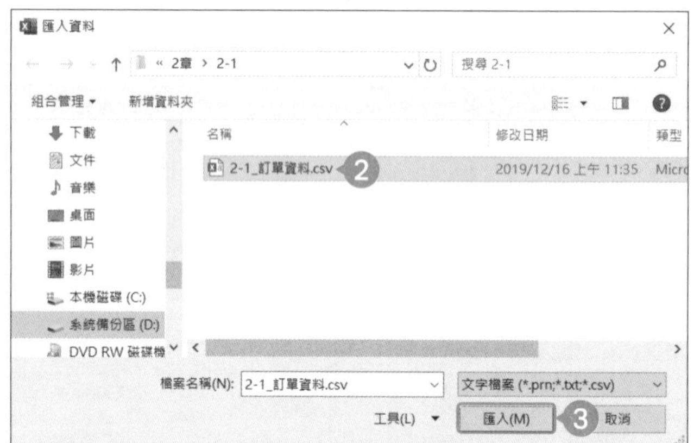


2 從範例檔「2-1」點選「2-1_訂單資料」。

3 點選「匯入」。

何謂 CSV 格式：

「CSV」就是以逗號作為分隔符號（Comma Separated Value）的縮寫，顧名思義，就是資料之間以逗號作為分隔的純文字檔案。

| 訂購日期 | 商品代碼 | 商品名稱 | 數量 | 單價 | 金額 | 最終出貨日 | 已出貨數量 | 未出貨數量 |
|---|---|---|---|---|---|---|---|---|
| 2018/11/1 | S-001 | 牛奶1L | 500 | 100 | 50000 | 2018/11/3 | 450 | 50 |
| 2018/11/1 | S-003 | 牛奶200ml | 200 | 50 | 10000 | 2018/11/3 | 200 | 0 |
| 2018/11/1 | S-002 | 牛奶500ML | 320 | 75 | 24000 | 2018/11/3 | 100 | 220 |
| 2018/11/1 | S-004 | 起司粉150g | 170 | 130 | 22100 | 2018/11/3 | 150 | 20 |
| 2018/11/1 | S-005 | 起司粉75g | 110 | 90 | 9900 | 2018/11/3 | 110 | 0 |
| 2018/11/1 | S-006 | 起司片10片裝 | 180 | 100 | 18000 | 2018/11/3 | 80 | 100 |
| 2018/11/1 | S-007 | 起司片5片裝 | 300 | 85 | 25500 | 2018/11/3 | 70 | 230 |
| 2018/11/1 | S-009 | 香草冰淇淋100 | 120 | 50 | 6000 | 2018/11/3 | 100 | 20 |
| 2018/11/1 | S-008 | 香草冰淇淋300 | 90 | 110 | 9900 | 2018/11/3 | 90 | 0 |

4 點選「轉換資料」。

≫ Excek 2013 的情況：

在「匯入字串精靈 - 步驟 3 之 1」點選「用分欄字元，如逗號或 TAB 鍵，區分每一個欄位」，再點選「下一步」。

字串的引用符號：

假設部分資料使用了分隔符號，若不利用引用符號將該資料的字串全部括起來，該字串就會被分割為資料。「文字辨識符號」可指定括住字串的引用符號，一般預設為「"」。

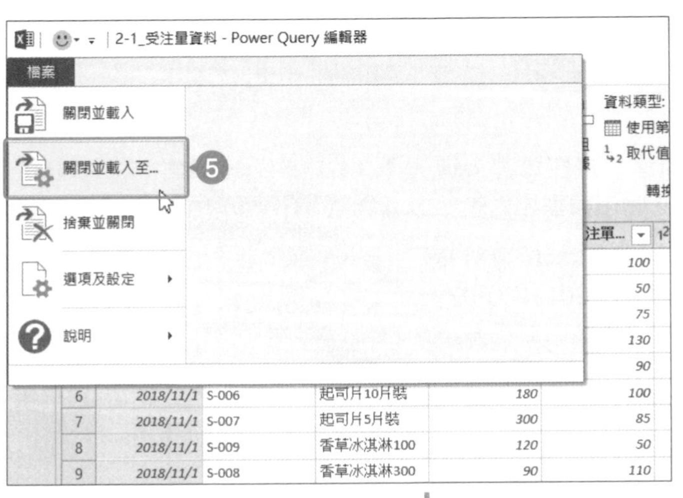


5 從 Power Query 編輯器的「檔案」分頁點選「關閉並載入至…」按鈕。

### Excek 2013 的情況：

在「匯入字串精靈 - 步驟 3 之 2」勾選「分隔符號」的「逗號」，再點選「下一步」。在「匯入字串精靈 - 步驟 3 之 3」確認「欄位的資料格式」為「一般（G）」之後，點選「完成」即可。

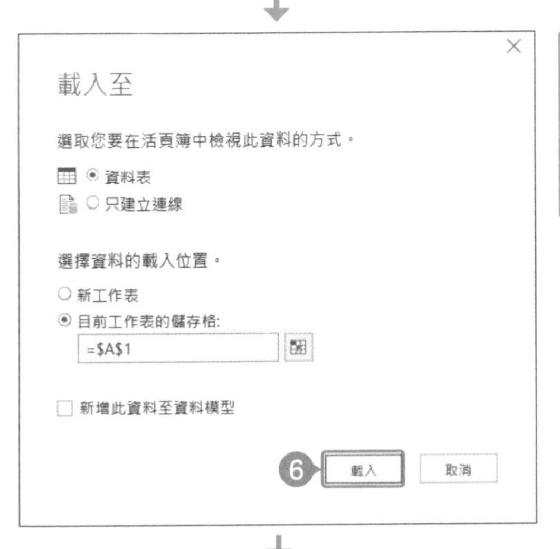


6 確認「選擇資料的載入位置」設定為「目前工作表的儲存格」的「A1」儲存格之後，按下「載入」。

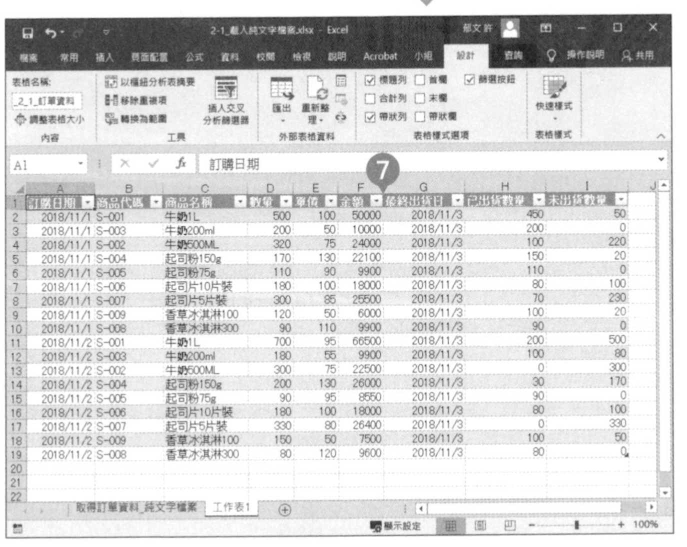


7 載入純文字檔案了。

### 顯示安全性警告時：

先儲存載入外部檔案的檔案再開啟時，有時會顯示「資料連線無效」的「安全性警告」。此時請點選「啟用內容」，即可讓資料恢復連線。

安全性警告 外部資料連線已停用 啟用內容

## Column 匯入資料使用的資料類型

自 Excel 2016 之後，就內建了許多於匯入資料時使用的欄位資料類型，常用類型如右表。

一般來說，Excel 都能正確判斷資料的資料類型，但是當檔案的字元編碼為「001」、「002」這類以 0（零）為首的字串，就會將該檔案辨識為整數，再將資料當成「1」、「2」匯入。

表 2-1-1 欄位資料類型（常用的類型）

| 欄位資料類型 | 匯入方式 |
|---|---|
| 整數 | 以整數型欄位匯入 |
| 純文字 | 以字串型欄位匯入 |
| 日期 | 以日期型欄位匯入 |

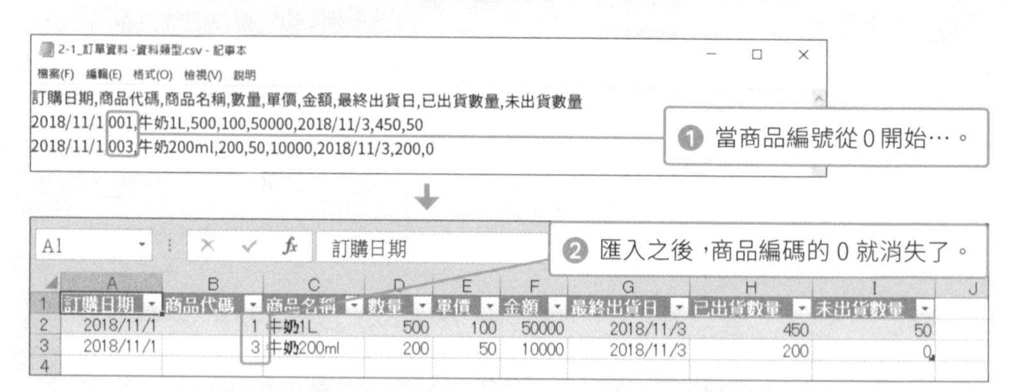


如果放置不管，有可能會出現某個 Excel 記載為「001」、「002」，另一個 Excel 卻記錄「1」、「2」這種資料記載不一致的情況。若希望與原始系統一樣記載為「001」、「002」，可直接將該欄位的資料格式指定為「文字」。

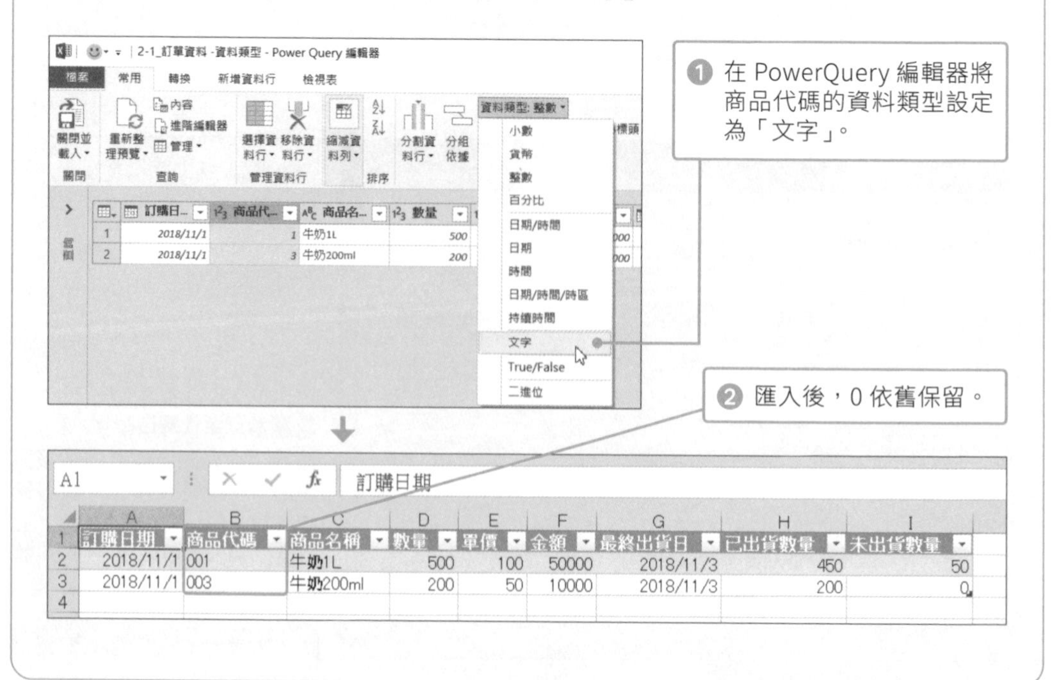

# 2 資料更新

2013 2016 2019

假設資料的數據被修正過或是純文字檔案的儲存位置有變動，都必須將最新的資料套用至 Excel，讓資料保持最新的狀況。

2-1_訂單資料.csv - 記事本

檔案(F) 編輯(E) 格式(O) 檢視(V) 說明

```
訂購日期,商品代碼,商品名稱,數量,單價,金額,最終出貨日,已出貨數量,未出貨數量
2018/11/1,S-001,牛奶1L,500,100,50000,2018/11/3,450,50
2018/11/1,S-003,牛奶200ml,200,50,10000,2018/11/3,200,0
2018/11/1,S-002,牛奶500ML,320,75,24000,2018/11/3,100,220
2018/11/1,S-004,起司粉150g,170,130,22100,2018/11/3,150,20
2018/11/1,S-005,起司粉75g,110,90,9900,2018/11/3,110,0
2018/11/1,S-006,起司片10片裝,180,100,18000,2018/11/3,80,100
2018/11/1,S-007,起司片5片裝,300,85,25500,2018/11/3,70,230
2018/11/1,S-009,香草冰淇淋100,120,50,6000,2018/11/3,100,20
2018/11/1,S-008,香草冰淇淋300,90,110,9900,2018/11/3,90,0
2018/11/2,S-001,牛奶1L,700,95,66500,2018/11/3,200,500
2018/11/2,S-003,牛奶200ml,180,55,9900,2018/11/3,100,80
2018/11/2,S-002,牛奶500ML,300,75,22500,2018/11/3,0,300
2018/11/2,S-004,起司粉150g,200,130,26000,2018/11/3,30,170
2018/11/2,S-005,起司粉75g,90,95,8550,2018/11/3,90,0
2018/11/2,S-006,起司片10片裝,180,100,18000,2018/11/3,80,100
2018/11/2,S-007,起司片5片裝,330,80,26400,2018/11/3,0,330
2018/11/2,S-009,香草冰淇淋100,150,50,7500,2018/11/3,100,50
2018/11/2,S-008,香草冰淇淋300,80,120,9600,2018/11/3,80,0
```

1 利用「記事本」這類文字編輯器開啟範例「2-1_ 訂單資料」。

2 將最後一列的資訊變更為表 2-1-2 的內容再儲存。

表 2-1-2 變更的資訊

| 變更資料的欄位名稱 | 變更前的值 | 變更後的值 |
|---|---|---|
| 已出貨數量 | 80 | 50 |
| 未出貨數量 | 0 | 30 |

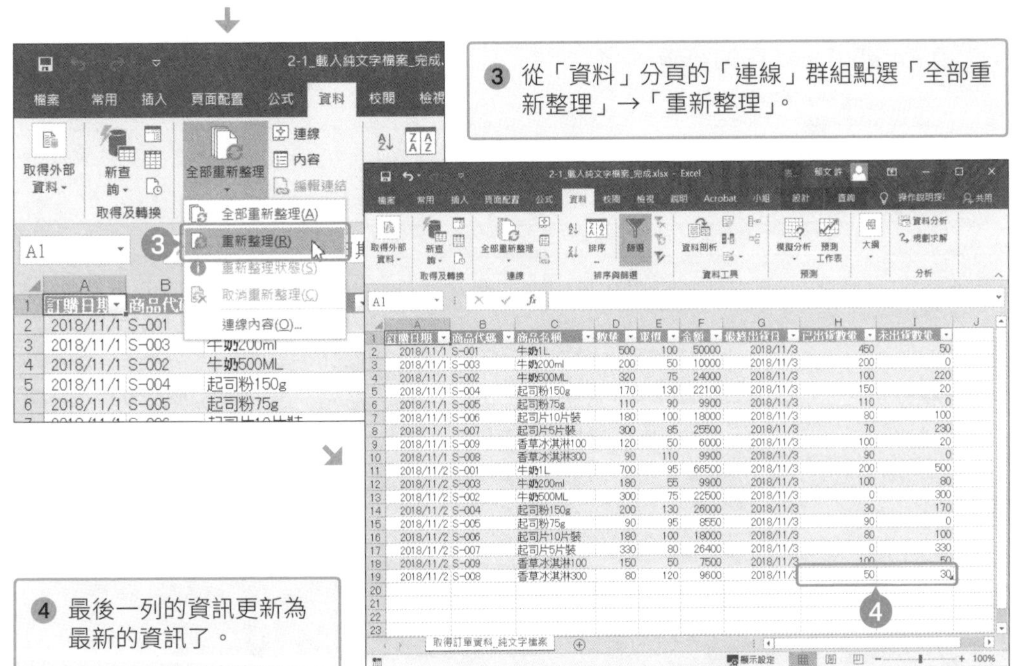


》Excel 2013 的情況：從「資料」分頁的「連線」群組點選「全部重新整理」→「重新整理」。

關於「全部重新整理」：假設同一張活頁簿與多個外部資料連線，點選「全部重新整理」就會與所有外部資料重新連線。若只想重新整理與特定外部資料的連線，請點選「重新整理」。

》檔案的儲存位置有所變動時：假設檔案的儲存位置有所變動，可在此指定檔案的新位置。

# 02 從 Access 匯入資料

假設是以 Access 整理業務資料，也可將 Access 的檔案匯入 Excel。如果是在 Access 難以進行的分析，也可先將檔案匯入 Excel，再利用 Excel 的功能分析。

**Point**

其實很常看到日常業務使用 Access 管理資料的情況，而 Access 可說是累積資料的重要資訊來源，Excel 也可匯入 Access 的檔案。

1 將 Access 的檔案載入 Excel。
2 當 Access 的檔案有任何變更，讓 Excel 也同步更新。
3 變更匯入的目標資料。

學會上述的操作就能隨心所欲地匯入 Access 的檔案，也能進一步拓展利用 Excel 分析資料的範疇。

**Sample** Access 的表單與匯入 Excel 之後的結果

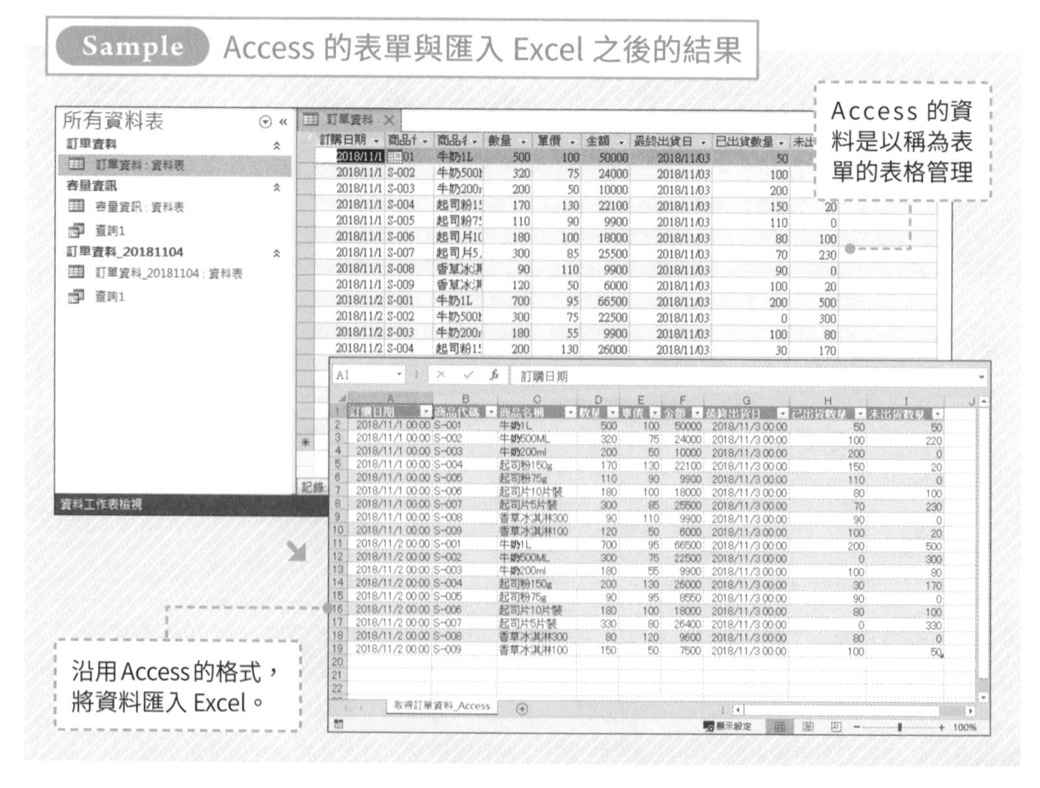

## 從 Access 匯入資料

Access 是 Microsoft 公司提供的資料庫管理軟體，主要是以「表單」這種表格格式管理資料，可對表單新增、刪除與更新資料，而且表單間可做連結，輸出銷售資料搭配顧客資料這種格式的資料。Access 將這類操作的資訊儲存為「查詢」。

匯入 Access 資料的優點如下：

1. **與 Excel 的相容性極高**

   Access 的表單資料與 Excel 一樣，都是表格格式，所以很適合作為分析所需的資料來源使用。

2. **可將表單的合併結果儲存為查詢**

   要在 Excel 合併表格是件很麻煩的事，但在 Access 卻只需要按幾下畫面的按鈕，就能讓表單合併。

3. **資料的品質得以維持**

   在 Excel 管理資料常有「輸入違反規則的資料」、「欄位或公式莫名增加」這類有損資料品質的風險，但是 Access 可避免違反表單定義的資料輸入。

如果能在 Access 建立管理資訊的應用軟體，並且利用 Access 執行日常業務，就能隨時將累積的資料匯入 Excel，進行相關的分析。

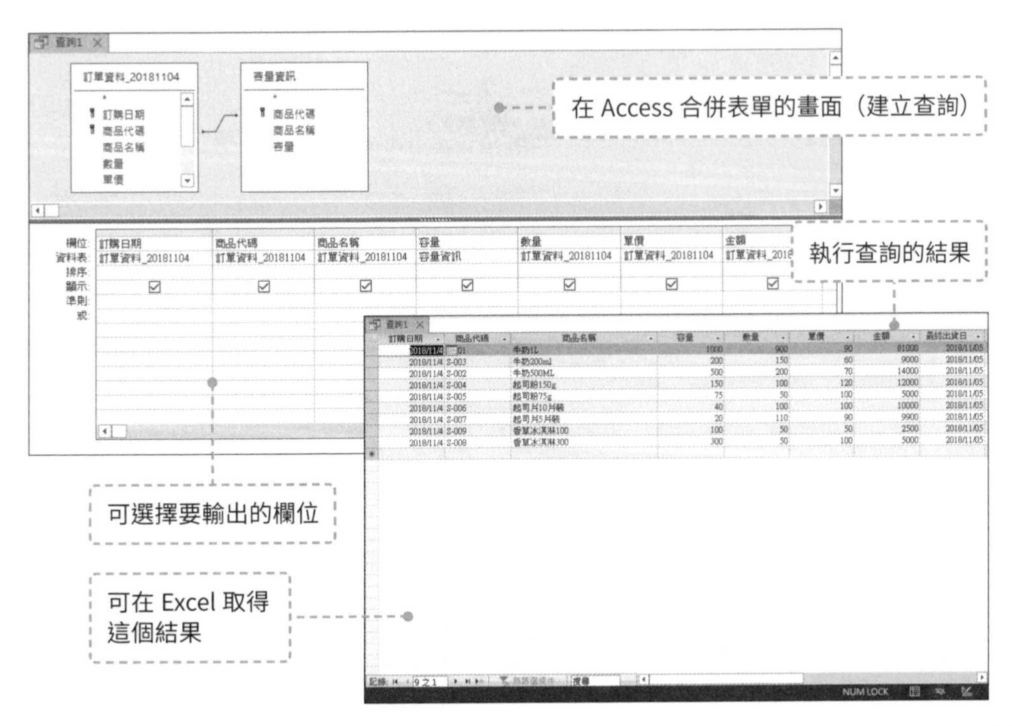

## ❶ 匯入 Access 的檔案

2013 2016 2019

只要學會將 Access 的檔案載入 Excel 的方法，就能在熟悉的 Excel 操作資料，不需要另外學會困難的資料庫操作。而且利用這種方法匯入的資料不會覆寫 Access 的資料，所以不用擔心原始資料被竄改。

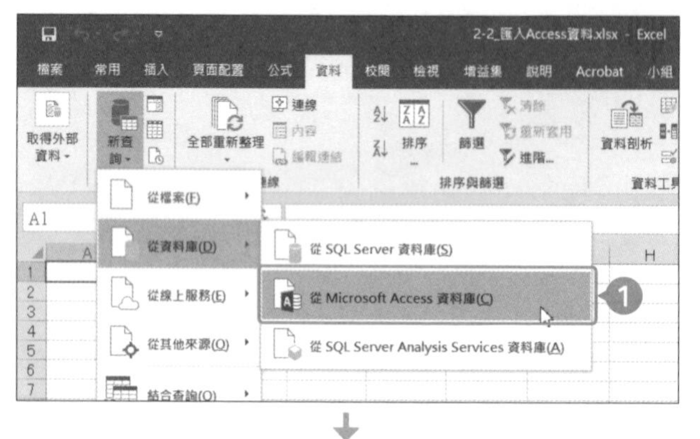


❶ 從「資料」分頁的「取得及轉換」群組點選「新查詢」→「從資料庫」→「從 Microsoft Access 資料庫」。

》Excel 2013 的情況：
從「資料」分頁的「取得外部資料」群組點選「從 Access」。

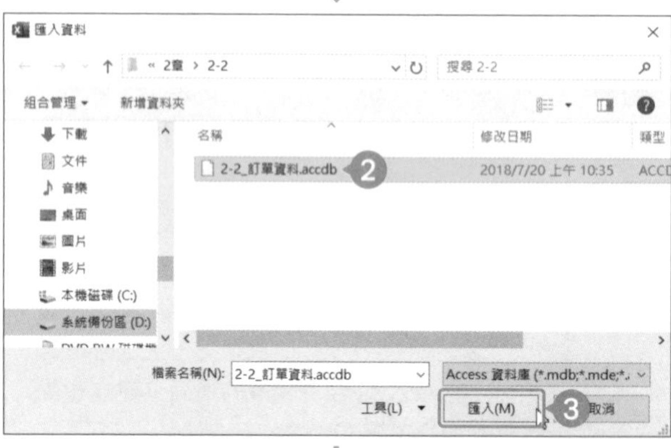


❷ 點選「2-2_訂單資料」。
❸ 點選「匯入」。

》Excel 2013 的情況：點選「開啟」。

何謂 accdb 格式：
「accdb」是 Access 2007 之後使用的資料庫檔案格式。

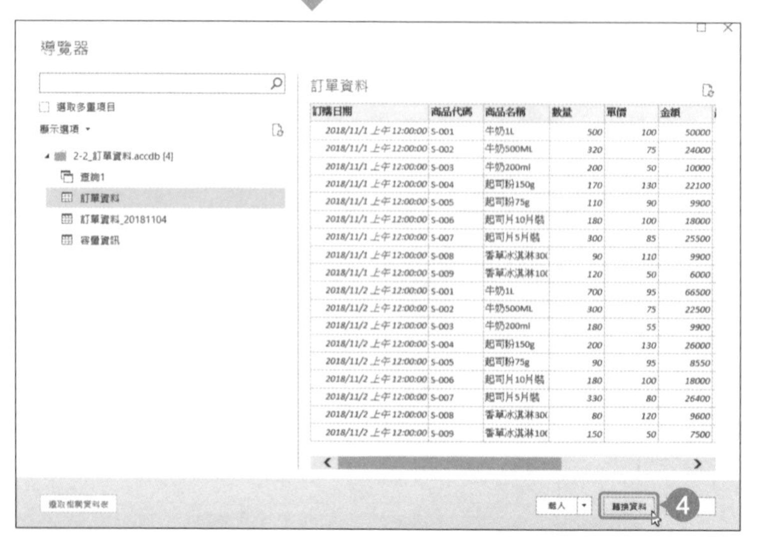


❹ 選擇「訂單資料」表單，再點選「轉換資料」。

》Excel 2013 的情況：
在「選取表格」點選「訂單資訊」表單，再點選「確定」。

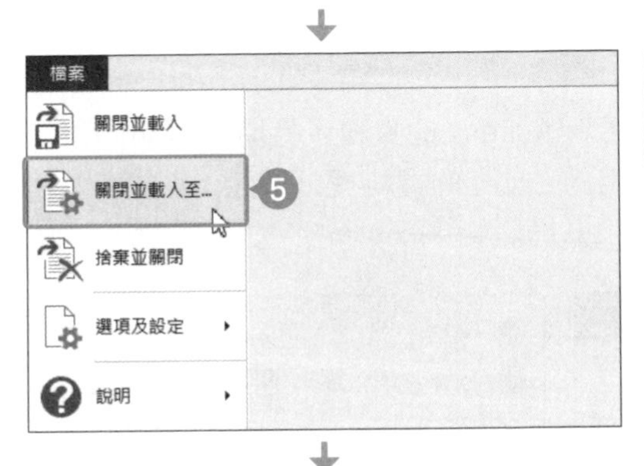


5 從 PowerQuery 編輯器的「檔案」分頁點選「關閉並載入至…」按鈕。

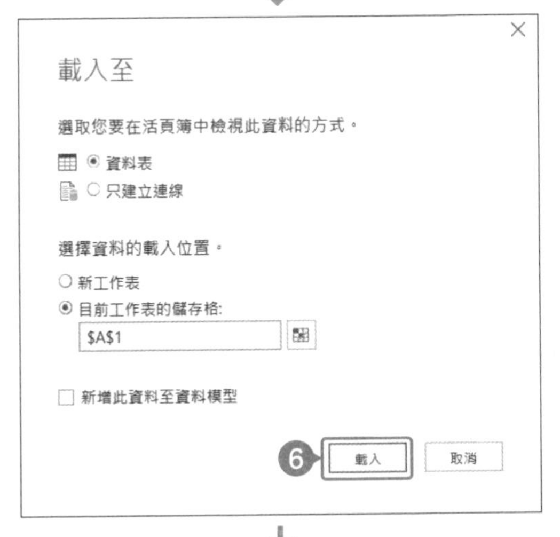


6 確認選擇了「資料表」以及「目前工作表的儲存格」也為「A1」之後，點選「載入」。

7 Access 的資料匯入 Excel 了。

**匯入資料的方式：**

Access 的資料可透過「表單」(第 3 章)、「樞紐分析表」(第 4 章)、「樞紐分析圖／樞紐分析表」(第 4 章) 這種方式取得。

| | A | B | C | D | E | F | G | H | I |
|---|---|---|---|---|---|---|---|---|---|
| 1 | 訂購日期 | 商品代碼 | 商品名稱 | 數量 | 單價 | 金額 | 最終出貨日 | 已出貨數量 | 未出貨數量 |
| 2 | 2018/11/1 00:00 | S-009 | 香草冰淇淋100 | 120 | 50 | 6000 | 2018/11/3 00:00 | 100 | 20 |
| 3 | 2018/11/1 00:00 | S-008 | 香草冰淇淋300 | 90 | 110 | 9900 | 2018/11/3 00:00 | 90 | 0 |
| 4 | 2018/11/2 00:00 | S-001 | 牛奶1L | 700 | 95 | 66500 | 2018/11/3 00:00 | 200 | 500 |
| 5 | 2018/11/2 00:00 | S-003 | 牛奶200ml | 180 | 55 | 9900 | 2018/11/3 00:00 | 100 | 80 |
| 6 | 2018/11/2 00:00 | S-002 | 牛奶500ML | 300 | 75 | 22500 | 2018/11/3 00:00 | 0 | 300 |
| 7 | 2018/11/2 00:00 | S-004 | 起司粉150g | 200 | 130 | 26000 | 2018/11/3 00:00 | 30 | 170 |

**匯入資料的格式：**資料匯入後，會自動套用儲存格的顏色或其他格式。這是因為資料是以「表單」的方式匯入。

## ❷ 套用在 Access 更新的資料

2013 2016 2019

若使用 Access 管理日常業務，就會常常更新 Access 的資料，此時也要如同匯入純文字檔案的時候一樣，將更新的部分套用到 Excel 的資料裡，讓 Excel 的資料隨時保持最新狀態。

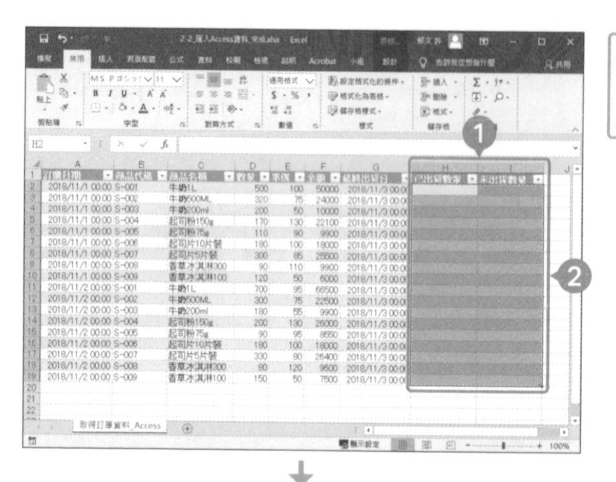

1 選取 H 欄與 I 欄的儲存格。

2 按下 Delete 鍵，清除輸入的數值。

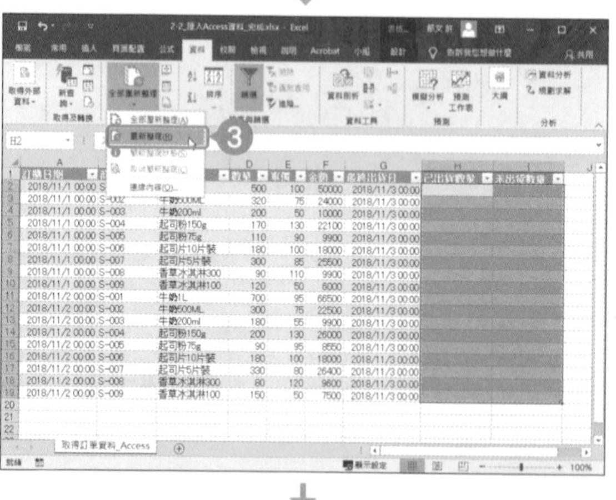

3 接著在「資料」分頁的「連線」群組點選「全部重新整理」→「重新整理」。

》Excel 2013 的情況：

於「資料」分頁的「連線」群組」點選「全部重新整理」→「重新整理」。

| 訂購日期 | 商品代碼 | 商品名稱 | 數量 | 單價 | 金額 | 最終出貨日 | 已出貨數量 | 未出貨數量 |
|---|---|---|---|---|---|---|---|---|
| 2018/11/1 00:00 | S-009 | 香草冰淇淋100 | 120 | 50 | 6000 | 2018/11/3 00:00 | 100 | 20 |
| 2018/11/1 00:00 | S-008 | 香草冰淇淋300 | 90 | 110 | 9900 | 2018/11/3 00:00 | 90 | 0 |
| 2018/11/2 00:00 | S-001 | 牛奶1L | 700 | 95 | 66500 | 2018/11/3 00:00 | 200 | 500 |
| 2018/11/2 00:00 | S-003 | 牛奶200ml | 180 | 55 | 9900 | 2018/11/3 00:00 | 100 | 80 |
| 2018/11/2 00:00 | S-002 | 牛奶500ML | 300 | 75 | 22500 | 2018/11/3 00:00 | 0 | 300 |
| 2018/11/2 00:00 | S-004 | 起司粉150g | 200 | 130 | 26000 | 2018/11/3 00:00 | 30 | 170 |
| 2018/11/2 00:00 | S-005 | 起司粉75g | 90 | 95 | 8550 | 2018/11/3 00:00 | 90 | 0 |
| 2018/11/2 00:00 | S-006 | 起司片10片裝 | 180 | 100 | 18000 | 2018/11/3 00:00 | 80 | 100 |
| 2018/11/2 00:00 | S-007 | 起司片5片裝 | 330 | 80 | 26400 | 2018/11/3 00:00 | 0 | 330 |
| 2018/11/2 00:00 | S-009 | 香草冰淇淋100 | 150 | 50 | 7500 | 2018/11/3 00:00 | 100 | 50 |
| 2018/11/2 00:00 | S-008 | 香草冰淇淋300 | 80 | 120 | 9600 | 2018/11/3 00:00 | 80 | 0 |
| 2018/11/1 00:00 | S-001 | 牛奶1L | 500 | 100 | 50000 | 2018/11/3 00:00 | 50 | 50 |
| 2018/11/1 00:00 | S-003 | 牛奶200ml | 200 | 50 | 10000 | 2018/11/3 00:00 | 200 | 0 |
| 2018/11/1 00:00 | S-002 | 牛奶500ML | 320 | 75 | 24000 | 2018/11/3 00:00 | 100 | 220 |
| 2018/11/1 00:00 | S-004 | 起司粉150g | 170 | 130 | 22100 | 2018/11/3 00:00 | 150 | 20 |
| 2018/11/1 00:00 | S-005 | 起司粉75g | 110 | 90 | 9900 | 2018/11/3 00:00 | 110 | 0 |
| 2018/11/1 00:00 | S-006 | 起司片10片裝 | 180 | 100 | 18000 | 2018/11/3 00:00 | 80 | 100 |
| 2018/11/1 00:00 | S-007 | 起司片5片裝 | 300 | 85 | 25500 | 2018/11/3 00:00 | 70 | 230 |

取得訂單資料_Access

平均值: 105.5555556　項目個數: 36　加總: 3800

4 重新與 Access 檔案連線，更新至最新的資料。

# 3 變更匯入的目標資料

2013 2016 2019

當匯入的 Access 檔案的儲存位置改變，或是參照的表單有所變更時，就必須讓這些變動套用在 Excel 的資料上。使用 Excel 的「連線」功能可管理這類變動。

❶ 在右側的「活頁簿查詢」雙點「訂單資料」。

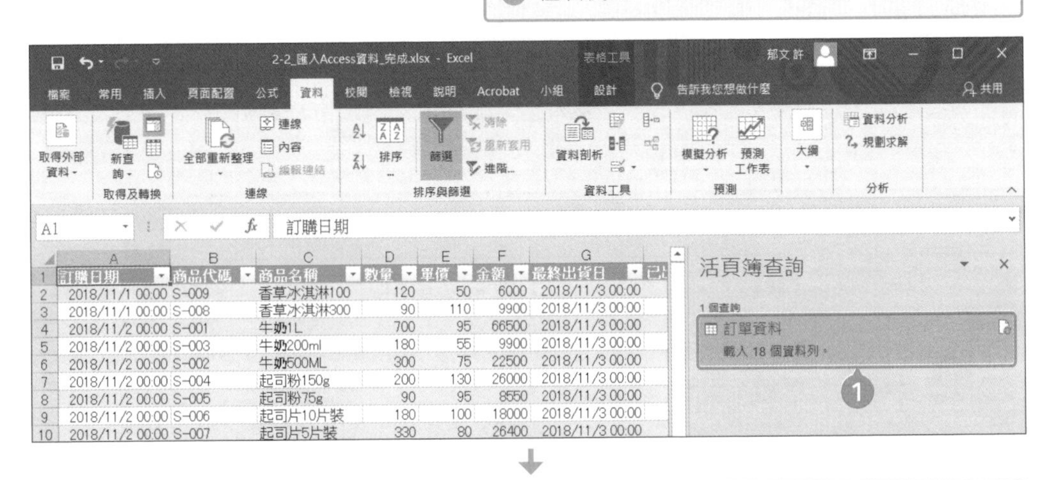


❷ 從 PowerQuery 編輯器畫面右側的「套用的步驟」列表雙點「導覽」。

》Excel 2013 的情況 ❶：在「資料」分頁的「連線」群組點選「連線」。

》Excel 2013 的情況 ❷：在「活頁簿連線」點選「2-2_ 訂單資料」，再點選「內容」。

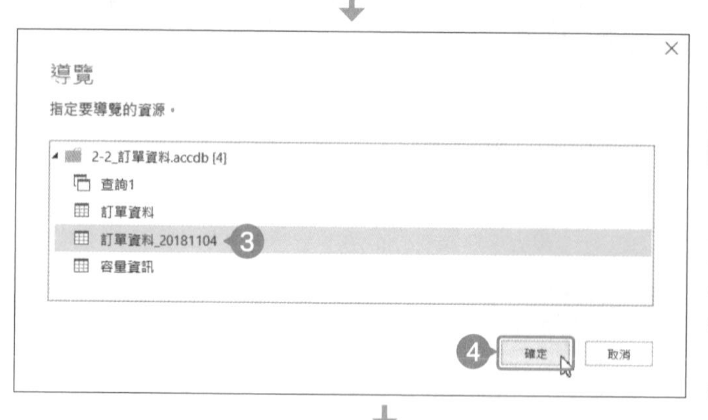


3 點選「訂單資料_20181104」。

4 點選「確定」。

》Excel 2013 的情況：

在「連線內容」對話框的「定義」分頁的「命令字串」輸入「訂單資料_20181104」，再點選「確定」。

5 從 PowerQuery 編輯器的「常用」分頁點選「關閉」群組裡的「關閉並載入」。

6 連線的表單資料更新了。

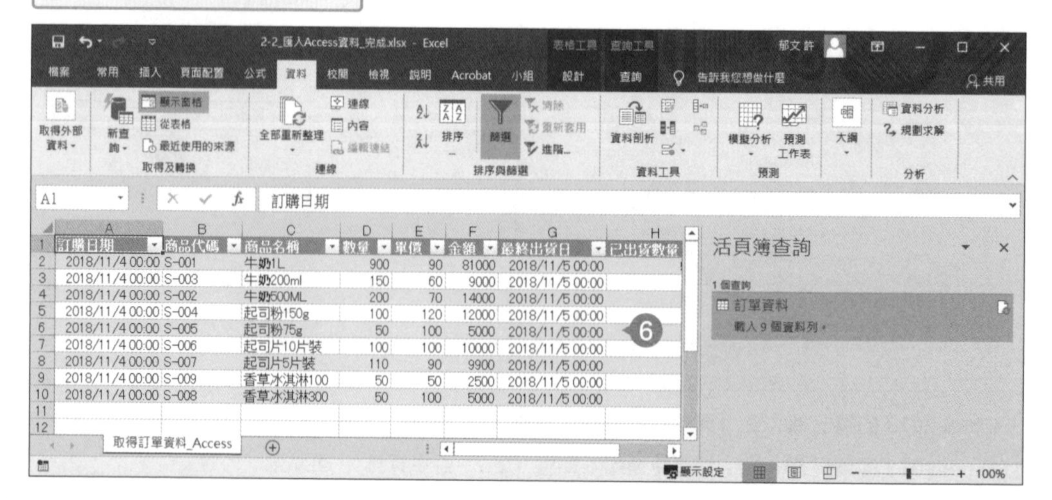

## Column 利用「VLOOKUP 函數」建立資料

假設想從系統資料庫取得各商品的銷售資料，再搭配群組內部 Excel 管理的商品資訊進行分析。於群組內管理的資訊是系統沒有的資料，所以必須在 Excel 合併這兩筆資料。若使用 Excel 內建的「VLOOKUP 函數」就能讓銷售資料的商品代碼與 Excel 的商品資訊的商品代碼建立連結，從商品資訊的資料將必要的資訊載入銷售資料。

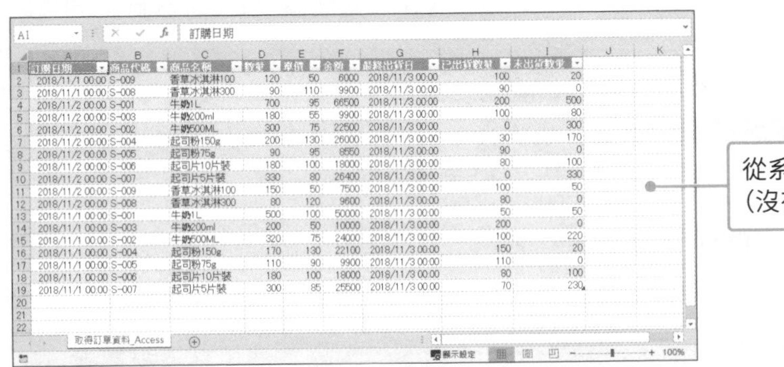

| 訂購日期 | 商品代碼 | 商品名稱 | 數量 | 單價 | 金額 | 最終出貨日 | 已出貨數量 | 未出貨數量 |
|---|---|---|---|---|---|---|---|---|
| 2018/11/1 00:00 | S-009 | 香草冰淇淋100 | 120 | 50 | 6000 | 2018/11/3 00:00 | 100 | 20 |
| 2018/11/1 00:00 | S-008 | 香草冰淇淋300 | 90 | 110 | 9900 | 2018/11/3 00:00 | 90 | 0 |
| 2018/11/2 00:00 | S-001 | 牛奶1L | 700 | 95 | 66500 | 2018/11/3 00:00 | 200 | 500 |
| 2018/11/2 00:00 | S-003 | 牛奶200ml | 180 | 55 | 9900 | 2018/11/3 00:00 | 100 | 80 |
| 2018/11/2 00:00 | S-002 | 牛奶500ML | 300 | 75 | 22500 | 2018/11/3 00:00 | 0 | 300 |
| 2018/11/2 00:00 | S-004 | 起司粉150g | 200 | 130 | 26000 | 2018/11/3 00:00 | 30 | 170 |
| 2018/11/2 00:00 | S-005 | 起司粉75g | 90 | 95 | 8550 | 2018/11/3 00:00 | 90 | 0 |
| 2018/11/2 00:00 | S-006 | 起司片10片裝 | 180 | 100 | 18000 | 2018/11/3 00:00 | 80 | 100 |
| 2018/11/2 00:00 | S-007 | 起司片5片裝 | 330 | 80 | 26400 | 2018/11/3 00:00 | 0 | 330 |
| 2018/11/2 00:00 | S-009 | 香草冰淇淋100 | 150 | 50 | 7500 | 2018/11/3 00:00 | 100 | 50 |
| 2018/11/2 00:00 | S-008 | 香草冰淇淋300 | 80 | 120 | 9600 | 2018/11/3 00:00 | 80 | 0 |
| 2018/11/1 00:00 | S-001 | 牛奶1L | 500 | 100 | 50000 | 2018/11/3 00:00 | 50 | 50 |
| 2018/11/1 00:00 | S-003 | 牛奶200ml | 200 | 50 | 10000 | 2018/11/3 00:00 | 200 | 0 |
| 2018/11/1 00:00 | S-002 | 牛奶500ML | 320 | 75 | 24000 | 2018/11/3 00:00 | 100 | 220 |
| 2018/11/1 00:00 | S-004 | 起司粉150g | 170 | 130 | 22100 | 2018/11/3 00:00 | 150 | 20 |
| 2018/11/1 00:00 | S-005 | 起司粉75g | 110 | 90 | 9900 | 2018/11/3 00:00 | 110 | 0 |
| 2018/11/1 00:00 | S-006 | 起司片10片裝 | 180 | 100 | 18000 | 2018/11/3 00:00 | 80 | 100 |
| 2018/11/1 00:00 | S-007 | 起司片5片裝 | 300 | 85 | 25500 | 2018/11/3 00:00 | 70 | 230 |

從系統取得的資料（沒有容量資訊）。

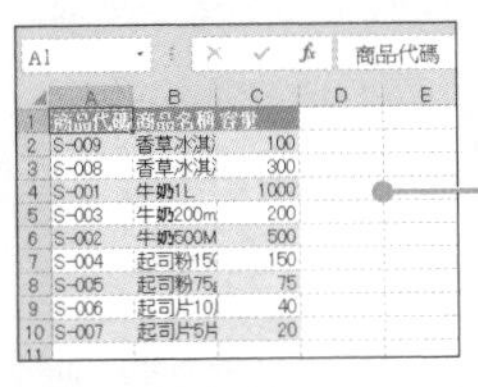

| 商品代碼 | 商品名稱 | 容量 |
|---|---|---|
| S-009 | 香草冰淇 | 100 |
| S-008 | 香草冰淇 | 300 |
| S-001 | 牛奶1L | 1000 |
| S-003 | 牛奶200m | 200 |
| S-002 | 牛奶500M | 500 |
| S-004 | 起司粉15( | 150 |
| S-005 | 起司粉75 | 75 |
| S-006 | 起司片10 | 40 |
| S-007 | 起司片5片 | 20 |

於群組內容管理的 Excel 商品資訊（有容量資訊）。

=VLOOKUP([@商品代碼],'D:\01碁峰\C1327\excelbiz_sample\2章\2-2\[容量資訊.xlsx]工作表1'!$A$1:$C$10,3,FALSE)

| 訂購日期 | 商品代碼 | 商品名稱 | 數量 | 單價 | 金額 | 最終出貨日 | 已出貨數量 | 未出貨數量 | 容量 |
|---|---|---|---|---|---|---|---|---|---|
| 2018/11/1 00:00 | S-009 | 香草冰淇淋100 | 120 | 50 | 6000 | 2018/11/3 00:00 | 100 | 20 | 100 |
| 2018/11/1 00:00 | S-008 | 香草冰淇淋300 | 90 | 110 | 9900 | 2018/11/3 00:00 | 90 | 0 | 300 |
| 2018/11/2 00:00 | S-001 | 牛奶1L | 700 | 95 | 66500 | 2018/11/3 00:00 | 200 | 500 | 1000 |
| 2018/11/2 00:00 | S-003 | 牛奶200ml | 180 | 55 | 9900 | 2018/11/3 00:00 | 100 | 80 | 200 |
| 2018/11/2 00:00 | S-002 | 牛奶500ML | 300 | 75 | 22500 | 2018/11/3 00:00 | 0 | 300 | 500 |
| 2018/11/2 00:00 | S-004 | 起司粉150g | 200 | 130 | 26000 | 2018/11/3 00:00 | 30 | 170 | 150 |
| 2018/11/2 00:00 | S-005 | 起司粉75g | 90 | 95 | 8550 | 2018/11/3 00:00 | 90 | 0 | 75 |
| 2018/11/2 00:00 | S-006 | 起司片10片裝 | 180 | 100 | 18000 | 2018/11/3 00:00 | 80 | 100 | 40 |
| 2018/11/2 00:00 | S-007 | 起司片5片裝 | 330 | 80 | 26400 | 2018/11/3 00:00 | 0 | 330 | 20 |
| 2018/11/2 00:00 | S-009 | 香草冰淇淋100 | 150 | 50 | 7500 | 2018/11/3 00:00 | 100 | 50 | 100 |
| 2018/11/2 00:00 | S-008 | 香草冰淇淋300 | 80 | 120 | 9600 | 2018/11/3 00:00 | 80 | 0 | 300 |
| 2018/11/1 00:00 | S-001 | 牛奶1L | 500 | 100 | 50000 | 2018/11/3 00:00 | 50 | 50 | 1000 |
| 2018/11/1 00:00 | S-003 | 牛奶200ml | 200 | 50 | 10000 | 2018/11/3 00:00 | 200 | 0 | 200 |
| 2018/11/1 00:00 | S-002 | 牛奶500ML | 320 | 75 | 24000 | 2018/11/3 00:00 | 100 | 220 | 500 |
| 2018/11/1 00:00 | S-004 | 起司粉150g | 170 | 130 | 22100 | 2018/11/3 00:00 | 150 | 20 | 150 |
| 2018/11/1 00:00 | S-005 | 起司粉75g | 110 | 90 | 9900 | 2018/11/3 00:00 | 110 | 0 | 75 |
| 2018/11/1 00:00 | S-006 | 起司片10片裝 | 180 | 100 | 18000 | 2018/11/3 00:00 | 80 | 100 | 40 |
| 2018/11/1 00:00 | S-007 | 起司片5片裝 | 300 | 85 | 25500 | 2018/11/3 00:00 | 70 | 230 | 20 |

使用 VLOOKUP 函數可在取得的系統資料新增容量資訊。

表 2-2-1 VLOOKUP 函數的參數

| 參數名稱 | 指定值 | 指定範例 |
|---|---|---|
| 搜尋值 | 用於新增資料時，建立關聯性的儲存格 | 從系統取得的商品代碼 |
| 範圍 | 包含新資訊的檔案的搜尋範圍 | 在群組資訊中想要建立關聯性的範圍 |
| 欄編號 | 新資訊位於第幾欄 | 3、5 或其他欄位 |
| 搜尋方法 | 搜尋範圍內沒有可對應的值時執行的動作 | TRUE：接近搜尋值的欄編號 |
| | | FALSE：錯誤。傳回「#N/A」 |

* 範例的首欄必須是與「搜尋值」相同資訊的欄位。

# 03 匯入 Web 資料

有時候公司內部瀏覽的報表會以 html 格式儲存於公司內部伺服器，而這類 html 格式的資料也能匯入 Excel，所以也就能有效運用公司內部的資訊。

## Point

現在幾乎沒有不連網的企業，而利用網路存取資訊的方法之一就是利用公司內部網路（區域網路）公開資料的方法。Excel 也能利用這類網路上的 html 格式的資料。

1 將 Web 資料匯入 Excel。

2 變更匯入的目標資料。

只要學會純文字檔案、Access 檔案、html 檔案的匯入方法，之後就能輕鬆地將資料匯入 Excel。

## Sample 將 Web 資料匯入 Excel 的結果

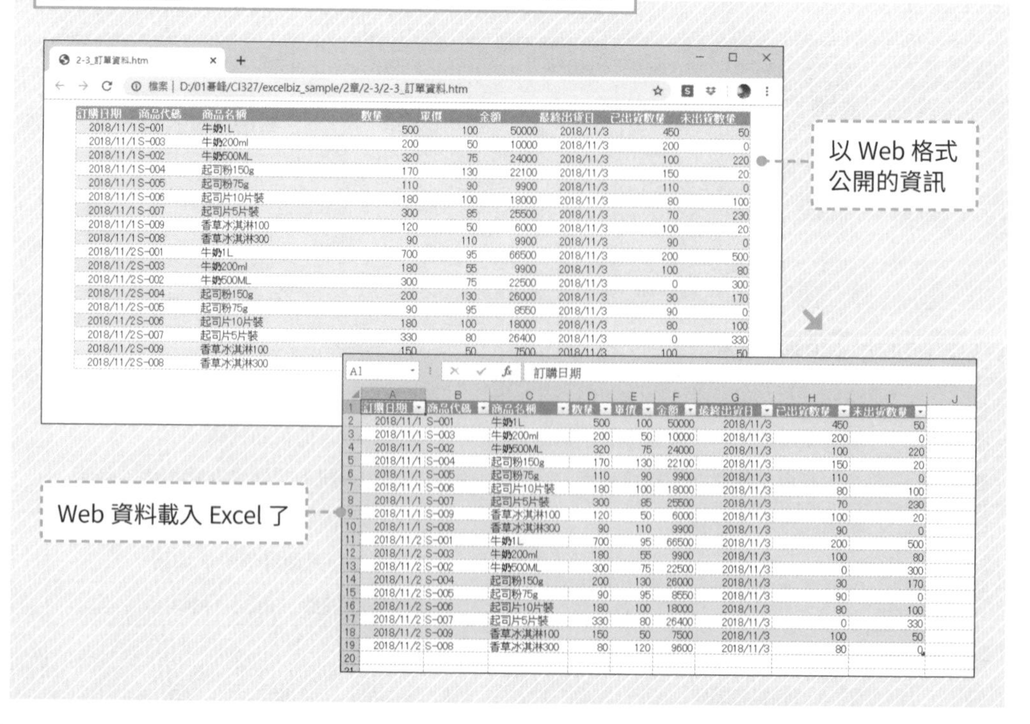

## ▶載入 Web 資料

公司各類報表常會以 html 格式公布於公司內部網路，藉此讓全公司共享資訊，而 Excel 也能匯入這類網路公開的 html 格式的資料。

網路公開資訊具有下列優點：

1 **資訊的可信度**

只要是公司內部公開的資訊，就是許多員工會瀏覽的資訊，所以可當成官方資訊使用。

2 **資料的安全性**

只要是以 html 輸出資料庫的資料，使用者就不需要接觸資料庫，也能瀏覽資訊，網頁上的資料也不會被使用者覆寫，自然可以確保原始資料的安全性。

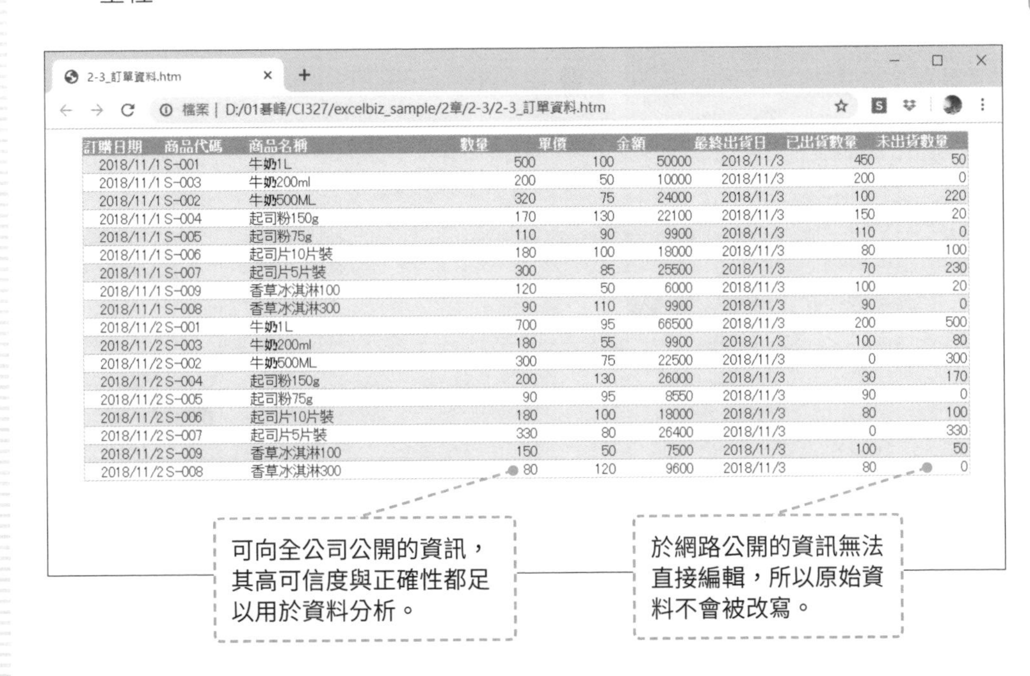


| 訂購日期 | 商品代碼 | 商品名稱 | 數量 | 單價 | 金額 | 最終出貨日 | 已出貨數量 | 未出貨數量 |
|---|---|---|---|---|---|---|---|---|
| 2018/11/1 | S-001 | 牛奶1L | 500 | 100 | 50000 | 2018/11/3 | 450 | 50 |
| 2018/11/1 | S-003 | 牛奶200ml | 200 | 50 | 10000 | 2018/11/3 | 200 | 0 |
| 2018/11/1 | S-002 | 牛奶500ML | 320 | 75 | 24000 | 2018/11/3 | 100 | 220 |
| 2018/11/1 | S-004 | 起司粉150g | 170 | 130 | 22100 | 2018/11/3 | 150 | 20 |
| 2018/11/1 | S-005 | 起司粉75g | 110 | 90 | 9900 | 2018/11/3 | 110 | 0 |
| 2018/11/1 | S-006 | 起司片10片裝 | 180 | 100 | 18000 | 2018/11/3 | 80 | 100 |
| 2018/11/1 | S-007 | 起司片5片裝 | 300 | 85 | 25500 | 2018/11/3 | 70 | 230 |
| 2018/11/1 | S-009 | 香草冰淇淋100 | 120 | 50 | 6000 | 2018/11/3 | 100 | 20 |
| 2018/11/1 | S-008 | 香草冰淇淋300 | 90 | 110 | 9900 | 2018/11/3 | 90 | 0 |
| 2018/11/2 | S-001 | 牛奶1L | 700 | 95 | 66500 | 2018/11/3 | 200 | 500 |
| 2018/11/2 | S-003 | 牛奶200ml | 180 | 55 | 9900 | 2018/11/3 | 100 | 80 |
| 2018/11/2 | S-002 | 牛奶500ML | 300 | 75 | 22500 | 2018/11/3 | 0 | 300 |
| 2018/11/2 | S-004 | 起司粉150g | 200 | 130 | 26000 | 2018/11/3 | 30 | 170 |
| 2018/11/2 | S-005 | 起司粉75g | 90 | 95 | 8550 | 2018/11/3 | 90 | 0 |
| 2018/11/2 | S-006 | 起司片10片裝 | 180 | 100 | 18000 | 2018/11/3 | 80 | 100 |
| 2018/11/2 | S-007 | 起司片5片裝 | 330 | 80 | 26400 | 2018/11/3 | 0 | 330 |
| 2018/11/2 | S-009 | 香草冰淇淋100 | 150 | 50 | 7500 | 2018/11/3 | 100 | 50 |
| 2018/11/2 | S-008 | 香草冰淇淋300 | 80 | 120 | 9600 | 2018/11/3 | 80 | 0 |

大家平常在網路瀏覽的網頁也能匯入 Excel，但得考慮資料的著作權問題，所以要使用公司外部的資料時，就必須先與作者確認是否可使用。此外，使用這些資料也要確認資料的正確性。

# ❶ 匯入 Web 資料

2013 2016 2019

下列是於公司內部網站公開的每日業績報表。這些報表資料當然是優質資訊，若能匯入 Excel，將有更多用途。

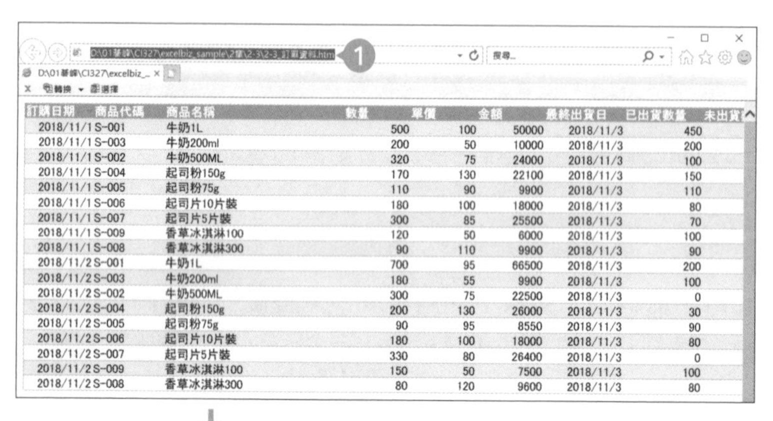

| 訂購日期 | 商品代碼 | 商品名稱 | 數量 | 單價 | 金額 | 最終出貨日 | 已出貨數量 | 未出貨 |
|---|---|---|---|---|---|---|---|---|
| 2018/11/1 | S-001 | 牛奶1L | 500 | 100 | 50000 | 2018/11/3 | 450 | |
| 2018/11/1 | S-003 | 牛奶200ml | 200 | 50 | 10000 | 2018/11/3 | 200 | |
| 2018/11/1 | S-002 | 牛奶500ML | 320 | 75 | 24000 | 2018/11/3 | 100 | |
| 2018/11/1 | S-004 | 起司粉150g | 170 | 130 | 22100 | 2018/11/3 | 150 | |
| 2018/11/1 | S-005 | 起司粉75g | 110 | 90 | 9900 | 2018/11/3 | 110 | |
| 2018/11/1 | S-006 | 起司片10片裝 | 180 | 100 | 18000 | 2018/11/3 | 80 | |
| 2018/11/1 | S-007 | 起司片5片裝 | 300 | 85 | 25500 | 2018/11/3 | 70 | |
| 2018/11/1 | S-009 | 香草冰淇淋100 | 120 | 50 | 6000 | 2018/11/3 | 100 | |
| 2018/11/1 | S-008 | 香草冰淇淋300 | 90 | 110 | 9900 | 2018/11/3 | 90 | |
| 2018/11/2 | S-001 | 牛奶1L | 700 | 95 | 66500 | 2018/11/3 | 200 | |
| 2018/11/2 | S-003 | 牛奶200ml | 180 | 55 | 9900 | 2018/11/3 | 100 | |
| 2018/11/2 | S-002 | 牛奶500ML | 300 | 75 | 22500 | 2018/11/3 | 0 | |
| 2018/11/2 | S-004 | 起司粉150g | 200 | 130 | 26000 | 2018/11/3 | 30 | |
| 2018/11/2 | S-005 | 起司粉75g | 90 | 95 | 8550 | 2018/11/3 | 90 | |
| 2018/11/2 | S-006 | 起司片10片裝 | 180 | 100 | 18000 | 2018/11/3 | 80 | |
| 2018/11/2 | S-007 | 起司片5片裝 | 330 | 80 | 26400 | 2018/11/3 | 0 | |
| 2018/11/2 | S-009 | 香草冰淇淋100 | 150 | 50 | 7500 | 2018/11/3 | 100 | |
| 2018/11/2 | S-008 | 香草冰淇淋300 | 80 | 120 | 9600 | 2018/11/3 | 80 | |

❶ 利用瀏覽器開啟「2-3_訂單資料」(範例使用 Internet Explorer)，再複製網址。

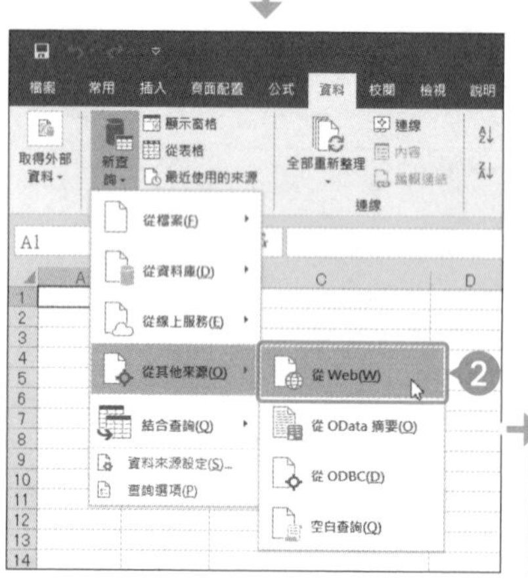


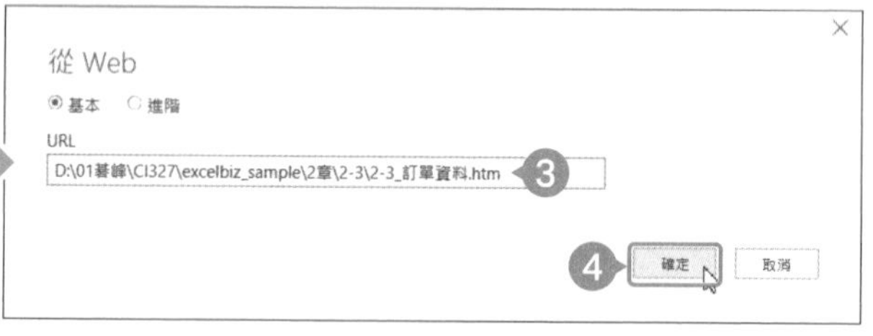


❷ 從「資料」分頁的「取得及轉換」群組點選「新查詢」→「從其他來源」→「從 Web」。

❸ 在「URL」貼上在①複製的網址。

❹ 點選「確定」。

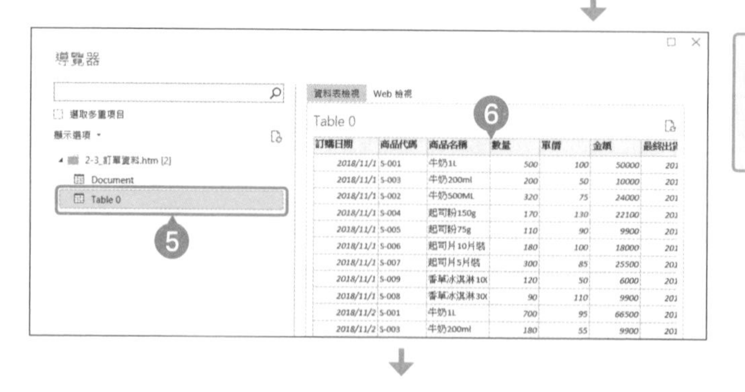


❺ 點選導覽器畫面左側列表的「Table0」。

❻ 開啟「2-3_訂單資料」。

» Excel 2013 的情況❷：在「資料」分頁的「取得外部資料」群組點選「從 Web」。

» Excel 2013 的情況❸：在「新增 Web 查詢」的「地址」貼入在步驟❶複製的網址，再點選「到」。點選表面左邊的「→」，開啟「2-3_訂單資料」，再點選「匯入」即可。

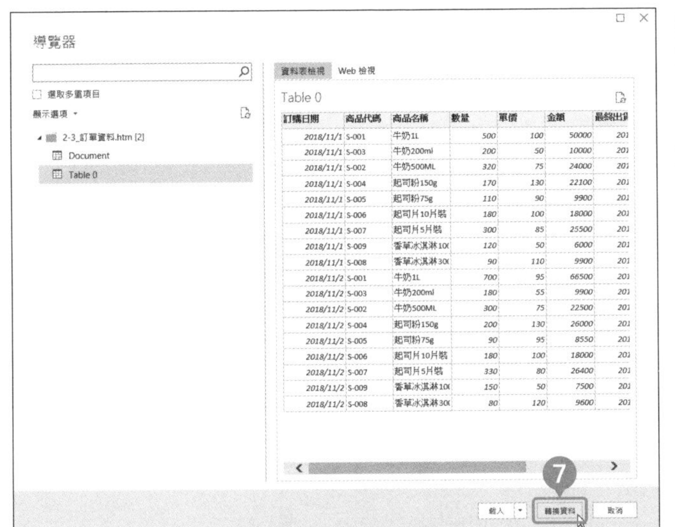


❼ 點選「轉換資料」。

**》如果顯示網頁瀏覽器的警告：**

如果 URL 有中文，有時會顯示「請確定路徑或網際網路位址是否正確」的「網頁瀏覽器」警告訊息，但這不妨礙資料匯入，只需要按下「確定」，讓作業繼續下去即可。

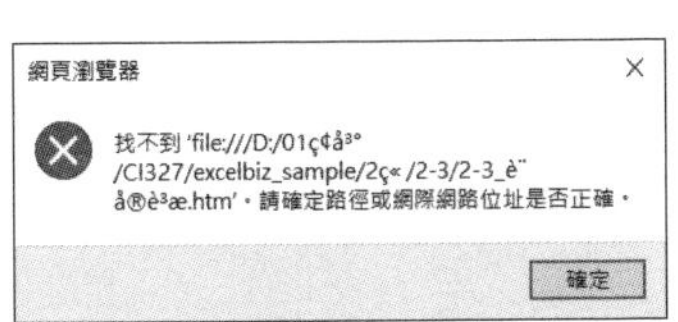


❽ 在 PowerQuery 編輯器的「檔案」分頁點選「關閉並載入至…」。

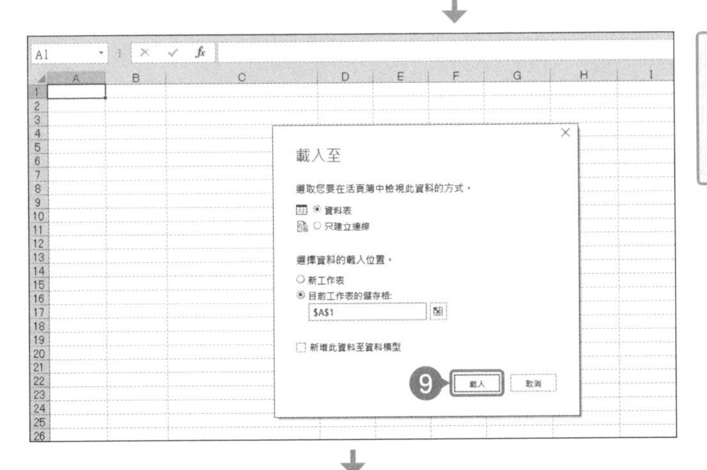


❾ 確定「選擇資料的載入位置」為「目前工作表的儲存格」的「A1」之後，按下「載入」。

❿ 載入 Web 資料了。

## ❷ 變更匯入的目標資料

如果入口網站公佈業績報表的位置有所變更，就必須修正連線資訊，否則就不能將業績報表匯入 Excel。要匯入更新的資料必須更新為新的網址。

❶ 利用瀏覽器開啟更新的資料「2-3_訂單資料_20181104」(範例使用 Internet Explorer 開啟)，再複製網址。

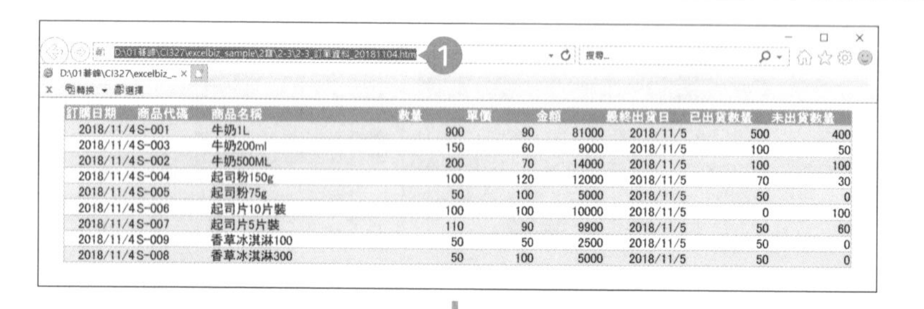

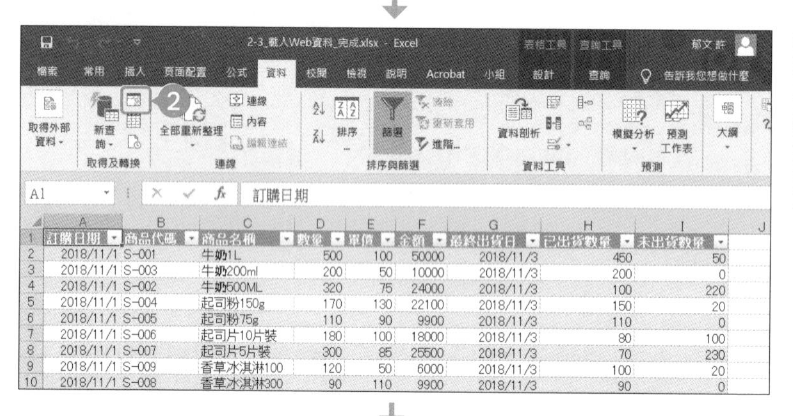

❷ 在「資料」分頁的「取得及轉換」群組點選「顯示窗格」。

❸ 在右側的「活頁簿查詢」列表雙點「Table 0」。

» Excel 2013 的情況 ❷：點選「資料」分頁的「連線」群組的「連線」。

» Excel 2013 的情況 ❸：在「活頁簿連線」對話框點選「內容」。

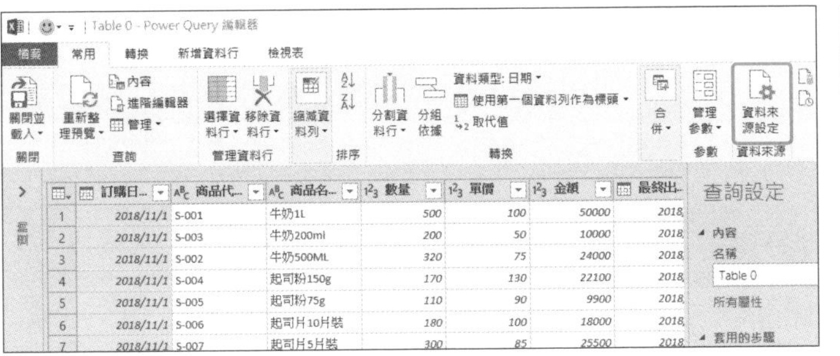


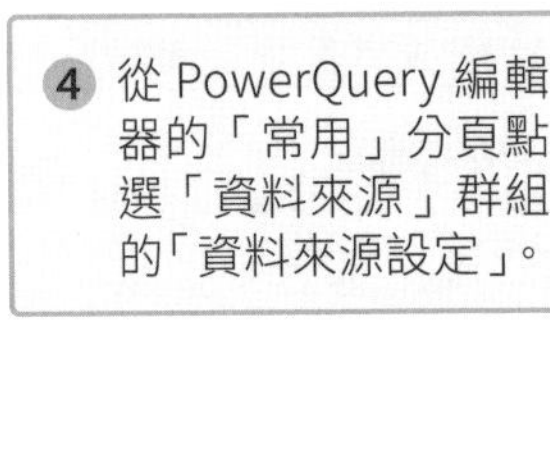
④ 從 PowerQuery 編輯器的「常用」分頁點選「資料來源」群組的「資料來源設定」。

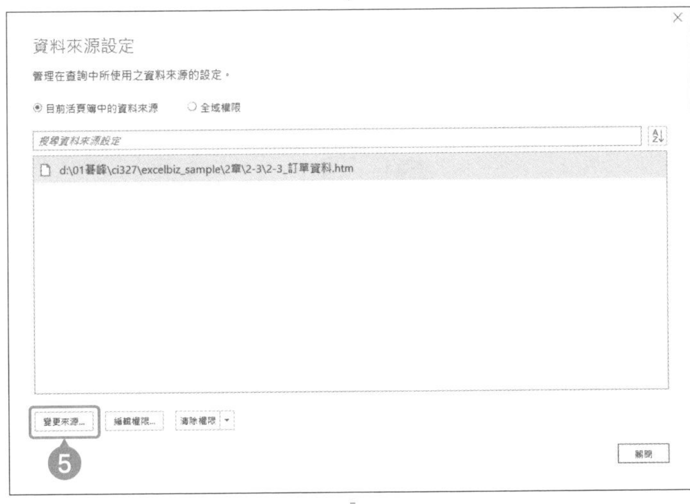


⑤ 在「資料來源設定」畫面點選「變更來源」按鈕。

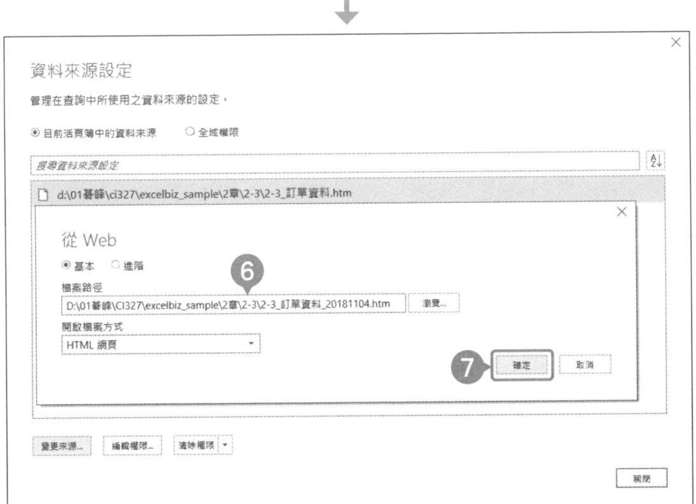


⑥ 在「檔案路徑」貼上剛剛在步驟❶複製的網址。

⑦ 點選「確定」。

---

》Excel 2013 的情況 ④：在「連線內容」對話框的「定義」分頁點選「編輯查詢」。

》Excel 2013 的情況 ⑤：在「編輯 Web 查詢」的「地址」貼上步驟❶複製的網址，再點選「到」。開啟「2-3_ 訂單資料 _20181104」之後，點選表格左側的「→」。要匯入的對象已選取後，按下「匯入」即可。在「連線內容」畫面點選「確定」，再於「活頁簿連線」點選「關閉」即可。

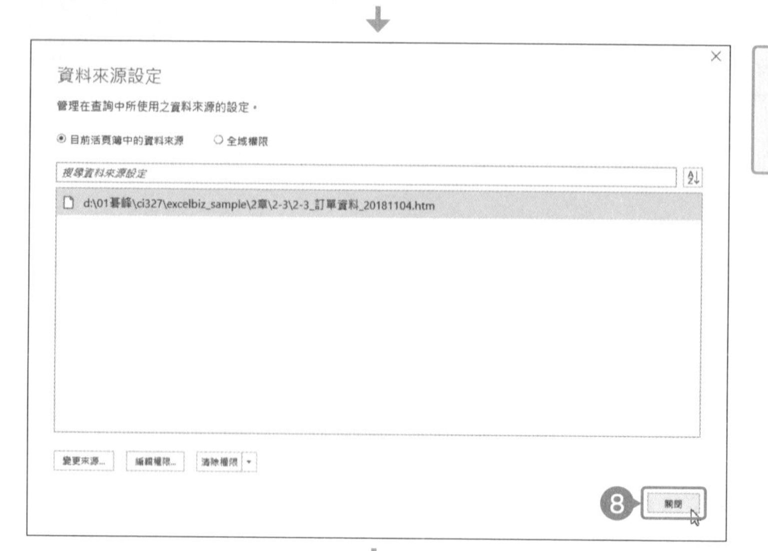


8 在「資料來源設定」畫面點選「關閉」鈕。

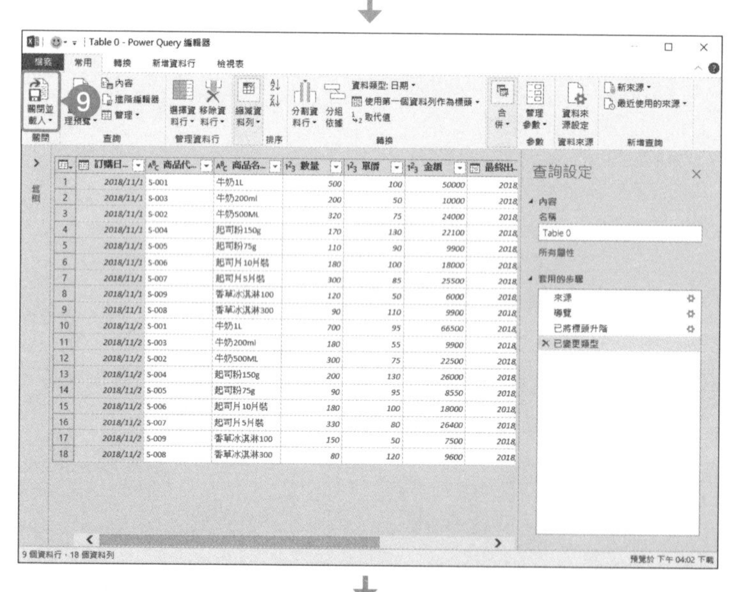


9 在 PowerQuery 編輯器的「常用」分頁點選「關閉並載入」。

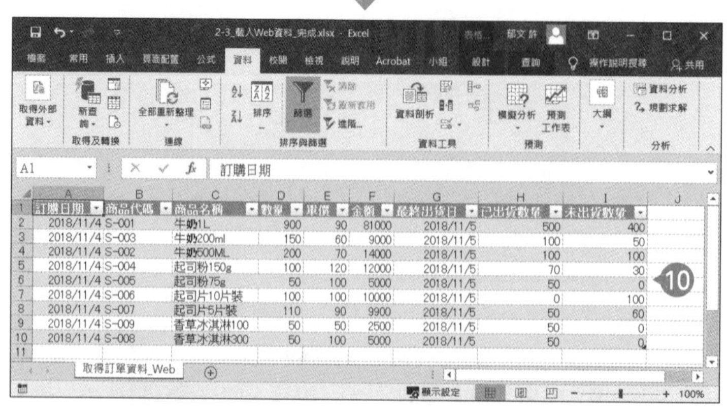


10 連線位置變更後，資料也跟著變更了。

Chapter 03

# 活用表格

表格功能可用來製作、編輯表格，也可設定樣式，而且篩選或統計這類資料分析若利用表格進行，將會更簡單方便。本章將介紹製作表格的方法與表格的基本操作，還要解說替表格套用篩選、排序、統計、格式化條件的方法。

# 01 活用表格功能

將儲存格範圍定義為表格，就能快速編輯資料與調整樣式。

**Point**

將儲存格範圍定義為表格可快速完成下列的操作：

1 新增算式欄位。

2 新增列。

3 新增表格樣式，讓內容更簡單易讀。

羅列一堆資料的內容其實很難閱讀，也稱不上是具有說服力的資料，而使用表格功能可做出直擊聽眾心坎的內容。

**Sample** 定義為表格

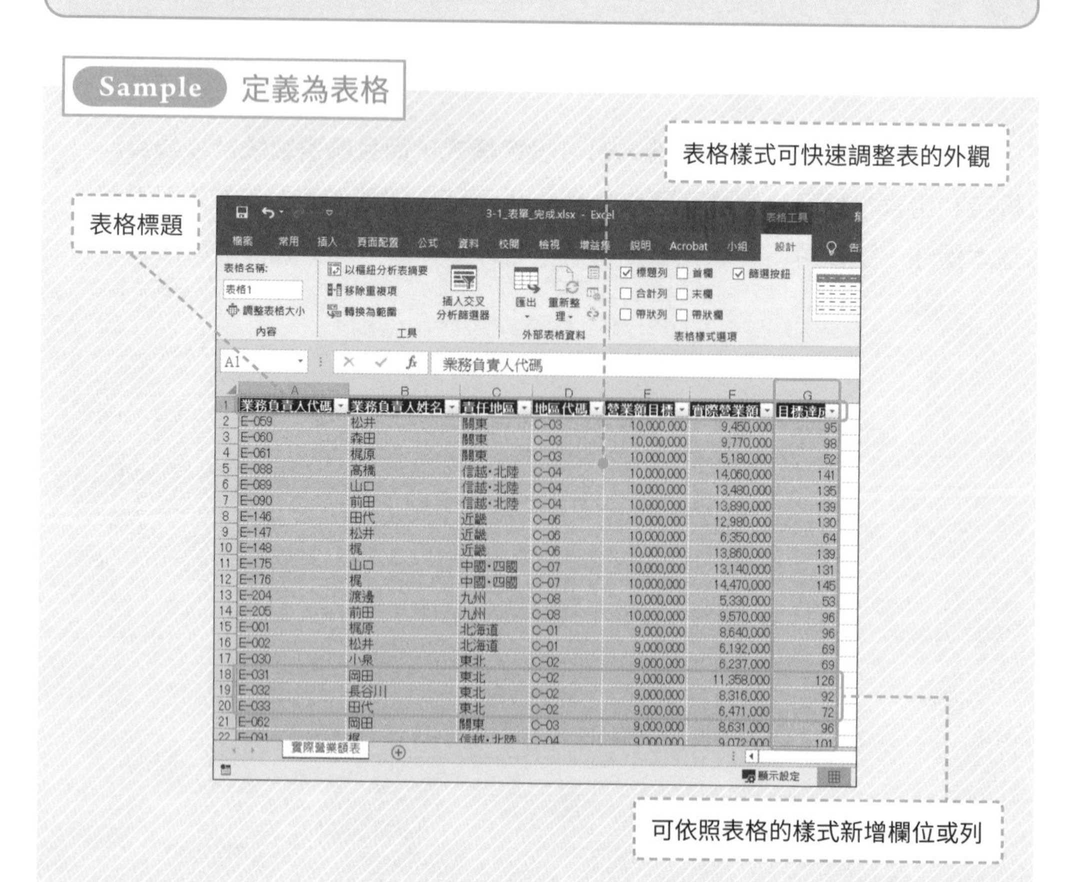

## 何謂表格？

「表格」就是具有明確定義的儲存格範圍，具代表性的功能如下：

- **格式將自動套用於新增的欄或列。**
- **於欄位新增的算式將自動套用至所有列。**
- **可透過表格樣式快速調整外觀設計。**
- **捲動列，也能讓表格標題留在畫面上。**

先將資料範圍定義為表格，會比較方便使用接下來幾節說明的功能。

- **利用篩選器過濾資料**
- **排序資料**
- **統計資料**



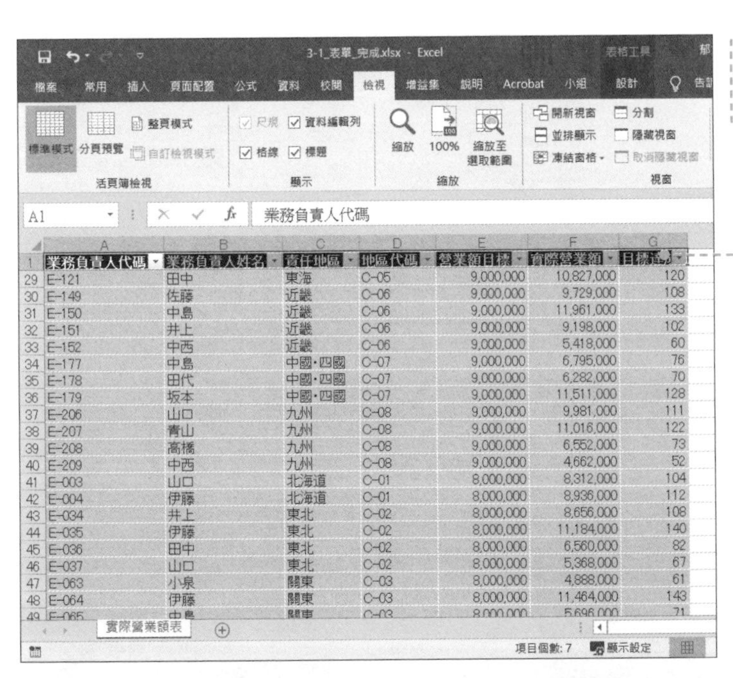

從畫面上的表格標題可清楚看出該欄資料

選擇表格之後，會顯示「表格工具」的設計分頁。

## ❶ 轉換成表格

2013 2016 2019

要使用表格功能就要先轉換成表格。方法非常簡單，先選取要轉換的資料範圍，再點選「表格」按鈕即可。

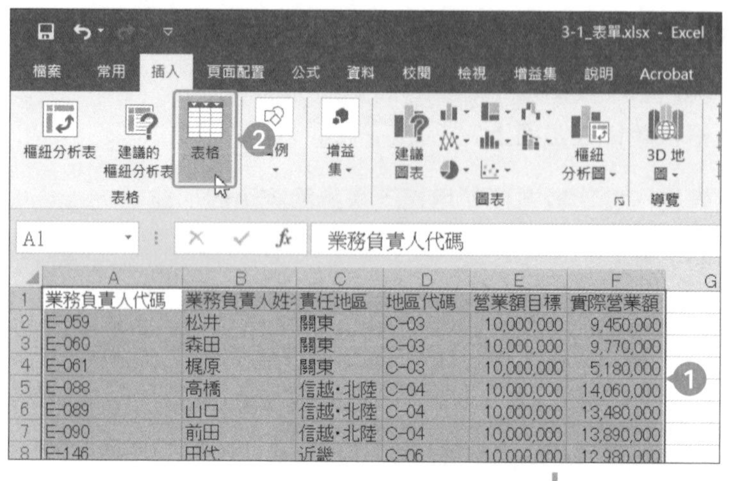


❶ 選取要轉換成表格的資料範圍。

❷ 在「插入」分頁的「表格」群組點選「表格」按鈕。

**沒有空白列、空白欄時：**

假設要轉換成表格的範圍沒有空白列與空白欄，只要點選其中一個儲存格再按下「表格」鈕，就能將整張表轉換成表格。

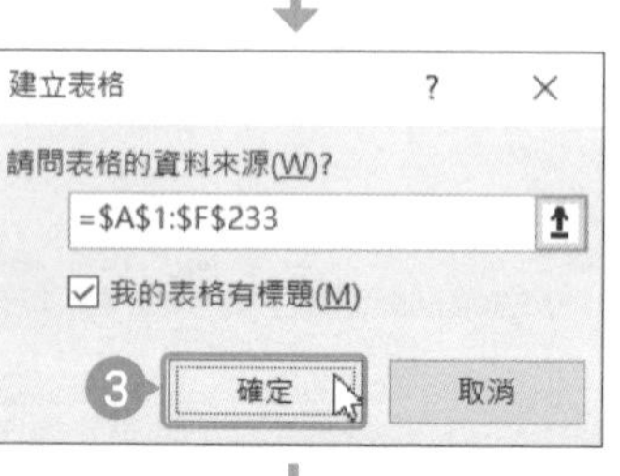


❸ 開啟「建立表格」對話框之後，確認指定的資料範圍是否正確再按下「確定」。

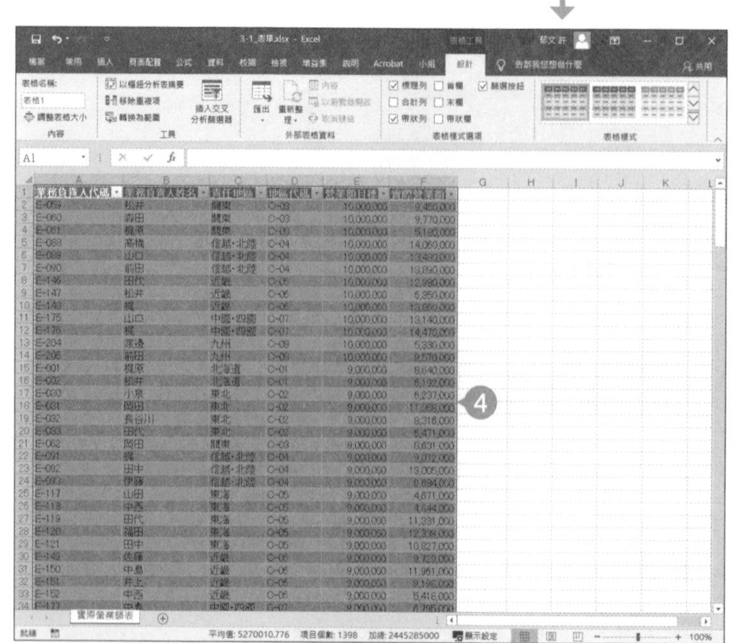

❹ 剛剛選取的資料範圍轉換成「表格」了。

**要將表格轉換成資料範圍時：**

若想將表格還原為資料範圍，可先選取表格的某個儲存格，再於「設計」分頁的工具群組點選「轉換為範圍」鈕。也可以利用滑鼠右鍵選取表格的儲存格，再從「表格」選擇「轉換為範圍」。

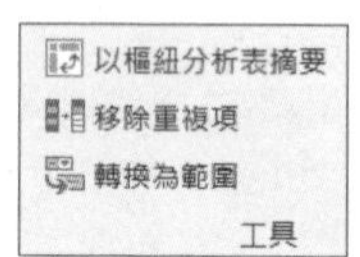

## ❷ 在表格新增欄位

2013 2016 2019

轉換成表格之後再新增欄位，該欄位也會被視為表格的一部分，也就能設定樣式以及編輯資料，這種方式比針對每個欄位設定的方法還要更有效率。

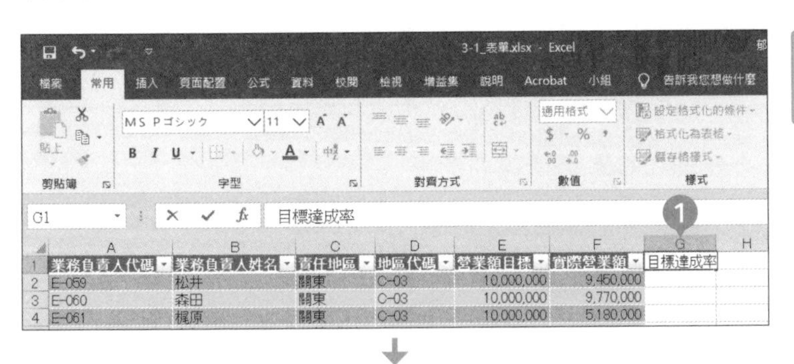

❶ 在儲存格 G1 輸入「目標達成率」。

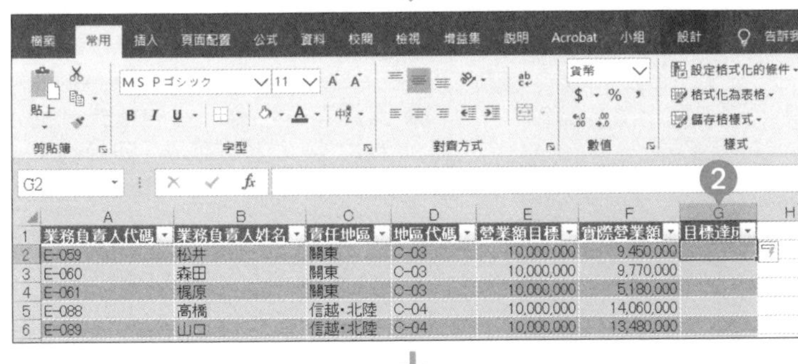

❷ 套用與其他欄位標題一樣的樣式。

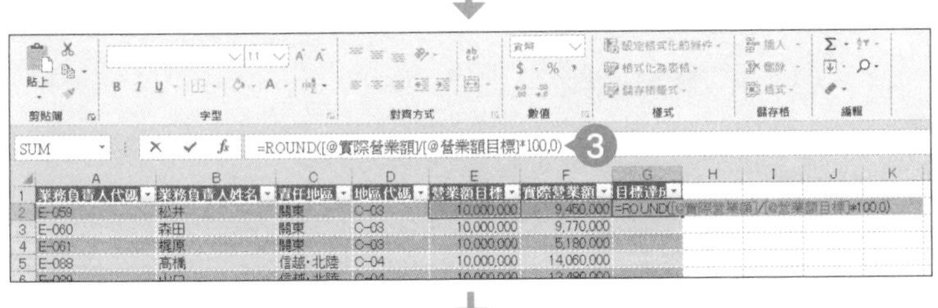

❸ 在儲存格 G2 輸入「=ROUND([@實際營業額]/[@營業額目標]*100,0)」。

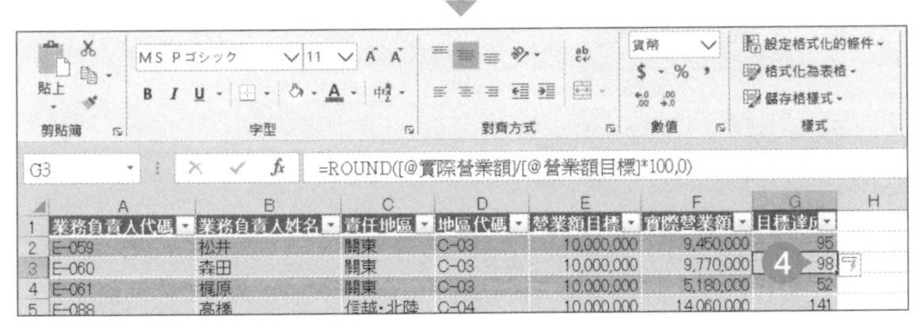

❹ 所有的列都套用上述的公式。

**表格的儲存格參照**：右側的公式是表格內部的參照公式，但輸入公式時，請依照「選擇儲存格 F2」→「輸入 "/"」→「選擇儲存格 E2」的順序輸入。

**關於 ROUND 函數**：ROUND 函數為四捨五入函數，語法為「ROUND( 數值 , 位數 )」。位數為 0 時，代表傳回四捨五入至整數的結果，指定為則傳回四捨五入至小數點第一位的結果。指定為 -1，則傳回四捨五入至個位數的結果。

## 3 在表格新增列

2013 2016 2019

與新增欄的情況一樣，新增列的時候，該列一樣會被視為表格的一部分，既有的列的資訊也會套用在新增的列，所以可省掉設定格式或輸入公式的步驟。

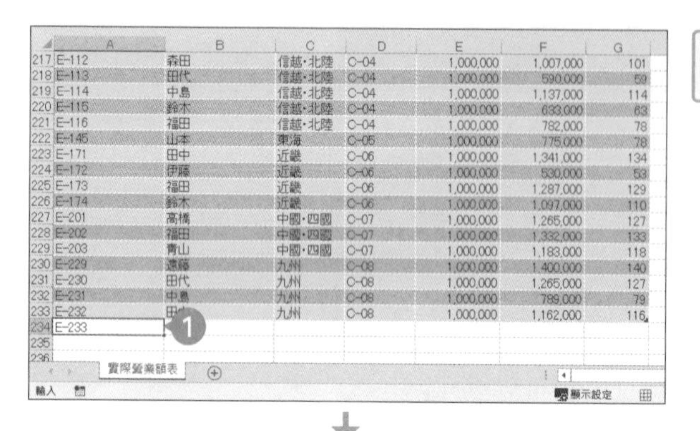


1 在儲存格 A234 輸入「E-233」。

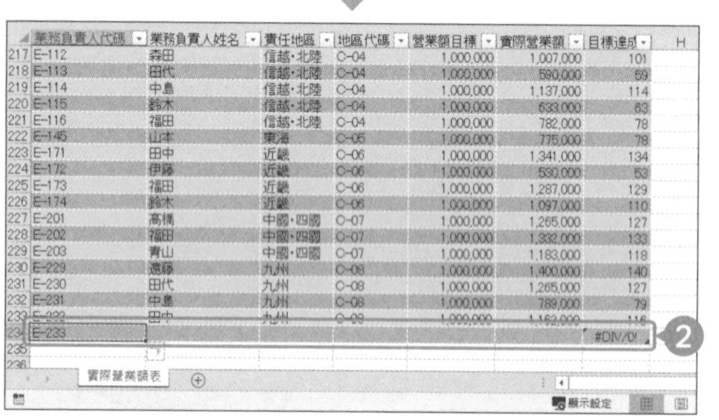


2 套用與其他列一樣的樣式，也套用了「目標達成率」的公式。

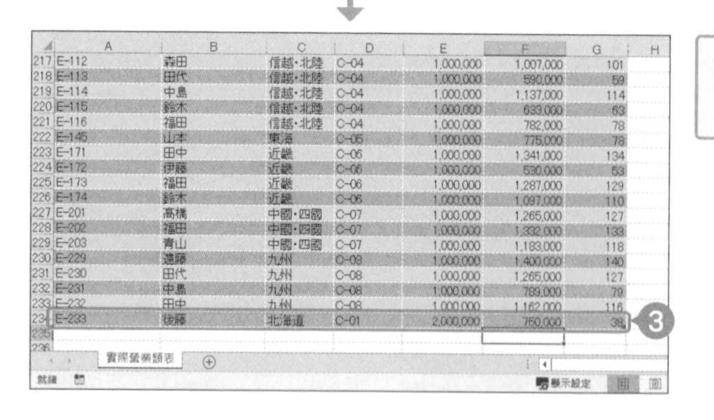


3 如表 3-1-1 輸入「業務負責人代碼」與其他資訊。

表 3-1-1 要輸入的資訊

| 業務負責人代碼 | 後藤 |
|---|---|
| 責任地區 | 北海道 |
| 地區代碼 | C-01 |
| 營業額目標 | 2000000 |
| 實際營業額 | 750000 |

**輸入營業額目標與實際營業額：**

這裡會自動套用其他列的樣式，所以只需要輸入「2000000」，不需要設定千分位樣式。

# 4 設定表格樣式的方法

2013 2016 2019

在 56 頁將儲存格範圍轉換成表格之後，就轉換成套用了顏色的表格，這也是由「表格樣式」這項功能所套用，而且除了預設的樣式，還有許多可套用的樣式，大家可依照用途挑選適當的樣式使用。

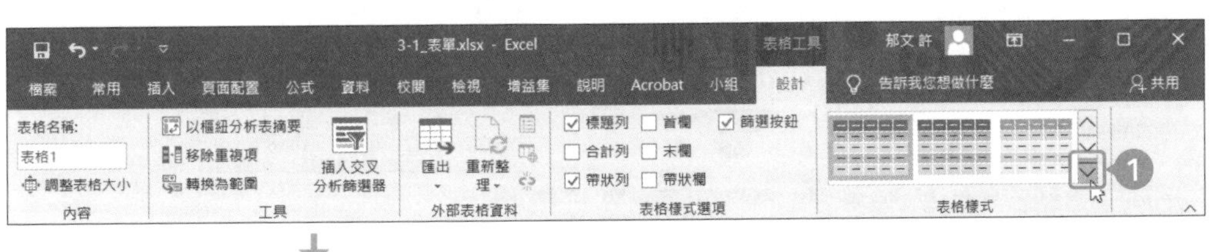


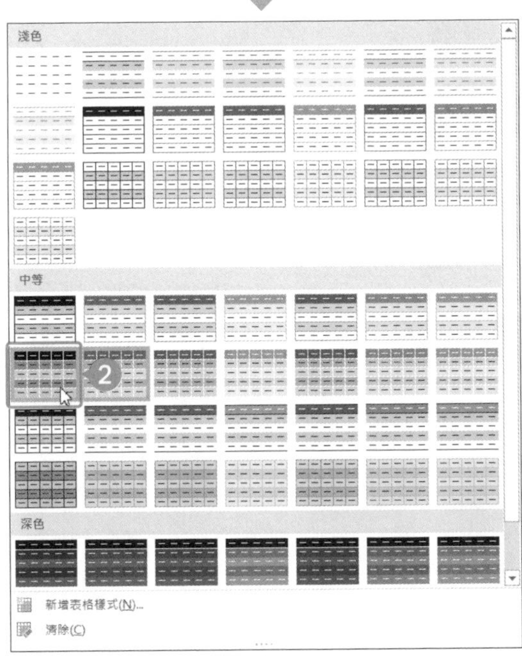


❶ 在選取表格的某個儲存格之後，在「表格工具」的「設計」分頁點選「表格樣式」群組右下角的「其他」。

❷ 表格樣式視窗開啟後，點選「淺灰，表格樣式中等深淺 8」。

**設定表格樣式：**

❶ 同樣的操作也可在「常用」分頁的「樣式」群組點選「格式化為表格」完成。這項功能也可用於未轉換成表格前的儲存格。

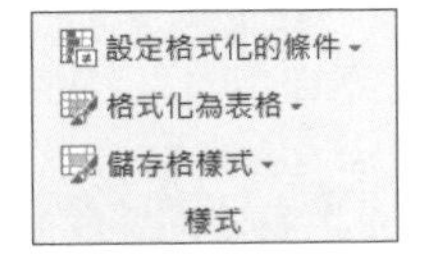


**表格樣式的預覽：**

將滑鼠游標移到表格樣式，就能預覽套用表格樣式之後的結果。

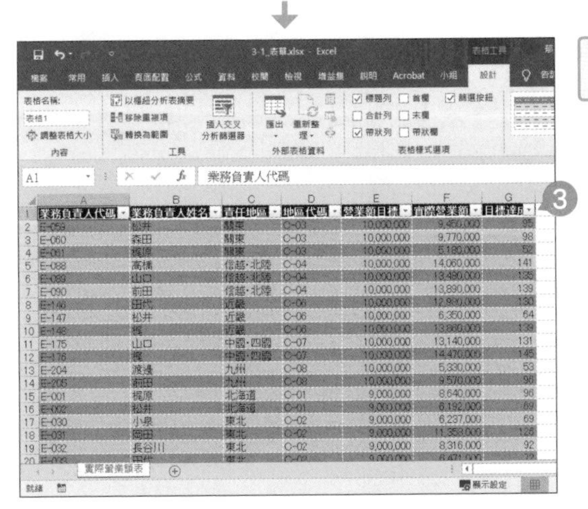


❸ 套用剛剛選擇的樣式了。

## ❺ 表格樣式的選項

2013 2016 2019

「表格樣式」功能可讓枯燥無味的儲存格變成漂亮的表格，而且還可利用「表格樣式選項」進一步設定表格的外觀（參考表 3-1-2）。

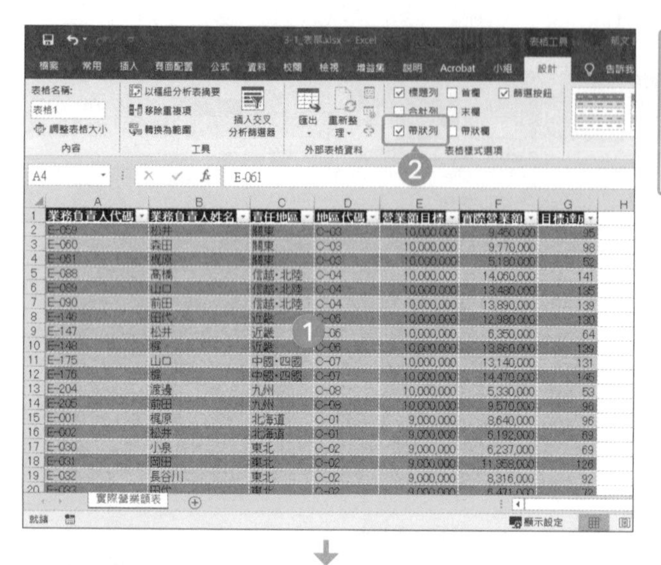

❶ 點選表格的某個儲存格。

❷ 在「表格工具」的「設計」分頁的「表格樣式選項」取消「帶狀列」。

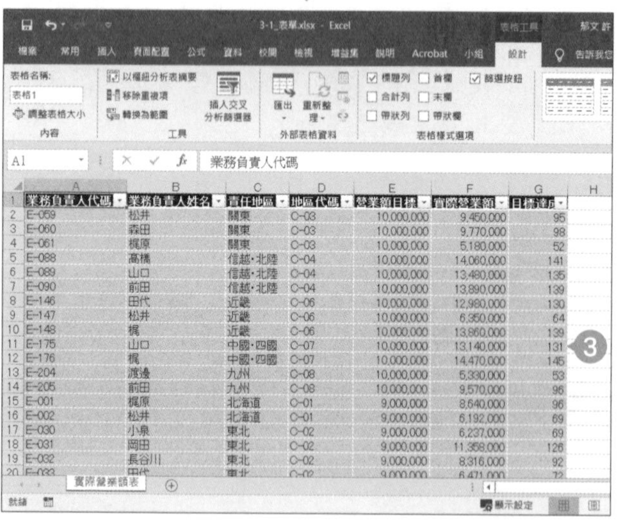

❸ 奇數列的樣式轉換成與偶數列一樣的淡灰色。

表 3-1-2　表格樣式選項

| 標題列 | 設定顯示／隱藏標題列 |
|---|---|
| 合計列 | 設定顯示／隱藏最終列的合計列 |
| 帶狀列 | 設定是否在列套用條紋 |
| 首欄 | 設定是否強調首欄 |
| 末欄 | 設定是否強調末欄 |
| 帶狀欄 | 設定是否在欄位套用條紋 |

## Column 新增與登錄自訂的表格樣式

除了內建的表格樣式，也可以新增與登錄自訂的表格樣式。要注意的是，登錄的表格樣式只能在登錄的活頁簿使用。

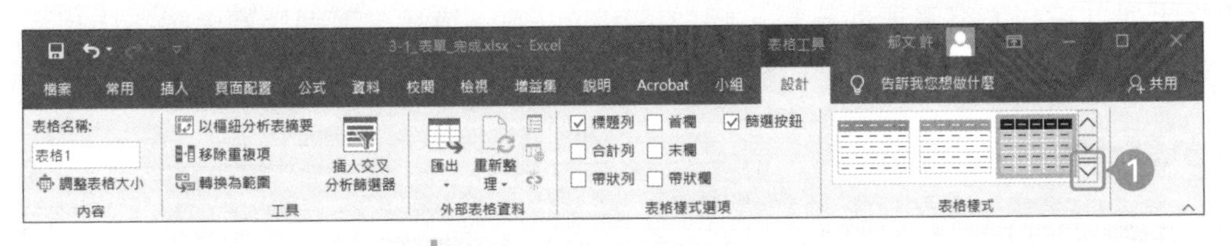


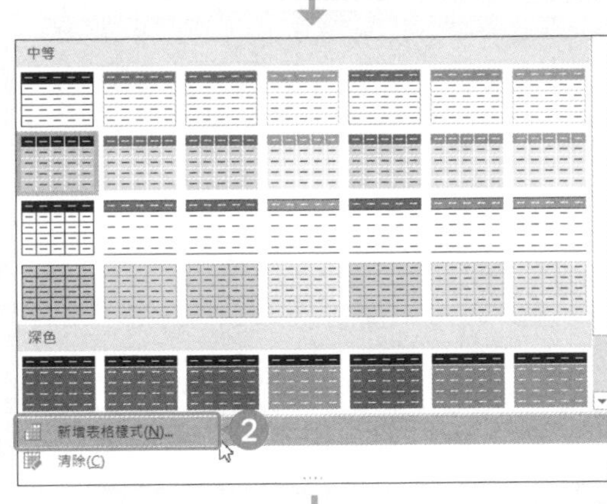


❶ 選取表格的任意一個儲存格後，點選「設計」分頁的「表格樣式」群組右下角的「其他」，打開表格樣式視窗。

❷ 點選下方的「新增表格樣式」。

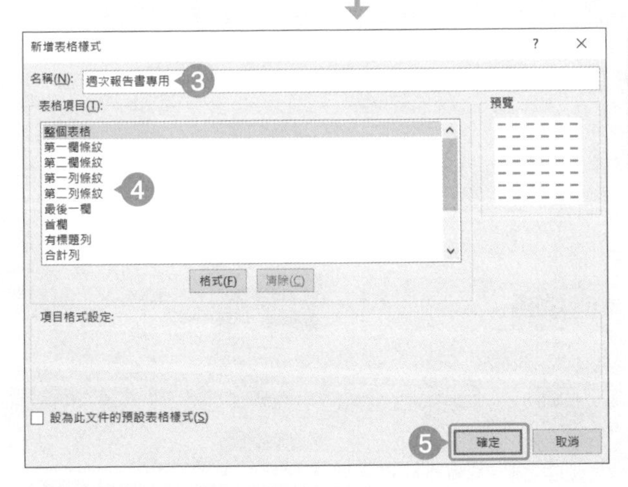


❸ 設定表格樣式名稱。

❹ 選擇要設定的樣式元素。

❺ 完成設定後，按下「確定」。

**表 3-1-3 可設定的項目**

| | |
|---|---|
| 格式 | 字型 |
| | 分割線 |
| | 填色 |
| 條紋的大小（列、欄的直條紋） | 套用樣式的列（欄位）數 |

# 02 靈活運用篩選功能

要從大量的資料取得需要的資料，絕對不可能一筆一筆找，否則找到太陽下山也找不完。使用 Excel 的「篩選」功能就能立刻找到需要的資料。

**Point**

篩選功能可篩出需要的資料，而且還能如下指定篩選條件。

1 以字串篩選。

2 以數值篩選。

3 以日期篩選。

這些篩選條件的組合可更精準地找到需要的資料，例如想找出符合「東京」、「2018 年 1 月 1 日」、「100 萬元」這三個條件的資料，就能使用組合的條件篩選。

**Sample** 套用篩選之前與之後的資料

| | A | B | C | D | E | F | G |
|---|---|---|---|---|---|---|---|
| 1 | 銷售日期 | 業務負責人代碼 | 負責人姓名 | 地區 | 地區代碼 | 實際營業額 | |
| 2 | 2018/4/1 | E-059 | 松井 | 關東 | C-03 | 10,000,000 | |
| 3 | 2018/4/2 | E-060 | 森田 | 關東 | C-03 | 11,500,000 | |
| 4 | 2018/4/3 | E-061 | 梶原 | 關東 | C-03 | 5,180,000 | |
| 5 | 2018/4/4 | E-088 | 高橋 | 信越·北陸 | C-04 | 14,060,000 | |
| 6 | 2018/4/5 | E-089 | 山口 | 信越·北陸 | C-04 | 13,480,000 | |
| 7 | 2018/4/6 | E-090 | 前田 | 信越·北陸 | C-04 | 13,890,000 | |
| 8 | 2018/4/7 | E-146 | 田代 | 近畿 | C-06 | 12,980,000 | |
| 9 | 2018/4/8 | E-147 | 松井 | 近畿 | C-06 | 6,350,000 | |
| 10 | 2018/4/9 | E-148 | 梶 | 近畿 | C-06 | 13,860,000 | |
| 11 | 2018/4/10 | E-175 | 山口 | 中國·四國 | C-07 | 13,140,000 | |
| 12 | 2018/4/11 | E-176 | 梶 | 中國·四國 | C-07 | 14,470,000 | |
| 13 | 2018/4/12 | E-204 | 渡邊 | 九州 | C-08 | 5,330,000 | |
| 14 | 2018/4/13 | E-205 | 前田 | 九州 | C-08 | 9,570,000 | |
| 15 | 2018/4/14 | E-001 | 梶原 | 北海道 | C-01 | 8,640,000 | |
| 16 | 2018/4/15 | E-002 | 松井 | 北海道 | C-01 | 6,192,000 | |
| 17 | 2018/4/16 | E-030 | 小泉 | 東北 | C-02 | 6,237,000 | |
| 18 | 2018/4/17 | E-031 | 岡田 | 東北 | C-02 | 11,358,000 | |

| | A | B | C | D | E | F | G |
|---|---|---|---|---|---|---|---|
| 1 | 銷售日期 | 業務負責人代碼 | 負責人姓名 | 地區 | 地區代碼 | 實際營業額 | |
| 33 | 2018/5/2 | E-152 | 中西 | 近畿 | C-06 | 5,418,000 | |
| 40 | 2018/5/9 | E-209 | 中西 | 九州 | C-08 | 4,662,000 | |
| 119 | 2018/7/27 | E-075 | 中西 | 關東 | C-03 | 7,095,000 | |
| 229 | | | | | | | |

## 篩選功能

「篩選」功能是對欄位指定篩選條件，篩選必要資料的功能。「篩選」功能可判斷欄位的資料種類（字串、數值、日期），提供對應的篩選條件設定。

● **利用字串篩選**

可篩選與字串一致（或不一致）的資料，或是包含（不包含）指定字串的資料。

例如：篩選出與「東京」一致的資料、以「東京」為字首的資料（後者會連「東京都」都篩選）。

● **利用數值篩選**

篩選與指定數值一致（或不一致）的資料、落在指定範圍之內（或之外）的資料、高於（或低於）平均的資料、前幾名（或後幾名）的資料。

例如：篩選出等於「100」的資料、「大於等於 100」的資料（後者包含「200」）、前十名資料。

● **利用日期篩選**

可篩選出符合指定日期的資料、今天（昨天、明天）的資料、今年（去年、明年）的資料。

例如：可篩選出「2018 年 1 月 1 日」的資料、「去年」的資料（從去年的 1 月 1 日到 12 月 31 日都是要篩選的資料）。

在下拉式選單的清單勾選需要的值，篩選出符合值的資料。

共有三種篩選方法。

● **從清單篩選**

勾選要篩選的項目再篩選資料。

● **利用自動篩選功能篩選**

以包含某個字串或超過某個數值的條件篩選資料。

● **以指定期間篩選**

以「今天」或「明年」這類指定期間篩選資料（只限以日期篩選的情況使用）。

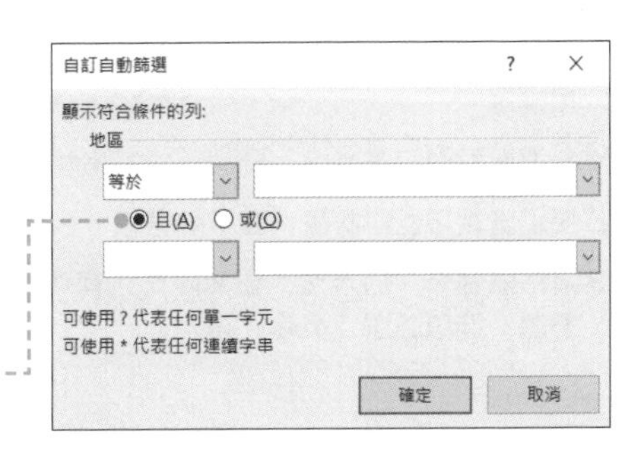


在自動篩選選項輸入篩選條件，條件最多可設定兩個。

# ❶ 利用字串設定篩選條件

一開始先學習以特定地區或商品名稱這類字串篩選資料的方法。這種方法共分兩種，一種是從篩選下拉式清單勾選篩選目標的方法，另一種是「文字篩選」的方法。

## 從勾選清單選擇目標的方法

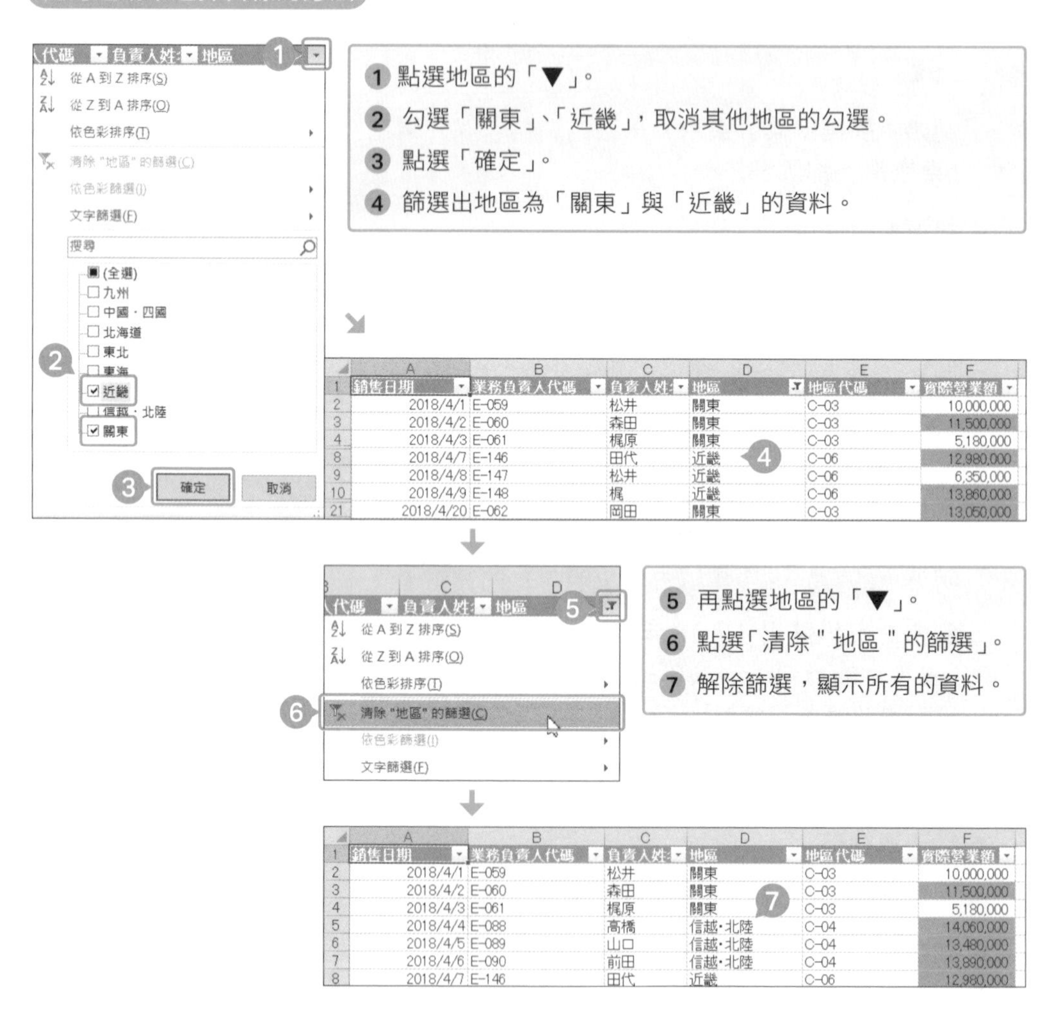


》未顯示篩選功能的情況：選取要進行篩選的資料範圍後，從「資料」分頁點選「篩選」鈕，即可套用篩選。

✎ **勾選與取消勾選方塊**：要勾選的字串較少時，可先取消「全選」，再勾選需要的字串。

✎ **使用篩選功能的狀態**：套用篩選後，欄位的「▼」會切換成代表篩選功能啟用的 ![篩選]。

✎ **清除篩選條件的方法**：要清除篩選條件可從「資料」分頁的「排序與篩選」群組點選「清除」鈕。

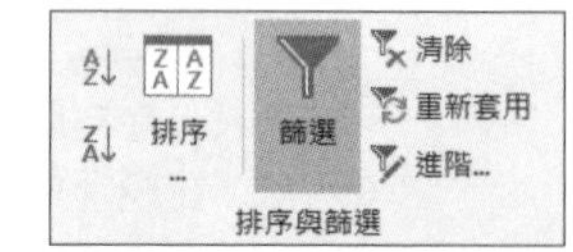

## 利用文字篩選功能選擇篩選目標的方法

❶ 點選地區的「▼」。
❷ 從「文字篩選」選擇「等於」。

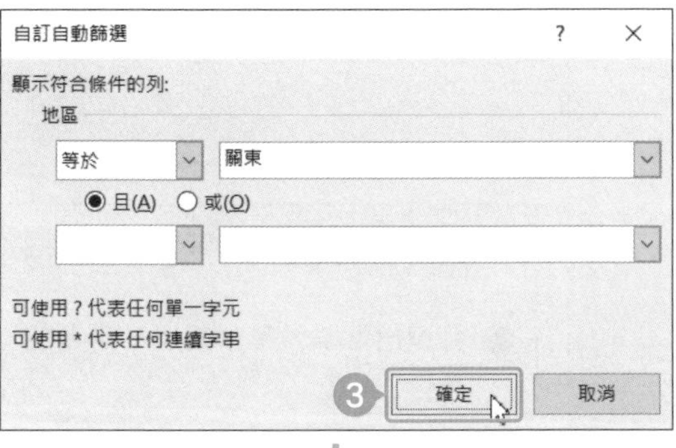


❸ 從清單選擇「關東」再按下「確定」。

**條件設定且與或：**

文字篩選功能可設定兩個篩選條件。若指定為「且」，可篩選出符合兩個篩選條件的資料，若指定為「或」則可篩選出只符合篩選條件其中之一的資料。

| | A | B | C | D | E | F |
|---|---|---|---|---|---|---|
| 1 | 銷售日期 | 業務負責人代碼 | 負責人姓名 | 地區 | 地區代碼 | 實際營業額 |
| 2 | 2018/4/1 | E-059 | 松井 | 關東 | C-03 | 10,000,000 |
| 3 | 2018/4/2 | E-060 | 森田 | 關東 | C-03 | 11,500,000 |
| 4 | 2018/4/3 | E-061 | 梶原 | 關東 | C-03 | 5,180,000 |
| 21 | 2018/4/20 | E-062 | 岡田 | 關東 | C-03 | 13,050,000 |
| 47 | 2018/5/16 | E-063 | 小泉 | 關東 | C-03 | 4,888,000 |
| 48 | 2018/5/17 | E-064 | 伊藤 | 關東 | C-03 | 11,464,000 |

❹ 篩選出地區為「關東」的資料。

表 3-2-1　文字篩選功能可設定的條件

| 條件 | | |
|---|---|---|
| 等於 | 開始於 | 包含 |
| 不等於 | 結束於 | 不包含 |

# ❷ 利用數值設定篩選條件

接著解說以數值設定篩選條件的方法。這個方法可用在「想知道達成目標業績的地區」或「想知道業績前幾名的業務負責人是誰」的時候。

## 指定數值範圍的方法

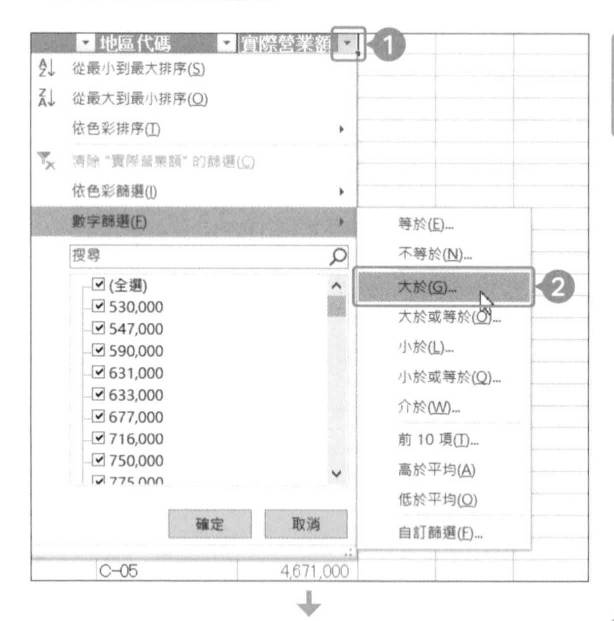


❶ 點選「實際營業額」的「▼」。

❷ 從「數字篩選」點選「大於」。

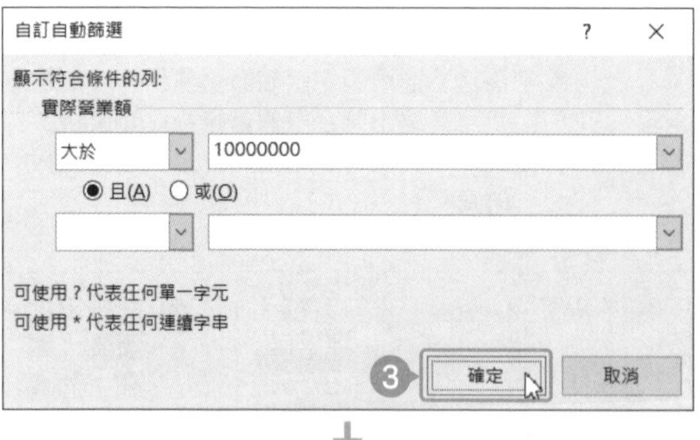


❸ 在清單輸入「10000000」再點選「確定」。

❹ 篩選出實際營業額超過一千萬的資料。

| | A | B | C | D | E | F |
|---|---|---|---|---|---|---|
| 1 | 銷售日期 | 業務負責人代碼 | 負責人姓 | 地區 | 地區代碼 | 實際營業額 |
| 3 | 2018/4/2 | E-060 | 森田 | 關東 | C-03 | 11,500,000 |
| 21 | 2018/4/20 | E-062 | 岡田 | 關東 | C-03 | 13,050,000 |
| 48 | 2018/5/17 | E-064 | 伊藤 | 關東 | C-03 | 11,464,000 |
| 229 | | | | | | |
| 230 | | | | | | |
| 231 | | | | | | |
| 232 | | | | | | |
| 233 | | | | | | |

## 篩選出前段班（後段班）數值的方法

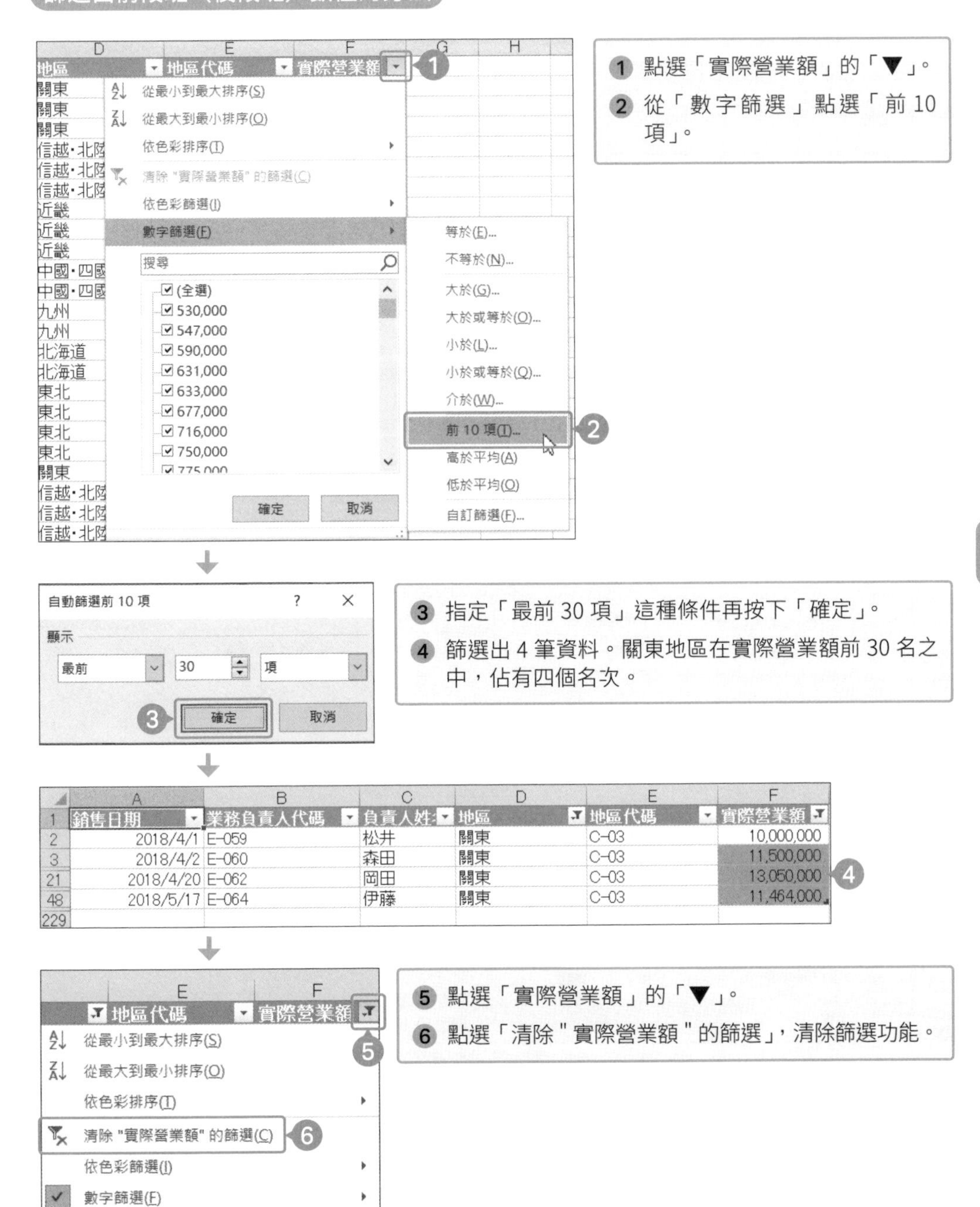


1. 點選「實際營業額」的「▼」。
2. 從「數字篩選」點選「前 10 項」。
3. 指定「最前 30 項」這種條件再按下「確定」。
4. 篩選出 4 筆資料。關東地區在實際營業額前 30 名之中，佔有四個名次。
5. 點選「實際營業額」的「▼」。
6. 點選「清除 " 實際營業額 " 的篩選」，清除篩選功能。

» **前 10 項的計算**：前 10 項的計算會根據整張表格的資料進行計算，所以想知道「關東的前五名」時，必須另外製作只有關東資料的表格。

## ❸ 利用日期設定篩選條件

2013 2016 2019

「篩選」功能也能設定日期條件。適合用於「想確認上個月業績」或「想比較去年與今年的資料」時。

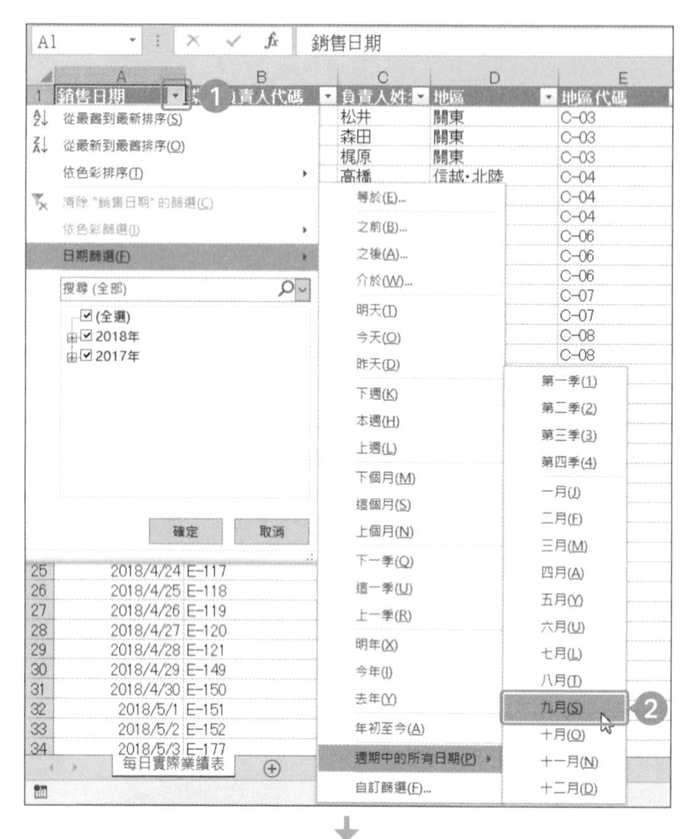


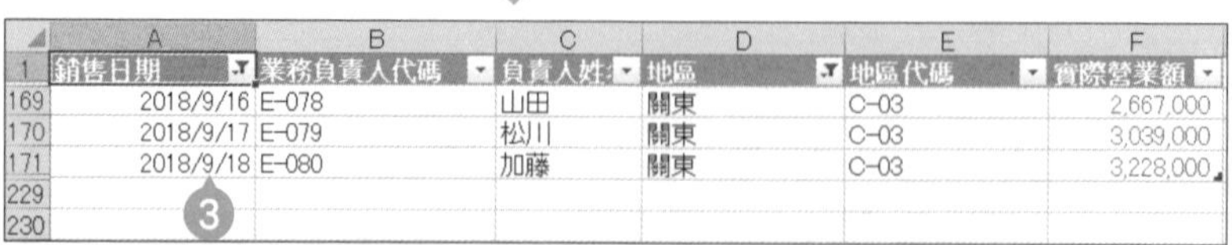


❶ 點選「銷售日期」的「▼」。

❷ 從「日期篩選」點選「週期中的所有日期」→「九月」。

❸ 篩選出銷售日期為 9 月的資料。

表 3-2-2 日期篩選可設定的條件

| 條件 | 可選擇的值 |
|---|---|
| 日單位 | 明天、今天、昨天 |
| 週單位 | 下週、本週、上週 |
| 月單位 | 下個月、這個月、上個月 |
| 季單位 | 下一季、這一季、上一季 |
| 年單位 | 明年、今年、去年 |
| 今年 | 年初至今 |
| 週期中的所有日期 | 1 月、2 月～ 12 月 |

## Column 利用儲存格、字型的顏色套用篩選

「篩選」功能也能利用儲存格與字型的顏色設定篩選條件。利用格式化條件（參考 78 頁）設定儲存格或字型的顏色之後，即可利用這項功能快速篩選出符合條件的資料。

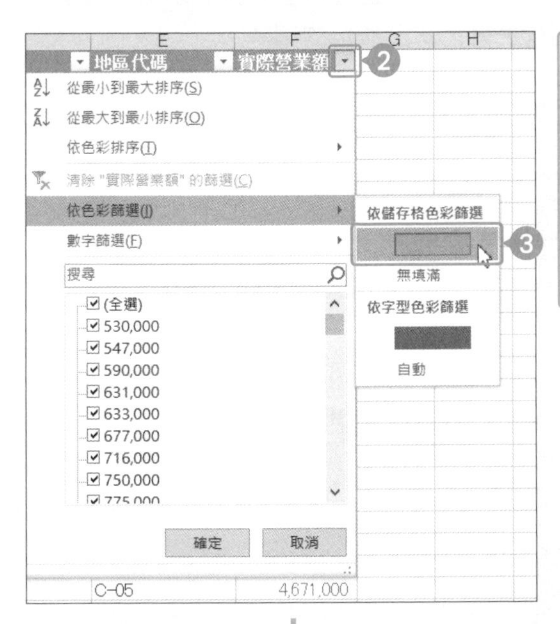


❶ 在這個範例中，實際營業額超過一千萬的儲存格會轉換成綠色。

❷ 點選實際營業額的「▼」。

❸ 從「依色彩篩選」點選「依儲存格色彩篩選」的綠色。

❹ 篩選出「實際營業額」為綠色的資料（超過一千萬的資料）。

↓

| | A | B | C | D | E | F |
|---|---|---|---|---|---|---|
| 1 | 銷售日期 | 業務負責人代碼 | 負責人姓 | 地區 | 地區代碼 | 實際營業額 |
| 3 | 2018/4/2 | E-060 | 森田 | 關東 | C-03 | 11,500,000 |
| 5 | 2018/4/4 | E-088 | 高橋 | 信越‧北陸 | C-04 | 14,060,000 |
| 6 | 2018/4/5 | E-089 | 山口 | 信越‧北陸 | C-04 | 13,480,000 |
| 7 | 2018/4/6 | E-090 | 前田 | 信越‧北陸 | C-04 | 13,890,000 |
| 8 | 2018/4/7 | E-146 | 田代 | 近畿 | C-06 | 12,980,000 |
| 10 | 2018/4/9 | E-148 | 梶 | 近畿 | C-06 | 13,860,000 |
| 11 | 2018/4/10 | E-175 | 山口 | 中國‧四國 | C-07 | 13,140,000 |
| 12 | 2018/4/11 | E-176 | 梶 | 中國‧四國 | C-07 | 14,470,000 |
| 18 | 2018/4/17 | E-031 | 岡田 | 東北 | C-02 | 11,358,000 |
| 21 | 2018/4/20 | E-062 | 岡田 | 關東 | C-03 | 13,050,000 |
| 23 | 2018/4/22 | E-092 | 田中 | 信越‧北陸 | C-04 | 13,005,000 |
| 27 | 2018/4/26 | E-119 | 田代 | 東海 | C-05 | 11,331,000 |
| 28 | 2018/4/27 | E-120 | 福田 | 東海 | C-05 | 12,339,000 |
| 29 | 2018/4/28 | E-121 | 田中 | 東海 | C-05 | 10,827,000 |
| 31 | 2018/4/30 | E-150 | 中島 | 近畿 | C-06 | 11,961,000 |
| 36 | 2018/5/5 | E-179 | 坂本 | 中國‧四國 | C-07 | 11,511,000 |
| 38 | 2018/5/7 | E-207 | 青山 | 九州 | C-08 | 11,016,000 |
| 44 | 2018/5/13 | E-035 | 伊藤 | 東北 | C-02 | 11,184,000 |
| 48 | 2018/5/17 | E-064 | 伊藤 | 關東 | C-03 | 11,464,000 |
| 52 | 2018/5/21 | E-122 | 小泉 | 東海 | C-05 | 11,056,000 |
| 53 | 2018/5/22 | E-123 | 岡田 | 東海 | C-05 | 10,568,000 |
| 56 | 2018/5/25 | E-180 | 井上 | 中國‧四國 | C-07 | 10,264,000 |
| 62 | 2018/5/31 | E-006 | 福田 | 北海道 | C-01 | 10,150,000 |
| 229 | | | | | | |

每日實際業績表

從 227中找出 23筆記錄　　顯示設定

# 03 排序與合計

經過排序的資料會比較容易分析，所以這一節要介紹整理資料的排序功能。此外，還要介紹合計功能，幫助大家在整理資料之後，掌握資料的趨勢。

**Point**

未經過整理的資料很難看出趨勢，所以要先進行以下操作，了解數據呈現的趨勢。

1 正確排列資料。

2 執行合計，掌握資料的趨勢。

正確排列資料之後，可掌握整體趨勢，也比較容易知道接下來該進行哪些分析，此時若能執行合計，就能進一步掌握資料的趨勢。

**Sample** 排序與合計之前與之後

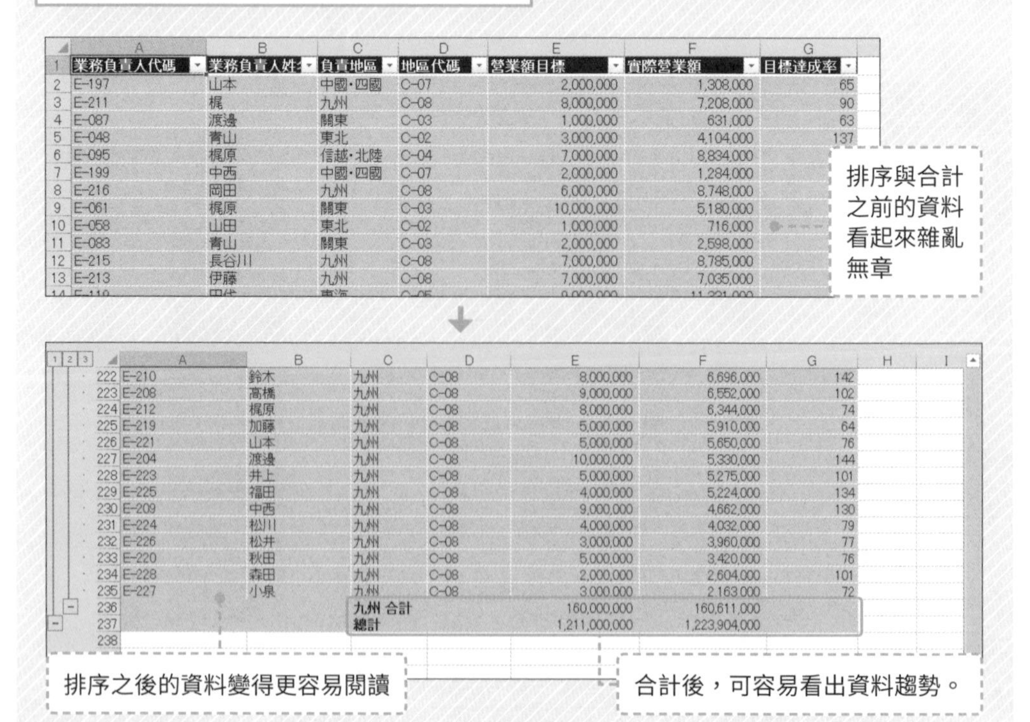

| | A | B | C | D | E | F | G |
|---|---|---|---|---|---|---|---|
| 1 | 業務負責人代碼 | 業務負責人姓名 | 負責地區 | 地區代碼 | 營業額目標 | 實際營業額 | 目標達成率 |
| 2 | E-197 | 山本 | 中國・四國 | C-07 | 2,000,000 | 1,308,000 | 65 |
| 3 | E-211 | 梶 | 九州 | C-08 | 8,000,000 | 7,208,000 | 90 |
| 4 | E-087 | 渡邊 | 關東 | C-03 | 1,000,000 | 631,000 | 63 |
| 5 | E-048 | 青山 | 東北 | C-02 | 3,000,000 | 4,104,000 | 137 |
| 6 | E-095 | 梶原 | 信越・北陸 | C-04 | 7,000,000 | 8,834,000 | |
| 7 | E-199 | 中西 | 中國・四國 | C-07 | 2,000,000 | 1,284,000 | |
| 8 | E-216 | 岡田 | 九州 | C-08 | 6,000,000 | 8,748,000 | |
| 9 | E-061 | 梶原 | 關東 | C-03 | 10,000,000 | 5,180,000 | |
| 10 | E-058 | 山田 | 東北 | C-02 | 1,000,000 | 716,000 | |
| 11 | E-083 | 青山 | 關東 | C-03 | 2,000,000 | 2,598,000 | |
| 12 | E-215 | 長谷川 | 九州 | C-08 | 7,000,000 | 8,785,000 | |
| 13 | E-213 | 伊藤 | 九州 | C-08 | 7,000,000 | 7,035,000 | |

| | A | B | C | D | E | F | G |
|---|---|---|---|---|---|---|---|
| 222 | E-210 | 鈴木 | 九州 | C-08 | 8,000,000 | 6,696,000 | 142 |
| 223 | E-208 | 高橋 | 九州 | C-08 | 9,000,000 | 6,552,000 | 102 |
| 224 | E-212 | 梶原 | 九州 | C-08 | 8,000,000 | 6,344,000 | 74 |
| 225 | E-219 | 加藤 | 九州 | C-08 | 5,000,000 | 5,910,000 | 64 |
| 226 | E-221 | 山本 | 九州 | C-08 | 5,000,000 | 5,650,000 | 76 |
| 227 | E-204 | 渡邊 | 九州 | C-08 | 10,000,000 | 5,330,000 | 144 |
| 228 | E-223 | 井上 | 九州 | C-08 | 5,000,000 | 5,275,000 | 101 |
| 229 | E-225 | 福田 | 九州 | C-08 | 4,000,000 | 5,224,000 | 134 |
| 230 | E-209 | 中西 | 九州 | C-08 | 9,000,000 | 4,662,000 | 130 |
| 231 | E-224 | 松川 | 九州 | C-08 | 4,000,000 | 4,032,000 | 79 |
| 232 | E-226 | 松井 | 九州 | C-08 | 3,000,000 | 3,960,000 | 77 |
| 233 | E-220 | 秋田 | 九州 | C-08 | 5,000,000 | 3,420,000 | 76 |
| 234 | E-228 | 森田 | 九州 | C-08 | 2,000,000 | 2,604,000 | 101 |
| 235 | E-227 | 小泉 | 九州 | C-08 | 3,000,000 | 2,163,000 | 72 |
| 236 | | | 九州 合計 | | 160,000,000 | 160,611,000 | |
| 237 | | | 總計 | | 1,211,000,000 | 1,223,904,000 | |
| 238 | | | | | | | |

## 排序與合計

顧名思義，「排序」就是調整資料排列順序的功能。當資料未經過排序，就很難看出資料的規律性。例如，資料以如下方式排列。

- 接在 10 月的業績資料後面的是 5 月的業績資料
  →此時無法了解業績在時間上的變化。
- 在包含多個商品的資料中，相同商品的資料未擺在一起
  →此時無法了解商品的真實情況

「排序」是分析資料的第一步。

雖然資料在經過排序之後，可看出大致的走向，但還是要執行「合計」才能進一步掌握資料的趨勢。Excel 可輸出加總、平均值、最大值、最小值這類合計值。熟悉合計功能，就能從一張表得到各種資訊。

表 3-3-1 排序之前的表

| 月份 | 商品 | 單價(元) | 數量 | 業績(元) |
|---|---|---|---|---|
| 1月 | 咖啡 | 500 | 200 | 100,000 |
| 2月 | 紅茶 | 350 | 250 | 87,500 |
| 3月 | 咖啡 | 550 | 150 | 82,500 |
| 1月 | 紅茶 | 300 | 300 | 90,000 |
| 3月 | 紅茶 | 300 | 280 | 84,000 |
| 2月 | 咖啡 | 450 | 400 | 180,000 |

表 3-3-2 依照月份、商品排序的表

| 月份 | 商品 | 單價(元) | 數量 | 業績(元) |
|---|---|---|---|---|
| 1月 | 咖啡 | 500 | 200 | 100,000 |
| 1月 | 紅茶 | 300 | 300 | 90,000 |
| 1月合計 | | | 500 | 190,000 |
| 2月 | 咖啡 | 450 | 400 | 180,000 |
| 2月 | 紅茶 | 350 | 250 | 87,500 |
| 2月合計 | | | 650 | 267,500 |
| 3月 | 咖啡 | 550 | 150 | 82,500 |
| 3月 | 紅茶 | 300 | 280 | 84,000 |
| 3月合計 | | | 430 | 166,500 |

表 3-3-3 依照商品、月份排序的表

| 月份 | 商品 | 單價(元) | 數量 | 業績(元) |
|---|---|---|---|---|
| 1月 | 咖啡 | 500 | 200 | 100,000 |
| 2月 | 咖啡 | 450 | 400 | 180,000 |
| 3月 | 咖啡 | 550 | 150 | 82,500 |
| | 咖啡合計 | | 750 | 362,500 |
| 1月 | 紅茶 | 300 | 300 | 90,000 |
| 2月 | 紅茶 | 350 | 250 | 87,500 |
| 3月 | 紅茶 | 300 | 280 | 84,000 |
| | 紅茶合計 | | 830 | 261,500 |
| | 總計 | | 1580 | 624,000 |

表 3-3-2 是比較每月商品業績的模式，表 3-3-3 是分析各商品每月業績變化的模式。調整排列方式，即可完成不同目的的分析，而且建立合計列之後，可在左側的表格看出整體的業績變化，並在右側表格看出各商品的業績加總。

# ❶ 排序方法

正確排列資料是分析資料的第一步，如此一來就能了解資料的全貌，而且也比較容易進行合計分析。

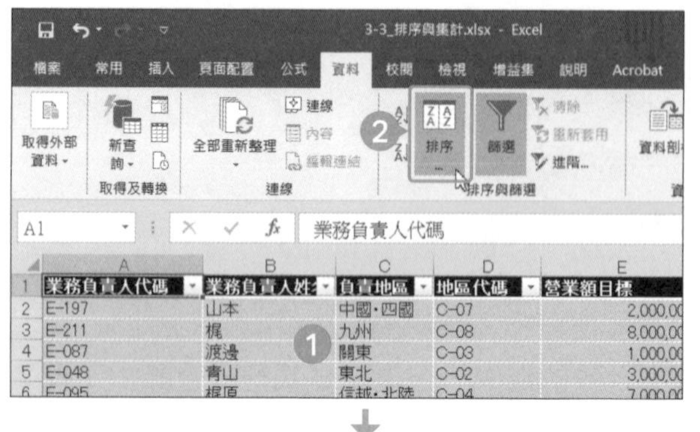

❶ 選擇表格裡的任何一處。

❷ 從「資料」分頁的「排序與篩選」群組點選「排序」。

**從「常用」分頁排序：**

從「常用」分頁的「編輯」群組點選「排序與篩選」→「自訂排序」也能進行相同的操作。

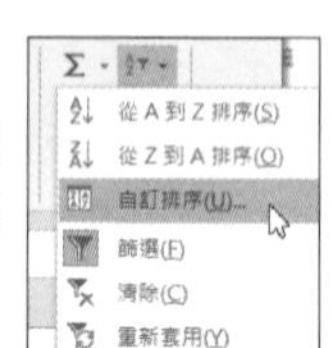

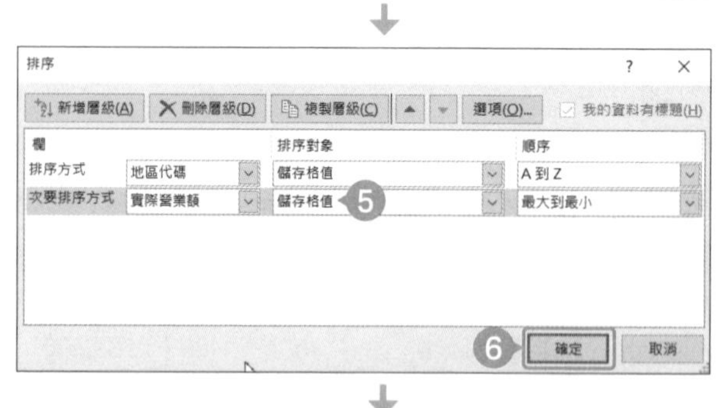

❸ 將「欄」設定為「地區代碼」，將「排序對象」設定為「儲存格值」，再將「順序」設定為「A 到 Z」。

❹ 點選「新增層級」。

❺ 將「欄」設定為「實際營業額」，將「排序對象」設定為「儲存格值」，將「順序」設定為「最大到最小」。

❻ 點選「確定」。

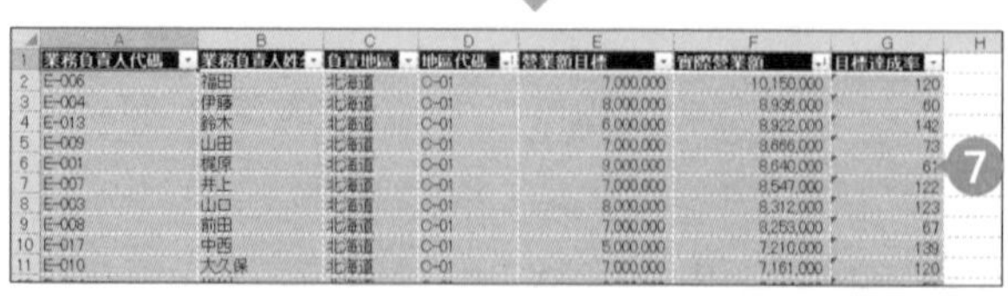

❼ 資料依照各地區排列之餘，實際營業額也以由大至小的方式重新排序。

» Excel 2013 的情況 ❸：將「欄」設定為「地區代碼」，將「排序對象」設定為「值」，將「順序」設定為「A 到 Z」。

» Excel 2013 的情況 ❺：將「欄」設定為「實際營業額」，將「排序對象」設定為「值」，將「順序」設定為「最大至最小」。

# ❷ 在表格新增總計

2013 2016 2019

為了了解整體趨勢，必須算出總計。將資料定義為表格，就能快速算出總計。

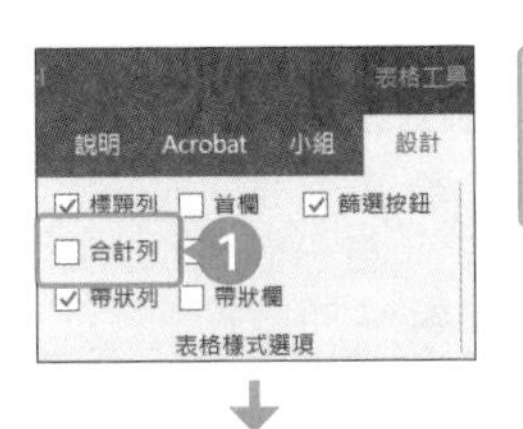

❶ 選取表格的任何一處，再於「設計」分頁的「表格樣式選項」勾選「合計列」。

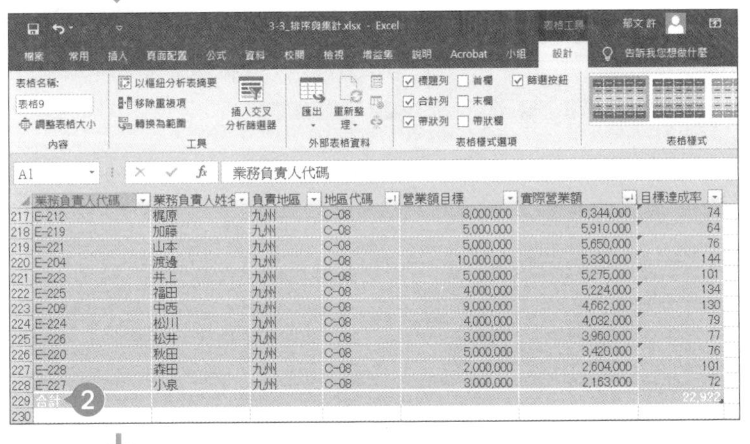

❷ 新增合計列了。

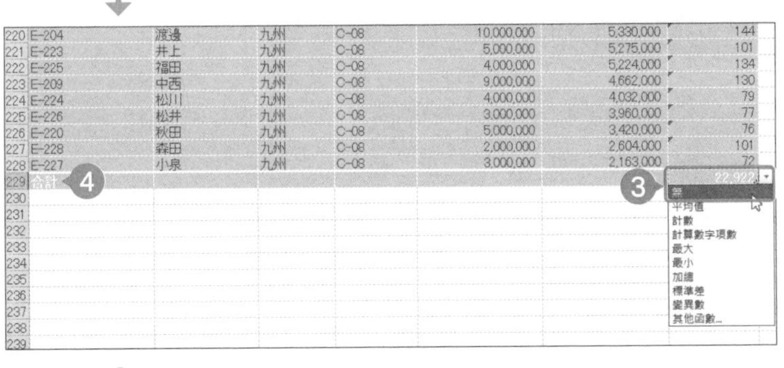

❸ 選擇「目標達成率」的合計儲存格，再點選「▼」，然後選擇「無」。

❹ 將「營業額目標」與「實際營業額」的合計儲存格變更為「合計」。

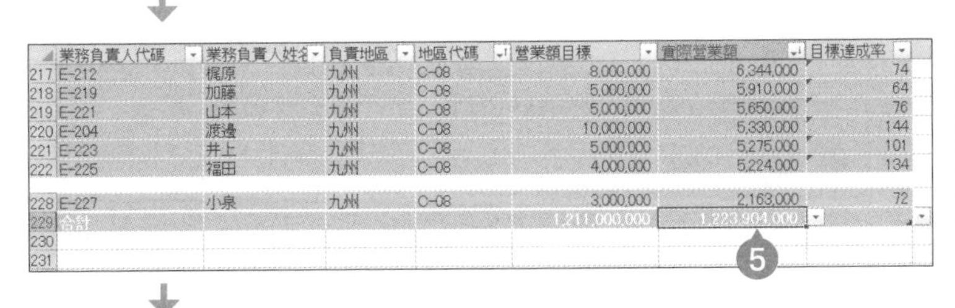

❺ 新增「營業額目標」與「實際營業額」的總計了。

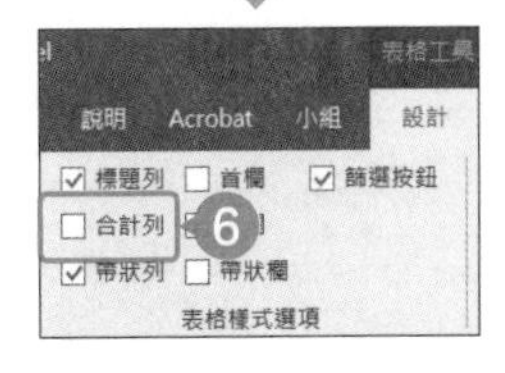

❻ 取消「合計列」的勾選。

# ❸ 新增小計

2013 2016 2019

要進一步掌握資料的走向，必須以更小的單位合計。若能以地區或年月日這類更小的單位算出小計，就能找出哪個部分帶來好（壞）結果。

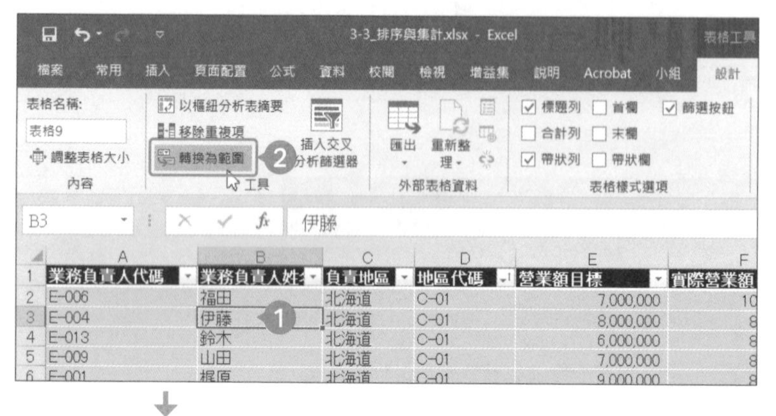

❶ 點選表格的任意一處。

❷ 從「設計」分頁的「工具」群組點選「轉換為範圍」。

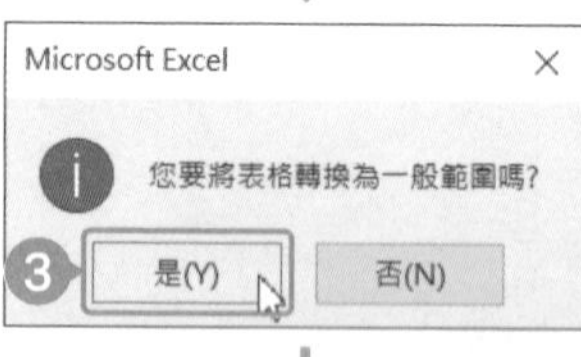

❸ 顯示「您要將表格轉換為一般範圍嗎？」的訊息之後，點選「是」。

» **表格無法新增小計**：當資料被定義為表格，就無法新增小計。先將表格轉換成「範圍」才能新增小計。

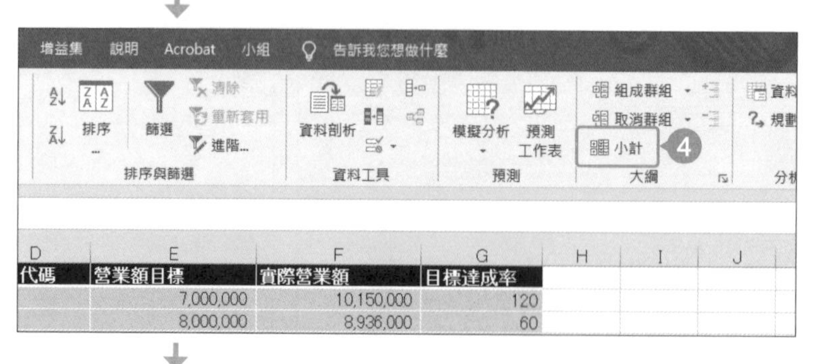

❹ 在「資料」分頁的「大綱」點選「小計」。

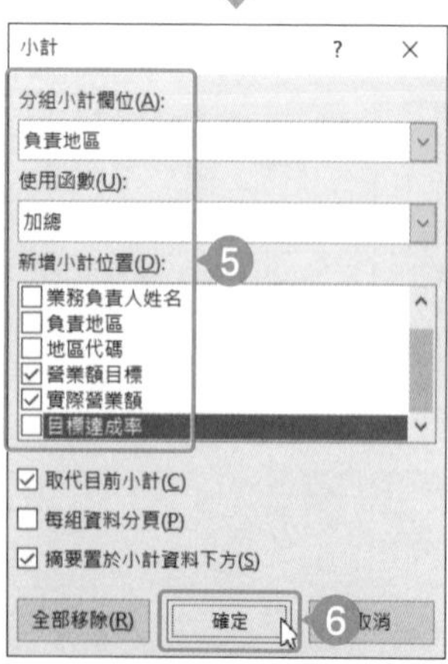

❺ 開啟「小計」對話框之後，在「分組小計欄位」選擇「負責地區」，並在「使用函數」選擇「加總」，再於「新增小計位置」勾選「營業額目標」與「實際營榮額」。

❻ 點選「確定」。

❼ 新增各負責地區的「營業額目標」與「實際營業額」的小計與總計。

❽ 點選「層級 2」。

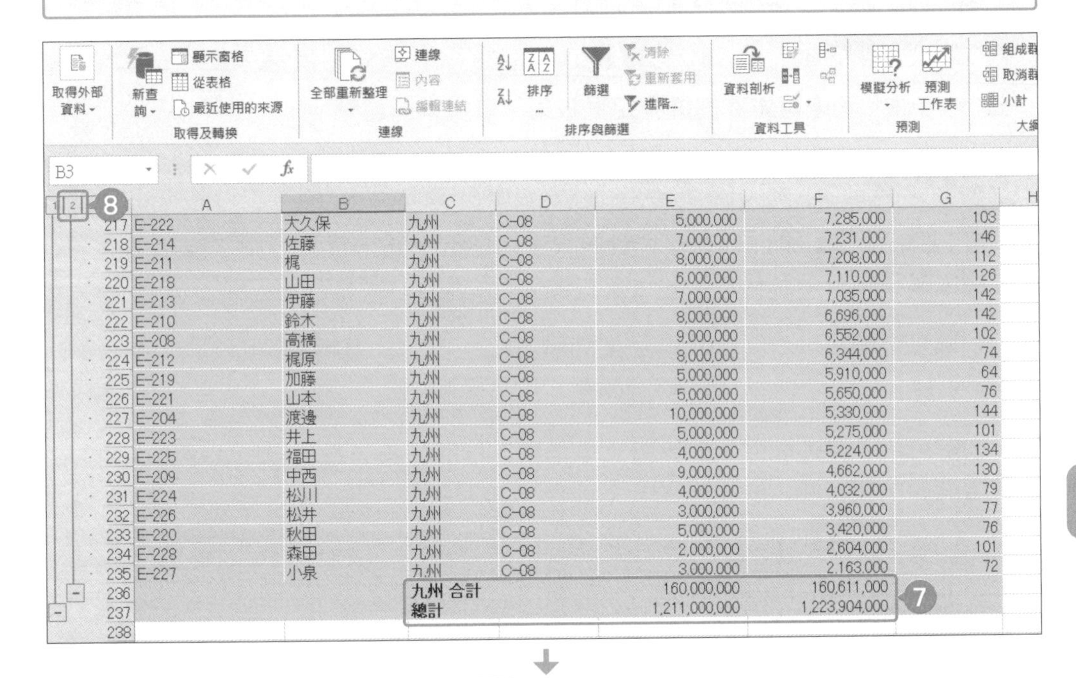

| | A | B | C | D | E | F | G |
|---|---|---|---|---|---|---|---|
| 217 | E-222 | 大久保 | 九州 | C-08 | 5,000,000 | 7,285,000 | 103 |
| 218 | E-214 | 佐藤 | 九州 | C-08 | 7,000,000 | 7,231,000 | 146 |
| 219 | E-211 | 梶 | 九州 | C-08 | 8,000,000 | 7,208,000 | 112 |
| 220 | E-218 | 山田 | 九州 | C-08 | 6,000,000 | 7,110,000 | 126 |
| 221 | E-213 | 伊藤 | 九州 | C-08 | 7,000,000 | 7,035,000 | 142 |
| 222 | E-210 | 鈴木 | 九州 | C-08 | 8,000,000 | 6,696,000 | 142 |
| 223 | E-208 | 高橋 | 九州 | C-08 | 9,000,000 | 6,552,000 | 102 |
| 224 | E-212 | 梶原 | 九州 | C-08 | 8,000,000 | 6,344,000 | 74 |
| 225 | E-219 | 加藤 | 九州 | C-08 | 5,000,000 | 5,910,000 | 64 |
| 226 | E-221 | 山本 | 九州 | C-08 | 5,000,000 | 5,650,000 | 76 |
| 227 | E-204 | 渡邊 | 九州 | C-08 | 10,000,000 | 5,330,000 | 144 |
| 228 | E-223 | 井上 | 九州 | C-08 | 5,000,000 | 5,275,000 | 101 |
| 229 | E-225 | 福田 | 九州 | C-08 | 4,000,000 | 5,224,000 | 134 |
| 230 | E-209 | 中西 | 九州 | C-08 | 9,000,000 | 4,662,000 | 130 |
| 231 | E-224 | 松川 | 九州 | C-08 | 4,000,000 | 4,032,000 | 79 |
| 232 | E-226 | 松井 | 九州 | C-08 | 3,000,000 | 3,960,000 | 77 |
| 233 | E-220 | 秋田 | 九州 | C-08 | 5,000,000 | 3,420,000 | 76 |
| 234 | E-228 | 森田 | 九州 | C-08 | 2,000,000 | 2,604,000 | 101 |
| 235 | E-227 | 小泉 | 九州 | C-08 | 3,000,000 | 2,163,000 | 72 |
| 236 | | | 九州 合計 | | 160,000,000 | 160,611,000 | |
| 237 | | | 總計 | | 1,211,000,000 | 1,223,904,000 | |
| 238 | | | | | | | |

❾ 負責地區的小計與總計變得一目瞭然。

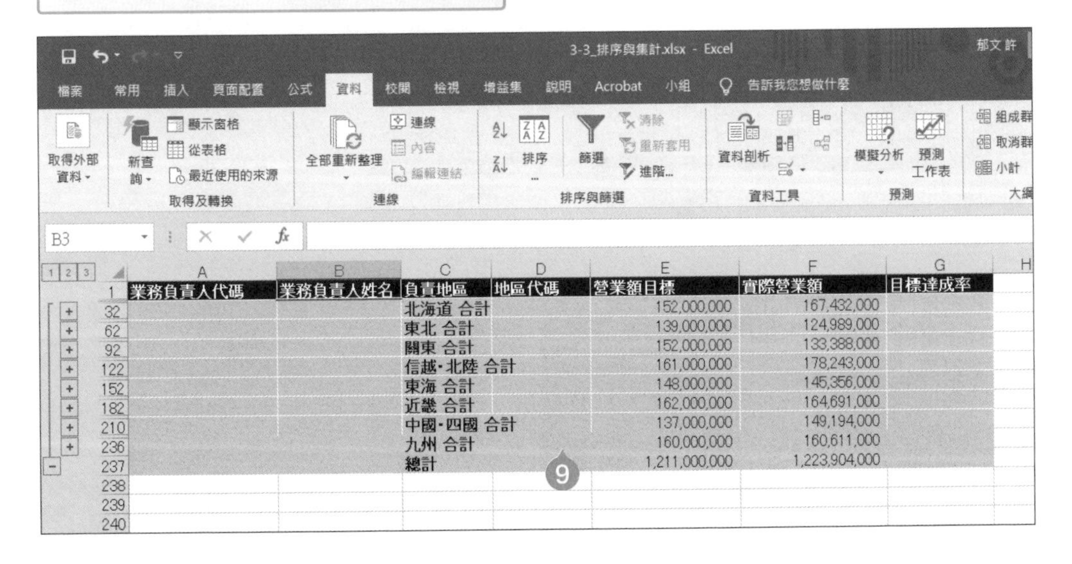

| | A | B | C | D | E | F | G |
|---|---|---|---|---|---|---|---|
| 1 | 業務負責人代碼 | 業務負責人姓名 | 負責地區 | 地區代碼 | 營業額目標 | 實際營業額 | 目標達成率 |
| 32 | | | 北海道 合計 | | 152,000,000 | 167,432,000 | |
| 62 | | | 東北 合計 | | 139,000,000 | 124,989,000 | |
| 92 | | | 關東 合計 | | 152,000,000 | 133,388,000 | |
| 122 | | | 信越·北陸 合計 | | 161,000,000 | 178,243,000 | |
| 152 | | | 東海 合計 | | 148,000,000 | 145,356,000 | |
| 182 | | | 近畿 合計 | | 162,000,000 | 164,691,000 | |
| 210 | | | 中國·四國 合計 | | 137,000,000 | 149,194,000 | |
| 236 | | | 九州 合計 | | 160,000,000 | 160,611,000 | |
| 237 | | | 總計 | | 1,211,000,000 | 1,223,904,000 | |
| 238 | | | | | | | |
| 239 | | | | | | | |
| 240 | | | | | | | |

# 04 格式化條件

「格式化條件」功能可讓我們透過視覺效果了解資料的趨勢。

**Point**

「格式化條件」提供了五種視覺效果，可讓我們透過視覺效果了解預算的達成率或是發現異常值。

1 儲存格顏色　　2 字型強調　　3 資料橫條

4 色階　　5 圖示集

依照分析、報告或其他用途設定這類醒目提醒效果，是使用格式化條件的重點。

**Sample** 設定格式化條件之前與之後

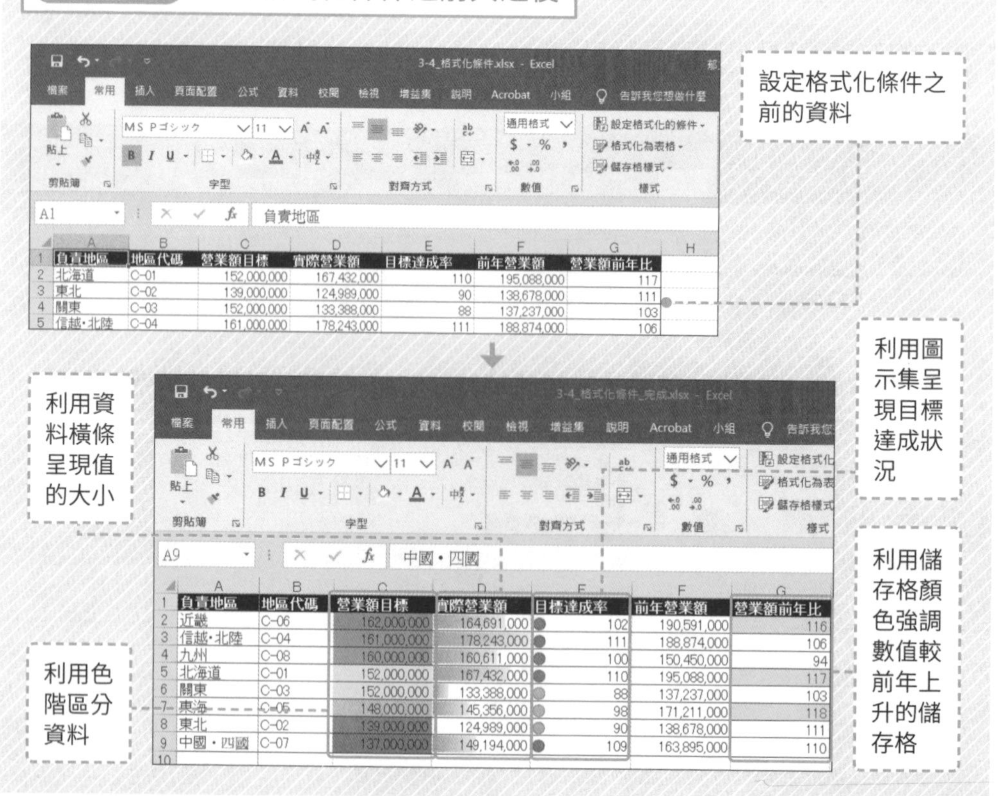

## ▶格式化條件

「格式化條件」就是能依照儲存格的值讓字型或儲存格的顏色、圖示產生變化，強調儲存格的功能。一般可於下列情況使用：

- 想強調營業額超過目標的部分
  使用「醒目提示儲存格規則」
- 先強調營業成績的前十名
  使用「前段／後段項目規則」
- 比較營業績效的優劣
  使用「資料橫條」或「色階」
- 想透過圖示一眼看出目標的達成狀況
  使用「圖示集」

這些格式化條件都已內建於 Excel 的功能群組，經過簡單的設定就能使用。新增的格式化條件稱為「規則」，可利用「管理規則」功能刪除、編輯或新增。

**表 3-4-1 格式化條件的種類**

| 格式化條件的種類 | 可選擇的項目 |
|---|---|
| 醒目提示儲存格規則 | 大於 |
| | 小於 |
| | 介於 |
| | 等於 |
| | 包含下列的文字 |
| | 發生的日期 |
| | 重複的值 |
| 前段／後段項目規則 | 前 10 個項目 |
| | 前 10% |
| | 最後 10 個項目 |
| | 最後 10% |
| | 高於平均 |
| | 低於平均 |
| 資料橫條 | 可選擇資料橫條的顏色 |
| 色階 | 可選擇色階的種類 |
| 圖示集 | 可選擇圖示的種類 |

# ❶ 醒目提示儲存格規則

2013 2016 2019

「醒目提示儲存格規則」可強調符合條件的儲存格，例如想強調「負責地區為關東的儲存格」就可使用這項規則。

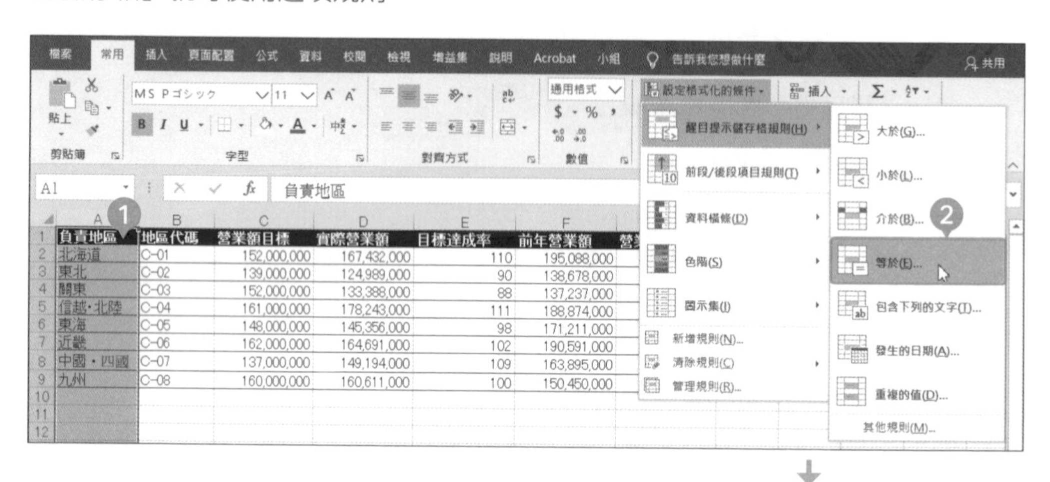


1 選取整個 A 欄。

2 從「常用」分頁的「樣式」群組點選「設定格式化的條件」→「醒目提示儲存格規則」→「等於」。

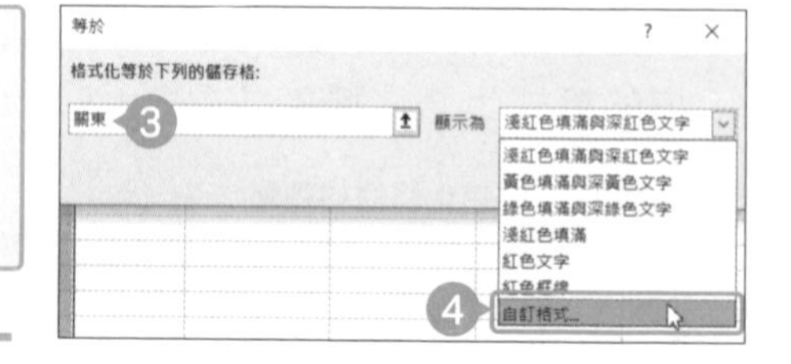


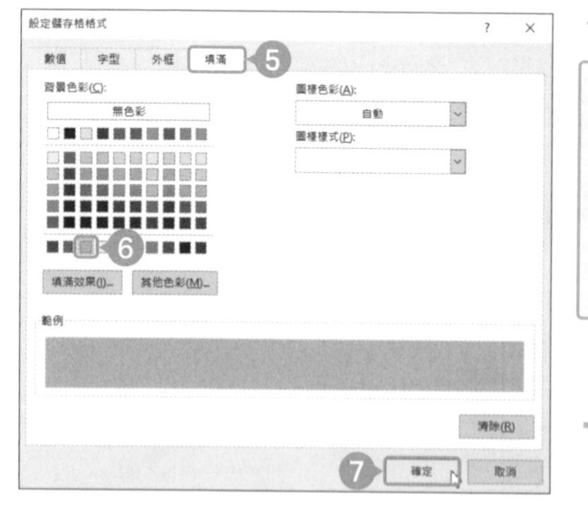


3 輸入「關東」。

4 從「顯示為」清單方塊選擇「自訂格式」。

5 點選「填滿」分頁。

6 將「背景色彩」設定為「橘色」。

7 點選「確定」。

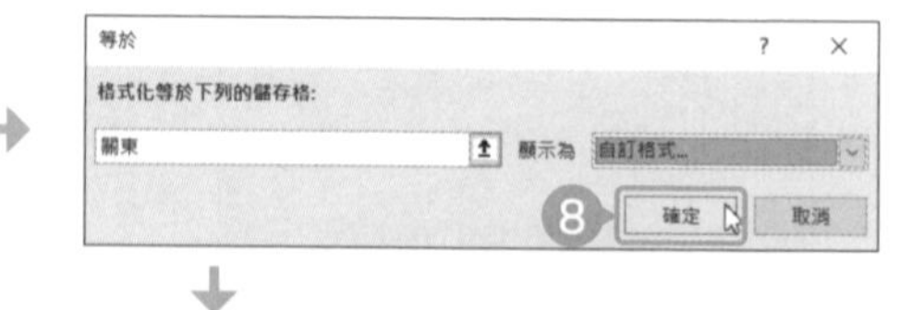


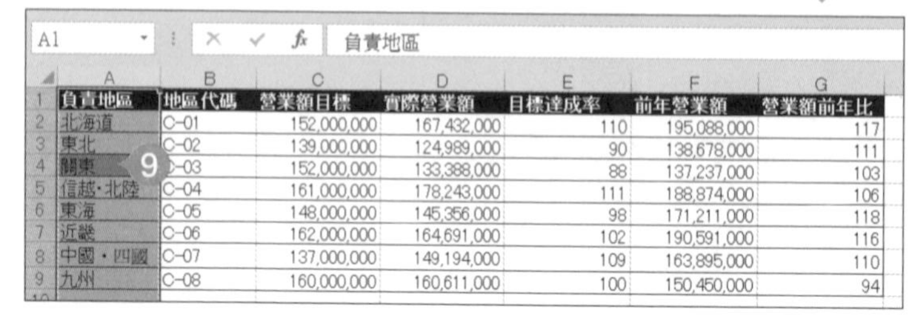

| 負責地區 | 地區代碼 | 營業額目標 | 實際營業額 | 目標達成率 | 前年營業額 | 營業額前年比 |
|---|---|---|---|---|---|---|
| 北海道 | C-01 | 152,000,000 | 167,432,000 | 110 | 195,088,000 | 117 |
| 東北 | C-02 | 139,000,000 | 124,989,000 | 90 | 138,678,000 | 111 |
| 關東 | C-03 | 152,000,000 | 133,388,000 | 88 | 137,237,000 | 103 |
| 信越・北陸 | C-04 | 161,000,000 | 178,243,000 | 111 | 188,874,000 | 106 |
| 東海 | C-05 | 148,000,000 | 145,356,000 | 98 | 171,211,000 | 118 |
| 近畿 | C-06 | 162,000,000 | 164,691,000 | 102 | 190,591,000 | 116 |
| 中國・四國 | C-07 | 137,000,000 | 149,194,000 | 109 | 163,895,000 | 110 |
| 九州 | C-08 | 160,000,000 | 160,611,000 | 100 | 150,450,000 | 94 |

8 點選「確定」。

9「負責地區」為「關東」的儲存格以橘色標記了。

## 2 前段／後段項目規則

2013 2016 2019

「前段／後段項目規則」可根據所有資料進行前段或後段的判斷，再強調符合條件的儲存格。可用於「想比較去年的業績，強調業績成長地區的前五名」這類情況。

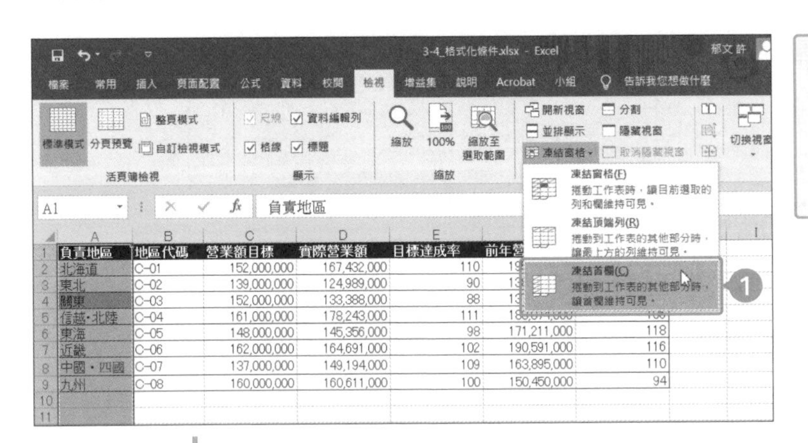


1 從「檢視」分頁的「視窗」群組點選「凍結窗格」→「凍結首欄」。

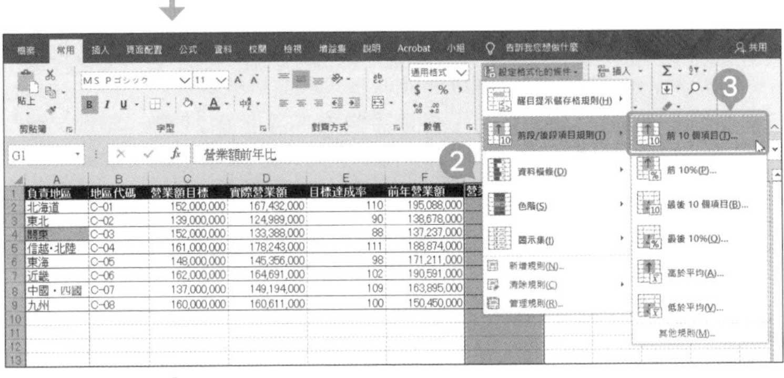


2 選擇整個 G 欄」。

3 從「常用」分頁的「樣式」群組點選「設定格式化的條件」→「前段／後段項目規則」→「前 10 個項目」。

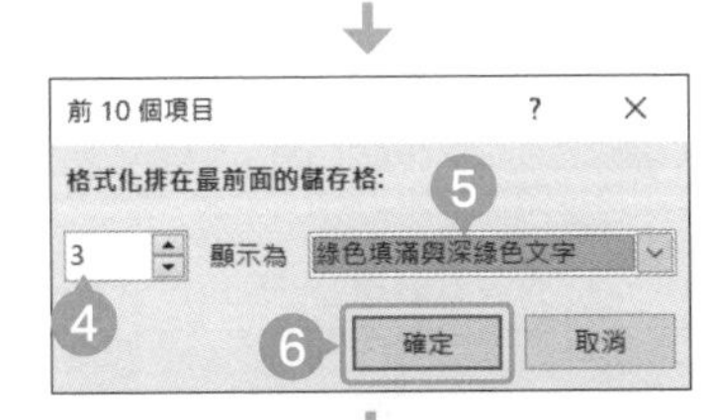


4 設定「3」。

5 從「顯示為」清單方塊點選「綠色填滿與深綠色文字」。

6 點選「確定」。

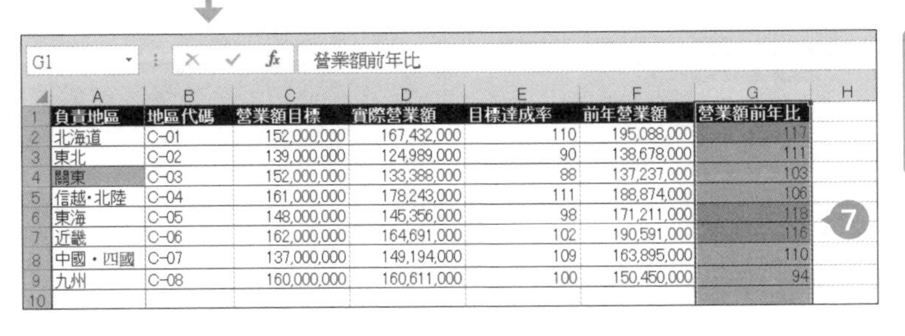

| 負責地區 | 地區代碼 | 營業額目標 | 實際營業額 | 目標達成率 | 前年營業額 | 營業額前年比 |
|---|---|---|---|---|---|---|
| 北海道 | C-01 | 152,000,000 | 167,432,000 | 110 | 195,088,000 | 117 |
| 東北 | C-02 | 139,000,000 | 124,989,000 | 90 | 138,678,000 | 111 |
| 關東 | C-03 | 152,000,000 | 133,388,000 | 88 | 137,237,000 | 103 |
| 信越·北陸 | C-04 | 161,000,000 | 178,243,000 | 111 | 188,874,000 | 106 |
| 東海 | C-05 | 148,000,000 | 145,356,000 | 98 | 171,211,000 | 118 |
| 近畿 | C-06 | 162,000,000 | 164,691,000 | 102 | 190,591,000 | 116 |
| 中國・四國 | C-07 | 137,000,000 | 149,194,000 | 109 | 163,895,000 | 110 |
| 九州 | C-08 | 160,000,000 | 160,611,000 | 100 | 150,450,000 | 94 |

7「營業額前年比」的前三名轉換成綠色了。

**凍結窗格**：「凍結窗格」可在指定的位置凍結窗格，讓窗格在畫面捲動時，依然留在畫面上方。假設是直長或橫長的表格，就可利用這項功能讓標題留在畫面上方。

# 3 資料橫條

2013 2016 2019

「資料橫條」可透過橫條的長短了解數值的大小與高低。若需要的不是細微的數字而是趨勢，就很適合使用「資料橫條」這項功能。

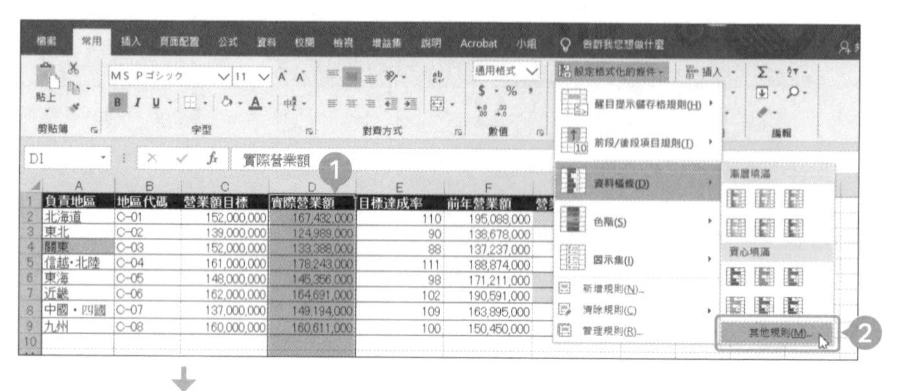

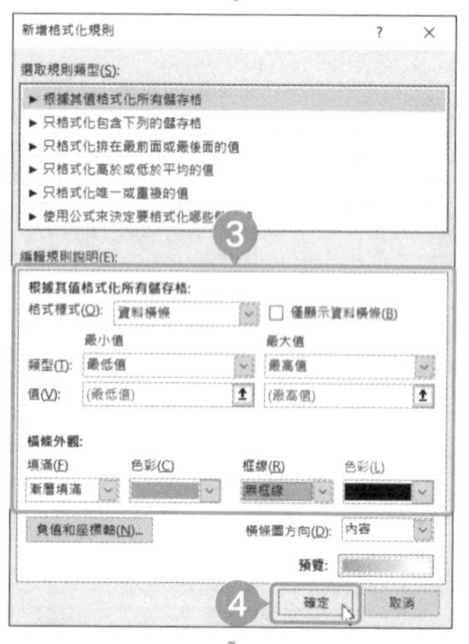

1 選取整個 D 欄。

2 從「常用」分頁的「樣式」群組點選「設定格式化的條件」→「資料橫條」→「其他規則」。

3 將「類型：最小值」設定為「最低值」，將「類型：最大值」設定為「最高值」，再將「橫條外觀：填滿」設定為「漸層填滿」，並將「橫條外觀：色彩」設定為「綠色」。

4 點選「確定」。

5 「實際營業額」的大小即會以「資料橫條」呈現。

6 選擇 D 欄任意一個有資料的儲存格。

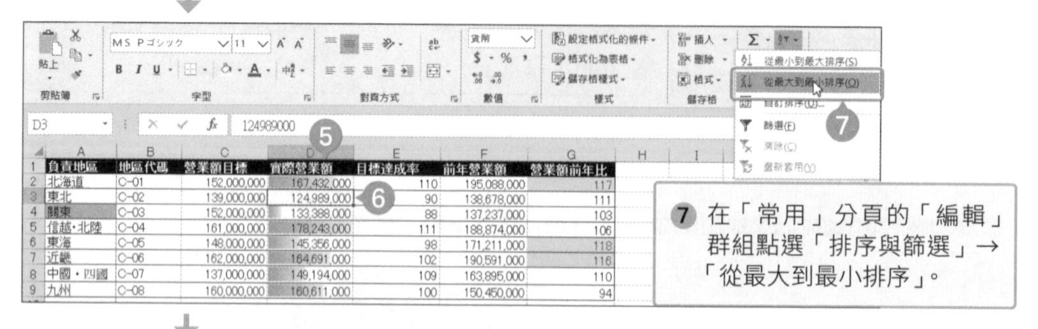

7 在「常用」分頁的「編輯」群組點選「排序與篩選」→「從最大到最小排序」。

| | A | B | C | D | E | F | G |
|---|---|---|---|---|---|---|---|
| 1 | 負責地區 | 地區代碼 | 營業額目標 | 實際營業額 | 目標達成率 | 前年營業額 | 營業額前年比 |
| 2 | 信越·北陸 | C-04 | 161,000,000 | 178,243,000 | 111 | 188,874,000 | 106 |
| 3 | 北海道 | C-01 | 152,000,000 | 167,432,000 | 110 | 195,088,000 | 117 |
| 4 | 近畿 | C-06 | 162,000,000 | 164,691,000 | 102 | 190,591,000 | 116 |
| 5 | 九州 | C-08 | 160,000,000 | 160,611,000 | 100 | 150,450,000 | 94 |
| 6 | 中國·四國 | C-07 | 137,000,000 | 149,194,000 | 109 | 163,895,000 | 110 |
| 7 | 東海 | C-05 | 148,000,000 | 145,356,000 | 98 | 171,211,000 | 118 |
| 8 | 關東 | C-03 | 152,000,000 | 133,388,000 | 88 | 137,237,000 | 103 |
| 9 | 東北 | C-02 | 139,000,000 | 124,989,000 | 90 | 138,678,000 | 111 |

8 可一眼從資料橫條的長短判斷實際營業額的大小。

# ❹ 色階

2013 2016 2019

「色階」可利用漸層呈現數值的大小或高低。由於是以漸層呈現，所以可看出數值較大值、較小值、中間值這些數值的相對位置。

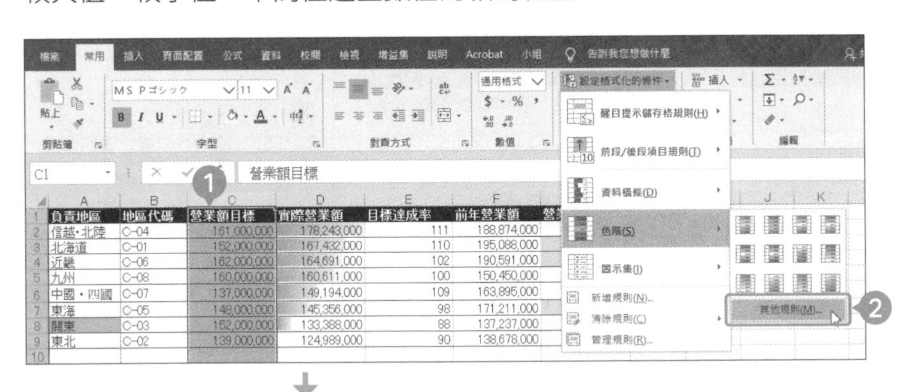

| | A | B | C | D | E | F |
|---|---|---|---|---|---|---|
| 1 | 負責地區 | 地區代碼 | 營業額目標 | 實際營業額 | 目標達成率 | 前年營業額 |
| 2 | 信越・北陸 | C-04 | 161,000,000 | 178,243,000 | 111 | 188,874,000 |
| 3 | 北海道 | C-01 | 152,000,000 | 167,432,000 | 110 | 195,088,000 |
| 4 | 近畿 | C-06 | 162,000,000 | 164,691,000 | 102 | 190,591,000 |
| 5 | 九州 | C-08 | 160,000,000 | 160,611,000 | 100 | 150,450,000 |
| 6 | 中國・四國 | C-07 | 137,000,000 | 149,194,000 | 109 | 163,895,000 |
| 7 | 東海 | C-05 | 148,000,000 | 145,356,000 | 98 | 171,211,000 |
| 8 | 關東 | C-03 | 152,000,000 | 133,388,000 | 88 | 137,237,000 |
| 9 | 東北 | C-02 | 139,000,000 | 124,989,000 | 90 | 138,678,000 |



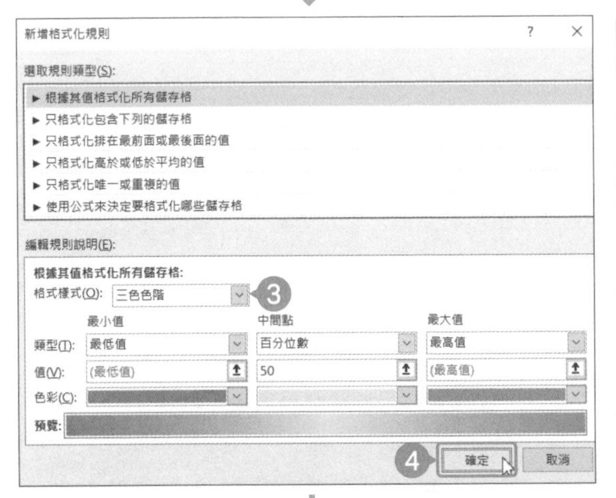


❶ 選取整個 C 欄。

❷ 從「常用」分頁的「樣式」群組點選「設定格式化的條件」→「色階」→「其他規則」。

❸ 將「格式樣式」設定為「三色色階」。

❹ 點選「確定」。

❺「營業額目標」將以由小至大的順序，依序顯示紅、黃、綠的漸層。

❻ 點選 C 欄任意一個有資料的儲存格。

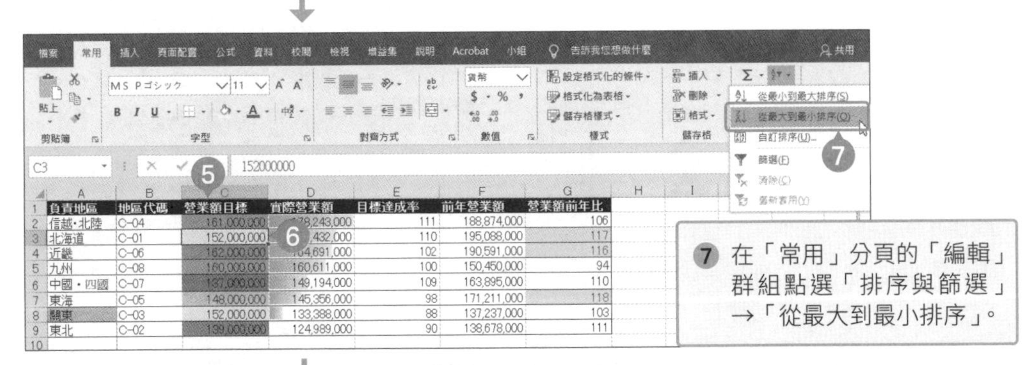

| | A | B | C | D | E | F | G |
|---|---|---|---|---|---|---|---|
| 1 | 負責地區 | 地區代碼 | 營業額目標 | 實際營業額 | 目標達成率 | 前年營業額 | 營業額前年比 |
| 2 | 信越・北陸 | C-04 | 161,000,000 | 178,243,000 | 111 | 188,874,000 | 106 |
| 3 | 北海道 | C-01 | 152,000,000 | 167,432,000 | 110 | 195,088,000 | 117 |
| 4 | 近畿 | C-06 | 162,000,000 | 164,691,000 | 102 | 190,591,000 | 116 |
| 5 | 九州 | C-08 | 160,000,000 | 160,611,000 | 100 | 150,450,000 | 94 |
| 6 | 中國・四國 | C-07 | 137,000,000 | 149,194,000 | 109 | 163,895,000 | 110 |
| 7 | 東海 | C-05 | 148,000,000 | 145,356,000 | 98 | 171,211,000 | 118 |
| 8 | 關東 | C-03 | 152,000,000 | 133,388,000 | 88 | 137,237,000 | 103 |
| 9 | 東北 | C-02 | 139,000,000 | 124,989,000 | 90 | 138,678,000 | 111 |



❼ 在「常用」分頁的「編輯」群組點選「排序與篩選」→「從最大到最小排序」。

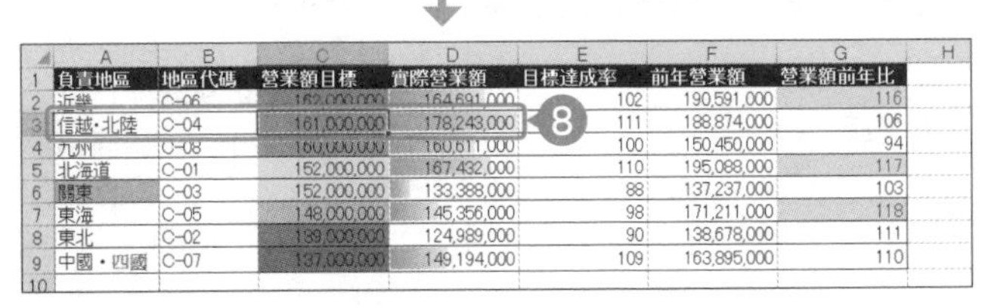

| | A | B | C | D | E | F | G |
|---|---|---|---|---|---|---|---|
| 1 | 負責地區 | 地區代碼 | 營業額目標 | 實際營業額 | 目標達成率 | 前年營業額 | 營業額前年比 |
| 2 | 近畿 | C-06 | 162,000,000 | 164,691,000 | 102 | 190,591,000 | 116 |
| 3 | 信越・北陸 | C-04 | 161,000,000 | 178,243,000 | 111 | 188,874,000 | 106 |
| 4 | 九州 | C-08 | 160,000,000 | 160,611,000 | 100 | 150,450,000 | 94 |
| 5 | 北海道 | C-01 | 152,000,000 | 167,432,000 | 110 | 195,088,000 | 117 |
| 6 | 關東 | C-03 | 152,000,000 | 133,388,000 | 88 | 137,237,000 | 103 |
| 7 | 東海 | C-05 | 148,000,000 | 145,356,000 | 98 | 171,211,000 | 118 |
| 8 | 東北 | C-02 | 139,000,000 | 124,989,000 | 90 | 138,678,000 | 111 |
| 9 | 中國・四國 | C-07 | 137,000,000 | 149,194,000 | 109 | 163,895,000 | 110 |

❽ 可一眼看出「信越・北陸」的「營業額目標」與「實際營業額」較高的地區。

## 5 圖示集

2013 2016 2019

「圖示集」可利用紅綠燈號、箭頭這類符號顯示數值。例如使用不同圖示區分「目標業績達成率」，就能一眼看出目標的達成率。

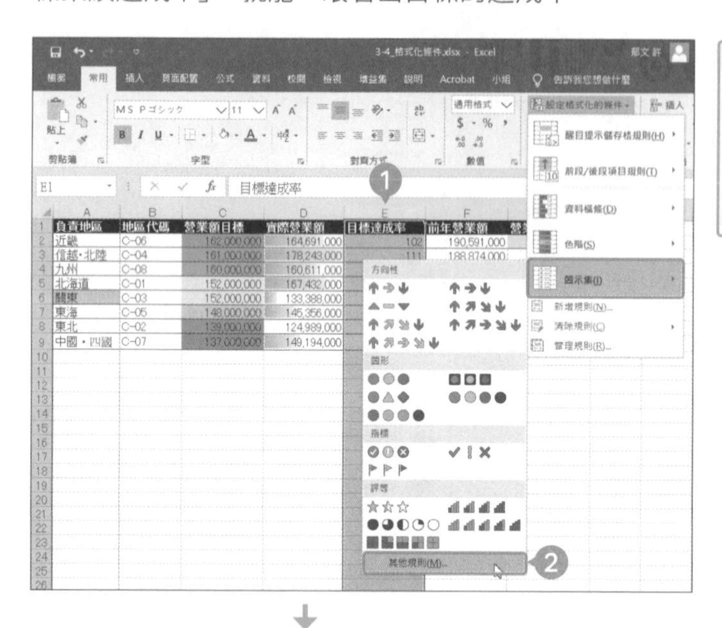


1 選擇整個 E 欄。

2 從「常用」分頁的「樣式」群組點選「設定格式化的條件」→「圖示集」→「其他規則」。

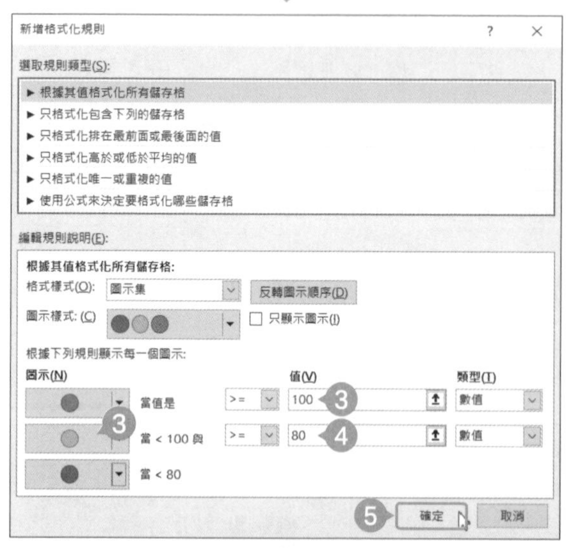


3 將圖示「綠」的值設定為「100」，再將類型設定為「數值」。

4 將圖示「黃」的值設定為「80」，再將類型設定為「數值」。

5 點選「確定」。

6 當「目標達成率」大於等於 100% 就會顯示「綠色」圖示，若達成率大於等於 80% 與低於 100%，就會顯示「黃色」圖示，若低於 80% 就會顯示「紅色」圖示。

7 可發現「中國、四國」的「營業額目標」不高，卻已達成目標，「實際營業額」也位於中等程度。

| 負責地區 | 地區代碼 | 營業額目標 | 實際營業額 | 目標達成率 | 前年營業額 | 營業額前年比 |
|---|---|---|---|---|---|---|
| 近畿 | C-06 | 162,000,000 | 164,691,000 | 102 | 190,591,000 | 116 |
| 信越・北陸 | C-04 | 161,000,000 | 178,243,000 | 111 | 188,874,000 | 106 |
| 九州 | C-08 | 160,000,000 | 160,611,000 | 100 | 150,450,000 | 94 |
| 北海道 | C-01 | 152,000,000 | 167,432,000 | 110 | 195,088,000 | 117 |
| 關東 | C-03 | 152,000,000 | 133,388,000 | 88 | 137,237,000 | 103 |
| 東海 | C-05 | 148,000,000 | 145,356,000 | 98 | 171,211,000 | 118 |
| 東北 | C-02 | 139,000,000 | 124,989,000 | 90 | 138,678,000 | 111 |
| 中國・四國 | C-07 | 137,000,000 | 149,194,000 | 109 | 163,895,000 | 110 |

**》類型「百分比」：**

將「類型」設定為「百分比」，就會評估該儲存格的值位於選取範圍的前百分之幾。本例的目的在於評估達成率的大小，所以將「類型」設定為「數值」。

## 6 管理規則

2013 2016 2019

最後要學習管理格式化條件的方法。「管理規則」功能可確認已新增的格式化條件，也能新增或刪除條件。

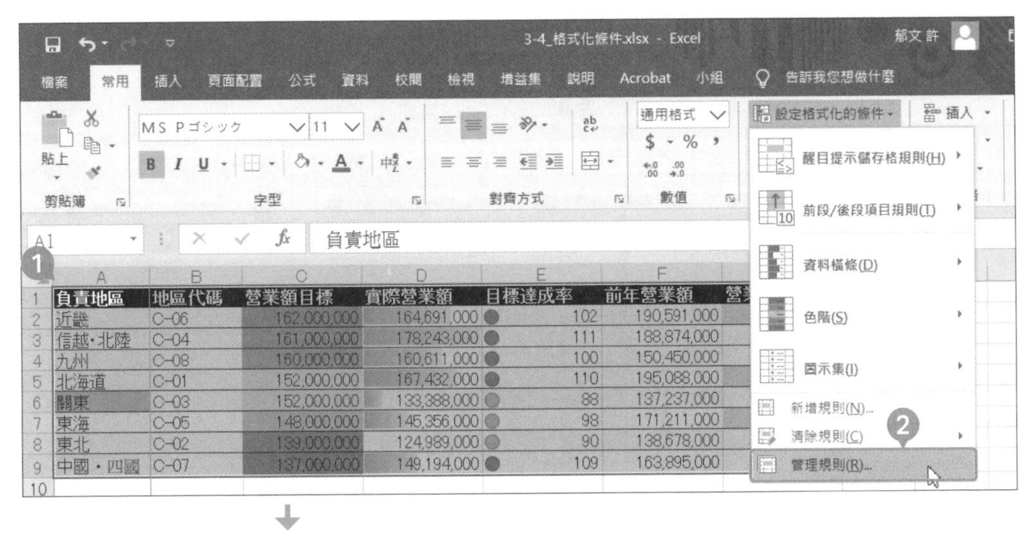

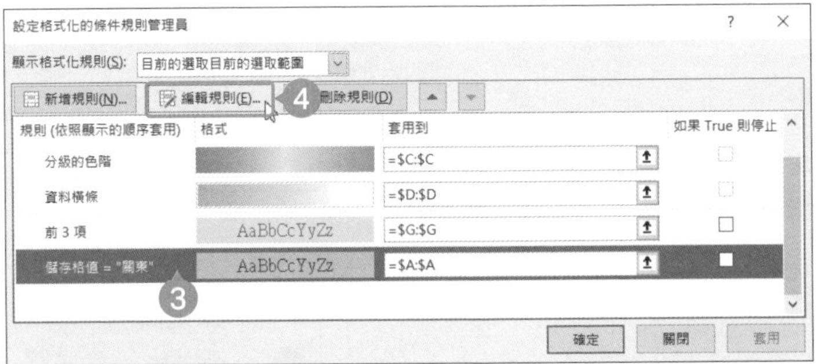

✍ 新增規則：

點選「新增規則」就能在「格式化的條件規則管理員」畫面新增條件。

1. 選取整張表（A1：G9）。
2. 從「常用」分頁的「樣式」群組點選「設定格式化的條件」→「管理規則」。
3. 點選最下方的規則。
4. 點選「編輯規則」。
5. 輸入「=" 中國・四國 "」。
6. 點選「確定」。

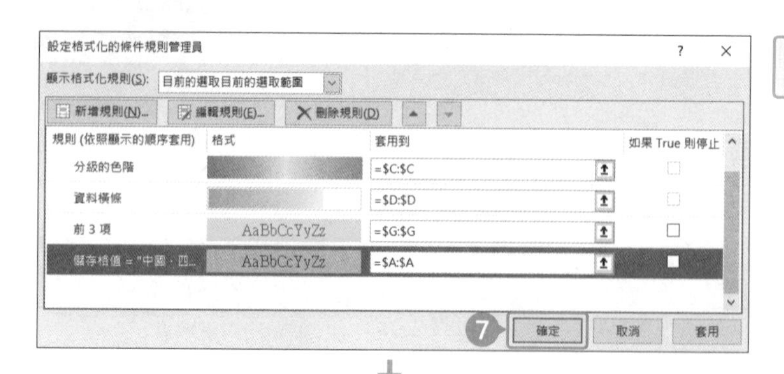


❼ 點選「確定」。

| | A | B | C | D | E | F | G |
|---|---|---|---|---|---|---|---|
| 1 | 負責地區 | 地區代碼 | 營業額目標 | 實際營業額 | 目標達成率 | 前年營業額 | 營業額前年比 |
| 2 | 近畿 | C-06 | 162,000,000 | 164,691,000 | 102 | 190,591,000 | 116 |
| 3 | 信越·北陸 | C-04 | 161,000,000 | 178,243,000 | 111 | 188,874,000 | 106 |
| 4 | 九州 | C-08 | 160,000,000 | 160,611,000 | 100 | 150,450,000 | 94 |
| 5 | 北海道 | C-01 | 152,000,000 | 167,432,000 | 110 | 195,088,000 | 117 |
| 6 | 關東 | C-03 | 152,000,000 | 133,388,000 | 88 | 137,237,000 | 103 |
| 7 | 東海 | C-05 | 148,000,000 | 145,356,000 | 98 | 171,211,000 | 118 |
| 8 | 東北 | C-02 | 139,000,000 | 124,989,000 | 90 | 138,678,000 | 111 |
| 9 | 中國·四國 | C-07 | 137,000,000 | 149,194,000 | 109 | 163,895,000 | 110 |
| 10 | | | | | | | |
| 11 | | | | | | | |
| 12 | | | | | | | |

❽「關東」的醒目規則解除，換成「中國．四國」套用醒目規則。

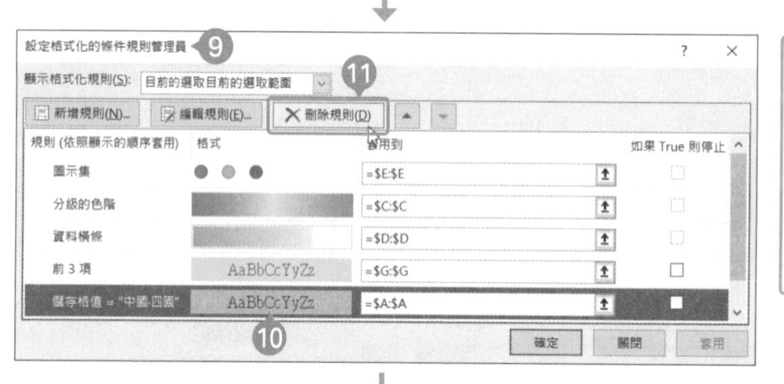


❾ 利用步驟❶、❷的方法開啟「格式化的條件規則管理員」畫面。

❿ 點選最下方的規則。

⓫ 點選「刪除規則」。

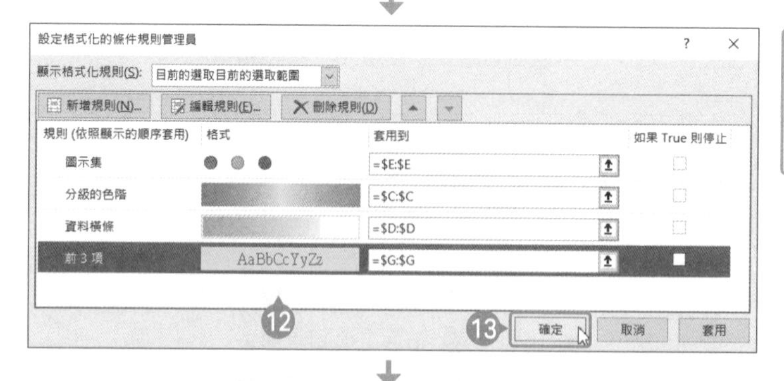


⓬ 剛剛變更的條件被刪除了。

⓭ 點選「確定」。

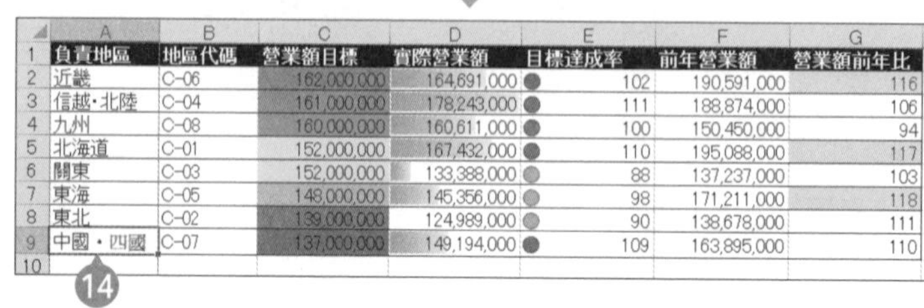

| | A | B | C | D | E | F | G |
|---|---|---|---|---|---|---|---|
| 1 | 負責地區 | 地區代碼 | 營業額目標 | 實際營業額 | 目標達成率 | 前年營業額 | 營業額前年比 |
| 2 | 近畿 | C-06 | 162,000,000 | 164,691,000 | 102 | 190,591,000 | 116 |
| 3 | 信越·北陸 | C-04 | 161,000,000 | 178,243,000 | 111 | 188,874,000 | 106 |
| 4 | 九州 | C-08 | 160,000,000 | 160,611,000 | 100 | 150,450,000 | 94 |
| 5 | 北海道 | C-01 | 152,000,000 | 167,432,000 | 110 | 195,088,000 | 117 |
| 6 | 關東 | C-03 | 152,000,000 | 133,388,000 | 88 | 137,237,000 | 103 |
| 7 | 東海 | C-05 | 148,000,000 | 145,356,000 | 98 | 171,211,000 | 118 |
| 8 | 東北 | C-02 | 139,000,000 | 124,989,000 | 90 | 138,678,000 | 111 |
| 9 | 中國·四國 | C-07 | 137,000,000 | 149,194,000 | 109 | 163,895,000 | 110 |
| 10 | | | | | | | |

⓮「中國．四國」的醒目規則解除了。

Chapter
04

# 樞紐分析表

「樞紐分析表」是能從各種角度切入資料的分析工具。由於不是固定的形式，所以可隨著情況需要，以不同的方式分析資料，而且還能根據樞紐分析表的資料製作「樞紐分析圖」，進一步透過視覺效果分析資料。本章要解說以「樞紐分析表」與「樞紐分析圖」進行分析的方法。

# 01 樞紐分析表的基本操作

「樞紐分析表」是 Excel 超好用的分析工具，可讓我們從一般報表無法切入的角度分析資料，也能不斷地改變切入點，找出藏在資料裡的問題。

**Point**

樞紐分析表的特徵在於能以非典型的方式分析資料。

1 變更分析軸（列與欄）。

2 變更分析的剖面。

3 篩選資料。

學會上述的操作，就能輕鬆地進行各種假說的驗證。若使用顯示明細的功能，還能取得用來佐證分析結果的樞紐分析表的原始資料。

**Sample** 樞紐分析表與明細報表

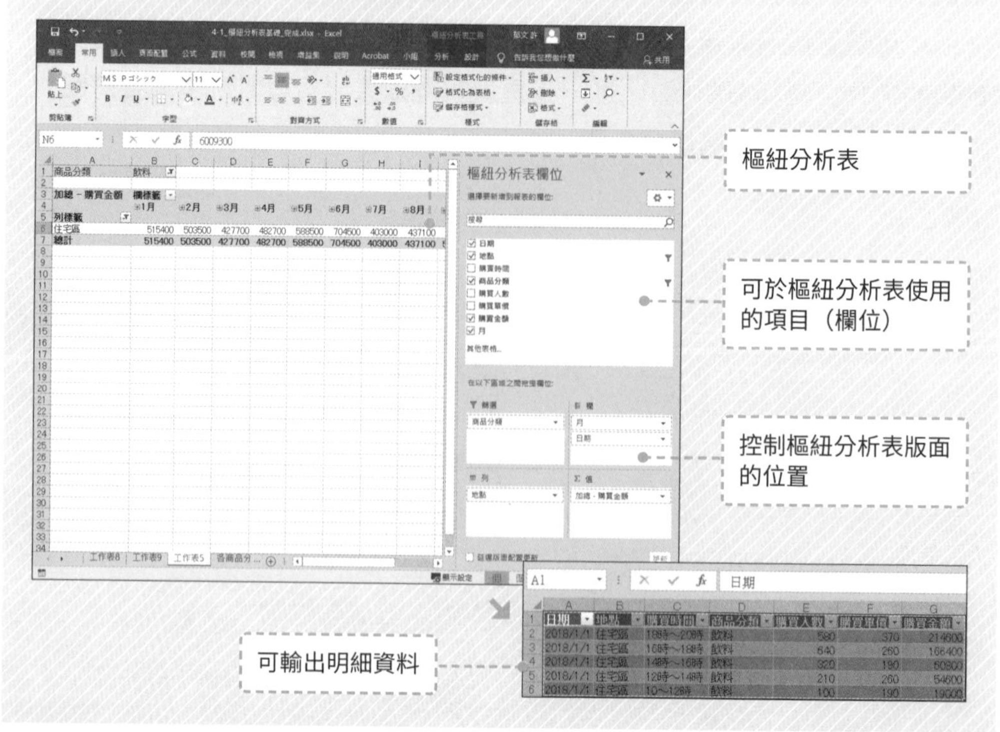

樞紐分析表

可於樞紐分析表使用的項目（欄位）

控制樞紐分析表版面的位置

可輸出明細資料

# 樞紐分析表

「樞紐分析表」是可從各種角度分析資料的分析工具，而且不是固定的形式，所以可依需求從不同面向分析。樞紐分析表的基本操作如下：

- **變更分析軸（列與欄）**

  將商品配置在列，將日期配置在欄，就能以時間軸的方式分析資料。若將欄位的日期變更為地區，則可透過地區與商品分析資料。

- **變更分析的剖面**

  根據地區、商品分析資料時，可從某段區間的資料進行分析，也可從單日資料進行分析。

- **篩選資料**

  想比較特定的兩個地區時，可先篩選出目標資料再進行分析。

此外，若使用明細資料輸出功能，可進一步進行原因分析。

## ❷ 建立樞紐分析表

2013 2016 2019

指定樞紐分析表的原始資料範圍就能建立樞紐分析表。樞紐分析表的操作也很簡單，只需要將「欄位」配置在要顯示列或欄的位置即可。

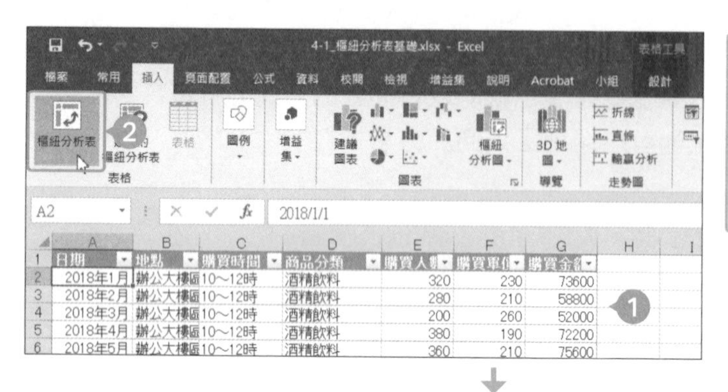


❶ 選取表格的某個儲存格。

❷ 在「插入」分頁的「表格」群組點選「樞紐分析表」。

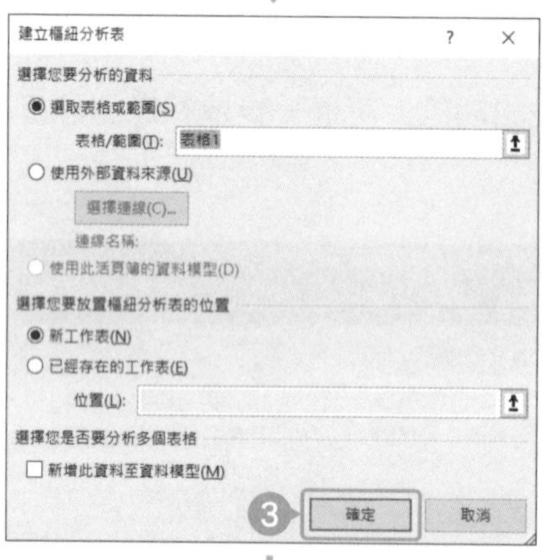


❸ 確認「表格／範圍」的指定範圍無誤後，按下「確定」。

**指定範圍：**

假設用來建立樞紐分析表的原始資料還未定義為表格，可直接以儲存格範圍指定原始資料的範圍。

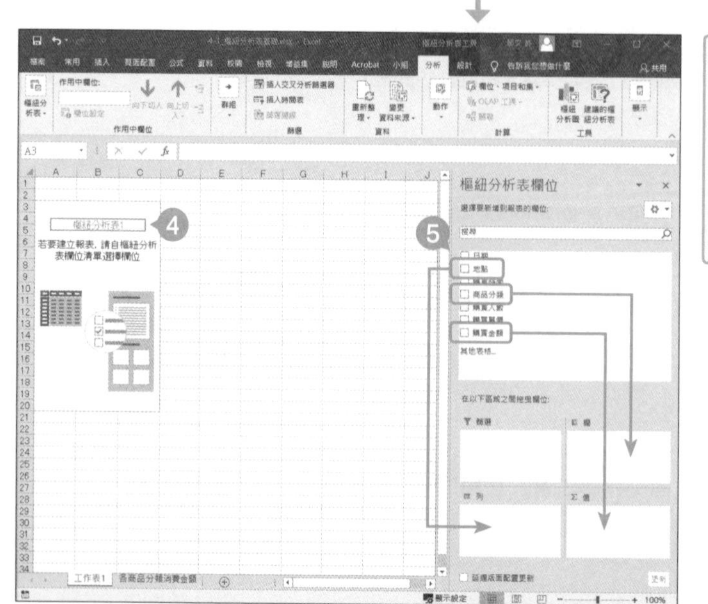


❹ 新增樞紐分析表了。

❺ 將「地點」拖曳至「列」，將「商品分類」拖曳至「欄」，將「購買金額」拖曳至「值」的欄位。

❻ 建立「地點」×「商品分類」的購買金額報表了。

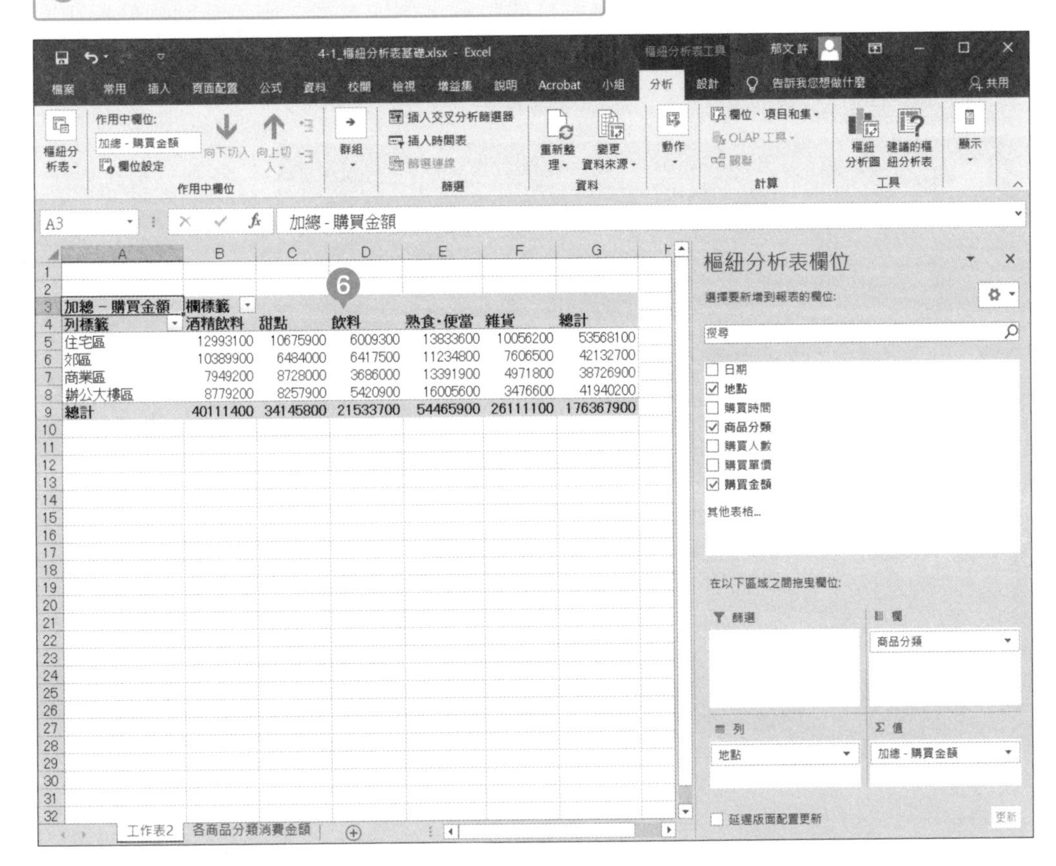

## Column 更新樞紐分析表的資料

假設原始資料有誤或是需要新增資料，就必須變更原始資料，但只是修正或新增原始資料，是無法讓結果套用在樞紐分析表裡的，必須在「樞紐分析表工具」的「分析」群組點選「重新整理」，才能套用修正後的結果。

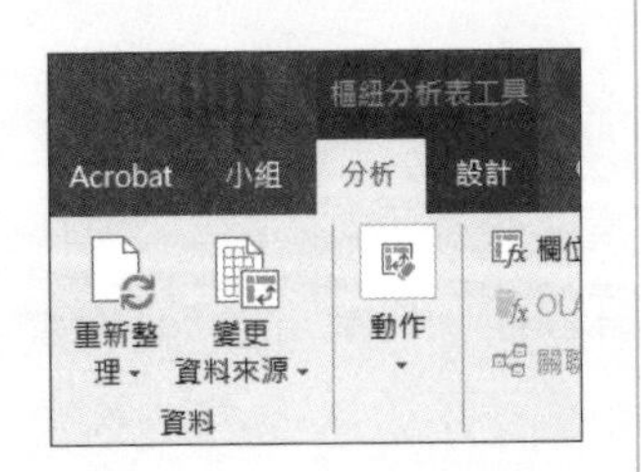


表 4-1-1 重新整理與變更資料來源

| 功能 | 使用時機 |
|---|---|
| 重新整理 | 原始資料有所變動的時候 |
| | 原始資料以「表格」的方式指定，並且新增資料的時候 |
| 變更資料來源 | 原始資料以「儲存格範圍」指定，並且新增資料的時候 |

# 2 調換分析軸的位置

2013 2016 2019

樞紐分析表可隨時調換分析軸（列與欄）的位置，例如可從各商品時間軸分析切換成各地區時間軸分析，也可進一步切換成商品 × 地區的分析，而且所有分析都可在一張樞紐分析表完成。

1 點選樞紐分析表的其中一個位置。

2 將「商品分類」拖出「欄」之外。

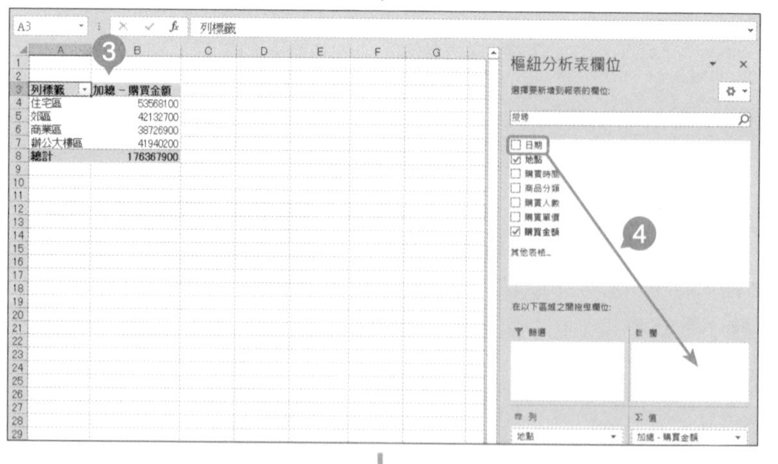


3 欄標籤刪除了。

4 將「日期」拖曳至「欄」。

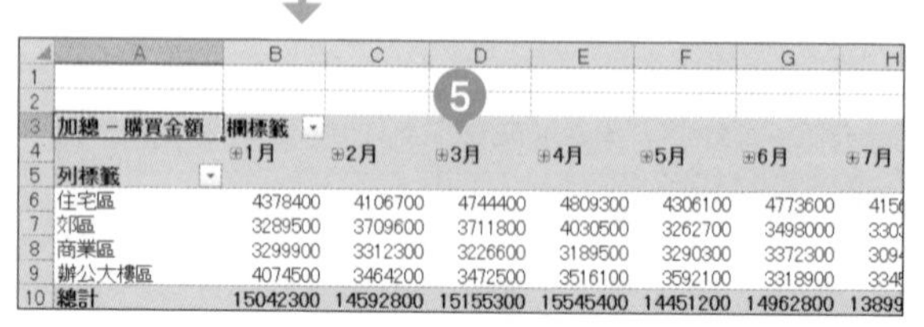


5 建立各地區時間軸報表了。

## ❸ 變更分析的剖面

2013 2016 2019

使用樞紐分析表的「篩選」功能，可在保有原版面的情況下，篩選出需要的目標資料。例如可在確認商品整體的業績之後，確認特定商品的業績。

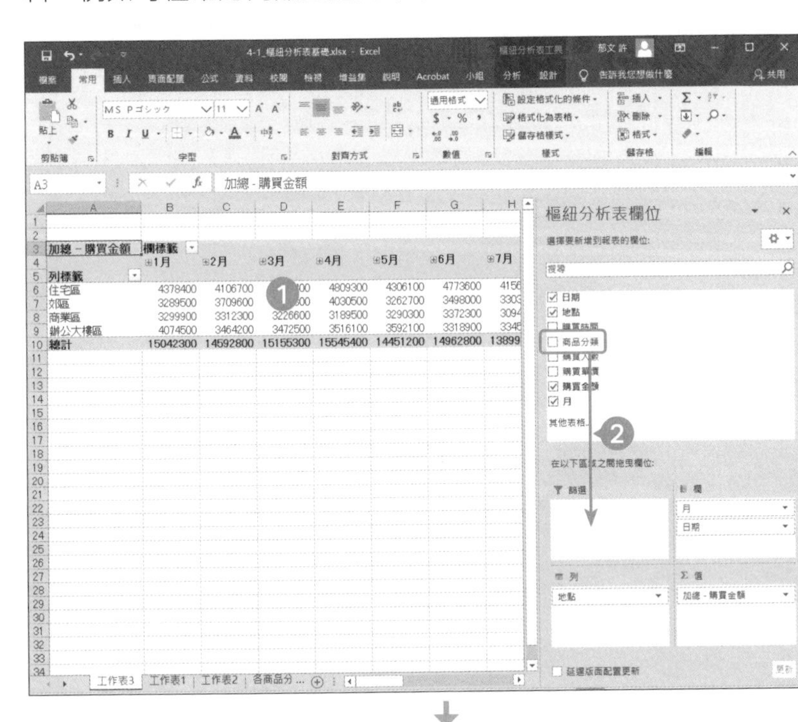


❶ 選取樞紐分析表的任何一處。

❷ 將「商品分類」拖曳至「篩選」。

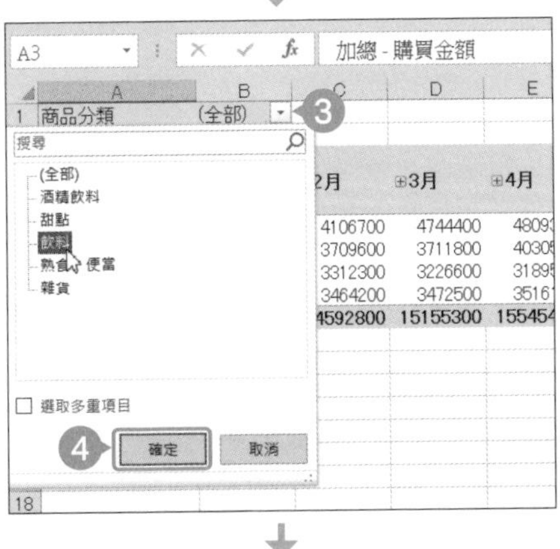


❸ 新增「篩選」項目了。

❹ 點選篩選的「▼」，選擇「飲料」再點選「確定」。

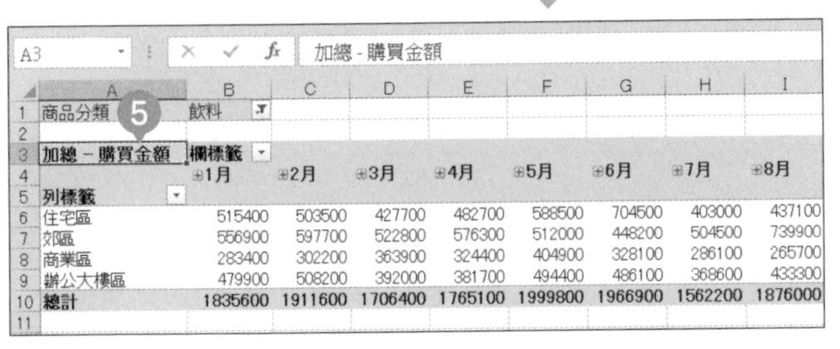


❺ 從所有商品的購買金額報表變更為飲料的購買金額報表。

## 4 利用列（欄）篩選功能篩選資料

2013 2016 2019

列或欄的項目若太多，看起來會很擠，也不方便分析。使用列（欄）篩選功能篩選畫面上的資料，就能留下所需的資料，也比較容易分析。

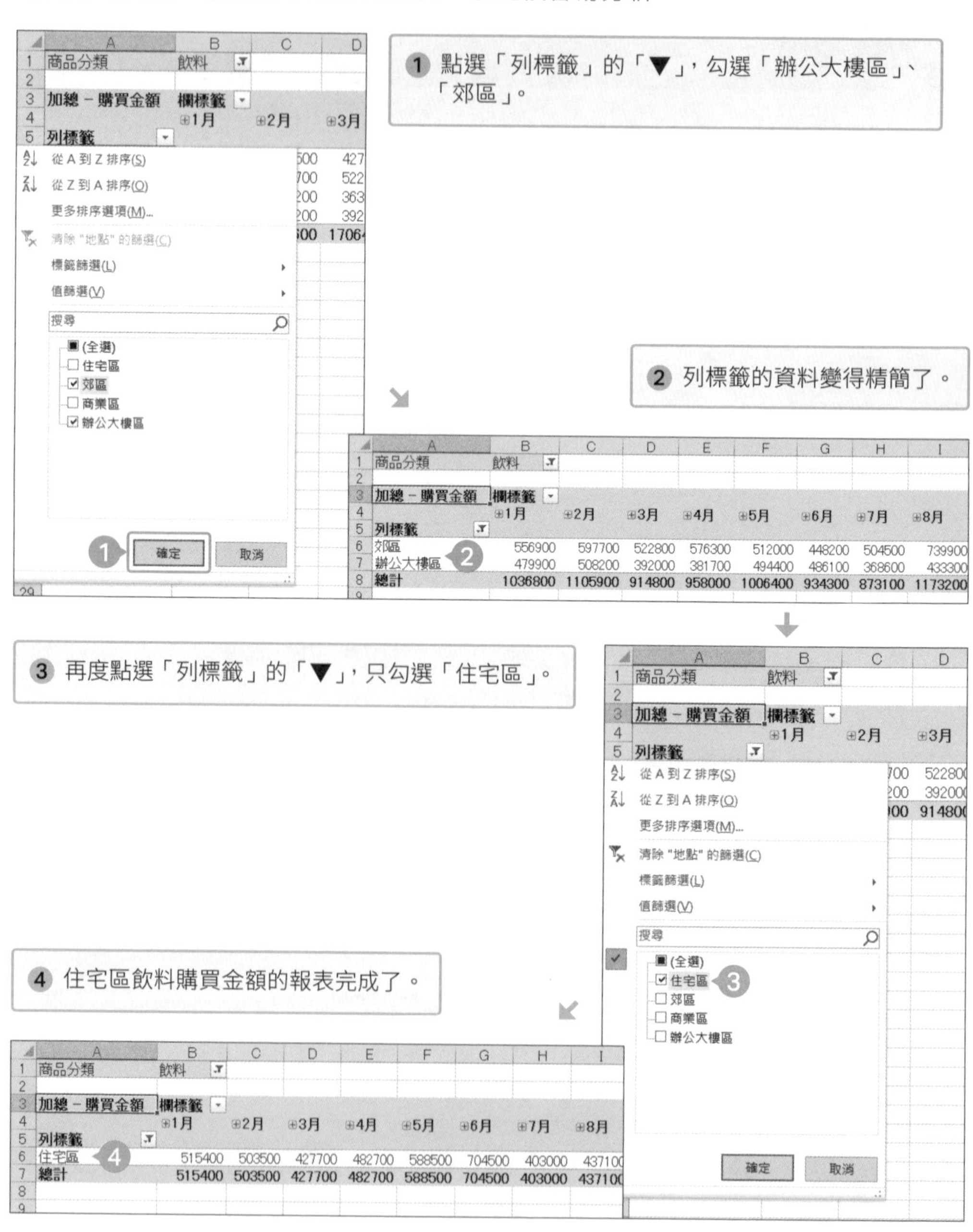

# 5 顯示明細資料

2013 2016 2019

樞紐分析表可根據計算結果輸出明細資料。例如將業績統計表的資料移動到業績明細表，就能確認每一筆交易貢獻的業績。

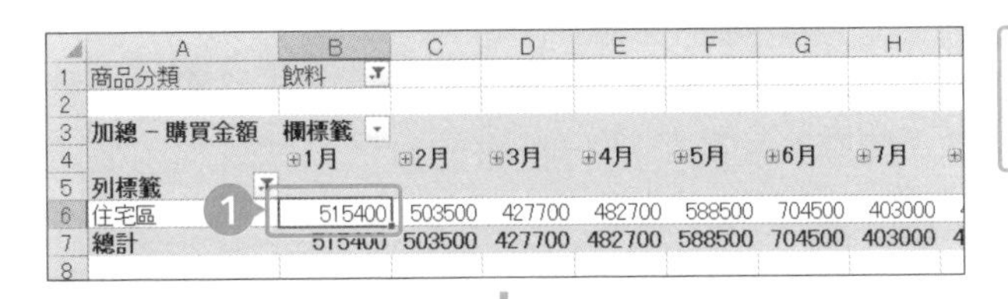

| | A | B | C | D | E | F | G | H |
|---|---|---|---|---|---|---|---|---|
| 1 | 商品分類 | 飲料 | | | | | | |
| 2 | | | | | | | | |
| 3 | 加總 - 購買金額 | 欄標籤 | | | | | | |
| 4 | | 1月 | 2月 | 3月 | 4月 | 5月 | 6月 | 7月 |
| 5 | 列標籤 | | | | | | | |
| 6 | 住宅區 | 515400 | 503500 | 427700 | 482700 | 588500 | 704500 | 403000 |
| 7 | 總計 | 515400 | 503500 | 427700 | 482700 | 588500 | 704500 | 403000 |

❶ 雙點樞紐分析表的「住宅區」與「1 月」交集的儲存格。

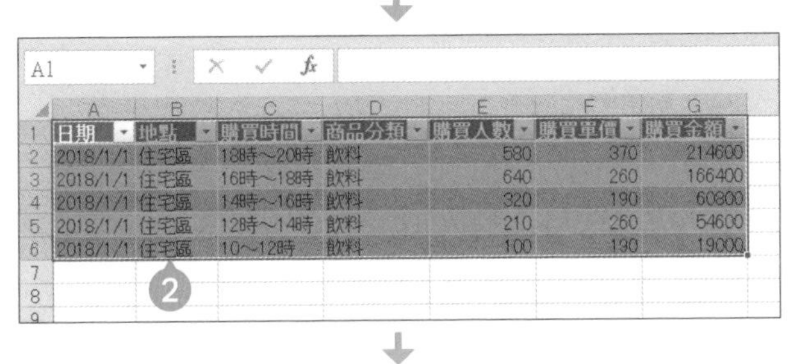

| | A | B | C | D | E | F | G |
|---|---|---|---|---|---|---|---|
| 1 | 日期 | 地點 | 購買時間 | 商品分類 | 購買人數 | 購買單價 | 購買金額 |
| 2 | 2018/1/1 | 住宅區 | 18時～20時 | 飲料 | 580 | 370 | 214600 |
| 3 | 2018/1/1 | 住宅區 | 16時～18時 | 飲料 | 640 | 260 | 166400 |
| 4 | 2018/1/1 | 住宅區 | 14時～16時 | 飲料 | 320 | 190 | 60800 |
| 5 | 2018/1/1 | 住宅區 | 12時～14時 | 飲料 | 210 | 260 | 54600 |
| 6 | 2018/1/1 | 住宅區 | 10～12時 | 飲料 | 100 | 190 | 19000 |

❷ 輸出 1 月住宅區飲料購買金額的明細資料了。

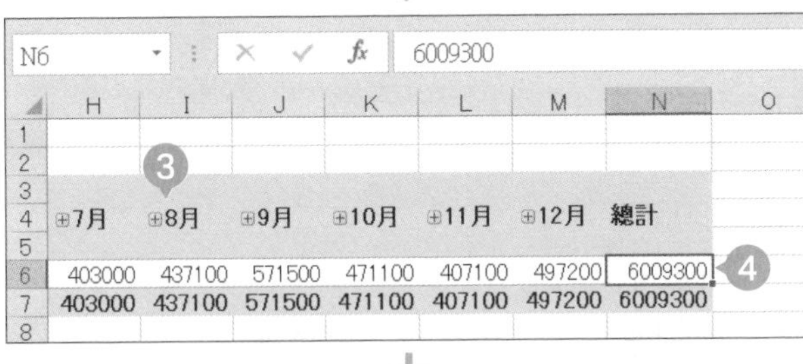

N6 6009300

| | H | I | J | K | L | M | N |
|---|---|---|---|---|---|---|---|
| 4 | 7月 | 8月 | 9月 | 10月 | 11月 | 12月 | 總計 |
| 6 | 403000 | 437100 | 571500 | 471100 | 407100 | 497200 | 6009300 |
| 7 | 403000 | 437100 | 571500 | 471100 | 407100 | 497200 | 6009300 |

❸ 再次選取樞紐分析表的工作表。

❹ 雙點「住宅區」與「總計」交集處的儲存格。

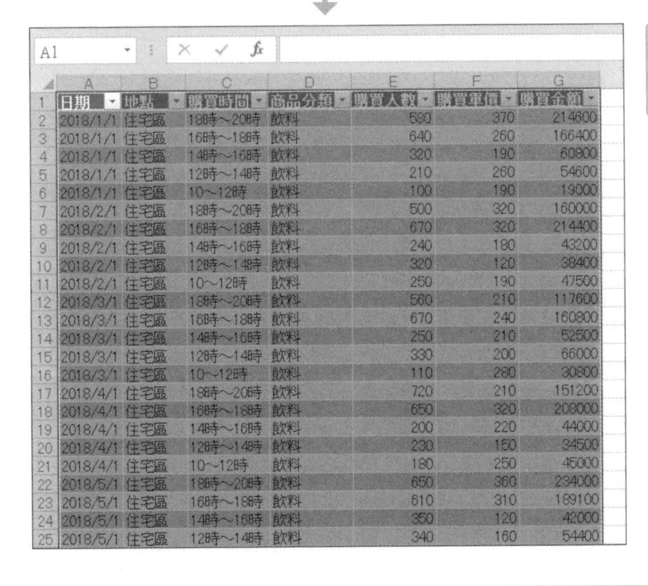

| | A | B | C | D | E | F | G |
|---|---|---|---|---|---|---|---|
| 1 | 日期 | 地點 | 購買時間 | 商品分類 | 購買人數 | 購買單價 | 購買金額 |
| 2 | 2018/1/1 | 住宅區 | 18時～20時 | 飲料 | 580 | 370 | 214600 |
| 3 | 2018/1/1 | 住宅區 | 16時～18時 | 飲料 | 640 | 260 | 166400 |
| 4 | 2018/1/1 | 住宅區 | 14時～16時 | 飲料 | 320 | 190 | 60800 |
| 5 | 2018/1/1 | 住宅區 | 12時～14時 | 飲料 | 210 | 260 | 54600 |
| 6 | 2018/1/1 | 住宅區 | 10～12時 | 飲料 | 100 | 190 | 19000 |
| 7 | 2018/2/1 | 住宅區 | 18時～20時 | 飲料 | 500 | 320 | 160000 |
| 8 | 2018/2/1 | 住宅區 | 16時～18時 | 飲料 | 670 | 320 | 214400 |
| 9 | 2018/2/1 | 住宅區 | 14時～16時 | 飲料 | 240 | 180 | 43200 |
| 10 | 2018/2/1 | 住宅區 | 12時～14時 | 飲料 | 320 | 120 | 38400 |
| 11 | 2018/2/1 | 住宅區 | 10～12時 | 飲料 | 250 | 190 | 47500 |
| 12 | 2018/3/1 | 住宅區 | 18時～20時 | 飲料 | 560 | 210 | 117600 |
| 13 | 2018/3/1 | 住宅區 | 16時～18時 | 飲料 | 670 | 240 | 160800 |
| 14 | 2018/3/1 | 住宅區 | 14時～16時 | 飲料 | 250 | 210 | 52500 |
| 15 | 2018/3/1 | 住宅區 | 12時～14時 | 飲料 | 330 | 200 | 66000 |
| 16 | 2018/3/1 | 住宅區 | 10～12時 | 飲料 | 110 | 280 | 30800 |
| 17 | 2018/4/1 | 住宅區 | 18時～20時 | 飲料 | 720 | 210 | 151200 |
| 18 | 2018/4/1 | 住宅區 | 16時～18時 | 飲料 | 650 | 320 | 208000 |
| 19 | 2018/4/1 | 住宅區 | 14時～16時 | 飲料 | 200 | 220 | 44000 |
| 20 | 2018/4/1 | 住宅區 | 12時～14時 | 飲料 | 230 | 150 | 34500 |
| 21 | 2018/4/1 | 住宅區 | 10～12時 | 飲料 | 180 | 250 | 45000 |
| 22 | 2018/5/1 | 住宅區 | 18時～20時 | 飲料 | 650 | 360 | 234000 |
| 23 | 2018/5/1 | 住宅區 | 16時～18時 | 飲料 | 610 | 310 | 189100 |
| 24 | 2018/5/1 | 住宅區 | 14時～16時 | 飲料 | 350 | 120 | 42000 |
| 25 | 2018/5/1 | 住宅區 | 12時～14時 | 飲料 | 340 | 160 | 54400 |

❺ 輸出全期間住宅區飲料購買金額的明細資料。

» **明細資料的工作表**：明細資料會於新工作表新增。若不需要這些資料，可連同工作表一併刪除。

# 02 活用樞紐分析表

若能在增加算式或群組化資料之後，將這些變更套用至樞紐分析表，或是學會調整樞紐分析表外觀的方法，以及利用「篩選」展開樞紐分析表的方法，就能利用樞紐分析表進行更多元的資料分析。

**Point**

前一節應該已經學會基本操作，這一節則要利用下列四個方法，進一步應用樞紐分析表。

1 新增算式
2 群組化資料
3 變更設計
4 展開報表

**Sample** 變更設計之後的樞紐分析表

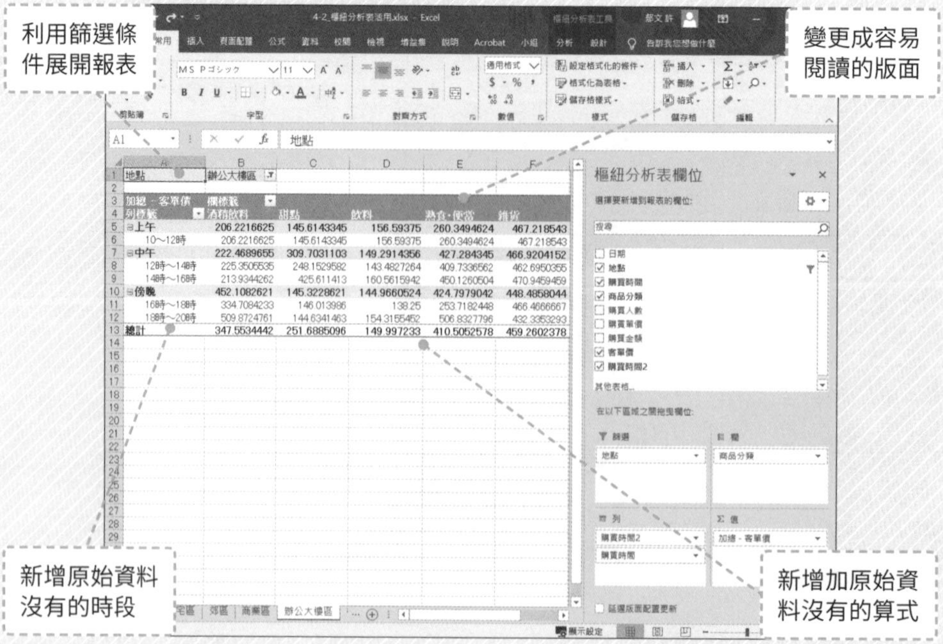

利用篩選條件展開報表

變更成容易閱讀的版面

| 地點 | 辦公大樓區 | | | | |
|---|---|---|---|---|---|
| 加總 - 客單價 | 欄標籤 | | | | |
| 列標籤 | 酒精飲料 | 甜點 | 飲料 | 熟食・便當 | 維貨 |
| ⊟上午 | 206.2216625 | 145.6143345 | 156.59375 | 260.3494624 | 467.218543 |
| 10～12時 | 206.2216625 | 145.6143345 | 156.59375 | 260.3494624 | 467.218543 |
| ⊟中午 | 222.4689655 | 309.7031103 | 149.2914356 | 427.284345 | 466.9204152 |
| 12時～14時 | 225.3505535 | 248.1529582 | 143.4827264 | 409.7336562 | 462.6950355 |
| 14時～16時 | 213.9344262 | 425.611413 | 160.5615942 | 450.1260504 | 470.9459459 |
| ⊟傍晚 | 452.1082621 | 145.3228621 | 144.9660524 | 424.7979042 | 448.4858044 |
| 16時～18時 | 334.7084233 | 146.013986 | 138.25 | 253.7182448 | 466.4666667 |
| 18時～20時 | 509.8724761 | 144.6341463 | 154.3155452 | 506.8327796 | 432.3353293 |
| 總計 | 347.5534442 | 251.6885096 | 149.997233 | 410.5052578 | 459.2602378 |

新增原始資料沒有的時段

新增加原始資料沒有的算式

# ▶樞紐分析表的其他功能

除了前一節介紹的功能之外，樞紐分析表還有很多實用的功能，幫助我們進一步分析資料，讓資料變得更簡單易讀。

● **新增算式**

可根據原始資料的數據新增算式。例如從業績與成本算出毛利，或是根據實際數據與目標算出達成率。

● **群組化資料**

這項功能可於希望以更大的單位分析資料的情況使用。例如想將一歲的資料轉換成十歲的資料，或是將時段的資料轉換成上午與下午的資料，都可使用這項功能。

● **變更設計**

與第 3 章介紹的表格一樣，樞紐分析表也能調整外觀，還能自由變更版面，所以可視情況調整編排方式。

● **展開報表**

可利用套用「篩選」功能的軸展開相同版面的報表。例如想將營業銷售報表寄給每一個營業據點，可以一次完成製作各營業據點的報表。

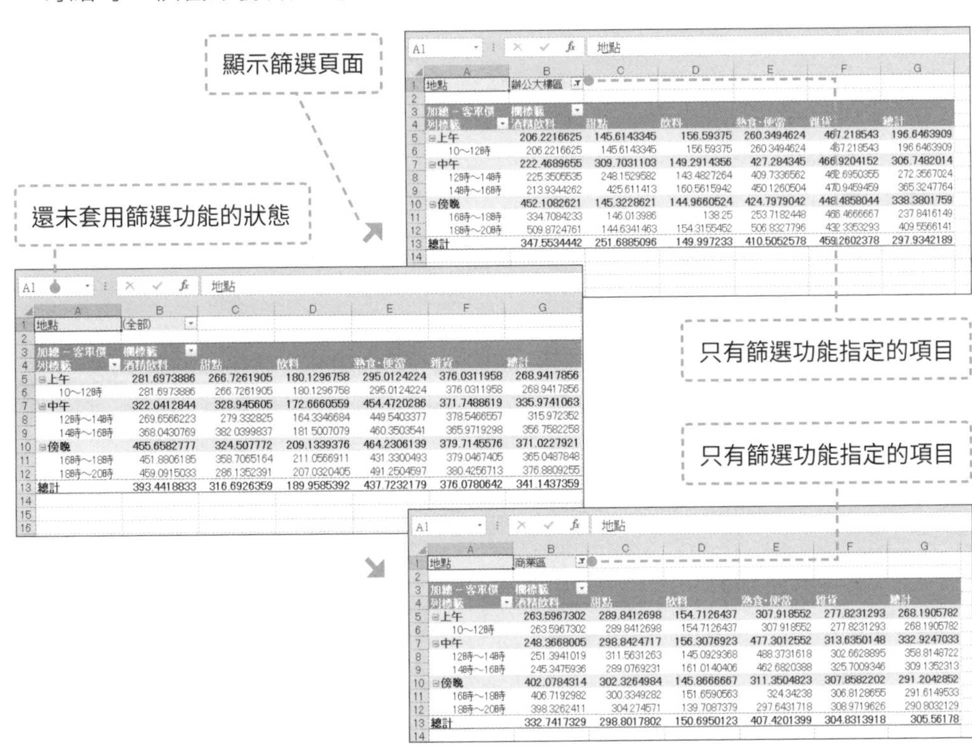


地點：(全部)

| 加總 - 客單價<br>列標籤 | 欄標籤<br>酒精飲料 | 甜點 | 飲料 | 熟食‧便當 | 雜貨 | 總計 |
|---|---|---|---|---|---|---|
| ⊟上午 | 281.6973886 | 266.7261905 | 180.1296758 | 295.0124224 | 376.0311958 | 268.9417856 |
| 10～12時 | 281.6973886 | 266.7261905 | 180.1296758 | 295.0124224 | 376.0311958 | 268.9417856 |
| ⊟中午 | 322.0412844 | 328.945605 | 172.6660559 | 454.4720286 | 371.7488619 | 335.9741063 |
| 12時～14時 | 269.6566223 | 279.332825 | 164.3346684 | 449.5403377 | 378.5466557 | 315.972352 |
| 14時～16時 | 368.0430769 | 382.0399837 | 181.5007079 | 460.3503541 | 365.9719298 | 356.7582258 |
| ⊟傍晚 | 455.6582777 | 324.507772 | 209.1339376 | 464.2306139 | 379.7145576 | 371.0227921 |
| 16時～18時 | 451.8806185 | 358.7065164 | 211.0566911 | 431.3300493 | 379.0467405 | 365.0487848 |
| 18時～20時 | 459.0915033 | 286.1352391 | 207.0320405 | 491.2504597 | 380.4256713 | 376.8809255 |
| 總計 | 393.4418833 | 316.6926359 | 189.9585392 | 437.7232179 | 376.0780642 | 341.1437359 |

地點：辦公大樓區

| 加總 - 客單價<br>列標籤 | 欄標籤<br>酒精飲料 | 甜點 | 飲料 | 熟食‧便當 | 雜貨 | 總計 |
|---|---|---|---|---|---|---|
| ⊟上午 | 206.2216625 | 145.6143345 | 156.59375 | 260.3494624 | 467.218543 | 196.6463909 |
| 10～12時 | 206.2216625 | 145.6143345 | 156.59375 | 260.3494624 | 467.218543 | 196.6463909 |
| ⊟中午 | 222.4689655 | 309.7031103 | 149.2914356 | 427.284345 | 466.9204152 | 306.7482014 |
| 12時～14時 | 225.3505535 | 248.1529582 | 143.4827264 | 409.7336562 | 462.6950355 | 272.3567024 |
| 14時～16時 | 213.9344262 | 425.611413 | 160.5615942 | 450.1260504 | 470.9459459 | 365.3247764 |
| ⊟傍晚 | 452.1082621 | 145.3228621 | 144.9660524 | 424.7979042 | 448.4858044 | 338.3801759 |
| 16時～18時 | 334.7084233 | 146.013986 | 138.25 | 253.7182448 | 466.4666667 | 237.8416149 |
| 18時～20時 | 509.8724761 | 144.6341463 | 154.3155452 | 506.8327796 | 432.3353293 | 409.5566141 |
| 總計 | 347.5534442 | 251.6885096 | 149.997233 | 410.5052578 | 459.2602378 | 297.9342189 |

地點：商業區

| 加總 - 客單價<br>列標籤 | 欄標籤<br>酒精飲料 | 甜點 | 飲料 | 熟食‧便當 | 雜貨 | 總計 |
|---|---|---|---|---|---|---|
| ⊟上午 | 263.5967302 | 289.8412698 | 154.7126437 | 307.918552 | 277.8231293 | 268.1905782 |
| 10～12時 | 263.5967302 | 289.8412698 | 154.7126437 | 307.918552 | 277.8231293 | 268.1905782 |
| ⊟中午 | 248.3668005 | 298.8424717 | 156.3076923 | 477.3012552 | 313.6350148 | 332.9247033 |
| 12時～14時 | 251.3941019 | 311.5631263 | 145.0929368 | 488.3731618 | 302.6628895 | 358.8148722 |
| 14時～16時 | 245.3475936 | 289.0769231 | 161.0140406 | 462.6820388 | 325.7009346 | 309.1352313 |
| ⊟傍晚 | 402.0784314 | 302.3264984 | 145.8666667 | 311.3504823 | 307.8582202 | 291.2042852 |
| 16時～18時 | 406.7192982 | 300.3349282 | 151.6590563 | 324.34238 | 306.8128655 | 291.6149533 |
| 18時～20時 | 398.3262411 | 304.274571 | 139.7087379 | 297.6431718 | 308.9719626 | 290.8032129 |
| 總計 | 332.7417329 | 298.8017802 | 150.6950123 | 407.4201399 | 304.8313918 | 305.56178 |

## ❶ 新增算式

2013 2016 2019

雖然原始資料沒有毛利，但只要有業績與成本，就能在樞紐分析表算出毛利。樞紐分析表可在新增算式之後，算出原始資料沒有的指標。

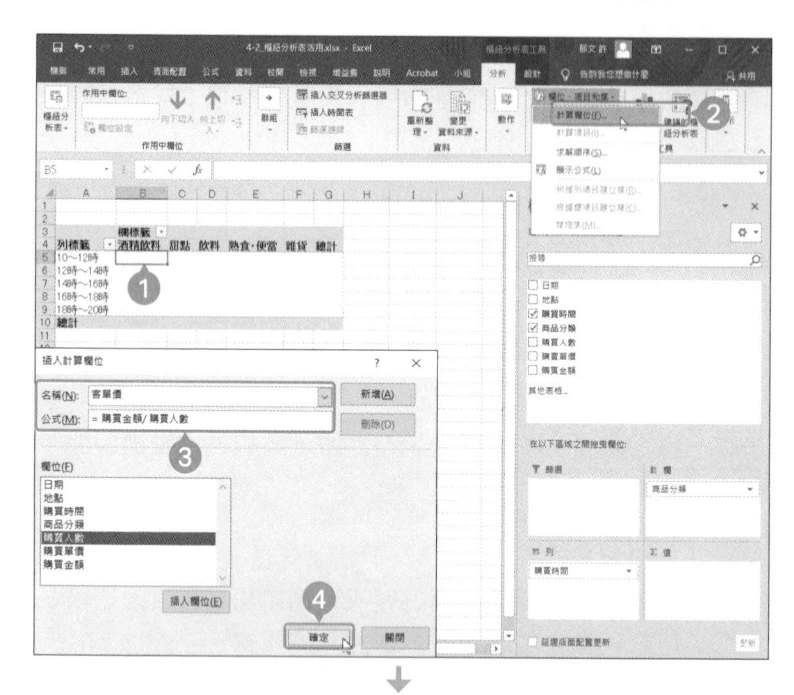


❶ 選取樞紐分析表的任意一處。

❷ 從「樞紐分析表工具」的「分析」的「計算」群組點選「欄位、項目和集」→「計算欄位」。

❸ 在「名稱」欄位輸入「客單價」，在「公式」欄位輸入「= 購買金額／購買人數」。

❹ 點選「確定」。

❺ 新增「客單價」公式了。

**無法使用購買單價的理由**：雖然原始資料已有「購買單價」的欄位，但是利用這個欄位計算，會算出購買單價的總和。將計算方法變更為「平均值」，也只能算出沒有加權過的平均值，所以本範例才另外新增計算欄位。

# ❷ 資料群組化

2013 2016 2019

進行資料分析的樞紐分析表，若想將原以一歲的分析區間改成以十歲為區間的單位，可使用以下資料群組化功能，隨意調整分析單位。

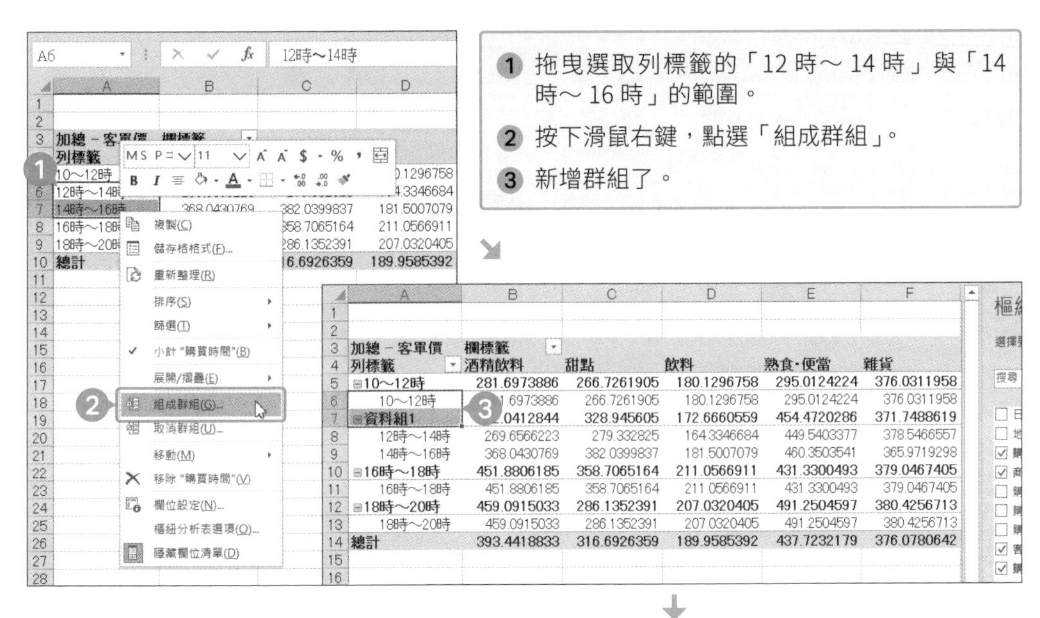


❶ 拖曳選取列標籤的「12 時～ 14 時」與「14 時～ 16 時」的範圍。

❷ 按下滑鼠右鍵，點選「組成群組」。

❸ 新增群組了。

❹ 依照相同的步驟將「16 時～ 18 時」、「18 時～ 20 時」轉換成群組。

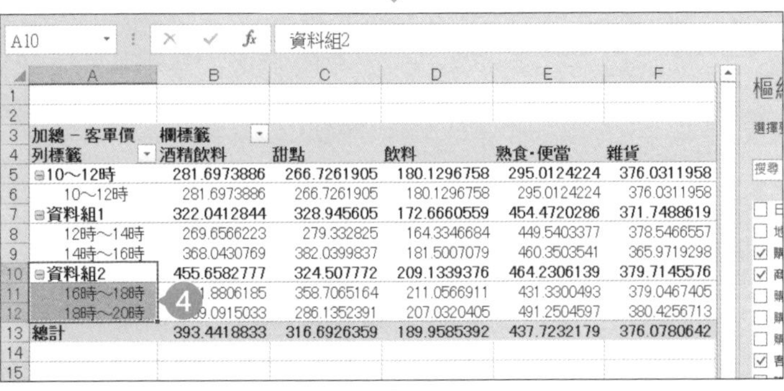


❺ 點選「資料組 1」的儲存格，再將列標籤變更為「中午」。

❻ 依照同樣的步驟將「10 ～ 12 時」變更為「上午」，再將「資料組 2」變更為「傍晚」。

❼ 資料分成三個群組了。

A10 傍晚

| 加總 - 客單價 | 欄標籤 | | | | |
|---|---|---|---|---|---|
| 列標籤 | 酒精飲料 | 甜點 | 飲料 | 熟食・便當 | 雜貨 |
| ⊟上午 | 281.6973886 | 266.7261905 | 180.1296758 | 295.0124224 | 376.0311958 |
| 10～12時 | 281.6973886 | 266.7261905 | 180.1296758 | 295.0124224 | 376.0311958 |
| ⊟中午 | 322.0412844 | 328.945605 | 172.6660559 | 454.4720286 | 371.7488619 |
| 12時～14時 | 269.6566223 | 279.332825 | 164.3346684 | 449.5403377 | 378.5466557 |
| 14時～16時 | 368.0430769 | 382.0399837 | 181.5007079 | 460.3503541 | 365.9719298 |
| ⊟傍晚 | 455.6582777 | 324.507772 | 209.1339376 | 464.2306139 | 379.7145576 |
| 16時～18時 | 451.8806185 | 358.7065164 | 211.0566911 | 431.3300493 | 379.0467405 |
| 18時～20時 | 459.0915033 | 286.1352391 | 207.0320405 | 491.2504597 | 380.4256713 |
| 總計 | 393.4418833 | 316.6926359 | 189.9585392 | 437.7232179 | 376.0780642 |

# ❸ 調整樞紐分析表的外觀

2013 2016 2019

若是自己使用的樞紐分析表，或許不用太在意外觀，但用於報告的樞紐分析表就應該調整得方便閱讀才對。所以在此要介紹調整樞紐分析表外觀的方法。

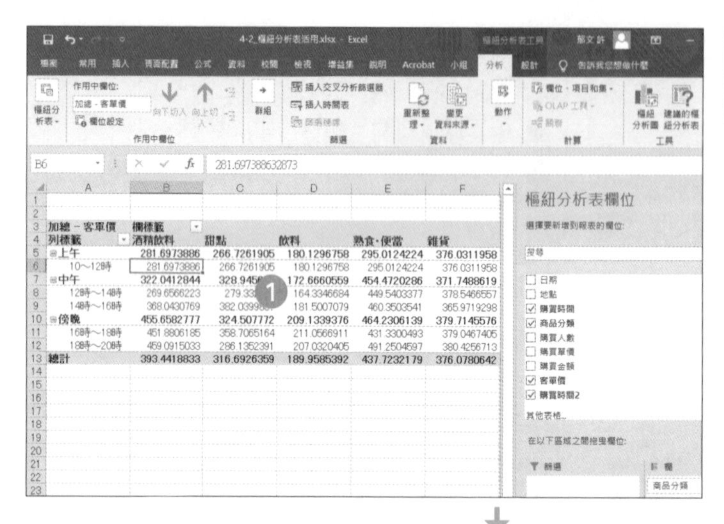


❶ 選取樞紐分析表的任何一處。

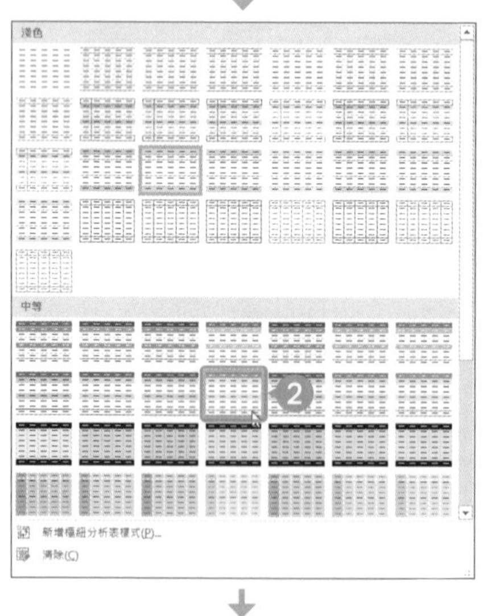


❷ 從「樞紐分析表工具」的「設計」分頁的「樞紐分析表樣式」群組點選「淺綠，樞紐分析表樣式中等深淺 11」。

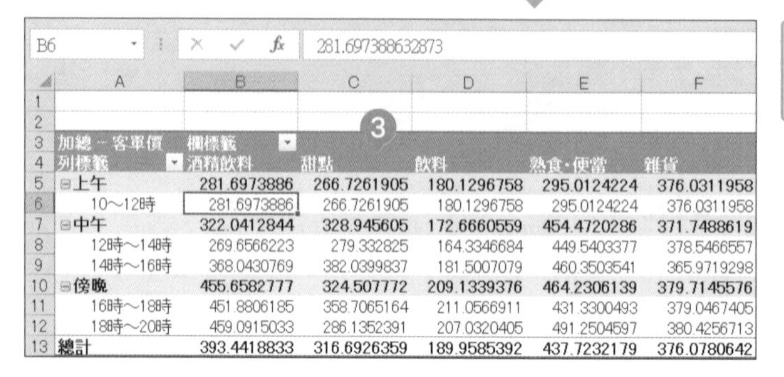

| 加總 - 客單價 | 欄標籤 | | | | |
|---|---|---|---|---|---|
| 列標籤 | 酒精飲料 | 甜點 | 飲料 | 熟食‧便當 | 雜貨 |
| ⊟上午 | 281.6973886 | 266.7261905 | 180.1296758 | 295.0124224 | 376.0311958 |
| 10～12時 | 281.6973886 | 266.7261905 | 180.1296758 | 295.0124224 | 376.0311958 |
| ⊟中午 | 322.0412844 | 328.945605 | 172.6660559 | 454.4720286 | 371.7488619 |
| 12時～14時 | 269.6566223 | 279.332825 | 164.3346684 | 449.5403377 | 378.5466557 |
| 14時～16時 | 368.0430769 | 382.0399837 | 181.5007079 | 460.3503541 | 365.9719298 |
| ⊟傍晚 | 455.6582777 | 324.507772 | 209.1339376 | 464.2306139 | 379.7145576 |
| 16時～18時 | 451.8806185 | 358.7065164 | 211.0566911 | 431.3300493 | 379.0467405 |
| 18時～20時 | 459.0915033 | 286.1352391 | 207.0320405 | 491.2504597 | 380.4256713 |
| 總計 | 393.4418833 | 316.6926359 | 189.9585392 | 437.7232179 | 376.0780642 |

❸ 樞紐分析表的外觀改變了。

# 4 展開報表

2013 2016 2019

若想將相同版面的業績趨勢報表發送給每處的營業據點，絕對不要一次次切換「篩選」功能再製作報表，因為這樣實在太花時間，而是要使用樞紐分析表的展開功能，一口氣做出需要的報表。

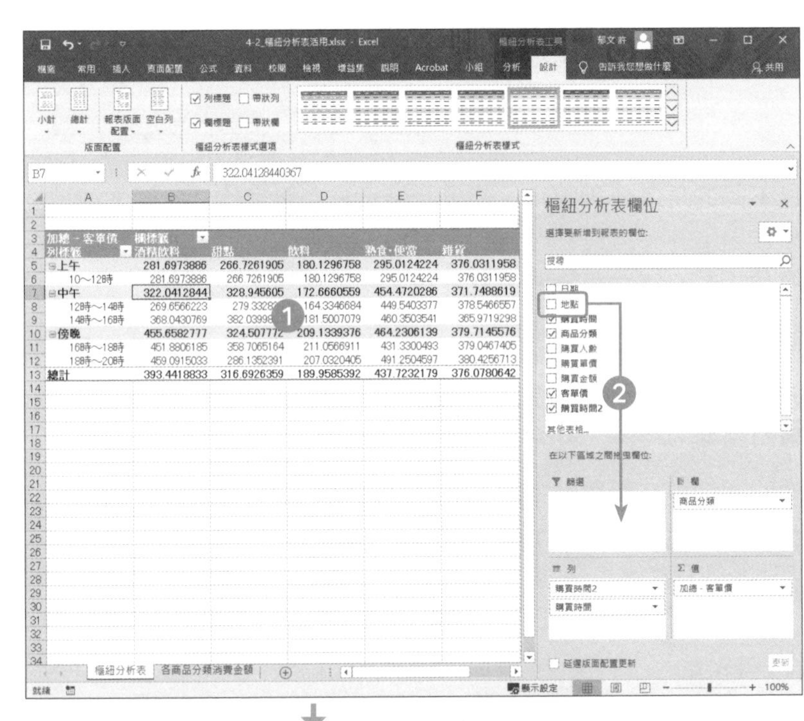


1. 選取樞紐分析表的任意一處。
2. 將「地點」拖曳至「篩選」欄位。

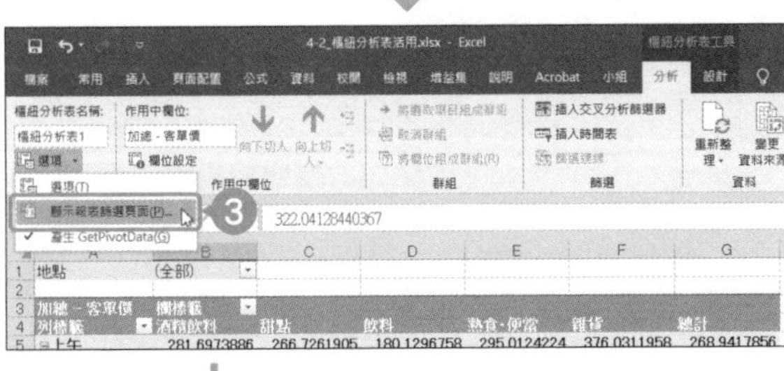


3. 從「樞紐分析表工具」的「分析」分頁的「樞紐分析表」群組點選「選項」→「顯示報表篩選頁面」。
4. 確認「顯示報表篩選頁面」選取了「地點」之後，按下「確定」。

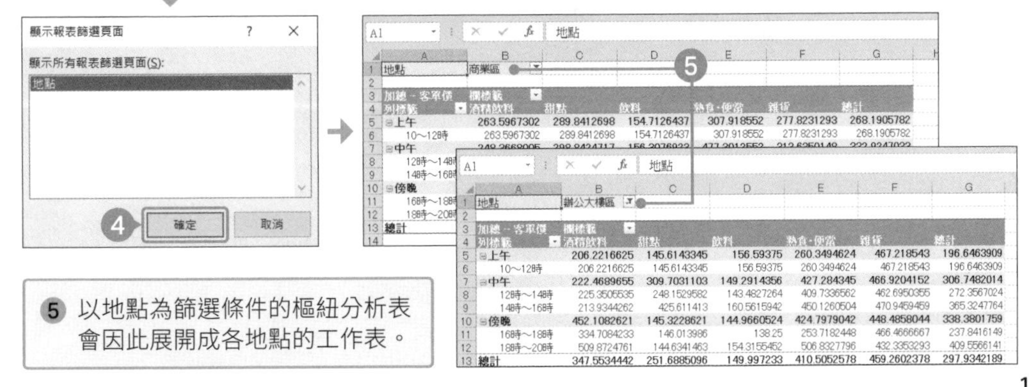


5. 以地點為篩選條件的樞紐分析表會因此展開成各地點的工作表。

# 03 樞紐分析表

在利用樞紐分析表以不同角度分析資料後，可再穿插圖表「樞紐分析圖」。以圖形具體呈現資料數據後，也更容易掌握未來趨勢。

**Point**

樞紐分析表可從不同的角度分析資料，但分析結果只會是表格，此時需要閱讀表格的經驗或是擁有與資料相關的背景知識，才能看出資料的趨勢。若能學會「樞紐分析圖」的使用方法，就能在沒有經驗與背景知識的情況下，掌握資料趨勢。

將樞紐分析表轉換成圖表的優點如下：

1 可一眼看出資料趨勢。

2 在樞紐分析表的操作可立刻套用至圖表。

3 樞紐分析圖與一般的圖表一樣，可變更種類與外觀。

**Sample** 樞紐分析圖

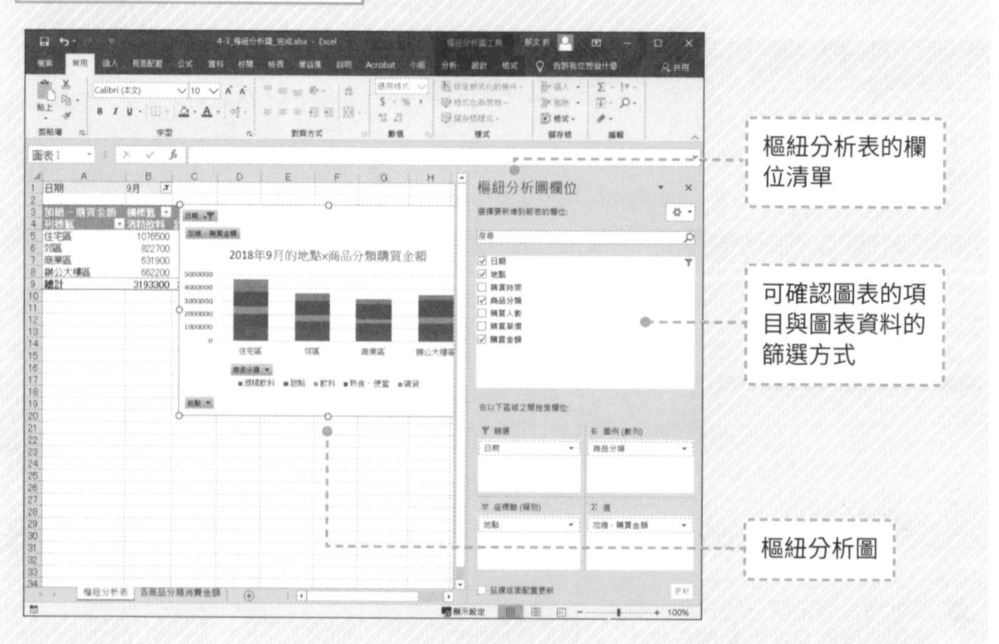

## 何謂樞紐分析圖

「樞紐分析圖」就是從樞紐分析表的資料轉化而來的圖表，具有以下特色：

- **可一眼看出資料趨勢**

  若只有樞紐分析表，我們必須從一堆數字整理出資訊，但如果將這些數字轉化為圖表，就能快速掌握時間軸資料的變化，不善於處理資料的人也能立刻透過圖表了解資料的趨勢。

- **在樞紐分析表的操作可立刻套用至圖表**

  不管樞紐分析表的資料有任何修改，都會直接套用在樞紐分析圖，所以能流暢地進行分析。

- **樞紐分析圖與一般的圖表一樣，可變更種類與外觀**

  樞紐分析圖與一般的圖表具有相同的功能，可依照用途選擇適當的種類，也能調整成報告專用的外觀。

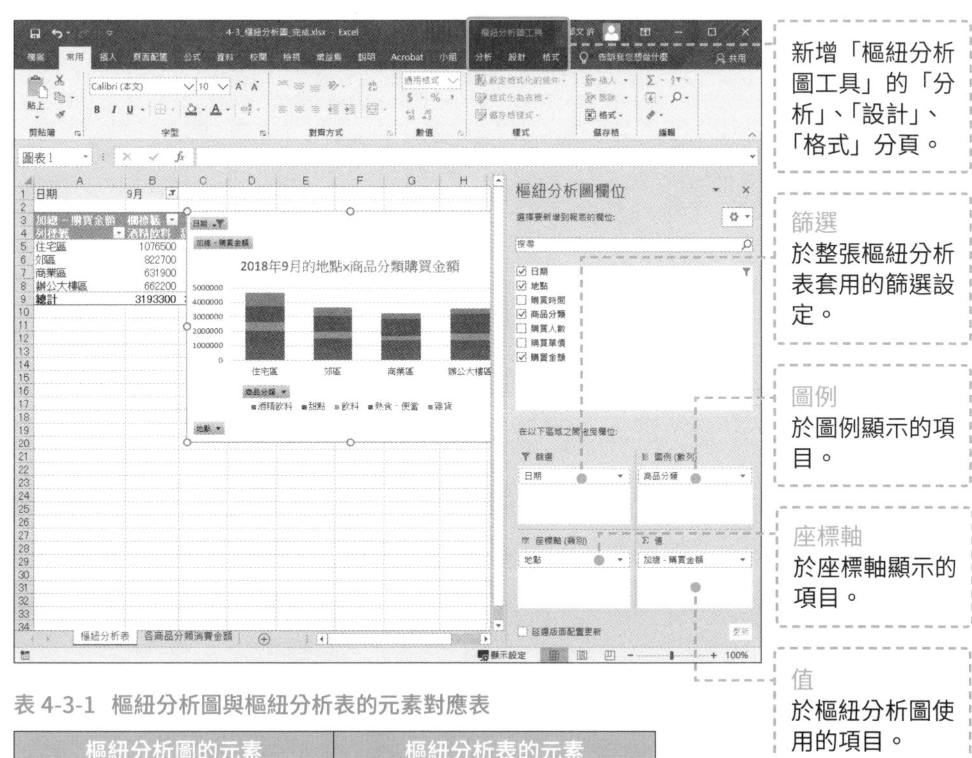


表 4-3-1 樞紐分析圖與樞紐分析表的元素對應表

| 樞紐分析圖的元素 | 樞紐分析表的元素 |
|---|---|
| 篩選 | 篩選 |
| 圖例 | 欄 |
| 座標軸 | 列 |
| 值 | 值 |

# 1 製作樞紐分析圖

2013 2016 2019

利用樞紐分析表製作樞紐分析圖的方法非常簡單。樞紐分析圖完成後，就能快速掌握無法從表格難以呈現的數據趨勢。

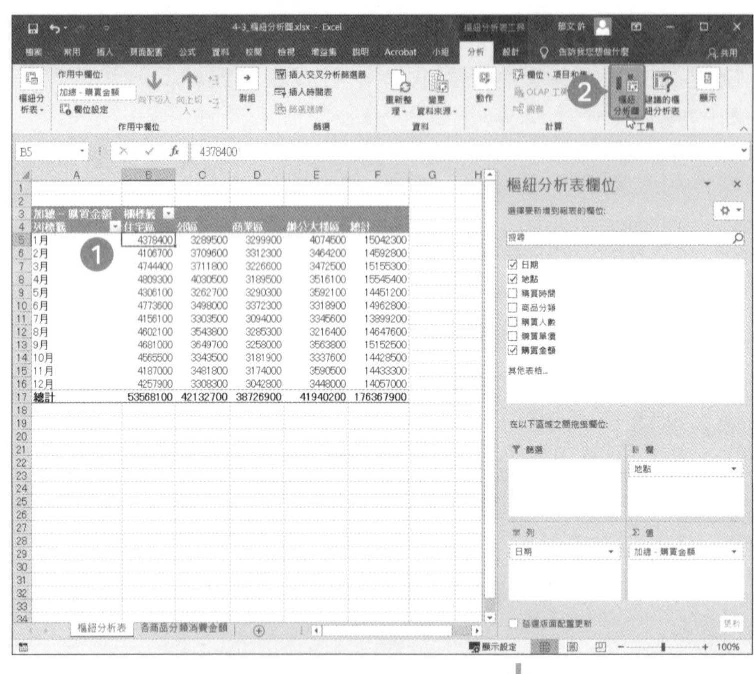


1. 點選樞紐分析表的任何一處。
2. 從「樞紐分析表工具」的「分析」分頁的「工具」群組點選「樞紐分析圖」。

3. 於「插入圖表」畫面的「折線圖」點選「折線圖」。
4. 點選「確定」。

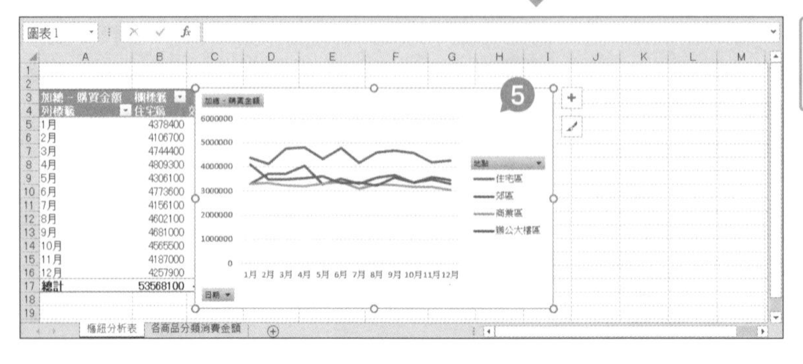


5. 樞紐分析圖完成了。

## ❷ 樞紐分析圖的基本操作 2013 2016 2019

樞紐分析圖的優點在於可立刻套用樞紐分析表的變動。由於可一邊調整圖表的內容，一邊進行分析，所以可輕鬆地建立各種驗證條件。

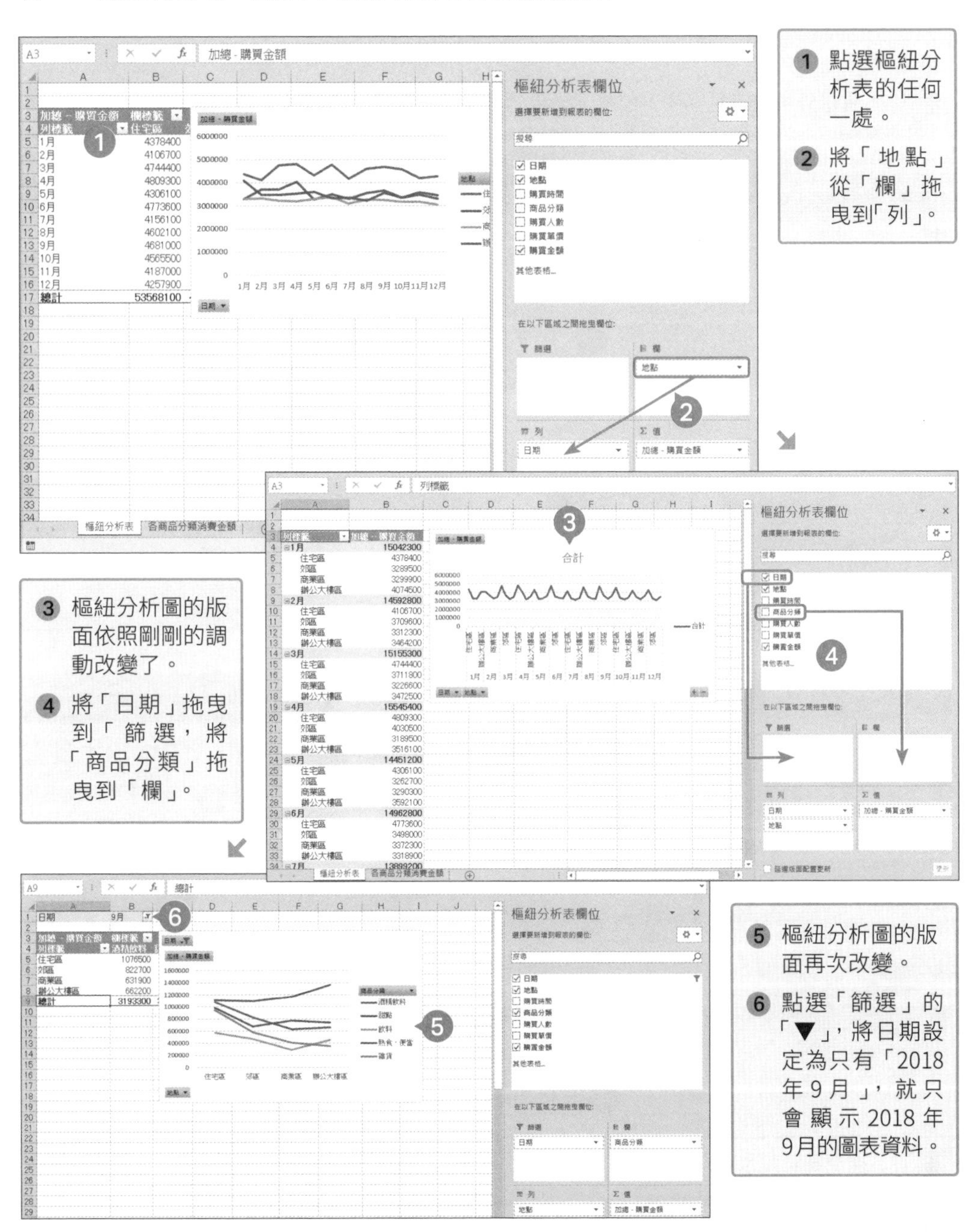


**新增篩選設定的樞紐分析圖**：將新增篩選設定的樞紐分析圖製作成樞紐分析圖之後，可利用相同版面的圖表顯示每個報表資料。

## 3 調整樞紐分析圖的外觀

雖然樞紐分析表的變更會直接套用在樞紐分析圖，卻無法立刻調整樞紐分析圖的種類與外觀，所以要先根據用途調整圖表的種類，再進行資料的分析與報告。

1. 點選樞紐分析圖。
2. 從「樞紐分析圖工具」的「設計」分頁的「類型」群組點選「變更圖表類型」。

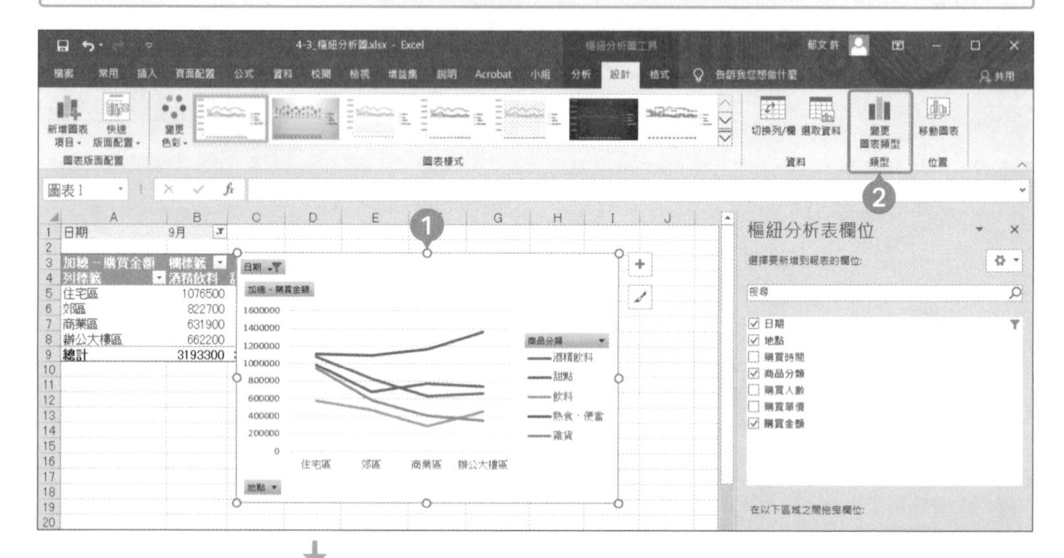


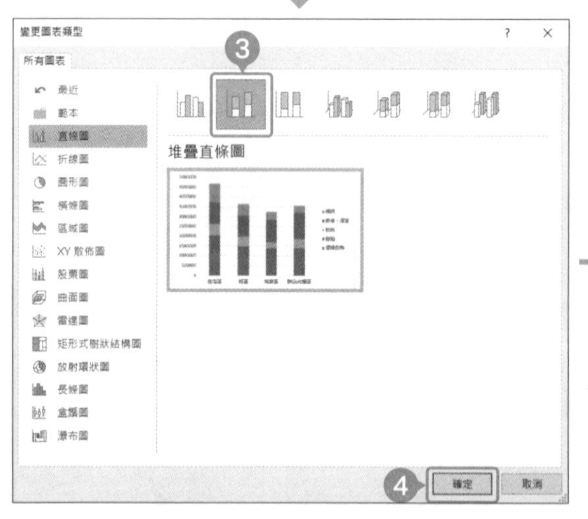


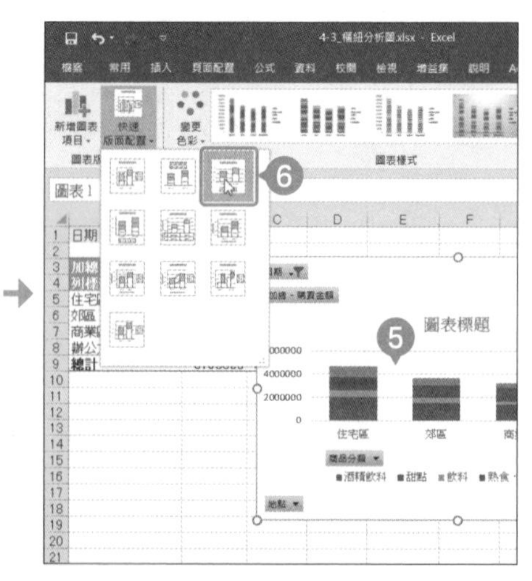


3. 從「變更圖表類型」對話框點選「直條圖」的「堆疊直條圖」。
4. 點選「確定」。
5. 圖表轉換成堆疊直條圖。
6. 從「樞紐分析圖工具」的「設計」分頁的「圖表版面配置」群組點選「快速版面配置」的「版面配置 3」。

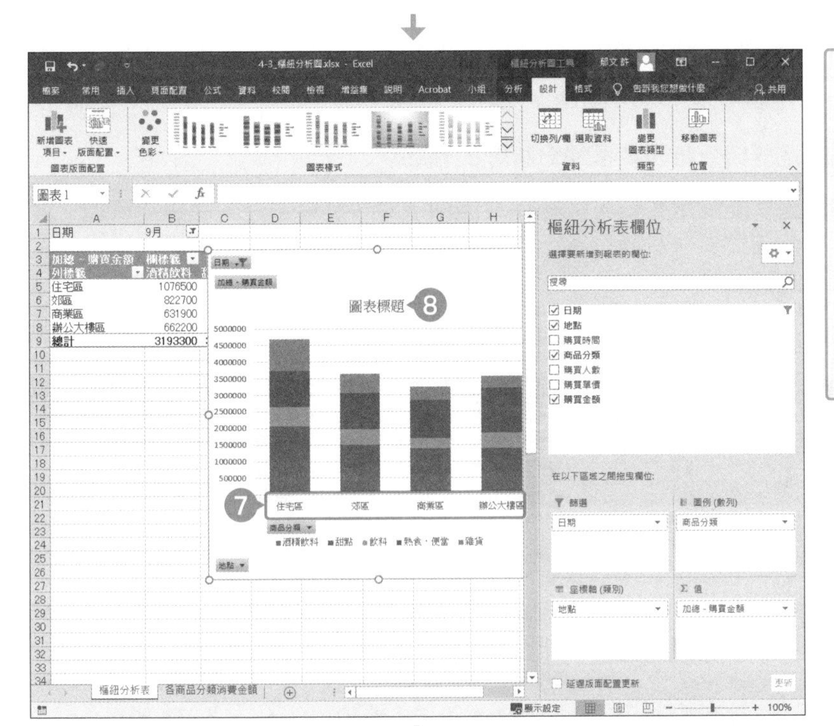


❼ 增加「圖表標題」，圖例移動至下方。

❽ 選擇圖表標題，輸入「2018 年 9 月的地點 × 商品分類購買金額」。

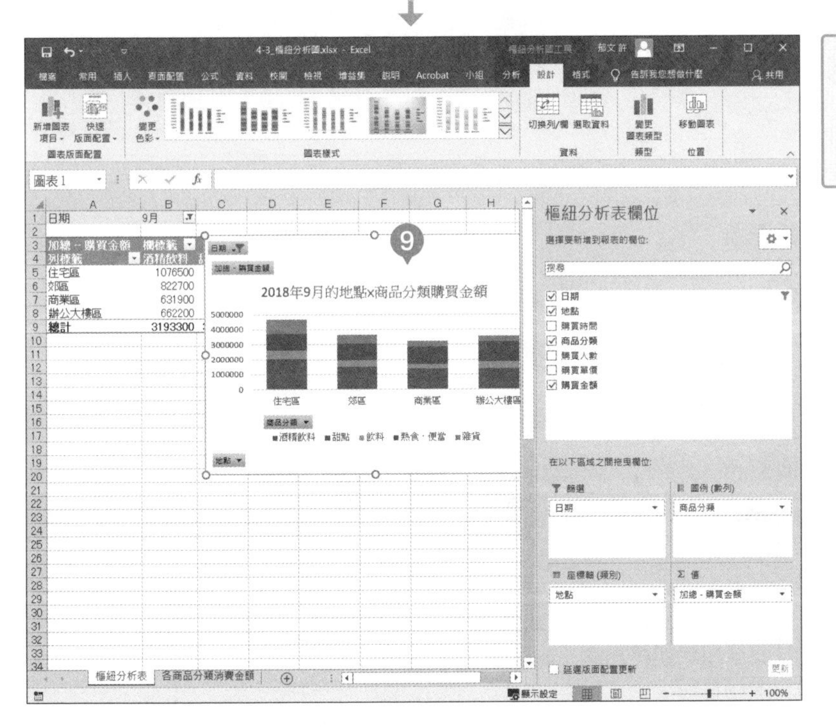


❾ 修正圖表種類與版面的樞紐分析圖完成了。

## Column 使用交叉分析篩選器

交叉分析篩選器是樞紐分析表／樞紐分析圖的輔助功能。

每一次要利用篩選功能篩選資料，都得完成開啟清單，選擇項目，開關清單這一連串操作，但如果使用交叉分析篩選器就能隨著顯示要篩選的欄位與項目清單，所以能快速篩選需要的資料。

### ● 顯示交叉分析篩選器

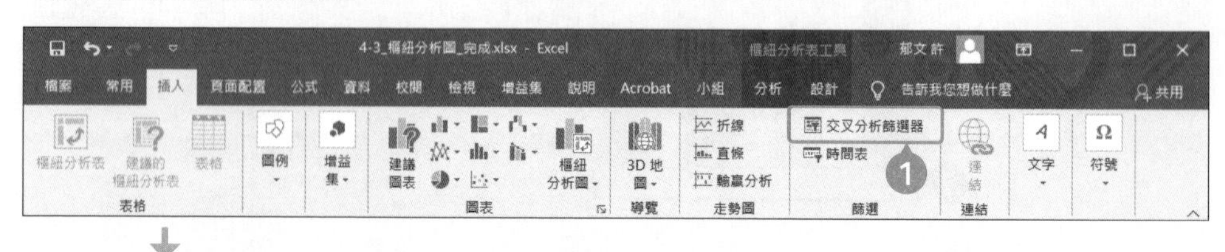

❶ 選取樞紐分析表或樞紐分析圖之後，從「插入」分頁的「篩選」群組點選「交叉分析篩選器」。

❷ 選取「日期」與「商品分類」，再點選「確定」。

❸ 顯示「日期」與「商品分類」的交叉分析篩選器。

### ● 使用交叉分析篩選器

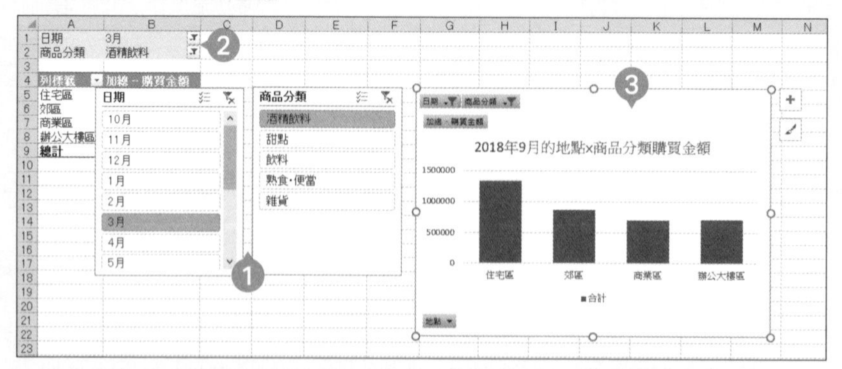


❶ 在「日期」的交叉分析篩選器點選「3 月」，再於「商品分類」的交叉分析篩選器點選「酒精飲料」。

❷ 樞紐分析表的資料會以「2018 年 3 月」與「酒精飲料」作為篩選條件。

❸ 樞紐分析圖的資料也只剩「2018 年 3 月」與「酒精飲料」。

# Chapter 05

# 圖表

圖表可幫助我們更直覺地分析資料，也能更具體地呈現分析結果。由於 Excel 內建了許多圖表，所以必須知道使用方法，才能依照分析用途選擇適當的圖表。本章要介紹長條圖、折線圖這類基本圖表的製作方法，也要介紹複合圖表、散佈圖、泡泡圖這類複雜圖表的製作方法。

# 01 圖表的基本操作

圖表可讓資料變得更清楚易懂，所以常會看到在職場利用圖表報告分析結果的情況，而這章將要帶著大家學習圖表的基本操作，例如格式或其他部分的設定。

**Point**

圖表可具體呈現分析結果，會比只有表格的情況更容易了解資料。依照下列的方式可快速完成圖表的繪製。

1 建立圖表。

2 調整圖表的外觀。

Excel 可建立非常多種樣式的圖表，所以能否從中選出最適當的圖表說明分析結果是非常重要的一環。

**Sample** 堆疊長條圖與折線圖

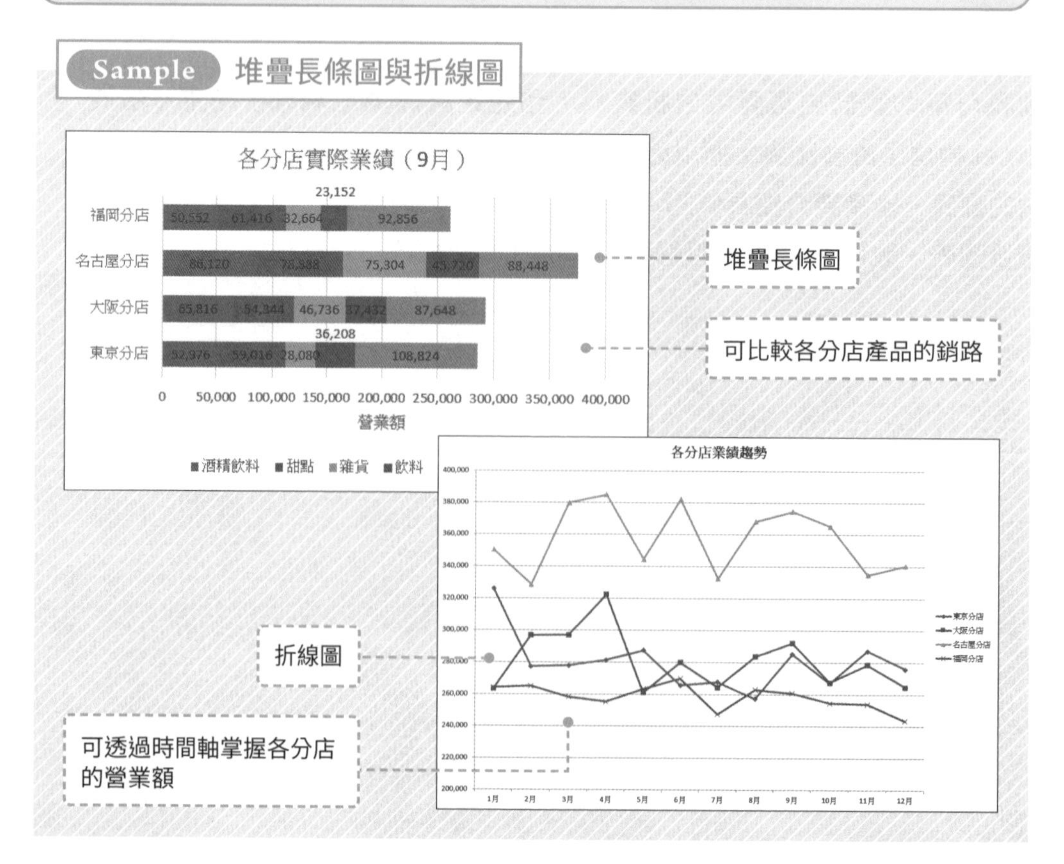

## 圖表的組成元素與編輯內容

圖表雖然是可具體呈現資料的法寶，但是若無法正確敘述圖表的元素，就有可能造成誤會。請務必記住圖表的組成元素與可編輯的內容，才能正確地說明圖表的資訊。

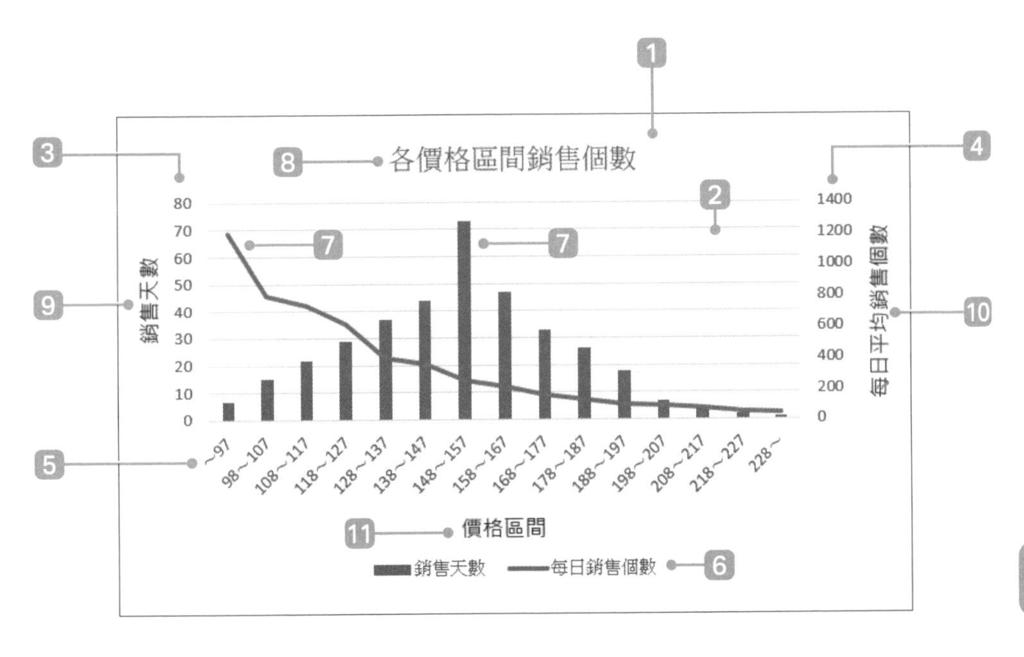


表 5-1-1 圖表的組成元素

| 元素編號 | 元素名稱 | 可編輯的主要內容 |
|---|---|---|
| 1 | 圖表區 | 整張圖表的大小與格式。 |
| 2 | 繪圖表 | 圖表顯示區域的大小與背景色。 |
| 3 | 主垂直 | 刻度的大小、間隔、格式。 |
| 4 | 副座標軸 | 與 3 相同。想於同張圖表顯示不同單位的資料時使用。 |
| 5 | 主水平 | 刻度的大小、間隔、格式。 |
| 6 | 圖例 | 顯位置、顯示／隱藏的切換。 |
| 7 | 數列 | 切換數列的顏色、使用的座標軸（主座標軸、副座標軸）。 |
| 8 | 圖表標題 | 變更格式、位置、標題或標籤的內容。 |
| 9 | 主垂直標籤 | |
| 10 | 副座標軸標籤 | |
| 11 | 主水平標籤 | |

# ❶ 製作圖表

2013 2016 2019

原始資料輸入完畢後，就能快速完成圖表。圖表可以用直觀的方式呈現表格無法傳達的資料趨勢。

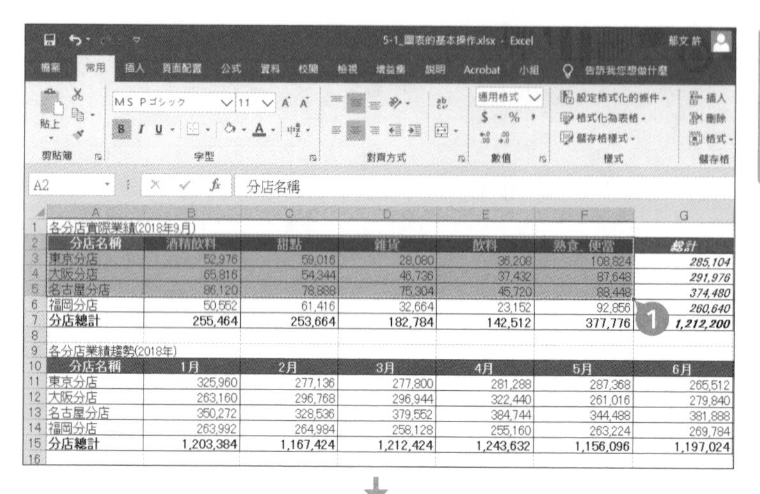

❶ 從「實際業績資料」工作表選取儲存格 A2 到 F5 的範圍。

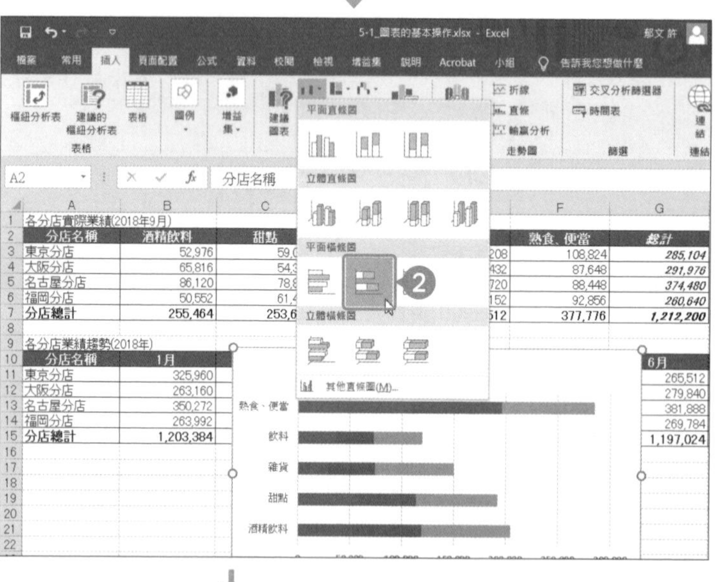

❷ 從「插入」分頁的「圖表」群組點選「插入直條圖或橫條圖」的「平面橫條圖」的「堆疊橫條圖」。

》Excel 2013 的情況：

從「插入」分頁的「圖表」群組點選「插入橫條圖」的「平面橫條圖」的「堆疊橫條圖」。

「其他直條圖」的功能：

位於圖表種類最下方的「其他直條圖」可讓我們點選直條圖、折線圖以及其他 Excel 內建的圖表。

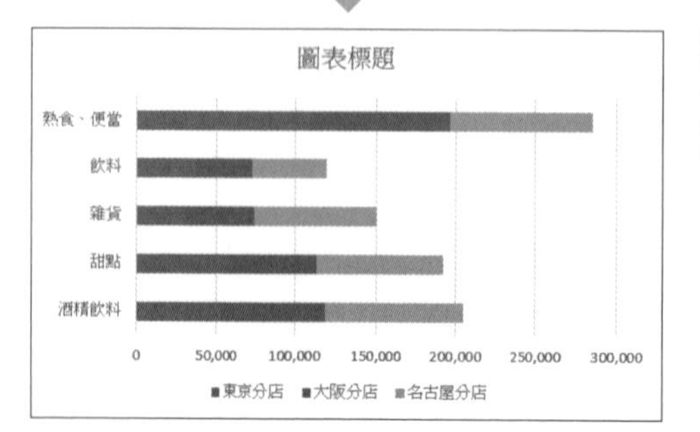


❸ 堆疊橫條圖完成了。

## 2 調動資料的座標軸

2013 2016 2019

要讓圖表更有說服力，就要注重圖表的外觀。有時就算是利用相同資料製作圖表，調動 X 軸與 Y 軸就能改變分析角度，導出不同的結論。

1. 目前的堆疊橫條圖，是各商品在不同分店的業績。
2. 點選圖表。
3. 從「圖表工具」的「設定」分頁的「資料」群組點選「切換列／欄」。

4. 變成比較各分店的商品業績圖表。

## ❸ 新增資料

2013 2016 2019

圖表繪製完成後，常會出現得新增元素的情況。若能學會在圖表新增資料的方法，就不需要重頭繪製圖表，直將在圖表套用新的元素。

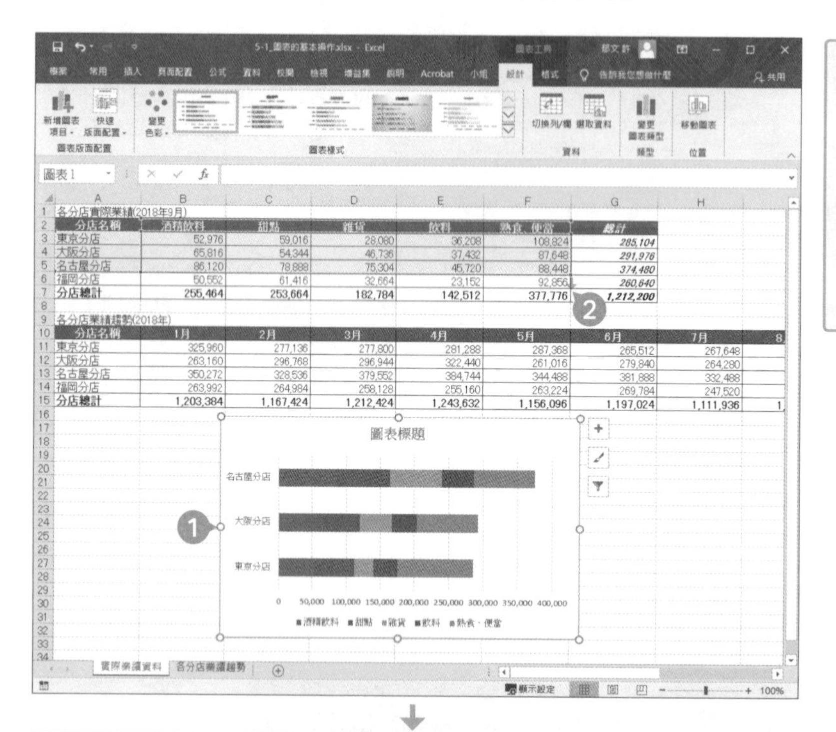


❶ 選擇圖表。

❷ 此時會圈出圖表的原始資料範圍，請將右下角的控制點從儲存格 F5 拖曳至 F6。

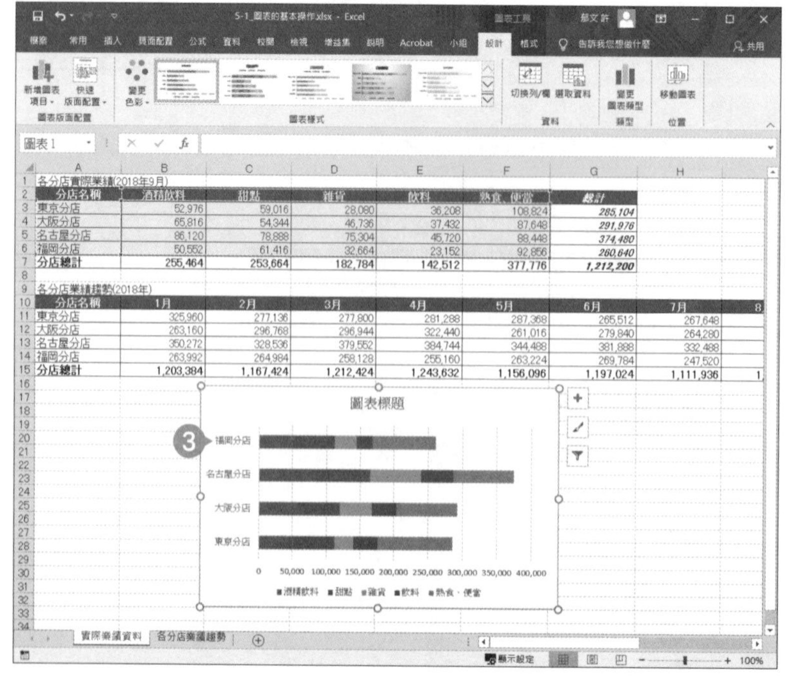


❸ 圖表新增「福岡分店」的資料了。

## ❹ 活用版面範本

2013 2016 2019

說明圖表含有哪些資料是非常重要的步驟，否則有些人可能會對圖表做出不同的解釋。Excel 內建了可顯示各元素標籤的版面範本。

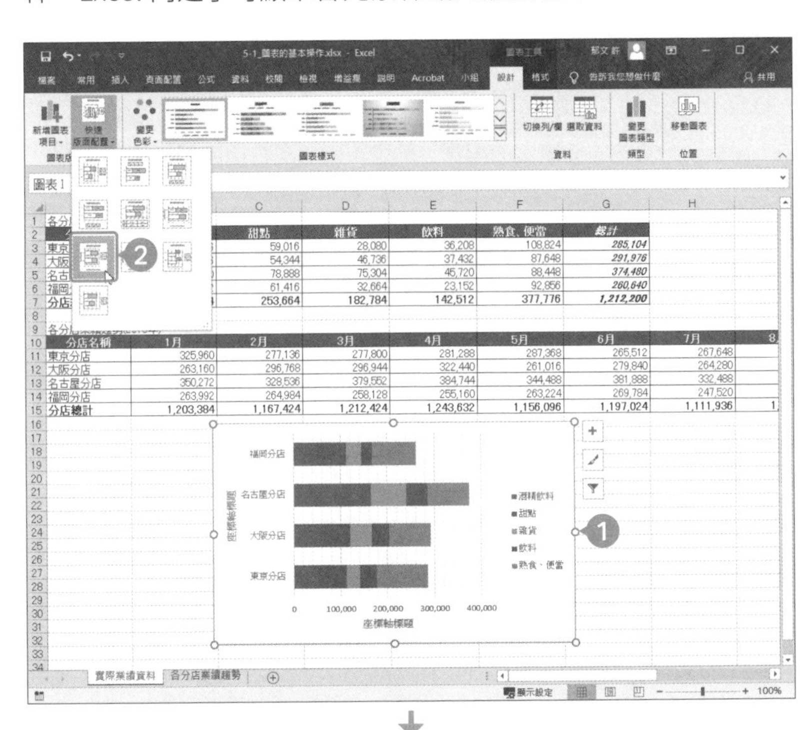


1. 選擇圖表。
2. 從「圖表工具」的「設計」的「圖表版面設置」點選「快速版面配置」的「版面配置 7」。
3. 新增了軸標籤與輔助格線。
4. 點選直軸的標籤，再按下 Delete 鍵。
5. 在橫軸的標籤輸入「營業額」。
6. 可一眼看出圖表的值的代表意義。

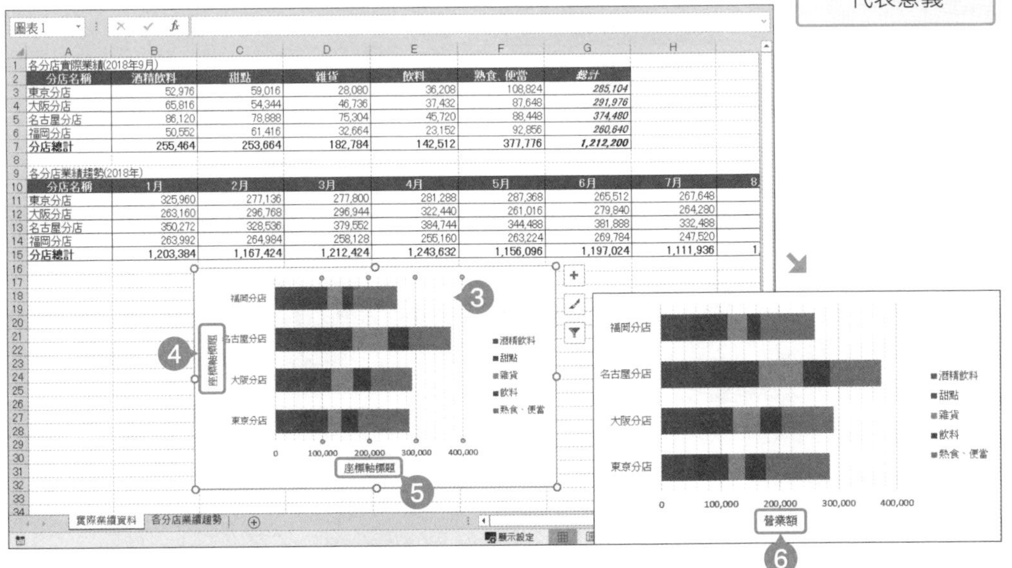


**編輯橫軸標籤的方法**：點選橫軸標籤一次可選取標籤，此時若讓滑鼠游標移至標籤，就能轉換成輸入文字的滑鼠游標，再點選一次就能開始編輯。

## ❺ 設定圖表的格式

2013 2016 2019

有時範本也無法在圖表增加需要的資料，而且調整圖表的外觀也非常重要。不管資料多麼有用，看起來雜亂無章的圖表是難以閱讀的。讓我們試著調整圖表的外觀，讓圖表變得更漂亮吧！

❶ 選擇圖表。

❷ 在「圖表工具」的「設計」分頁的「圖表版面配置」點選「新增圖表項目」→「圖表標題」→「圖表上方」。

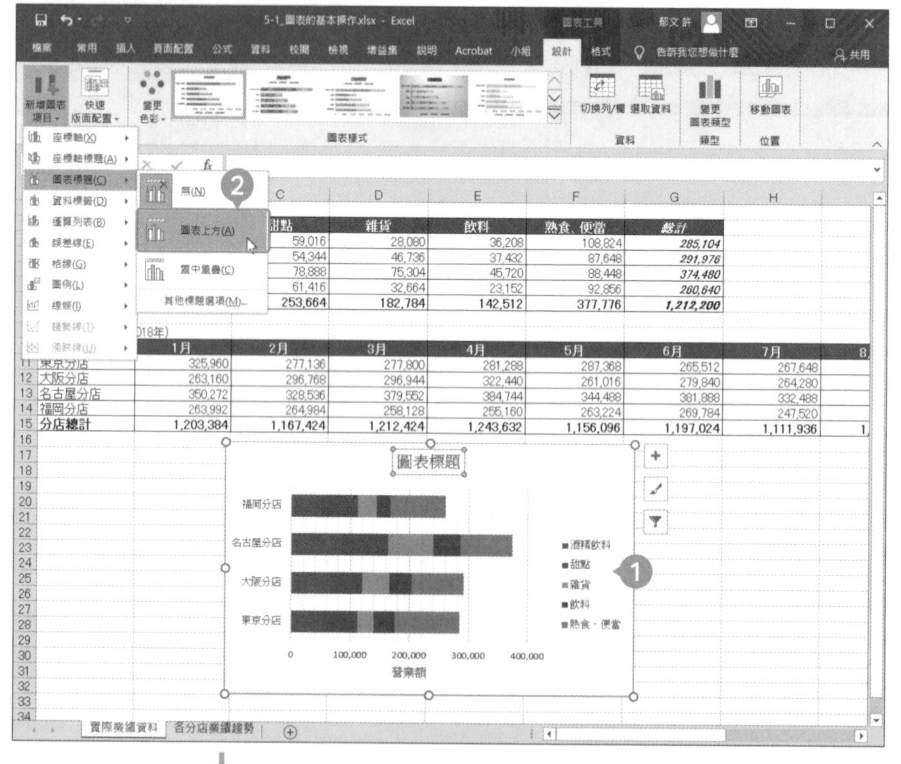


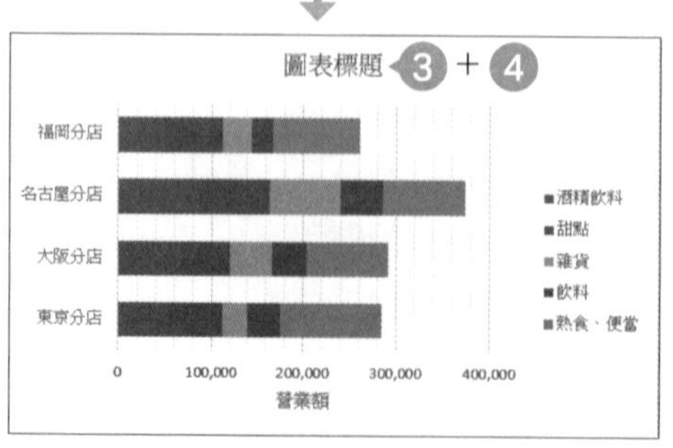


❸ 新增圖表標題了。

❹ 將圖表標題變更為「各分店實際業績（9月）」。

**關於其他選項：**點選「其他標題選項」可編輯標題的圖示與填滿的顏色，座標軸標題與圖例也能進行相同的操作。

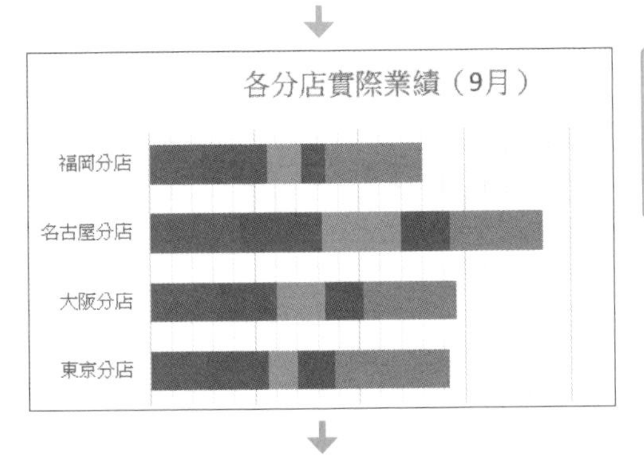


5 圖表標題變更了。

6 依照步驟❷的方式如下頁的表編輯圖例、資料標籤與格線。

表 5-1-2 版面修正內容

| 修正對象 | 修正內容 |
| --- | --- |
| 圖例 | 下 |
| 資料標籤 | 置中 |
| 格線 | 只限第一主垂直 |

各分店實際業績（9月）

福岡分店 50,552 61,416 32,664 23,152 92,856

名古屋分店 86,120 78,888 75,304 45,720 88,448

大阪分店 65,816 54,344 46,736 37,432 87,648

東京分店 52,976 59,016 28,080 36,208 108,824

0 50,000 100,000 150,000 200,000 250,000 300,000 350,000 400,000

營業額

■酒精飲料 ■甜點 ■雜貨 ■飲料 ■熟食、便當

7 新增資料標籤了。

8 刪除輔助的格線了。

9 圖例的位置改變了。

10 點選「福岡分店」的「飲料」的標籤，拖曳到容易閱讀的位置。

11 以步驟 10 的方法移動東京分店的「飲料」的標籤。

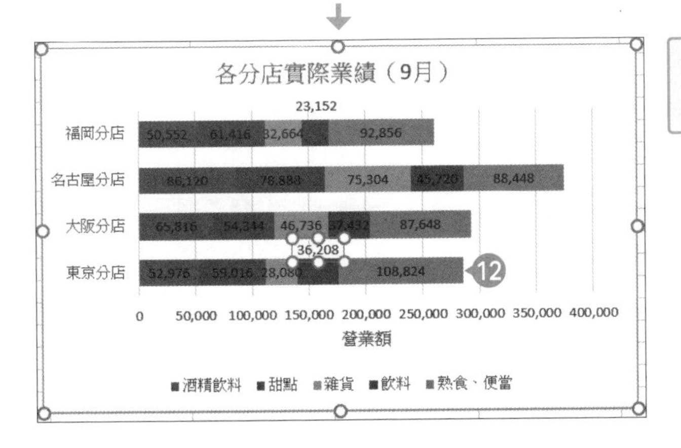


12 在圖表的各元素新增資料後，圖表更容易閱讀了。

**編輯資料標籤的方法：**隨便點選一個資料標籤，隸屬同一個數列的資料標籤就會被全部選取。此時點選想編輯的資料標籤，將能編輯特定的資料標籤。

## Column 將 Excel 的資訊複製為圖片

將 Excel 製作的圖表或表格貼入 Word 或 PowerPoint 製作報告表是很常見的情況，但是直接在 Excel 複製表格再貼入，通常會發生下列現象。

### ● 貼入圖表的情況

圖表會與原始的 Excel 檔案連結。所謂「連結」，就是可從 Excel 開啟貼入 Word 或 PowerPoint 的圖表，再編輯資料的狀態，但在這種狀態下，資料有可能會遭到竄改，而且若遺失連結，就會在準備編輯資料時發生錯誤。

### ● 貼入表格的情況

意思是當成 Word 或 PowerPoint 的表格貼入。

這種情況與之前的圖表一樣，資料都有可能會被竄改。

為了防止這個現象，建議利用下列的步驟將 Excel 的資料當成圖片複製與貼入。

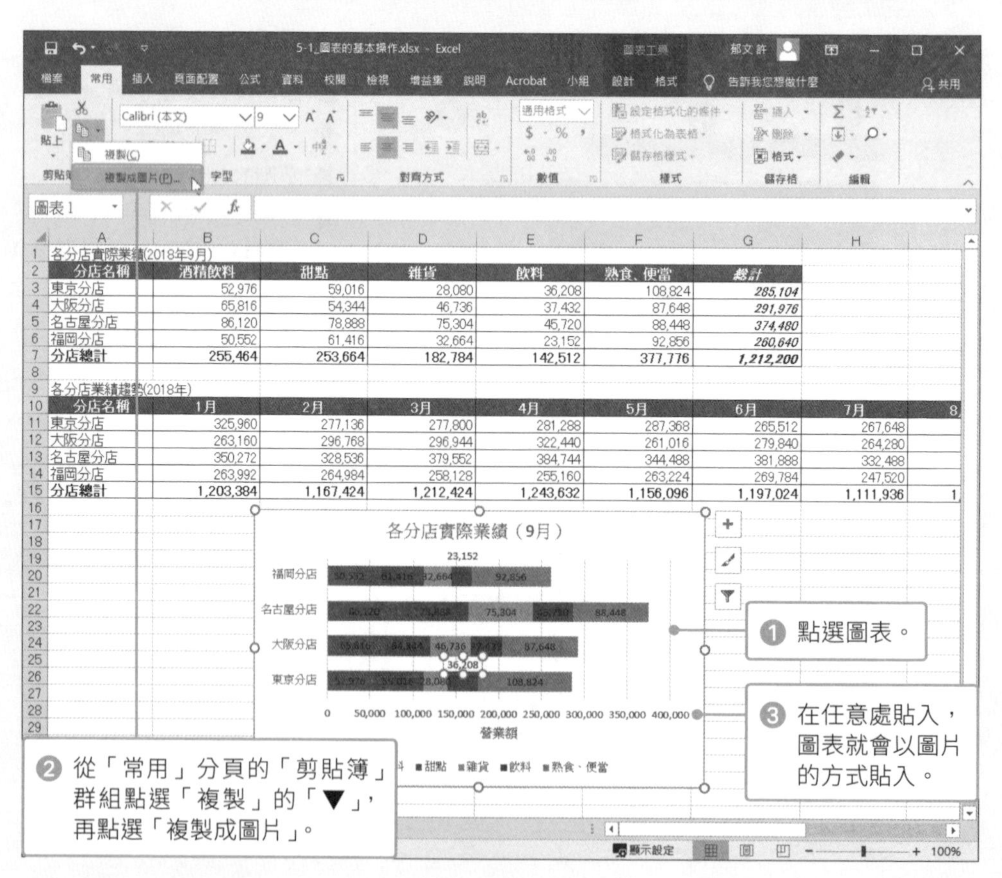


利用相同的步驟操作，就能將表格複製成圖片。

## ❻ 變更圖表的種類 2013 2016 2019

繪製圖表時，偶爾會遇到不知該使用何種圖表的情況。由於 Excel 可輕鬆地變更圖表，所以試著選擇不同的圖表，找出適當的圖表是非常重要的。

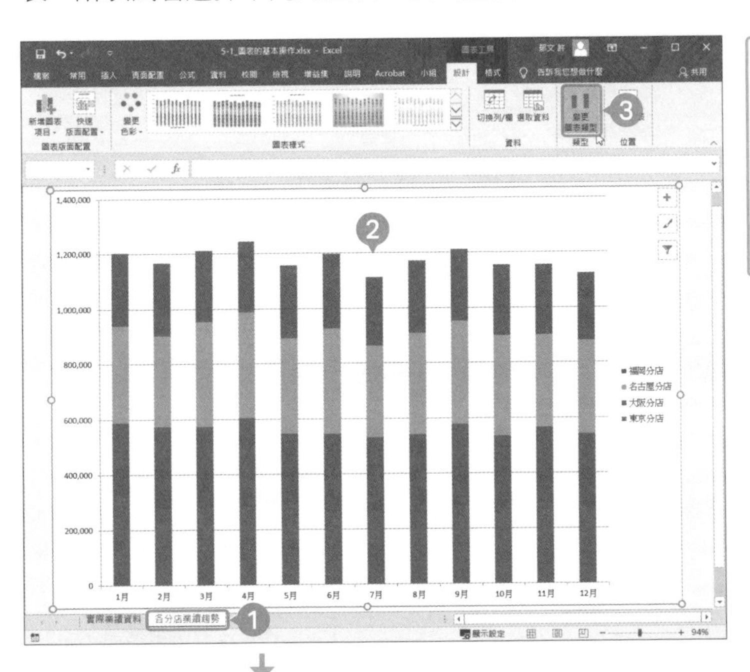

1. 點選「各分店業績趨勢」工作表。
2. 點選圖表。
3. 從「圖表工具」的設計的「類型」點選「變更圖表類型」。

4. 點選「折線圖」的「含有資料標記的折線圖」。
5. 點選「確定」。

6. 變更為折線圖了。
7. 雙點直軸。

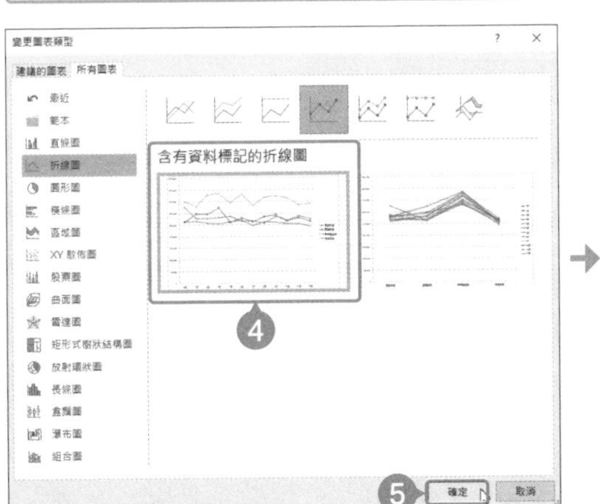


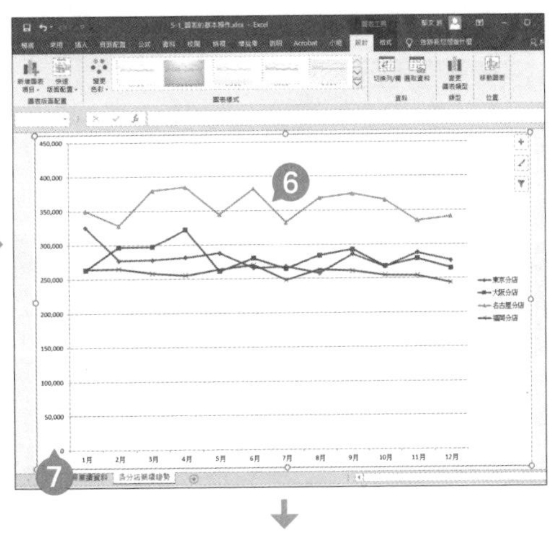

關於圖表工作表：圖表能以物件的方式在資料工作表顯示，也能以圖表工作表的方式獨立顯示。顯示的位置可利用「圖表工具」的「設計」分頁的「位置」點選「移動圖表」按鈕調整。

8 在「座標軸選項」的「最小值」輸入「200000」。

9 點選「×」。

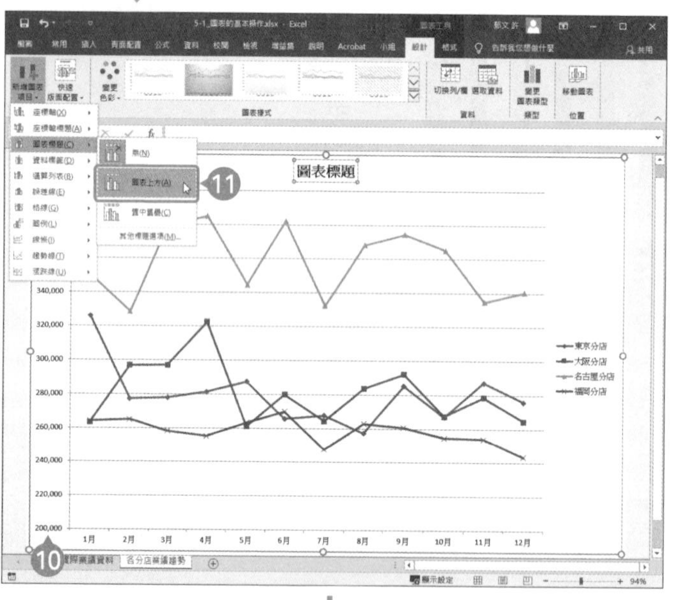


10 最小值變更為「200,000」之後，資料變得更容易閱讀了。

11 在「設計」分頁的「圖表版面配置」群組點選「新增圖表項目」→「圖表標題」→「圖表上方」，再將標題變更為「各分店業績趨勢」。

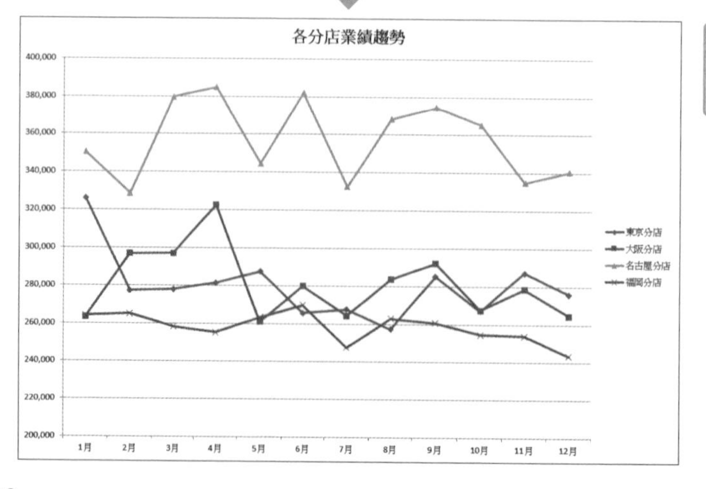


12 依照時間排列的各分店業績圖表完成了。

## Column 依照用途選擇圖表

之所以在 117 頁將堆疊長條圖變更為折線圖，是為了比較依時間排列的各分店業績。要分析時間軸的資料時，折線圖是最適合的圖表。

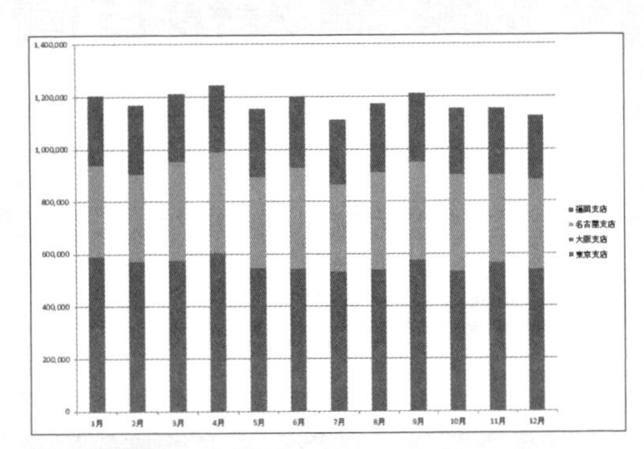

堆疊長條圖

其他的圖表與對應的分析用途還有下列的關聯性。

● 想比較項目值的情況

此時適合使用長條圖。想進一步分出項目之中的元素（例如想透過產品分析分店的業績），可使用堆疊長條圖。

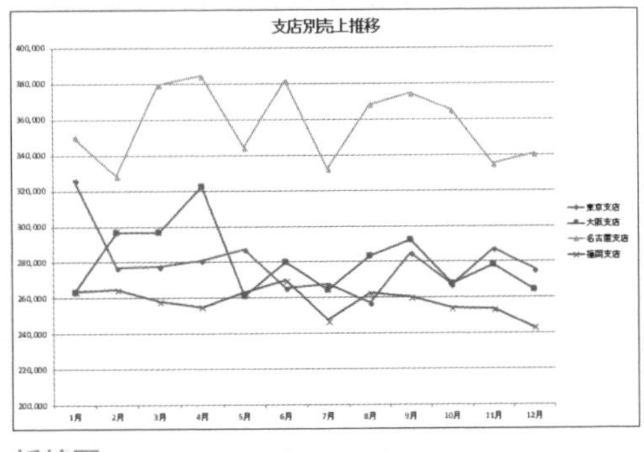

折線圖

● 想比較各項目的元素組成比例

假設項目之間的值有明顯落差，可使用百分比堆疊長條圖。例如想分析全國組成比例與特定地區組成比例，就可使用這種圖表。

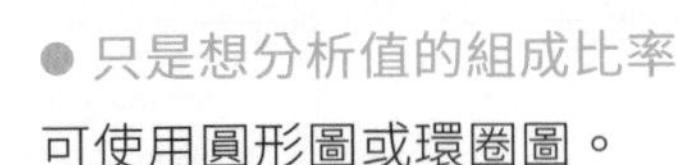

● 只是想分析值的組成比率

可使用圓形圖或環圈圖。

● 想分析兩個變數之間的關聯性

可使用散佈圖。例如分析氣溫與業績之間的關聯性，就可使用這類圖表。

● 想分析三個變數之間的關聯性

可使用泡泡圖。常於利用市佔率、業績成長率、實際業績分析產品定位的 PPM（Product Protfolio Management）使用。

● 想比較多個項目的多個變數

可使用雷達圖。可在以五個軸分析多個新產品的情況使用。

此外，可同時使用這些圖（例如長條圖搭配折線圖）進行更進階的分析（參考 121 頁）。依照用途選擇圖表，就能讓分析結果更具說明力。

# 02 繪製複合圖表

複合圖表可將單位不同的多個數值放進同一張圖表，但 Excel 並未內建複合圖表，所以讓我們一起學會複合圖表的製作方法，在不同的分析應用複合圖表吧！

## Point

假設能在評估當年度業績的時候，連去年同期的資料一併列出，就能做出更正確的評估。雖然當年度的實際業績與去年的資料使用了不同的單位，但是複合圖表能在同一張圖表呈現兩種數值，所以能一口氣取得雙方的資訊。

1 繪製含有多種數值的圖表。

2 將數值分成不同的繪圖軸。

3 將圖表容易閱讀的種類。

可依照上述的步驟繪製複合圖表。

## Sample 複合圖表的原始資料與複合圖表

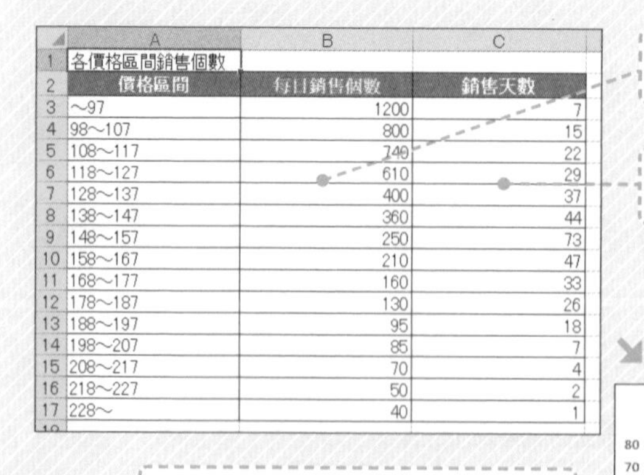

各價格區間銷售個數

| 價格區間 | 每日銷售個數 | 銷售天數 |
|---|---|---|
| ~97 | 1200 | 7 |
| 98~107 | 800 | 15 |
| 108~117 | 740 | 22 |
| 118~127 | 610 | 29 |
| 128~137 | 400 | 37 |
| 138~147 | 360 | 44 |
| 148~157 | 250 | 73 |
| 158~167 | 210 | 47 |
| 168~177 | 160 | 33 |
| 178~187 | 130 | 26 |
| 188~197 | 95 | 18 |
| 198~207 | 85 | 7 |
| 208~217 | 70 | 4 |
| 218~227 | 50 | 2 |
| 228~ | 40 | 1 |

複合圖表的原始資料

每日銷售個數與銷售天數的單位不同

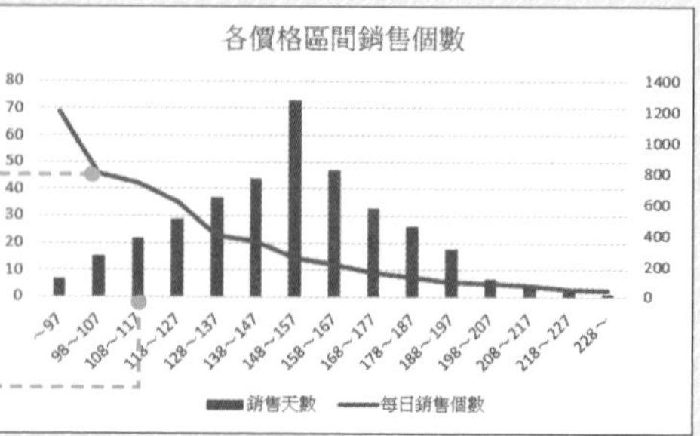


將每日銷售個數放至副座標軸，以折線圖呈現。

將銷售天數放置主座標軸，以長條圖呈現。

## 何謂複合圖表

複合圖表就是在同一張圖表呈現單位不同的資料的圖表，例如下圖。

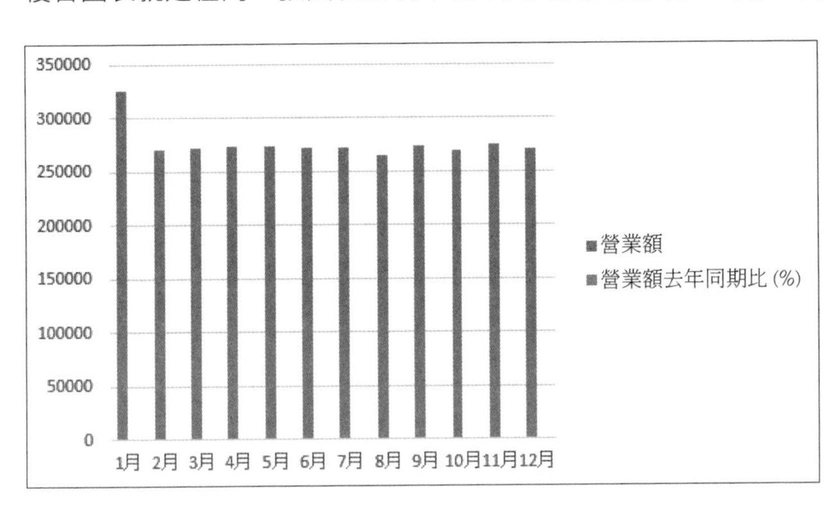


從圖例可以發現，這張圖表還有「營業額去年同期比」的資料，但卻看不到相關的圖表。這是因為「營業額」的單位是「元」，但「營業額去年同期比」的單位是 %，所以其實雖然有「營業額去年同期比」的資料，但這筆資料的值小到無法看到。

此時若使用複合圖表，將「營業額」與「營業額去年同期比」放在不同的軸，就不需要擔心單位不同的問題。

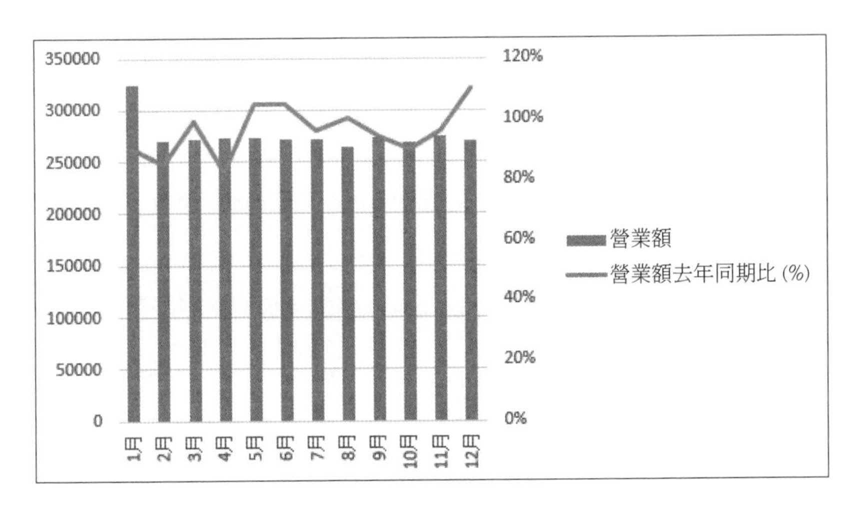


向上圖將不同單位的數列放在不同的軸，再換成其他種類的圖表，就能在同一張圖表看出營業額與營業額去年同期比的變化。

# ❶ 繪製複合圖表

2013 2016 2019

Excel 未內建複合圖表，所以必須自行編輯內建的圖表，才能完成複合圖表。雖然有點麻煩，但在同一張圖表塞進不同的資訊，就能呈現更有深度的分析結果。

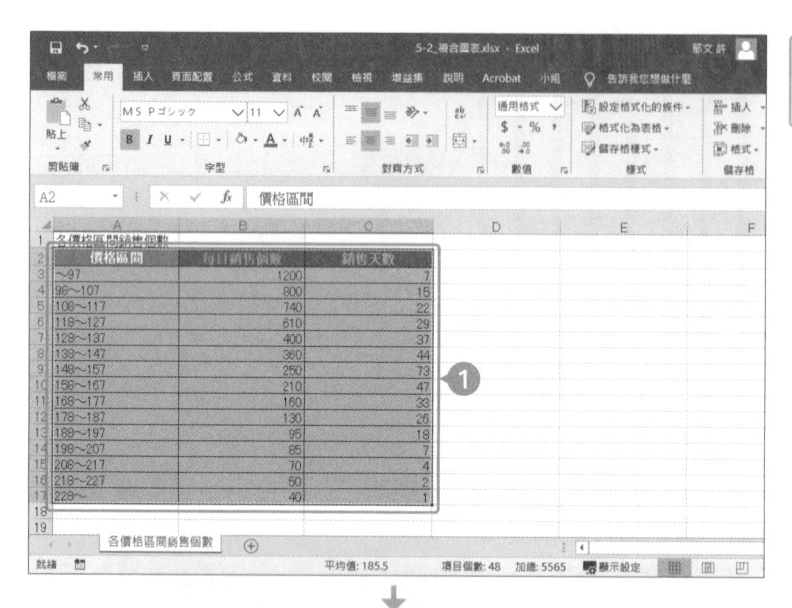


❶ 選取儲存格「A2」～「C17」。

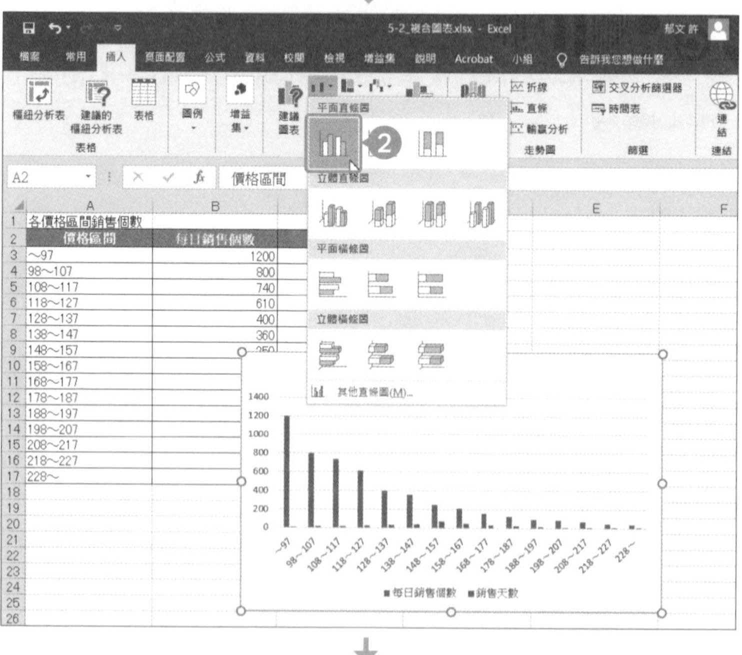


❷ 從「插入」分頁的「圖表」群組的「插入直條圖或橫條圖」點選「平面直條圖」的「群組直條圖」。

》Excel 2013 的情況：從「插入」分頁的「圖表」群組點選「插入直條圖」的「平面直條圖」→「群組直條圖」。

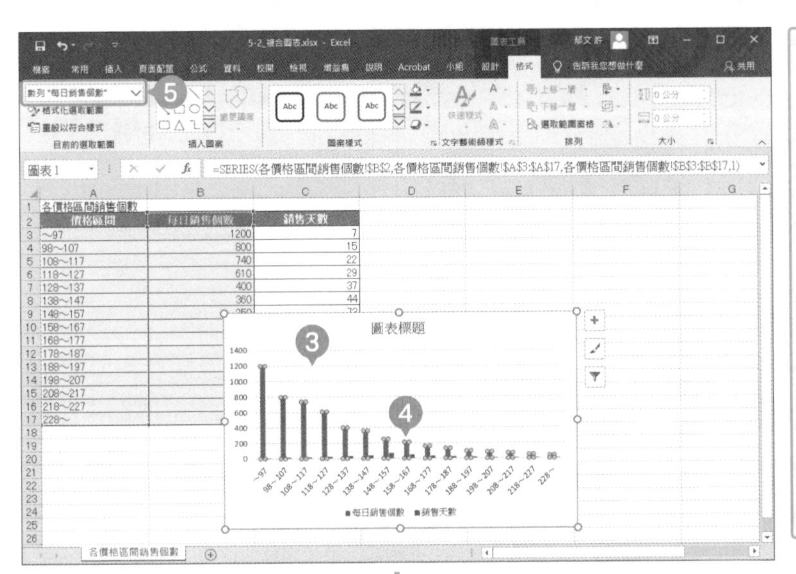


3 雖然新增了直條圖，但是雙方的指標都放在主座標軸。

4 點選「每日銷售個數」的圖表。

5 確認「格式」分頁的「目前的選取範圍」為「數列 "每日銷售個數"」之後，點選「格式化選取範圍」。

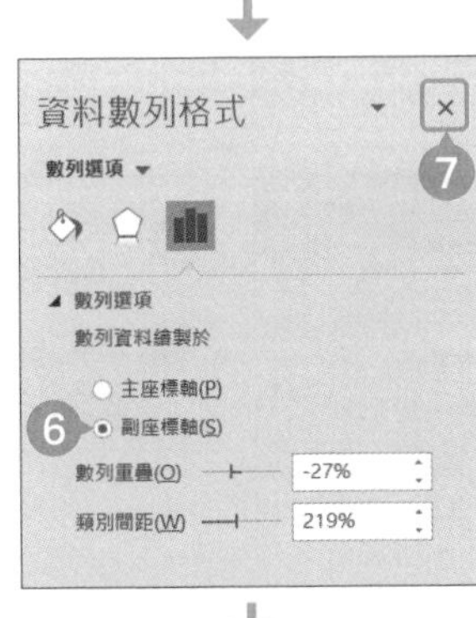


6 將「數列選項」的「數列資料繪製於」變更為「副座標軸」。

7 點選「×」。

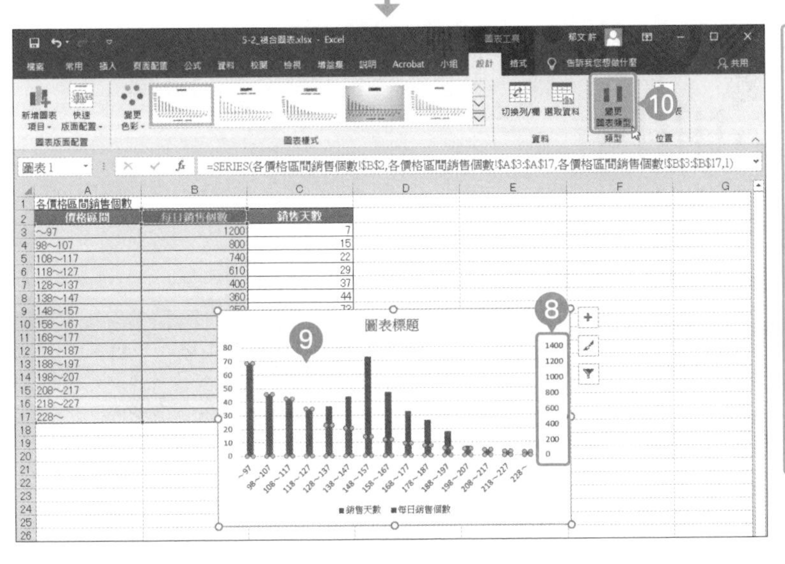


8「每日銷售個數」放至副座標軸了。

9 圖表還是長條圖。

10 在「每日銷售個數」的圖表為選取的狀態下，從「設計」。分頁的「類型」群組點選「變更圖表類型」。

» **數列的選取方式**：點選「每日銷售個數」的長條，就能選取整個數列，若再點選一次長條，就能選取特定的元素。請依照這個方式選取所有數列。

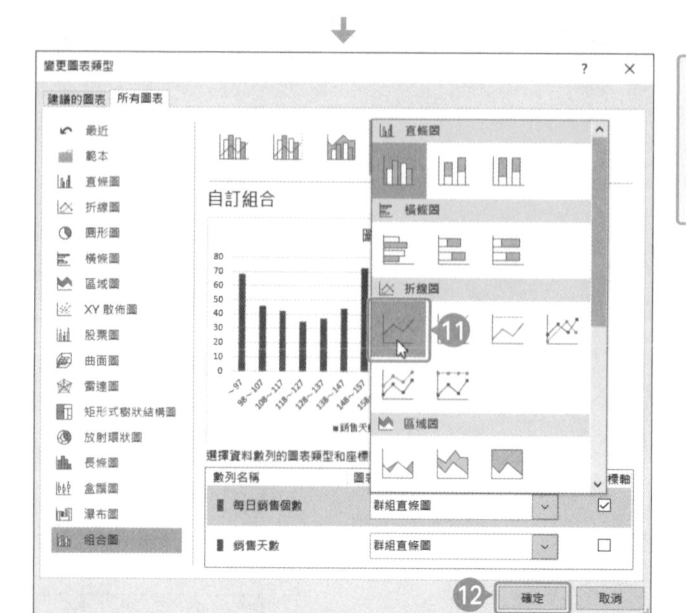

⑪ 將「每日銷售個數」的「圖表類型」換成「折線圖」的「折線圖」。

⑫ 點選「確定」。

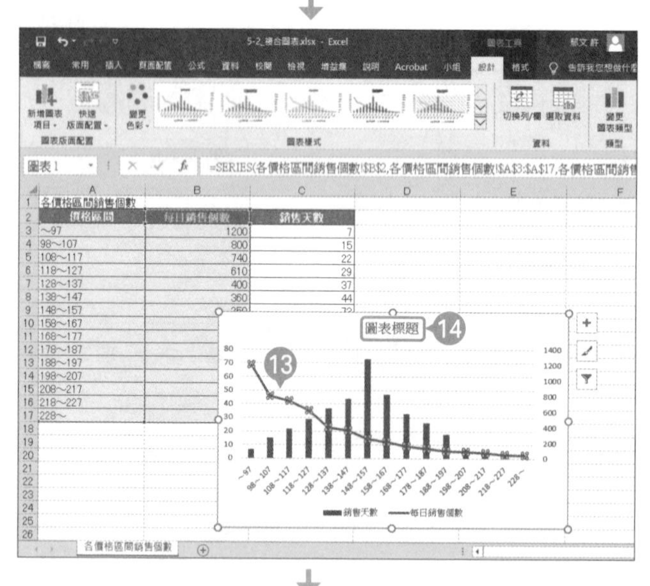

⑬「每日銷售個數」的圖表換成折線圖了。

⑭ 將標題變更為「各價格區間銷售個數」。

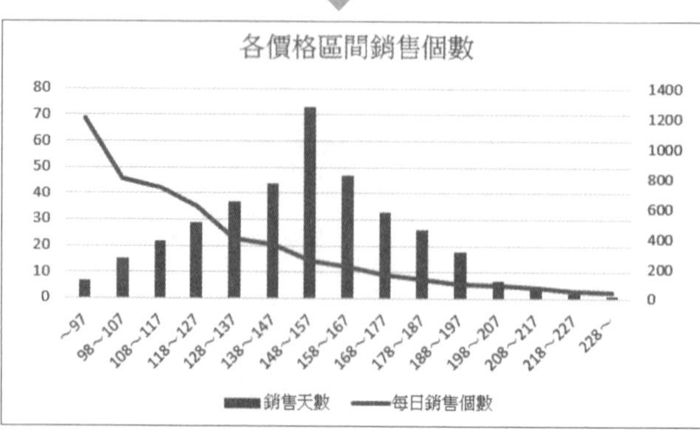


⑮ 可比較價格區間與銷售個數的變化，以及各價格區間銷售天數的圖表完成了。

## Column 新增常用的圖表

要繪製複合圖表這類未內建的圖表時，往往得執行重複的步驟，但是，若能將圖表儲存為範本，就能使用該範本快速繪製圖表，而且這種範本除了儲存了圖表的種類，也儲存了格式與版本資訊，所以可用來製作定期報告所需的圖表。

### ● 新增圖表

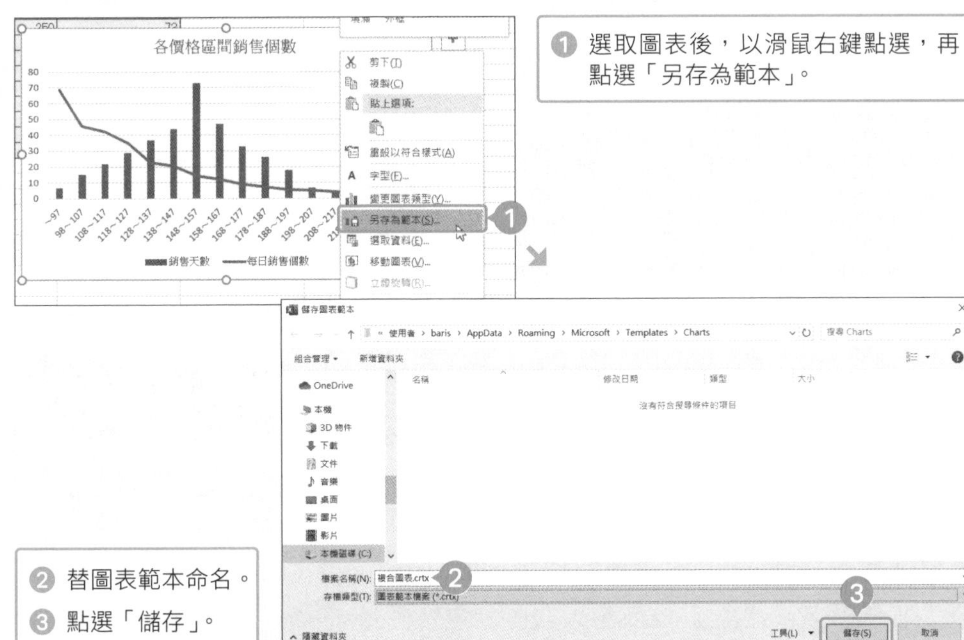


❶ 選取圖表後，以滑鼠右鍵點選，再點選「另存為範本」。

❷ 替圖表範本命名。

❸ 點選「儲存」。

### ● 使用新增的圖表

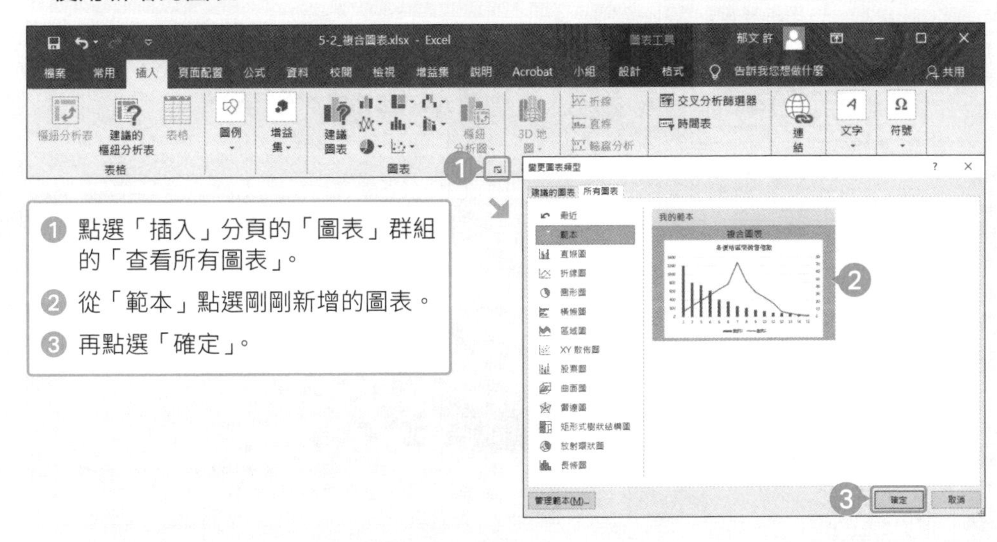


❶ 點選「插入」分頁的「圖表」群組的「查看所有圖表」。

❷ 從「範本」點選剛剛新增的圖表。

❸ 再點選「確定」。

# 03 繪製散佈圖

散佈圖可將兩個變數之間的關聯性繪製成圖表，一眼看出兩個變數之間的關聯性，所以將散佈圖當成分析資料的第一步是非常有效的做法。

**Point**

或許有許多人覺得統計與分析是非常困難的學問，所以不太想學，但是，只要將兩個變數之間的關聯性繪製成散佈圖，就能如下掌握大致的方向。

1 變數之間是否有正相關（一邊增加，另一邊也增加）的關聯性。

2 變數之間是否有負相關（一邊增加，另一邊也減少）的關聯性。

3 變數之間沒有任何關聯性。

在 Excel 繪製散佈圖的方法很簡單，非常建議在分析資料的一開始就先繪製散佈圖。

**Sample** 散佈圖的原始資料與散佈圖

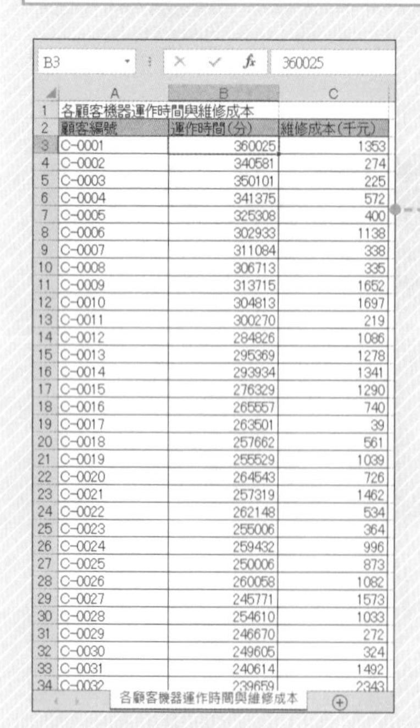

B3 360025

| | A | B | C |
|---|---|---|---|
| 1 | 各顧客機器運作時間與維修成本 | | |
| 2 | 顧客編號 | 運作時間(分) | 維修成本(千元) |
| 3 | C-0001 | 360025 | 1353 |
| 4 | C-0002 | 340581 | 274 |
| 5 | C-0003 | 350101 | 225 |
| 6 | C-0004 | 341375 | 572 |
| 7 | C-0005 | 325308 | 400 |
| 8 | C-0006 | 302933 | 1138 |
| 9 | C-0007 | 311084 | 338 |
| 10 | C-0008 | 306713 | 335 |
| 11 | C-0009 | 313715 | 1652 |
| 12 | C-0010 | 304813 | 1697 |
| 13 | C-0011 | 300270 | 219 |
| 14 | C-0012 | 284826 | 1086 |
| 15 | C-0013 | 295369 | 1278 |
| 16 | C-0014 | 293934 | 1341 |
| 17 | C-0015 | 276329 | 1290 |
| 18 | C-0016 | 265557 | 740 |
| 19 | C-0017 | 263501 | 39 |
| 20 | C-0018 | 257662 | 561 |
| 21 | C-0019 | 255529 | 1039 |
| 22 | C-0020 | 264543 | 726 |
| 23 | C-0021 | 257319 | 1462 |
| 24 | C-0022 | 262148 | 534 |
| 25 | C-0023 | 255006 | 364 |
| 26 | C-0024 | 259432 | 996 |
| 27 | C-0025 | 250006 | 873 |
| 28 | C-0026 | 260058 | 1082 |
| 29 | C-0027 | 245771 | 1573 |
| 30 | C-0028 | 254610 | 1033 |
| 31 | C-0029 | 246670 | 272 |
| 32 | C-0030 | 249605 | 324 |
| 33 | C-0031 | 240614 | 1492 |
| 34 | C-0032 | 239659 | 2343 |

各顧客機器運作時間與維修成本

散佈圖的原始資料，共由兩個變數組成。

每個點代表各列的「運作時間（分）」與「維修成本（千元）」

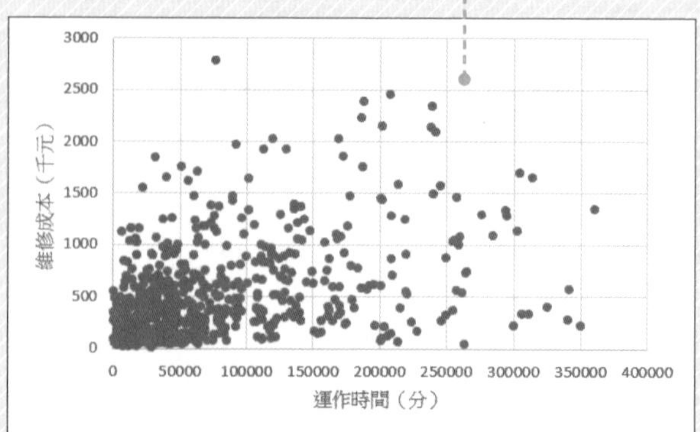

## 何謂散佈圖

讓我們以學生考試分數為例。「數學與物理的分數之間」或「數學與世界史的分數之間」似乎有些關聯性？

- **「數學」與「物理」**

  兩科都是理科科目，所以一邊分數較高的話，另一邊的分數或許也較高。

- **「數學」與「世界史」**

  這兩科分屬不同領域，所以有可能沒什麼關聯性。

  如果是用功的人，這兩科的分數或許都很高。

可先建立上述的假設。判讀這類雙變數關聯性的時候，可使用散佈圖。散佈圖是將兩個變數放在直軸與橫軸的圖表，所以可閱讀兩個變數之間的關聯性。

### 變數之間有顯著關係的範例

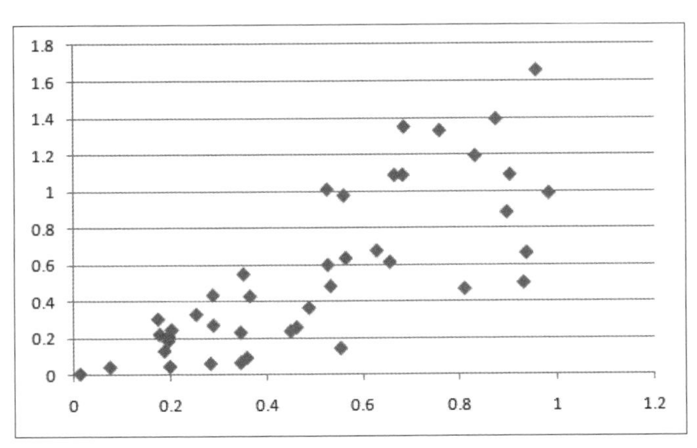


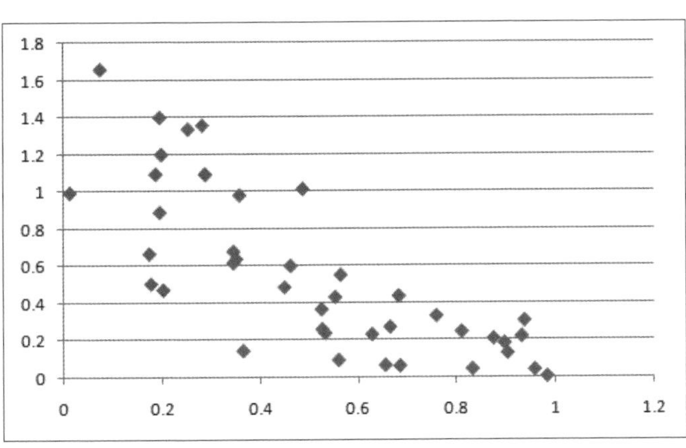

前一頁的兩張散佈圖都是變數之間具有顯著關係的範例，上方散佈圖的變數之間為正相關（一邊增加，另一邊就增加），第二張散佈圖的變數則為負相關（一邊增加，另一邊就減少）。

這種關係在統計學就稱為「相關」。

➲ 變數之間沒有關聯性的範例

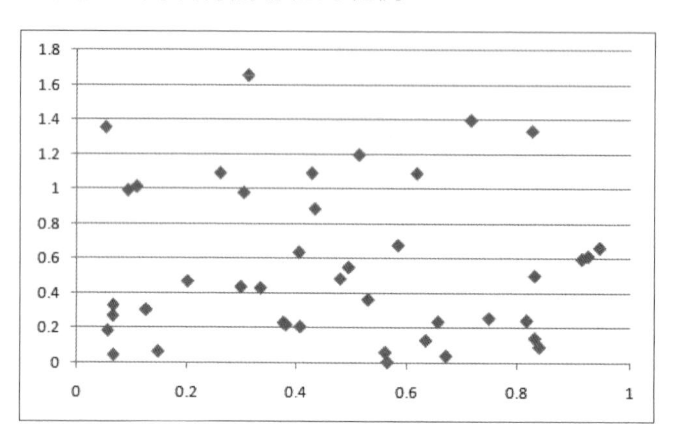


上述的散佈圖是變數之間不具相關性（無相關）的圖表，無法看出一邊的變數增加，另一邊會跟著增加或減少的關聯性。

使用散佈圖進行進階分析的部分留待後面的章節介紹。這章就先為大家介紹如何將變數之間的關聯性繪製成散佈圖，以及如何將散佈圖當成統計分析的第一步。

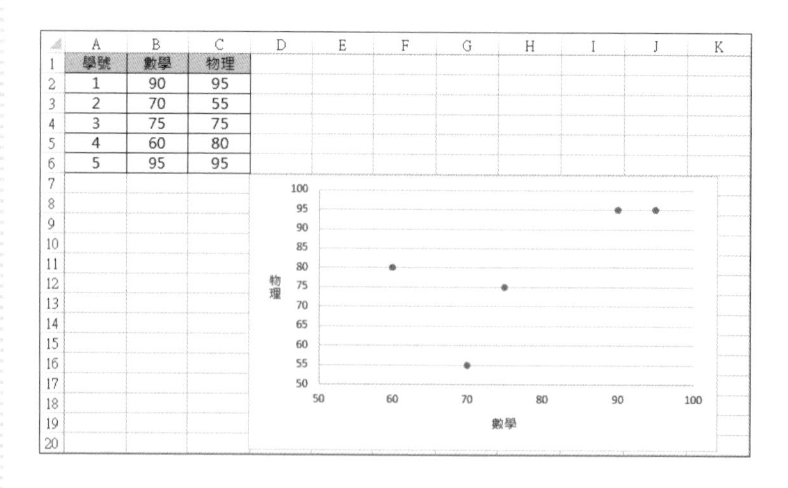

| 學號 | 數學 | 物理 |
|---|---|---|
| 1 | 90 | 95 |
| 2 | 70 | 55 |
| 3 | 75 | 75 |
| 4 | 60 | 80 |
| 5 | 95 | 95 |



最後要說明的是，繪製散佈圖的時候，請使用合計之前的資料。一個點代表一組資料（以上圖為例，就是一名學生），所以資料若是先合計過，就無法用來繪製散佈圖。

# ❶ 繪製散佈圖

2013 2016 2019

散佈圖可具體觀察兩個變數之間的關聯性。可看出變數之間是否相關，以及利用迴歸曲線呈現變數關係的散佈圖，可說是資料分析的第一步。

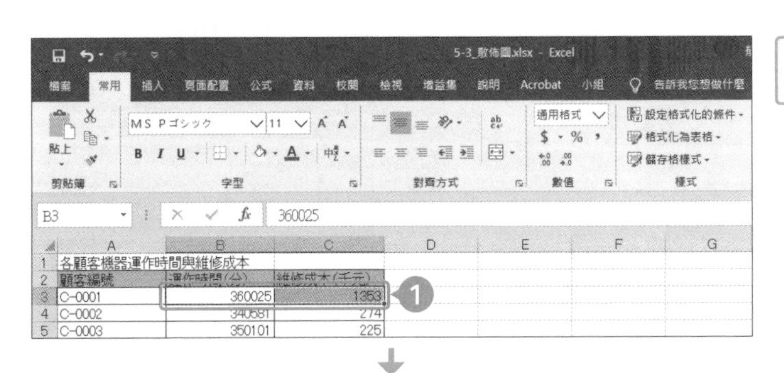

① 選擇儲存格B3與C3。

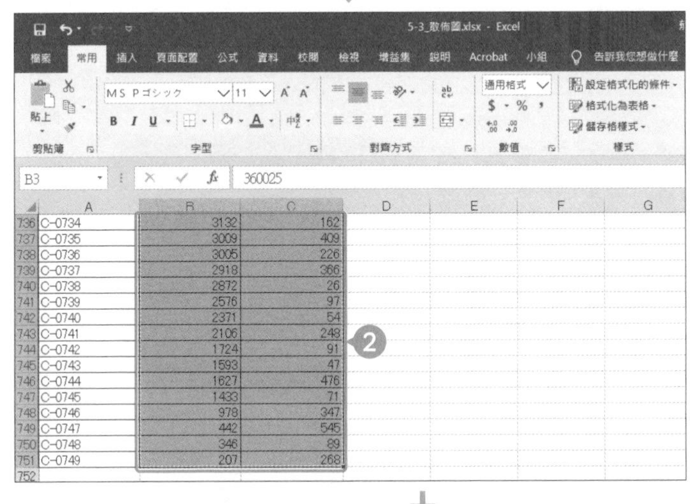

② 將儲存格選取範圍放大至第 751 列。

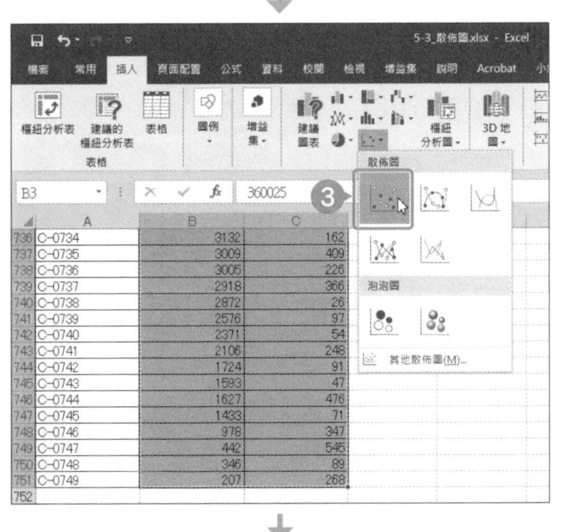

③ 在「插入」分頁的「圖表」群組點選「插入 XY 散佈圖或泡泡圖」的「散佈圖」。

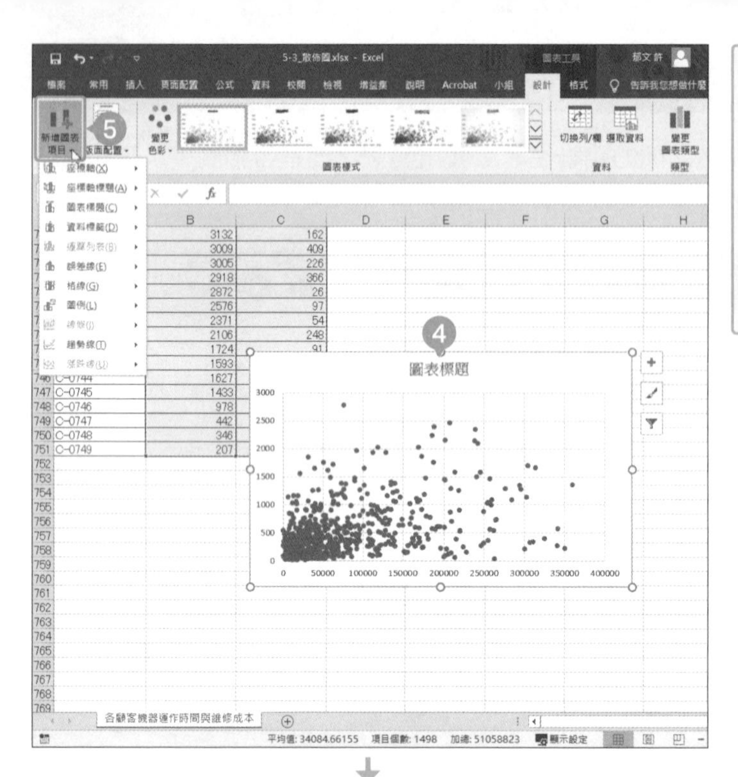


④ 散佈圖繪製完成了。

⑤ 在「圖表工具」的「設計」分頁點選「圖表版面配置」群組的「新增圖表項目」，再如「表 5-3-1」與「表 5-3-2」編輯圖表。

表 5-3-1 版面修正內容

| 修正對象 | 修正內容 |
|---|---|
| 圖表標題 | 無 |
| 座標軸標題 | 主水平與主垂直 |

表 5-3-2 座標軸標題的內容

| 對象 | 輸入內容 |
|---|---|
| 主水平 | 運作時間（分） |
| 主垂直 | 維修成本（千元） |

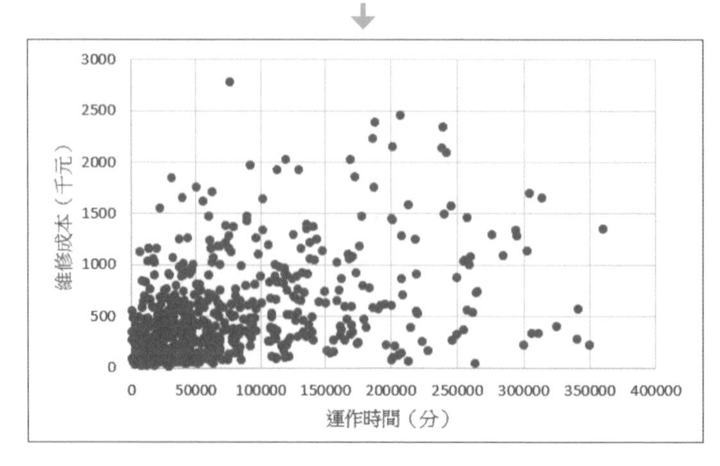


⑥「運作時間（分）」與「維修成本（千元）」的關聯性以散佈圖呈現了。

## Column 相關性與因果關係的差異

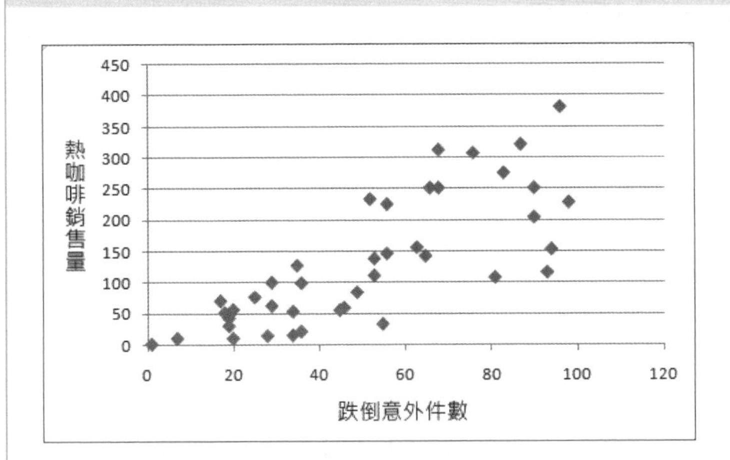


上方的散佈圖是 A 店的熱咖啡銷售數量與 B 市跌倒意外件數的圖表。從這張散佈圖來看，A 店的熱咖啡銷量似乎與 B 市的跌倒意外件數有顯著的正相關。

但這個結論到底正不正確呢？

**結論 1：A 店的熱咖啡買得不好，B 市的跌倒意外件數會跟著減少。**

**結論 2：B 市的跌倒意外件數增加，A 店的熱咖啡會賣得更好。**

不管是哪個結論，答案都是「NO」。

因為季節會對變數造成明顯影響。例如一到冬天，熱咖啡的銷路就會上揚，路面也會結凍，跌倒的行人可能會增加。所以可做出下列的結論：

### 相關性並非因果關係

我們可將兩個變數之間的相關性繪製成散佈圖，但這張散佈圖卻不代表任何因果關係。

如果這次的範例真的導出第二個結論，有可能是 A 店的老闆在道路設置障礙物或挖洞，讓咖啡的銷量上漲。這種情況雖然非常極端，但的確有可能會發生。假設變數之間沒有因果關係，卻因為有相關性而誤以為具有因果關係，就有可能做出錯誤的判斷，蒙受巨大損失。所以在閱讀散佈圖的時候，請務必注意這類問題。

# 04 繪製泡泡圖

泡泡圖是特殊的圖表，可仿照散佈圖將兩個變數放在直軸與橫軸，再將第三個變數的資料大小以泡泡呈現。若能正確選擇三個變數，泡泡圖將是資料分析的一大利器。

**Point**

泡泡圖可利用直軸、橫軸與泡泡大小在同一張圖表呈現三個變數。當直軸與橫軸的數值相同，也可利用泡泡的大小比較資料。就算泡泡大小幾乎相同，只要直軸與橫軸的數值不同，就能從中判讀資料有不同的趨勢。

泡泡圖的製作順序如下：

1 繪製泡泡圖

2 編輯格式與資料標籤

只有泡泡可能會看不出泡泡代表的項目，也無法了解實際的值，所以才要編輯資料標籤。

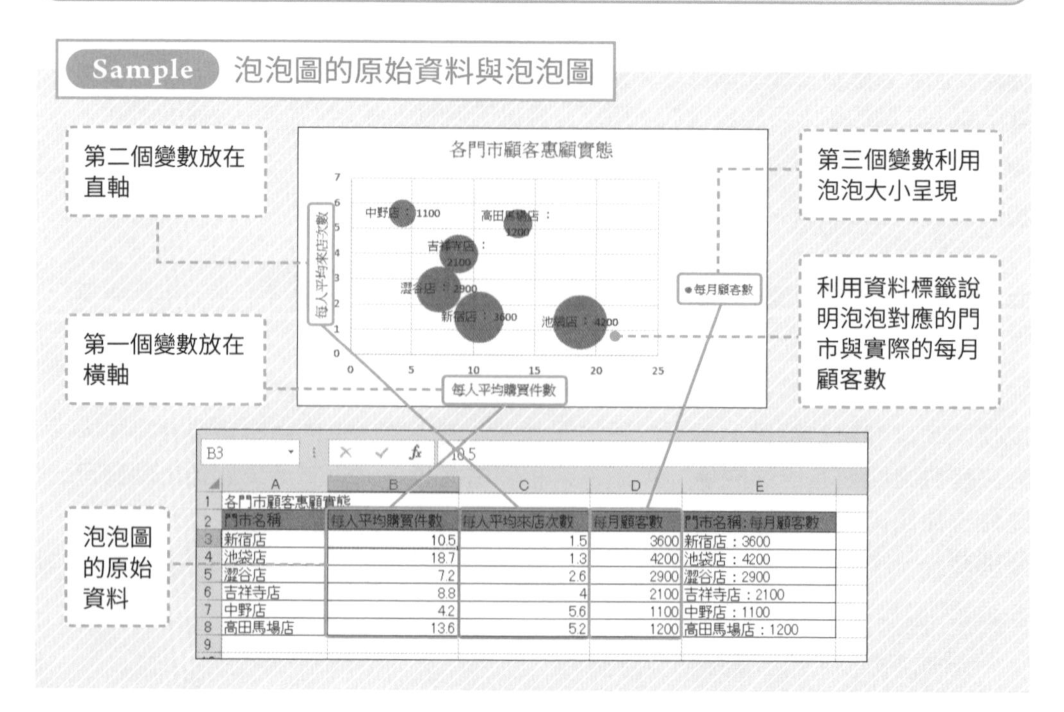


| | A | B | C | D | E |
|---|---|---|---|---|---|
| 1 | 各門市顧客惠顧實態 | | | | |
| 2 | 門市名稱 | 每人平均購買件數 | 每人平均來店次數 | 每月顧客數 | 門市名稱：每月顧客數 |
| 3 | 新宿店 | 10.5 | 1.5 | 3600 | 新宿店：3600 |
| 4 | 池袋店 | 18.7 | 1.3 | 4200 | 池袋店：4200 |
| 5 | 澀谷店 | 7.2 | 2.6 | 2900 | 澀谷店：2900 |
| 6 | 吉祥寺店 | 8.8 | 4 | 2100 | 吉祥寺店：2100 |
| 7 | 中野店 | 4.2 | 5.6 | 1100 | 中野店：1100 |
| 8 | 高田馬場店 | 13.6 | 5.2 | 1200 | 高田馬場店：1200 |

# 何謂泡泡圖

## 利用兩張散佈圖進行分析

泡泡圖是由三個變數組成的特殊圖表。到底可於什麼情況使用呢？請大家先看看下列的散佈圖。

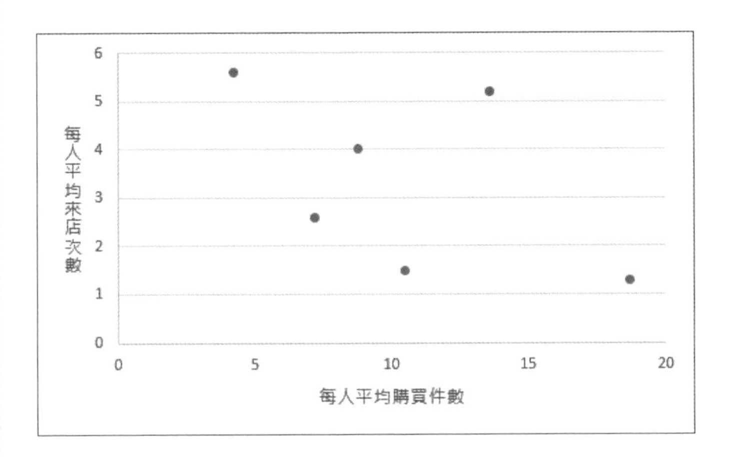


每個店都代表一家門市。從這張圖表可以看出每人平均購買件數與每人平均來店次數的關聯性。比方說，右下角的點（門市）雖然在「購買件數」的數值較高，但「來店次數」卻較低，所以看不出實際來門市光顧的顧客人數。

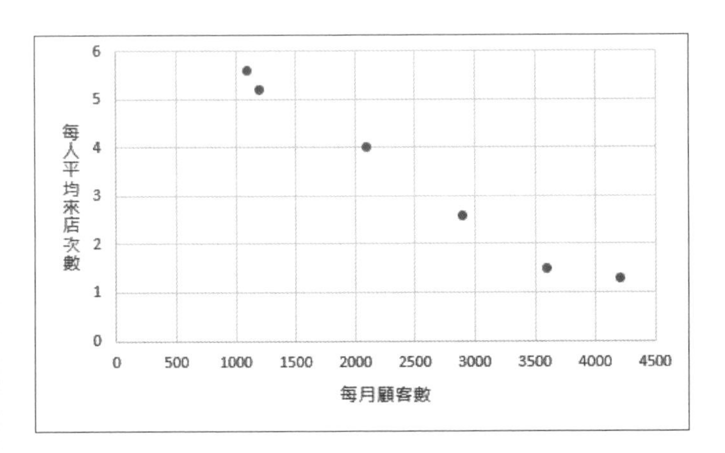


下一張的散佈圖將「每月顧客數」放在橫軸。從中可以發現，右下角的點的「每月顧客數」與「每人平均購買件數」一樣大。所以能夠得到顧客數較高這點彌補了較低的「每人平均來店次數」的結論。此外，第一張圖表的第二個點在「每人平均購買件數」與「每人平均來店次數」都高，但從第二張圖表開始，就發現「每月顧客數」略高於 1000 人的情況不多，代表這間門市幾乎是由老顧客撐起業績。

### ➲ 泡泡圖的優點

將兩張散佈圖排在一起或許可大致了解資料的趨勢，但每次都要將散佈圖排好再分析，實在很花時間，也有可能會判讀錯誤，反觀泡泡圖就能憑一張圖表完成前一頁的分析。

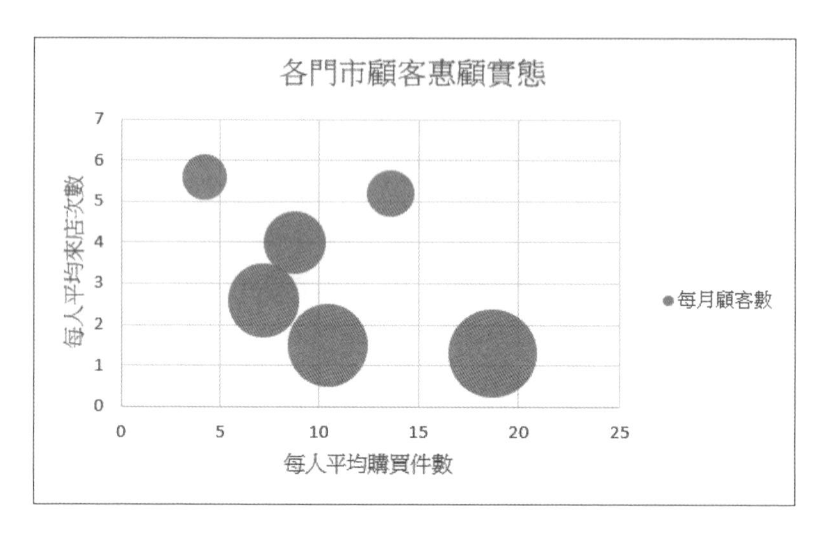


上方的泡泡圖利用「每月顧客數」的大小替第一個散佈圖的點增加變化，所以能一眼看出每個門市的來店次數、購買件數與顧客數。泡泡圖的便利之處在於能具體呈現這三個變數的關聯性。

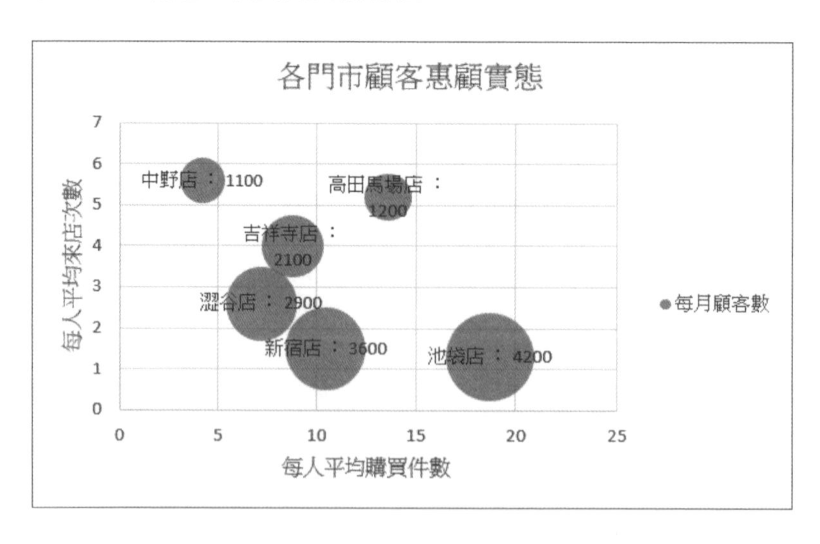


若是在各資料標籤的值加上門市名稱，就能一眼看出泡泡對應的門市。

不過，泡泡圖的缺點在於元素過多，泡泡就會重疊，也會變得不容易閱讀。該使用泡泡圖還是分成兩張圖表，必須先製作圖表再行判斷。

# ❶ 繪製泡泡圖

2013 2016 2019



泡泡圖是 Excel 內建的圖表，所以可快速完成繪製。要注意的是，該如何製作泡泡圖原始資料的表格。

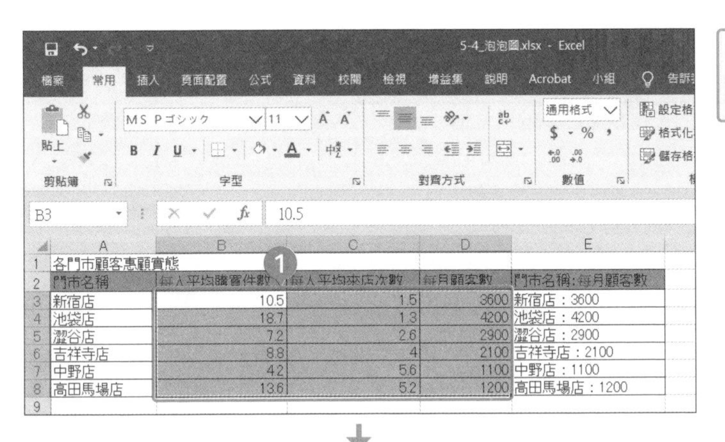

❶ 選取儲存格範圍 B3 至 D8。

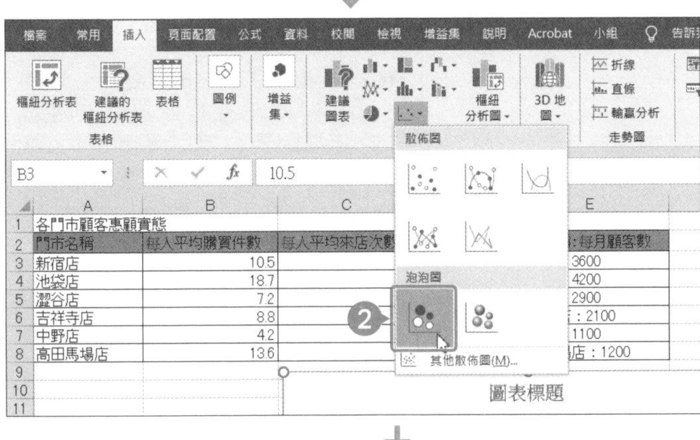

❷ 從「插入」分頁的「圖表」群組點選「插入 XY 散佈圖或泡泡圖」→「泡泡圖」的「泡泡圖」。

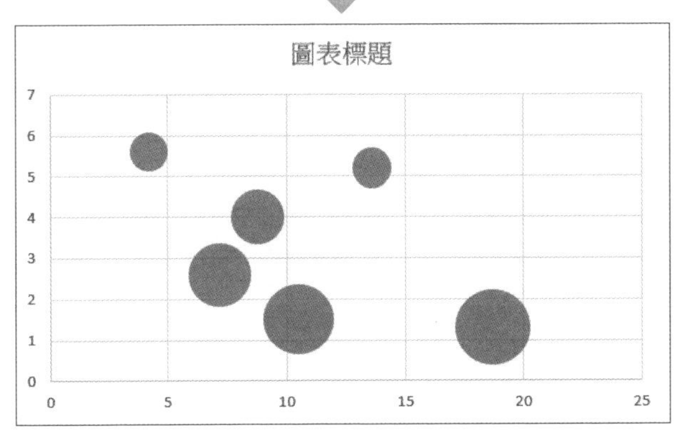


❸ 泡泡圖完成了。



**泡泡圖的原始資料**：泡泡圖的原始資料表會對一個元素建立三個變數。以本例而言，就是「每人平均購買件數」、「每人平均來店次數」、「每月顧客數」這三個變數。

## 2 調整泡泡圖的版面

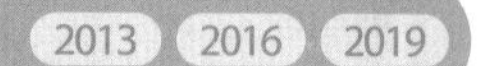


泡泡圖雖然完成了，但這時候看不出泡泡對應的門市，也看不出泡泡的大小與數值有什麼關聯性，所以讓我們略做調整，以便一眼看出各門市的問題。

表 5-4-1 版面修正內容

| 修正對象 | 修正內容 |
|---|---|
| 座標軸標題 | 主水平與主垂直 |
| 圖例 | 右 |
| 資料標籤 | 置中 |

表 5-4-2 於座標軸標題輸入的內容

| 對象 | 輸入內容 |
|---|---|
| 主水平 | 每人平均購買件數 |
| 主垂直 | 每人平均來店次數 |

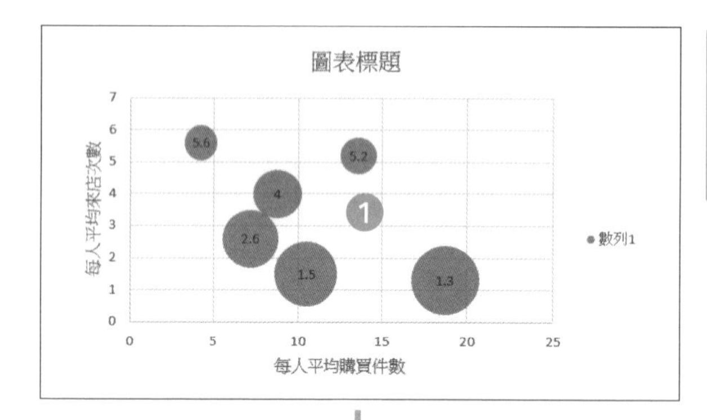


① 在「圖表工具」的「設計」分頁點選「圖表版面配置」群組的「新增圖表」，如「表 5-4-1」與「表 5-4-2」編輯圖表。

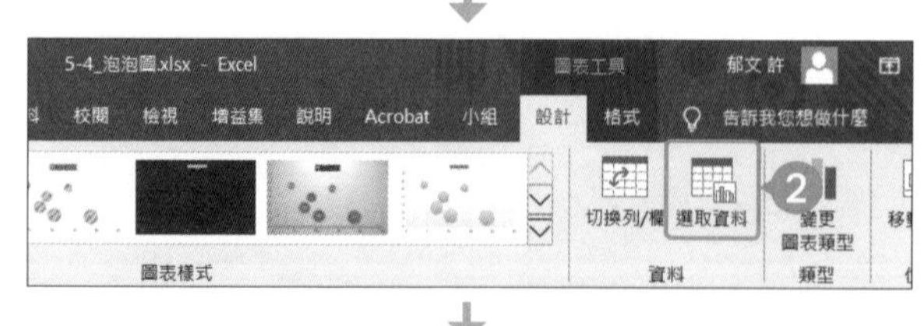


② 在圖表為選取的狀態下，在「設計」分頁的「資料」群組點選「選取資料」。

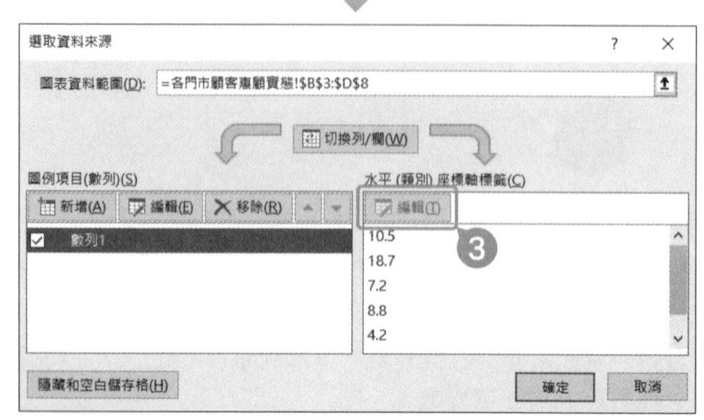


③ 選擇「圖例項目（數列）」的「數列 1」，再點選「編輯」。

4 點選數列名稱，指定儲存格 D2，再點選「確定」。

5 回到「選取資料來源」畫面後，再點選「確定」。

6 圖表顯示了直軸、橫軸、泡泡大小對應的數值。

7 將圖表標題變更為「各門市顧客惠顧實態」。

8 點選「1.3」的資料標籤。

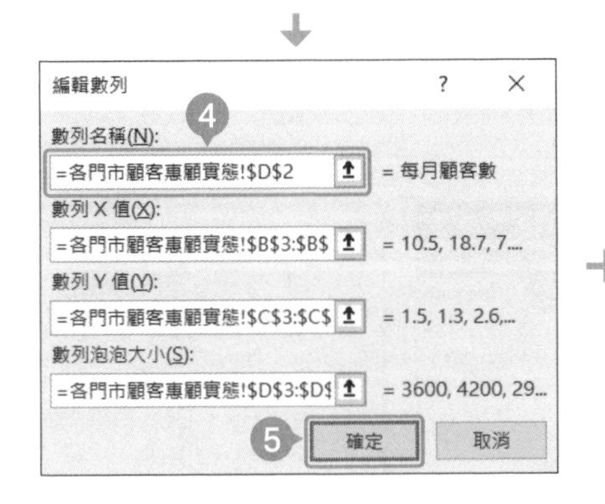


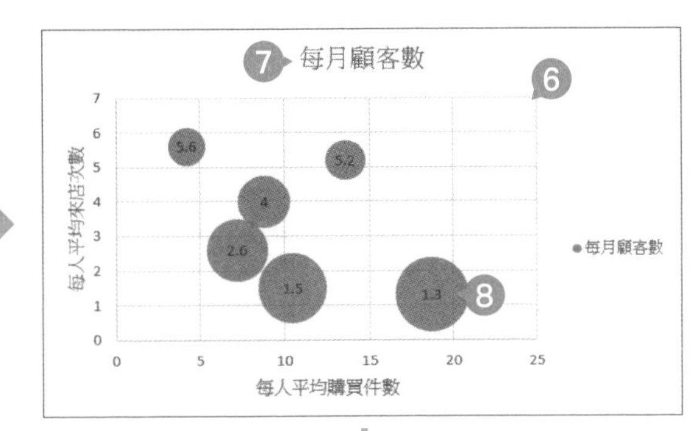


9 在公式列輸入「=」，再選擇儲存格 E4。

E4 =各門市顧客惠顧實態!$E$4

| | A | B | C | D | E |
|---|---|---|---|---|---|
| 1 | 各門市顧客惠顧實態 | | | | |
| 2 | 門市名稱 | 每人平均購買件數 | 每人平均來店次數 | 每月顧客數 | 門市名稱:每月顧客數 |
| 3 | 新宿店 | 10.5 | 1.5 | 3600 | 新宿店：3600 |
| 4 | 池袋店 | 18.7 | 1.3 | 4200 | 池袋店：4200 |
| 5 | 澀谷店 | 7.2 | 2.6 | 2900 | 澀谷店：2900 |
| 6 | 吉祥寺店 | 8.8 | 4 | 2100 | 吉祥寺店：2100 |
| 7 | 中野店 | 4.2 | 5.6 | 1100 | 中野店：1100 |
| 8 | 高田馬場店 | 13.6 | 5.2 | 1200 | 高田馬場店：1200 |

表 5-4-3 圖表修正內容

| 資料標籤的值 | 選擇的儲存格 |
|---|---|
| 1.5 | E3 |
| 2.6 | E5 |
| 4 | E6 |
| 5.6 | E7 |
| 5.2 | E8 |

10 依照相同方式選取其他的資料標籤，再如「表 5-4-3」的內容，在公式列輸入要參照的表格。

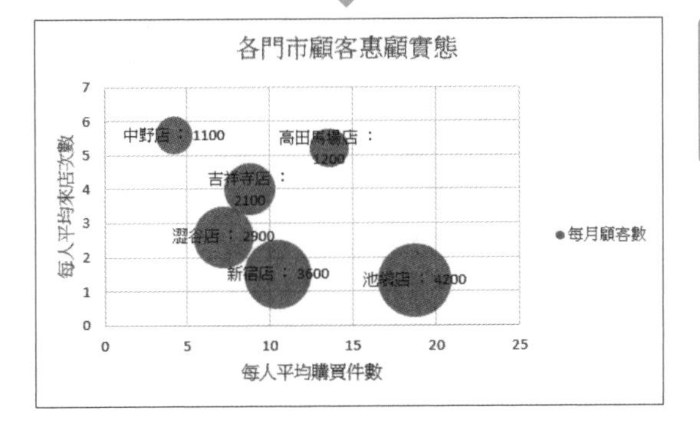


11 如此一來，就能在泡泡看出對應的店家，也能依照泡泡的大小看出數字的差異。

## Column 使用走勢圖

走勢圖是儲存格裡的縮小版圖表。

操作簡單，又能在表格旁邊顯示圖表，很合適在需要了解數值趨勢或是表格與圖表擠在有限版面的情況使用，而且還能自訂圖表種類與樣式。

### ● 繪製走勢圖

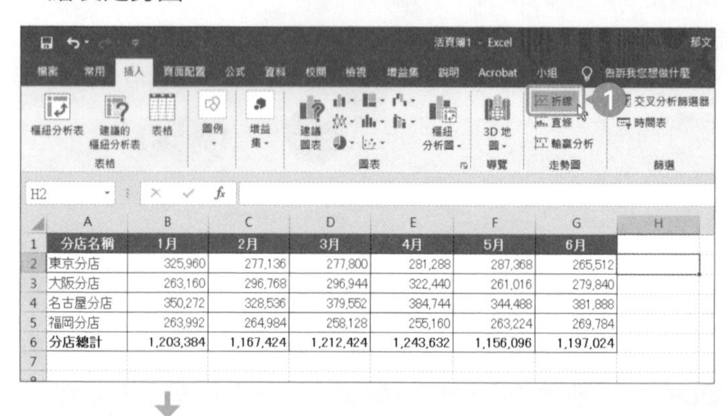


| | A | B | C | D | E | F | G | H |
|---|---|---|---|---|---|---|---|---|
| 1 | 分店名稱 | 1月 | 2月 | 3月 | 4月 | 5月 | 6月 | |
| 2 | 東京分店 | 325,960 | 277,136 | 277,800 | 281,288 | 287,368 | 265,512 | |
| 3 | 大阪分店 | 263,160 | 296,768 | 296,944 | 322,440 | 261,016 | 279,840 | |
| 4 | 名古屋分店 | 350,272 | 328,536 | 379,552 | 384,744 | 344,488 | 381,888 | |
| 5 | 福岡分店 | 263,992 | 264,984 | 258,128 | 255,160 | 263,224 | 269,784 | |
| 6 | 分店總計 | 1,203,384 | 1,167,424 | 1,212,424 | 1,243,632 | 1,156,096 | 1,197,024 | |

❶ 在「插入」分頁的「走勢圖」群組點選「折線圖」。

❷ 在「資料範圍」輸入「B2：B6」，再於「位置範圍」輸入「$H$2:$H$6」。

❸ 表格旁邊的儲存格顯示了代表各列資料趨勢的折線圖。

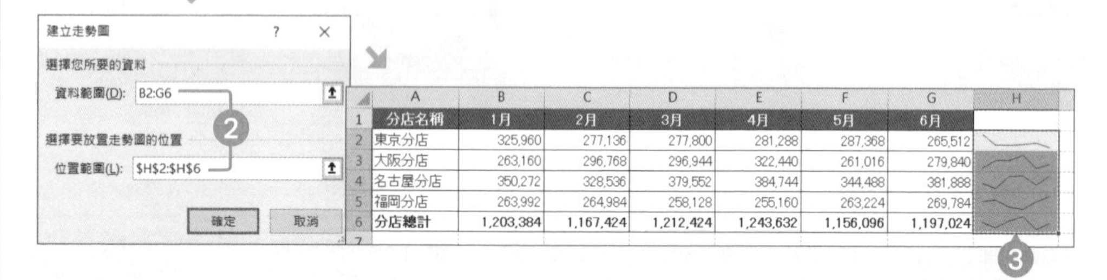


| | A | B | C | D | E | F | G | H |
|---|---|---|---|---|---|---|---|---|
| 1 | 分店名稱 | 1月 | 2月 | 3月 | 4月 | 5月 | 6月 | |
| 2 | 東京分店 | 325,960 | 277,136 | 277,800 | 281,288 | 287,368 | 265,512 | |
| 3 | 大阪分店 | 263,160 | 296,768 | 296,944 | 322,440 | 261,016 | 279,840 | |
| 4 | 名古屋分店 | 350,272 | 328,536 | 379,552 | 384,744 | 344,488 | 381,888 | |
| 5 | 福岡分店 | 263,992 | 264,984 | 258,128 | 255,160 | 263,224 | 269,784 | |
| 6 | 分店總計 | 1,203,384 | 1,167,424 | 1,212,424 | 1,243,632 | 1,156,096 | 1,197,024 | |

### ● 自訂走勢圖

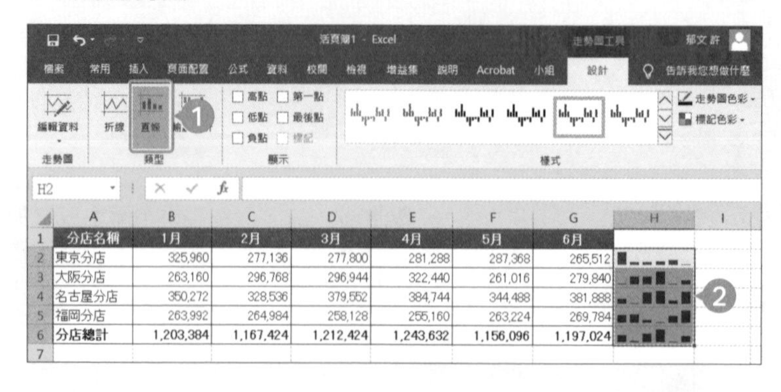


| | A | B | C | D | E | F | G | H | I |
|---|---|---|---|---|---|---|---|---|---|
| 1 | 分店名稱 | 1月 | 2月 | 3月 | 4月 | 5月 | 6月 | | |
| 2 | 東京分店 | 325,960 | 277,136 | 277,800 | 281,288 | 287,368 | 265,512 | | |
| 3 | 大阪分店 | 263,160 | 296,768 | 296,944 | 322,440 | 261,016 | 279,840 | | |
| 4 | 名古屋分店 | 350,272 | 328,536 | 379,552 | 384,744 | 344,488 | 381,888 | | |
| 5 | 福岡分店 | 263,992 | 264,984 | 258,128 | 255,160 | 263,224 | 269,784 | | |
| 6 | 分店總計 | 1,203,384 | 1,167,424 | 1,212,424 | 1,243,632 | 1,156,096 | 1,197,024 | | |

❶ 從「走勢圖工具」的「設計」分頁點選「類型」群組的「直條」。

❷ 圖表變更為長條圖了。

Chapter 06

# 模擬分析

模擬分析可利用各種值的組合算出最高利潤或最佳存貨數量的結果。由於 Excel 內建了許多模擬分析，所以重點在於了解有哪些模擬分析，然後依照用途選出適當的種類。本章要介紹的是最具代表性的三種模擬分析，分別是目標搜尋、分析藍本與規劃求解。

# 01 目標搜尋

「目標搜尋」可於滿足目標值的情況下，算出需要的值，例如算出「收益達一百萬的銷售數量」或「銷售量為 100 個的最佳單價」這類情況的答案。由於可快速調整條件再計算，所以可一邊試算，一邊找出最佳值。

## Point

「目標搜尋」可指定下列三個條件，找出符合目標值的變數值。

1 輸入目標值公式的儲存格（例如：輸入收益算式的儲存格）。

2 目標值（例：收益一百萬元）。

3 輸入變數的儲存格（例：用於計算收益的銷售量儲存格）。

或許大家覺得有點複雜，但只要記住該於何處指定什麼值，就能輕鬆使用這項功能。

## Sample 利用目標搜尋找出最佳解答

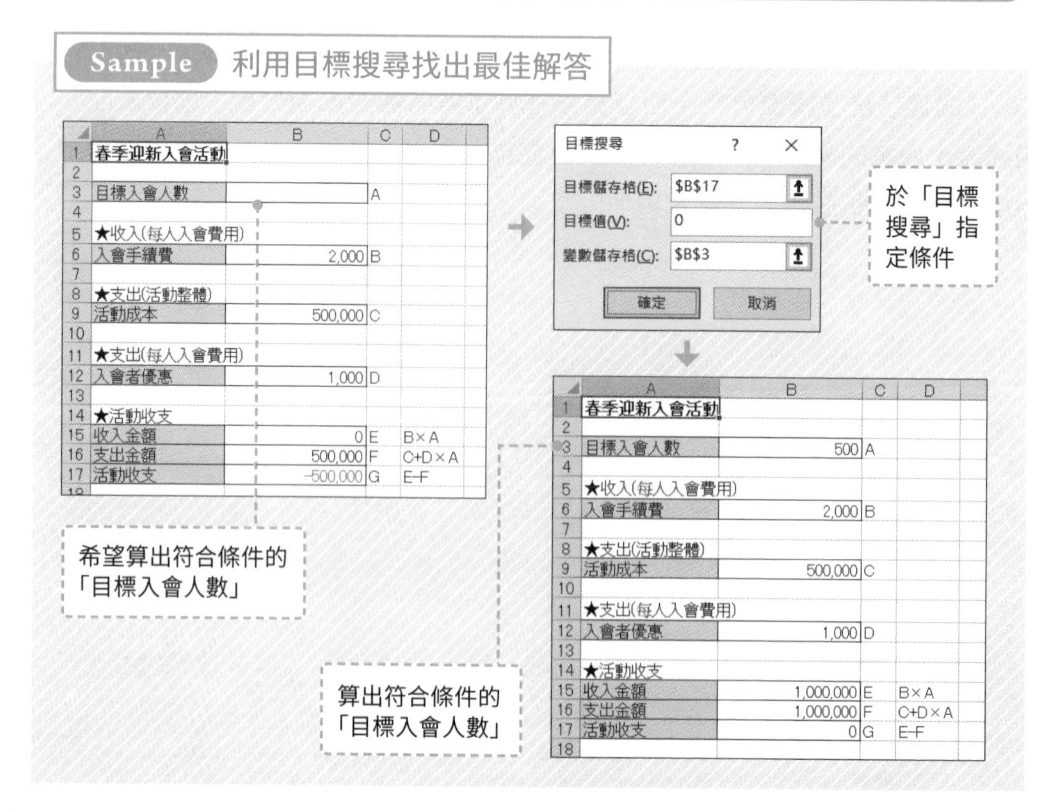

## 何謂目標搜尋

假設題目目標是「在預算為一萬元的情況下，能夠購買幾個單價 100 元的商品」，大家應該都能立刻答出「100 個」吧。因此這三個數字之間具有下列關聯性。

單價（100 元）× 購買個數（？個）= 購買金額 = 預算（10,000 元）
↓
「？」為 100

目標搜尋可事先輸入「單價 × 購買個數」這種計算「購買金額」的公式，算出購買金額符合預算時的「購買個數」。

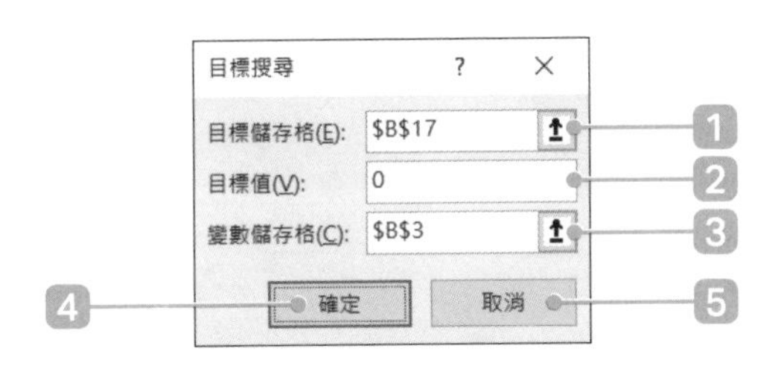


表 6-1-1 目標搜尋畫面的組成元素

| 元素編號 | 元素名稱 | 元素說明 |
|---|---|---|
| 1 | 目標儲存格 | 指定計算目標值的儲存格→（例如：單價 × 購買個數） |
| 2 | 目標值 | 指定1的目標值→（例如：一萬元） |
| 3 | 變數儲存格 | 指定變數的儲存格→（例如：個數） |
| 4 | 確定 | 執行目標搜尋 |
| 5 | 取消 | 關閉目標搜尋畫面 |

要注意的是，可在「變數儲存格」指定的只有「數值儲存格」。「目標搜尋」功能只能將一個數值指定為變數，如果要將多個數值指定為變數，必須使用 6-2 說明的「規劃求解」功能。

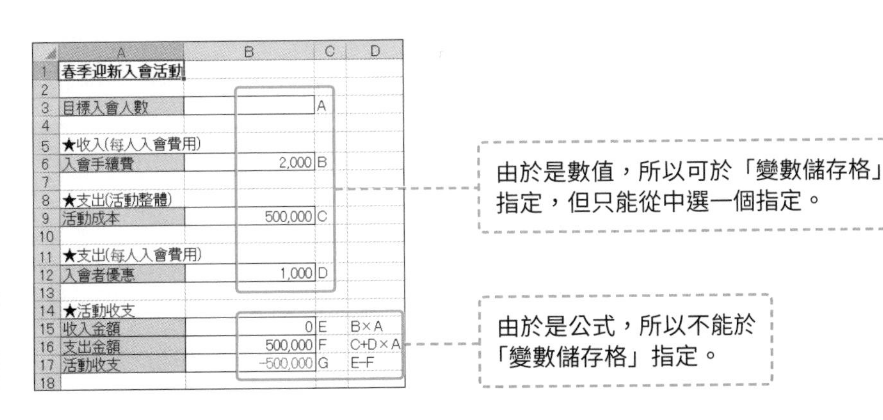

# ❶ 設定目標搜尋

目標搜尋的使用方法非常簡單，只需要指定「輸入目標值算式的儲存格」、「目標值」與「變數儲存格」，即可算出最佳的變數值。

❶ 在「資料」分頁的「預測」群組點選「模擬分析」→「目標搜尋」。

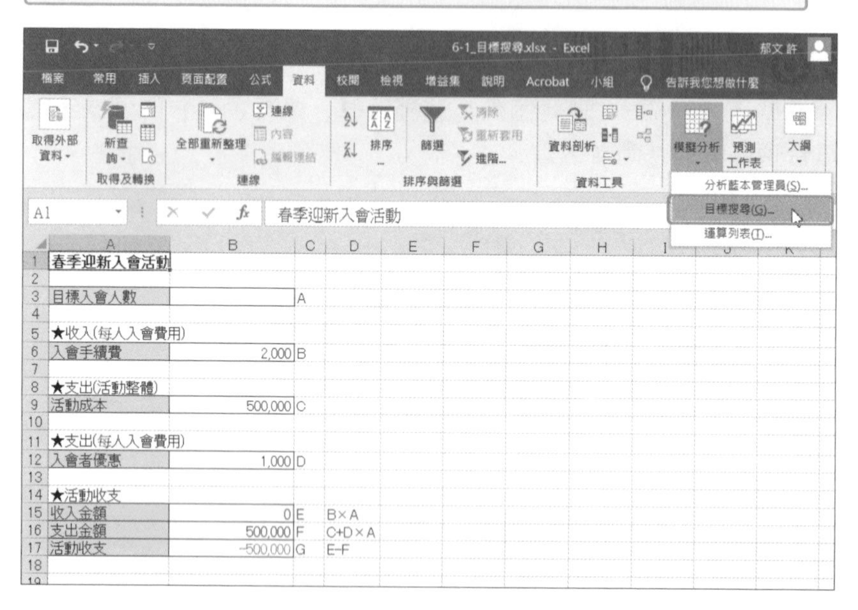


》Excel 2013 的情況：點選「資料」分頁的「資料工具」群組的「模擬分析」→「目標搜尋」

❷ 在「目標儲存格」輸入「B17」，在「目標值」輸入「0」，在「變數儲存格」輸入「B3」。

❸ 點選「確定」。

**在此求得的值**：這次使用計算活動收支的公式，算出收支為 0 時的入會人數。

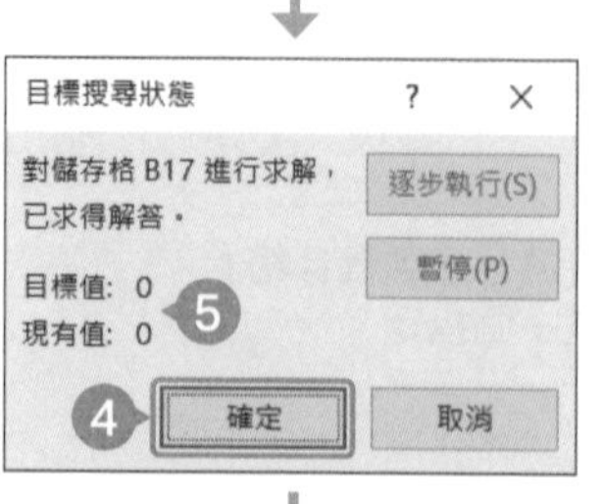


❹ 顯示「已求得解答」之後，點選「確定」。

❺「目標值」與「現有值」相等。

| | A | B | C | D |
|---|---|---|---|---|
| 1 | 春季迎新入會活動 | | | |
| 2 | | | | |
| 3 | 目標入會人數 | 500 | A | |
| 4 | | | | |
| 5 | ★收入(每人入會費用) | | | |
| 6 | 入會手續費 | 2,000 | B | |
| 7 | | | | |
| 8 | ★支出(活動整體) | | | |
| 9 | 活動成本 | 500,000 | C | |
| 10 | | | | |
| 11 | ★支出(每人入會費用) | | | |
| 12 | 入會者優惠 | 1,000 | D | |
| 13 | | | | |
| 14 | ★活動收支 | | | |
| 15 | 收入金額 | 1,000,000 | E | B×A |
| 16 | 支出金額 | 1,000,000 | F | C+D×A |
| 17 | 活動收支 | 0 | G | E-F |
| 18 | | | | |

❻ 從結果可知，要讓「活動收支」轉換成目標值的「0」，入會人數必須達到「500位」。

❼ 再次於「資料」分頁的「預測」群組點選「模擬分析」→「目標搜尋」。

❽ 接著在「目標儲存格」輸入「B17」，在「目標值」輸入「100000」，在「變數儲存格」輸入「B6」。

❾ 按下「確定」。

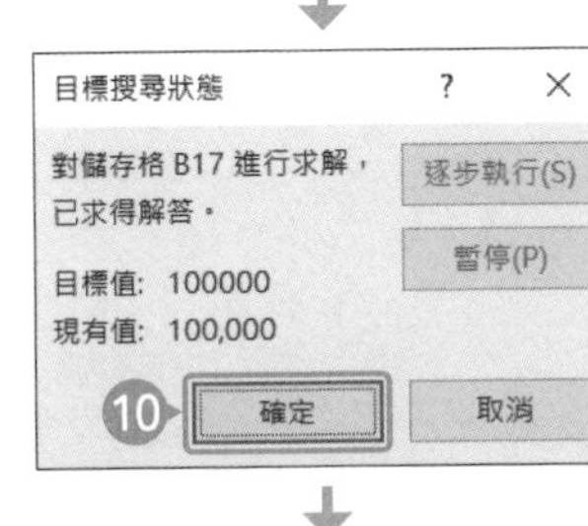


❿ 顯示「已求得解答」之後，點選「確定」。

| | A | B | C | D |
|---|---|---|---|---|
| 1 | 春季迎新入會活動 | | | |
| 2 | | | | |
| 3 | 目標入會人數 | 500 | A | |
| 4 | | | | |
| 5 | ★收入(每人入會費用) | | | |
| 6 | 入會手續費 | 2,200 | B | |
| 7 | | | | |
| 8 | ★支出(活動整體) | | | |
| 9 | 活動成本 | 500,000 | C | |
| 10 | | | | |
| 11 | ★支出(每人入會費用) | | | |
| 12 | 入會者優惠 | 1,000 | D | |
| 13 | | | | |
| 14 | ★活動收支 | | | |
| 15 | 收入金額 | 1,000,000 | E | B×A |
| 16 | 支出金額 | 1,000,000 | F | C+D×A |
| 17 | 活動收支 | 0 | G | E-F |
| 18 | | | | |

⓫ 從結果可以知道，為了在入會人數為 500 人的時候，達到「100,000 元」的收益，入會手續費必須設定為「2,200 元」。

**在這裡計算：**利用計算活動收支的公式算出入會人數為 500 人，收支達十萬元的時候，該收取多少入會手續費。

## Column 變更目標搜尋的設定

執行目標搜尋之後，會不斷代入值，直到算出解答為止，所以也有可能在多次計算之後，找不到最終的解答。在此讓我們學習中斷目標搜尋試算的方法以及逐步執行的方法，還有增加（減少）試算次數的方法吧！

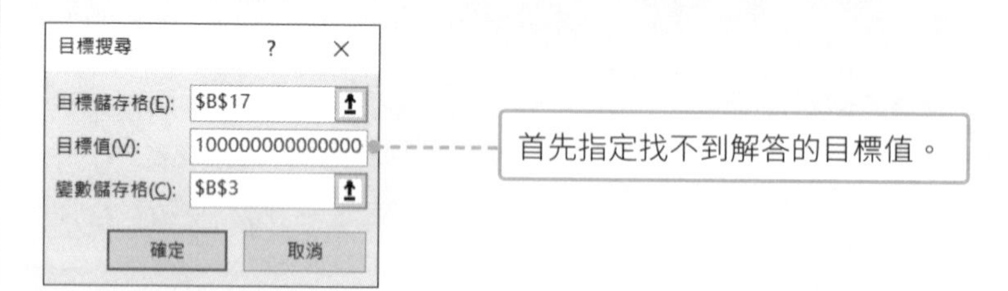


### ● 中斷試算的方法

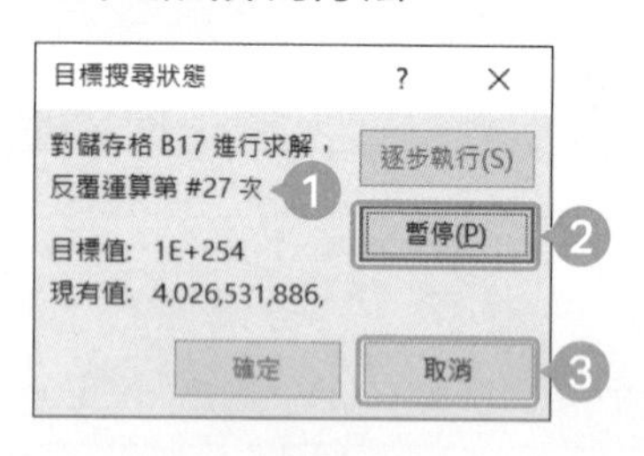


❶ 可發現反覆運算的次數增加，Excel 正在搜尋解答。

❷ 按下「暫停」即可停止搜尋解答。

❸ 點選「取消」可停止目標搜尋。

### ● 逐步執行的方法

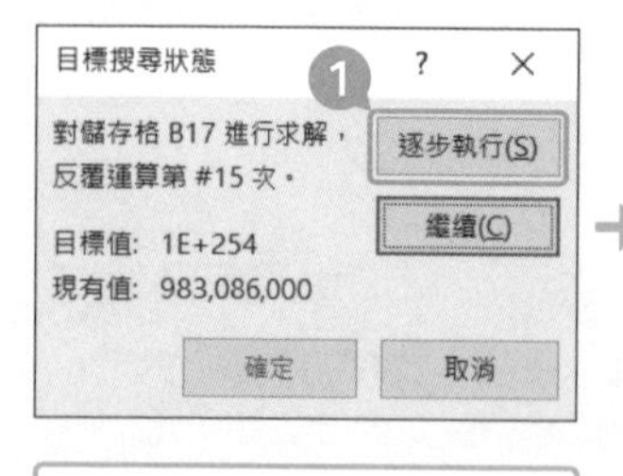


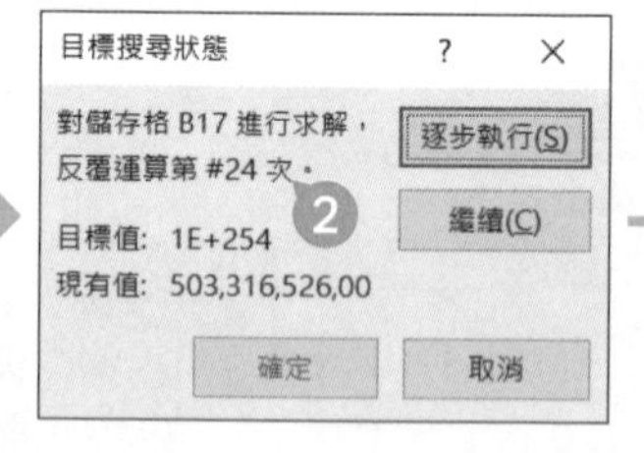


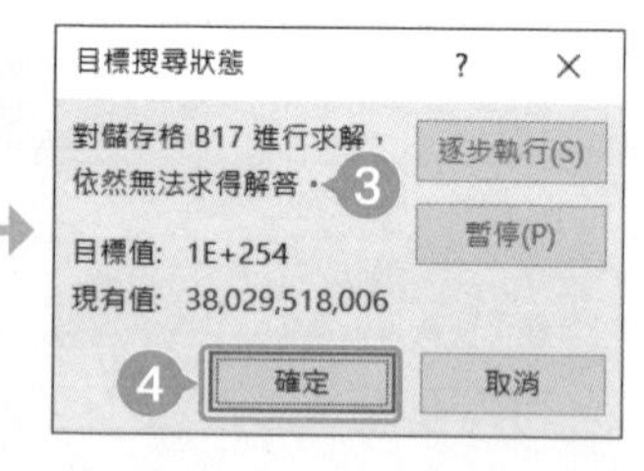


❶ 中斷試算後，點選「逐步執行」可繼續搜尋解答。

❷ 每按一次「逐步執行」，反覆運算的次數都會增加。

❸ 如果找不到解答，反覆運算的次數又已達到上限，就會顯示「依然無法求得解答」。

❹ 點選「確定」。關閉視窗。

## ● 增加（減少）反覆運算次數的方法

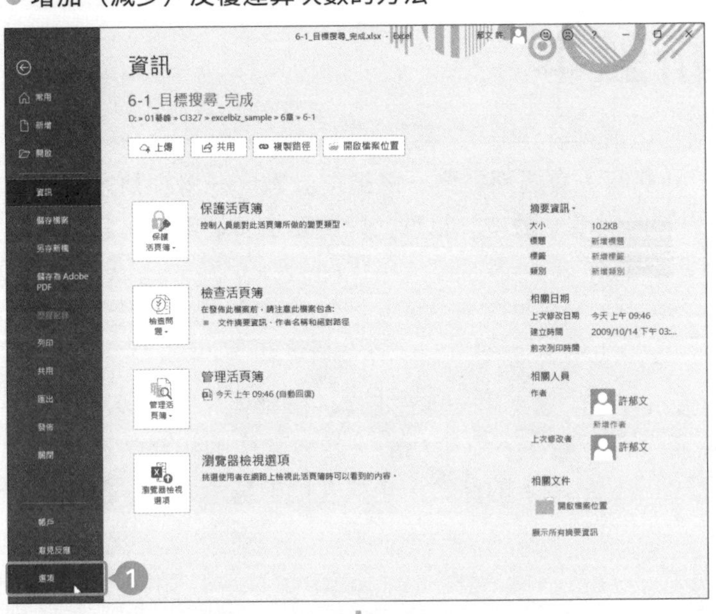


❶ 點選「檔案」分頁的「選項」。

❷ 點選「公式」→「計算選項」，再調整「最高次數」與「最大誤差」，就能調整反覆運算的次數（表 6-1-2）。

表 6-1-2 設定值與反覆運算次數的關聯性

| | 反覆運算次數 | |
|---|---|---|
| | 要增加次數的情況 | 要減少次數的情況 |
| 最高次數 | 放大 | 縮小 |
| 最大誤差 | 縮小 | 放大 |

# 02 分析藍本

編列預算或撰寫公司內部計畫時，會遇到需要一邊調整計數，一邊調整方案的情況。「分析藍本」可將變更的值當成「藍本」管理。只要新增多個藍本，就能比較各藍本的結果，再採用最佳方案。

**Point**

決定預算的計數時，應該有不少讀者是一邊在 Excel 調整值，一邊找出最佳預算吧？此時若使用「分析藍本」這項功能，就能將值的組合新增至 Excel，如此一來就不會忘記該輸入的係數，也能在比較藍本之後，選出最佳值。

1 新增值的組合

2 叫出登錄結果

3 比較多個藍本

只要利用分析藍本完成上述的三件事，就能減少管理數值的煩惱。

**Sample** 分析藍本的管理畫面與代入藍本的結果

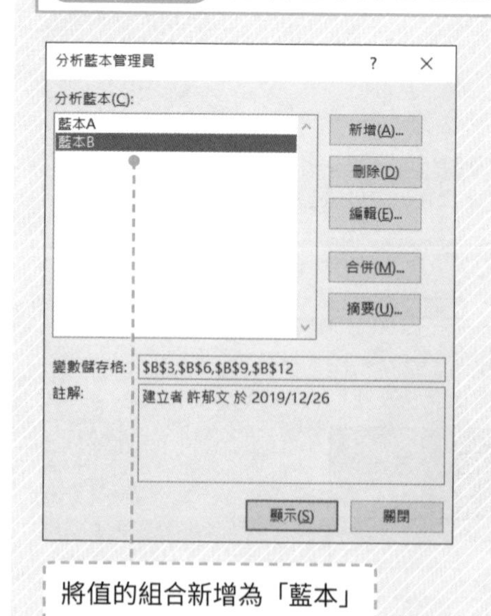


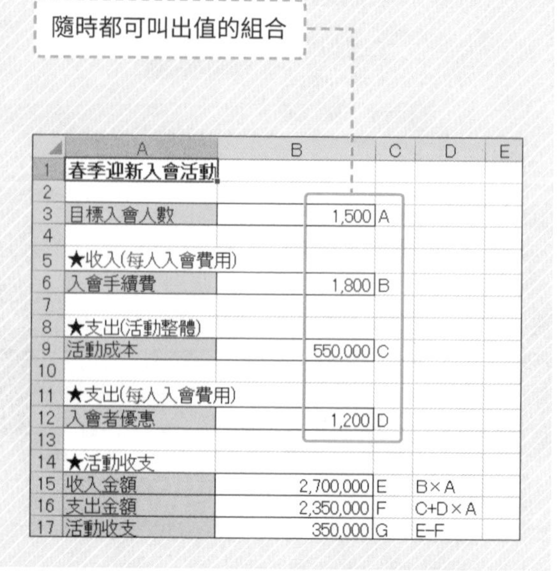

## 何謂分析藍本

在 Excel 進行計數管理時，若只有一個儲存格的值要產生變化，或許只需要記住輸入了什麼值，就能完成計算，但如果要讓多個儲存格的值產生變化，藉此管理計數，值的組合方式就會大幅增加，就不太可能記住每一種組合。

若使用分析藍本功能，就能輕鬆管理如此複雜的數字。

1 **新增值的組合，之後就能呼叫**

→將值的組合新增為分析藍本，之後就能隨時顯示。

2 **比較藍本的結果**

→輸出多個藍本的結果，一眼看出藍本之間的差異。

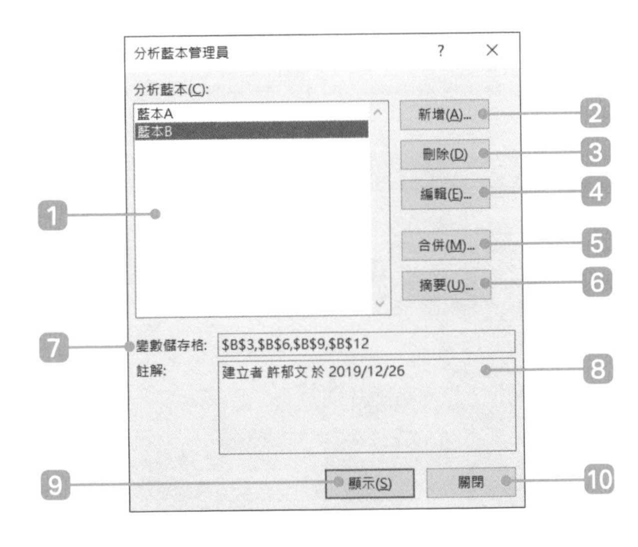


表 6-2-1 分析藍本管理員畫面的組成元素

| 元素編號 | 元素名稱 | 元素說明 |
|---|---|---|
| 1 | 分析藍本 | 顯示已新增的分析藍本 |
| 2 | 新增 | 新增分析藍本 |
| 3 | 刪除 | 刪除分析藍本 |
| 4 | 編輯 | 編輯分析藍本 |
| 5 | 合併 | 取得其他活頁簿或工作表的分析藍本 |
| 6 | 摘要 | 以報表的方式顯示分析藍本的資訊 |
| 7 | 變數儲存格 | 顯示值會產生變化的儲存格 |
| 8 | 註解 | 顯示分析藍本的註解 |
| 9 | 顯示 | 顯示於分析藍本新增的值 |
| 10 | 關閉 | 關閉「分析藍本管理員」畫面 |

## ❶ 新增分析藍本

2013 2016 2019

比起直接編輯儲存格的值，新增分析藍本的確是比較花時間，但如果能將值的組合新增為分析藍本，之後就能隨時叫出來使用，也不會忘記已經試過哪一種值的組合。

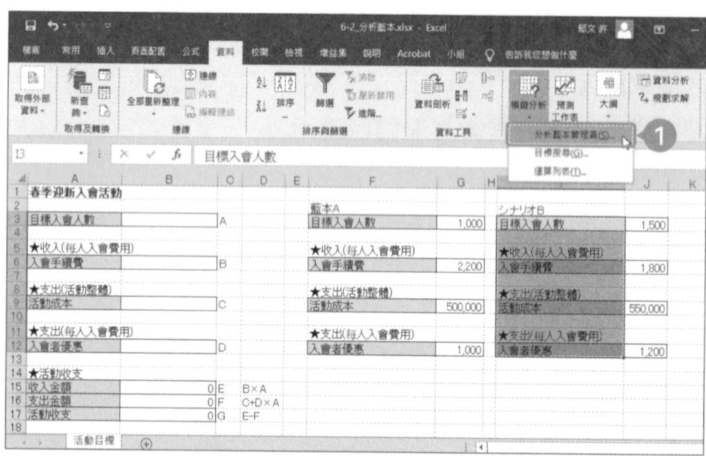

❶ 在「資料」分頁的「預測」群組點選「模擬分析」→「分析藍本管理員」。

Excel 2013 的情況：

在「資料」分頁的「資料工具」群組點選「模擬分析」→「分析藍本管理員」。

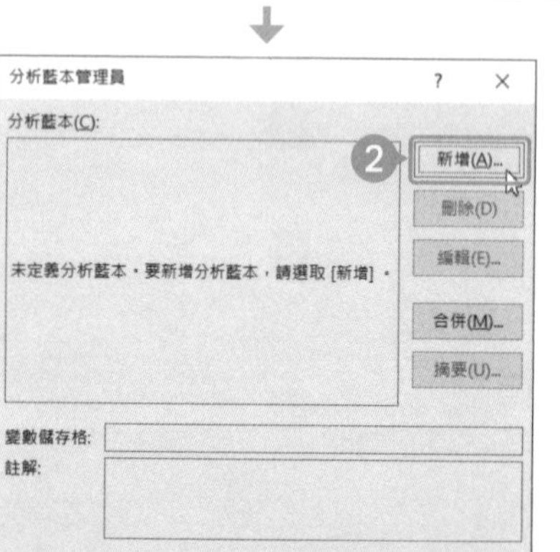

❷ 點選「新增」。

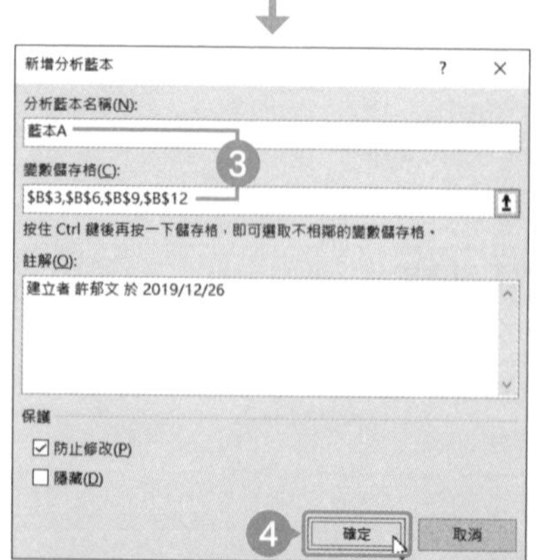

❸ 在「分析藍本名稱」輸入「藍本 A」，再於「變數儲存格」輸入「B3,B6,B9,B12」。

❹ 點選「確定」。

在此輸入的值：

這次將「目標入會人數」、「入會手續費」、「活動成本」、「入會者優惠」這四個值新增為一組分析藍本。

「變數儲存格」的值的選取方法：

在步驟❸選取值的時候，可按住 Ctrl 鍵再點選各儲存格，就能選擇不相連的多個儲存格。

5 在「B3」輸入「=G3」，「B6」輸入「=G6」、「B9」輸入「=G9」、「B12」輸入「=G12」。

6 點選「確定」。

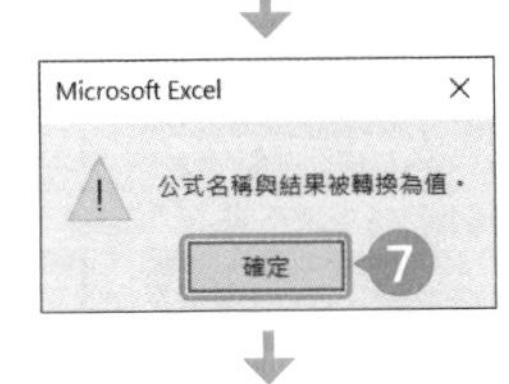


7 顯示「公式名稱與結果被轉換為值」視窗之後，點選「確定」。

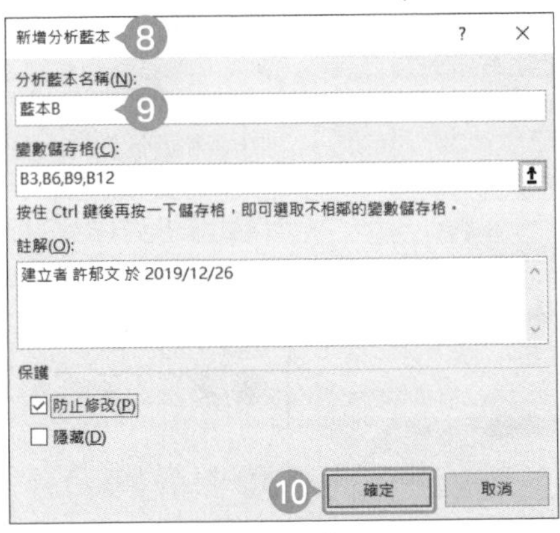


8 開啟「新增分析藍本」畫面。

9 在「分析藍本名稱」輸入「藍本 B」。

10 點選「確定」。

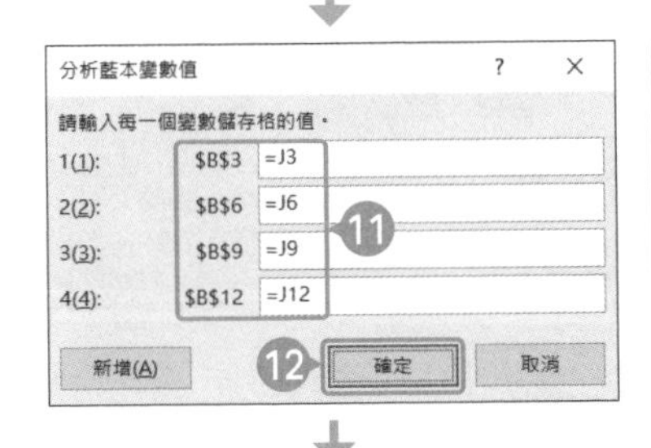


11 在「B3」輸入「J3」，「B6」輸入「J6」、「B9」輸入「J9」、「B12」輸入「J12」。

12 點選「確定」，就會顯示步驟7的畫面，再點選「確定」。

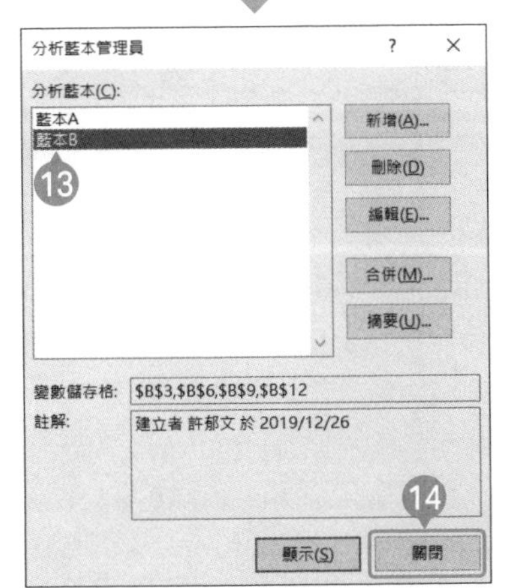


13 新增兩個分析藍本了。

14 點選「關閉」。

» **公式可轉換成數值**：步驟5指定了「=G3」這種參照儲存格值的公式，但分析藍本會儲存此時於儲存格顯示的數值，所以一旦於分析藍本登錄，就算後續調整儲存格的值，分析藍本裡的值也不會跟著改變。

## ❷ 執行分析藍本

光是新增分析藍本，是無法產生任何結果的，讓我們試著呼叫剛剛新增的分析藍本，實際代入值吧！重點在於觀察更換分析藍本會產生什麼不同的結果，以及以比較的觀點執行分析藍本。

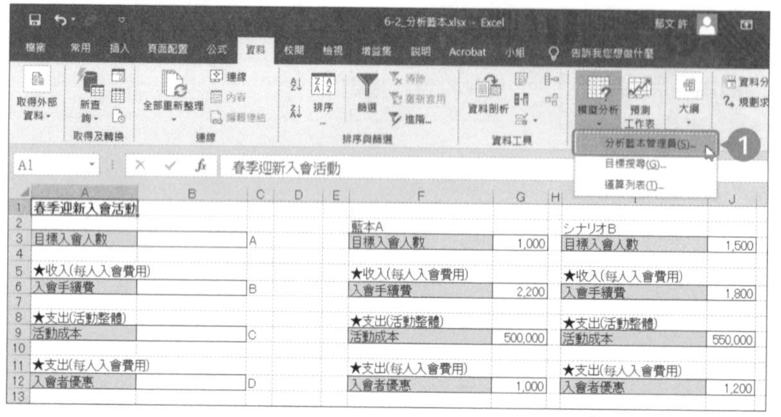


❶ 在「資料」分頁的「預測」群組點選「模擬分析」→「分析藍本管理員」。

》Excel 2013 的情況：在「資料」分頁的「資料工具」群組點選「模擬分析」→「分析藍本管理員」。

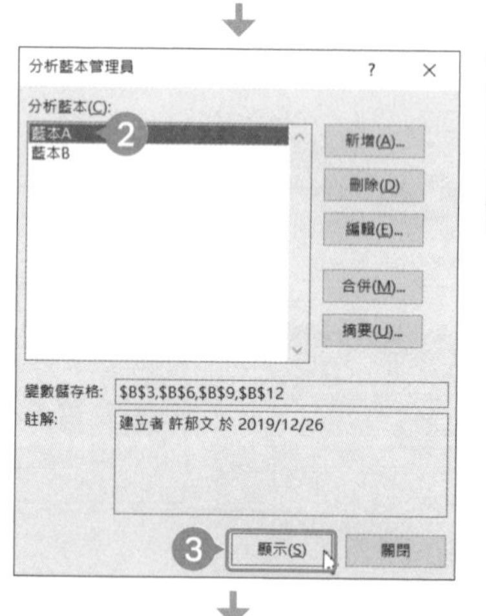


❷ 選擇「藍本A」。

❸ 點選「顯示」。

❹「藍本A」的值會反映至B欄的儲存格。

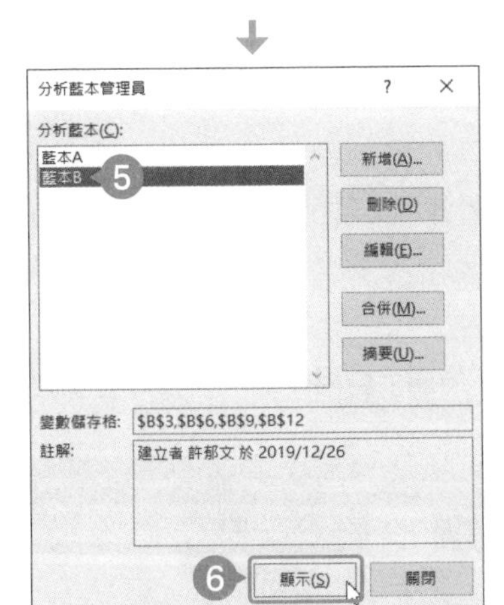


❺ 點選「藍本 B」。
❻ 點選「顯示」。

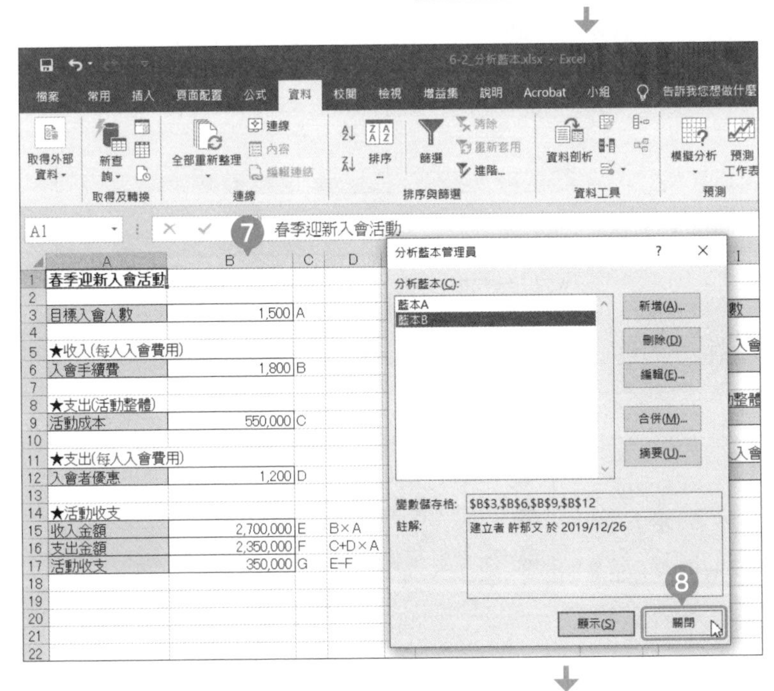

❼「藍本 B」的值會反映至 B 欄的儲存格。
❽ 點選「分析藍本管理員」畫面的「關閉」。

|  | A | B | C | D |
|---|---|---|---|---|
| 1 | 春季迎新入會活動 |  |  |  |
| 2 |  |  |  |  |
| 3 | 目標入會人數 | 1,500 | A |  |
| 4 |  |  |  |  |
| 5 | ★收入(每人入會費用) |  |  |  |
| 6 | 入會手續費 | 1,800 | B |  |
| 7 |  |  |  |  |
| 8 | ★支出(活動整體) |  |  |  |
| 9 | 活動成本 | 550,000 | C |  |
| 10 |  |  |  |  |
| 11 | ★支出(每人入會費用) |  |  |  |
| 12 | 入會者優惠 | 1,200 | D |  |
| 13 |  |  |  |  |
| 14 | ★活動收支 |  |  |  |
| 15 | 收入金額 | 2,700,000 | E | B×A |
| 16 | 支出金額 | 2,350,000 | F | C+D×A |
| 17 | 活動收支 | 350,000 | G | E-F |
| 18 |  |  |  |  |

❾ 套用「藍本 B」的值的表格完成了。

## ❸ 輸出分析藍本執行結果一覽表

2013 2016 2019

剛剛的「顯示」功能只能看到每個分析藍本的代入結果。若能輸出多個分析藍本執行結果的一覽表，會比較容易比較各分析藍本的結果，也能幫助我們找出最佳方案。

❶ 在「資料」分頁的「預測」群組點選「模擬分析」的「分析藍本管理員」。

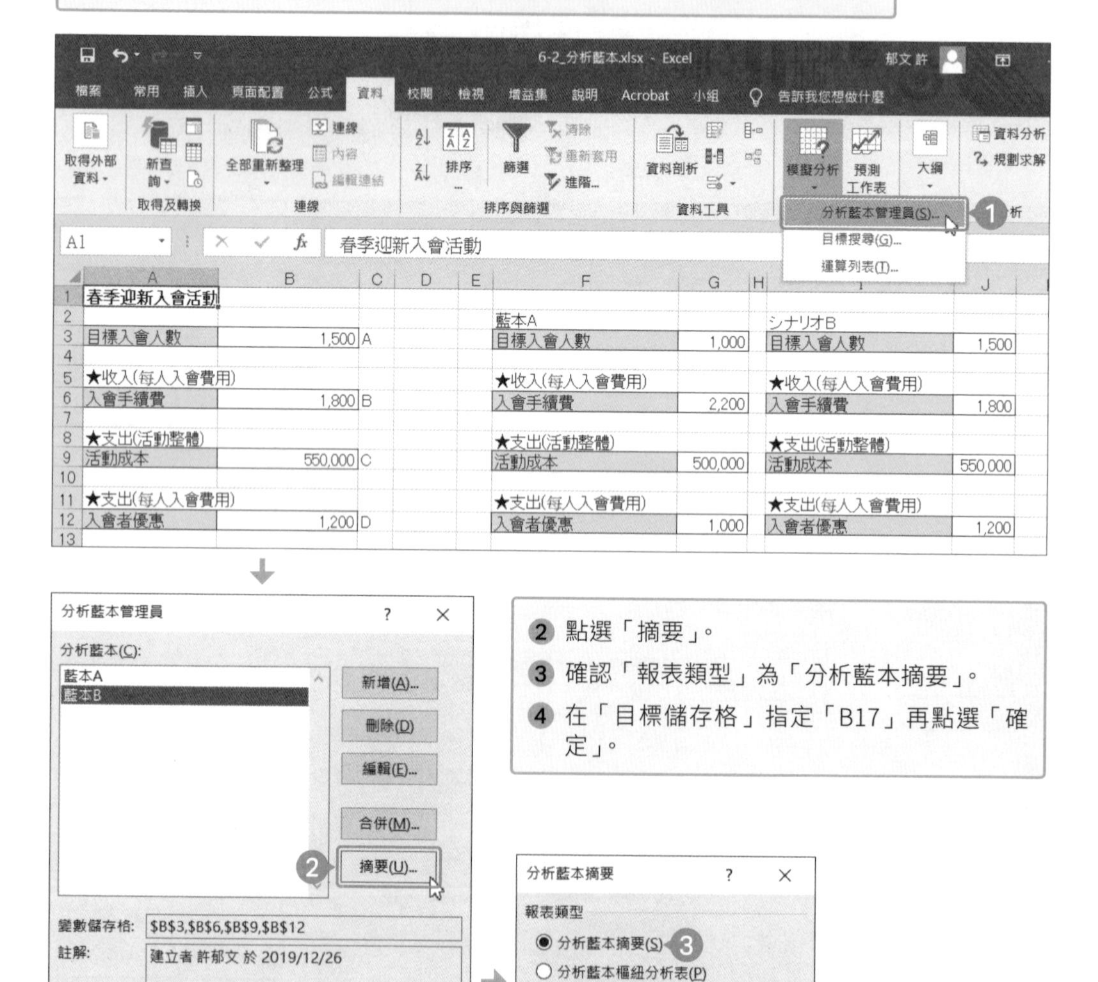


❷ 點選「摘要」。

❸ 確認「報表類型」為「分析藍本摘要」。

❹ 在「目標儲存格」指定「B17」再點選「確定」。

---

» Excel 2013 的情況 ❶：在「資料」分頁的「資料工具」群組點選「模擬分析」→「分析藍本管理員」。

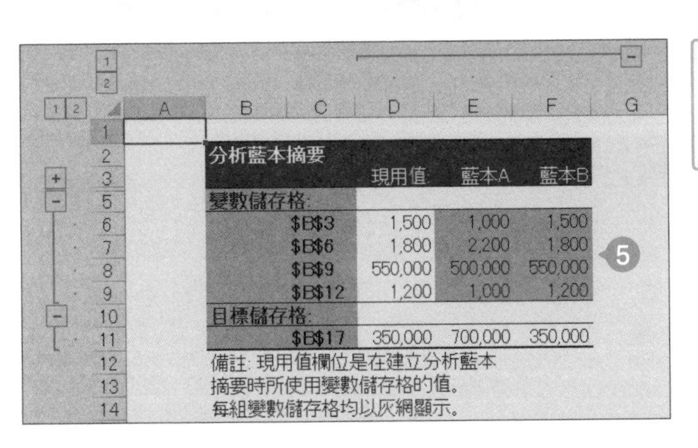


❺ 新增以一覽表比較「藍本 A」與「藍本 B」結果的工作表。

## Column 同時使用分析藍本與目標搜尋

本節學習的「分析藍本」功能很適合與「目標搜尋」或「規劃求解」搭配使用。利用目標搜尋找到解答後，將每一次的解答新增為分析藍本，就能隨時呼叫分析結果。

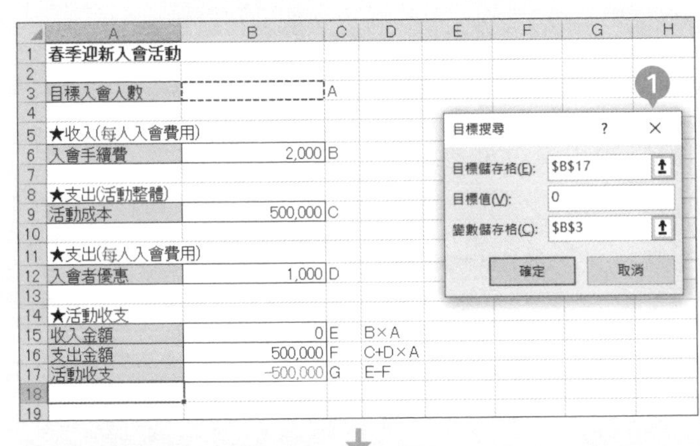


❶ 利用「目標搜尋」找出「活動收支」為 0 時的目標入會人數（參考 6-1）。

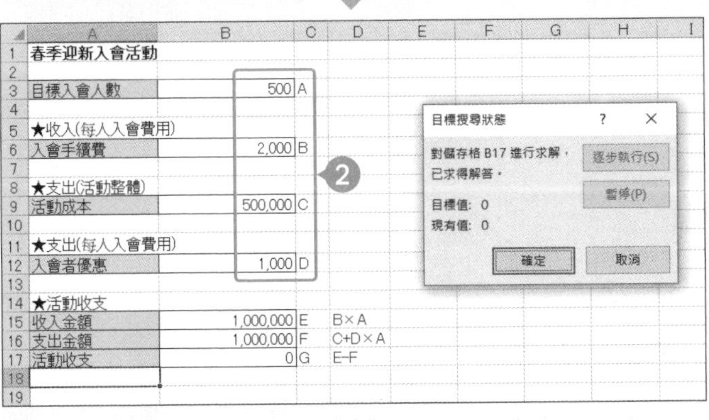


❷ 將這個解答儲存為分析藍本，之後就能隨時呼叫。

# 03 規劃求解

「目標搜尋」只能使用一個變數值，但是「規劃求解」可使用多個變數值，求得最佳解答。可於「最佳銷售量的套餐」或「設計投資組合」的情況使用。

**Point**

「規劃求解」的特徵在於讓多個值產生變化，再從中算出最佳解答。其條件有四個。

1 輸入目標值公式的目標儲存格（例如：輸入收益算式的儲存格）。
2 目標值（例：收益 100 萬元）。
3 變數儲存格（例如：商品 A、商品 B、商品 C 的銷售量）。
4 制約條件（例如：銷售量一定得是整數，合計要小於等於〇〇個）。

「規劃求解」可設定的條件較「目標搜尋」多，所以也能進行較複雜的分析。

**Sample** 利用規劃求解算出最佳解答的組合

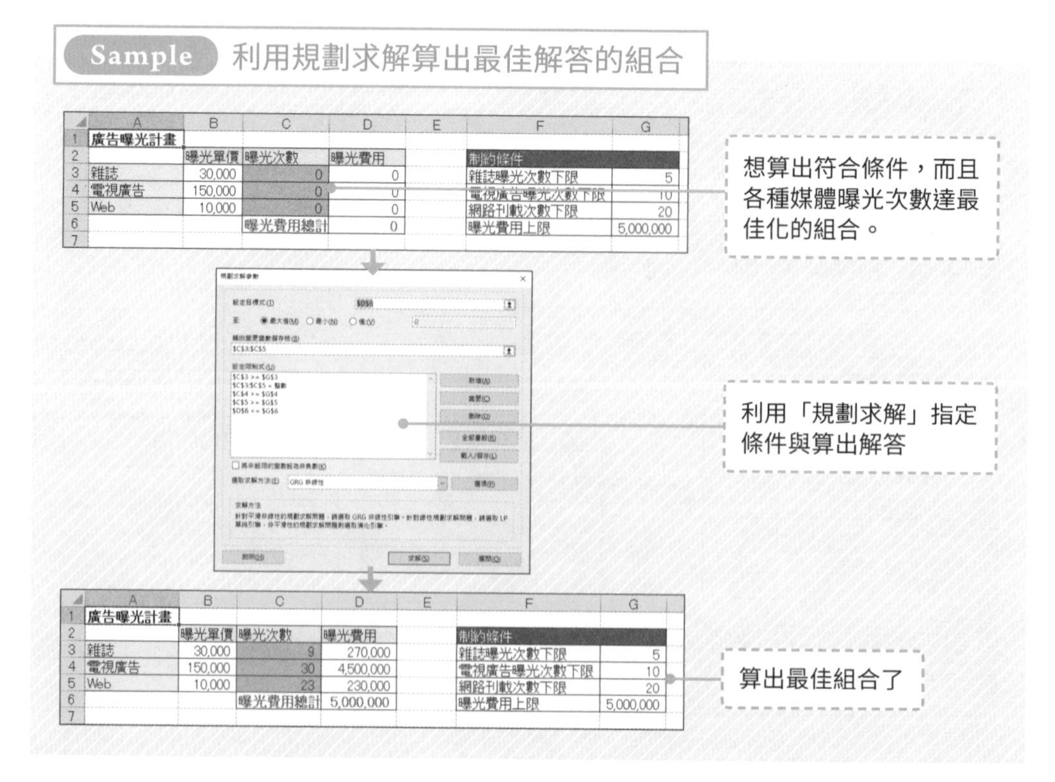

## 何謂規劃求解

規劃求解（Solver）的中文為「解法」，顧名思義，「規劃求解」可幫我們找出需要的「解答」。下列是與目標搜尋的不同之處。

- **可將多個儲存格當成變數**
- **可設定限制式**

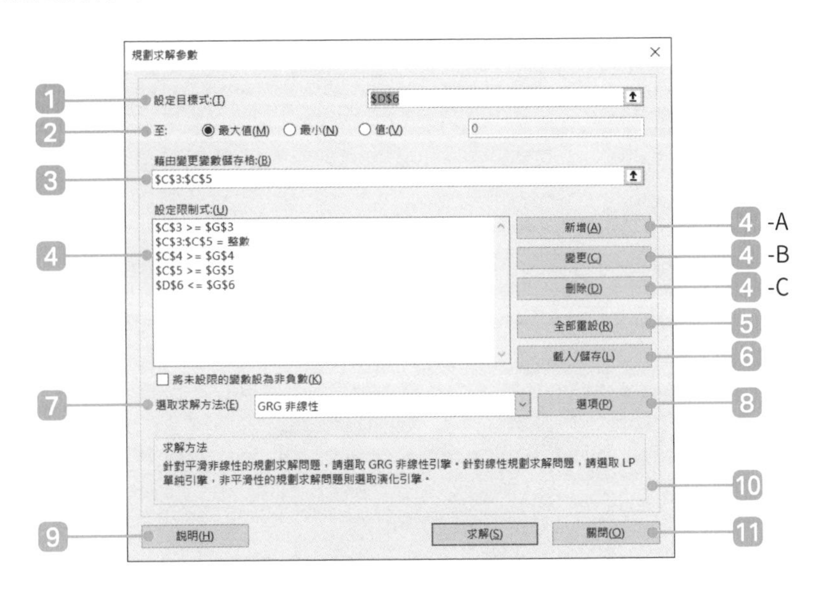


表 6-3-1　規劃求解畫面的組成元素

| 元素編號 | 元素名稱 | 元素說明 |
|---|---|---|
| 1 | 設定目標式 | 指定要計算目標值的儲存格 |
| 2 | 至 | 指定如此處理目標儲存格的值（「最大化」、「最小」、「值」） |
| 3 | 藉由變更變數儲存格 | 指定變數儲存格 |
| 4 | 設定限制式 | 顯示分析時的限制式 |
| 4 -A | 新增 | 新增限制式 |
| 4 -B | 變更 | 變更限制式 |
| 4 -C | 刪除 | 刪除限制式 |
| 5 | 全部重設 | 刪除所有於規劃求解新增的資訊 |
| 6 | 載入／儲存 | 儲存與載入於規劃求解新增的資訊 |
| 7 | 選取求解方法 | 選擇計算解答的演算法 |
| 8 | 選項 | 設定規劃求解的分析選項 |
| 9 | 說明 | 顯示 Excel 的說明 |
| 10 | 求解 | 根據設定的條件分析 |
| 11 | 關閉 | 關閉規劃求解參數畫面 |

# ❶ 安裝規劃求解

2013 2016 2019

若是以標準方式安裝 Excel，無法立刻使用「規劃求解」，必須先安裝「規劃求解」增益集，才能使用。

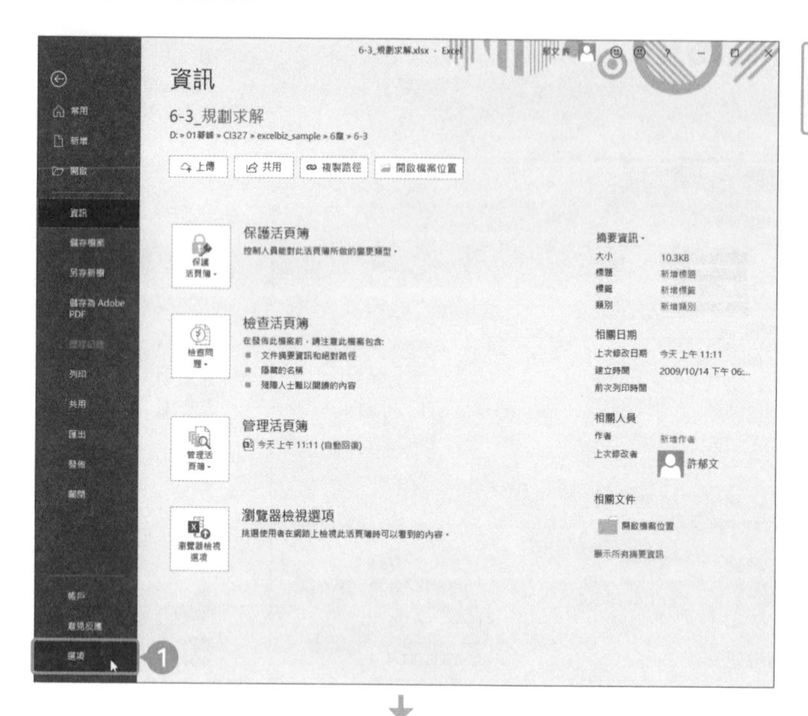


1 選擇「檔案」分頁的「選項」。

2 點選「增益集」的「規劃求解增益集」。

3 點選「執行」。

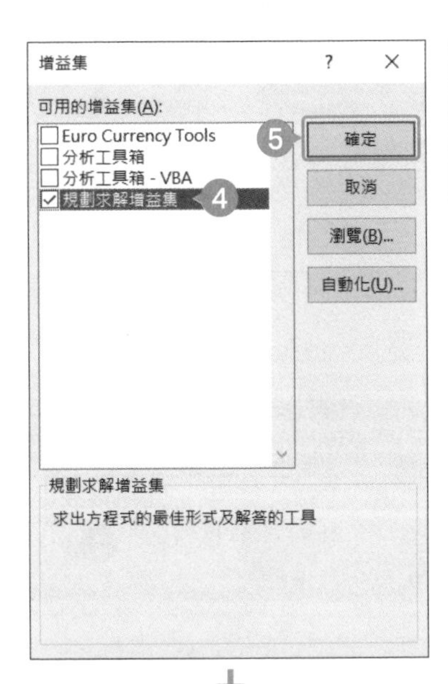


4 勾選「規劃求解增益集」。

5 點選「確定」。

6「資料」分頁會新增「分析群組」與「規劃求解」。

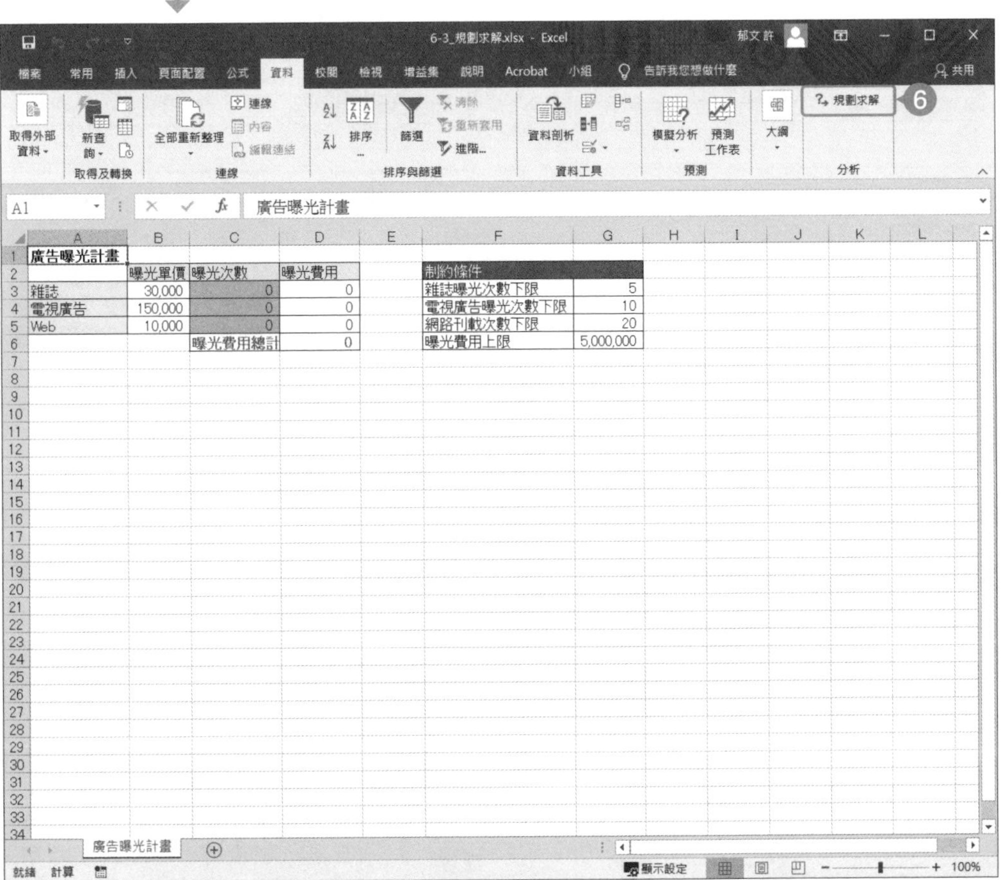

## ❷ 使用規劃求解

「規劃求解」可在輸入「目標值」、儲存目標值的「目標儲存格」、「變數儲存格」與「限制式」之後執行分析。

規劃求解的特徵在於可指定多個「變數儲存格」，也能指定「限制式」，也可根據各種限制式，算出達成目標值的解（值的組合）。

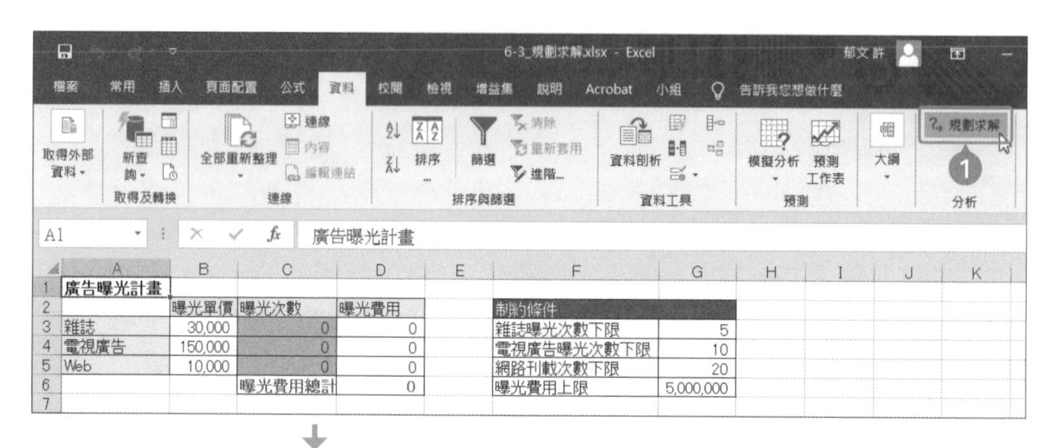


| | A | B | C | D | E | F | G |
|---|---|---|---|---|---|---|---|
| 1 | 廣告曝光計畫 | | | | | | |
| 2 | | 曝光單價 | 曝光次數 | 曝光費用 | | 制約條件 | |
| 3 | 雜誌 | 30,000 | 0 | 0 | | 雜誌曝光次數下限 | 5 |
| 4 | 電視廣告 | 150,000 | 0 | 0 | | 電視廣告曝光次數下限 | 10 |
| 5 | Web | 10,000 | 0 | 0 | | 網路刊載次數下限 | 20 |
| 6 | | | 曝光費用總計 | 0 | | 曝光費用上限 | 5,000,000 |

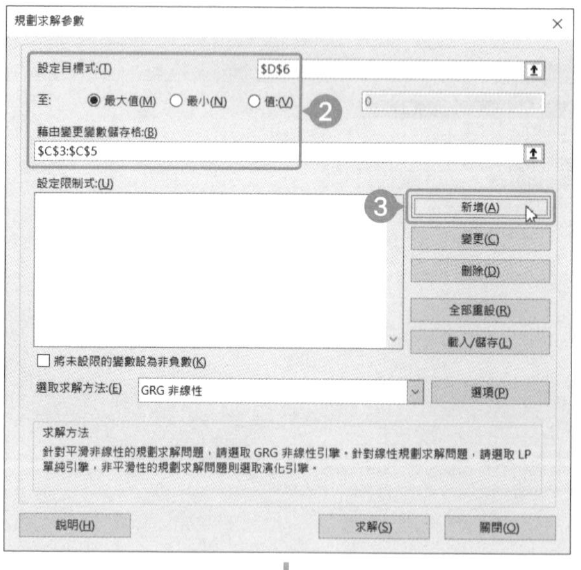


❶ 在「資料」分頁的「分析」群組點選「規劃求解」。

❷ 在「設定目標式」輸入儲存格「D6」，再於「藉由變更變數儲存格」輸入「C3:C5」。「至：」設定為「最大值」。

❸ 點選「設定限制式」的「新增」。

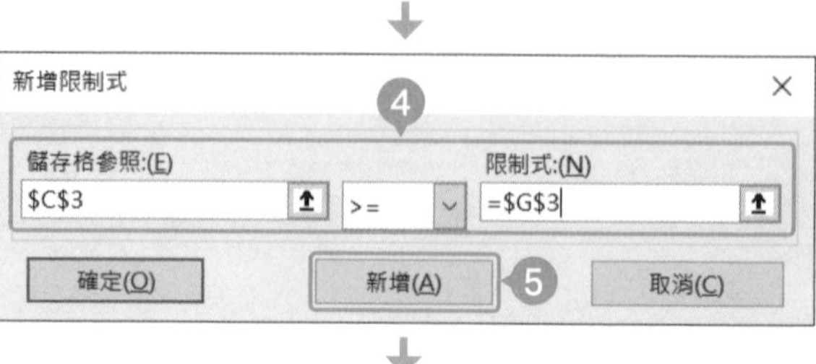


❹ 在「儲存格參照」選擇「C3」，再將條件設定為「>=（大於等於）」，然後將「限制式」指定為「G3」。

❺ 點選「新增」。

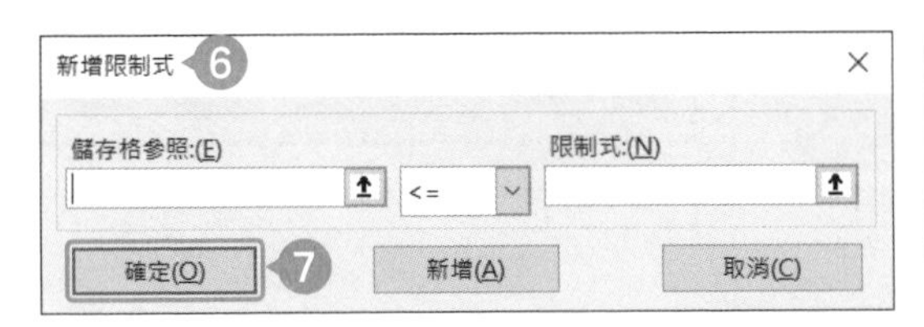


❻ 開啟新的「新增限制式」畫面，再如表 6-3-2 新增所有的限制式。

❼ 新增完成後，點選「確定」。

表 6-3-2 新增限制式

| 儲存格參照 | 條件 | 限制式 | 意義 |
|---|---|---|---|
| C4 | >= | G4 | 「電視廣告」的曝光次數「大於等於 10」 |
| C5 | >= | G5 | 「網路」刊載次數「大於等於 20」 |
| D6 | <= | G6 | 曝光費用總計「小於等於 5,000,000」 |
| C3:C5 | Int | 整數 | 「曝光次數」為「整數」 |

**限制式的種類**：限制式分成指定值範圍的「>=（大於等於）、=、<=（小於等於）」，限定為整數值的「Int」、限定值為 0 或 1 的「binary」，限定值全部不同的「dif」，若選擇「Int」，限制式的部分就會顯示「整數」，若選擇「bin」就會顯示「二進制」，若選擇「dif」就會顯示「AllDifferent」。

⑫ 點選「求解」。

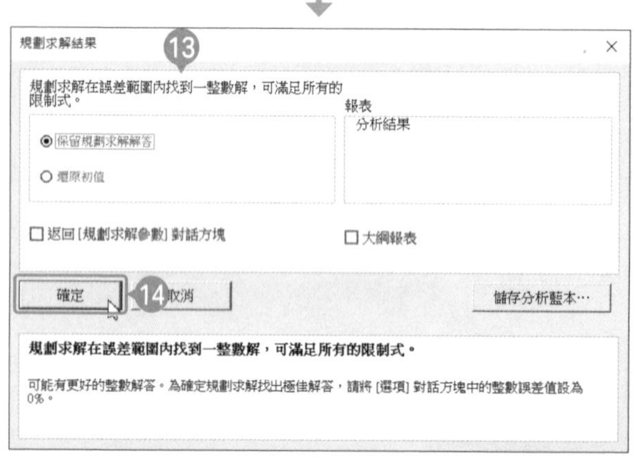


⑬ 找到符合限制式的解答了。

⑭ 點選「確定」。

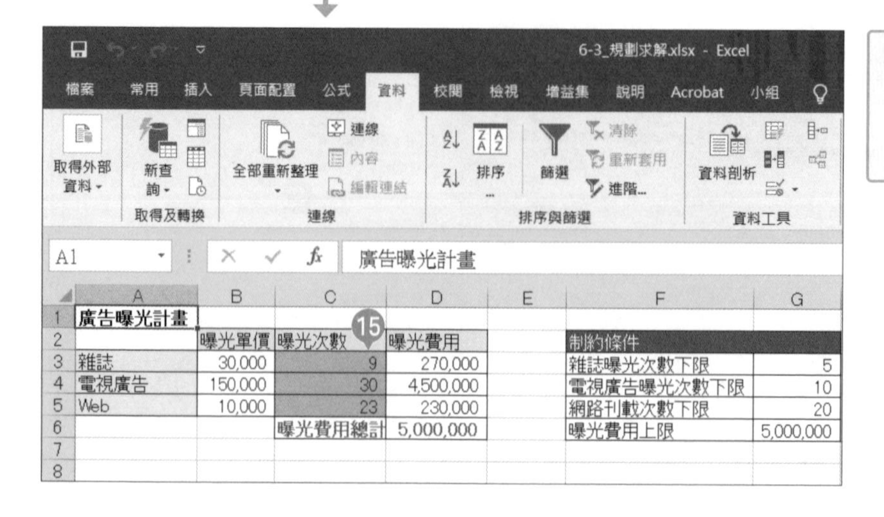


| | A | B | C | D | E | F | G |
|---|---|---|---|---|---|---|---|
| 1 | 廣告曝光計畫 | | | | | | |
| 2 | | 曝光單價 | 曝光次數 | 曝光費用 | | 制約條件 | |
| 3 | 雜誌 | 30,000 | 9 | 270,000 | | 雜誌曝光次數下限 | 5 |
| 4 | 電視廣告 | 150,000 | 30 | 4,500,000 | | 電視廣告曝光次數下限 | 10 |
| 5 | Web | 10,000 | 23 | 230,000 | | 網路刊載次數下限 | 20 |
| 6 | | | 曝光費用總計 | 5,000,000 | | 曝光費用上限 | 5,000,000 |
| 7 | | | | | | | |
| 8 | | | | | | | |

⑮ 算出在各種媒體的最佳曝光次數。

Chapter 07

# 製作新商品企劃書

商品企劃負責人製作的經典簡報之一就是「新商品企劃書」，此時會用到的資料分析手法包含 PPM（產品組合管理）、雷達圖、價格彈性、迴歸分析。本章要以飲料製造商的商品企劃負責人製作新商品企劃書為例，介紹上述的資料分析方法與簡報製作方法。

# 01 找出適合企劃的商品

要製作新商品企劃的第一步，就是先找出適合企劃的商品。此時使用的分析手法為 PPM（Product Portfolio Management）。在此要利用 PPM 分析結果圖表製作幻燈片，說明為何選擇該商品作為企劃商品。

**Point**

- 假設飲料製造商的商品企劃負責人準備製作新商品企劃。
- 一開始先將自家公司的商品分組，並且進行 PPM 分析，之後將各商品群組分成「問題兒童」、「明日之星」、「搖錢樹」與「敗犬」四個區塊。
- 被分類為「敗犬」的商品群組在市佔率與成長率都不高，所以是需要透過企劃提振銷路的商品群組。在本次介紹的範例之中，「易開罐咖啡」就是敗犬的商品群組。

**Sample** 選擇該商品為企劃商品的投影片

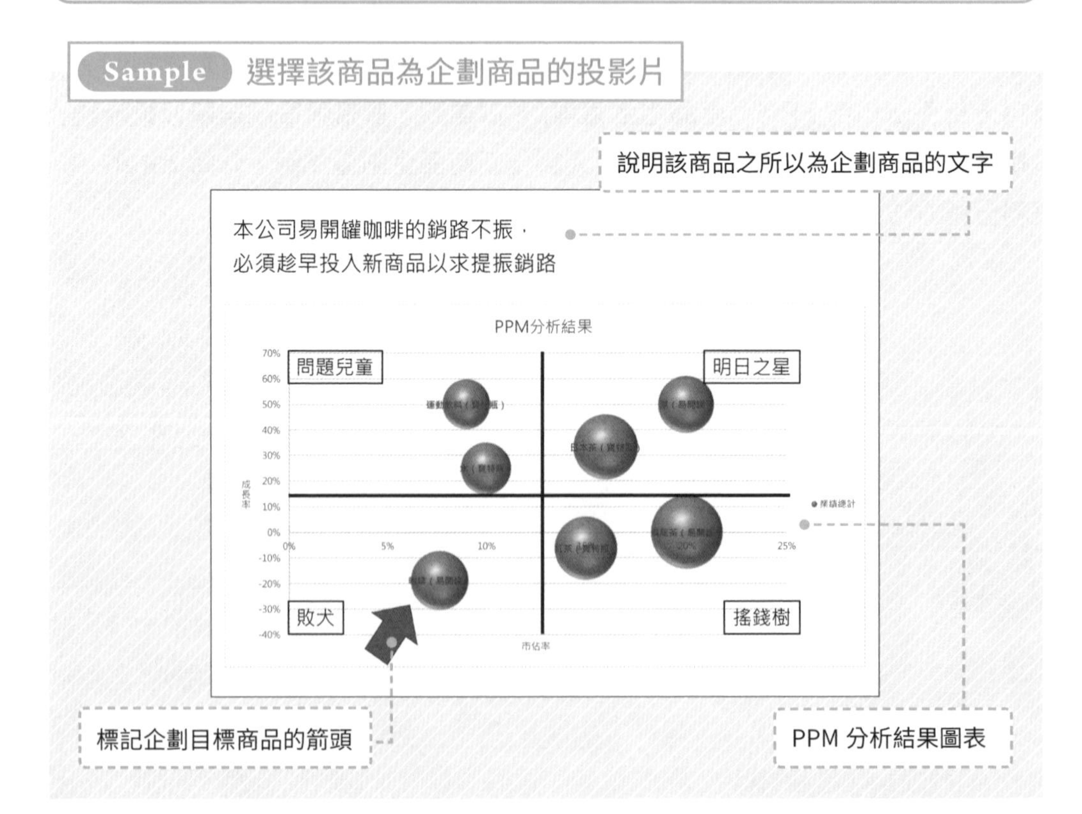

## 何謂 PPM（Product Portfolio Management）

PPM（Product Portfolio Management）是判斷商品生命週期的方法，橫軸為市佔率，直軸為成長率，圓形大小則與營業額成正比。

假設下表為 2011 年開始銷售，到 2015 年都持續銷售的商品的成長率、市佔率與營業額。

若根據這些資料進行 PPM 分析，可得到下列的圖表。

表 7-1-1

| | 市佔率 | 成長率 | 營業額 |
|---|---|---|---|
| 2011 | 7% | 10% | 5 |
| 2012 | 20% | 40% | 14 |
| 2013 | 38% | 30% | 20 |
| 2014 | 40% | 4% | 22 |
| 2015 | 12% | -20% | 15 |

問題兒童
位於圖表的左上方。成長率雖高，但市佔率仍低。這個區塊的商品有可能在未來產生利潤。

明日之星
位於圖表的右上方。成長率、市佔率都高。這個區塊的商品有可能長期獲利。

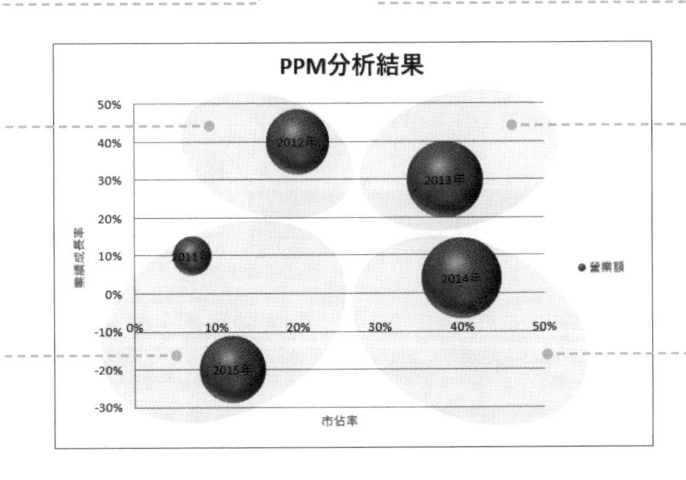


敗犬
位於圖表的左下方。成長率、市佔率都低。這個區塊的商品已失去市場競爭力，必須投入新商品或是撤出市場。

搖錢樹
位於圖表的右下方。成長率雖低，但是市佔率仍高。這個區塊的商品仍可產生利潤，但未來的獲利應會逐漸下滑。

看了上方的圖表就會知道，商品開始銷售時的位置在左下角，等到步上軌道後，就會慢慢往右上方移動，圓形也會變大。過了高峰之後，圓形開始縮小，位置也慢慢回到左下角，直到停止銷售。

此外，將這張表格分類成下列的四個區域，就能判斷商品的市場定位。

## ❶ 準備用於分析的資料 2013 2016 2019

接下來要根據範例資料建立表格，再新增用於泡泡圖的三個欄位。

- 各商品的市佔率（E 欄）
- 各商品的成長率（F 欄）
- 各商品近十二個月業績總計（G 欄）

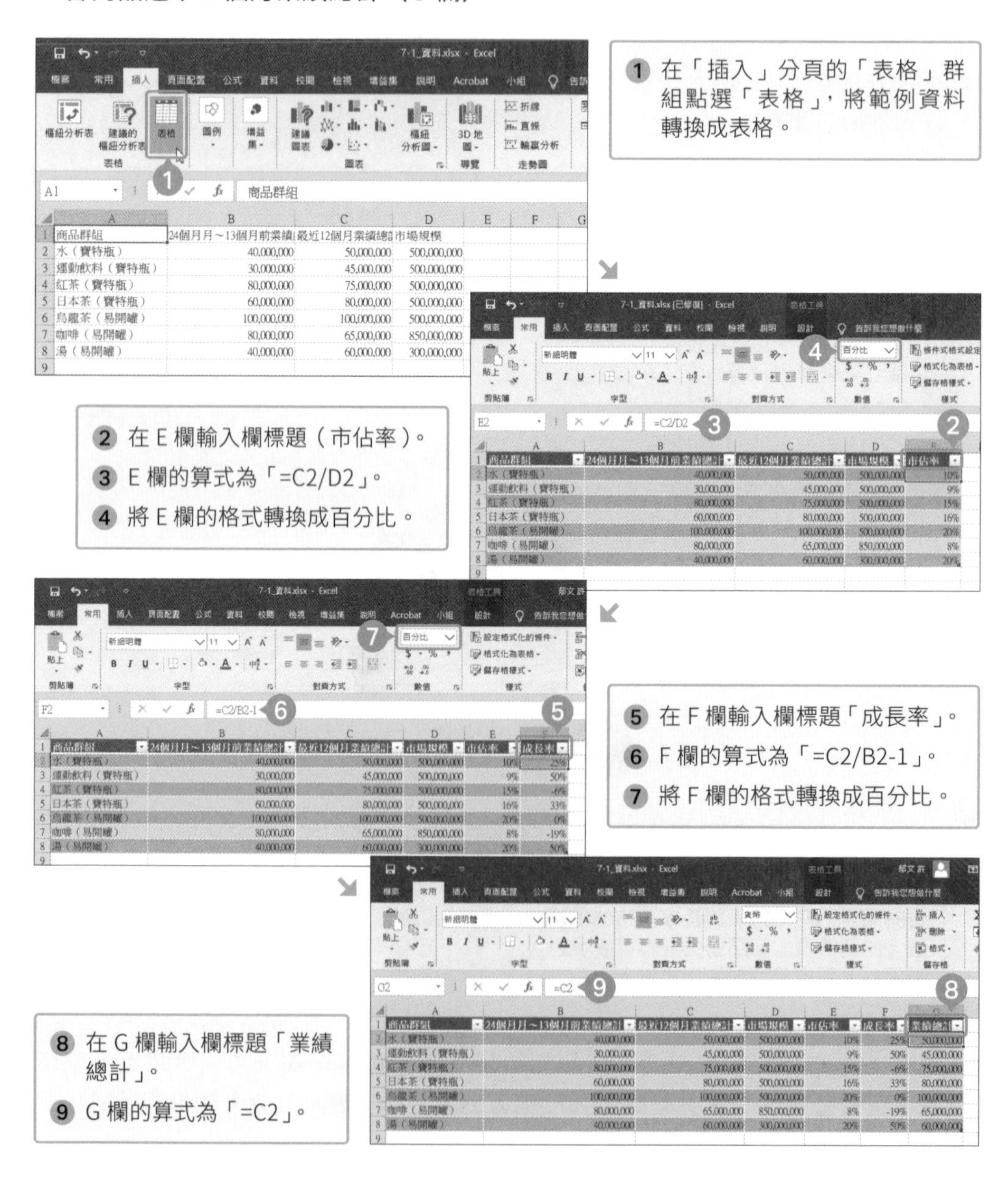

## ❷ 繪製泡泡圖

2013 2016 2019

要繪製泡泡圖，可指定包含三個欄位的儲存格範圍。這三個欄位將由左至右，依序指定為「X 軸」、「Y 軸」與「泡泡大小」。

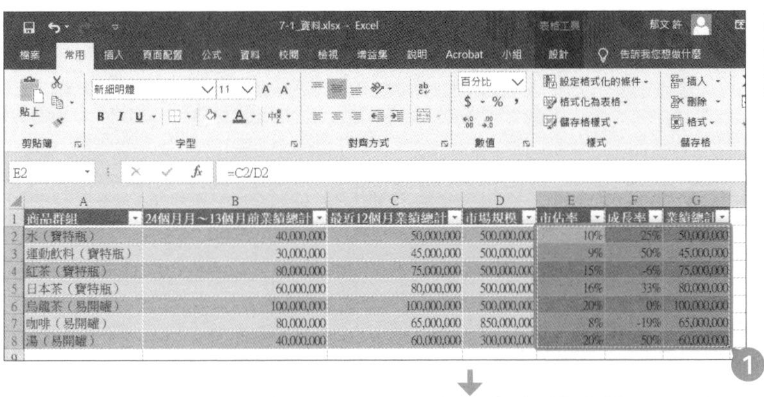


❶ 選取儲存格範圍「E2:G8」。

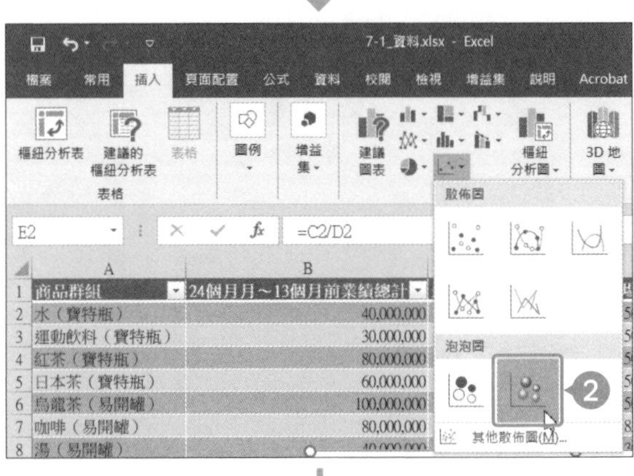


❷ 點選「插入」分頁的「插入 XY 散佈圖或泡泡圖」，再點選「立體泡泡圖」。

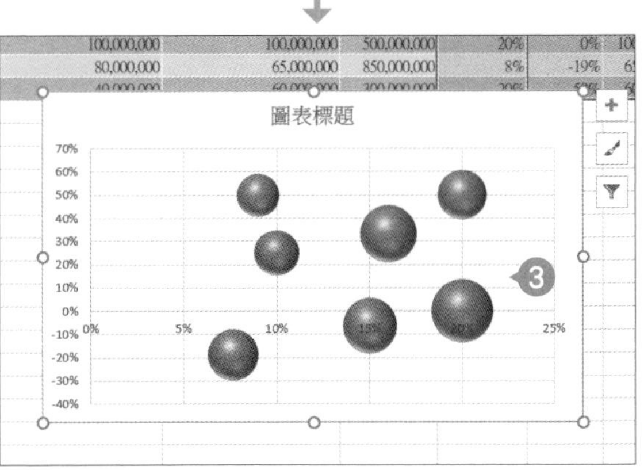


❸ 工作表顯示泡泡圖了。

---

**泡泡圖**：泡泡圖的細節與使用方法請參考「5-4 繪製泡泡圖」。

## 3 顯示圖例

2013 2016 2019

剛繪製完成的泡泡圖不會顯示圖例，所以這裡要使用「圖表工具」顯示「業績總計」，作為泡泡大小的圖例。

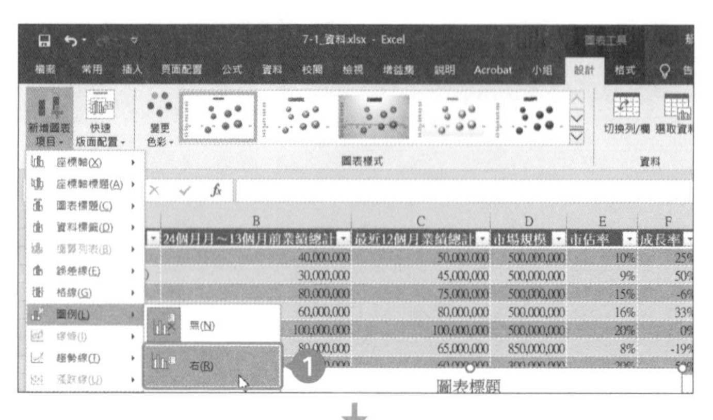

1 在「圖表工具」的「設計」分頁點選「圖表版面配置」的「新增圖表項目」，再從中點選「圖例」→「右」。

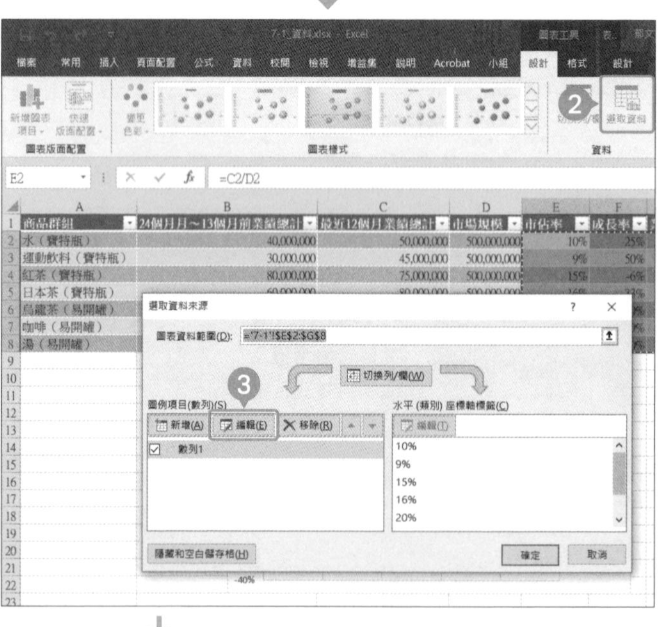

2 在「圖表工具」的「設計」分頁點選「選取資料」。

3 在「選取資料來源」對話框點選「編輯」。

4 在「編輯數列」對話框的「數列名稱」輸入「=」，再點選儲存格「G1」，就會顯示「'7-1'!$G$1」。

5 點選「確定」，關閉「編輯數列」對話框，再點選「確定」，關閉「選取資料」對話框。

6「圖例」顯示為業績總計了。

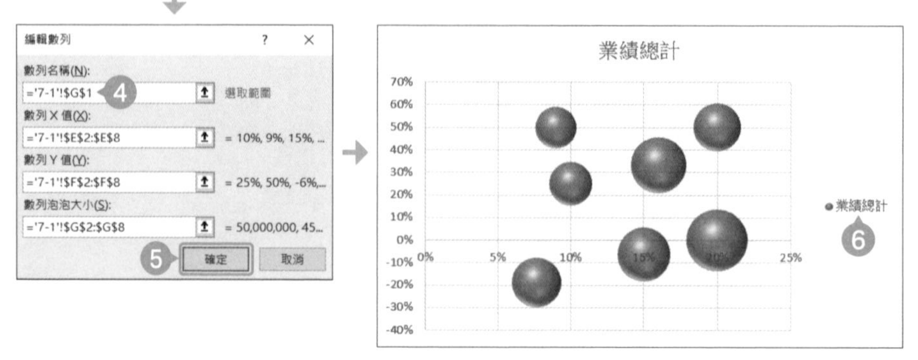

## 4 顯示標題與座標軸標題

2013 2016 2019

圖表工具的「設計」分頁可指定泡泡圖的各種樣式，讓我們利用這些功能顯示圖表的標題與 X、Y 軸的標題吧！

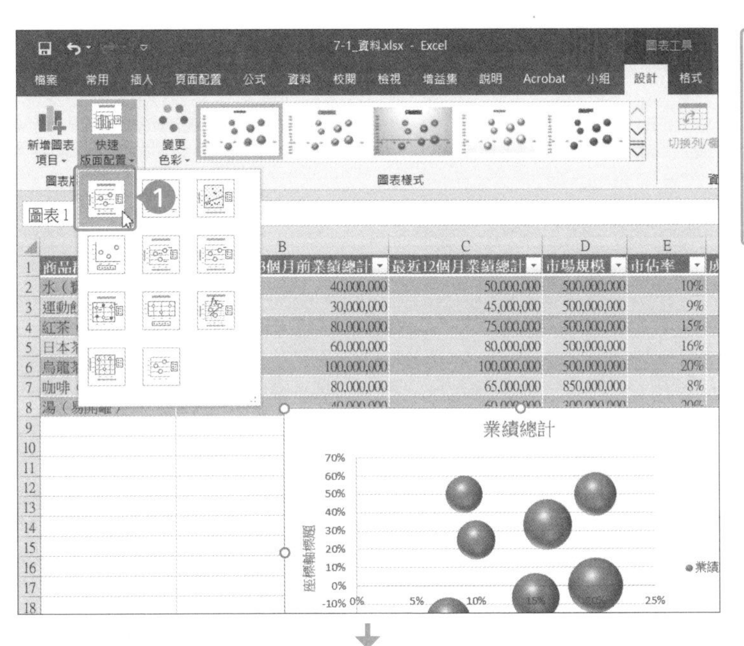

1 在「圖表工具」的「設計」分頁點選「快速版面配置」→「版面配置 1」，就能在泡泡圖加座標軸標題區塊。

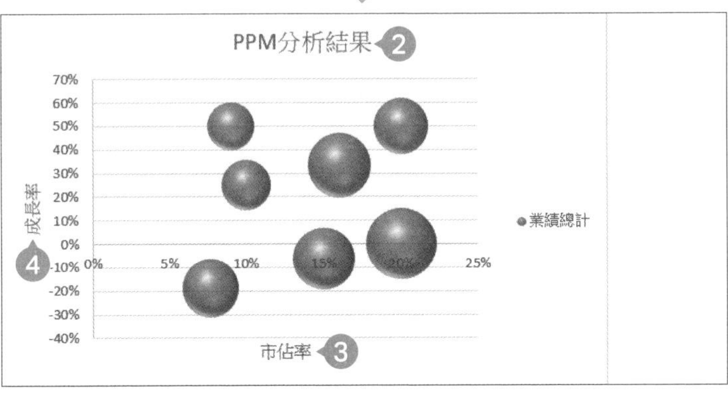


2 在圖表標題區塊輸入「PPM 分析結果」。

3 在 X 軸標題區塊輸入「市佔率」。

4 在 Y 軸標題區塊輸入「成長率」。

## 5 顯示資料標籤

2013 2016 2019

由於泡泡圖的 X 軸與 Y 軸都是數值，看不出每個泡泡代表的意義。在此要在每個泡泡顯示商品群組的名稱，作為泡泡的資料標籤。

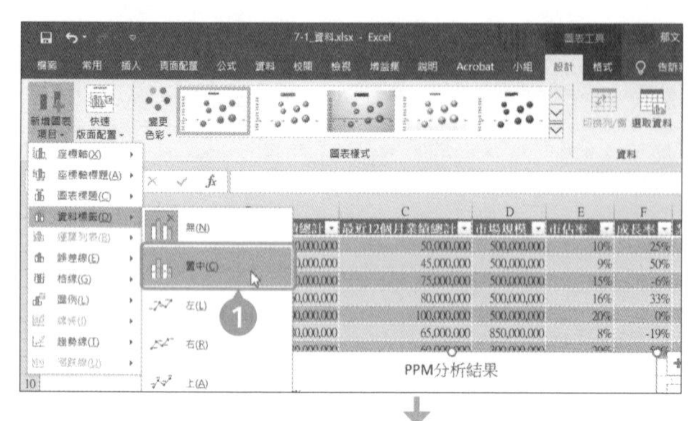


1 在圖表工具的「設計」分頁點選「新增圖表項目」→「資料標籤」→「置中」。

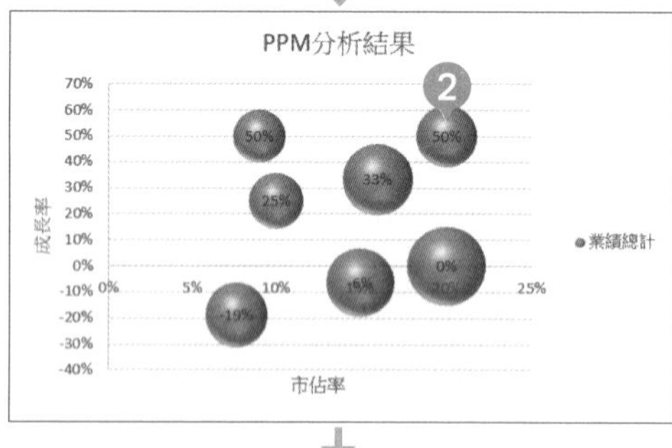


2 泡泡的中央顯示了成長率。

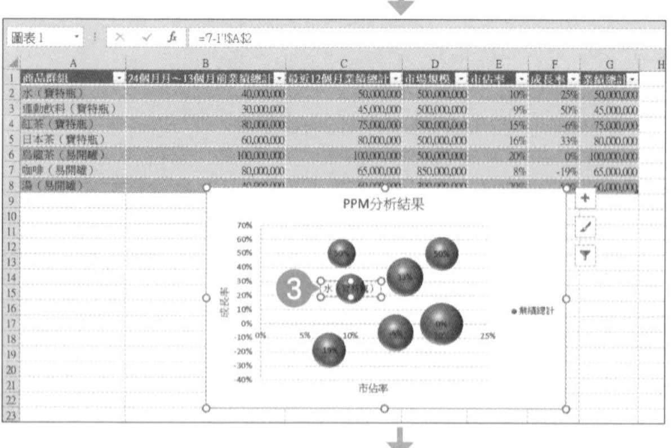


3 雙點「水（寶特瓶）」的泡泡，再輸入「='7-1'!$A$2」，就會顯示「水（寶特瓶）」的資料標籤。

**快速輸入資料標籤的算式：**

輸入「=」之後，選擇表格的儲存格「A2」，就會自動顯示「='7-1'!$A$2」。

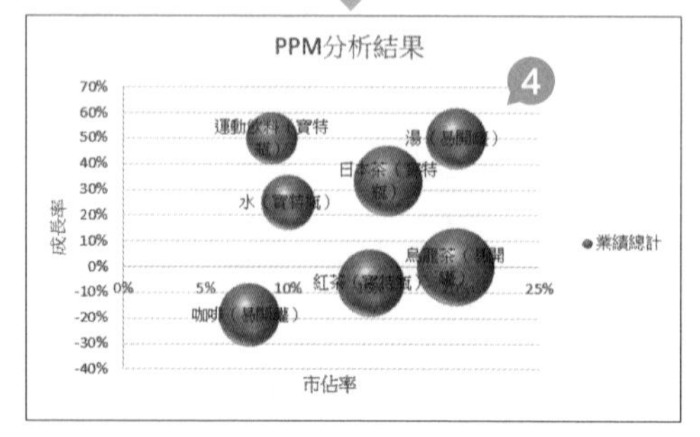


4 重覆3的操作，讓所有泡泡顯示對應的商品群組名稱。

## 6 將圖表貼入 PowerPoint 投影片

2013 2016 2019

圖表完成後，可發現「咖啡（易開罐）」被分類為「敗犬」。這次要將新商品企劃的目標設定為易開罐咖啡，再於 PowerPoint 製作企劃書。第一步先將圖表貼入投影片。

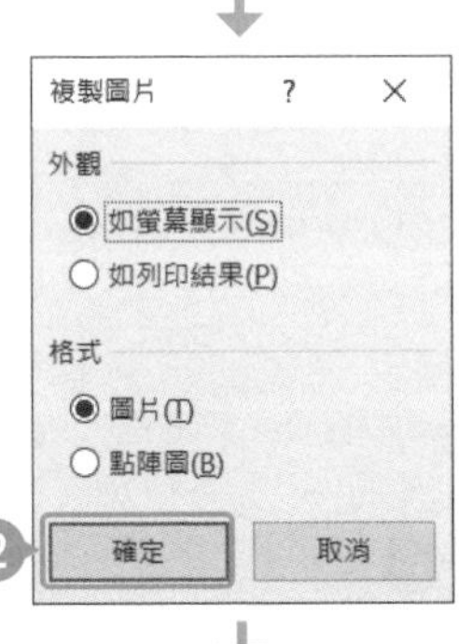


1 點選圖表，在圖表物件為選取的狀態下，在「常用」分頁的「剪貼簿」群組點選「複製」→「複製成圖片」。

2 點選「確定」。

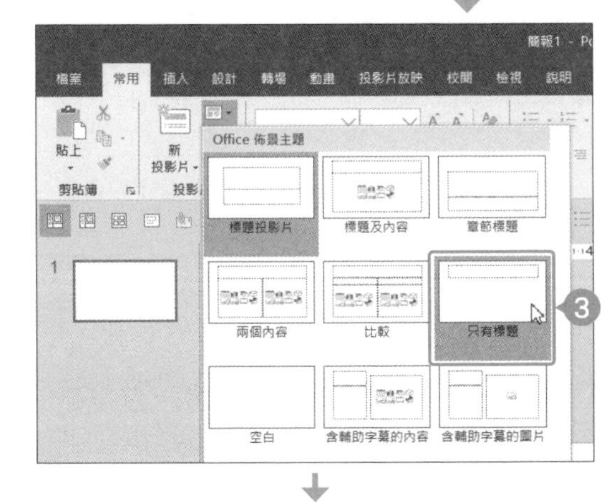


3 啟動 PowerPoint，再於「常用」分頁的「投影片版面配置」點選「只有標題」。

4 變更為內有標題物件的投影片。

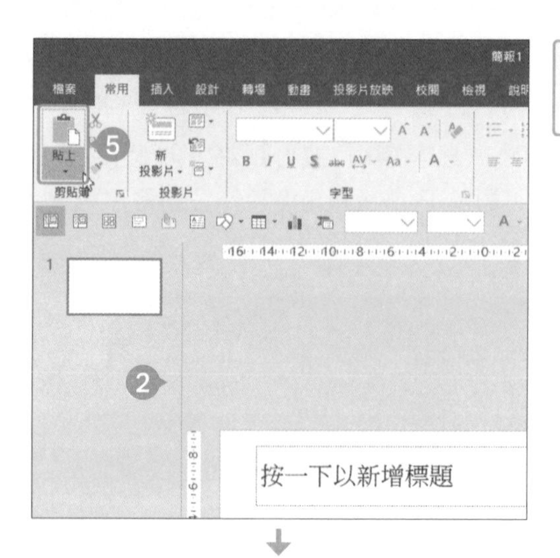


5 點選「常用」分頁的「貼上」。

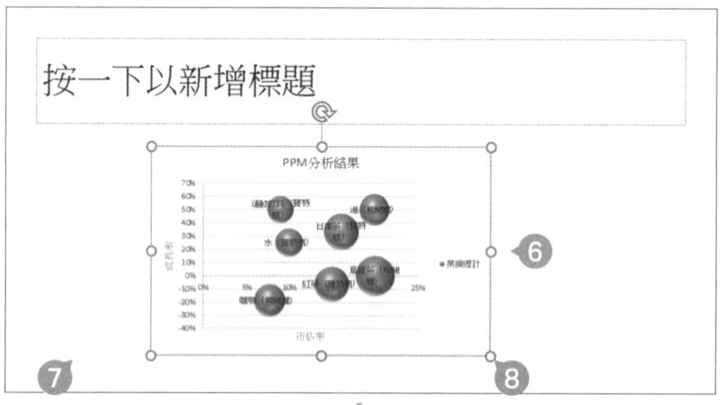


6 剛剛複製到剪貼簿的圖表將以內容物件的方式貼入投影片。

7 將圖表物件拖曳至標題以外的空白區塊。

8 拖曳圖表物件四個角落的控制點，縮放尺寸至可放入投影片。

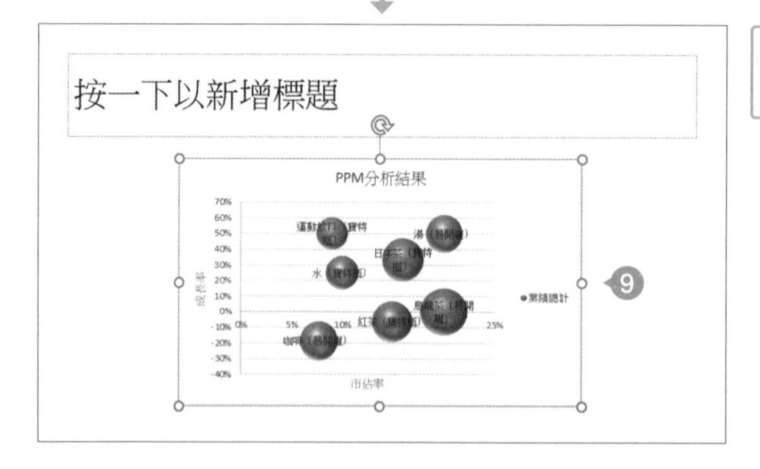


9 調整圖表物件的位置與大小。

## 7 完成 PowerPoint 投影片 2013 2016 2019

在投影片撰寫選擇該商品為企劃商品的理由，完成投影片的製作。稍微改造 PPM 分析結果圖表，讓觀眾了解四個區塊代表的意義，投影片將更具說服力。

1. 在標題物件輸入選擇該商品為企劃商品的理由。
2. 利用圖案工具在圖表新增四個區塊的分界線。

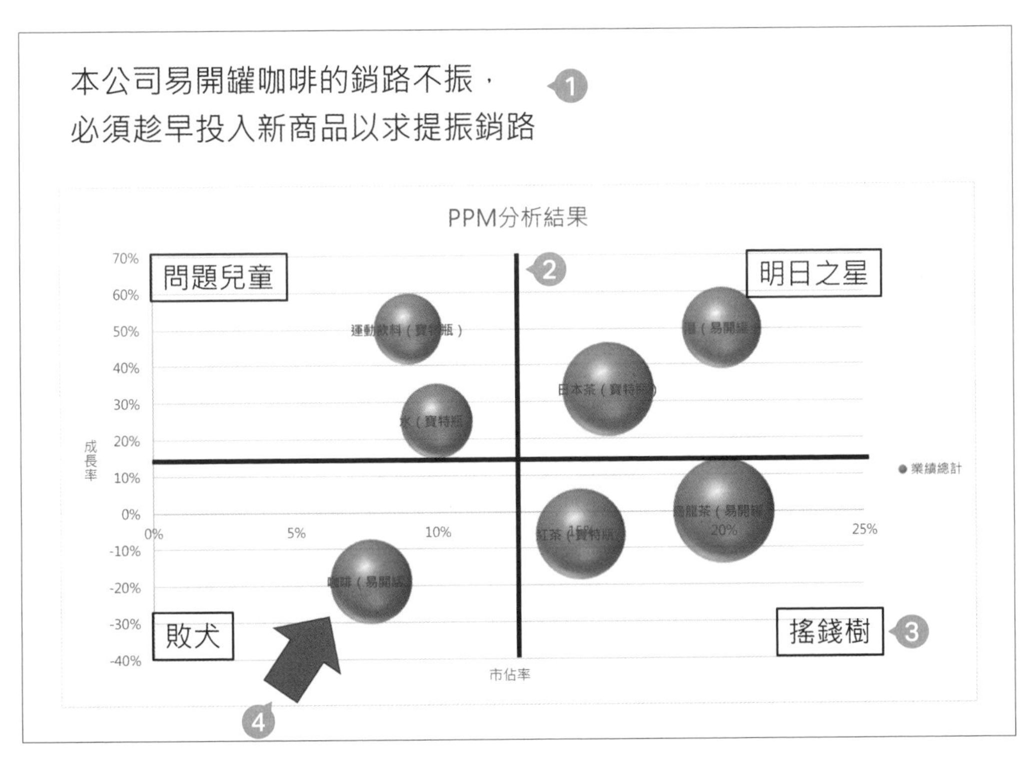


4. 利用圖案工具在圖表增加強調企劃商品的箭頭。
3. 利用文字方塊工具在圖表增加四個區塊的名稱。

# 02 掌握使用者的需求

這次要從使用者問卷調查掌握使用者的需求，決定該如何改良新商品。問卷調查的分析使用了雷達圖，之後再利用雷達圖分析結果製作說明改良新商品的投影片。

**Point**

- 利用雷達圖顯示易開罐咖啡（標準、甜味、苦味）的使用者問卷調查結果，再與其他公司的商品比較，找出滿足度較低的屬性（設計、口感、味道、價格、廣告）。
- 從這個範例得知，所有口味的設計都不好，甜味的味道不佳，苦味的廣告不佳，因此新商品必須改善①設計，②重新調味（甜味），與③改良廣告（苦味）。

**Sample** 說明新商品改良重點的投影片

說明新商品改良重點的文字

根據顧客滿意度問卷調查可知、本次新商品該改良的項目共有下列三項。

①改善設計（三項商品都需改善）

②調整味道（甜味）

③變更廣告（苦味）

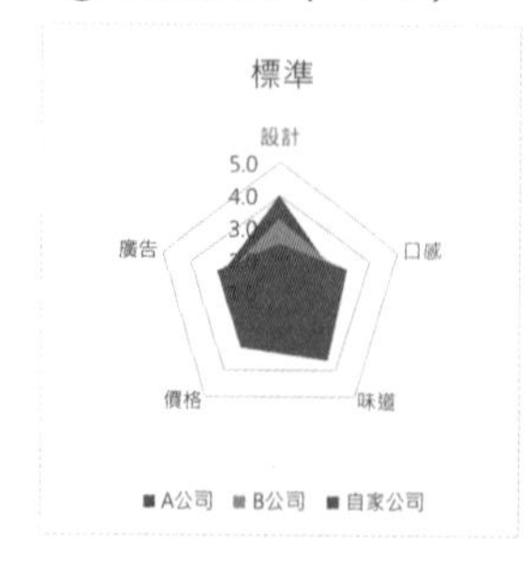


「標準」的「設計」滿意度較其他公司的產品來得低。

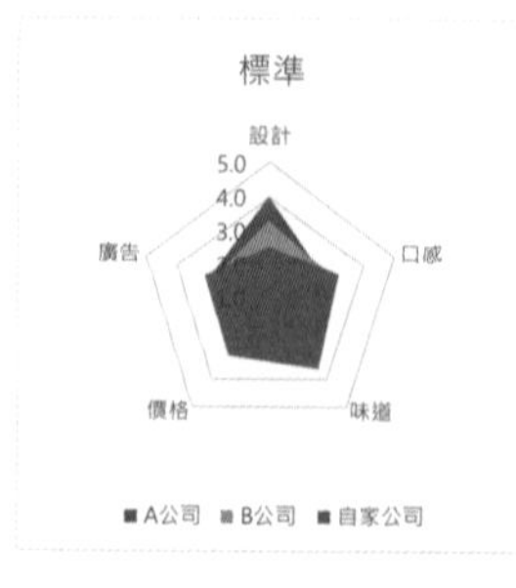


「甜味」的「設計」與「味道」滿意度較其他公司的產品來得低。

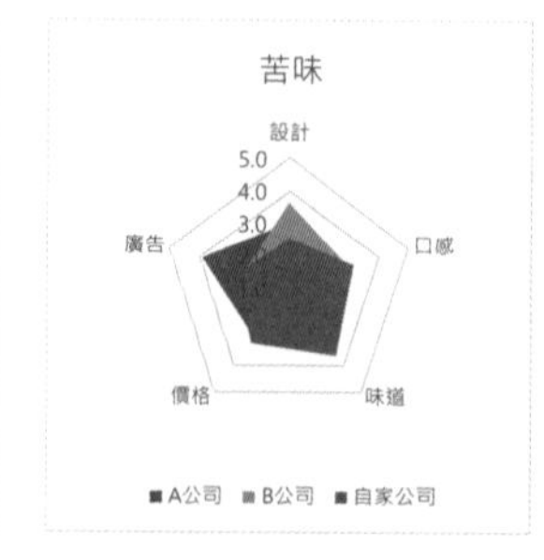


「苦味」的「設計」與「廣告」滿意度較其他公司的產品來得低。

說明顧客滿意度問卷調查結果的文字

## 何謂雷達圖

雷達圖很適合比較多個項目的值，也因為是將圖表的座標軸、刻度、標籤配置成正多邊形，所以又稱為蜘蛛網圖表。資料與多邊形上的點對應，各資料之間以直線連結。若手邊有好幾組資料，可將點與線圍起來的區塊塗滿顏色，才方便比較不同組的資料。

表 7-2-1

| | 回答（數值） | 回答（文字） |
|---|---|---|
| 問題 1（五段式評估） | 1 | 不好 |
| 問題 2（三段式評估） | 1 | 不好 |
| 問題 3（五段式評估） | 2 | 有點不好 |
| 問題 4（五段式評估） | 3 | 普通 |
| 問題 5（三段式評估） | 2 | 普通 |
| 問題 6（五段式評估） | 4 | 有點好 |
| 問題 7（五段式評估） | 5 | 好 |
| 問題 8（三段式評估） | 3 | 好 |

雷達圖是全面觀察多個項目值的圖表，因此所有項目值的單位必須一致，於問卷調查使用時，也必須注意這點。

雷達圖的錯誤範例

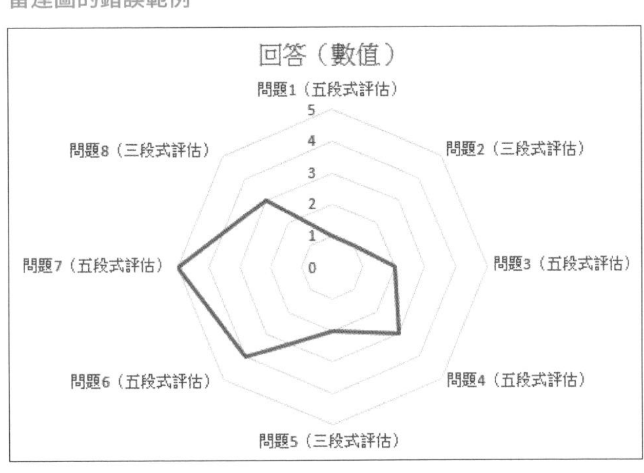


以右表為例，問題的答案有三段式（1、2、3）與五段式（1、2、3、4、5）這兩種。

如果不做任何調整，直接將問卷結果做成雷達圖，就會做出上圖的結果。

從圖中可以發現，三段式評估的值（問題 5 與問題 8）比實際情況還低，所以無法正確分析。此時應該將三段式評估的值換算成 1→1、2→3、3→5 的五段式評估。

根據換算之後的資料製作雷達圖，可得到右圖的結果。

雷達圖的正確範例

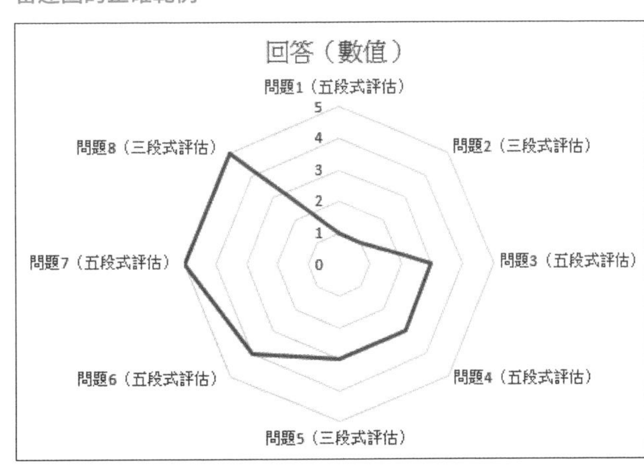

# ❶ 繪製雷達圖

2013 2016 2019

第一步要利用範例資料製作標準味道的雷達圖。指定作為標籤的列與欄的儲存格範圍之後，插入圖表。這次要使用的是能一眼看出與其他公司差異的「填滿式雷達圖」。

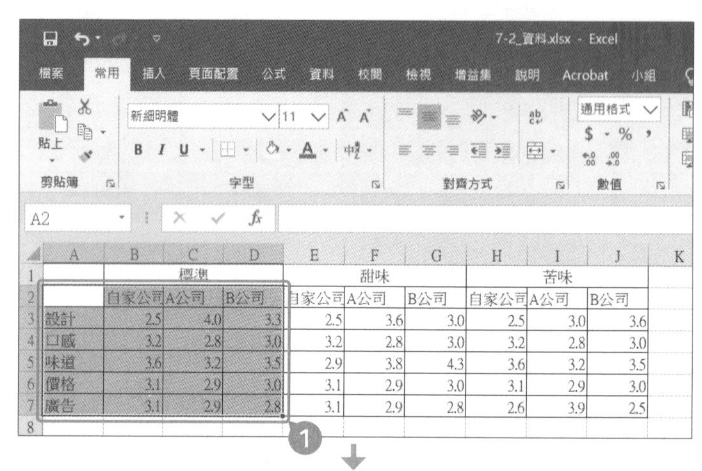


| | A | B | C | D | E | F | G | H | I | J |
|---|---|---|---|---|---|---|---|---|---|---|
| 1 | | 標準 | | | 甜味 | | | 苦味 | | |
| 2 | | 自家公司 | A公司 | B公司 | 自家公司 | A公司 | B公司 | 自家公司 | A公司 | B公司 |
| 3 | 設計 | 2.5 | 4.0 | 3.3 | 2.5 | 3.6 | 3.0 | 2.5 | 3.0 | 3.6 |
| 4 | 口感 | 3.2 | 2.8 | 3.0 | 3.2 | 2.8 | 3.0 | 3.2 | 2.8 | 3.0 |
| 5 | 味道 | 3.6 | 3.2 | 3.5 | 2.9 | 3.8 | 4.3 | 3.6 | 3.2 | 3.5 |
| 6 | 價格 | 3.1 | 2.9 | 3.0 | 3.1 | 2.9 | 3.0 | 3.1 | 2.9 | 3.0 |
| 7 | 廣告 | 3.1 | 2.9 | 2.8 | 3.1 | 2.9 | 2.8 | 2.6 | 3.9 | 2.5 |

❶ 選取儲存格範圍「A2:D7」。

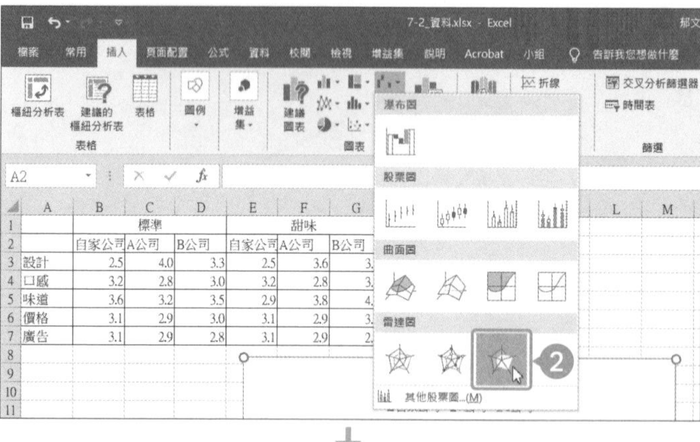


❷ 在「插入」分頁的「插入瀑布圖、漏斗圖、股票圖、曲面圖或雷達圖」點選「填滿式雷達圖」。

》Excel 2013 的情況：

從「插入」分頁的「插入股票，表面或雷達圖表」點選「填滿式雷達圖」。

》Excel 2016 的情況：

從「插入」分頁的「插入表面或雷達圖表」點選「填滿式雷達圖」。

圖表標題

■自家公司 ■A公司 ■B公司

設計 口感 味道 價格 廣告

❸ 工作表出現雷達圖了。

## 2 調動數列的順序

2013 2016 2019

雷達圖預設是依照範例資料的順序，由上而下重疊顯示，所以自家公司的資料會在最下方，看不出與其他公司有何差異。這次要調動數列的順序，讓自家公司的資料於最上方顯示。

5「自家公司」的資料位於最上層了。

| | 標準 | | | 甜味 | | | 苦味 | | |
|---|---|---|---|---|---|---|---|---|---|
| | 自家公司 | A公司 | B公司 | 自家公司 | A公司 | B公司 | 自家公司 | A公司 | B公司 |
| 設計 | 2.5 | 4.0 | 3.3 | 2.5 | 3.6 | 3.0 | 2.5 | 3.0 | 3.6 |
| 口感 | 3.2 | 2.8 | 3.0 | 3.2 | 2.8 | 3.0 | 3.2 | 2.8 | 3.0 |
| 味道 | 3.6 | 3.2 | 3.5 | 2.9 | 3.8 | 4.3 | 3.6 | 3.2 | 3.5 |
| 價格 | 3.1 | 2.9 | 3.0 | 3.1 | 2.9 | 3.0 | 3.1 | 2.9 | 3.0 |
| 廣告 | 3.1 | 2.9 | 2.8 | 3.1 | 2.9 | 2.8 | 2.6 | 3.9 | 2.5 |

圖表標題

■A公司 ■B公司 ■自家公司

設計 口感 味道 價格 廣告

## ❸ 設定座標軸的最大值與最小值

2013 2016 2019

雷達圖的座標軸刻度會自動設定，而我們的問卷調查為五段式評估的格式，所以要將座標軸的最大值設定為 5，最小值設定為 1。

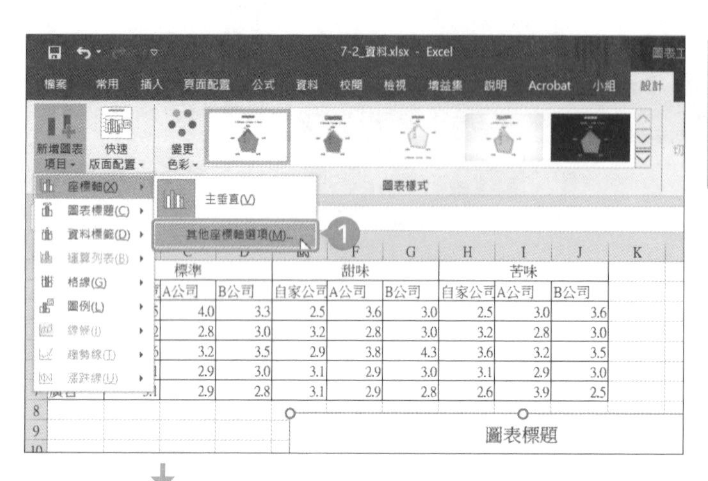


❶ 在「設計」分頁「新增圖表項目」點選「座標軸」→「其他座標軸選項」。

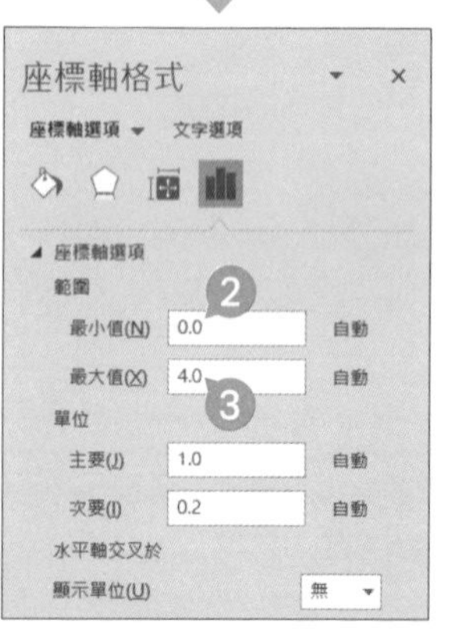


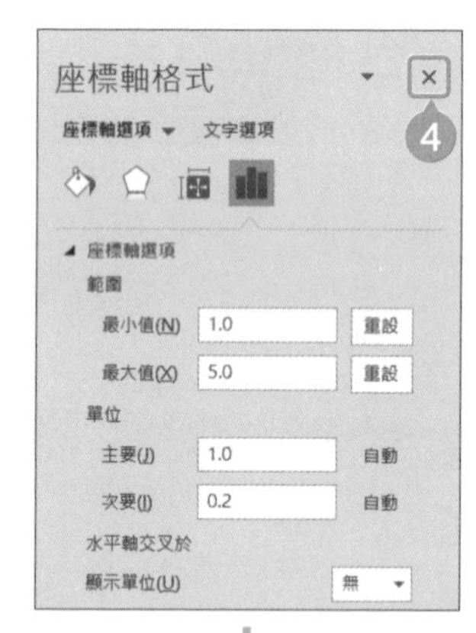


❷ 將「座標軸格式」的「座標軸選項」的「範圍」的「最小值」設定為「1」。

❸ 將「最大值」設定為「5」。

❹ 點選「×」關閉「座標軸格式」。

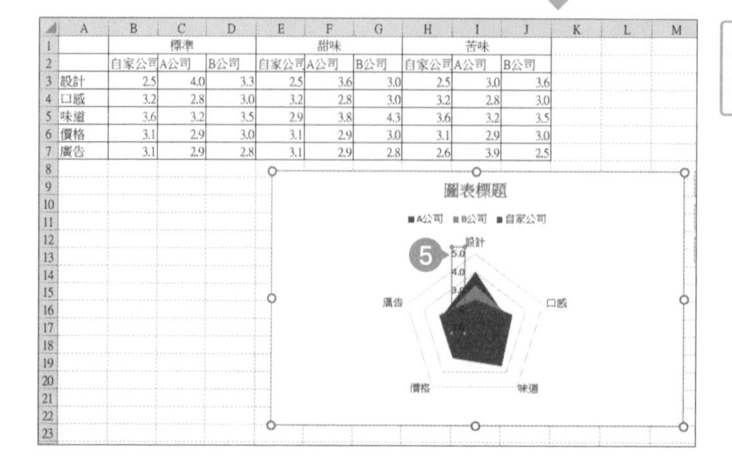

| | 標準 | | | 甜味 | | | 苦味 | | |
|---|---|---|---|---|---|---|---|---|---|
| | 自家公司 | A公司 | B公司 | 自家公司 | A公司 | B公司 | 自家公司 | A公司 | B公司 |
| 設計 | 2.5 | 4.0 | 3.3 | 2.5 | 3.6 | 3.0 | 2.5 | 3.0 | 3.6 |
| 口感 | 3.2 | 2.8 | 3.0 | 3.2 | 2.8 | 3.0 | 3.2 | 2.8 | 3.0 |
| 味道 | 3.6 | 3.2 | 3.5 | 2.9 | 3.8 | 4.3 | 3.6 | 3.2 | 3.5 |
| 價格 | 3.1 | 2.9 | 3.0 | 3.1 | 2.9 | 3.0 | 3.1 | 2.9 | 3.0 |
| 廣告 | 3.1 | 2.9 | 2.8 | 3.1 | 2.9 | 2.8 | 2.6 | 3.9 | 2.5 |



❺ 座標軸的刻度從 1 變為 5 了。

## ❹ 完成圖表

2013 2016 2019

最後要變更圖例的位置，輸入圖表標題，調整圖表的大小與位置，標準味道的易開罐咖啡雷達圖就完成了

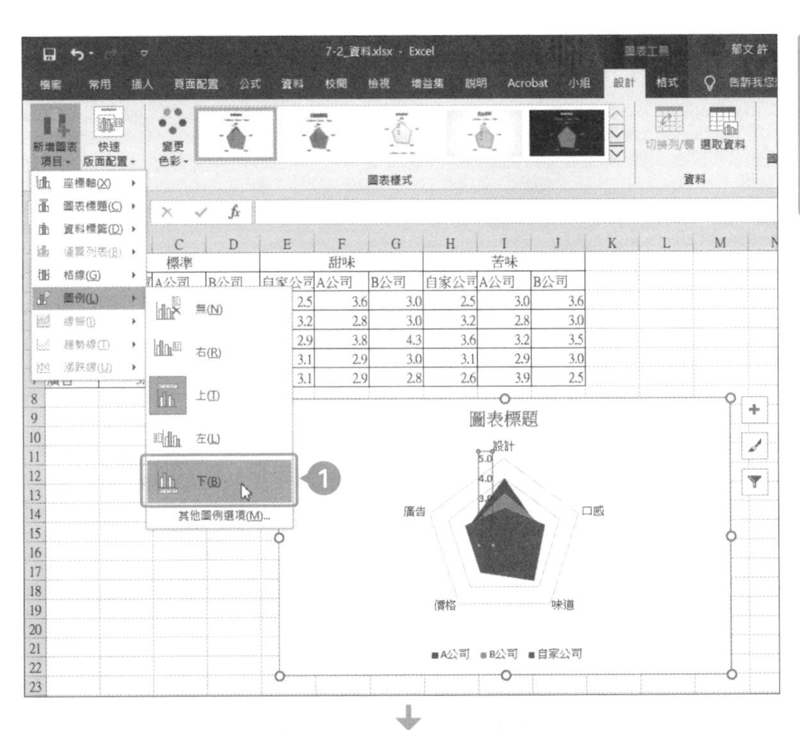

❶ 從「設計」分頁的「新增圖表項目」點選「圖例」→「下」。

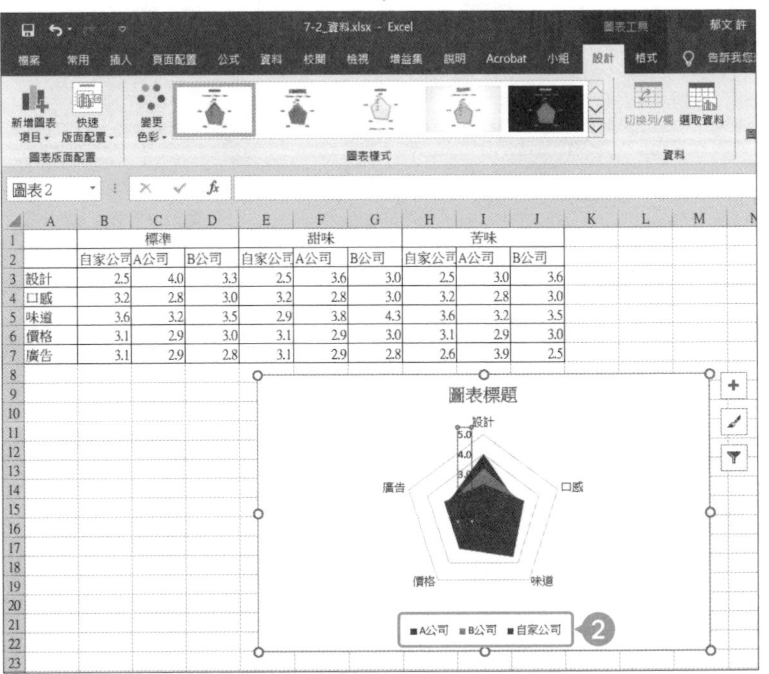

❷ 圖例在雷達圖下方顯示了。

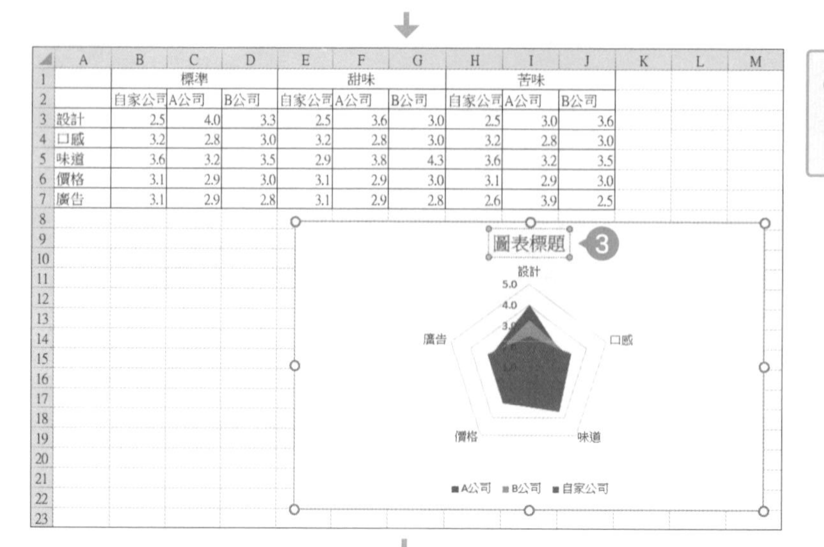

| | 標準 | | | 甜味 | | | 苦味 | | |
|---|---|---|---|---|---|---|---|---|---|
| | 自家公司 | A公司 | B公司 | 自家公司 | A公司 | B公司 | 自家公司 | A公司 | B公司 |
| 設計 | 2.5 | 4.0 | 3.3 | 2.5 | 3.6 | 3.0 | 2.5 | 3.0 | 3.6 |
| 口感 | 3.2 | 2.8 | 3.0 | 3.2 | 2.8 | 3.0 | 3.2 | 2.8 | 3.0 |
| 味道 | 3.6 | 3.2 | 3.5 | 2.9 | 3.8 | 4.3 | 3.6 | 3.2 | 3.5 |
| 價格 | 3.1 | 2.9 | 3.0 | 3.1 | 2.9 | 3.0 | 3.1 | 2.9 | 3.0 |
| 廣告 | 3.1 | 2.9 | 2.8 | 3.1 | 2.9 | 2.8 | 2.6 | 3.9 | 2.5 |



3 雙點「圖表標題」區塊，輸入「標準」。

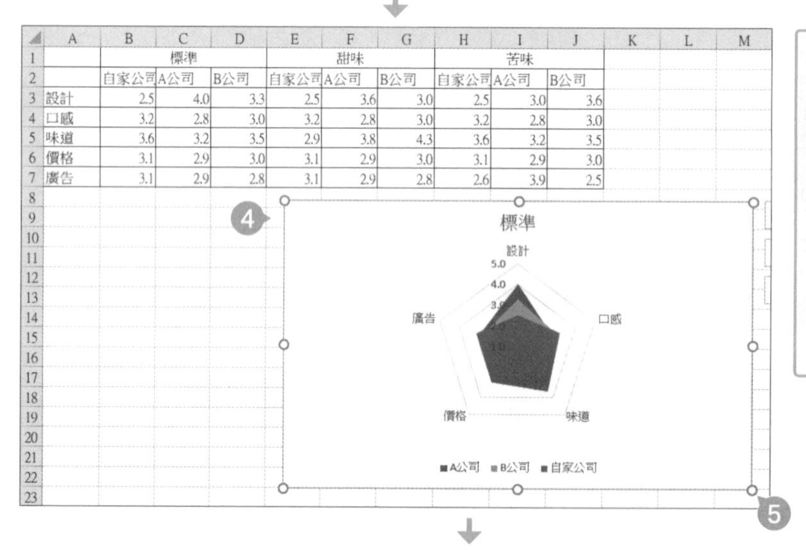

| | 標準 | | | 甜味 | | | 苦味 | | |
|---|---|---|---|---|---|---|---|---|---|
| | 自家公司 | A公司 | B公司 | 自家公司 | A公司 | B公司 | 自家公司 | A公司 | B公司 |
| 設計 | 2.5 | 4.0 | 3.3 | 2.5 | 3.6 | 3.0 | 2.5 | 3.0 | 3.6 |
| 口感 | 3.2 | 2.8 | 3.0 | 3.2 | 2.8 | 3.0 | 3.2 | 2.8 | 3.0 |
| 味道 | 3.6 | 3.2 | 3.5 | 2.9 | 3.8 | 4.3 | 3.6 | 3.2 | 3.5 |
| 價格 | 3.1 | 2.9 | 3.0 | 3.1 | 2.9 | 3.0 | 3.1 | 2.9 | 3.0 |
| 廣告 | 3.1 | 2.9 | 2.8 | 3.1 | 2.9 | 2.8 | 2.6 | 3.9 | 2.5 |



4 拖曳「圖表區塊」至範例資料的「標準」欄位下方。

5 拖曳圖表區塊的控制點，讓雷達圖縮小至可置於「標準」欄位下方的大小。

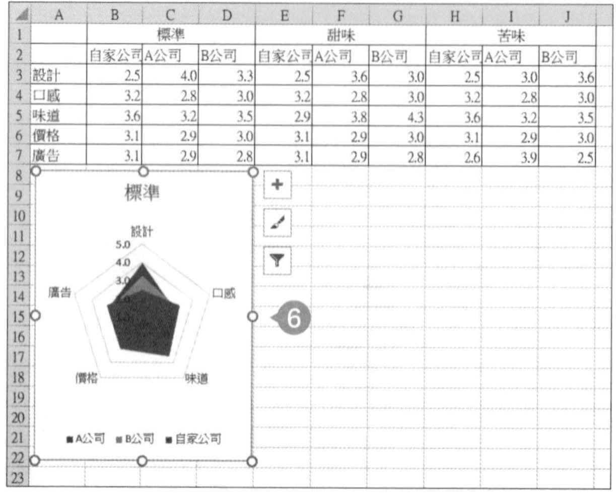

| | 標準 | | | 甜味 | | | 苦味 | | |
|---|---|---|---|---|---|---|---|---|---|
| | 自家公司 | A公司 | B公司 | 自家公司 | A公司 | B公司 | 自家公司 | A公司 | B公司 |
| 設計 | 2.5 | 4.0 | 3.3 | 2.5 | 3.6 | 3.0 | 2.5 | 3.0 | 3.6 |
| 口感 | 3.2 | 2.8 | 3.0 | 3.2 | 2.8 | 3.0 | 3.2 | 2.8 | 3.0 |
| 味道 | 3.6 | 3.2 | 3.5 | 2.9 | 3.8 | 4.3 | 3.6 | 3.2 | 3.5 |
| 價格 | 3.1 | 2.9 | 3.0 | 3.1 | 2.9 | 3.0 | 3.1 | 2.9 | 3.0 |
| 廣告 | 3.1 | 2.9 | 2.8 | 3.1 | 2.9 | 2.8 | 2.6 | 3.9 | 2.5 |



6「標準」的雷達圖完成了。

## 5 繪製其他商品的雷達圖 2013 2016 2019

完成「標準」的雷達圖之後，接著要製作「甜味」的雷達圖。步驟與「標準」的雷達圖幾乎一樣，只有在屬性（問卷項目）的欄與資料欄離得較遠，所以得設定水平項目（座標軸）標籤。

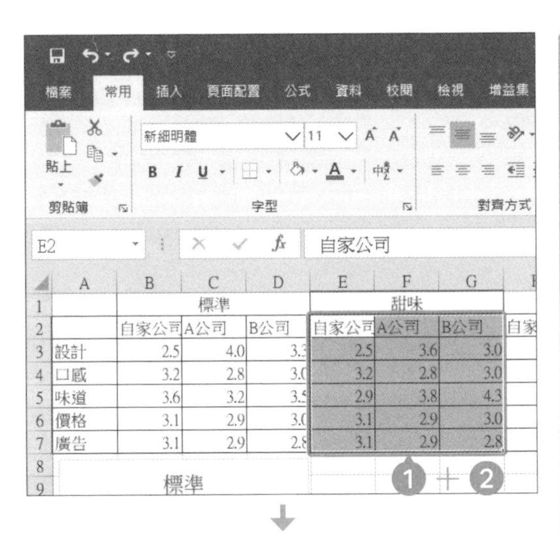


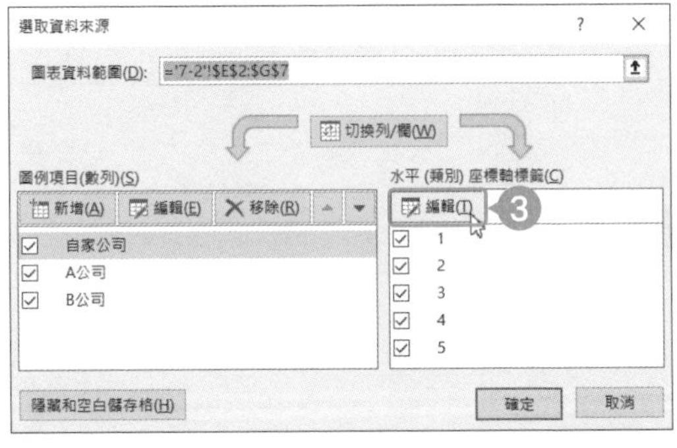


1. 選取儲存格範圍「E2:G7」，再依照「標準」的雷達圖繪製步驟繪製雷達圖。
2. 點選「設計」分頁的「選取資料」。
3. 在「選取資料來源」對話框點選水平（類別）座標軸標籤的「編輯」。
4. 在「座標軸標籤」對話框輸入「='7-2'!$A$3:$A$7」，再點選「確定」，關閉對話框。
5. 確定顯示了正確的座標軸標籤之後，按下「確定」，關閉「選取資料來源」對話框。
6. 依照「標準」的雷達圖繪製步驟調動數列的順序，設定座標軸的最大值、最小值與位置、大小，完成「甜味」的雷達圖。

**快速輸入資料標籤的公式**：輸入「=」之後，在工作表選取儲存格範圍「A3:A7」，就會自動顯示「='7-2'!$A$3:$A$7」。

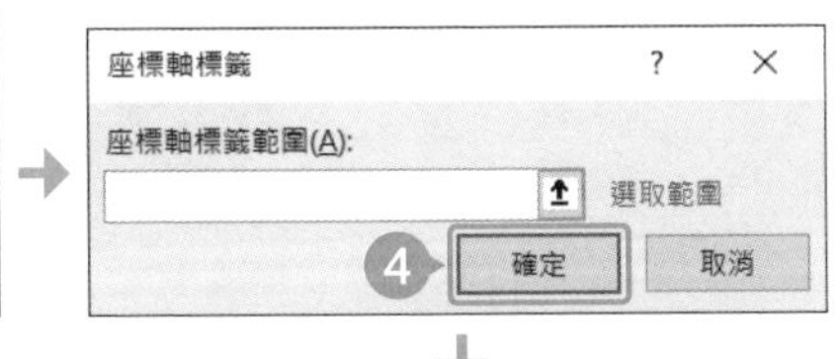

# ❻ 找出滿足度較低的屬性

2013 2016 2019

在「甜味」的雷達圖完成後，接著要繪製「苦味」的雷達圖。步驟與「甜味」的雷達圖幾乎一樣，但資料來源的儲存格範圍不同。三張雷達圖都完成後，可根據雷達圖與其他公司的產品比較，找出滿足度較低的屬性。

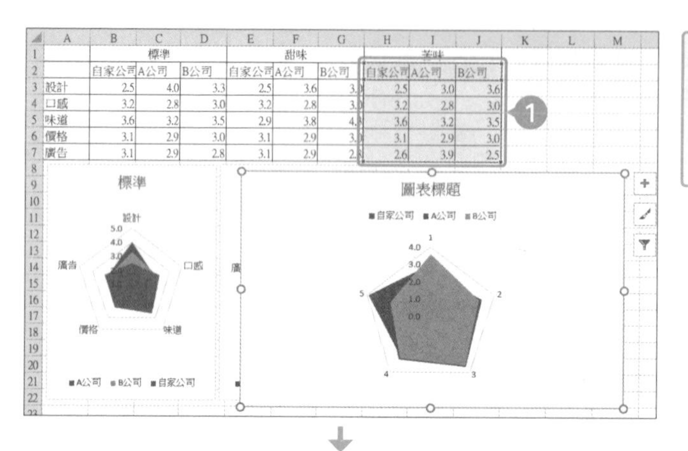

| | 標準 | | | 甜味 | | | 苦味 | | |
|---|---|---|---|---|---|---|---|---|---|
| | 自家公司 | A公司 | B公司 | 自家公司 | A公司 | B公司 | 自家公司 | A公司 | B公司 |
| 設計 | 2.5 | 4.0 | 3.3 | 2.5 | 3.6 | 3.0 | 2.5 | 3.0 | 3.6 |
| 口感 | 3.2 | 2.8 | 3.0 | 3.2 | 2.8 | 3.0 | 3.2 | 2.8 | 3.0 |
| 味道 | 3.6 | 3.2 | 3.5 | 2.9 | 3.8 | 4.3 | 3.6 | 3.2 | 3.5 |
| 價格 | 3.1 | 2.9 | 3.0 | 3.1 | 2.9 | 3.0 | 3.1 | 2.9 | 3.0 |
| 廣告 | 3.1 | 2.9 | 2.8 | 3.1 | 2.9 | 2.8 | 2.6 | 3.9 | 2.5 |



❶ 選取儲存格範圍「H2:J7」，再依照製作「甜味」雷達表的步驟繪製雷達表。

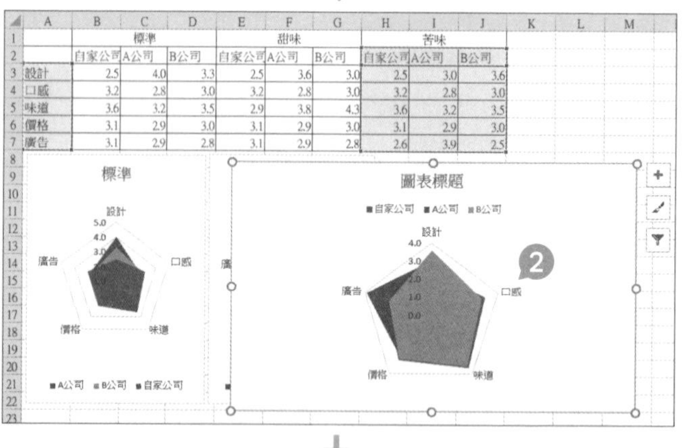

| | 標準 | | | 甜味 | | | 苦味 | | |
|---|---|---|---|---|---|---|---|---|---|
| | 自家公司 | A公司 | B公司 | 自家公司 | A公司 | B公司 | 自家公司 | A公司 | B公司 |
| 設計 | 2.5 | 4.0 | 3.3 | 2.5 | 3.6 | 3.0 | 2.5 | 3.0 | 3.6 |
| 口感 | 3.2 | 2.8 | 3.0 | 3.2 | 2.8 | 3.0 | 3.2 | 2.8 | 3.0 |
| 味道 | 3.6 | 3.2 | 3.5 | 2.9 | 3.8 | 4.3 | 3.6 | 3.2 | 3.5 |
| 價格 | 3.1 | 2.9 | 3.0 | 3.1 | 2.9 | 3.0 | 3.1 | 2.9 | 3.0 |
| 廣告 | 3.1 | 2.9 | 2.8 | 3.1 | 2.9 | 2.8 | 2.6 | 3.9 | 2.5 |



❷ 依照「甜味」雷達圖的步驟設定水平項目（座標軸）的標籤。

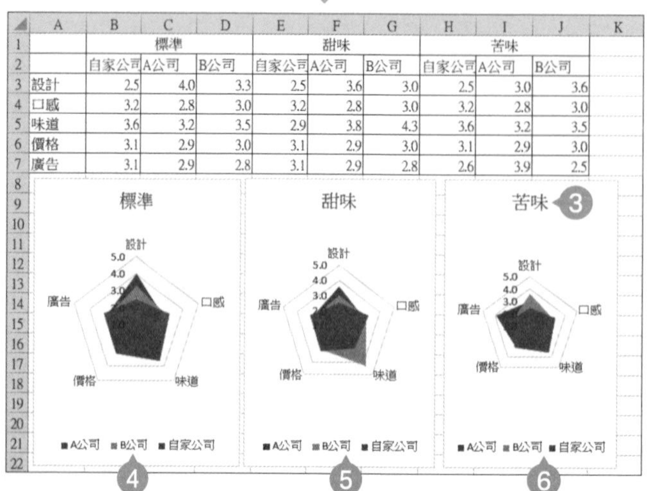

| | 標準 | | | 甜味 | | | 苦味 | | |
|---|---|---|---|---|---|---|---|---|---|
| | 自家公司 | A公司 | B公司 | 自家公司 | A公司 | B公司 | 自家公司 | A公司 | B公司 |
| 設計 | 2.5 | 4.0 | 3.3 | 2.5 | 3.6 | 3.0 | 2.5 | 3.0 | 3.6 |
| 口感 | 3.2 | 2.8 | 3.0 | 3.2 | 2.8 | 3.0 | 3.2 | 2.8 | 3.0 |
| 味道 | 3.6 | 3.2 | 3.5 | 2.9 | 3.8 | 4.3 | 3.6 | 3.2 | 3.5 |
| 價格 | 3.1 | 2.9 | 3.0 | 3.1 | 2.9 | 3.0 | 3.1 | 2.9 | 3.0 |
| 廣告 | 3.1 | 2.9 | 2.8 | 3.1 | 2.9 | 2.8 | 2.6 | 3.9 | 2.5 |



❸ 依照「甜味」雷達圖的步驟調整數列順序，設定座標軸的最大值、最小值，再調整圖表的位置與大小，「苦味」雷達圖就完成了。

❹「標準」雷達圖的「設計」較其他公司的產品低。

❺「甜味」雷達圖的「味道」較其他公司的產品低。

❻「苦味」雷達圖的「設計」與「廣告」較其他公司的產品低。

## 7 製作 PowerPoint 投影片

2013 2016 2019

現在要將 Excel 繪製的雷達圖貼入 PowerPoint 的投影片。一開始先在標題處撰寫新商品的改良重點，接著在雷達圖下方說明顧客滿意度較其他公司產品為低的項目，就能做出具有說服力的投影片。

1 利用 171 頁的步驟，建立「只有標題」的新投影片。

2 在標題物件輸入新商品改良重點。

1

根據顧客滿意度問卷調查可知、本次新商品該改良的項目共有下列三項。

①改善設計（三項商品都需改善）

②調整味道（甜味）

③變更廣告（苦味）

2

3

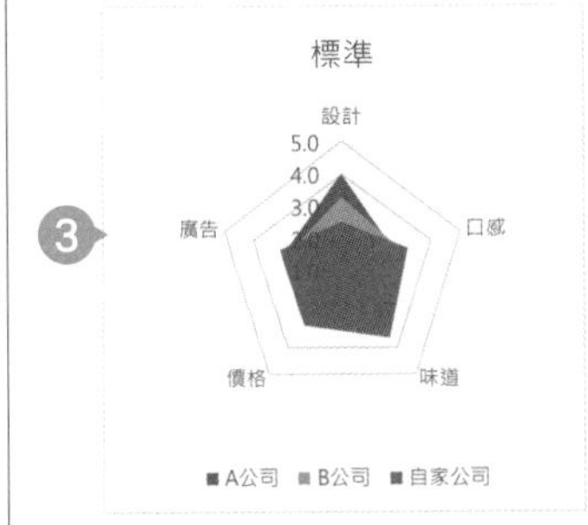


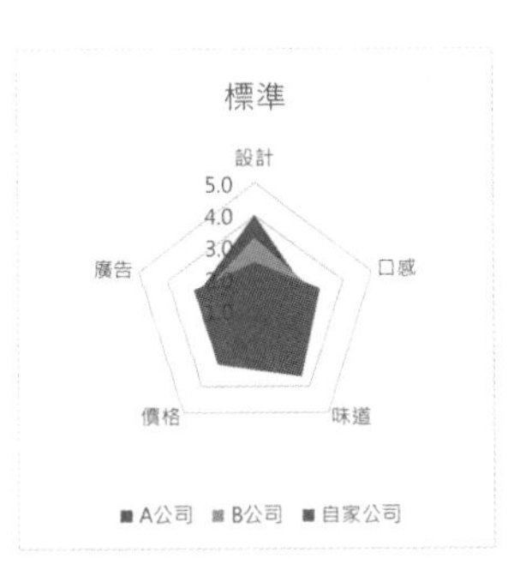


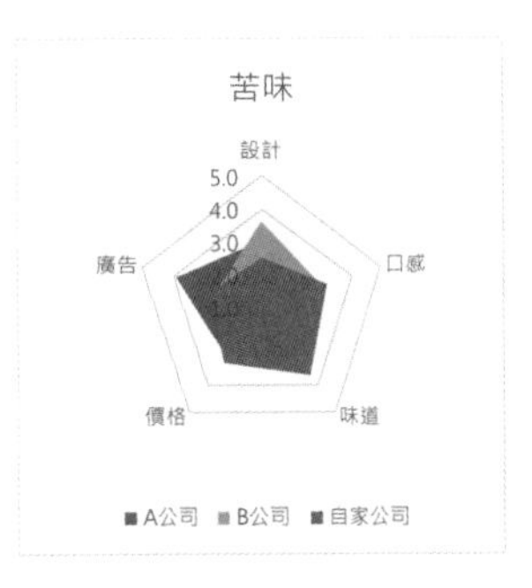


「標準」的「設計」滿意度較其他公司的產品來得低。

「甜味」的「設計」與「味道」滿意度較其他公司的產品來得低。

「苦味」的「設計」與「廣告」滿意度較其他公司的產品來得低。

3 以 171 頁的步驟貼入 Excel 的三個雷達圖，再調整位置與大小。

4 利用文字方塊工具新增這三個產品的顧客滿意度較其他公司產品為低的項目。

# 03 確認最佳價格

有時候設定比過去更低的價格，有助於擴大新商品的市場。可用來分析價格是否影響銷售數量的分析手法為價格彈性。這次要製作的是以價格彈性的分析結果說明新商品最佳價格的投影片。

**Point**

- 以散佈圖呈現易開罐咖啡（標準、甜味、苦味這三種）的折扣價與銷售數量之間的關係，再繪製趨勢線。若打折的商品數量增加，價格彈性也會更大。
- 價格彈性較大的商品雖然可透過降低價格拉高銷售數量，但要維持業績必須要增加銷量。
- 在這次範例之中，標準口味的易開罐咖啡具有最大的價格彈性，降價之後，業績也不會因此大幅下滑，所以可設定比之前還低的價格。

**Sample** 說明新商品最佳價格的投影片

說明商品的價格彈性與降價對業績有多少影響的圖表

說明新商品最佳價格的文字

「標準」的價彈性較高，降價也能兼顧業績與銷售數量。
根據分析結果，「標準」可於新商品進入市場之際調降價格5%，
藉此提升市佔率。



「標準」的價格彈性較高，降價5%，也能維持業績，同時增加銷售數量。

「甜味」的價格彈性較低，即使降價，也無法有效增加銷售數量，業績也會因為降價而大幅減少。

「苦味」的價格彈性也較低，即使降價，也無法有效增加銷售數量，業績也會因為降價而大幅減少。

說明價格彈性的分析與業績預測結果的文字

# 何謂價格彈性

所謂價格彈性就是產品的價格變動後，說明需求改變幅度的數值。一般來說，可透過右側的公式定義。

$$價格彈性 = \frac{需求變化率}{價格變化率}$$

為了讓公式變得更簡單易懂，通常會將產品價格與銷售數量（需求）的關係畫成下列圖表。正常來說，當價格上漲，需求就會減少，所以會呈現往右下方延伸的趨勢。

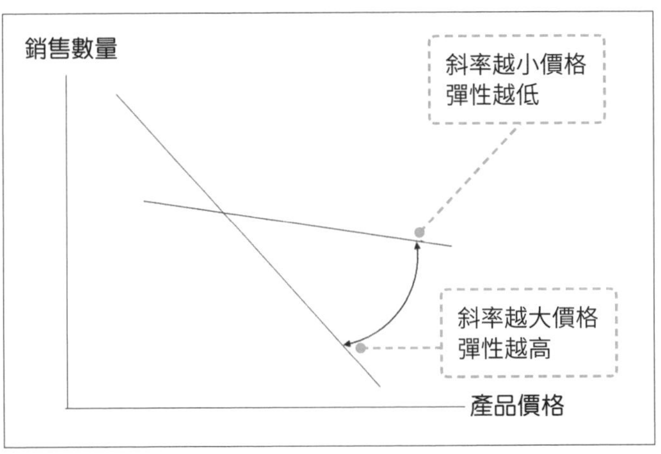


價格彈性就是這張圖表的線條斜率。斜率越小，代表價格彈性越低；斜率越大，價格彈性就越高。

當價格彈性較小時，意味著調整價格，也不會對需求造成明顯影響，反之，價格彈性較大時，價格的調整就會對需求造成明顯影響。

之所以要算出價格彈性，是為了探討以下兩個問題：

- **降價後，增加的銷量是否能彌補減少的營業額，或是能增加更多營業額？**
- **漲價後，銷售數量下滑是否會對營業額造成影響，營業額是否有機會增加？**

因此，在計算價格彈性的同時，也要了解對營業額造成的影響。

此外，代表價格彈性的「產品價格」與「銷售數量」的關聯性不一定是線性關係。在此要注意的是，價格彈性會在不同的價格區間產生改變。以右圖為例，價格彈性在 70 元至 85 元之間較高，但在其他價格區間之內較低。

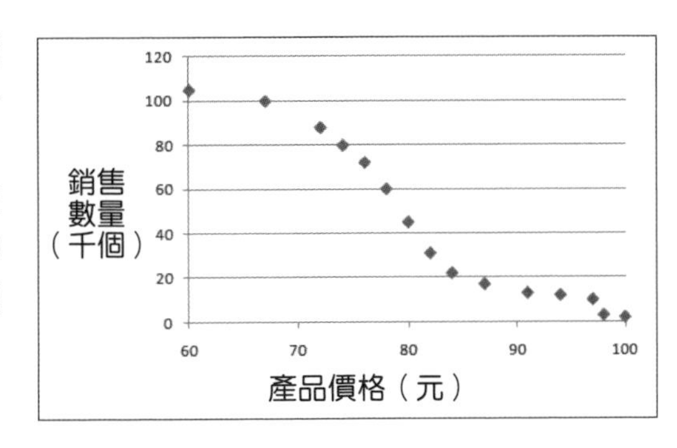

# 1 繪製散佈圖與趨勢線

2013 2016 2019

首先根據標準的範例資料繪製散佈圖，說明折扣與銷量的關聯性。指定作為標籤的列與欄的儲存格範圍，再插入圖表。接著在圖表新增趨勢線，說明價格彈性的趨勢。

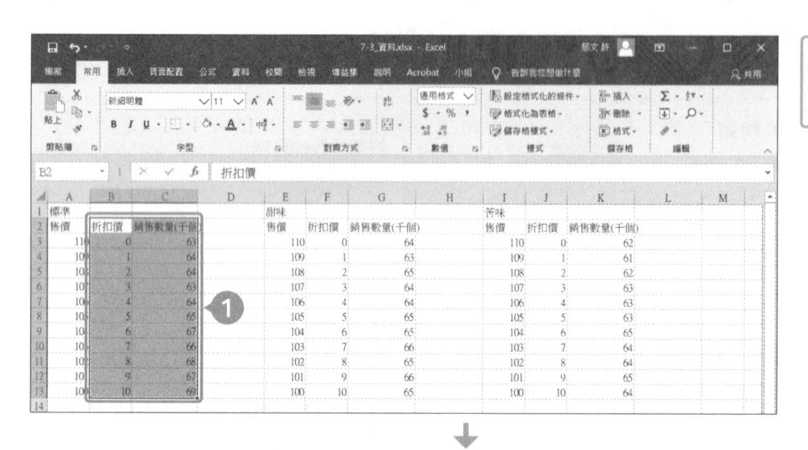


1 選取儲存格範圍「B2:C13」。

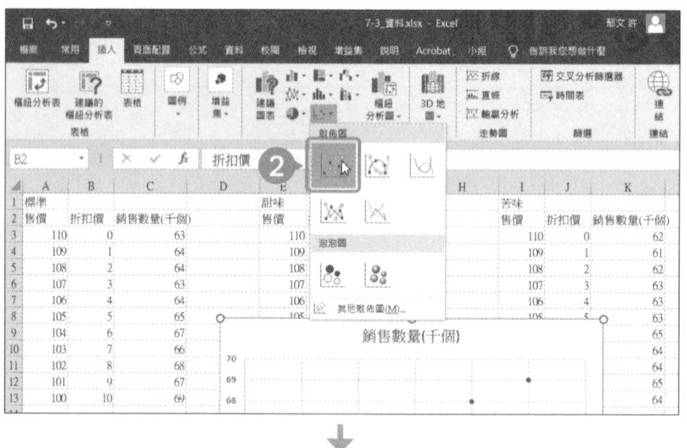


2 從「插入」分頁的「插入 XY 散佈圖或泡泡圖」點選「散佈圖」。

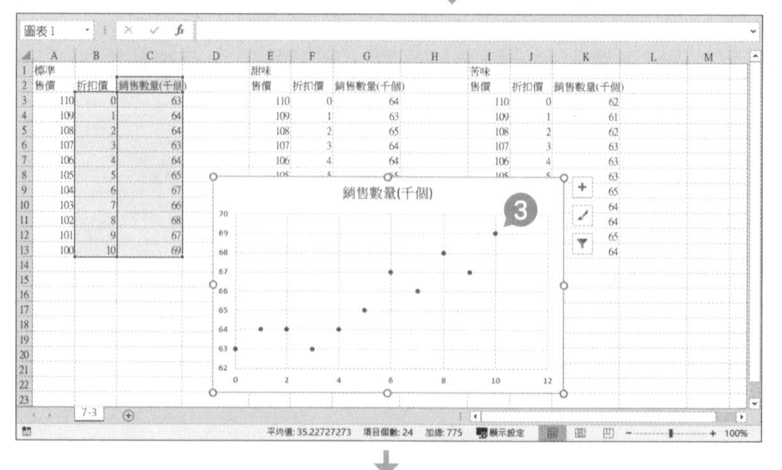


3 在工作表插入散佈圖了。

4 從「圖表工具」的「設計」分頁點選「新增圖表項目」的「趨勢線」，再從中點選「其他趨勢線選項」。

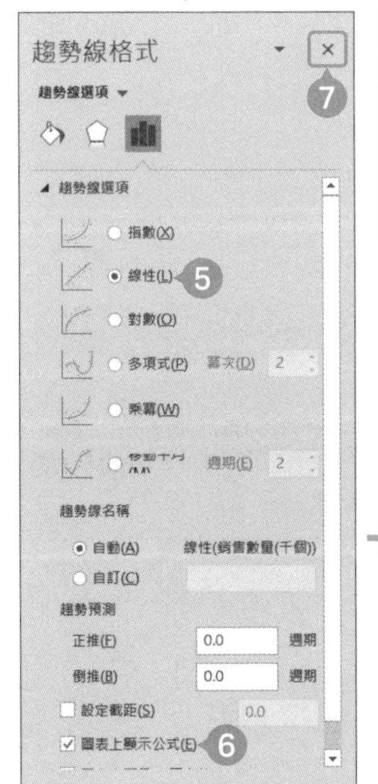

5 在「趨勢線選項」的「趨勢線選項」點選「線性」。

6 在「趨勢線選項」的「趨勢線選項」點選「圖表上顯示公式」。

7 點選「×」，關閉「趨勢線格式」畫面。

8 在散佈圖新增趨勢線與公式了。

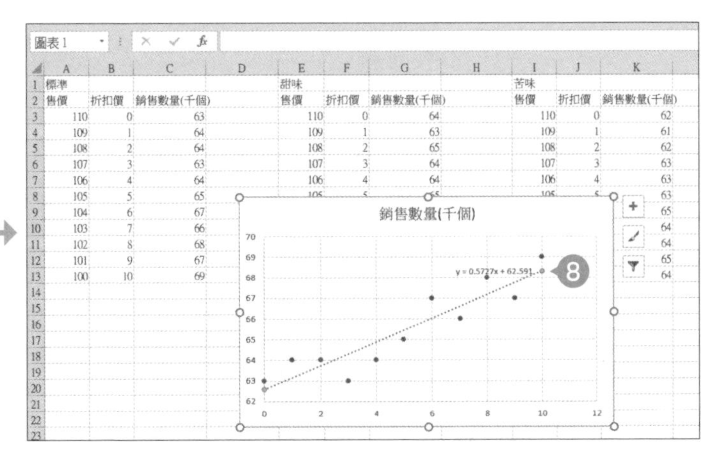

# ❷ 預測業績

2013 2016 2019

從趨勢線可以得知，銷售數量會隨著折扣增加，但業績卻也會因此減少。在此要在趨勢線預測的銷售數量乘上銷售價格，藉此預測業績。

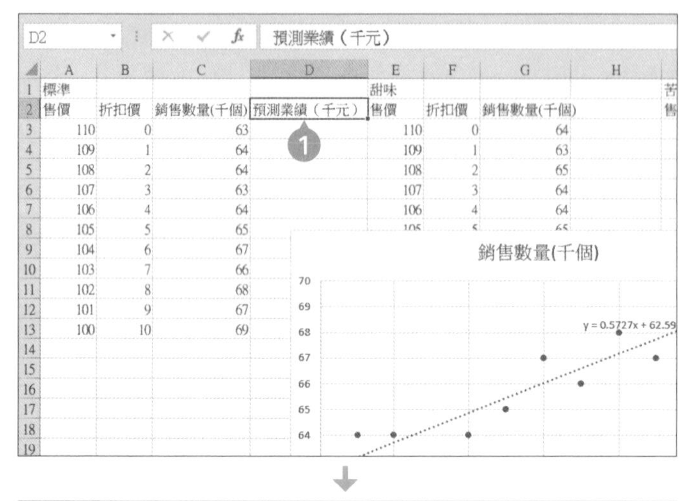


| | A | B | C | D | E | F | G | H |
|---|---|---|---|---|---|---|---|---|
| 1 | 標準 | | | | 甜味 | | | |
| 2 | 售價 | 折扣價 | 銷售數量(千個) | 預測業績（千元） | 售價 | 折扣價 | 銷售數量(千個) | |
| 3 | 110 | 0 | 63 | | 110 | 0 | 64 | |
| 4 | 109 | 1 | 64 | | 109 | 1 | 63 | |
| 5 | 108 | 2 | 64 | | 108 | 2 | 65 | |
| 6 | 107 | 3 | 63 | | 107 | 3 | 64 | |
| 7 | 106 | 4 | 64 | | 106 | 4 | 64 | |
| 8 | 105 | 5 | 65 | | | | | |
| 9 | 104 | 6 | 67 | | | | | |
| 10 | 103 | 7 | 66 | | | | | |
| 11 | 102 | 8 | 68 | | | | | |
| 12 | 101 | 9 | 67 | | | | | |
| 13 | 100 | 10 | 69 | | | | | |

❶ 在儲存格「D2」輸入「預測業績（千元）」。

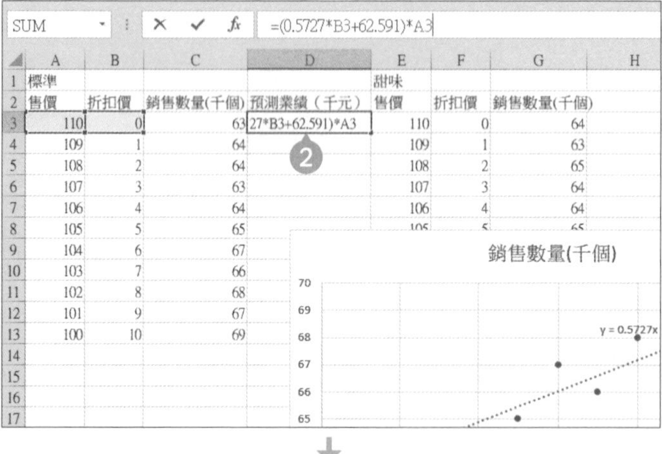


❷ 在儲存格「D3」輸入趨勢線公式的「=(0.5727*B3+62.591)*A3」。

| | A | B | C | D | E | F | G |
|---|---|---|---|---|---|---|---|
| 1 | 標準 | | | | 甜味 | | |
| 2 | 售價 | 折扣價 | 銷售數量(千個) | 預測業績（千元） | 售價 | 折扣價 | 銷售數量(千 |
| 3 | 110 | 0 | 63 | 6,885 | 110 | 0 | |
| 4 | 109 | 1 | 64 | 6,885 | 109 | 1 | |
| 5 | 108 | 2 | 64 | 6,884 | 108 | 2 | |
| 6 | 107 | 3 | 63 | 6,881 | 107 | 3 | |
| 7 | 106 | 4 | 64 | 6,877 | 106 | 4 | |
| 8 | 105 | 5 | 65 | 6,873 | 105 | 5 | |
| 9 | 104 | 6 | 67 | 6,867 | 104 | 6 | |
| 10 | 103 | 7 | 66 | 6,860 | 103 | 7 | |
| 11 | 102 | 8 | 68 | 6,852 | 102 | 8 | |
| 12 | 101 | 9 | 67 | 6,842 | 101 | 9 | |
| 13 | 100 | 10 | 69 | 6,832 | | | |

❸ 將儲存格「D3」的公式複製到儲存格範圍「D4:D13」，顯示「標準」的業績預測。

# ③ 在圖表新增業績預測資料 2013 2016 2019

接著要將求得的業績預測資料加入圖表。由於銷售數量與業績預測的單位不同，所以要新增副座標軸，讓兩個數值在同一張圖表顯示。

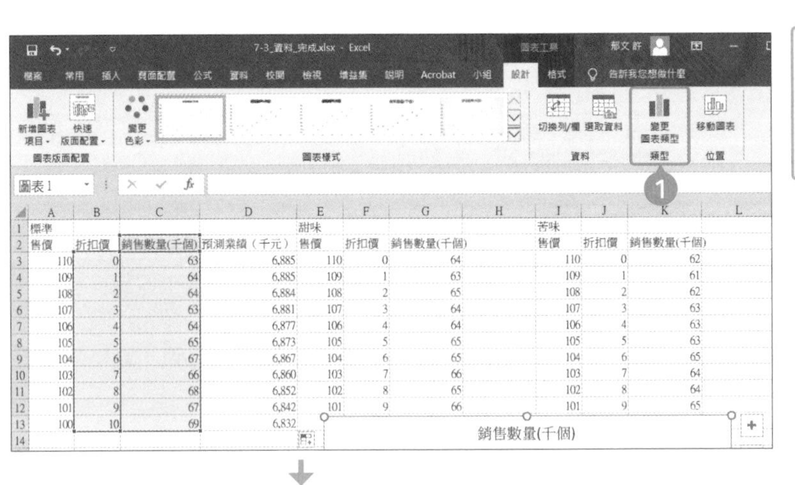


| | A | B | C | D | E | F | G | H | I | J | K |
|---|---|---|---|---|---|---|---|---|---|---|---|
| 1 | 標準 | | | | 甜味 | | | | 苦味 | | |
| 2 | 售價 | 折扣價 | 銷售數量(千個) | 預測業績（千元） | 售價 | 折扣價 | 銷售數量(千個) | | 售價 | 折扣價 | 銷售數量(千個) |
| 3 | 110 | 0 | 63 | 6,885 | 110 | 0 | 64 | | 110 | 0 | 62 |
| 4 | 109 | 1 | 64 | 6,885 | 109 | 1 | 63 | | 109 | 1 | 61 |
| 5 | 108 | 2 | 64 | 6,884 | 108 | 2 | 65 | | 108 | 2 | 62 |
| 6 | 107 | 3 | 63 | 6,881 | 107 | 3 | 64 | | 107 | 3 | 63 |
| 7 | 106 | 4 | 64 | 6,877 | 106 | 4 | 64 | | 106 | 4 | 63 |
| 8 | 105 | 5 | 65 | 6,873 | 105 | 5 | 65 | | 105 | 5 | 63 |
| 9 | 104 | 6 | 67 | 6,867 | 104 | 6 | 65 | | 104 | 6 | 65 |
| 10 | 103 | 7 | 66 | 6,860 | 103 | 7 | 66 | | 103 | 7 | 64 |
| 11 | 102 | 8 | 68 | 6,852 | 102 | 8 | 65 | | 102 | 8 | 64 |
| 12 | 101 | 9 | 67 | 6,842 | 101 | 9 | 66 | | 101 | 9 | 65 |
| 13 | 100 | 10 | 69 | 6,832 | | | | | | | |
| 14 | | | | | | | | | | | |

① 選取圖表後，在「設計」分頁點選「選取資料」。

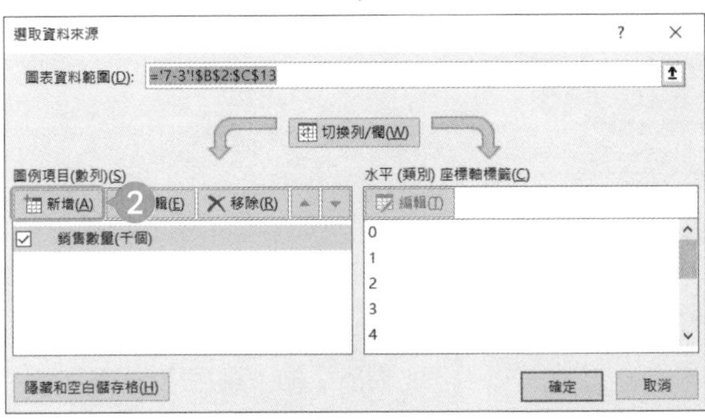


② 在「選取資料來源」對話框點選「圖例項目」的「新增」。

③ 在「編輯數列」對話框的「數列名稱」輸入「='7-3'!$D$2」。

④ 在「編輯數列」對話框的「數列 Y 值」輸入「='7-3'!$D$3:$D$13」。

⑤ 點選「確定」關閉「編輯數列」對話框。

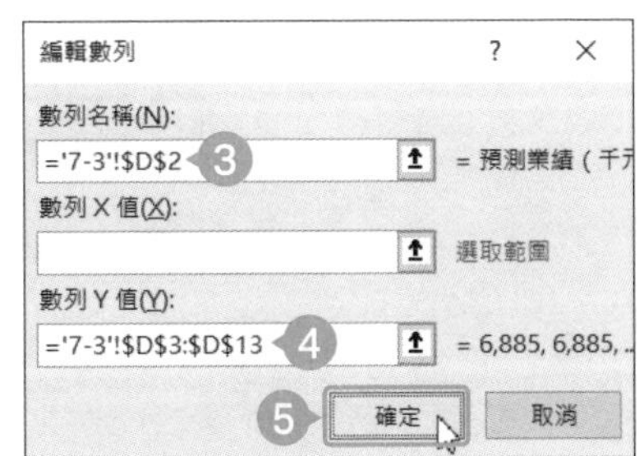


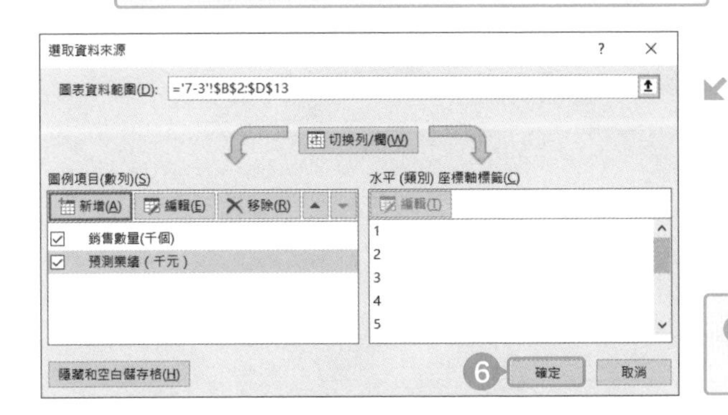


⑥ 點選「確定」，關閉「選取資料來源」對話框。

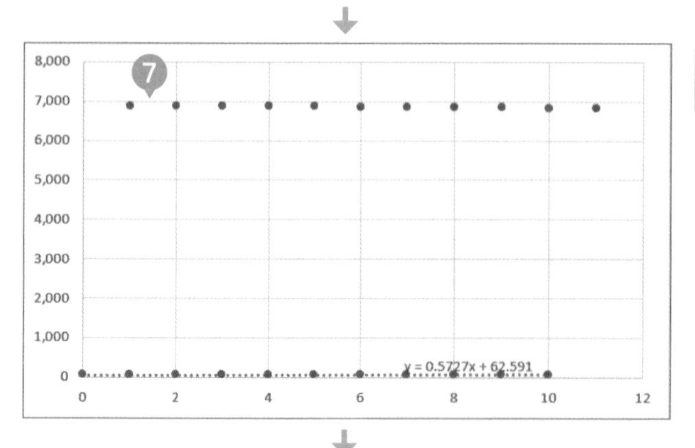


❼ 圖表新增了業績預測資料。

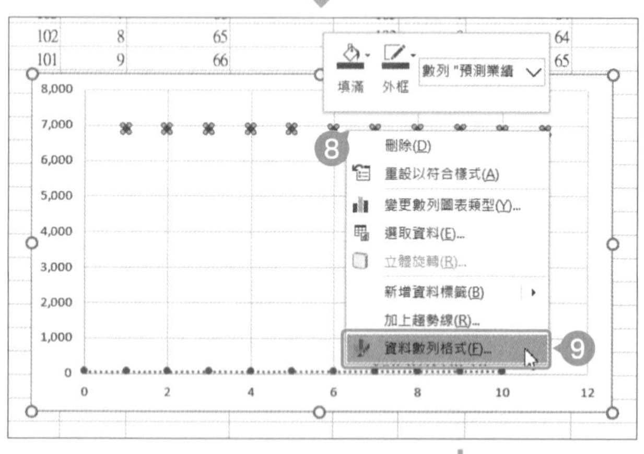


❽ 在業績預測的上方資料按下滑鼠右鍵。

❾ 從跳出選單點選「資料數列格式」。

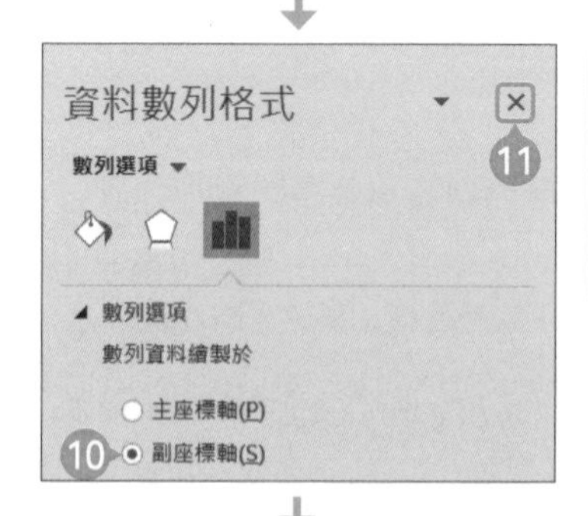


❿ 在「資料數列格式」的「數列選項」點選「數列資料繪製於」的「副座標軸」。

⓫ 點選「×」。

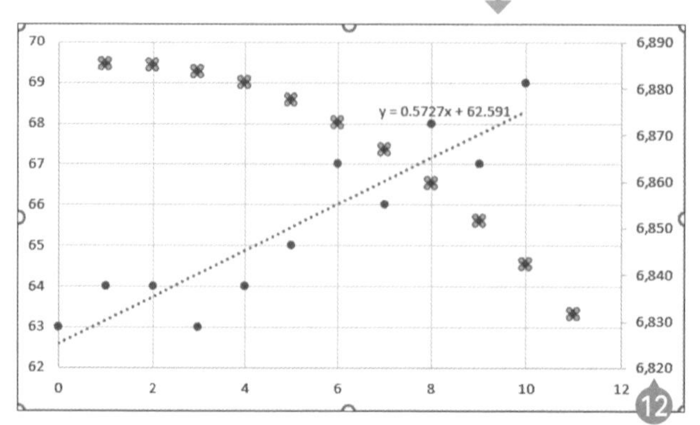


⓬ 新增副座標軸了。

## ❹ 設定座標軸的最大值與最小值 2013 2016 2019

新增副座標軸後，可讓兩筆單位不同的資料在同一張圖表顯示，但是目前的這兩張圖表仍處於難以閱讀的狀態，所以要設定座標軸的最大值與最小值，讓圖表變得更容易閱讀。

1 雙點主垂直軸。
2 在「座標軸格式」的「座標軸選項」的「範圍」，將「最小值」設定為「60」。
3 在「座標軸格式」的「座標軸選項」的「範圍」，將「最大值」設定為「80」。
4 點選「×」，關閉「座標軸格式」畫面。
5 主垂直軸的最大值與最小值改變了。

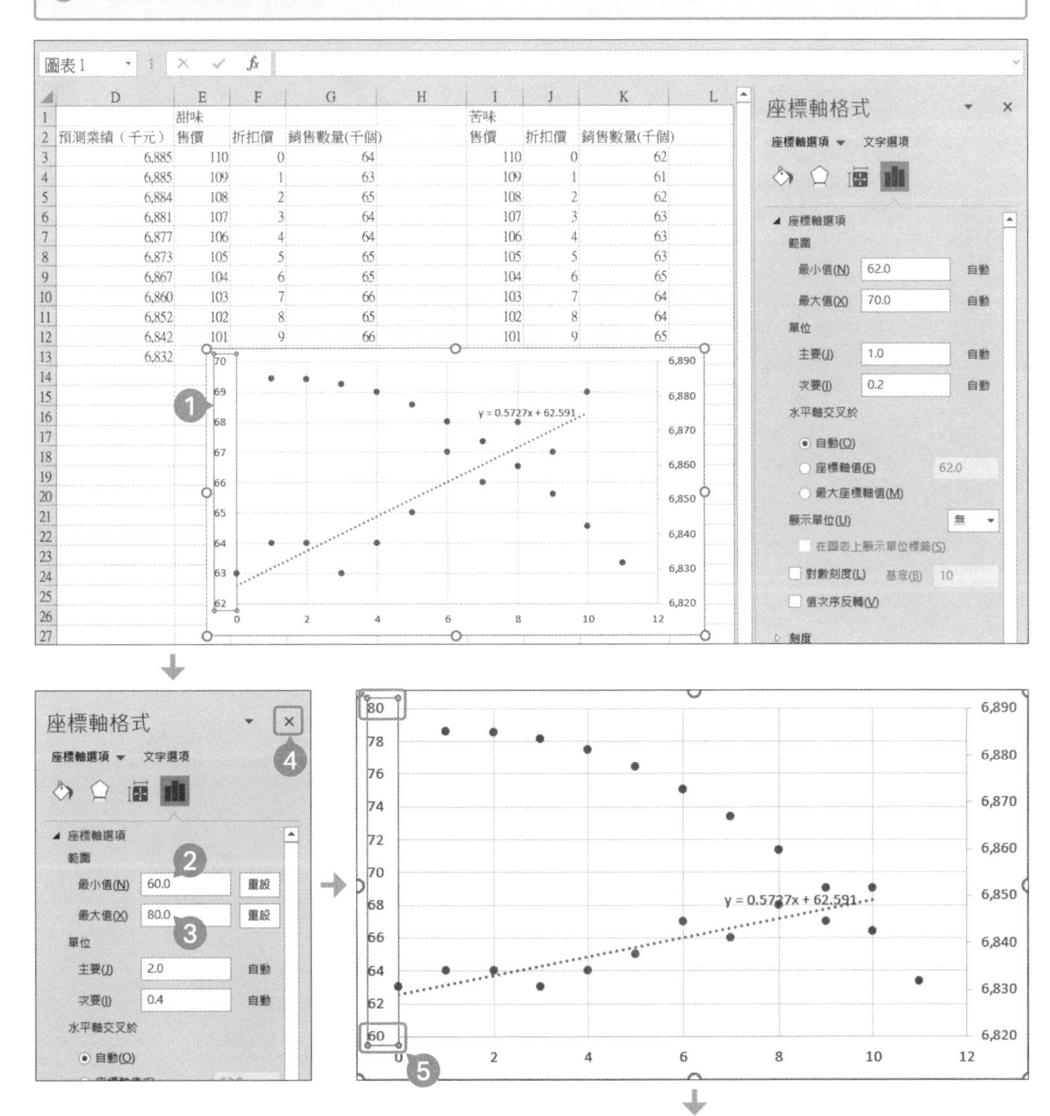

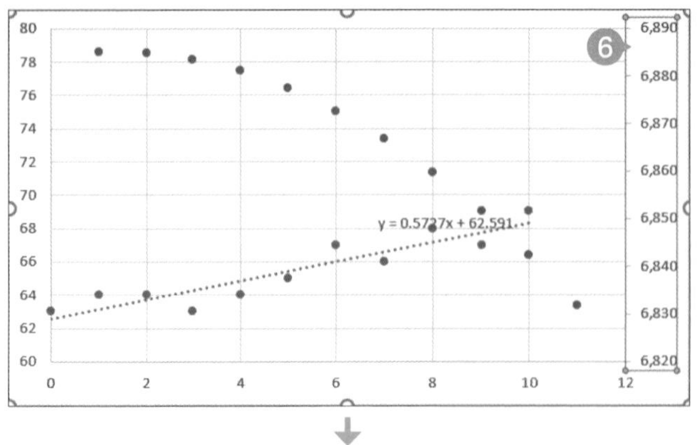


6 雙點副座標軸。

7 在「座標軸格式」的「座標軸選項」的「範圍」，將「最小值」設定為「6000」。

8 在「座標軸格式」的「座標軸選項」的「範圍」，將「最大值」設定為「7000」。

9 點選「×」，關閉「座標軸格式」畫面。

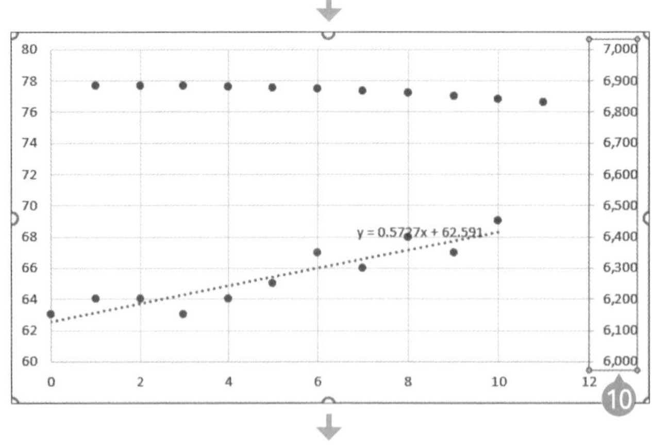


10 副座標軸的最大值與最小值改變了。

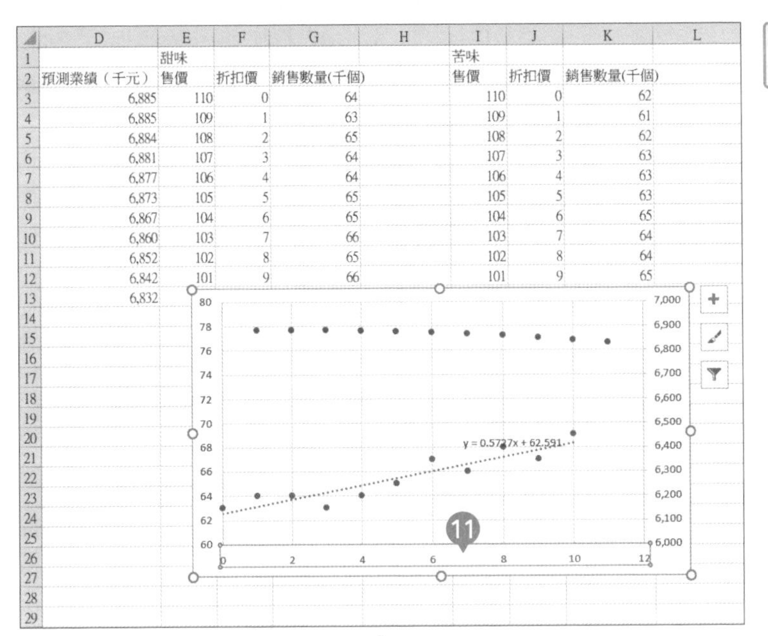

| | D | E | F | G | H | I | J | K | L |
|---|---|---|---|---|---|---|---|---|---|
| 1 | | 甜味 | | | | 苦味 | | | |
| 2 | 預測業績（千元） | 售價 | 折扣價 | 銷售數量(千個) | | 售價 | 折扣價 | 銷售數量(千個) | |
| 3 | 6,885 | 110 | 0 | 64 | | 110 | 0 | 62 | |
| 4 | 6,885 | 109 | 1 | 63 | | 109 | 1 | 61 | |
| 5 | 6,884 | 108 | 2 | 65 | | 108 | 2 | 62 | |
| 6 | 6,881 | 107 | 3 | 64 | | 107 | 3 | 63 | |
| 7 | 6,877 | 106 | 4 | 64 | | 106 | 4 | 63 | |
| 8 | 6,873 | 105 | 5 | 65 | | 105 | 5 | 63 | |
| 9 | 6,867 | 104 | 6 | 65 | | 104 | 6 | 65 | |
| 10 | 6,860 | 103 | 7 | 66 | | 103 | 7 | 64 | |
| 11 | 6,852 | 102 | 8 | 65 | | 102 | 8 | 64 | |
| 12 | 6,842 | 101 | 9 | 66 | | 101 | 9 | 65 | |
| 13 | 6,832 | | | | | | | | |



⑪ 雙點水平座標軸。

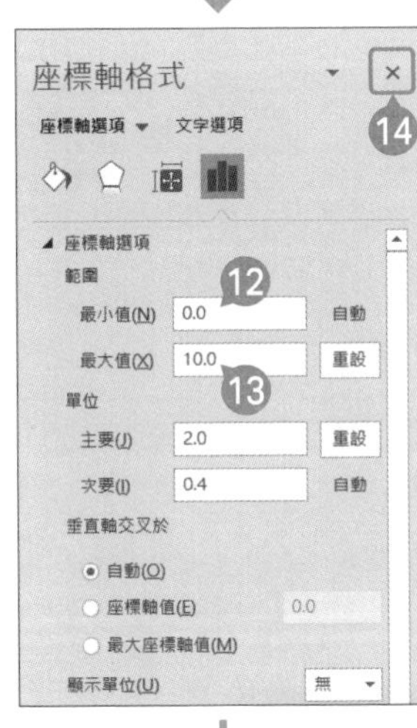



⑫ 在「座標軸格式」的「座標軸選項」的「範圍」，將「最小值」設定為「0」。

⑬ 在「座標軸格式」的「座標軸選項」的「範圍」，將「最大值」設定為「10」。

⑭ 點選「×」，關閉「座標軸格式」畫面。

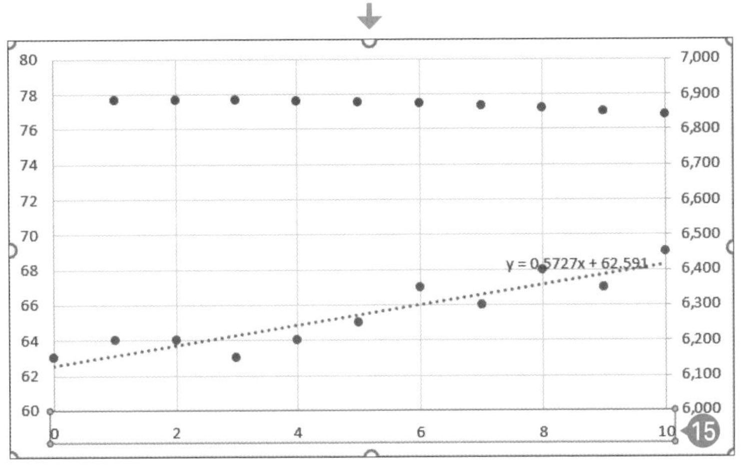



⑮ 水平座標軸的最大值與最小值改變了。

## ❺ 完成圖表

2013 2016 2019

輸入座標軸標題、圖表標題，變更圖表位置與大小，完成標準口味的圖表。

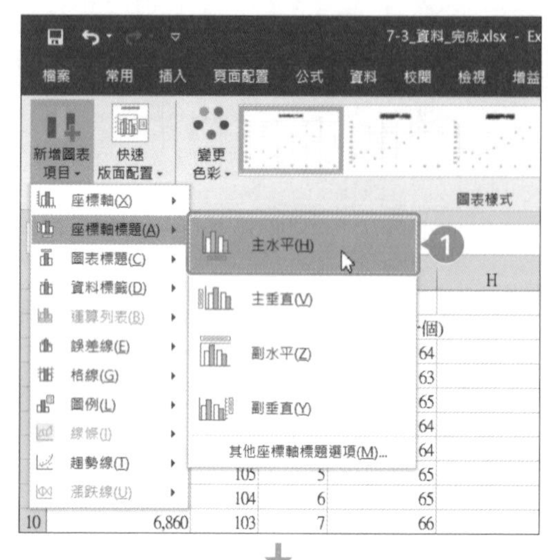

❶ 在「圖表工具」的「設計」分頁點選「新增圖表項目」→「主水平」。

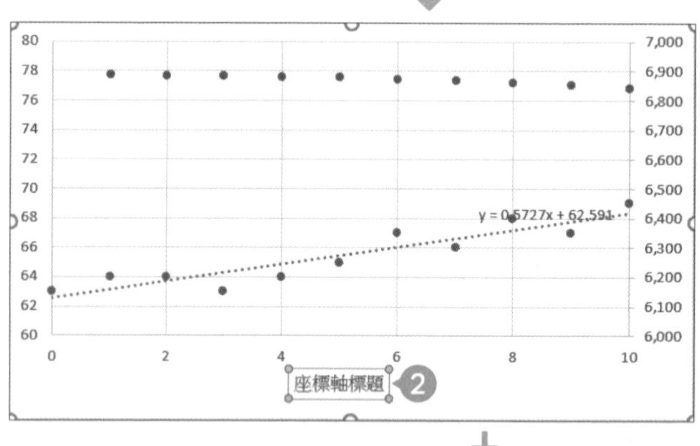


❷ 顯示「座標軸標題」後，雙點該區塊輸入「折扣價」。

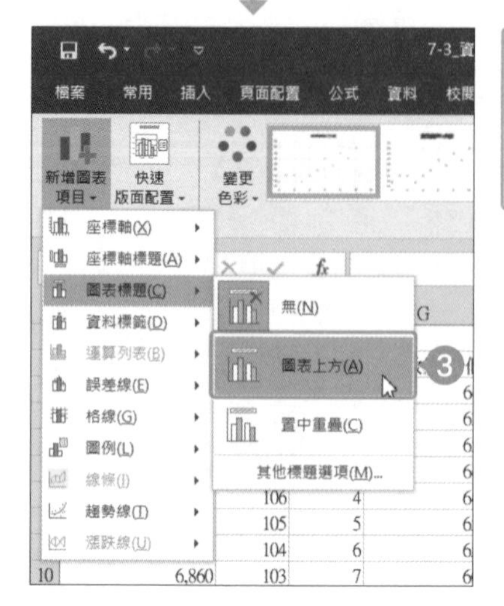

❸ 在「圖表工具」的「設計」分頁點選「新增圖表項目」→「圖表標題」→「圖表上方」。

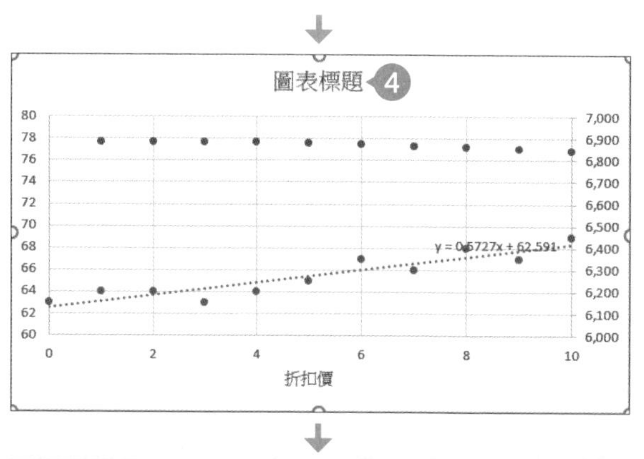


❹ 雙點「圖表標題」，輸入「標準」。

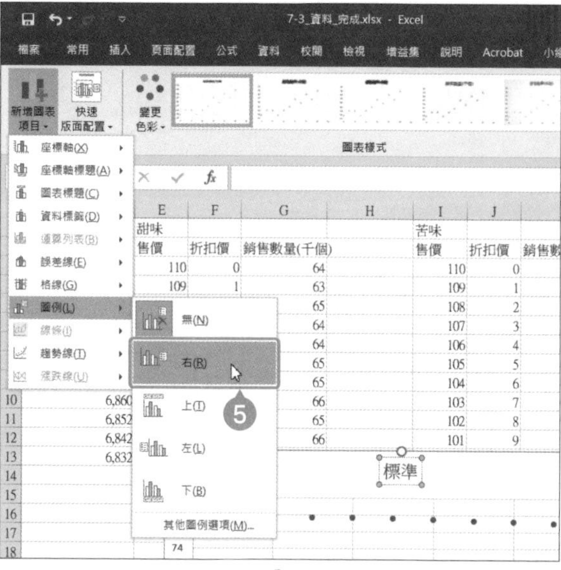


❺ 在「圖表工具」的「設計」分頁點選「新增圖表項目」→「圖例」→「右」。

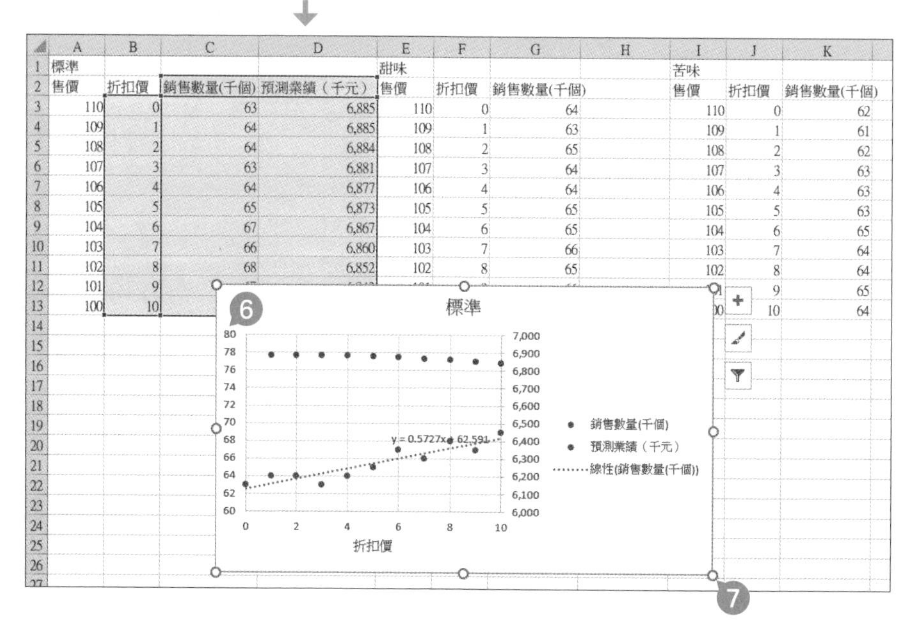


❻ 將圖表拖曳至範例資料的「標準」下方。

❼ 利用圖表的控制點縮放圖表，讓圖表的大小可置於「標準」資料下方。

❽「標準」的圖表完成了。

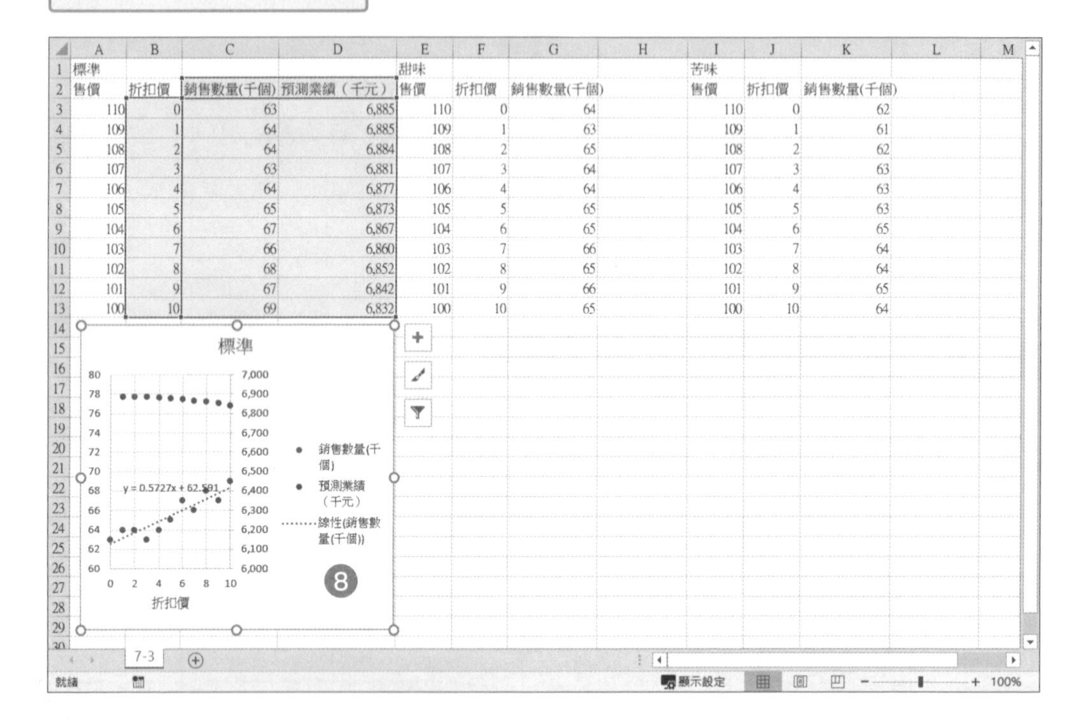

| | A | B | C | D | E | F | G | H | I | J | K |
|---|---|---|---|---|---|---|---|---|---|---|---|
| 1 | 標準 | | | | 甜味 | | | | 苦味 | | |
| 2 | 售價 | 折扣價 | 銷售數量(千個) | 預測業績（千元） | 售價 | 折扣價 | 銷售數量(千個) | | 售價 | 折扣價 | 銷售數量(千個) |
| 3 | 110 | 0 | 63 | 6,885 | 110 | 0 | 64 | | 110 | 0 | 62 |
| 4 | 109 | 1 | 64 | 6,885 | 109 | 1 | 63 | | 109 | 1 | 61 |
| 5 | 108 | 2 | 64 | 6,884 | 108 | 2 | 65 | | 108 | 2 | 62 |
| 6 | 107 | 3 | 63 | 6,881 | 107 | 3 | 64 | | 107 | 3 | 63 |
| 7 | 106 | 4 | 64 | 6,877 | 106 | 4 | 64 | | 106 | 4 | 63 |
| 8 | 105 | 5 | 65 | 6,873 | 105 | 5 | 65 | | 105 | 5 | 63 |
| 9 | 104 | 6 | 67 | 6,867 | 104 | 6 | 65 | | 104 | 6 | 65 |
| 10 | 103 | 7 | 66 | 6,860 | 103 | 7 | 66 | | 103 | 7 | 64 |
| 11 | 102 | 8 | 68 | 6,852 | 102 | 8 | 65 | | 102 | 8 | 64 |
| 12 | 101 | 9 | 67 | 6,842 | 101 | 9 | 66 | | 101 | 9 | 65 |
| 13 | 100 | 10 | 69 | 6,832 | 100 | 10 | 65 | | 100 | 10 | 64 |

# 6 繪製其他產品的圖表

2013 2016 2019

「標準」的圖表完成後，接著要繪製「甜味」的圖表。步驟與「標準」的圖表幾乎相同，但是資料的儲存格與儲存格範圍的位置不同，使用的業績預測公式也不一樣。

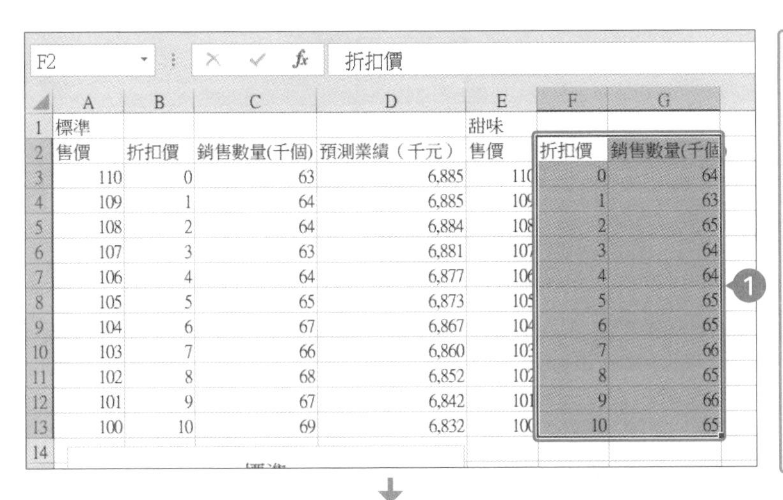


1. 選擇儲存格範圍「F2:G13」，再利用繪製「標準」圖表的步驟繪製散佈圖與趨勢線。
2. 顯示散佈圖與趨勢線。如果圖表壓在資料上方，會不太容易新增預測業績欄，所以先拖曳到空白的儲存格。

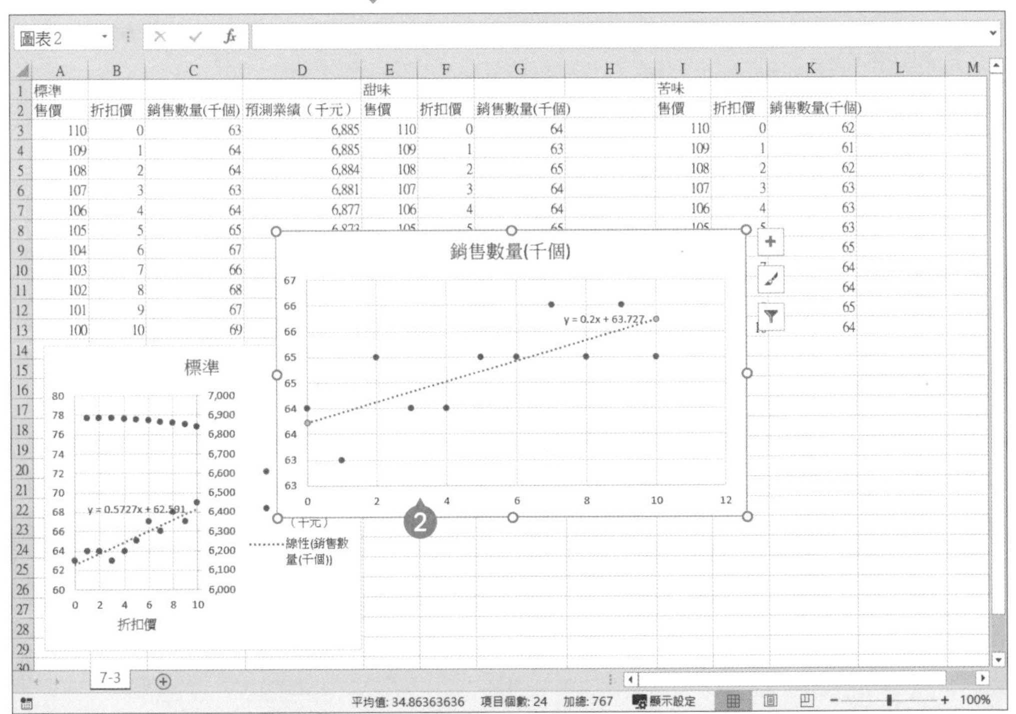

3 在儲存格「H2」輸入「預測業績（千元）」。

4 在儲存格「H3」輸入趨勢線公式「=(0.2*F3+63.727*E3)」。

5 將儲存格「H3」的公式複製到儲存格範圍「H4:H13」。

| | A | B | C | D | E | F | G | H | I | J | K |
|---|---|---|---|---|---|---|---|---|---|---|---|
| 1 | 標準 | | | | 甜味 | | | | 苦味 | | |
| 2 | 售價 | 折扣價 | 銷售數量(千個) | 預測業績（千元） | 售價 | 折扣價 | 銷售數量(千個 | 預測業績（千元） | 售價 | 折扣價 | 銷售數量(千個) |
| 3 | 110 | 0 | 63 | 6,885 | 110 | 0 | 64 | =(0.2*F3+63.727*E3) | | 0 | 62 |
| 4 | 109 | 1 | 64 | 6,885 | 109 | 1 | 63 | | 109 | 1 | 61 |
| 5 | 108 | 2 | 64 | 6,884 | 108 | 2 | 65 | | 108 | 2 | 62 |
| 6 | 107 | 3 | 63 | 6,881 | 107 | 3 | 64 | | 107 | 3 | 63 |
| 7 | 106 | 4 | 64 | 6,877 | 106 | 4 | 64 | | 106 | 4 | 63 |
| 8 | 105 | 5 | 65 | 6,873 | 105 | 5 | 65 | | 105 | 5 | 63 |
| 9 | 104 | 6 | 67 | 6,867 | 104 | 6 | 65 | | 104 | 6 | 65 |
| 10 | 103 | 7 | 66 | 6,860 | 103 | 7 | 66 | | 103 | 7 | 64 |
| 11 | 102 | 8 | 68 | 6,852 | 102 | 8 | 65 | | 102 | 8 | 64 |
| 12 | 101 | 9 | 67 | 6,842 | 101 | 9 | 66 | | 101 | 9 | 65 |
| 13 | 100 | 10 | 69 | 6,832 | 100 | 10 | 65 | | 100 | 10 | 64 |

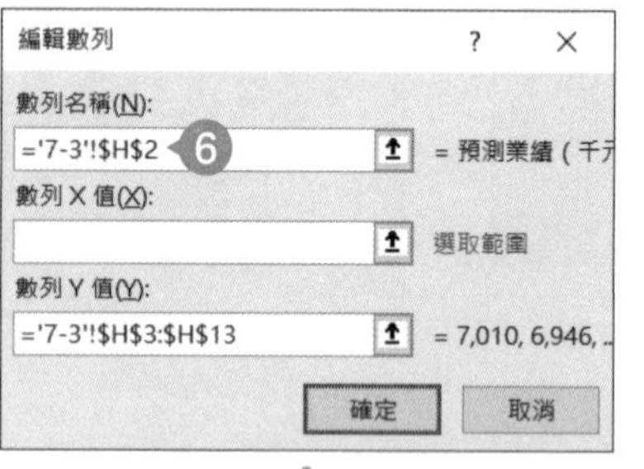



6 利用繪製「標準」圖表的步驟在圖表新增預測業績的資料。在「編輯數列」對話框的「數列名稱」輸入「='7-3'!$H$2」，在「數列 Y 值」輸入「='7-3'!$H$3:$H$13」。

7 增加業績預測資料之後，利用「標準」的步驟設定座標軸的最大值與最小值。

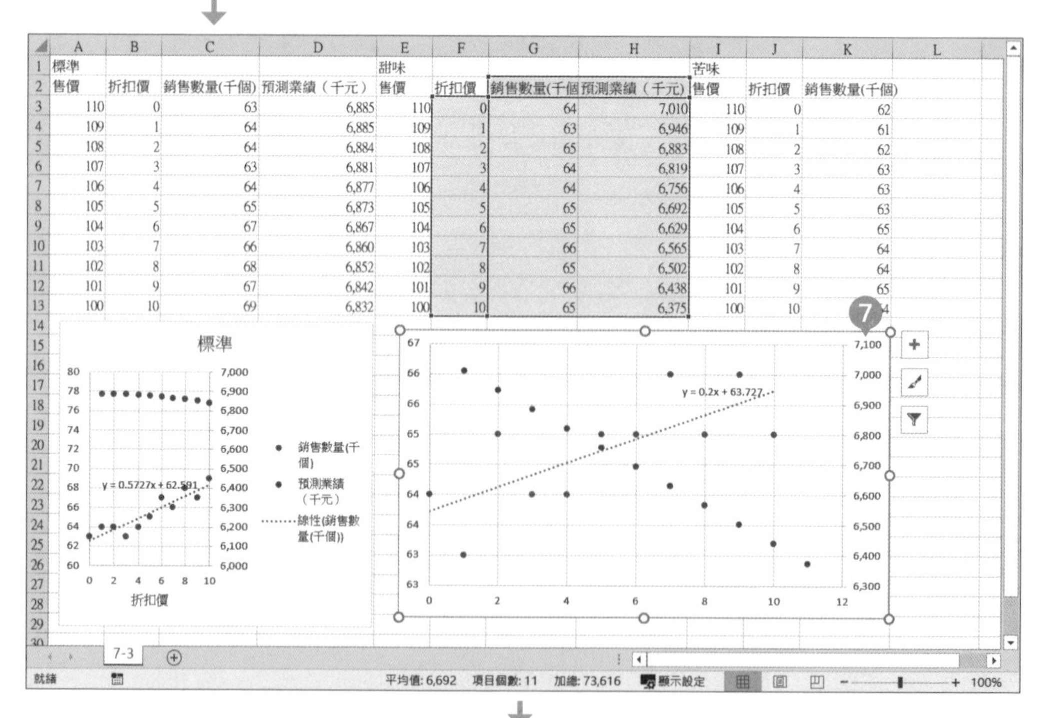

| | A | B | C | D | E | F | G | H | I | J | K |
|---|---|---|---|---|---|---|---|---|---|---|---|
| 1 | 標準 | | | | 甜味 | | | | 苦味 | | |
| 2 | 售價 | 折扣價 | 銷售數量(千個) | 預測業績（千元） | 售價 | 折扣價 | 銷售數量(千個 | 預測業績（千元） | 售價 | 折扣價 | 銷售數量(千個) |
| 3 | 110 | 0 | 63 | 6,885 | 110 | 0 | 64 | 7,010 | 110 | 0 | 62 |
| 4 | 109 | 1 | 64 | 6,885 | 109 | 1 | 63 | 6,946 | 109 | 1 | 61 |
| 5 | 108 | 2 | 64 | 6,884 | 108 | 2 | 65 | 6,883 | 108 | 2 | 62 |
| 6 | 107 | 3 | 63 | 6,881 | 107 | 3 | 64 | 6,819 | 107 | 3 | 63 |
| 7 | 106 | 4 | 64 | 6,877 | 106 | 4 | 64 | 6,756 | 106 | 4 | 63 |
| 8 | 105 | 5 | 65 | 6,873 | 105 | 5 | 65 | 6,692 | 105 | 5 | 63 |
| 9 | 104 | 6 | 67 | 6,867 | 104 | 6 | 65 | 6,629 | 104 | 6 | 65 |
| 10 | 103 | 7 | 66 | 6,860 | 103 | 7 | 66 | 6,565 | 103 | 7 | 64 |
| 11 | 102 | 8 | 68 | 6,852 | 102 | 8 | 65 | 6,502 | 102 | 8 | 64 |
| 12 | 101 | 9 | 67 | 6,842 | 101 | 9 | 66 | 6,438 | 101 | 9 | 65 |
| 13 | 100 | 10 | 69 | 6,832 | 100 | 10 | 65 | 6,375 | 100 | 10 | 64 |

**8** 設定座標軸的最大值與最小值，利用「標準」圖表的步驟完成圖表。「圖表標題」為「甜味」。將圖表的位置與大小調整成可置「甜味」欄位下方的大小。

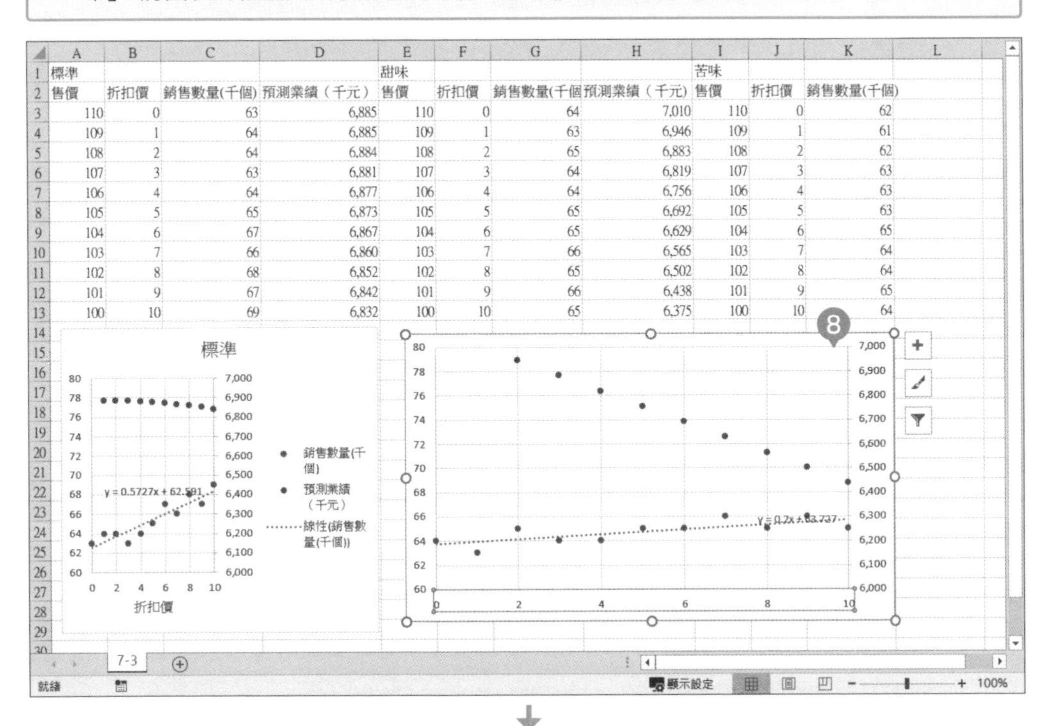

| | A | B | C | D | E | F | G | H | I | J | K |
|---|---|---|---|---|---|---|---|---|---|---|---|
| 1 | 標準 | | | | 甜味 | | | | 苦味 | | |
| 2 | 售價 | 折扣價 | 銷售數量(千個) | 預測業績（千元） | 售價 | 折扣價 | 銷售數量(千個 | 預測業績（千元） | 售價 | 折扣價 | 銷售數量(千個) |
| 3 | 110 | 0 | 63 | 6,885 | 110 | 0 | 64 | 7,010 | 110 | 0 | 62 |
| 4 | 109 | 1 | 64 | 6,885 | 109 | 1 | 63 | 6,946 | 109 | 1 | 61 |
| 5 | 108 | 2 | 64 | 6,884 | 108 | 2 | 65 | 6,883 | 108 | 2 | 62 |
| 6 | 107 | 3 | 63 | 6,881 | 107 | 3 | 64 | 6,819 | 107 | 3 | 63 |
| 7 | 106 | 4 | 64 | 6,877 | 106 | 4 | 64 | 6,756 | 106 | 4 | 63 |
| 8 | 105 | 5 | 65 | 6,873 | 105 | 5 | 65 | 6,692 | 105 | 5 | 63 |
| 9 | 104 | 6 | 67 | 6,867 | 104 | 6 | 65 | 6,629 | 104 | 6 | 65 |
| 10 | 103 | 7 | 66 | 6,860 | 103 | 7 | 66 | 6,565 | 103 | 7 | 64 |
| 11 | 102 | 8 | 68 | 6,852 | 102 | 8 | 65 | 6,502 | 102 | 8 | 64 |
| 12 | 101 | 9 | 67 | 6,842 | 101 | 9 | 66 | 6,438 | 101 | 9 | 65 |
| 13 | 100 | 10 | 69 | 6,832 | 100 | 10 | 65 | 6,375 | 100 | 10 | 64 |



**9**「甜味」圖表完成了。

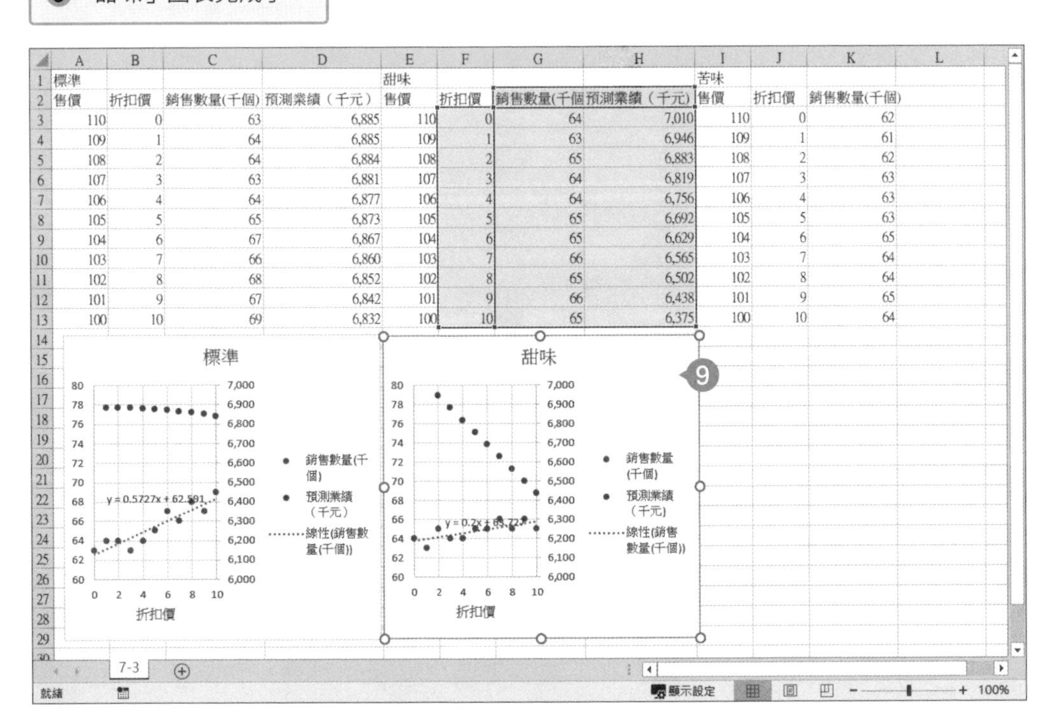

| | A | B | C | D | E | F | G | H | I | J | K |
|---|---|---|---|---|---|---|---|---|---|---|---|
| 1 | 標準 | | | | 甜味 | | | | 苦味 | | |
| 2 | 售價 | 折扣價 | 銷售數量(千個) | 預測業績（千元） | 售價 | 折扣價 | 銷售數量(千個 | 預測業績（千元） | 售價 | 折扣價 | 銷售數量(千個) |
| 3 | 110 | 0 | 63 | 6,885 | 110 | 0 | 64 | 7,010 | 110 | 0 | 62 |
| 4 | 109 | 1 | 64 | 6,885 | 109 | 1 | 63 | 6,946 | 109 | 1 | 61 |
| 5 | 108 | 2 | 64 | 6,884 | 108 | 2 | 65 | 6,883 | 108 | 2 | 62 |
| 6 | 107 | 3 | 63 | 6,881 | 107 | 3 | 64 | 6,819 | 107 | 3 | 63 |
| 7 | 106 | 4 | 64 | 6,877 | 106 | 4 | 64 | 6,756 | 106 | 4 | 63 |
| 8 | 105 | 5 | 65 | 6,873 | 105 | 5 | 65 | 6,692 | 105 | 5 | 63 |
| 9 | 104 | 6 | 67 | 6,867 | 104 | 6 | 65 | 6,629 | 104 | 6 | 65 |
| 10 | 103 | 7 | 66 | 6,860 | 103 | 7 | 66 | 6,565 | 103 | 7 | 64 |
| 11 | 102 | 8 | 68 | 6,852 | 102 | 8 | 65 | 6,502 | 102 | 8 | 64 |
| 12 | 101 | 9 | 67 | 6,842 | 101 | 9 | 66 | 6,438 | 101 | 9 | 65 |
| 13 | 100 | 10 | 69 | 6,832 | 100 | 10 | 65 | 6,375 | 100 | 10 | 64 |

# 確認最佳價格

2013 2016 2019

「甜味」圖表完成後，接著繪製「苦味」圖表。步驟與「甜味」相同，但資料的儲存格與儲存格範圍，還有預測業績公式請參考下表。

表 7-3-1

| | |
|---|---|
| 資料來源的儲存格範圍 | J2:K13 |
| 預測業績的儲存格範圍 | L2:L13 |
| 預測業績公式 | =（0.3273*J3+61.636）*I3 |
| 數列編輯的儲存格範圍① | ='7-3'!$L$2 |
| 數列編輯的儲存格範圍② | ='7-3'!$L$3:$L$13 |

三張圖表都完成後，最後要確認三種產品的價格彈性與最佳價格。

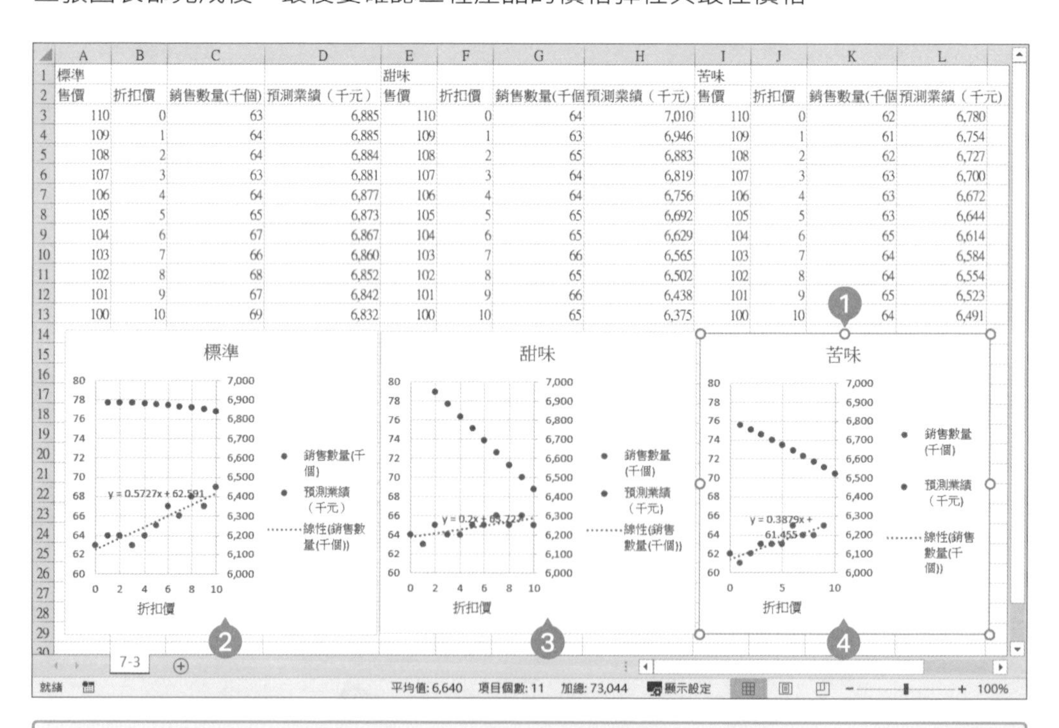

| | A | B | C | D | E | F | G | H | I | J | K | L |
|---|---|---|---|---|---|---|---|---|---|---|---|---|
| 1 | 標準 | | | | 甜味 | | | | 苦味 | | | |
| 2 | 售價 | 折扣價 | 銷售數量(千個) | 預測業績（千元） | 售價 | 折扣價 | 銷售數量(千個 | 預測業績（千元） | 售價 | 折扣價 | 銷售數量(千個 | 預測業績（千元） |
| 3 | 110 | 0 | 63 | 6,885 | 110 | 0 | 64 | 7,010 | 110 | 0 | 62 | 6,780 |
| 4 | 109 | 1 | 64 | 6,885 | 109 | 1 | 63 | 6,946 | 109 | 1 | 61 | 6,754 |
| 5 | 108 | 2 | 64 | 6,884 | 108 | 2 | 65 | 6,883 | 108 | 2 | 62 | 6,727 |
| 6 | 107 | 3 | 63 | 6,881 | 107 | 3 | 64 | 6,819 | 107 | 3 | 63 | 6,700 |
| 7 | 106 | 4 | 64 | 6,877 | 106 | 4 | 64 | 6,756 | 106 | 4 | 63 | 6,672 |
| 8 | 105 | 5 | 65 | 6,873 | 105 | 5 | 65 | 6,692 | 105 | 5 | 63 | 6,644 |
| 9 | 104 | 6 | 67 | 6,867 | 104 | 6 | 65 | 6,629 | 104 | 6 | 65 | 6,614 |
| 10 | 103 | 7 | 66 | 6,860 | 103 | 7 | 66 | 6,565 | 103 | 7 | 64 | 6,584 |
| 11 | 102 | 8 | 68 | 6,852 | 102 | 8 | 65 | 6,502 | 102 | 8 | 64 | 6,554 |
| 12 | 101 | 9 | 67 | 6,842 | 101 | 9 | 66 | 6,438 | 101 | 9 | 65 | 6,523 |
| 13 | 100 | 10 | 69 | 6,832 | 100 | 10 | 65 | 6,375 | 100 | 10 | 64 | 6,491 |



1. 參考上方的表格，以「甜味」的步驟繪製「苦味」欄位下方的圖表。
2. 從圖表可以發現，「標準」的價格彈性較高，而且降價也不太會影響業績，所以可調降價格，尤其調整 5 元（5%）更是不太會對業績造成影響，所以應該是最佳的降價幅度。
3. 「甜味」的價格彈性較低，而且降價會對業績造成明顯影響，所以保持原價較為妥當。
4. 利用文字方塊替三項產品追加基於圖表進行的價格彈性分析與業績預測結果。

## 8 繪製 PowerPoint 的投影片 2013 2016 2019

將 Excel 的這三張圖表貼入 PowerPoint 的投影片。標題為新商品最佳價格的設定重點，圖表下方則說明價格彈性的分析結果，讓整張投影片變得更具說服力。

1 利用 171 頁的步驟，以「只有標題」的方式新增投影片。

2 在標題輸入新商品最佳價格的設定重點。

1 「標準」的價彈性較高，降價也能兼顧業績與銷售數量。 2
根據分析結果，「標準」可於新商品進入市場之際調降價格5%，
藉此提升市佔率。

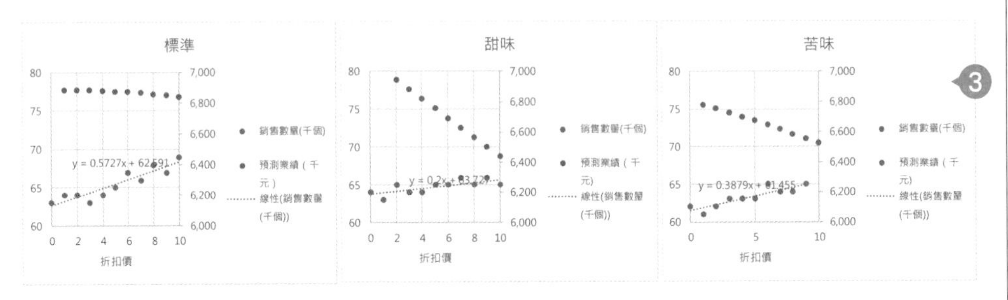


「標準」的價格彈性較高，降價5%，也能維持業績，同時增加銷售數量。

「甜味」的價格彈性較低，即使降價，也無法有效增加銷售數量，業績也會因為降價而大幅減少。

「苦味」的價格彈性也較低，即使降價，也無法有效增加銷售數量，業績也會因為降價而大幅減少。 4

3 利用 171 頁的步驟將 Excel 的三張圖表貼入投影片，同時調整位置與大小。

4 利用文字方塊替三項產品新增基於圖表進行的價格彈性分析與業績預測結果。

# 04 設定初期生產量

在此要預測新商品上市之際的銷售數量，設定適當的初期生產量。這次將利用迴歸分析預測這類銷售數量。之後要利用迴歸分析的結果製作說明新商品初期生產量的投影片。

## Point

- 根據易開罐咖啡（標準、甜味、苦味）的每月氣溫與實際銷售成績以及迴歸分析計算兩者之間的關聯性，接著利用 FORECAST 函數替相關性較高的產品預測銷售數量。
- 在這次的範例發現，天氣越冷，甜味的易開罐咖啡賣得越多，苦味則是在天氣較熱的時候銷路較好，而且今年預報為暖冬，所以將甜味的初期生產量設定得較少，苦味則設定得較多。

## Sample 說明新商品初期生產量的投影片

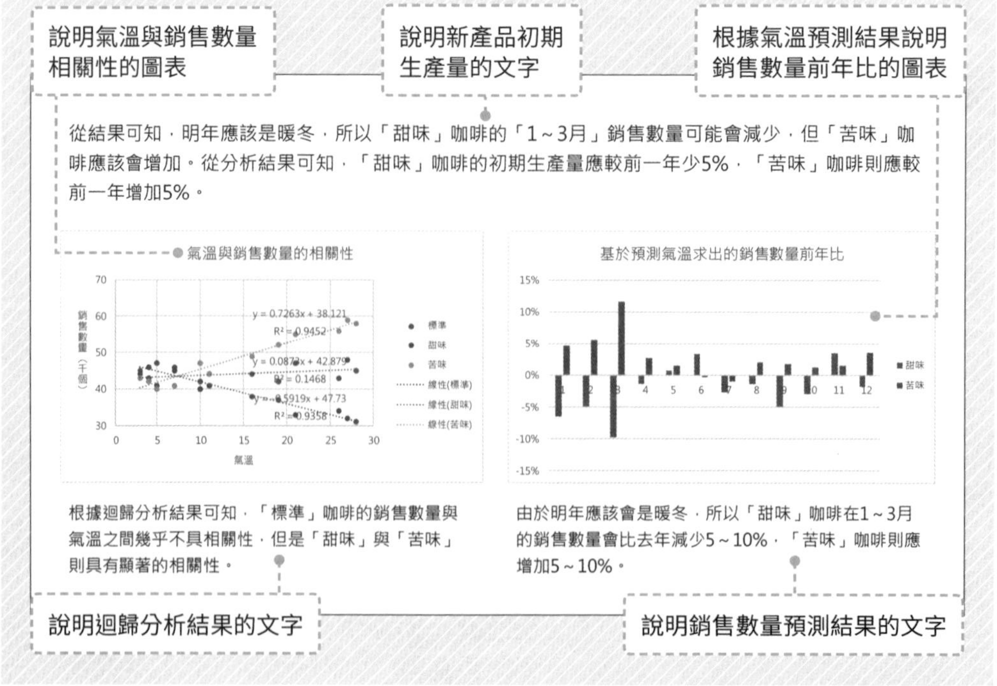

## 何謂迴歸分析

迴歸分析就是分析某個原因與結果的相關性的分析方法，主要可根據下列四個步驟進行。

1 繪製散佈圖　　2 求出迴歸公式

3 求出 R 平方值　　4 進行預測

讓我們試著以右圖的兩組資料進行迴歸分析。第一步先繪製這兩組資料的散佈圖，接著新增趨勢線（線性），然後勾選「圖表上顯示公式」與「圖表上顯示 R 平方值」這兩個選項，如此一來，根據結果繪製的散佈圖就會如下圖顯示迴歸公式與 R 平方值。

表 7-4-1

| 原因① | 結果① | 原因② | 結果② |
|---|---|---|---|
| 1 | -15 | 6 | -26 |
| 8 | -2 | 10 | -4 |
| 13 | 10 | 13 | 38 |
| 15 | 12 | 16 | -26 |
| 17 | 13 | 17 | 65 |
| 19 | 17 | 19 | -17 |
| 21 | 22 | 21 | 64 |
| 23 | 31 | 23 | 79 |
| 25 | 45 | 26 | 9 |
| 28 | 60 | 32 | 44 |
| 32 | 72 | 34 | 96 |
| 35 | 80 | 36 | 98 |
| 38 | 88 | 38 | 55 |
| 39 | 100 | 39 | 116 |
| 41 | 105 | 41 | 94 |

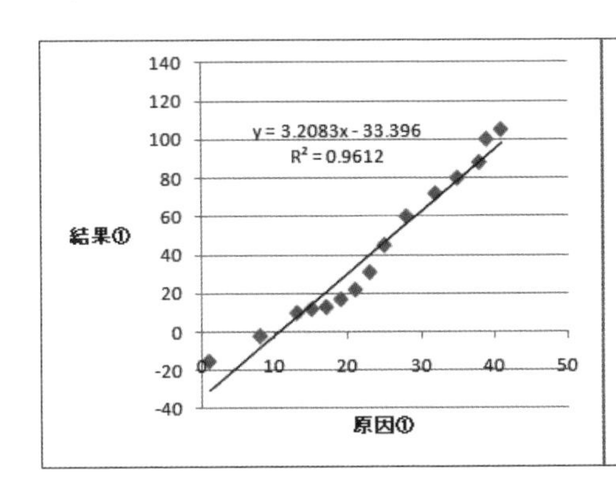


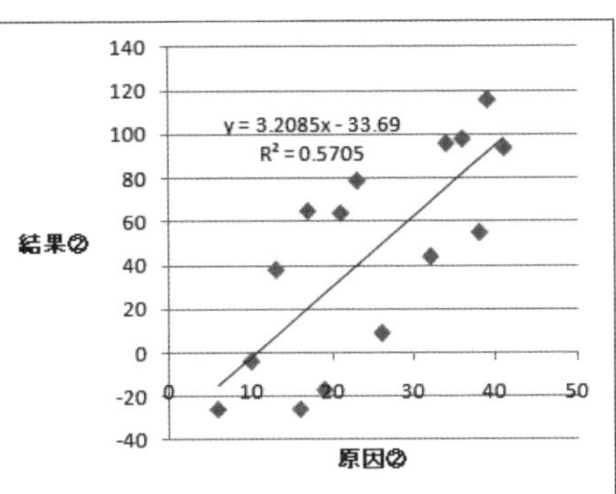


所謂迴歸公式就是說明原因與結果關聯性的公式，上面兩張圖的兩組資料幾乎可求出相同的迴歸公式，但是求出的 R 平方值卻完全不同。

R 平方值代表原因與結果之間的關聯性是否顯著（R 平方值越高，關聯性越顯著）。因此就第二組資料而言，原因與結果之間的關聯性應該不太顯著，此外，從第一組資料求出非常大的 R 平方值來看，可知第一組資料可利用迴歸公式進行預測。

假設求出可進行預測的迴歸公式，就可利用下列的方法根據原因的值，預測可能產生的結果。

- 將散佈圖的迴歸公式當成 Excel 的公式使用，藉此預測結果。
- 利用 FORECAST 函數預測結果。

後者的 FORECAST 函數可算出迴歸公式，所以不一定非得先繪製散佈圖或加入趨勢線，也能預測需要的結果。

## ❶ 計算氣溫與銷售數量的相關性

2013 2016 2019

根據範例資料替三個產品繪製說明氣溫與銷售數量相關性的散佈圖。指定作為標籤的列與欄儲存格範圍之後插入圖表，接著繪製各產品的趨勢線。此時可加入 R 平方值，求出相關性的強度。

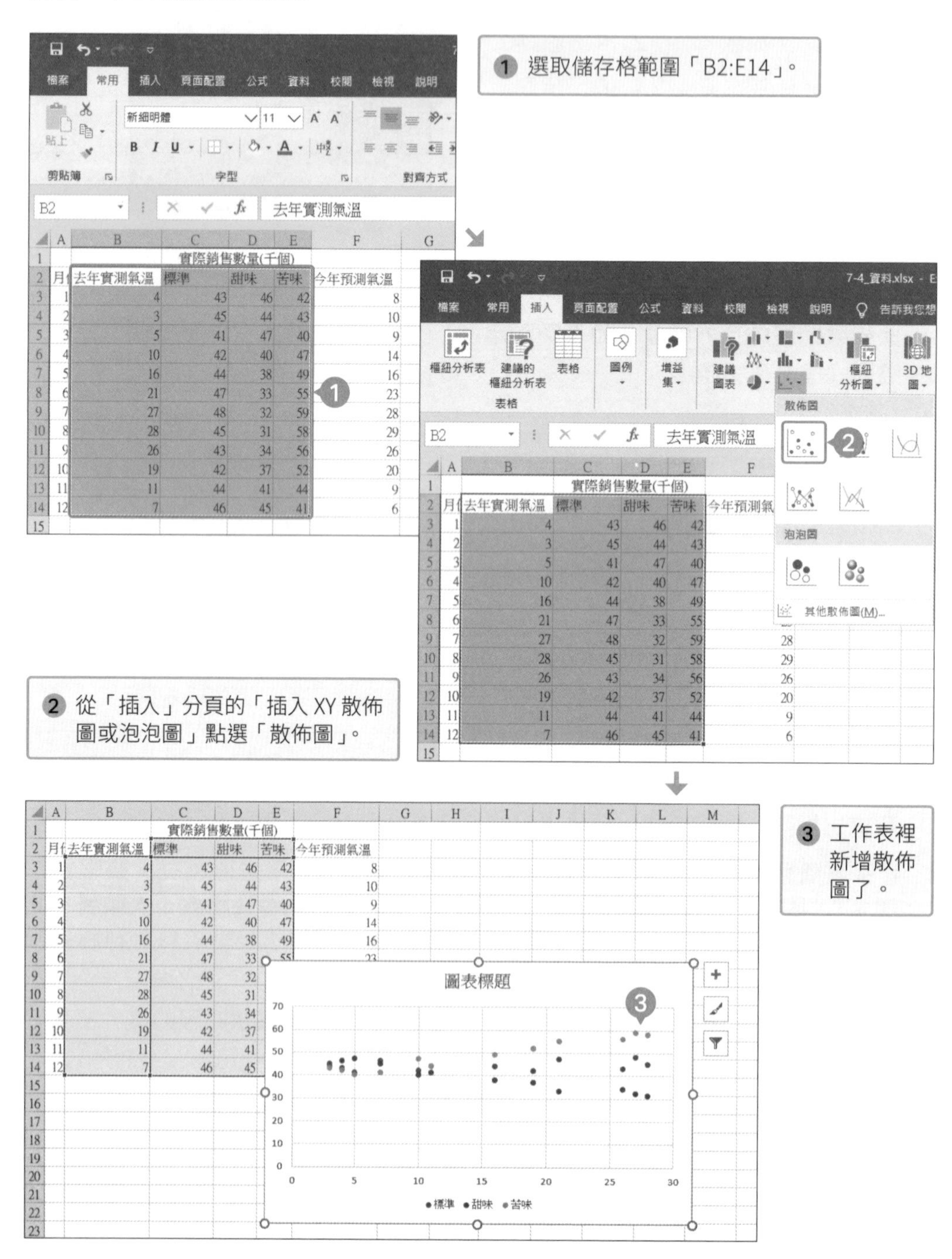

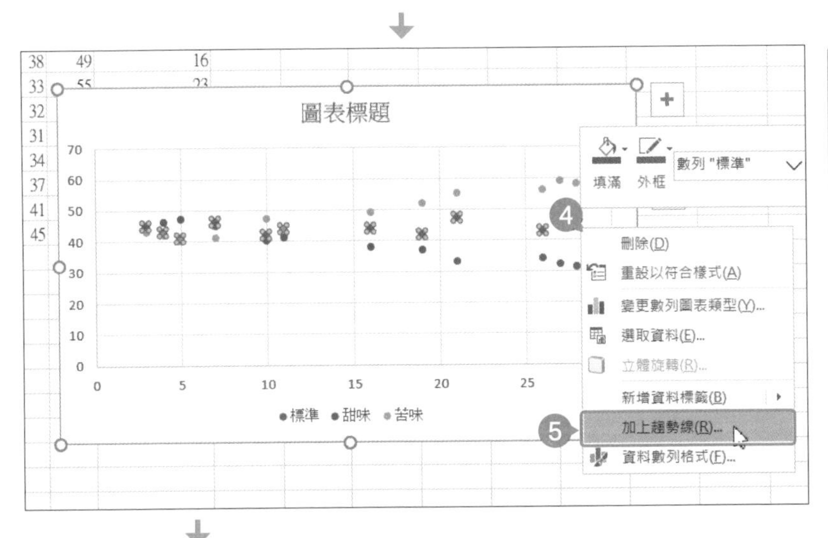


4 在標準產品的圖表資料上方按下滑鼠右鍵。

5 從彈出來的選單點選「加上趨勢線」。

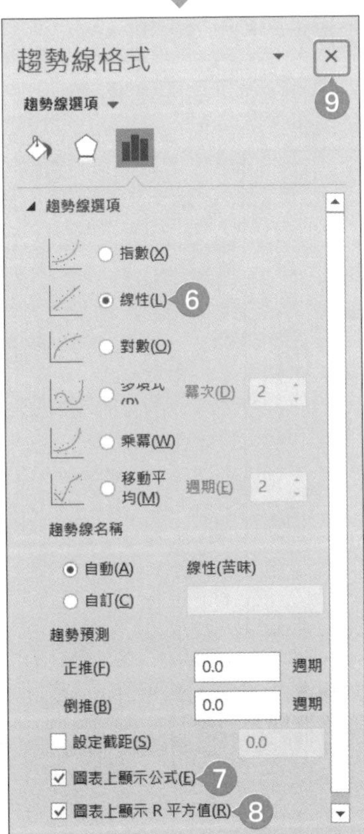


6 在「趨勢線格式」的「趨勢線選項」點選「線性」。

7 選擇「圖表上顯示公式」。

8 選擇「圖表上顯示 R 平方值」。

9 點選「×」關閉「趨勢線格式」畫面。

10 散佈圖新增了趨勢線、公式與 R 平方值。以迴歸分析計算「標準」資料之後，得到「0.1468」這個 R 平方值，也發現氣溫與銷售數量的關聯性非常弱。

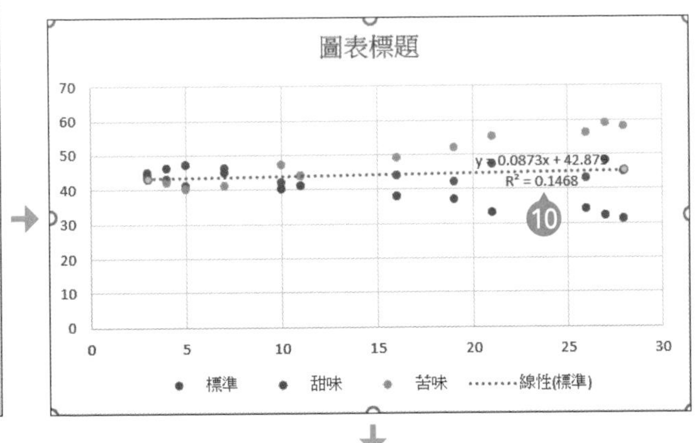

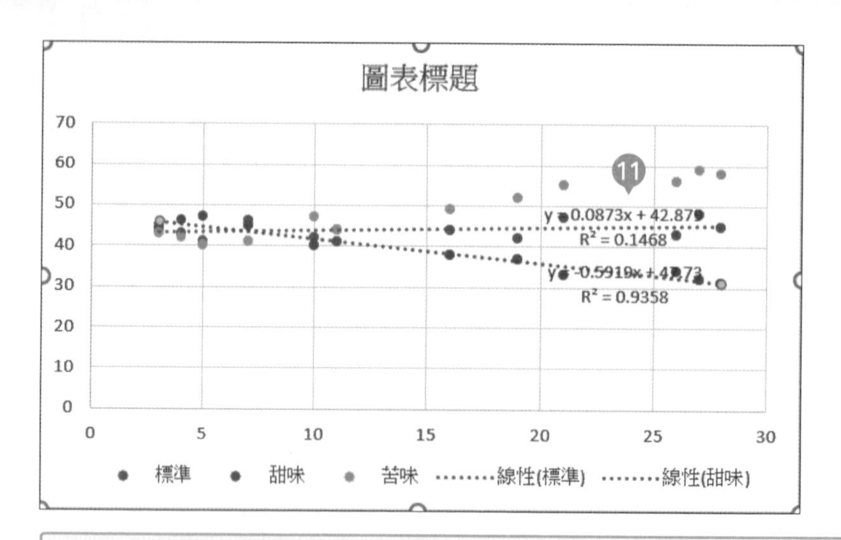


⑪ 利用「標準」圖表的步驟替「甜味」的資料新增趨勢線、公式與 R 平方值。求得的 R 平方值為 0.9358，代表「甜味」的銷售數量與氣溫之間具有極顯著的相關性，而且從斜率可以發現，氣溫越高銷售數量越低。

↓

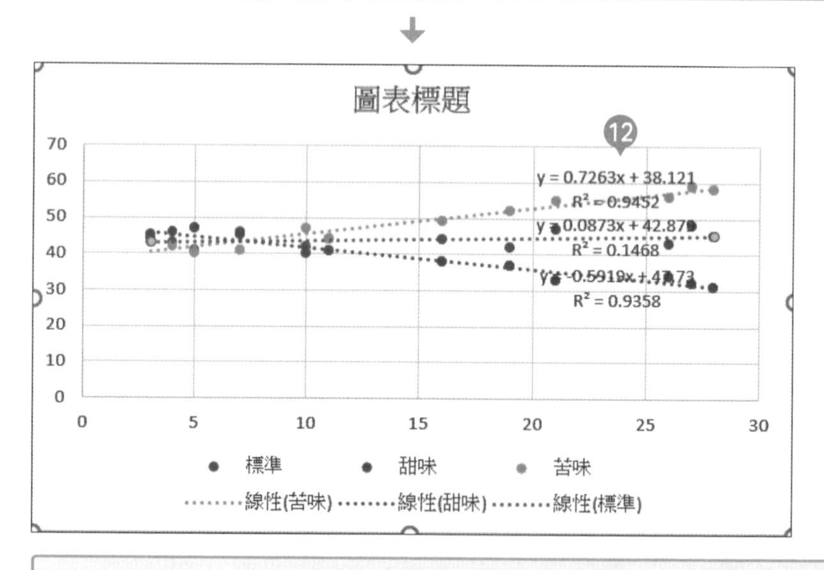


⑫ 利用「甜味」圖表的步驟替「苦味」資料新增趨勢線、公式與 R 平方值。求得的 R 平方值為 0.9452，代表「苦味」的銷售數量與氣溫之間具有極顯著的相關性，而且從斜率可以發現，氣溫越高銷售數量越多。

## ❷ 完成相關性的圖表 2013 2016 2019

從迴歸分析可知，「標準」這項產品的銷售數量與氣溫沒什麼關聯性，而「甜味」與「苦味」這兩項產品的這類關聯性則非常顯著。為了讓圖表變得更容易閱讀，接下來要設定座標軸的最大值、最小值、座標軸標題、圖表標題。最後還要調整圖表的位置，圖表就完成了。

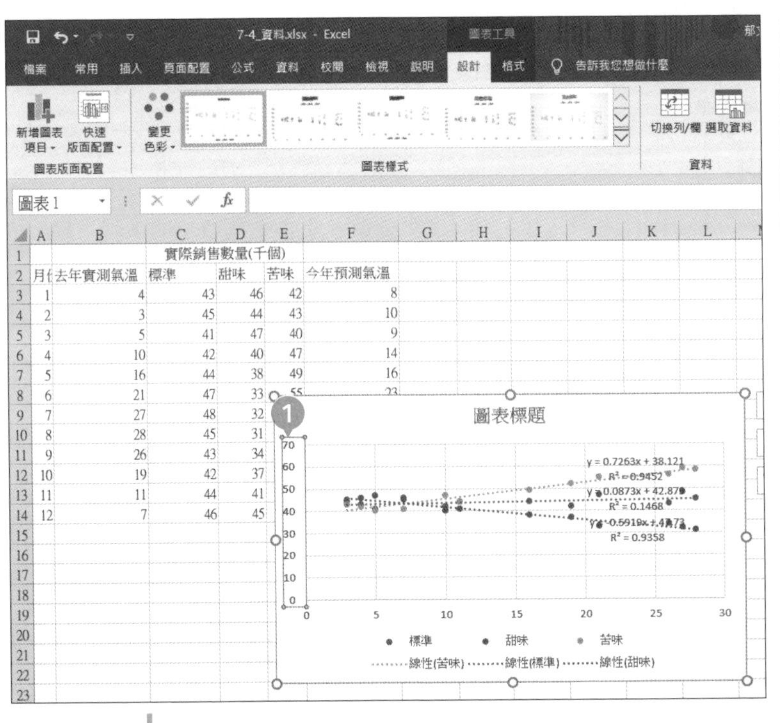


1. 雙點垂直軸。
2. 在「座標軸格式」的「座標軸選項」設定「範圍」的「最小值」為「30」。
3. 在「座標軸格式」的「座標軸選項」設定「範圍」的「最大值」為「60」。
4. 點選「×」，關閉「座標軸格式」畫面。
5. 直軸的最大值與最小值改變了。

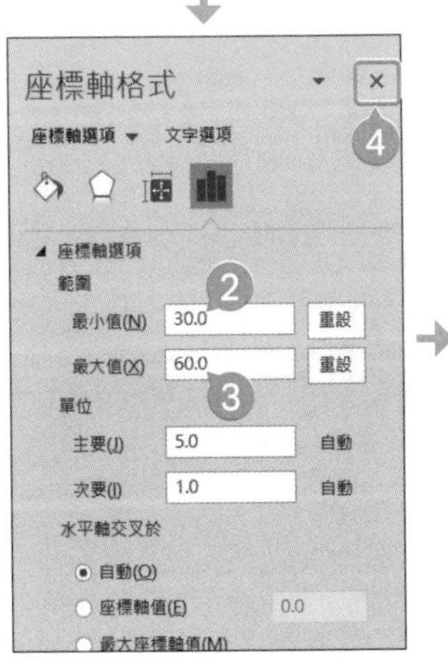


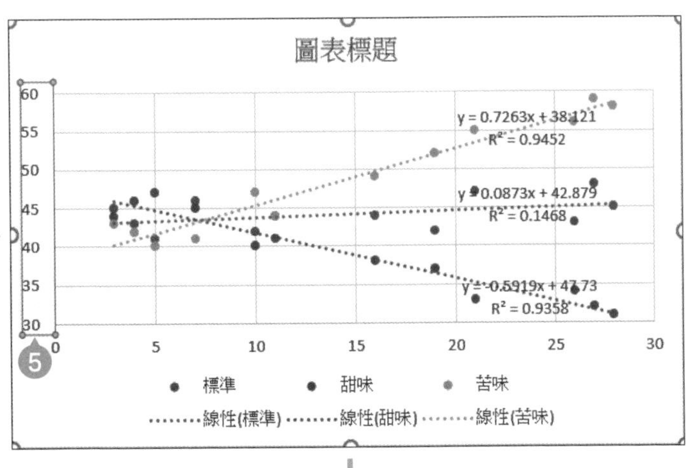

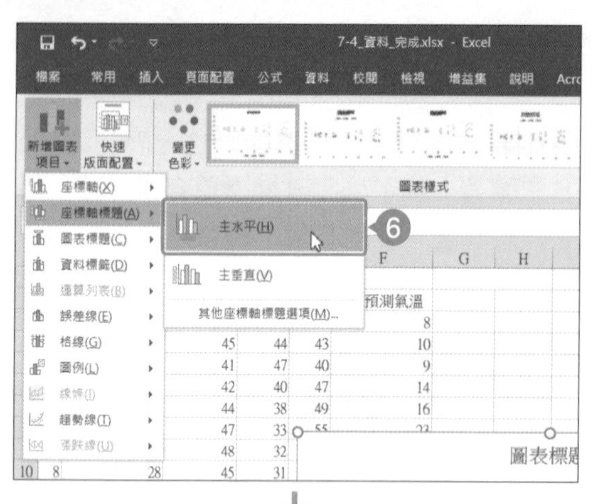


6 在「圖表工具」的「設計」分頁點選「新增圖表項目」→「座標軸標題」→「主水平」。

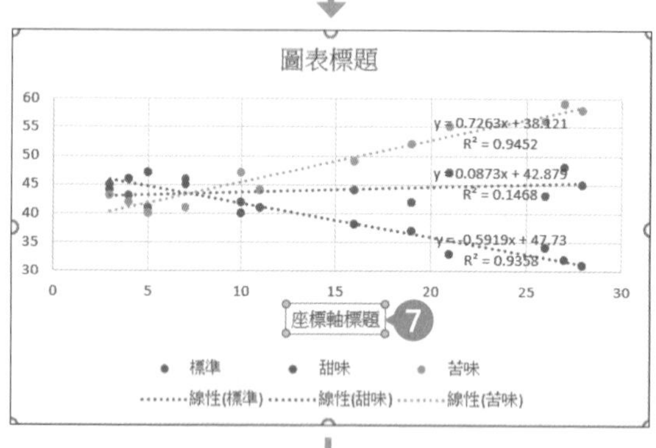


7 雙點「座標軸標題」的區塊，輸入「氣溫」。

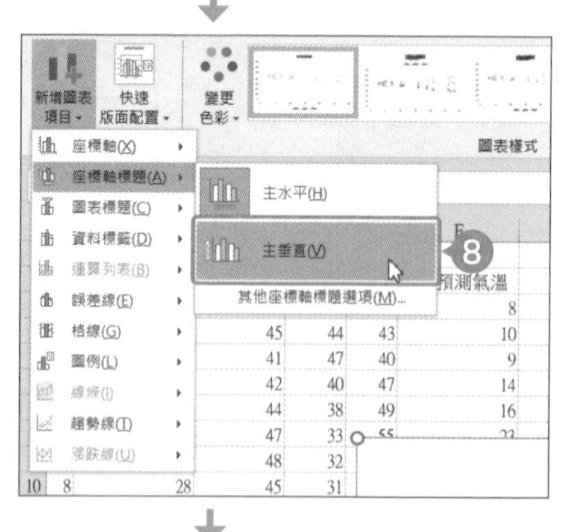


8 在「圖表工具」的「設計」分頁點選「新增圖表項目」→「座標軸標題」→「主垂直」。

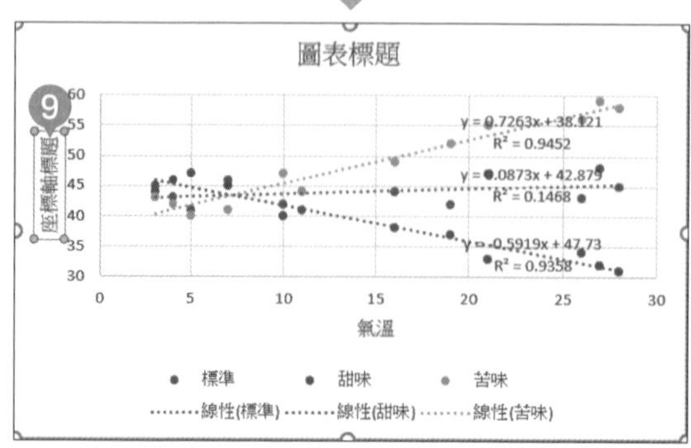


9 雙點「座標軸標題」的區塊，輸入「銷售數量（千個）」。

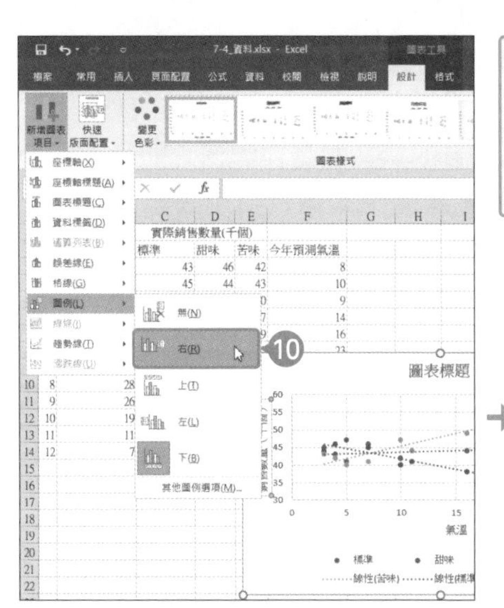


10 在「圖表工具」的「設計」分頁點選「新增圖表項目」→「圖例」→「右」。

11 雙點「圖表標題」，輸入「氣溫與銷售數量的相關性」。

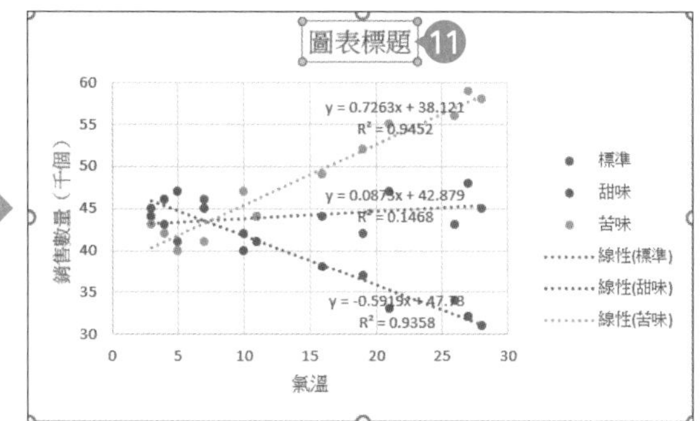


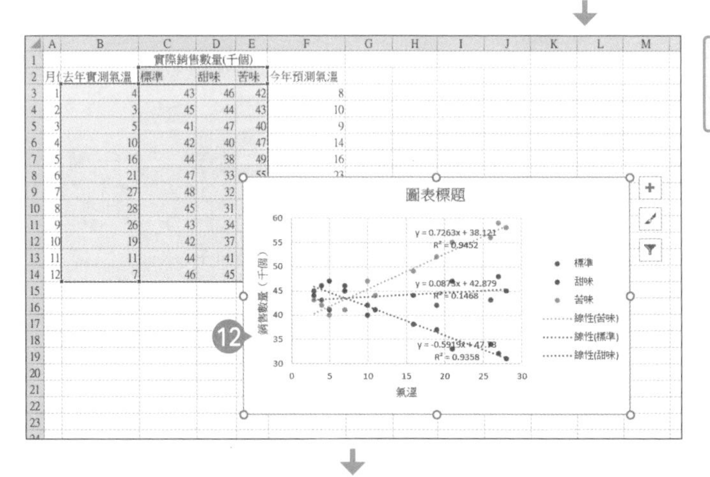


12 將圖表拖曳至範例資料下方。

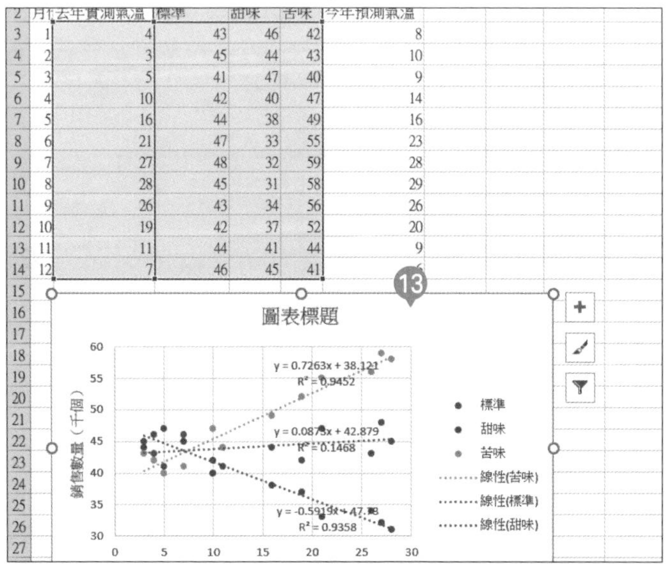


13 相關性圖表完成了。

## ❸ 預測銷售數量

2013 2016 2019

從「甜味」與「苦味」的迴歸分析結果可知，兩者的銷售數量與氣溫之間具有顯著的相關性，換言之，在氣溫的影響下，兩者的生產量不太適合沿用去年的設定，所以要根據今年的預估氣溫預測銷售數量。用來預測銷售數量的是 FORECAST 函數，之後為了判讀預測結果的傾向，必須另外計算去年比。

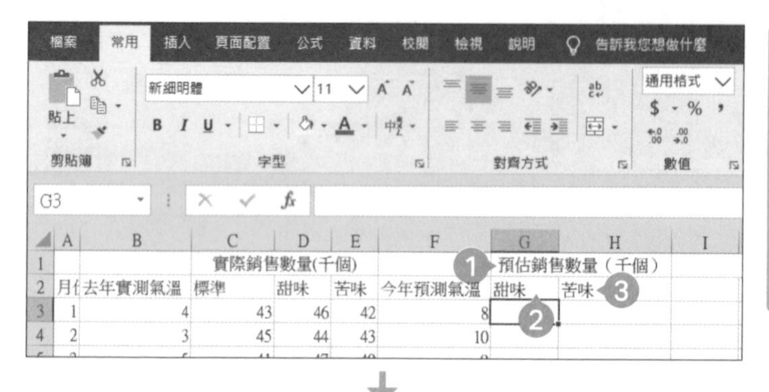


❶ 在儲存格「G1」輸入「預估銷售數量（千個）」。

❷ 在儲存格「G2」輸入「甜味」。

❸ 在儲存格「H2」輸入「苦味」。

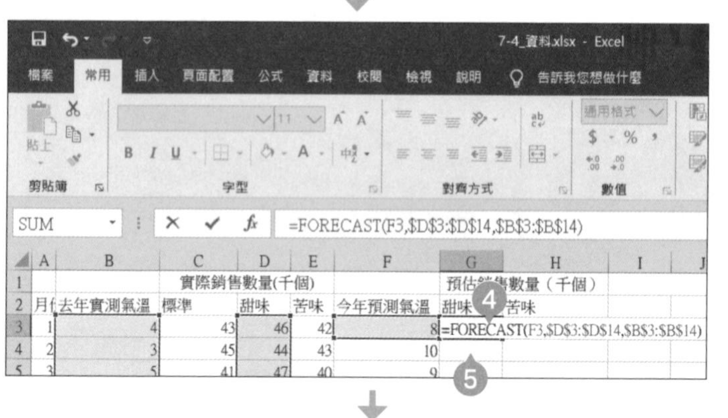


❹ 在儲存格「G3」輸入「=FORECAST(F3,$D$3:$D$14,$B$3:$B$14)」。

❺ 將儲存格「G3」的公式複製到儲存格範圍「G4:G14」。

❻ 在儲存格「H3」輸入「=FORECAST(F3,$E$3:$E$14,$B$3:$B$14)」。

❼ 將儲存格「H3」的公式複製到儲存格範圍「H4:H14」。

| | A | B | C | D | E | F | G | H |
|---|---|---|---|---|---|---|---|---|
| 1 | | | 實際銷售數量(千個) | | | | 預估銷售數量（千個） | |
| 2 | 月份 | 去年實測氣溫 | 標準 | 甜味 | 苦味 | 今年預測氣溫 | 甜味 | 苦味 |
| 3 | 1 | 4 | 43 | 46 | 42 | 8 | 42.99529 | =FORECAST(F3,$E$3:$E$14,$B$3:$B$14) |
| 4 | 2 | 3 | 45 | 44 | 43 | 10 | 41.8115 | |
| 5 | 3 | 5 | 41 | 47 | 40 | 9 | 42.4034 | |
| 6 | 4 | 10 | 42 | 40 | 47 | 14 | 39.44392 | |
| 7 | 5 | 16 | 44 | 38 | 49 | 16 | 38.26013 | |
| 8 | 6 | 21 | 47 | 33 | 55 | 23 | 34.11686 | |
| 9 | 7 | 27 | 48 | 32 | 59 | 28 | 31.15739 | |
| 10 | 8 | 28 | 45 | 31 | 58 | 29 | 30.56549 | |
| 11 | 9 | 26 | 43 | 34 | 56 | 26 | 32.34118 | |
| 12 | 10 | 19 | 42 | 37 | 52 | 20 | 35.89255 | |
| 13 | 11 | 11 | 44 | 41 | 44 | 9 | 42.4034 | |
| 14 | 12 | 7 | 46 | 45 | 41 | 6 | 44.17908 | |

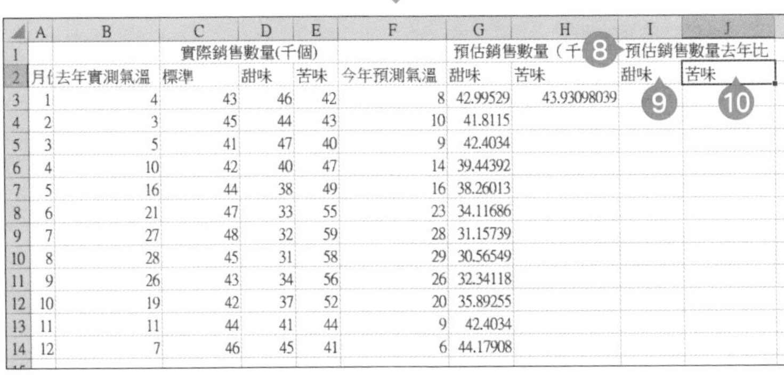

| | A | B | C | D | E | F | G | H | I | J |
|---|---|---|---|---|---|---|---|---|---|---|
| 1 | | | 實際銷售數量(千個) | | | | 預估銷售數量（千 | | 預估銷售數量去年比 | |
| 2 | 月( | 去年實測氣溫 | 標準 | 甜味 | 苦味 | 今年預測氣溫 | 甜味 | 苦味 | 甜味 | 苦味 |
| 3 | 1 | 4 | 43 | 46 | 42 | 8 | 42.99529 | 43.93098039 | | |
| 4 | 2 | 3 | 45 | 44 | 43 | 10 | 41.8115 | | | |
| 5 | 3 | 5 | 41 | 47 | 40 | 9 | 42.4034 | | | |
| 6 | 4 | 10 | 42 | 40 | 47 | 14 | 39.44392 | | | |
| 7 | 5 | 16 | 44 | 38 | 49 | 16 | 38.26013 | | | |
| 8 | 6 | 21 | 47 | 33 | 55 | 23 | 34.11686 | | | |
| 9 | 7 | 27 | 48 | 32 | 59 | 28 | 31.15739 | | | |
| 10 | 8 | 28 | 45 | 31 | 58 | 29 | 30.56549 | | | |
| 11 | 9 | 26 | 43 | 34 | 56 | 26 | 32.34118 | | | |
| 12 | 10 | 19 | 42 | 37 | 52 | 20 | 35.89255 | | | |
| 13 | 11 | 11 | 44 | 41 | 44 | 9 | 42.4034 | | | |
| 14 | 12 | 7 | 46 | 45 | 41 | 6 | 44.17908 | | | |



**8** 在儲存格「I1」輸入「預估銷售數量去年比」。

**9** 在儲存格「I2」輸入「甜味」。

**10** 在儲存格「J2」輸入「苦味」。

| | A | B | C | D | E | F | G | H | I | J |
|---|---|---|---|---|---|---|---|---|---|---|
| 1 | | | 實際銷售數量(千個) | | | | 預估銷售數量（千個） | | 預估銷售數量去年比 | |
| 2 | 月( | 去年實測氣溫 | 標準 | 甜味 | 苦味 | 今年預測氣溫 | 甜味 | 苦味 | 甜味 | 苦味 |
| 3 | 1 | 4 | 43 | 46 | 42 | 8 | 42.99529 | 43.930 | =G3/D3-1 | |
| 4 | 2 | 3 | 45 | 44 | 43 | 10 | 41.8115 | 45.38352 | | |
| 5 | 3 | 5 | 41 | 47 | 40 | 9 | 42.4034 | 44.657 | | |
| 6 | 4 | 10 | 42 | 40 | 47 | 14 | 39.44392 | 48.28862745 | | |
| 7 | 5 | 16 | 44 | 38 | 49 | 16 | 38.26013 | 49.74117647 | | |
| 8 | 6 | 21 | 47 | 33 | 55 | 23 | 34.11686 | 54.82509804 | | |
| 9 | 7 | 27 | 48 | 32 | 59 | 28 | 31.15739 | 58.45647059 | | |
| 10 | 8 | 28 | 45 | 31 | 58 | 29 | 30.56549 | 59.1827451 | | |
| 11 | 9 | 26 | 43 | 34 | 56 | 26 | 32.34118 | 57.00392157 | | |
| 12 | 10 | 19 | 42 | 37 | 52 | 20 | 35.89255 | 52.64627451 | | |
| 13 | 11 | 11 | 44 | 41 | 44 | 9 | 42.4034 | 44.6572549 | | |
| 14 | 12 | 7 | 46 | 45 | 41 | 6 | 44.17908 | 42.47843137 | | |

**11** 在儲存格「I3」輸入「=G3/D3-1」。

**12** 將儲存格「I3」的公式複製到儲存格範圍「I4:J4」。

| | A | B | C | D | E | F | G | H | I | J |
|---|---|---|---|---|---|---|---|---|---|---|
| 1 | | | 實際銷售數量(千個) | | | | 預估銷售數量（千個） | | 預估銷售數量去年比 | |
| 2 | 月( | 去年實測氣溫 | 標準 | 甜味 | 苦味 | 今年預測氣溫 | 甜味 | 苦味 | 甜味 | 苦味 |
| 3 | 1 | 4 | 43 | 46 | 42 | 8 | 42.99529 | 43.93098039 | -7% | 5% |
| 4 | 2 | 3 | 45 | 44 | 43 | 10 | 41.8115 | 45.38352941 | -5% | 6% |
| 5 | 3 | 5 | 41 | 47 | 40 | 9 | 42.4034 | 44.6572549 | -10% | 12% |
| 6 | 4 | 10 | 42 | 40 | 47 | 14 | 39.44392 | 48.28862745 | -1% | 3% |
| 7 | 5 | 16 | 44 | 38 | 49 | 16 | 38.26013 | 49.74117647 | 1% | 2% |
| 8 | 6 | 21 | 47 | 33 | 55 | 23 | 34.11686 | 54.82509804 | 3% | 0% |
| 9 | 7 | 27 | 48 | 32 | 59 | 28 | 31.15739 | 58.45647059 | -3% | -1% |
| 10 | 8 | 28 | 45 | 31 | 58 | 29 | 30.56549 | 59.1827451 | -1% | 2% |
| 11 | 9 | 26 | 43 | 34 | 56 | 26 | 32.34118 | 57.00392157 | -5% | 2% |
| 12 | 10 | 19 | 42 | 37 | 52 | 20 | 35.89255 | 52.64627451 | -3% | 1% |
| 13 | 11 | 11 | 44 | 41 | 44 | 9 | 42.4034 | 44.6572549 | 3% | 1% |
| 14 | 12 | 7 | 46 | 45 | 41 | 6 | 44.17908 | 42.47843137 | -2% | 4% |



**13** 顯示預估銷售數量去年比。從預測氣溫來看，今年的冬天較前年溫暖，所以「甜味」在 1～3 月的銷售數量應該會減少，而「苦味」的銷售數量則應該會增加。

# ❹ 預估銷售數量繪製成圖表

2013 2016 2019

根據銷售數量與去年比資料預估之後，的「甜味」咖啡在今年 1 ～ 3 月的銷售數量會因暖冬的影響減少，而「苦味」咖啡則會增加。要在 PowerPoint 說明這個結果的話，必須使用去年比資料繪製圖表，方便觀眾閱讀資料。

❶ 選取儲存格範圍「I2:J14」。

❷ 從「插入」分頁的「插入直條圖或橫條圖」點選「群組直條圖」。

》Excel 2013 的情況：

在「插入」分頁點選「插入直條圖」再點選「群組直條圖」。

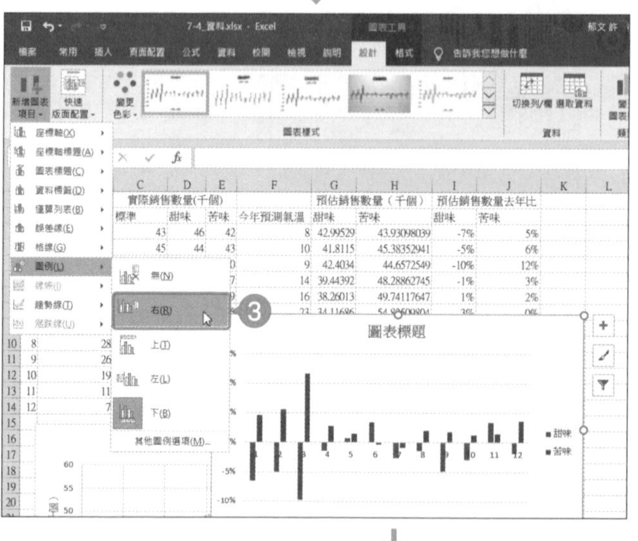

❸ 從「圖表工具」的「設計」分頁點選「新增圖表項目」→「圖例」→「右」。

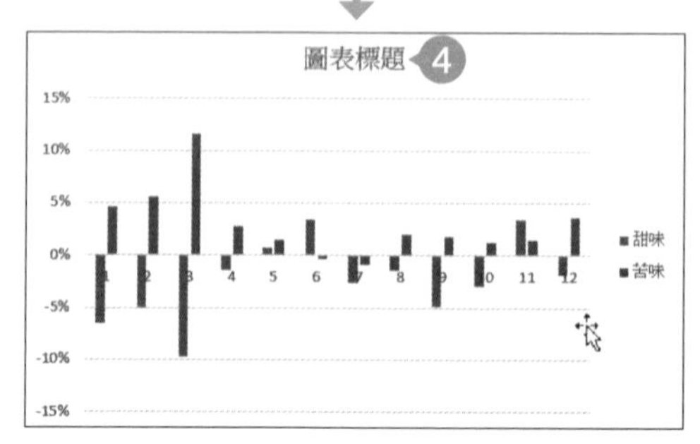


❹ 雙點「圖表標題」，輸入「基於預測氣溫求出的銷售數量去年比」。

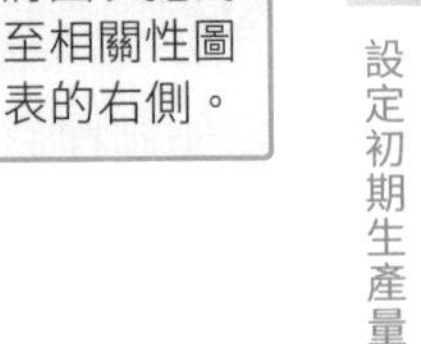


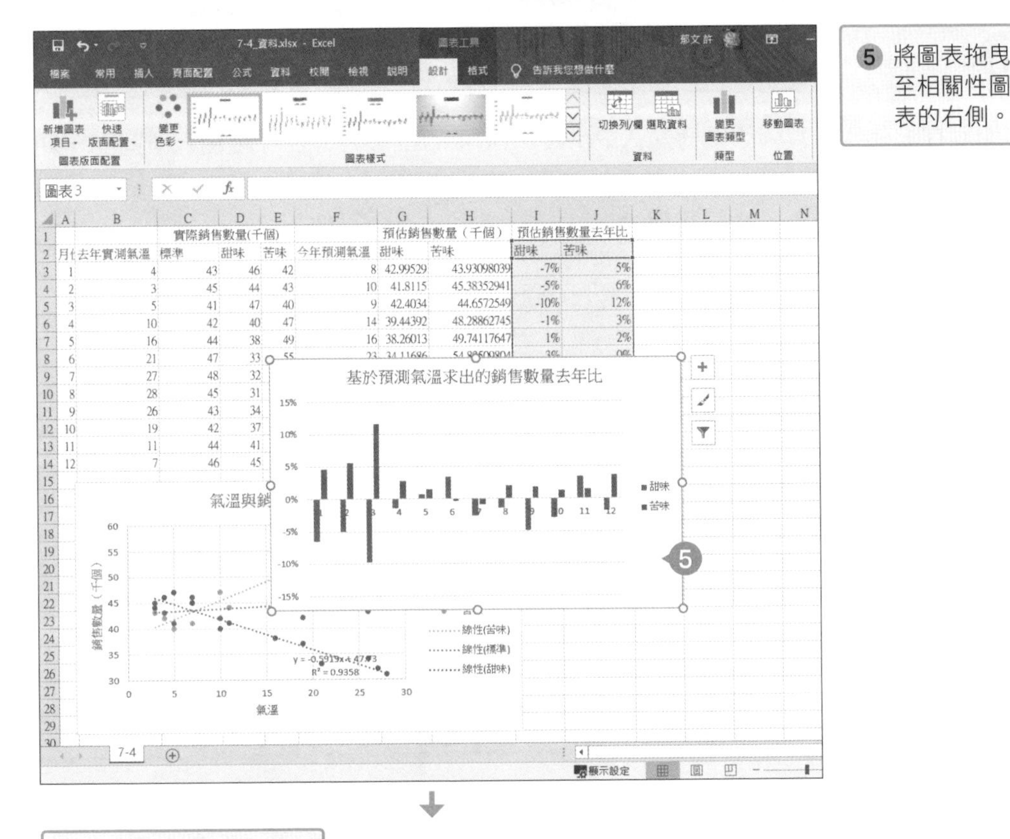


6 去年比圖表完成了。

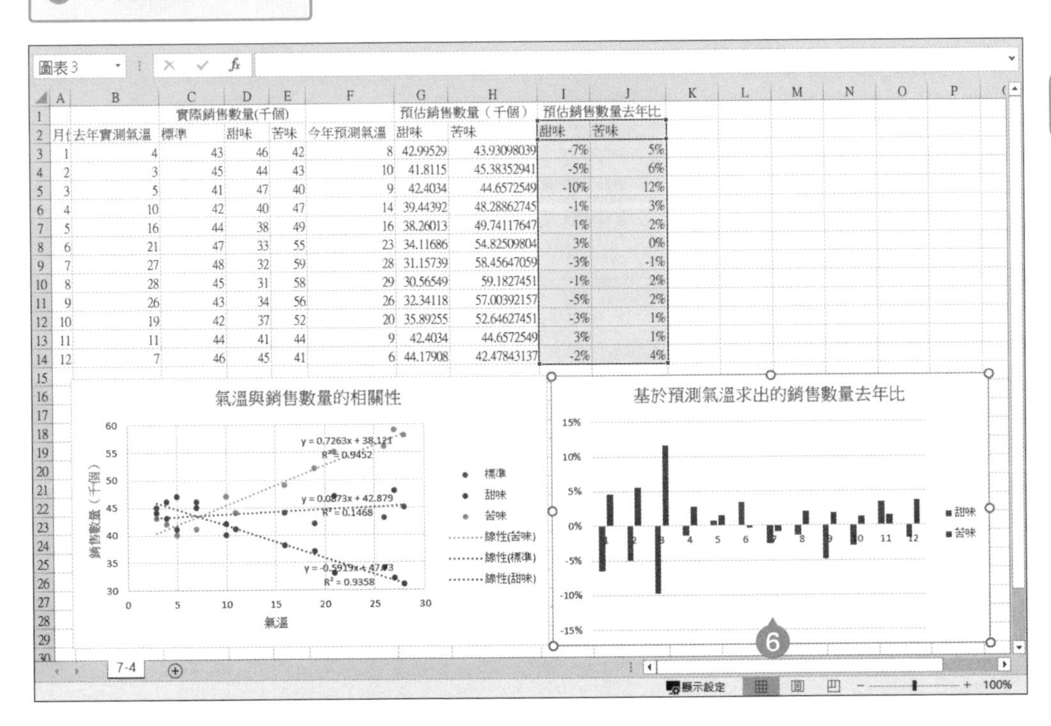

|  | A | B | C | D | E | F | G | H | I | J |
|---|---|---|---|---|---|---|---|---|---|---|
| 1 |  |  | 實際銷售數量(千個) |  |  |  | 預估銷售數量（千個） |  | 預估銷售數量去年比 |  |
| 2 | 月份 | 去年實測氣溫 | 標準 | 甜味 | 苦味 | 今年預測氣溫 | 甜味 | 苦味 | 甜味 | 苦味 |
| 3 | 1 | 4 | 43 | 46 | 42 | 8 | 42.99529 | 43.93098039 | -7% | 5% |
| 4 | 2 | 3 | 45 | 44 | 43 | 10 | 41.8115 | 45.38352941 | -5% | 6% |
| 5 | 3 | 5 | 41 | 47 | 40 | 9 | 42.4034 | 44.6572549 | -10% | 12% |
| 6 | 4 | 10 | 42 | 40 | 47 | 14 | 39.44392 | 48.28862745 | -1% | 3% |
| 7 | 5 | 16 | 44 | 38 | 49 | 16 | 38.26013 | 49.74117647 | 1% | 2% |
| 8 | 6 | 21 | 47 | 33 | 55 | 23 | 34.11686 | 54.82509804 | 3% | 0% |
| 9 | 7 | 27 | 48 | 32 | 59 | 28 | 31.15739 | 58.45647059 | -3% | -1% |
| 10 | 8 | 28 | 45 | 31 | 58 | 29 | 30.56549 | 59.1827451 | -1% | 2% |
| 11 | 9 | 26 | 43 | 34 | 56 | 26 | 32.34118 | 57.00392157 | -5% | 2% |
| 12 | 10 | 19 | 42 | 37 | 52 | 20 | 35.89255 | 52.64627451 | -3% | 1% |
| 13 | 11 | 11 | 44 | 41 | 44 | 9 | 42.4034 | 44.6572549 | 3% | 1% |
| 14 | 12 | 7 | 46 | 45 | 41 | 6 | 44.17908 | 42.47843137 | -2% | 4% |

## 5 製作 PowerPoint 投影片

將剛剛在 Excel 繪製兩張圖表貼入 PowerPoint 的投影片。在標題輸入新商品初期生產量與設定此產量的過程，並在圖表下方說明迴歸分析與 FORECAST 函數預測的銷售數量，讓投影片更具說服力。

1. 用 171 頁的步驟新增「只有標題」的投影片。
2. 在標題物件輸入新商品初期生產量設定過程的說明。

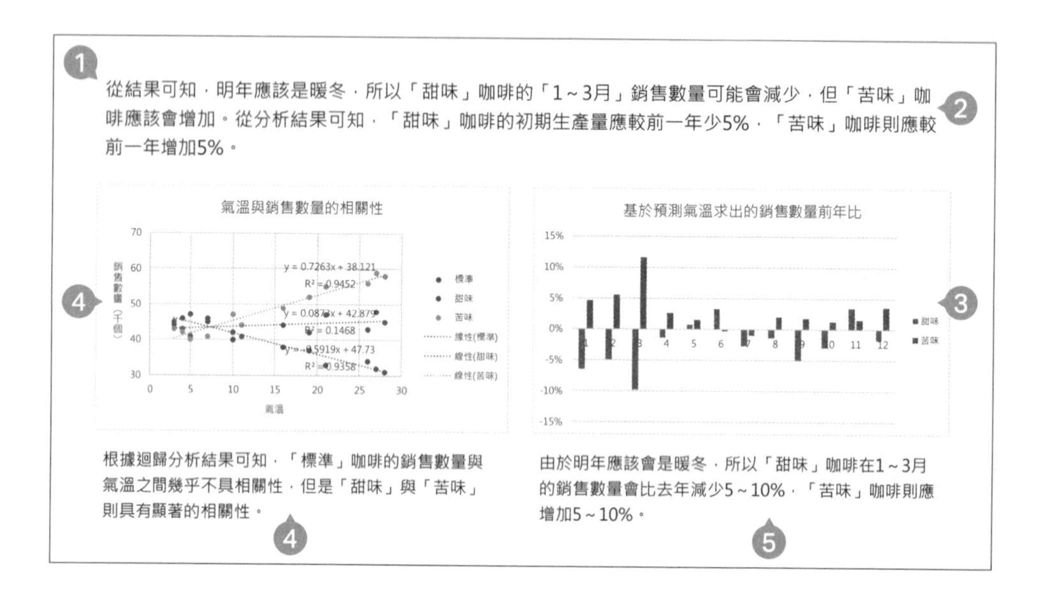


3. 利用 171 頁的步驟將 Excel 的這兩張圖表貼入投影片，再調整位置與大小。
4. 利用文字方塊工具在相關性圖表下方新增迴歸分析結果的說明。
5. 利用文字方塊工具在去年比圖表下方新增 FORECAST 函數的銷售數量預測結果說明。

Chapter 08

# 製作促銷提案書

業務企劃負責人常做的簡報之一為促銷提案書，此時必用的資料分析手法包含 Z 形圖、扇形圖、ABC 分析。本章預設戶外用品製造商的業務企劃負責人要製作促銷提案書，並且要透過製作過程說明上述的資料分析手法與製作簡報的方法。

# 01 分析各部門業績

要成功促銷，就必須正確掌握現狀，了解該促銷的商品。第一步要先利用 Z 形圖掌握各部門業績整體趨勢，並且要製作投影片，說明選擇該部門作為促銷重點的理由。

**Point**

- 假設戶外用品製造商的業務企劃負責人為了制定積極的促銷企劃，而選擇業績持續成長的部門。
- 從前月比這種短期評估或淡旺季色彩濃厚的時間軸圖表，無法找出業績持續成長的部門。
- 因此要根據去年與今年的實際業績繪製 Z 形圖，再根據各部門的 Z 形圖形狀、斜率分析業績，找出業績持續成長的部門。

**Sample** 說明選擇促銷重點部門理由的投影片

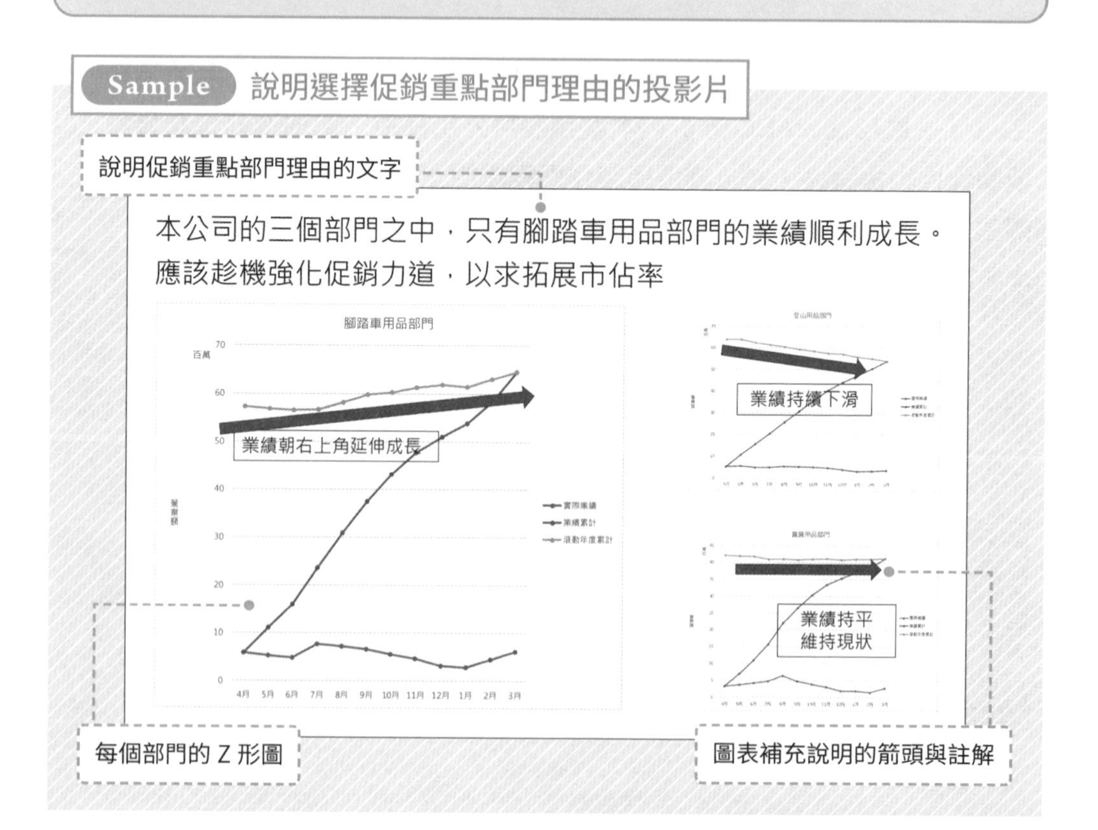

# 何謂 Z 形圖

Z 形圖就是以不同的折線呈現「每月業績」、「業績累計」與「滾動年度累計」的圖表，由於這三條折線會形成「Z」型，所以又稱為 Z 形圖。

從 Z 形圖除了可看出每月的業績趨勢，也能看出本年度的業績累計（= 業績累計）與最近一年的業績累計（= 滾動年度累計），因此可分析每月的業績變化，或是不具季節色彩的業績變化。

## 單純的每月業績折線圖

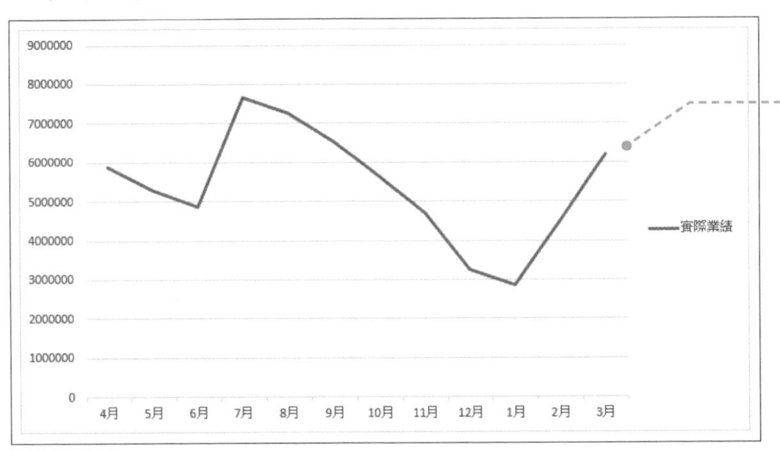


僅有每月變動資料與季節變動資料，所以很難看出業績是否成長。

## Z 形圖

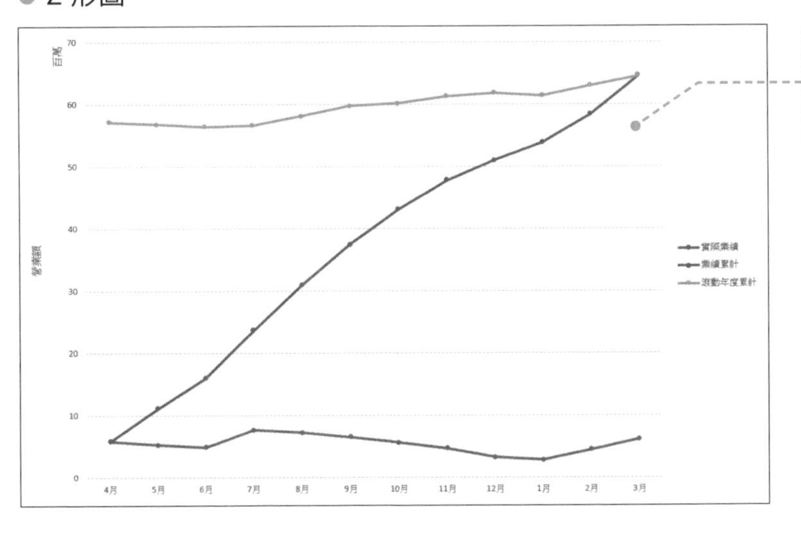


加上滾動年度累計就能判斷業績是否成長

### 繪製 Z 形圖所需的資料

繪製 Z 形圖需要下列三種資料：

## ● 每月業績資料

記錄每月營業額的資料。

## ● 業績累計資料

這是累計每月業績的資料，也就是在當月業績加上之前月份業績累計的總和。若每月業績固定，圖表將會是 45 度的直線，假設業績持續減少，圖表將是弓型的弧線，若業績持續增加，圖表則是碗型的弧線。

假設比較每月業績固定的 a、業績持續減少的 b 與業績持續增加的 c，會得到下列的圖表（假設年度營業額的總和相同）。

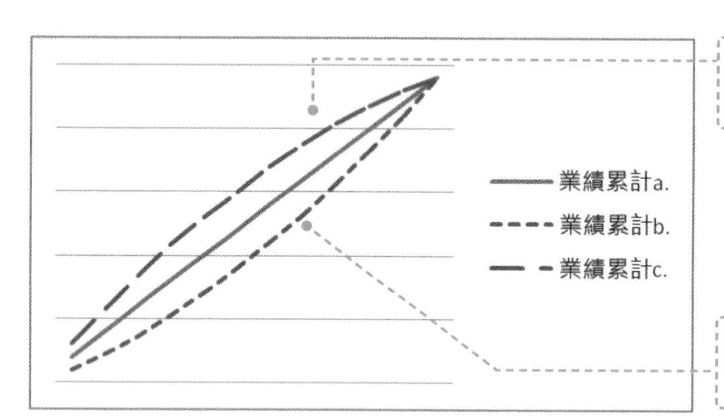


## ● 滾動年度累計

在當月業績加上過去十一個月資料的累計資料，即是近一年來的業績累計值。這種資料沒有季節變動的因素，所以能正確掌握大致的趨勢。假設滾動年度累計的圖表呈水平方向，代表維持現狀，假設呈右上方向，代表有增加傾向，呈右下方向則有減少傾向。

滾動年度累計可根據下列的方式求出。

2018 年 1 月的滾動年度累計 =2017 年 2 月至 2018 年 1 月的營業額總和

| 2017 年 | | | | | | | | | | | | 2018 年 | | |
|---|---|---|---|---|---|---|---|---|---|---|---|---|---|---|
| 1月 | 2月 | 3月 | 4月 | 5月 | 6月 | 7月 | 8月 | 9月 | 10月 | 11月 | 12月 | 1月 | 2月 | 3月 |
| | 2018 年 1 月的滾動年度累計 | | | | | | | | | | | | | |
| | | 2018 年 2 月的滾動年度累計 | | | | | | | | | | | | |
| | | | 2018 年 3 月的滾動年度累計 | | | | | | | | | | | |
| | | | | | | | | | | | | | | |

2018 年 2 月的滾動年度累計 =2017 年 3 月至 2018 年 2 月的營業額總和

## Z 形圖的形狀與意義

Z 形圖的形狀大致可分成三種，可從中判斷業績趨勢。

### 水平型

維持現狀，去年至今年的狀態沒有明顯變動，也是最工整的「Z」型。這個狀態是「持平」還是「停滯」，全由企業戰略判斷。

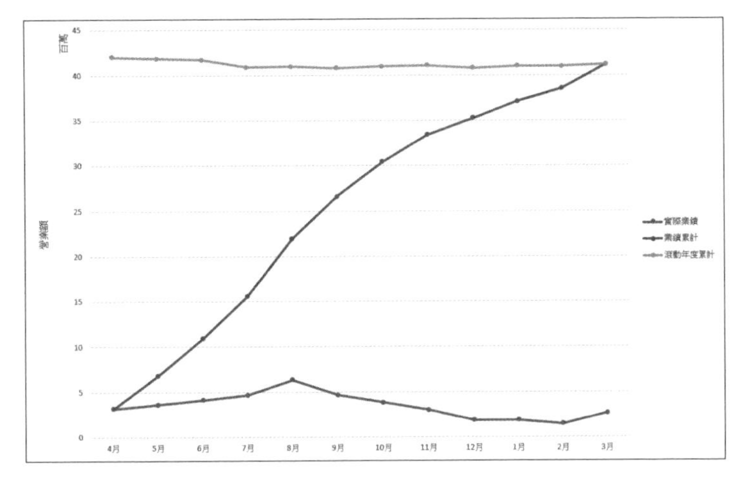


### 成長型

業績較去年增加的狀態。滾動年度累計朝右上方延伸的圖表。

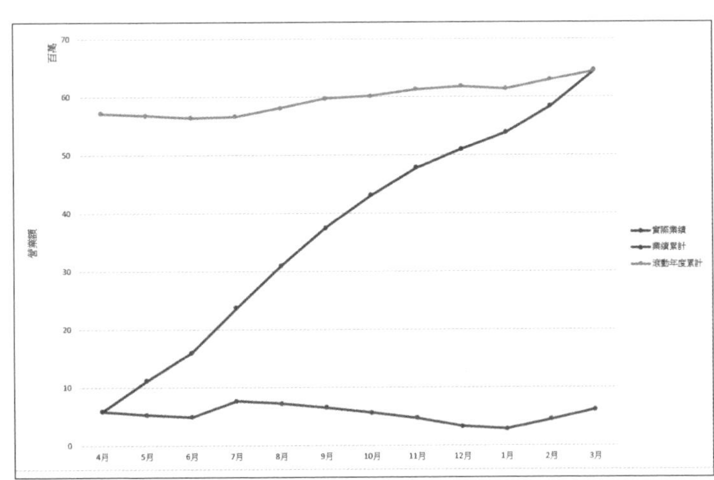


### 衰退型

業績較去年減少的狀態。滾動年度累計朝右下方延伸的圖表。

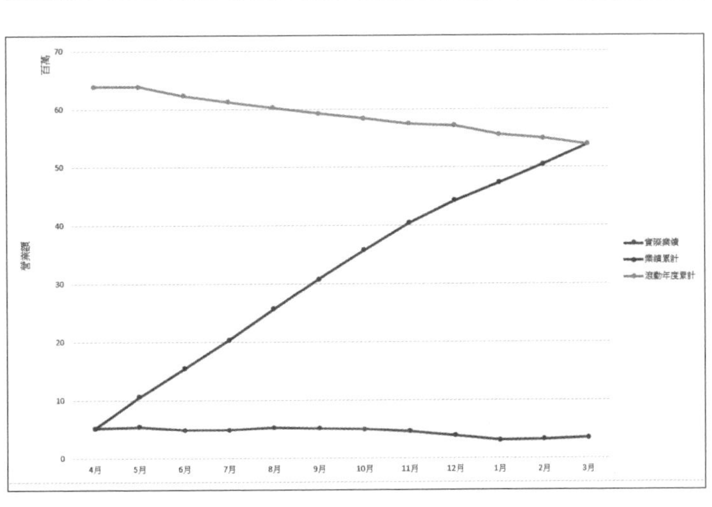

# ❶ 準備 Z 形圖的資料

在此要利用範例資料的前年度實際業績與本年度實際業績計算本年度業績累計與滾動年度累計。上述兩筆資料將於下列的欄位儲存。

- 本年度業績累計：D 欄
- 滾動年度累計：E 欄

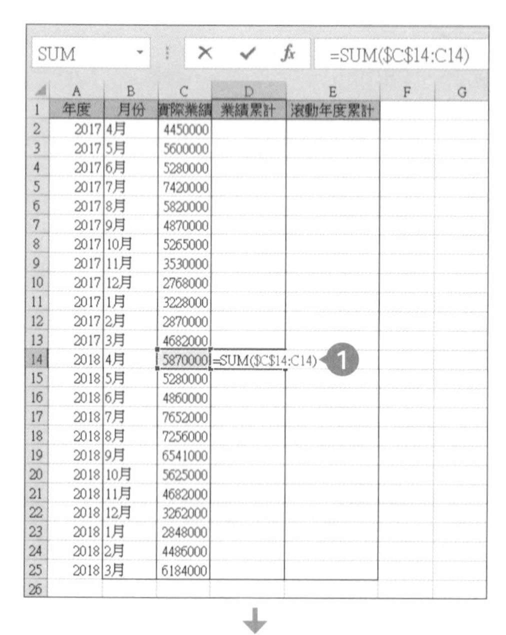

SUM | =SUM($C$14:C14)

| | A | B | C | D | E | F | G |
|---|---|---|---|---|---|---|---|
| 1 | 年度 | 月份 | 實際業績 | 業績累計 | 滾動年度累計 | | |
| 2 | 2017 | 4月 | 4450000 | | | | |
| 3 | 2017 | 5月 | 5600000 | | | | |
| 4 | 2017 | 6月 | 5280000 | | | | |
| 5 | 2017 | 7月 | 7420000 | | | | |
| 6 | 2017 | 8月 | 5820000 | | | | |
| 7 | 2017 | 9月 | 4870000 | | | | |
| 8 | 2017 | 10月 | 5265000 | | | | |
| 9 | 2017 | 11月 | 3530000 | | | | |
| 10 | 2017 | 12月 | 2768000 | | | | |
| 11 | 2017 | 1月 | 3228000 | | | | |
| 12 | 2017 | 2月 | 2870000 | | | | |
| 13 | 2017 | 3月 | 4682000 | | | | |
| 14 | 2018 | 4月 | 5870000 | =SUM($C$14:C14) | | | |
| 15 | 2018 | 5月 | 5280000 | | | | |
| 16 | 2018 | 6月 | 4860000 | | | | |
| 17 | 2018 | 7月 | 7652000 | | | | |
| 18 | 2018 | 8月 | 7256000 | | | | |
| 19 | 2018 | 9月 | 6541000 | | | | |
| 20 | 2018 | 10月 | 5625000 | | | | |
| 21 | 2018 | 11月 | 4682000 | | | | |
| 22 | 2018 | 12月 | 3262000 | | | | |
| 23 | 2018 | 1月 | 2848000 | | | | |
| 24 | 2018 | 2月 | 4486000 | | | | |
| 25 | 2018 | 3月 | 6184000 | | | | |
| 26 | | | | | | | |

❶ 在儲存格「D14」輸入「=SUM($C$14:C14)」，算出 2018 年度 4 月的業績累計。

↓

D14 | =SUM($C$14:C14)

| | A | B | C | D | E | F | G |
|---|---|---|---|---|---|---|---|
| 1 | 年度 | 月份 | 實際業績 | 業績累計 | 滾動年度累計 | | |
| 2 | 2017 | 4月 | 4450000 | | | | |
| 3 | 2017 | 5月 | 5600000 | | | | |
| 4 | 2017 | 6月 | 5280000 | | | | |
| 5 | 2017 | 7月 | 7420000 | | | | |
| 6 | 2017 | 8月 | 5820000 | | | | |
| 7 | 2017 | 9月 | 4870000 | | | | |
| 8 | 2017 | 10月 | 5265000 | | | | |
| 9 | 2017 | 11月 | 3530000 | | | | |
| 10 | 2017 | 12月 | 2768000 | | | | |
| 11 | 2017 | 1月 | 3228000 | | | | |
| 12 | 2017 | 2月 | 2870000 | | | | |
| 13 | 2017 | 3月 | 4682000 | | | | |
| 14 | 2018 | 4月 | 5870000 | 5870000 | | | |
| 15 | 2018 | 5月 | 5280000 | 11150000 | | | |
| 16 | 2018 | 6月 | 4860000 | 16010000 | | | |
| 17 | 2018 | 7月 | 7652000 | 23662000 | | | |
| 18 | 2018 | 8月 | 7256000 | 30918000 | | | |
| 19 | 2018 | 9月 | 6541000 | 37459000 | | | |
| 20 | 2018 | 10月 | 5625000 | 43084000 | | | |
| 21 | 2018 | 11月 | 4682000 | 47766000 | | | |
| 22 | 2018 | 12月 | 3262000 | 51028000 | | | |
| 23 | 2018 | 1月 | 2848000 | 53876000 | | | |
| 24 | 2018 | 2月 | 4486000 | 58362000 | | | |
| 25 | 2018 | 3月 | 6184000 | 64546000 | | | |
| 26 | | | | | | | |

❷ 將儲存格「D14」的公式複製到儲存格「D15」至「D25」的範圍。

❸ 算出 2018 年 5 月到 2018 年 3 月的業績累計。

↓

SUM =SUM(C3:C14)

| | A | B | C | D | E | F | G |
|---|---|---|---|---|---|---|---|
| 1 | 年度 | 月份 | 實際業績 | 業績累計 | 滾動年度累計 | | |
| 2 | 2017 | 4月 | 4450000 | | | | |
| 3 | 2017 | 5月 | 5600000 | | | | |
| 4 | 2017 | 6月 | 5280000 | | | | |
| 5 | 2017 | 7月 | 7420000 | | | | |
| 6 | 2017 | 8月 | 5820000 | | | | |
| 7 | 2017 | 9月 | 4870000 | | | | |
| 8 | 2017 | 10月 | 5265000 | | | | |
| 9 | 2017 | 11月 | 3530000 | | | | |
| 10 | 2017 | 12月 | 2768000 | | | | |
| 11 | 2017 | 1月 | 3228000 | | | | |
| 12 | 2017 | 2月 | 2870000 | | | | |
| 13 | 2017 | 3月 | 4682000 | | | | |
| 14 | 2018 | 4月 | 5870000 | 5870000 | =SUM(C3:C14) | | |
| 15 | 2018 | 5月 | 5280000 | 11150000 | | | |
| 16 | 2018 | 6月 | 4860000 | 16010000 | | | |
| 17 | 2018 | 7月 | 7652000 | 23662000 | | | |
| 18 | 2018 | 8月 | 7256000 | 30918000 | | | |
| 19 | 2018 | 9月 | 6541000 | 37459000 | | | |
| 20 | 2018 | 10月 | 5625000 | 43084000 | | | |
| 21 | 2018 | 11月 | 4682000 | 47766000 | | | |
| 22 | 2018 | 12月 | 3262000 | 51028000 | | | |
| 23 | 2018 | 1月 | 2848000 | 53876000 | | | |
| 24 | 2018 | 2月 | 4486000 | 58362000 | | | |
| 25 | 2018 | 3月 | 6184000 | 64546000 | | | |
| 26 | | | | | | | |

4

4 在儲存格「E14」輸入「=SUM(C3:C14)」，算出 2018 年度 4 月的滾動年度累計。

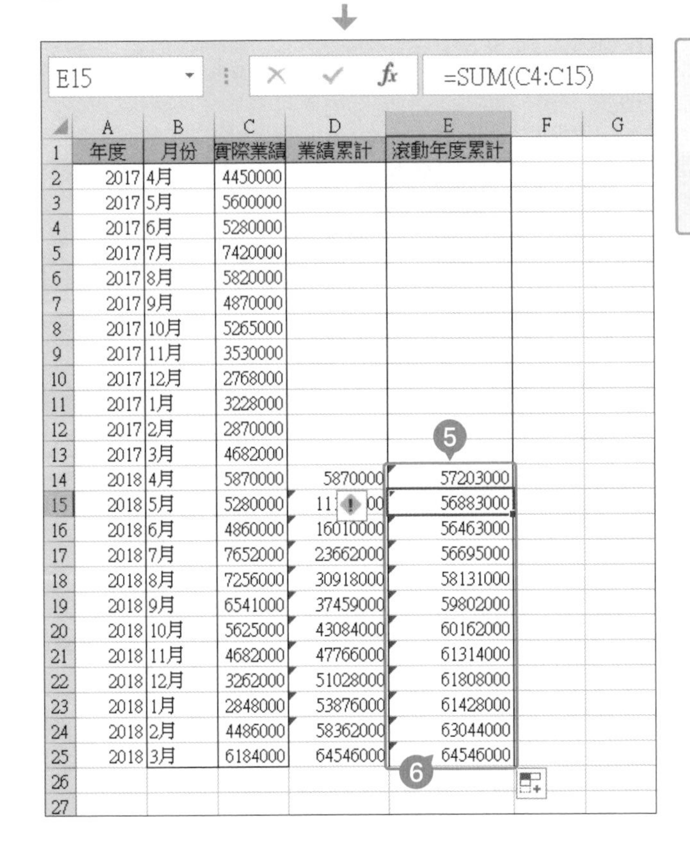

E15 =SUM(C4:C15)

| | A | B | C | D | E | F | G |
|---|---|---|---|---|---|---|---|
| 1 | 年度 | 月份 | 實際業績 | 業績累計 | 滾動年度累計 | | |
| 2 | 2017 | 4月 | 4450000 | | | | |
| 3 | 2017 | 5月 | 5600000 | | | | |
| 4 | 2017 | 6月 | 5280000 | | | | |
| 5 | 2017 | 7月 | 7420000 | | | | |
| 6 | 2017 | 8月 | 5820000 | | | | |
| 7 | 2017 | 9月 | 4870000 | | | | |
| 8 | 2017 | 10月 | 5265000 | | | | |
| 9 | 2017 | 11月 | 3530000 | | | | |
| 10 | 2017 | 12月 | 2768000 | | | | |
| 11 | 2017 | 1月 | 3228000 | | | | |
| 12 | 2017 | 2月 | 2870000 | | | | |
| 13 | 2017 | 3月 | 4682000 | | | | |
| 14 | 2018 | 4月 | 5870000 | 5870000 | 57203000 | | |
| 15 | 2018 | 5月 | 5280000 | 11[illegible]00 | 56883000 | | |
| 16 | 2018 | 6月 | 4860000 | 16010000 | 56463000 | | |
| 17 | 2018 | 7月 | 7652000 | 23662000 | 56695000 | | |
| 18 | 2018 | 8月 | 7256000 | 30918000 | 58131000 | | |
| 19 | 2018 | 9月 | 6541000 | 37459000 | 59802000 | | |
| 20 | 2018 | 10月 | 5625000 | 43084000 | 60162000 | | |
| 21 | 2018 | 11月 | 4682000 | 47766000 | 61314000 | | |
| 22 | 2018 | 12月 | 3262000 | 51028000 | 61808000 | | |
| 23 | 2018 | 1月 | 2848000 | 53876000 | 61428000 | | |
| 24 | 2018 | 2月 | 4486000 | 58362000 | 63044000 | | |
| 25 | 2018 | 3月 | 6184000 | 64546000 | 64546000 | | |
| 26 | | | | | | | |
| 27 | | | | | | | |



5 將儲存格「E14」的公式複製到儲存格「E15」至「E25」的範圍。

6 算出 2018 年 5 月到 2018 年 3 月的滾動年度累計。

## ❷ 繪製 Z 形圖

2013 2016 2019

利用剛剛製作的「實際業績」、「業績累計」與「滾動年度累計」的資料繪製 Z 形圖。

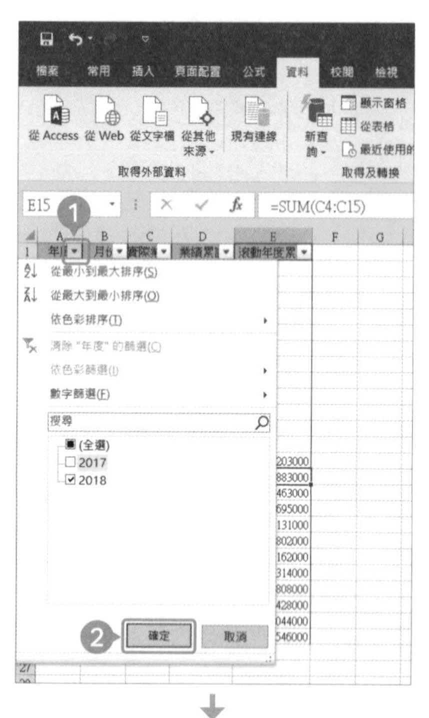


❶ 在選單列的「資料」分頁點選「篩選」，套用篩選後，點選「年度」右側的「▼」。

❷ 取消「2017」的選項，再點選「確定」。

↓

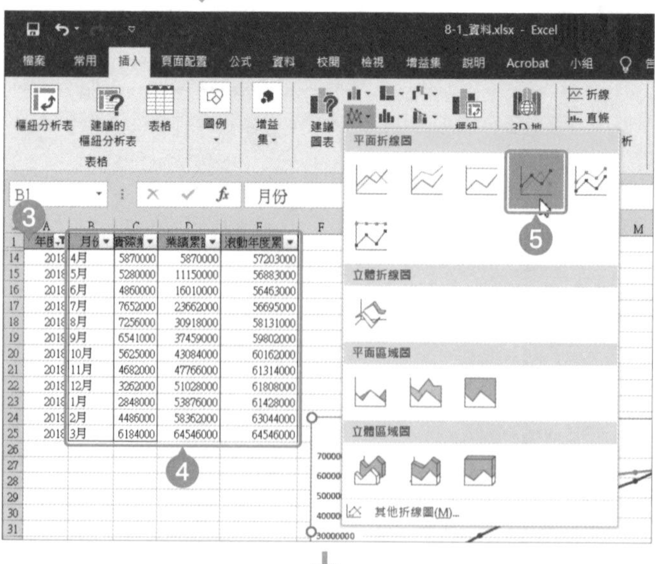


↓

❸ 設定完成後，只剩下 2018 年度的資料。

❹ 選取儲存格範圍「B1」至「E25」。

❺ 在「插入」分頁的「插入折線圖或區域圖」點選「含有資料標記的折線圖」。

**Excel 2013 的情況：**

從「插入」分頁的「插入折線圖」點選「含有資料標記的折線圖」。

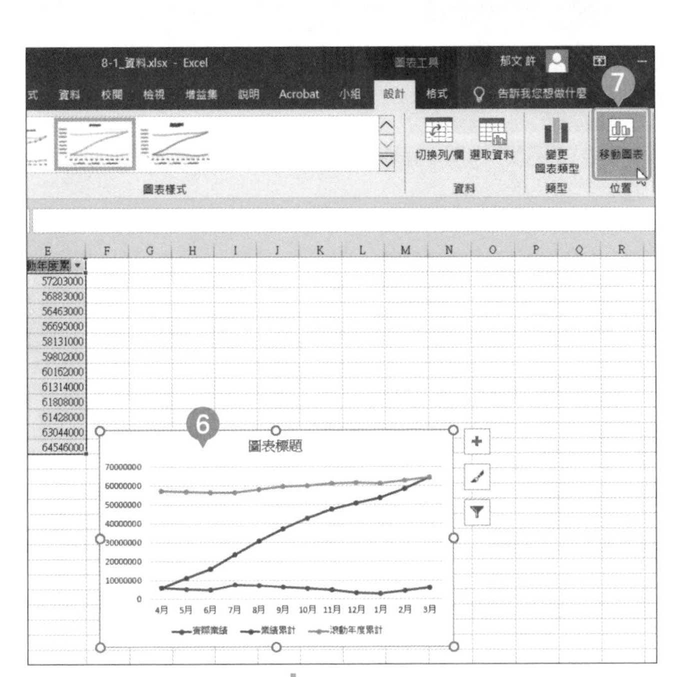


❻ Z 形圖與資料在同一張工作表顯示了。

❼ 從「圖表工具」的「設計」分頁點選「移動圖表」。

**開啟圖表工具選單：**

假設沒看到圖表工具選單，請先點選圖表，因為圖表工具選單只會在圖表為選取的狀態下顯示。

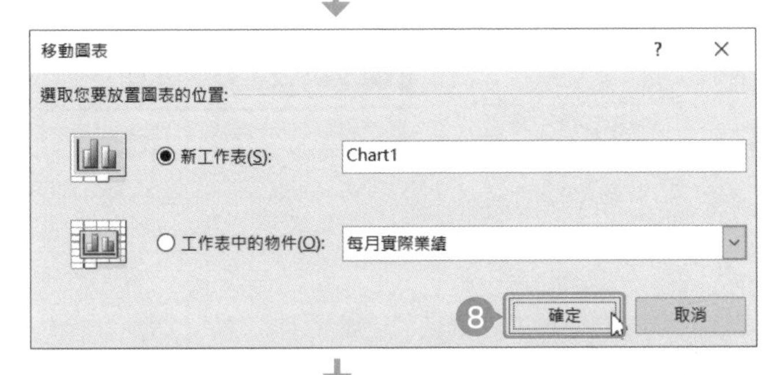


❽ 在對話框選擇「新工作表」，再點選「確定」。

❾ Z 形圖於新工作表顯示了。

## 3 設定標題

2013 2016 2019

圖表工具的「設計」分頁可替圖表設定不同的設計樣式，讓我們利用這項功能設定圖表的標題與 Y 軸的標題吧！

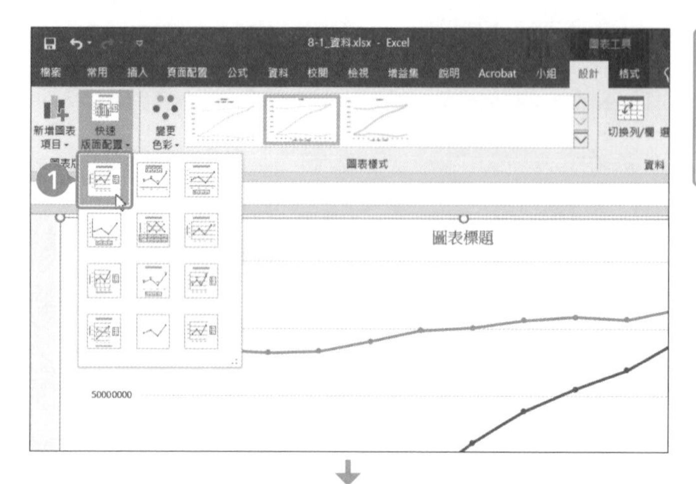


① 在「圖表工具」的「設計」分頁點選「圖表版面配置」→「快速版面配置」→「版面配置 1」。

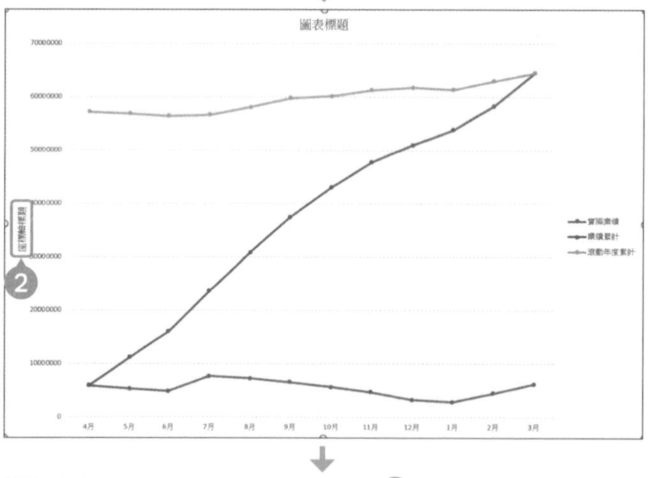


② 顯示座標軸區塊了。

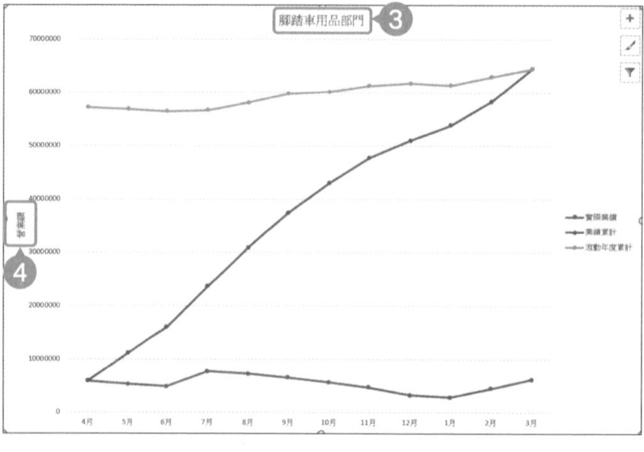


③ 點選圖表標題，刪除「圖表標題」，輸入「腳踏車用品部門」。

④ 點選座標軸標題，刪除「座標軸標題」，再輸入「營業額」。

# 4 設定垂直軸標題

2013 2016 2019

目前垂直軸的數字太大，導致圖表不容易閱讀，所以要在「座標軸格式設定」調整單位。

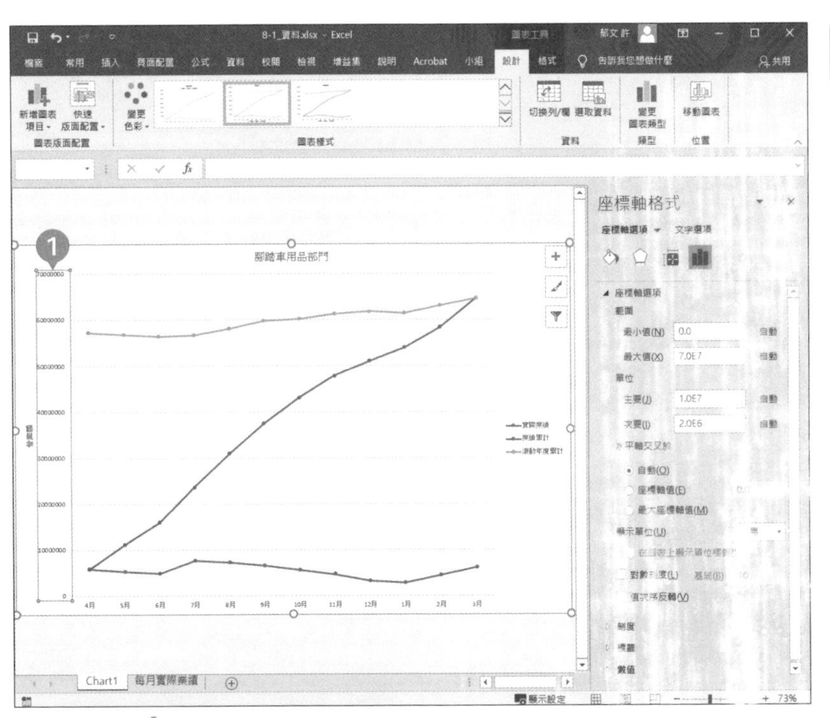


1 雙點直軸。

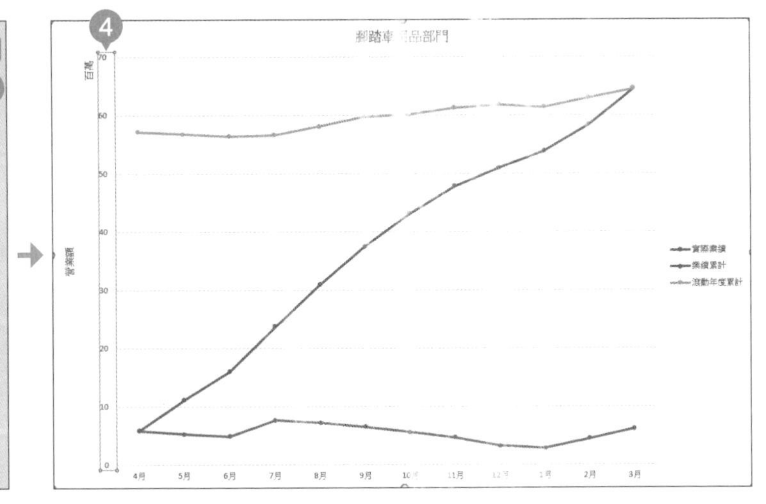


2 在「座標軸格式」的「座標軸選項」將「顯示單位」設定為「百萬」。

3 點選「×」，關閉「座標軸格式」畫面。

4 將垂直軸的單位換成百萬之後，腳踏車用品部門的圖表就完成了。由於這張 Z 形圖的形狀為成長型，代表腳踏車用品部門的業績將持續成長。

## ❺ 繪製其他部門的圖表 2013 2016 2019

完成「腳踏車用品部門」的圖表之後，接著要繪製「登山用品部門」與「露營用品部門」的圖表。步驟與繪製「腳踏車用品部門」圖表相同。圖表完成之後，可從 Z 形圖的形狀分析各部門的業績趨勢。

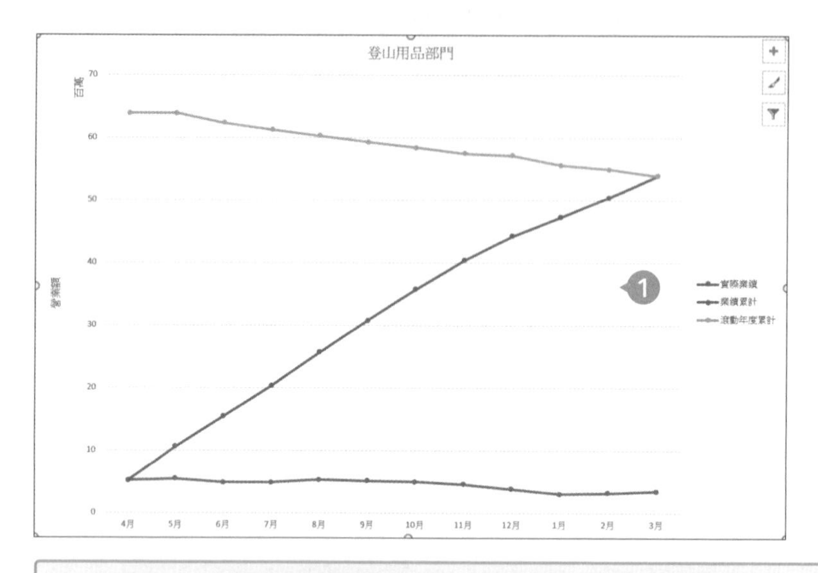


❶ 利用繪製「腳踏車用品部門」的步驟繪製登山用品部門的圖表。從中可以發現 Z 形圖的形狀為衰退型，代表登山用品部門的業績正在下滑。

↓

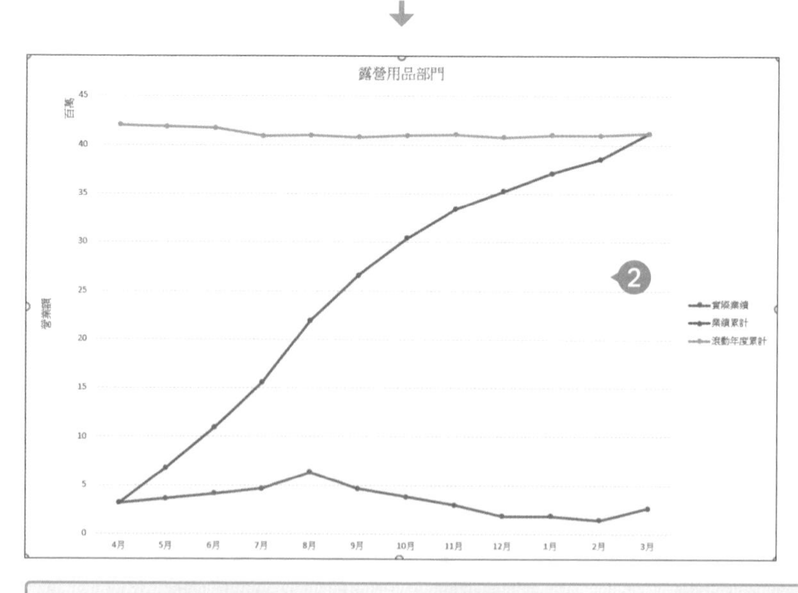


❷ 利用繪製「腳踏車用品部門」的步驟繪製露營用品部門的圖表。從中可以發現 Z 形圖的形狀為水平型，代表露營用品部門的業績持平。

## 6 將圖表貼入 PowerPoint 的投影片 2013 2016 2019

現在要針對唯一業績有成長的腳踏車用品部門製作促銷企劃書。第一步要將完成的圖表貼入投影片。由於這次的促銷重點是腳踏車用品部門，所以放大腳踏車用品部門的圖表，以便與其他兩張圖表有所區別。

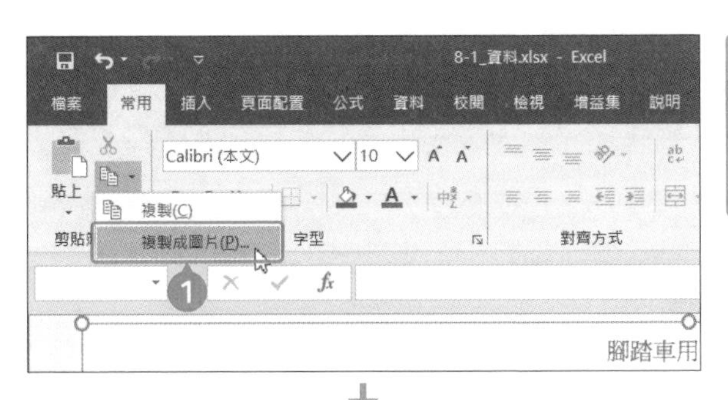


1 點選圖表，再從「常用」分頁的「剪貼簿」群組點選「複製」的「▼」，從中再選擇「複製成圖片」。

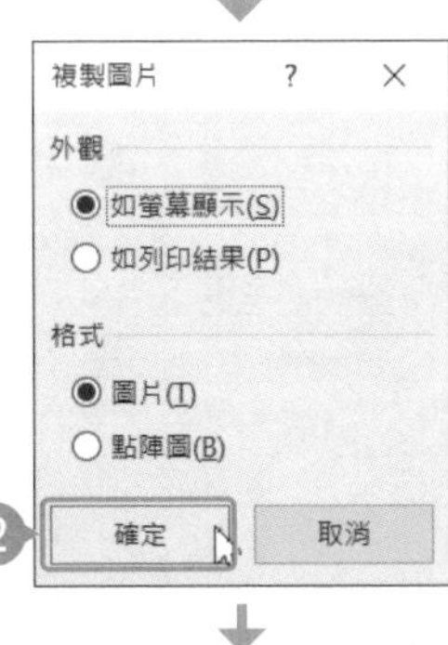


2 點選「確定」。

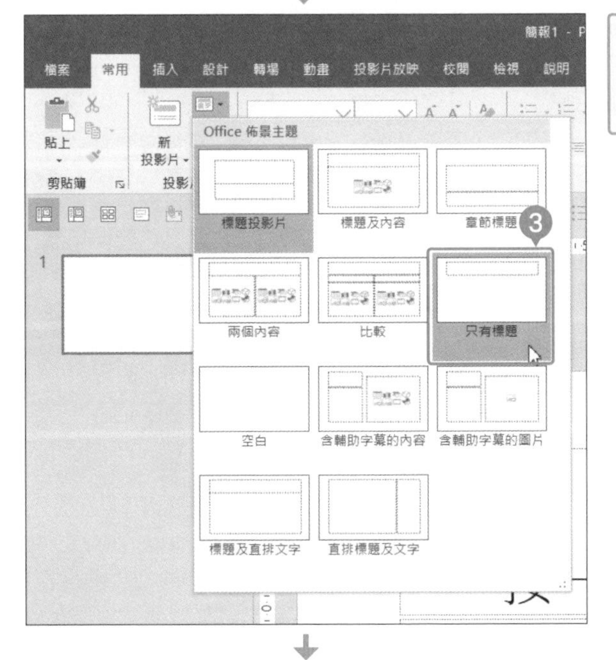


3 啟動 PowerPoint，再於「常用」群組點選「投影片版面配置」→「只有標題」。

4 投影片轉換成只有標題物件的版面。

5 點選「常用」分頁的「貼上」。

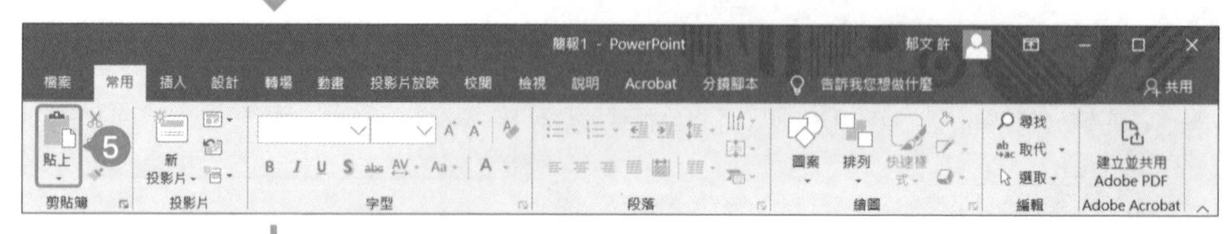


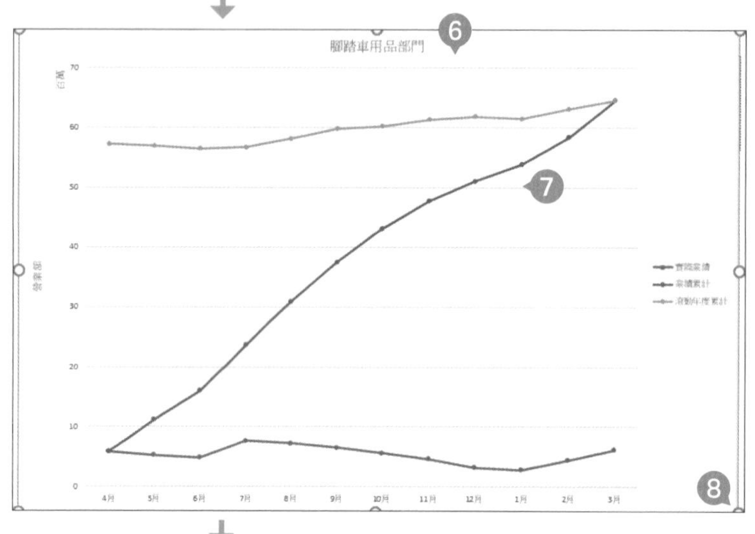


6 剛剛複製到剪貼簿的圖表會以內容物件的方式貼入。

7 將圖表物件拖曳到標題之外的空白位置中央。

8 利用圖表物件四個角落的控制點縮小圖表，直到可完整置入投影片。

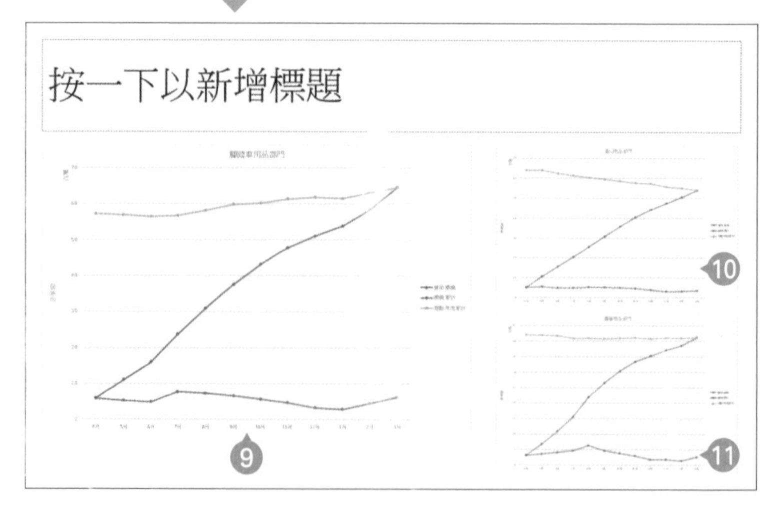


9 調整圖表物件的位置與大小。

10 利用同樣的步驟貼入「登山用品部門」的圖表。

11 利用同樣的步驟貼入「露營用品部門」的圖表。

## 7 完成 PowerPoint 投影片

2013 2016 2019

在投影片標題輸入選擇促銷重點部門的理由，完成投影片。在每張 Z 形圖新增說明業績趨勢的註解，讓投影片變得更簡單易懂。

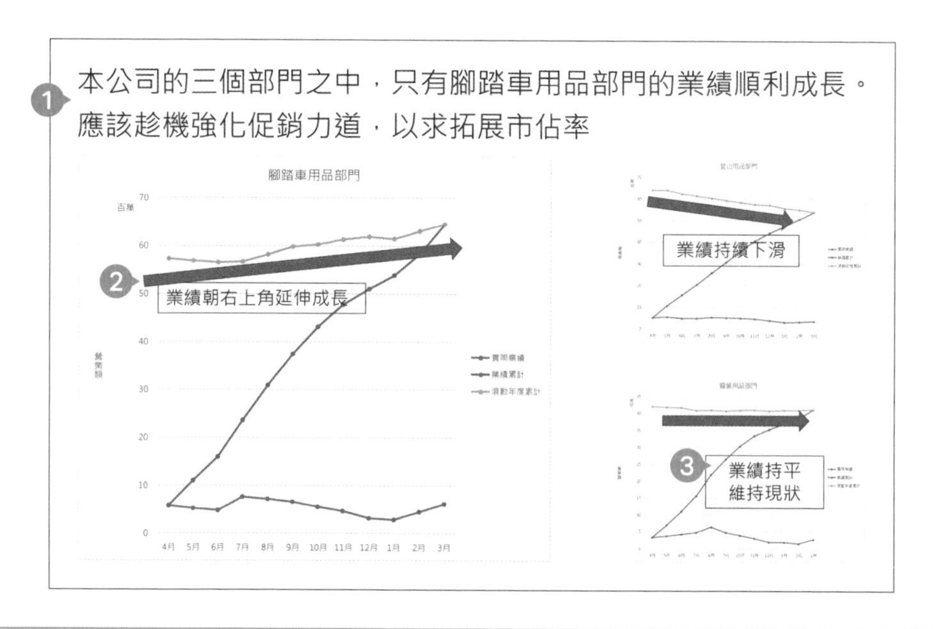


1 在標題物件輸入選擇促銷重點路門的理由。
2 利用圖案工具在各圖表新增強調滾動年度累計斜率的箭頭。
3 利用文字方塊在各圖表增加各部門業績趨勢說明。

# 02 找出高成長率的產品

要有效促銷，就必須找出具有成長潛力的產品，就算某個部門的業績持續成長，也不能不問理由就實施促銷。在此要使用扇形圖比較各產品的成長率，再製作說明何種產品的業績持續成長的投影片。

**Point**

- 戶外用品製造商的業務企劃負責人為了在腳踏車部門實施促銷，想找出業績持續成長的產品。
- 要找出業績持續成長的產品，不能只有銷售數量與營業額的一覽表。
- 因此要在扇形圖將去年四月的業績設定為 100%，後續月份的數字則轉換成與去年四月的百分比，如此一來，就能忽略營業額的大小，找出業績持續成長或下滑的產品。

**Sample** 說明促銷重點產品選擇理由的投影片

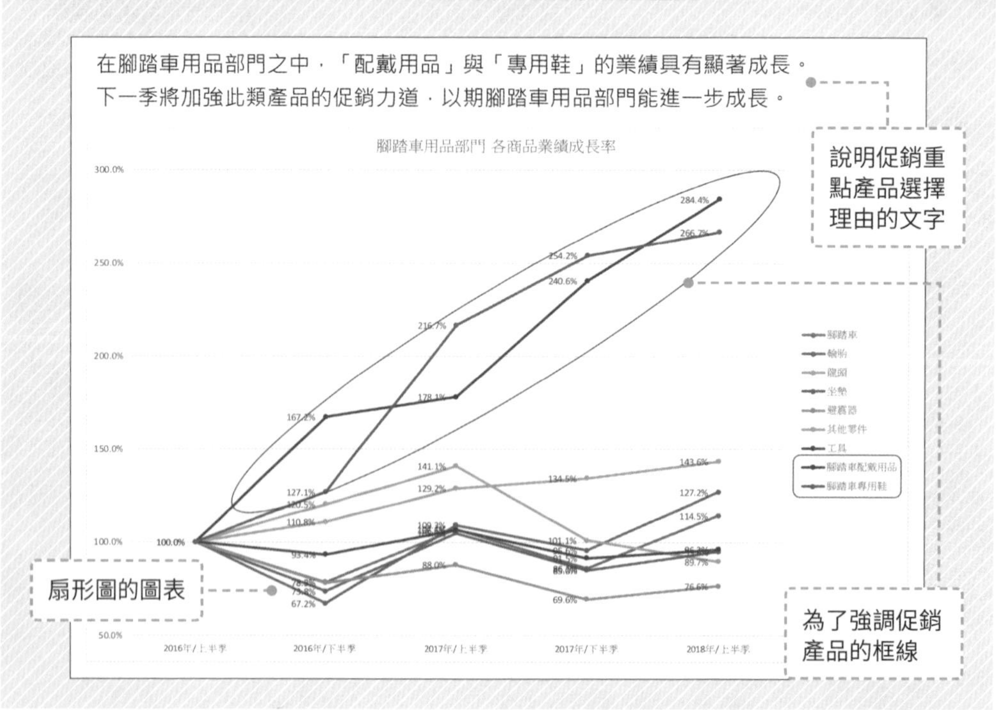

在腳踏車用品部門之中，「配戴用品」與「專用鞋」的業績具有顯著成長。
下一季將加強此類產品的促銷力道，以期腳踏車用品部門能進一步成長。

腳踏車用品部門 各商品業績成長率

說明促銷重點產品選擇理由的文字

扇形圖的圖表

為了強調促銷產品的框線

## 何謂扇形圖

扇形圖就是以某個基準時間點的數值為 100%，後續數值皆轉換成與該基準時間點的百分比數值，再以這些數值繪製的折線圖。由於圖表會像扇子展開，所以又稱為扇形圖。

由於扇形圖是以百分比呈現數值增減，所以可直接透過斜率找出成長或衰退的產品，而且不會受到產品營業額高低的影響，就算營業額較低，仍可找出急速成長的產品。

● 單純的時間軸業績折線圖

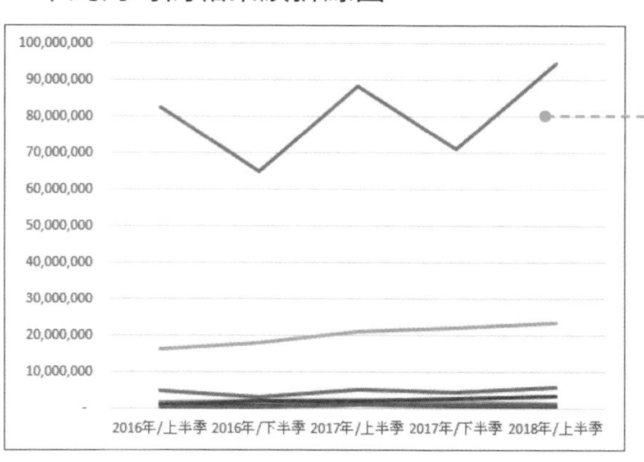


每種產品的業績規模都不同，所以看不出業績正在成長的產品。

● 扇形圖

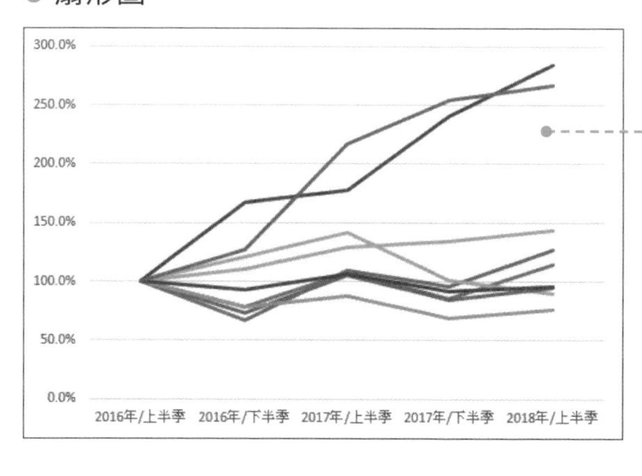


以業績的成長率說明產品，所以可發現有兩項產品的業績正在迅速成長中。

扇形圖的重點在於資料的區間，假設是業績會隨著季節變動的產品，就該使用超過兩年的資料繪製扇形圖，才能忽略季節對業績的影響。

此外，若選錯基準點，產品的成長與衰退有可能變得太過激烈（該基準點的業績不佳）或太不明顯（該基準點的業績太好），所以繪製扇形圖的時候，務必注意這點。

# 1 建立扇形圖的資料

2013 2016 2019

第一步要先利用範例資料的營業額算出業績成長率。各產品業績成長率的資料將於下列的欄位儲存。

● 各產品業績成長率：G 欄～ K 欄

| | A | B | C | D | E | F | G | H |
|---|---|---|---|---|---|---|---|---|
| 1 | | 營業額 | | | | | | |
| 2 | 產品名稱 | 2016年/上半季 | 2016年/下半季 | 2017年/上半季 | 2017年/下半季 | 2018年/上半季 | 2016年/上半季 | 2016年/下 |
| 3 | 腳踏車 | 82560000 | 64800000 | 88410000 | 71050000 | 94520000 | =B3/$B3 | |
| 4 | 輪胎 | 4820000 | 3240000 | 5270000 | 4610000 | 6130000 | | |
| 5 | 龍頭 | 1850000 | 2230000 | 2610000 | 1870000 | 1660000 | | |
| 6 | 坐墊 | 1600000 | 1180000 | 1680000 | 1360000 | 1520000 | | |
| 7 | 避震器 | 1840000 | 1440000 | 1620000 | 1280000 | 1410000 | | |
| 8 | 其他零件 | 16440000 | 18220000 | 21240000 | 22110000 | 23600000 | | |
| 9 | 工具 | 1060000 | 990000 | 1130000 | 970000 | 1020000 | | |
| 10 | 腳踏車配戴用品 | 1280000 | 2140000 | 2280000 | 3080000 | 3640000 | | |
| 11 | 腳踏車專用鞋 | 480000 | 610000 | 1040000 | 1220000 | 1280000 | | |
| 12 | | | | | | | | |

❶ 在儲存格「G3」輸入「=B3/$B3」，算出 2016 年上半季業績成長率（以 2016 年上半季為基準點）。

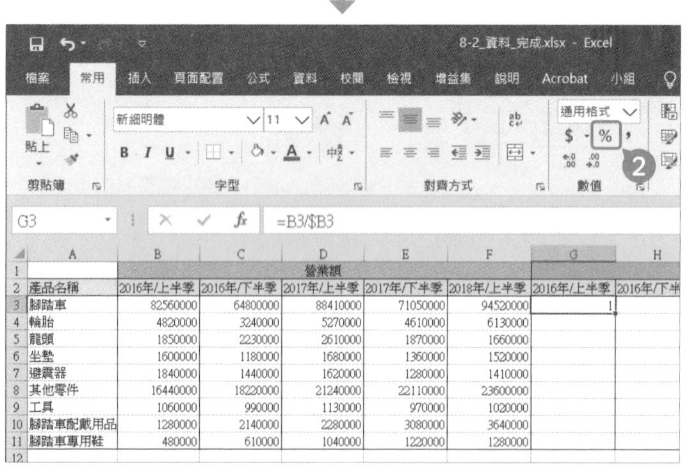


| | A | B | C | D | E | F | G | H |
|---|---|---|---|---|---|---|---|---|
| 1 | | 營業額 | | | | | | |
| 2 | 產品名稱 | 2016年/上半季 | 2016年/下半季 | 2017年/上半季 | 2017年/下半季 | 2018年/上半季 | 2016年/上半季 | 2016年/下半 |
| 3 | 腳踏車 | 82560000 | 64800000 | 88410000 | 71050000 | 94520000 | 1 | |
| 4 | 輪胎 | 4820000 | 3240000 | 5270000 | 4610000 | 6130000 | | |
| 5 | 龍頭 | 1850000 | 2230000 | 2610000 | 1870000 | 1660000 | | |
| 6 | 坐墊 | 1600000 | 1180000 | 1680000 | 1360000 | 1520000 | | |
| 7 | 避震器 | 1840000 | 1440000 | 1620000 | 1280000 | 1410000 | | |
| 8 | 其他零件 | 16440000 | 18220000 | 21240000 | 22110000 | 23600000 | | |
| 9 | 工具 | 1060000 | 990000 | 1130000 | 970000 | 1020000 | | |
| 10 | 腳踏車配戴用品 | 1280000 | 2140000 | 2280000 | 3080000 | 3640000 | | |
| 11 | 腳踏車專用鞋 | 480000 | 610000 | 1040000 | 1220000 | 1280000 | | |
| 12 | | | | | | | | |

❷ 此時算出的結果為「1」，請點選「常用」分頁的「%」，轉換成百分比。

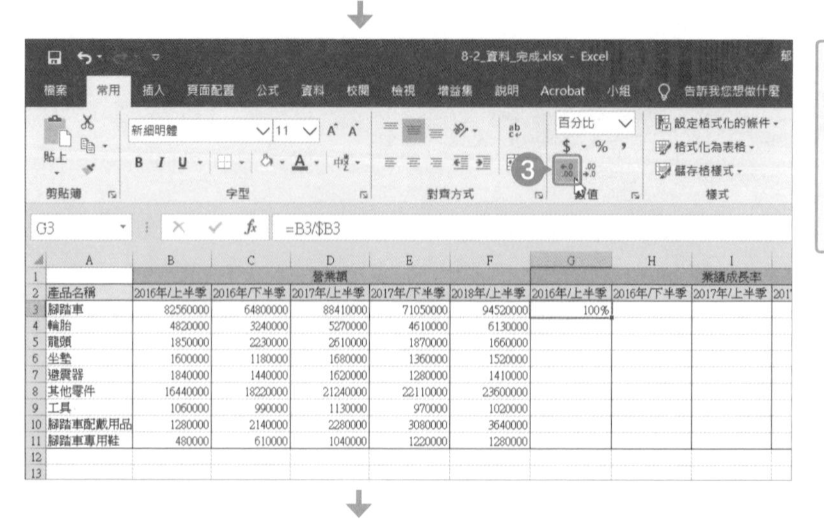


| | A | B | C | D | E | F | G | H | I |
|---|---|---|---|---|---|---|---|---|---|
| 1 | | 營業額 | | | | | | 業績成長率 | |
| 2 | 產品名稱 | 2016年/上半季 | 2016年/下半季 | 2017年/上半季 | 2017年/下半季 | 2018年/上半季 | 2016年/上半季 | 2016年/下半季 | 2017年/上半季 |
| 3 | 腳踏車 | 82560000 | 64800000 | 88410000 | 71050000 | 94520000 | 100% | | |
| 4 | 輪胎 | 4820000 | 3240000 | 5270000 | 4610000 | 6130000 | | | |
| 5 | 龍頭 | 1850000 | 2230000 | 2610000 | 1870000 | 1660000 | | | |
| 6 | 坐墊 | 1600000 | 1180000 | 1680000 | 1360000 | 1520000 | | | |
| 7 | 避震器 | 1840000 | 1440000 | 1620000 | 1280000 | 1410000 | | | |
| 8 | 其他零件 | 16440000 | 18220000 | 21240000 | 22110000 | 23600000 | | | |
| 9 | 工具 | 1060000 | 990000 | 1130000 | 970000 | 1020000 | | | |
| 10 | 腳踏車配戴用品 | 1280000 | 2140000 | 2280000 | 3080000 | 3640000 | | | |
| 11 | 腳踏車專用鞋 | 480000 | 610000 | 1040000 | 1220000 | 1280000 | | | |
| 12 | | | | | | | | | |
| 13 | | | | | | | | | |

❸ 點選「常用」分頁的「增加小數位數」按鈕，顯示小數點一位數的數據。

❹ 複製儲存格「G3」的公式，將公式貼入「H3」～「K3」。

| E | F | G | H | I | J | K |
|---|---|---|---|---|---|---|
| | | 業績成長率 | | | | |
| 2017年/下半季 | 2018年/上半季 | 2016年/上半季 | 2016年/下半季 | 2017年/上半季 | 2017年/下半季 | 2018年/上半季 |
| 71050000 | 94520000 | 100.0% | 78.5% | 107.1% | 86.1% | 114.5% |
| 4610000 | 6130000 | | | | | |
| 1870000 | 1660000 | | | | | |
| 1360000 | 1520000 | | | | | |
| 1280000 | 1410000 | | | | | |
| 22110000 | 23600000 | | | | | |
| 970000 | 1020000 | | | | | |
| 3080000 | 3640000 | | | | | |
| 1220000 | 1280000 | | | | | |



❺ 選取儲存格「G3」至「K3」，再將儲存格「K3」右下角的十字符號拖曳至儲存格「K11」。

| E | F | G | H | I | J | K |
|---|---|---|---|---|---|---|
| | | 業績成長率 | | | | |
| 2017年/下半季 | 2018年/上半季 | 2016年/上半季 | 2016年/下半季 | 2017年/上半季 | 2017年/下半季 | 2018年/上半季 |
| 71050000 | 94520000 | 100.0% | 78.5% | 107.1% | 86.1% | 114.5% |
| 4610000 | 6130000 | | | | | |
| 1870000 | 1660000 | | | | | |
| 1360000 | 1520000 | | | | | |
| 1280000 | 1410000 | | | | | |
| 22110000 | 23600000 | | | | | |
| 970000 | 1020000 | | | | | |
| 3080000 | 3640000 | | | | | |
| 1220000 | 1280000 | | | | | |



❻ 儲存格「G3」到「K11」的資料就完成了。

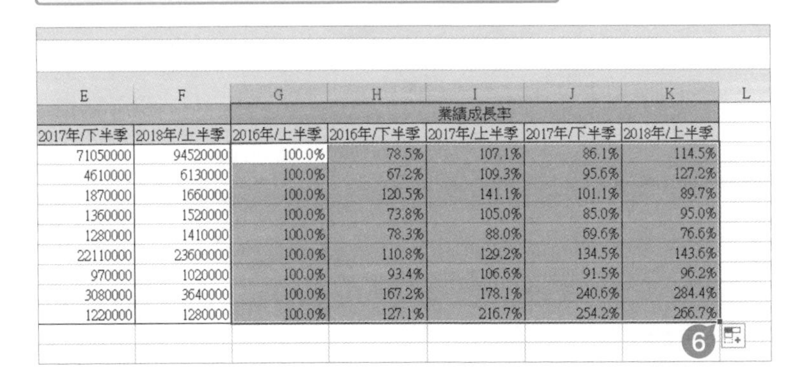

| E | F | G | H | I | J | K |
|---|---|---|---|---|---|---|
| | | 業績成長率 | | | | |
| 2017年/下半季 | 2018年/上半季 | 2016年/上半季 | 2016年/下半季 | 2017年/上半季 | 2017年/下半季 | 2018年/上半季 |
| 71050000 | 94520000 | 100.0% | 78.5% | 107.1% | 86.1% | 114.5% |
| 4610000 | 6130000 | 100.0% | 67.2% | 109.3% | 95.6% | 127.2% |
| 1870000 | 1660000 | 100.0% | 120.5% | 141.1% | 101.1% | 89.7% |
| 1360000 | 1520000 | 100.0% | 73.8% | 105.0% | 85.0% | 95.0% |
| 1280000 | 1410000 | 100.0% | 78.3% | 88.0% | 69.6% | 76.6% |
| 22110000 | 23600000 | 100.0% | 110.8% | 129.2% | 134.5% | 143.6% |
| 970000 | 1020000 | 100.0% | 93.4% | 106.6% | 91.5% | 96.2% |
| 3080000 | 3640000 | 100.0% | 167.2% | 178.1% | 240.6% | 284.4% |
| 1220000 | 1280000 | 100.0% | 127.1% | 216.7% | 254.2% | 266.7% |

## 2 繪製扇形圖

2013 2016 2019

利用剛剛製作的「業績成長率」繪製扇形圖。

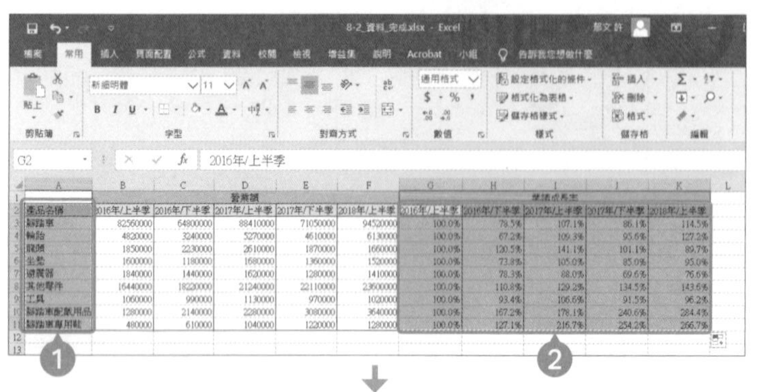


1 選取儲存格「A2」至「A11」的範圍。

2 按住 Ctrl 鍵，選取「G2」至「K11」的範圍。

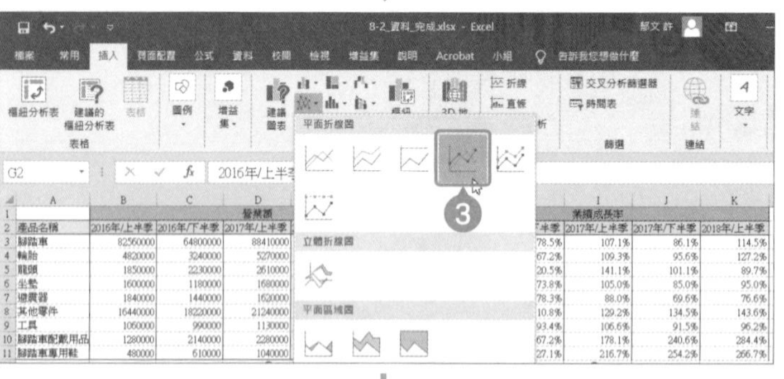


3 在「插入」分頁的「插入折線圖或區域圖」點選「含有資料標記的折線圖」。

Excel 2013 的情況：

從「插入」分頁點選「插入折線圖」，再點選「含有資料標記的折線圖」。

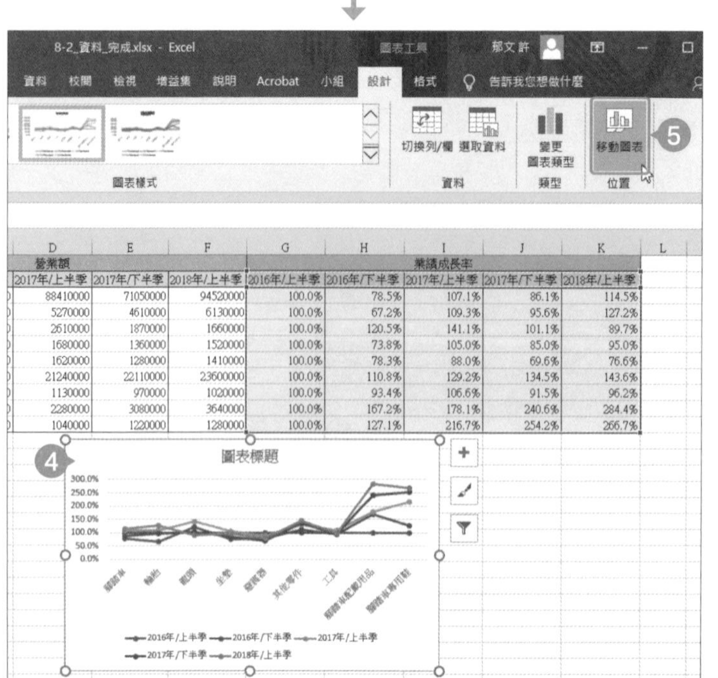


4 折線圖與資料在同一張工作表顯示了。

5 在「圖表工具」的「設計」分頁點選「移動圖表」。

**開啟圖表工具選單：**

假設沒看到圖表工具選單，請先點選圖表，因為圖表工具選單只會在圖表為選取的狀態下顯示。

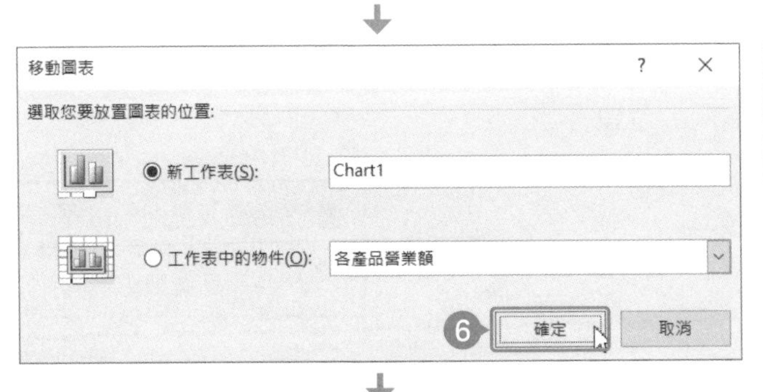


❻ 在對話框選擇「新工作表」，再點選「確定」。

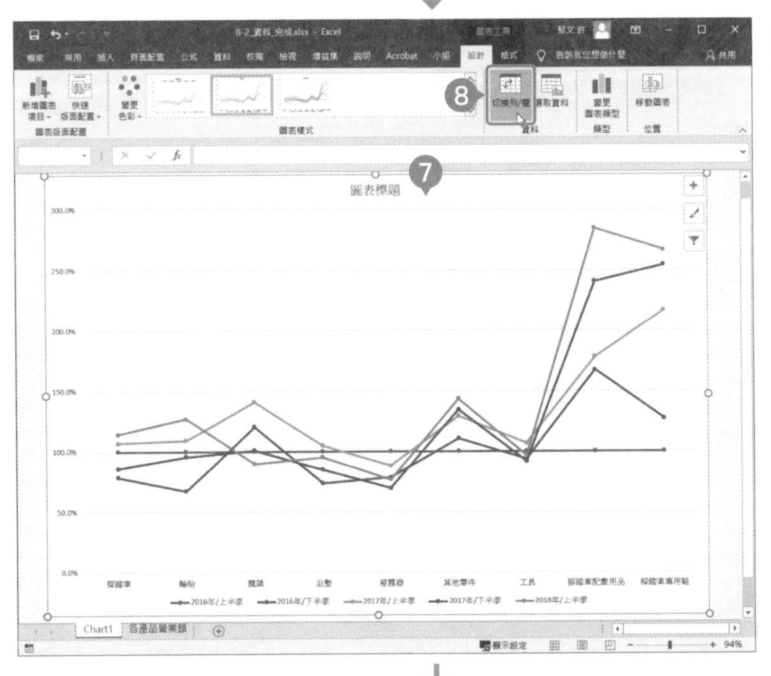


❼ 圖表於新工作表顯示了。

❽ 如果不加以調整，看不出成長率在時間軸的變化，所以要在「圖表工具」的「設計」分頁點選「切換列／欄」。

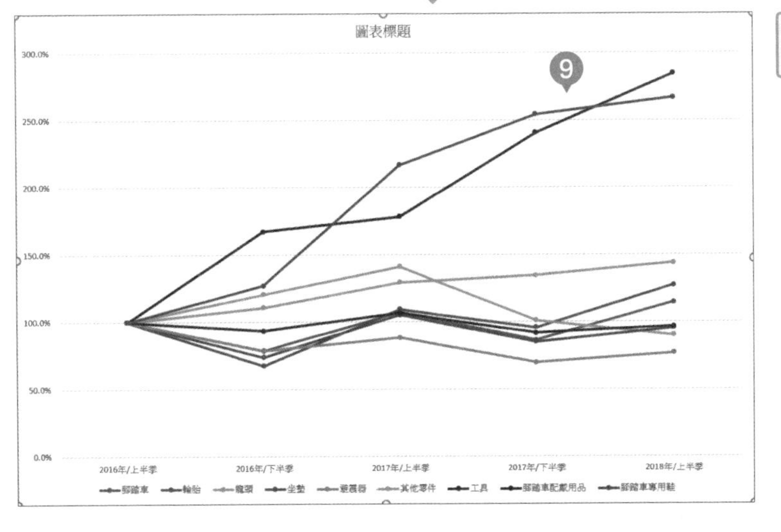


❾ 扇形圖完成了。

## 3 設定標題與圖例

2013 2016 2019

輸入圖表標題與調整圖例的位置

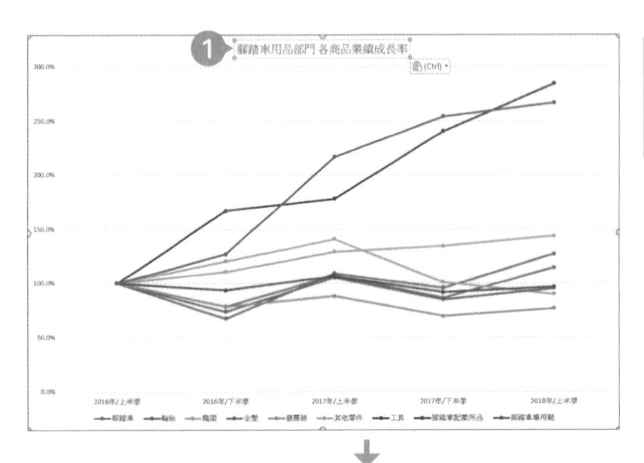


1 點選圖表標題的位置，刪除「圖表標題」，輸入「腳踏車用品部門各商品業績成長率」。

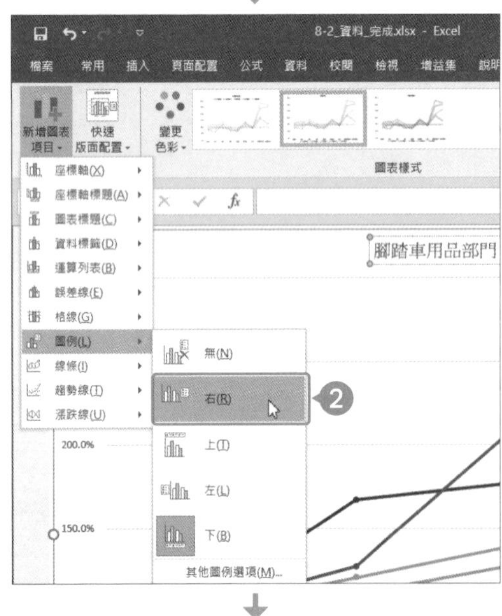


2 在「圖表工具」的「設計」分頁點選「新增圖表項目」→「圖例」→「右」。

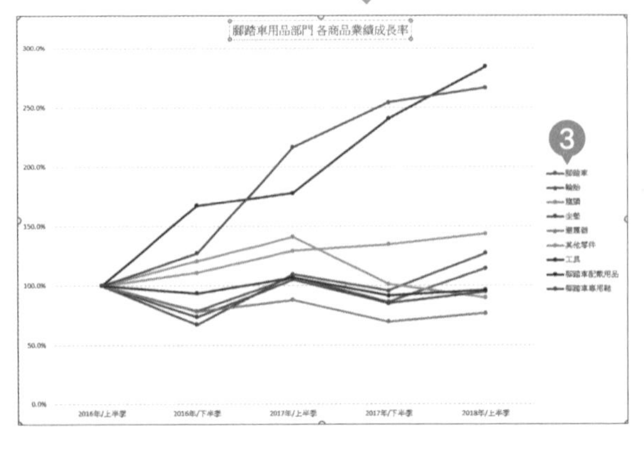


3 圖表右側新增圖例了。

## ❹ 設定資料標籤與座標軸的最小值 2013 2016 2019

接著要新增資料標籤，也要設定座標軸的最小值，讓圖表的下方資料更容易閱讀。

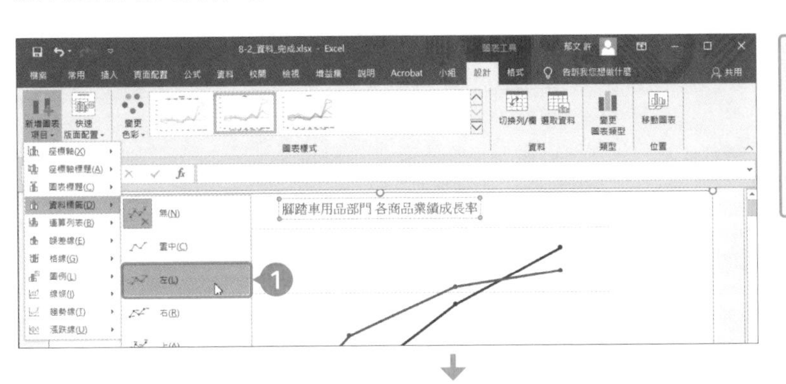

❶ 在「圖表工具」的「設計」分頁點選「新增圖表項目」→「資料標籤」→「左」。

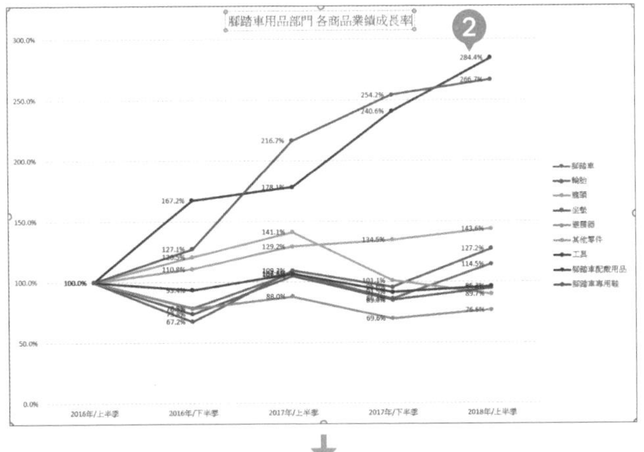

❷ 圖表新增了資料標籤了。

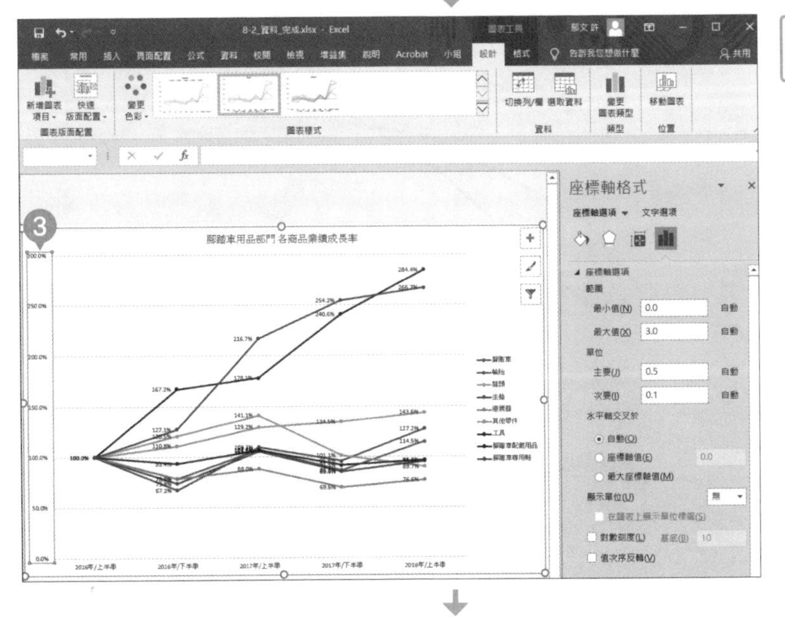

❸ 雙點直軸。

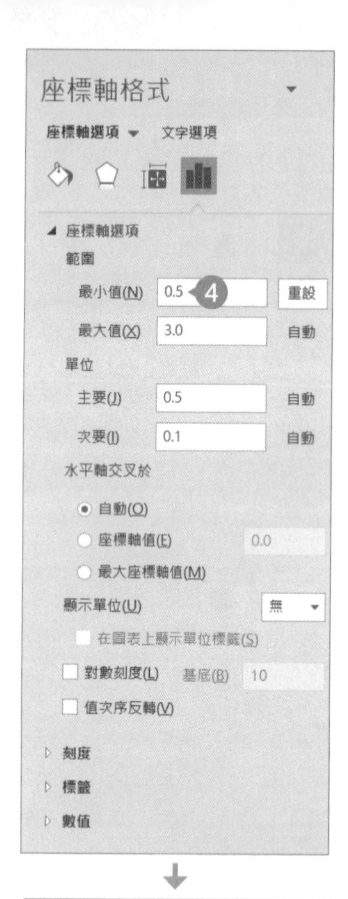


❹ 在「座標軸格式」的「座標軸選項」將「範圍」的「最小值」設定為「0.5」。

❺ 圖表的直軸範圍轉換成 50% 至 300%，圖表的線條變得更分散，更容易閱讀。

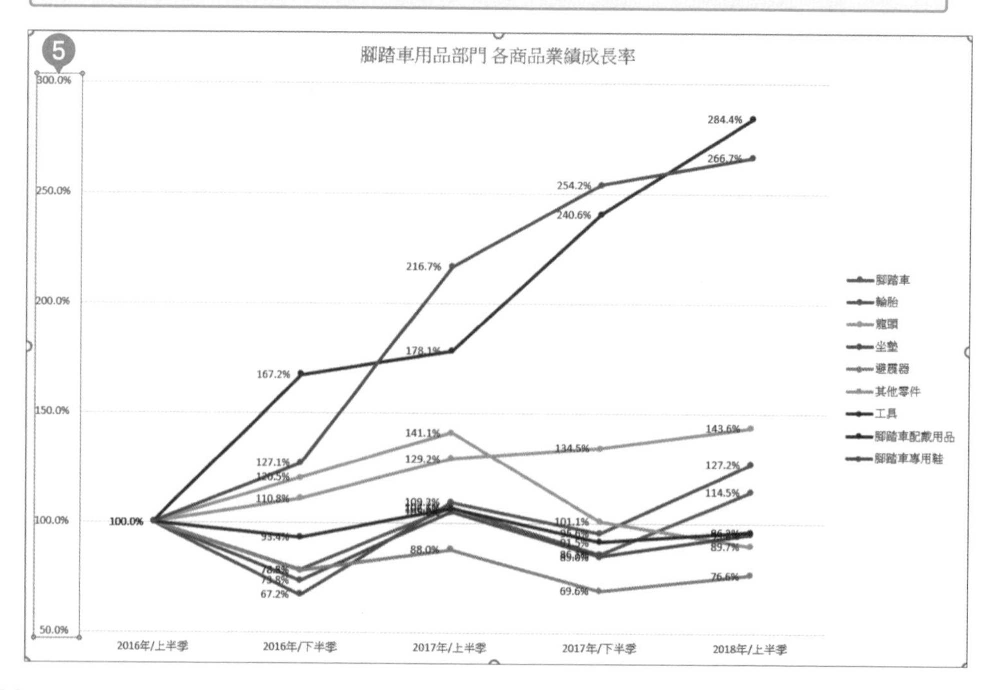

# 5 繪製 PowerPoint 投影片

2013 2016 2019

接下來要將剛剛繪製的圖表貼入 PowerPoint 投影片。投影片的標題將輸入選擇該促銷產品的理由，也利用圖形強調促銷產品的圖表，讓投影片更具說服力。

1 利用 227 頁的步驟新增「只有標題」的投影片。

2 在標題物件輸入選擇該促銷產品的理由。

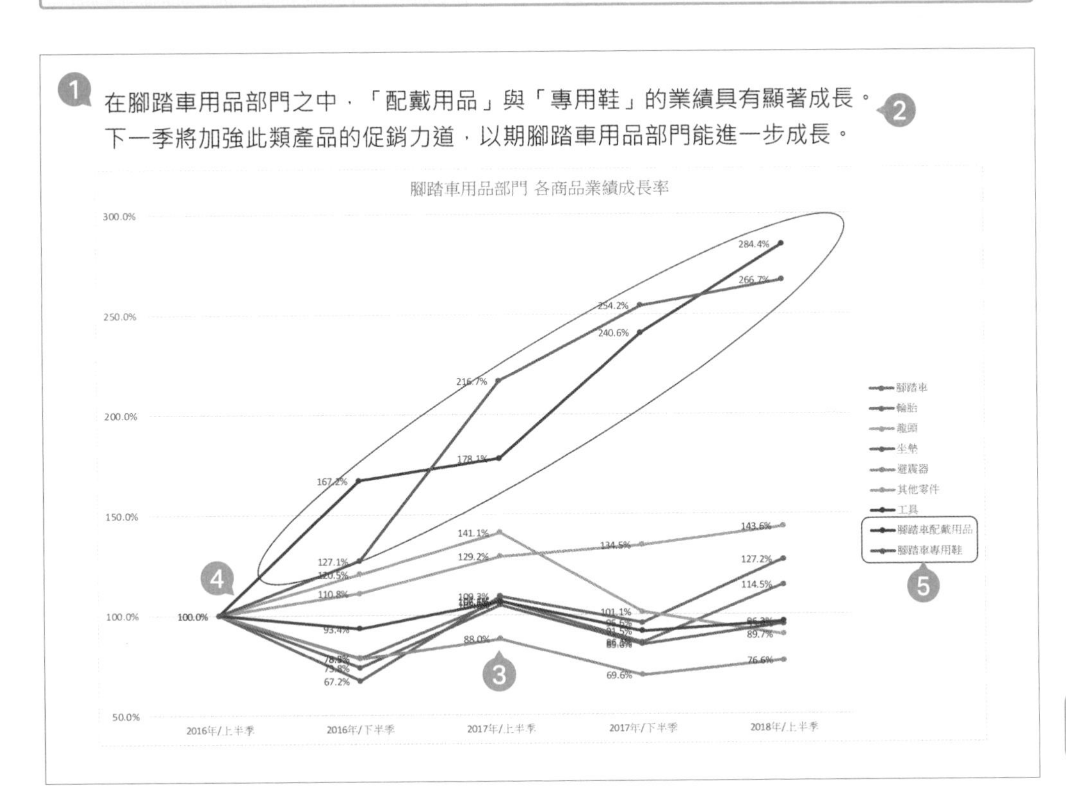


3 利用 227 頁的步驟貼入 Excel 的扇形圖，再調整大小與位置。

4 利用圖案工具強調圖表的折線，突顯該產品的重要性。

5 如強調折線般，利用圖案工具強調圖例。

# 03 鎖定促銷重點門市

要訂立促銷計畫，除了要找出促銷重點商品，還要從眾多的門市之中，找出重點門市。在此要利用柏拉圖進行 ABC 分析，找出適合實施促銷企劃的重點門市，並且製作說明的投影片。

## Point

- 假定戶外用品製造商的業務企劃負責人為了替腳踏車用品部門的配戴用品實施促銷企劃，而必須決定實施該企劃的門市。
- 利用 ABC 分析將門市分成 ABC 三個等級，並且依照營業額由高至低的方式排序，再於營業額較高的 A 級門市實施促銷企劃。
- 在 A 級的門市實施促銷企劃，就能將那些佔營業額比例高達 80% 的門市視為促銷重點門市（本範例將業績占比累計為 80% 的門市分類為 A 級）。

## Sample 說明促銷重點門市選擇理由的投影片

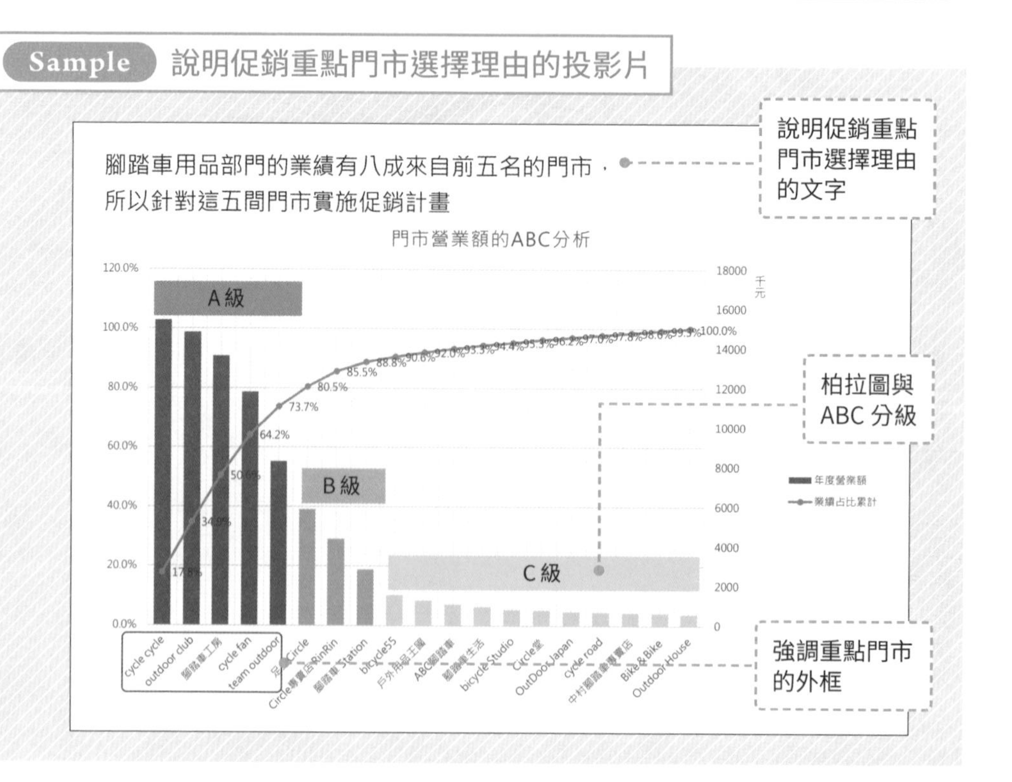

## 何謂 ABC 分析

ABC 分析就是在進行重點管理之際，依照資料由大至小的順序排序管理項目，藉此釐清管理項目的重要度，再根據資料組成比率累計將管理項目分成 A、B、C 三等級的方法。

表 8-3-1

| 等級 | 占比 |
|---|---|
| A 級 | 70% ～ 80% |
| B 級 | 80% ～ 90% |
| C 級 | 90% ～ 100% |

ABC 分級的標準雖然會依照分析對象或用途而改變，但一般而言，會使用右表的分級標準。

ABC 分析會依照分級選擇管理方法，以銷售管理而言，會依照商品、交易對象、星期別、時段進行 ABC 分析，藉此調整賣場的陳列方式、銷售方法、促銷頻率與訂購方式。雖然 A 級的資料非常重要，但也要思考每個等級的管理方式。

再者，要根據營業額對門市進行 ABC 分析，必須先求出累計營業額與業績占比累計。

● **累計營業額**

依照由高至低的順序排列門市的營業額，再累計各門市營業額的數據。其計算公式如下：

累計營業額 = 前面順位的營業額總和 + 營業額

● **業績占比累計**

意思是累計營業額佔整體營業額多少比例，也就是與累積營業額對應的組成比率。其計算公式如下：

$$業績占比累計 = \frac{累計營業額}{累計營業額總和}$$

營業額依照由大至小的順序排列

從營業額較高的門市開始累計

累計營業額佔整體業績總和的比率

| 門市 | 年度營業額 | 累計營業額 | 業績組成率累計 |
|---|---|---|---|
| cycle cycle | 15420000 | 15420000 | 17.8% |
| outdoor club | 14810000 | 30230000 | 34.9% |
| 腳踏車工房 | 13620000 | 43850000 | 50.6% |
| cycle fan | 11800000 | 55650000 | 64.2% |
| team outdoor | 8280000 | 63930000 | 73.7% |
| 足立Circle | 5860000 | 69790000 | 80.5% |
| Circle專賣店 RinRin | 4380000 | 74170000 | 85.5% |
| 腳踏車 Station | 2820000 | 76990000 | 88.8% |
| bicycle55 | 1540000 | 78530000 | 90.6% |
| 戶外用品王國 | 1260000 | 79790000 | 92.0% |
| ABC腳踏車 | 1080000 | 80870000 | 93.3% |
| 腳踏車生活 | 960000 | 81830000 | 94.4% |
| bicycle Studio | 820000 | 82650000 | 95.3% |
| Circle堂 | 780000 | 83430000 | 96.2% |
| OutDoor Japan | 710000 | 84140000 | 97.0% |
| cycle road | 690000 | 84830000 | 97.8% |
| 中村腳踏車專賣店 | 660000 | 85490000 | 98.6% |
| Bike & Bike | 640000 | 86130000 | 99.3% |
| Outdoor House | 580000 | 86710000 | 100.0% |

## 何謂柏拉圖

柏拉圖就是直條圖與折線圖組成的複合圖表。直條圖的內容是由大至小排列的數值，折線圖則是累計占比。柏拉圖可讓 ABC 分析的結果更具體可見。

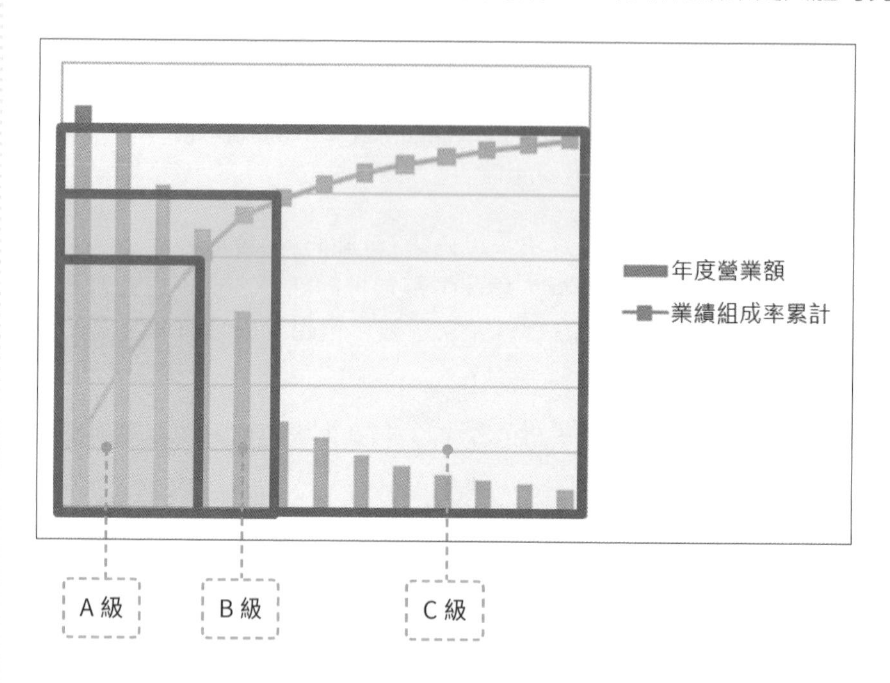


此外，利用柏拉圖進行 ABC 分析時，大致可分成下列三種模式進行。

● **標準型**

管理項目的 20% ～ 30% 為 A 級。由於 A 級具有一定程度的比例，所以將 A 級視為重點管理的對象。可管理整體的數字。

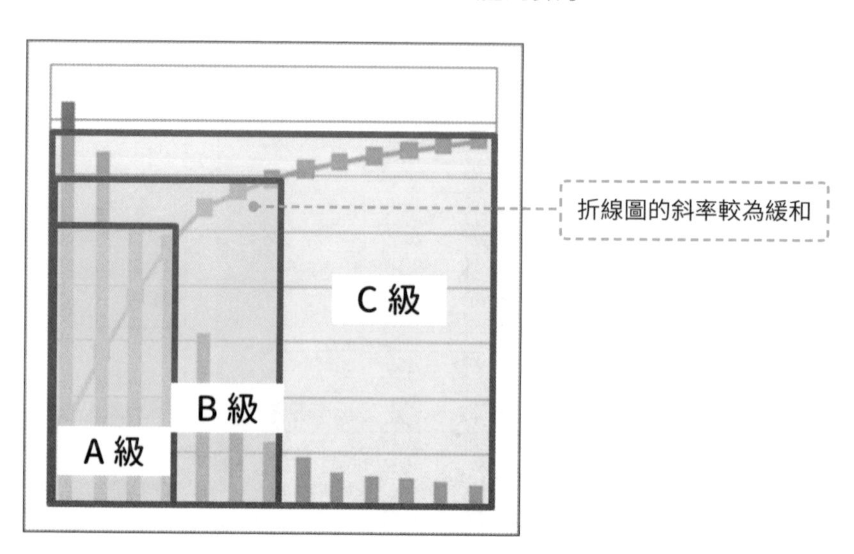

● 集中型

A 級只由極少數的管理項目組成。由於管理項目非常少，所以必須考慮將 B 級或 C 級的項目加進 A 級。

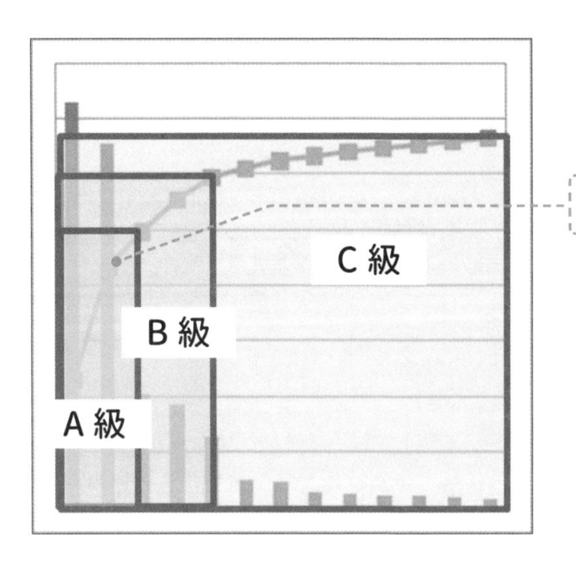


● 分散型

三個等級的管理項目數量差不多，難以判斷該以何者為重點。若管理項目較少還可順利管理，一旦管理項目較多，就必須調整分析的角度，進一步判斷現況。

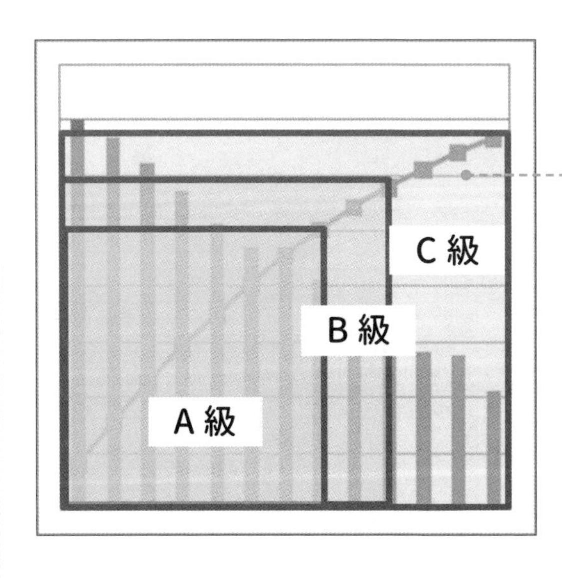

## ❶ 準備 ABC 分析的資料

2013 2016 2019

先利用範例資料（表格資料）的年度營業額算出累計營業額與業績占比累計。這兩筆資料將於下列的欄位儲存。

- 累計營業額：C 欄
- 業績占比累計：D 欄

❶ 點選「年度營業額」的「▼」，再點選「從最大到最小排序」。

❷「年度營業額」由大至小重新排序了。

❸ 在「表格工具」的「設計」分頁勾選「合計列」。

❹ 新增合計列了。

❺ 點選「年度營業額」的合計列的「▼」，再從中點選「加總」。

| | A | B | C | D |
|---|---|---|---|---|
| 1 | 門市 | 年度營業額 | 累計營業額 | 業績占比累計 |
| 2 | cycle cycle | 15420000 | | |
| 3 | outdoor club | 14810000 | | |
| 4 | 腳踏車工房 | 13620000 | | |
| 5 | cycle fan | 11800000 | | |
| 6 | team outdoor | 8280000 | | |
| 7 | 足立Circle | 5860000 | | |
| 8 | Circle專賣店 RinRin | 4380000 | | |
| 9 | 腳踏車 Station | 2820000 | | |
| 10 | bicycle55 | 1540000 | | |
| 11 | 戶外用品王國 | 1260000 | | |
| 12 | ABC腳踏車 | 1080000 | | |
| 13 | 腳踏車生活 | 960000 | | |
| 14 | bicycle Studio | 820000 | | |
| 15 | Circle堂 | 780000 | | |
| 16 | OutDoor Japan | 710000 | | |
| 17 | cycle road | 690000 | | |
| 18 | 中村腳踏車專賣店 | 660000 | | |
| 19 | Bike&Bike | 640000 | | |
| 20 | Outdoor House | 580000 | | |
| 21 | 合計 | | | 0 |

6 顯示營業額合計金額了。

7 在儲存格「C2」輸入「=SUM($B$2:B2)」，再按下 Enter 鍵。

SUM =SUM($B$2:B2)

| | A | B | C | D |
|---|---|---|---|---|
| 1 | 門市 | 年度營業額 | 累計營業額 | 業績占比累計 |
| 2 | cycle cycle | 15420000 | =SUM($B$2:B2) | |
| 3 | outdoor club | 14810000 | | |
| 4 | 腳踏車工房 | 13620000 | | |
| 5 | cycle fan | 11800000 | | |
| 6 | team outdoor | 8280000 | | |
| 7 | 足立Circle | 5860000 | | |
| 8 | Circle專賣店 RinRin | 4380000 | | |
| 9 | 腳踏車 Station | 2820000 | | |
| 10 | bicycle55 | 1540000 | | |
| 11 | 戶外用品王國 | 1260000 | | |
| 12 | ABC腳踏車 | 1080000 | | |
| 13 | 腳踏車生活 | 960000 | | |
| 14 | bicycle Studio | 820000 | | |
| 15 | Circle堂 | 780000 | | |
| 16 | OutDoor Japan | 710000 | | |
| 17 | cycle road | 690000 | | |
| 18 | 中村腳踏車專賣店 | 660000 | | |
| 19 | Bike＆Bike | 640000 | | |
| 20 | Outdoor House | 580000 | | |
| 21 | 合計 | 86710000 | | 0 |
| 22 | | | | |

8 儲存格「C2」的公式會自動複製到儲存格「C3」到「C20」。

9 在儲存格「D2」輸入「=C2/$B$21」，再按下 Enter 鍵。

SUM =C2/$B$21

| | A | B | C | D |
|---|---|---|---|---|
| 1 | 門市 | 年度營業額 | 累計營業額 | 業績占比累計 |
| 2 | cycle cycle | 15420000 | 15420000 | =C2/$B$21 |
| 3 | outdoor club | 14810000 | 30230000 | |
| 4 | 腳踏車工房 | 13620000 | 43850000 | |
| 5 | cycle fan | 11800000 | 55650000 | |
| 6 | team outdoor | 8280000 | 63930000 | |
| 7 | 足立Circle | 5860000 | 69790000 | |
| 8 | Circle專賣店 RinRin | 4380000 | 74170000 | |
| 9 | 腳踏車 Station | 2820000 | 76990000 | |
| 10 | bicycle55 | 1540000 | 78530000 | |
| 11 | 戶外用品王國 | 1260000 | 79790000 | |
| 12 | ABC腳踏車 | 1080000 | 80870000 | |
| 13 | 腳踏車生活 | 960000 | 81830000 | |
| 14 | bicycle Studio | 820000 | 82650000 | |
| 15 | Circle堂 | 780000 | 83430000 | |
| 16 | OutDoor Japan | 710000 | 84140000 | |
| 17 | cycle road | 690000 | 84830000 | |
| 18 | 中村腳踏車專賣店 | 660000 | 85490000 | |
| 19 | Bike＆Bike | 640000 | 86130000 | |
| 20 | Outdoor House | 580000 | 86710000 | |
| 21 | 合計 | 86710000 | | 0 |
| 22 | | | | |

10 儲存格「D2」的公式會自動複製到儲存格「D3」到「D20」。

11 選取儲存格「D2」至「D20」，再於「常用」分頁點選「百分比樣式」，讓數值轉換成百分比格式。

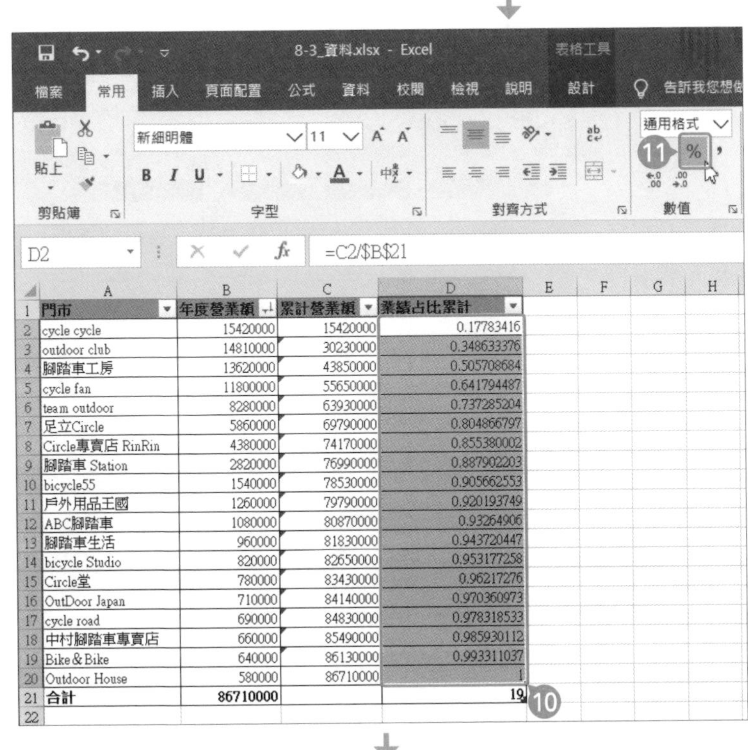


D2 =C2/$B$21

| | A | B | C | D |
|---|---|---|---|---|
| 1 | 門市 | 年度營業額 | 累計營業額 | 業績占比累計 |
| 2 | cycle cycle | 15420000 | 15420000 | 0.17783416 |
| 3 | outdoor club | 14810000 | 30230000 | 0.348633376 |
| 4 | 腳踏車工房 | 13620000 | 43850000 | 0.505708684 |
| 5 | cycle fan | 11800000 | 55650000 | 0.641794487 |
| 6 | team outdoor | 8280000 | 63930000 | 0.737285204 |
| 7 | 足立Circle | 5860000 | 69790000 | 0.804866797 |
| 8 | Circle專賣店 RinRin | 4380000 | 74170000 | 0.855380002 |
| 9 | 腳踏車 Station | 2820000 | 76990000 | 0.887902203 |
| 10 | bicycle55 | 1540000 | 78530000 | 0.905662553 |
| 11 | 戶外用品王國 | 1260000 | 79790000 | 0.920193749 |
| 12 | ABC腳踏車 | 1080000 | 80870000 | 0.93264906 |
| 13 | 腳踏車生活 | 960000 | 81830000 | 0.943720447 |
| 14 | bicycle Studio | 820000 | 82650000 | 0.953177258 |
| 15 | Circle堂 | 780000 | 83430000 | 0.96217276 |
| 16 | OutDoor Japan | 710000 | 84140000 | 0.970360973 |
| 17 | cycle road | 690000 | 84830000 | 0.978318533 |
| 18 | 中村腳踏車專賣店 | 660000 | 85490000 | 0.985930112 |
| 19 | Bike＆Bike | 640000 | 86130000 | 0.993311037 |
| 20 | Outdoor House | 580000 | 86710000 | 1 |
| 21 | 合計 | 86710000 | | 19 |
| 22 | | | | |

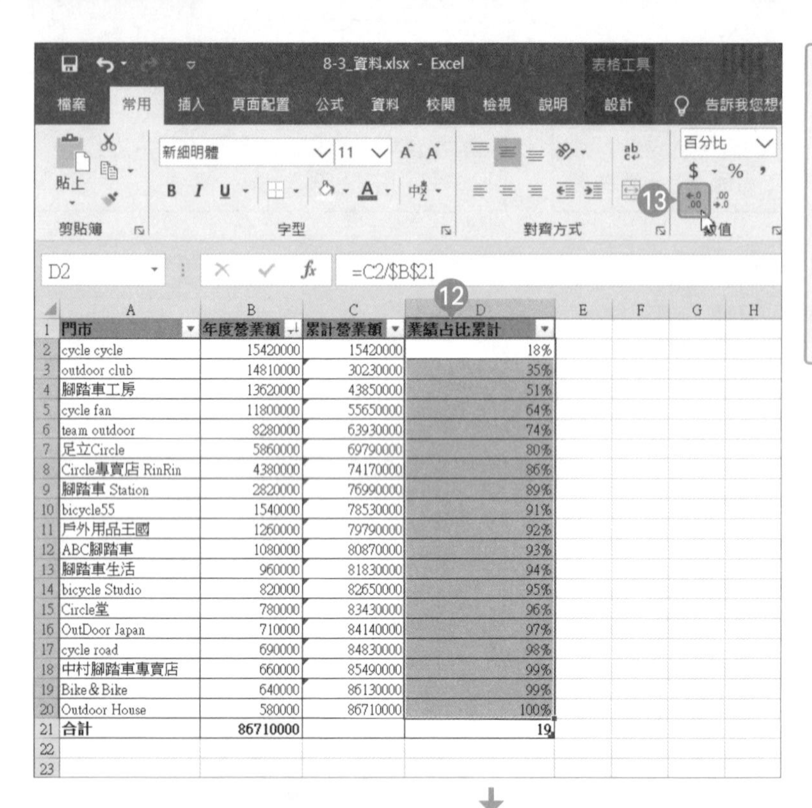


| | A | B | C | D |
|---|---|---|---|---|
| 1 | 門市 | 年度營業額 | 累計營業額 | 業績占比累計 |
| 2 | cycle cycle | 15420000 | 15420000 | 18% |
| 3 | outdoor club | 14810000 | 30230000 | 35% |
| 4 | 腳踏車工房 | 13620000 | 43850000 | 51% |
| 5 | cycle fan | 11800000 | 55650000 | 64% |
| 6 | team outdoor | 8280000 | 63930000 | 74% |
| 7 | 足立Circle | 5860000 | 69790000 | 80% |
| 8 | Circle專賣店 RinRin | 4380000 | 74170000 | 86% |
| 9 | 腳踏車 Station | 2820000 | 76990000 | 89% |
| 10 | bicycle55 | 1540000 | 78530000 | 91% |
| 11 | 戶外用品王國 | 1260000 | 79790000 | 92% |
| 12 | ABC腳踏車 | 1080000 | 80870000 | 93% |
| 13 | 腳踏車生活 | 960000 | 81830000 | 94% |
| 14 | bicycle Studio | 820000 | 82650000 | 95% |
| 15 | Circle堂 | 780000 | 83430000 | 96% |
| 16 | OutDoor Japan | 710000 | 84140000 | 97% |
| 17 | cycle road | 690000 | 84830000 | 98% |
| 18 | 中村腳踏車專賣店 | 660000 | 85490000 | 99% |
| 19 | Bike&Bike | 640000 | 86130000 | 99% |
| 20 | Outdoor House | 580000 | 86710000 | 100% |
| 21 | 合計 | 86710000 | | 19 |

⓬ 業績占比累計轉換成百分比格式的數據了。

⓭ 在「常用」分頁點選「增加小數位數」，顯示小數點第一位的數值。

| | A | B | C | D |
|---|---|---|---|---|
| 1 | 門市 | 年度營業額 | 累計營業額 | 業績占比累計 |
| 2 | cycle cycle | 15420000 | 15420000 | 17.8% |
| 3 | outdoor club | 14810000 | 30230000 | 34.9% |
| 4 | 腳踏車工房 | 13620000 | 43850000 | 50.6% |
| 5 | cycle fan | 11800000 | 55650000 | 64.2% |
| 6 | team outdoor | 8280000 | 63930000 | 73.7% |
| 7 | 足立Circle | 5860000 | 69790000 | 80.5% |
| 8 | Circle專賣店 RinRin | 4380000 | 74170000 | 85.5% |
| 9 | 腳踏車 Station | 2820000 | 76990000 | 88.8% |
| 10 | bicycle55 | 1540000 | 78530000 | 90.6% |
| 11 | 戶外用品王國 | 1260000 | 79790000 | 92.0% |
| 12 | ABC腳踏車 | 1080000 | 80870000 | 93.3% |
| 13 | 腳踏車生活 | 960000 | 81830000 | 94.4% |
| 14 | bicycle Studio | 820000 | 82650000 | 95.3% |
| 15 | Circle堂 | 780000 | 83430000 | 96.2% |
| 16 | OutDoor Japan | 710000 | 84140000 | 97.0% |
| 17 | cycle road | 690000 | 84830000 | 97.8% |
| 18 | 中村腳踏車專賣店 | 660000 | 85490000 | 98.6% |
| 19 | Bike&Bike | 640000 | 86130000 | 99.3% |
| 20 | Outdoor House | 580000 | 86710000 | 100.0% |
| 21 | 合計 | 86710000 | | 19 |

⓮ 業績占比累計轉換成小數點第一位的百分比數值了。

## ❷ 製作 ABC 分析表

2013 2016 2019

使用剛剛製作的「業績占比累計」，將門市分成 ABC 三個等級，完成 ABC 分析表。

| | A | B | C | D | E |
|---|---|---|---|---|---|
| 1 | 門市 | 年度營業額 | 累計營業額 | 業績占比累計 | 等級 |
| 2 | cycle cycle | 15420000 | 15420000 | 17.8% | |
| 3 | outdoor club | 14810000 | 30230000 | 34.9% | |
| 4 | 腳踏車工房 | 13620000 | 43850000 | 50.6% | |
| 5 | cycle fan | 11800000 | 55650000 | 64.2% | |
| 6 | team outdoor | 8280000 | 63930000 | 73.7% | |
| 7 | 足立Circle | 5860000 | 69790000 | 80.5% | |
| 8 | Circle專賣店 RinRin | 4380000 | 74170000 | 85.5% | |
| 9 | 腳踏車 Station | 2820000 | 76990000 | 88.8% | |
| 10 | bicycle55 | 1540000 | 78530000 | 90.6% | |
| 11 | 戶外用品王國 | 1260000 | 79790000 | 92.0% | |
| 12 | ABC腳踏車 | 1080000 | 80870000 | 93.3% | |
| 13 | 腳踏車生活 | 960000 | 81830000 | 94.4% | |
| 14 | bicycle Studio | 820000 | 82650000 | 95.3% | |
| 15 | Circle堂 | 780000 | 83430000 | 96.2% | |
| 16 | OutDoor Japan | 710000 | 84140000 | 97.0% | |
| 17 | cycle road | 690000 | 84830000 | 97.8% | |
| 18 | 中村腳踏車專賣店 | 660000 | 85490000 | 98.6% | |
| 19 | Bike&Bike | 640000 | 86130000 | 99.3% | |
| 20 | Outdoor House | 580000 | 86710000 | 100.0% | |
| 21 | 合計 | 86710000 | | 19 | |
| 22 | | | | | |

❶ 在儲存格「E1」輸入「等級」，按下 Enter 鍵擴充表格。

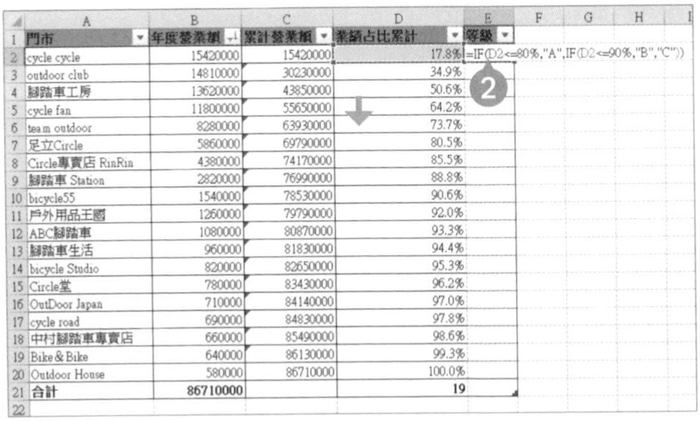

| | A | B | C | D | E |
|---|---|---|---|---|---|
| 1 | 門市 | 年度營業額 | 累計營業額 | 業績占比累計 | 等級 |
| 2 | cycle cycle | 15420000 | 15420000 | 17.8% | =IF(D2<=80%,"A",IF(D2<=90%,"B","C")) |
| 3 | outdoor club | 14810000 | 30230000 | 34.9% | |
| 4 | 腳踏車工房 | 13620000 | 43850000 | 50.6% | |
| 5 | cycle fan | 11800000 | 55650000 | 64.2% | |
| 6 | team outdoor | 8280000 | 63930000 | 73.7% | |
| 7 | 足立Circle | 5860000 | 69790000 | 80.5% | |
| 8 | Circle專賣店 RinRin | 4380000 | 74170000 | 85.5% | |
| 9 | 腳踏車 Station | 2820000 | 76990000 | 88.8% | |
| 10 | bicycle55 | 1540000 | 78530000 | 90.6% | |
| 11 | 戶外用品王國 | 1260000 | 79790000 | 92.0% | |
| 12 | ABC腳踏車 | 1080000 | 80870000 | 93.3% | |
| 13 | 腳踏車生活 | 960000 | 81830000 | 94.4% | |
| 14 | bicycle Studio | 820000 | 82650000 | 95.3% | |
| 15 | Circle堂 | 780000 | 83430000 | 96.2% | |
| 16 | OutDoor Japan | 710000 | 84140000 | 97.0% | |
| 17 | cycle road | 690000 | 84830000 | 97.8% | |
| 18 | 中村腳踏車專賣店 | 660000 | 85490000 | 98.6% | |
| 19 | Bike&Bike | 640000 | 86130000 | 99.3% | |
| 20 | Outdoor House | 580000 | 86710000 | 100.0% | |
| 21 | 合計 | 86710000 | | 19 | |
| 22 | | | | | |

❷ 在儲存格「E2」輸入「=IF(D2<=80%,"A",IF(D2<=90%,"B","C"))」，再按下 Enter 鍵。

| | A | B | C | D | E |
|---|---|---|---|---|---|
| 1 | 門市 | 年度營業額 | 累計營業額 | 業績占比累計 | 等級 |
| 2 | cycle cycle | 15420000 | 15420000 | 17.8% | A |
| 3 | outdoor club | 14810000 | 30230000 | 34.9% | A |
| 4 | 腳踏車工房 | 13620000 | 43850000 | 50.6% | A |
| 5 | cycle fan | 11800000 | 55650000 | 64.2% | A |
| 6 | team outdoor | 8280000 | 63930000 | 73.7% | A |
| 7 | 足立Circle | 5860000 | 69790000 | 80.5% | B |
| 8 | Circle專賣店 RinRin | 4380000 | 74170000 | 85.5% | B |
| 9 | 腳踏車 Station | 2820000 | 76990000 | 88.8% | B |
| 10 | bicycle55 | 1540000 | 78530000 | 90.6% | C |
| 11 | 戶外用品王國 | 1260000 | 79790000 | 92.0% | C |
| 12 | ABC腳踏車 | 1080000 | 80870000 | 93.3% | C |
| 13 | 腳踏車生活 | 960000 | 81830000 | 94.4% | C |
| 14 | bicycle Studio | 820000 | 82650000 | 95.3% | C |
| 15 | Circle堂 | 780000 | 83430000 | 96.2% | C |
| 16 | OutDoor Japan | 710000 | 84140000 | 97.0% | C |
| 17 | cycle road | 690000 | 84830000 | 97.8% | C |
| 18 | 中村腳踏車專賣店 | 660000 | 85490000 | 98.6% | C |
| 19 | Bike&Bike | 640000 | 86130000 | 99.3% | C |
| 20 | Outdoor House | 580000 | 86710000 | 100.0% | C |
| 21 | 合計 | 86710000 | | 19 | |
| 22 | | | | | |

❸ 儲存格「E2」的公式將自動複製到儲存格範圍「E3」至「E20」，將門市分成 ABC 三個等級。

在儲存格「E2」輸入「=IF(D2<=80%,"A",IF(D2<=90%,"B","C"))」可根據右表的條件將門市分成 ABC 三個等級。

表 8-3-2

| 業績占比累計 | 等級 |
|---|---|
| 小於等於 80% | A |
| 80% ～小於等於 90% | B |
| 90% ～ 100% | C |

## ❸ 繪製柏拉圖

2013 2016 2019

利用「年度營業額」與「業績占比累計」繪製柏拉圖。

❶ 選取儲存格「A1」至「B20」。

❷ 按住 Ctrl 鍵，選取儲存格範圍「D1」至「D20」。

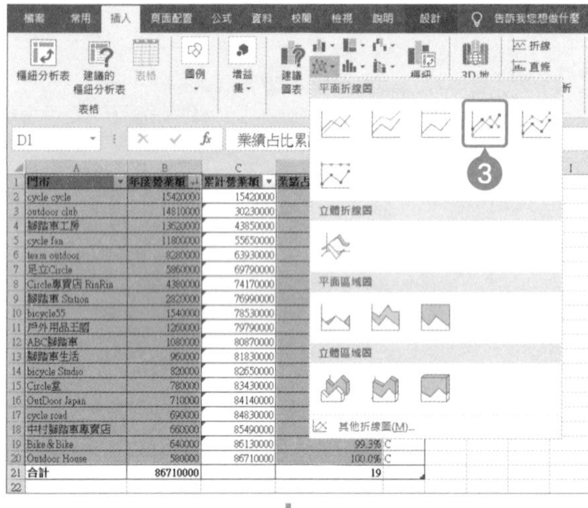


❸ 在「插入」分頁的「插入折線圖或區域圖」點選「含有資料標記的折線圖」。

Excel 2013 的情況：

從「插入」分頁的「插入折線圖」點選「含有資料標記的折線圖」。

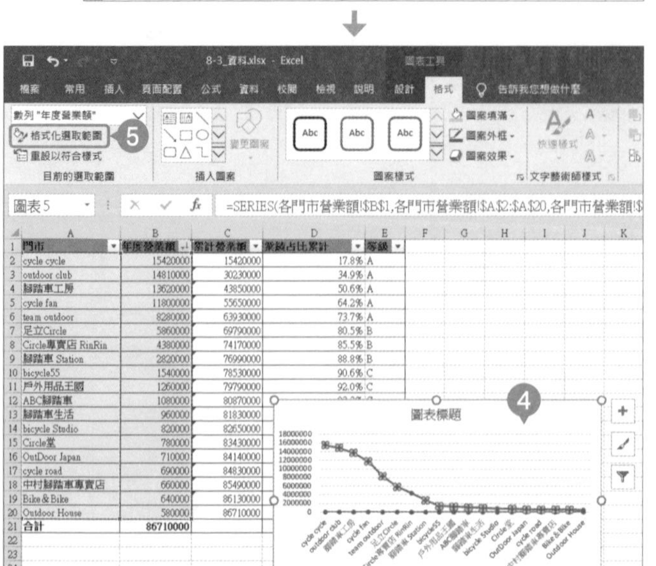


❹ 圖表與資料於同一張工作表顯示了。

❺ 點選圖表上方的「業績組占比累計」折線，再從「圖表工具」的「格式」點選「格式化選取範圍」。

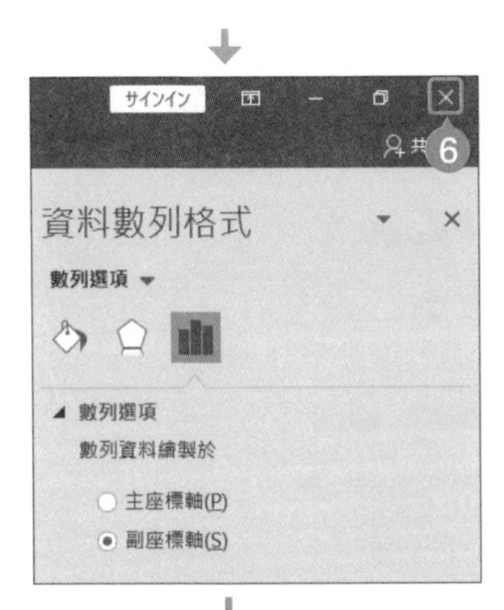


❻ 在「資料數列格式」的「數列選項」點選「數列資料繪製於：副座標軸」再點選「×」。

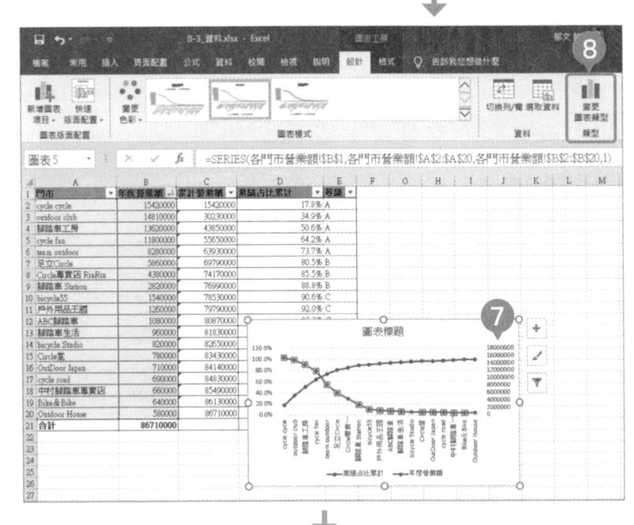

❼「業績占比累計」變更為副座標軸（右側的座標軸）。

❽ 在「圖表工具」的「設計」分頁點選「變更圖表類型」。

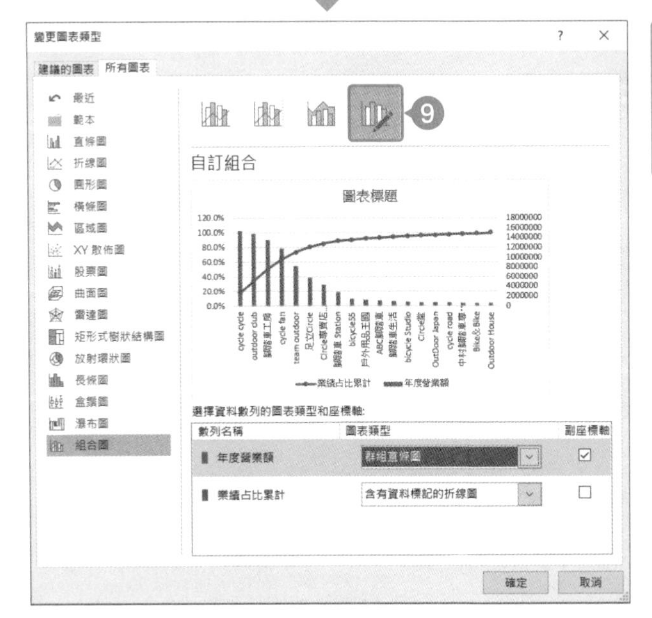


❾ 在「變更圖表類型」對話框將「數列名稱：年度營業額」變更為「群組直條圖」再點選「確定」。

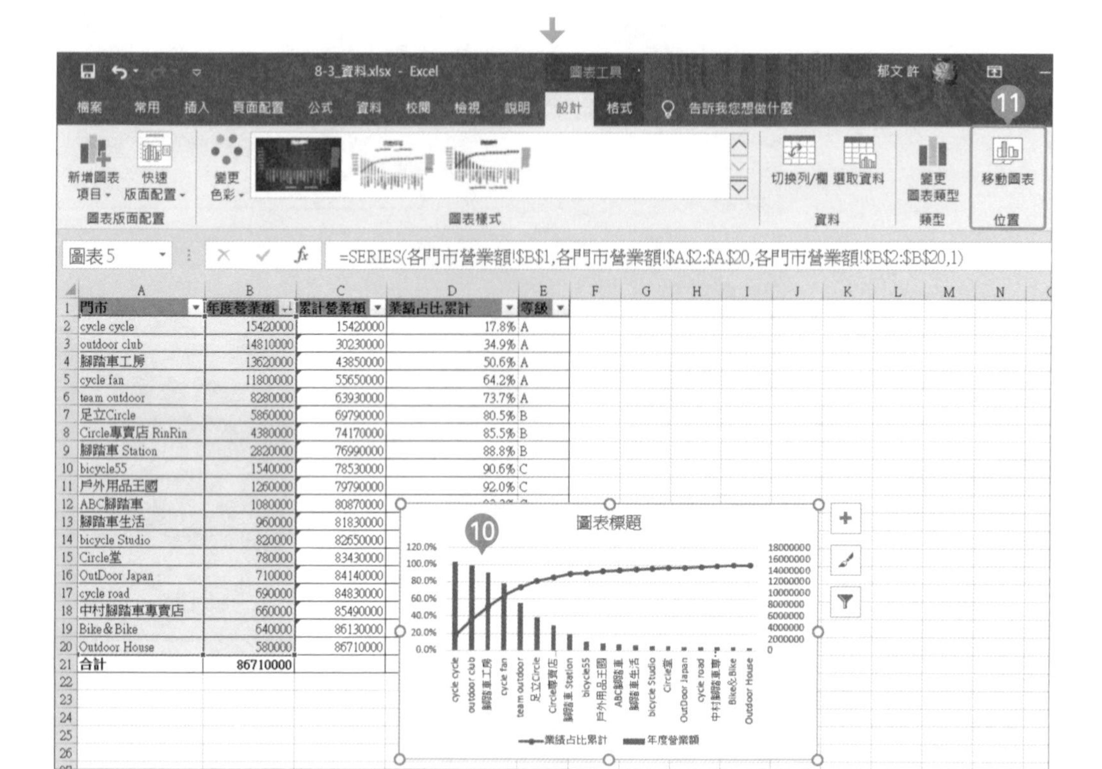


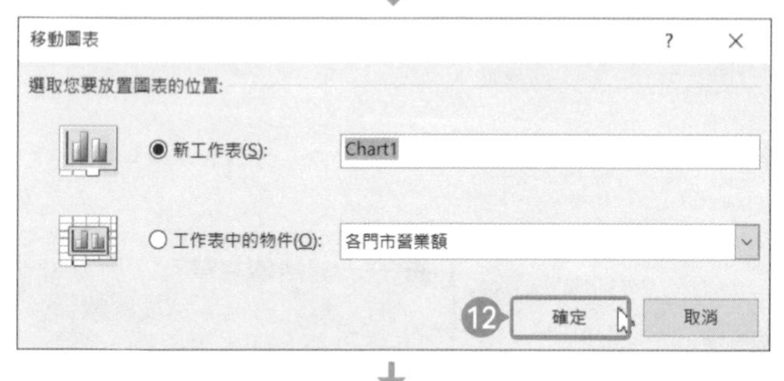


10「年度營業額」的圖表變更為直條圖了。

11 在「圖表工具」的「設計」分頁點選「移動圖表」。

12 在對話框點選「新工作表」再點選「確定」。

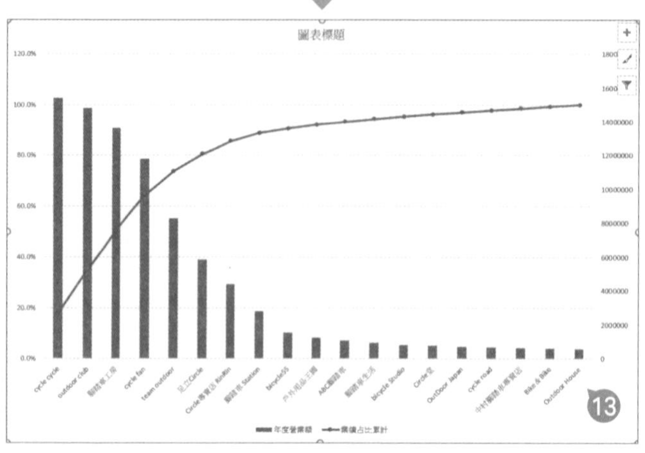


13 柏拉圖於新工作表顯示了。

# ❹ 在柏拉圖加入 ABC 級

2013 2016 2019



調整直條的顏色，以便分出 ABC 三個等級。

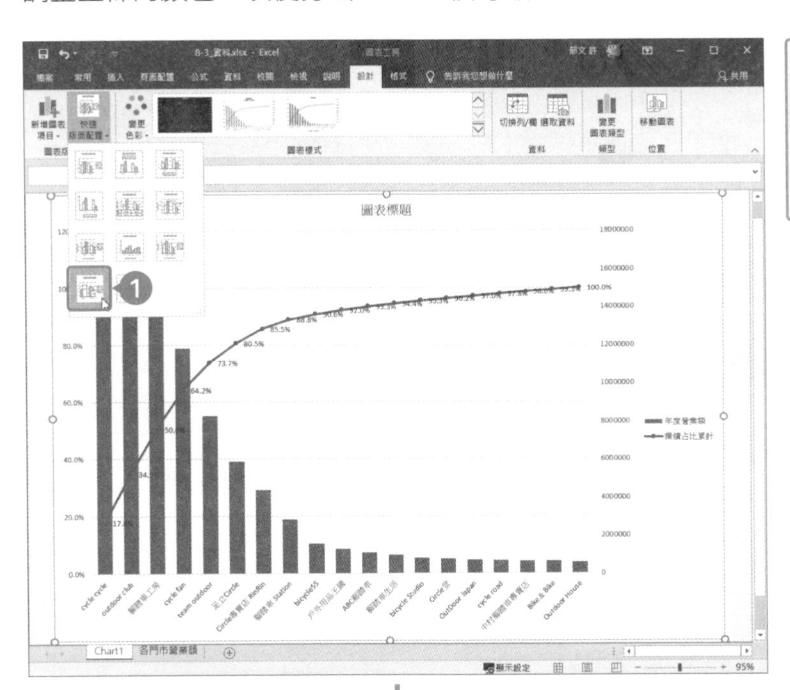


❶ 在「圖表工具」的「設計」分頁點選「快速版面配置」→「版面配置 10」。

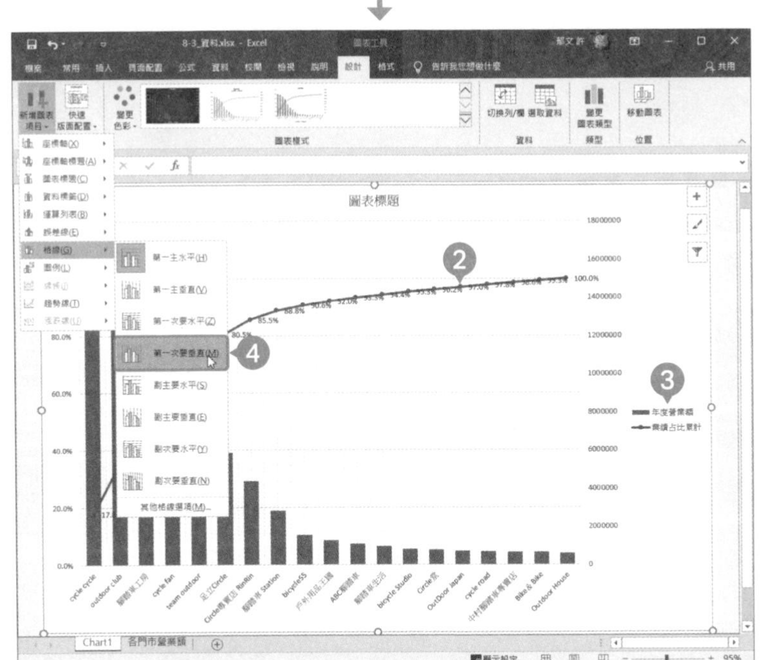


❷ 折線圖顯示了資料的值。

❸ 圖例的位置移至右側。

❹ 在「圖表工具」的「設計」分頁點選「新增圖表項目」，再點選「線」→「第一次要垂直」，新增直軸的格線。

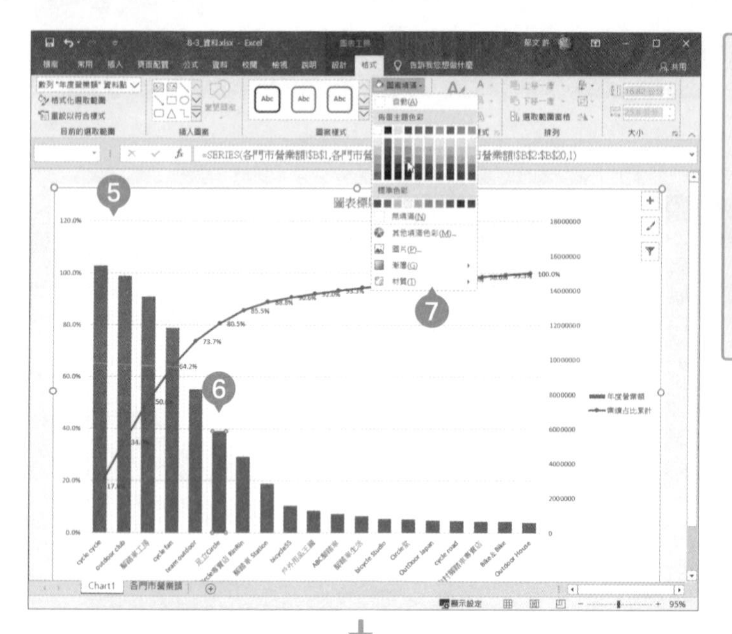

5 直軸顯示格線了。

6 雙點業績占比累計大於等於 80% 的「B 級」直條，單選其中一個直條。

7 在「圖表工具」的「格式」分頁的「圖案樣式」點選「圖案填滿」，再設定適當的顏色。

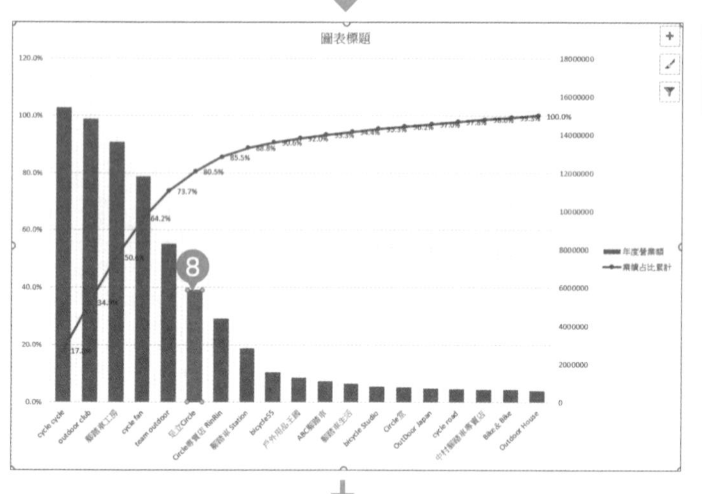

8「足立 Circle」的直條變色了。

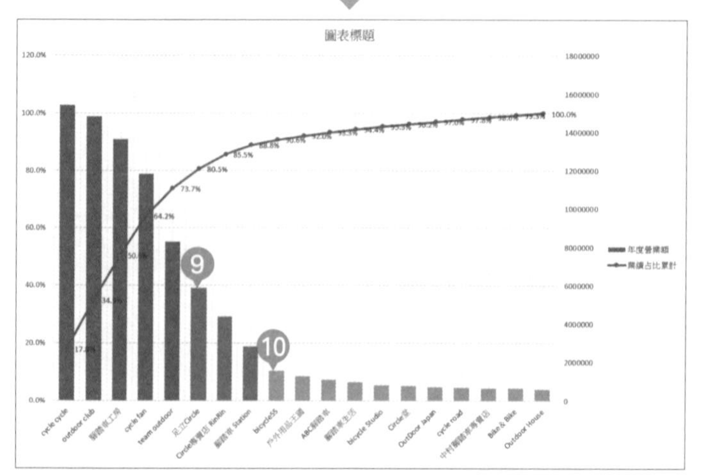

9 設定所有 B 級的「大於等於 80%、小於 90%」的直條的顏色。

10 接著調整 C 級的「大於等於 90%」的直條的顏色。

**重覆相同的操作：**

完成8的處理之後，選取旁邊的直條，再按下F4鍵，就能執行前一個步驟，也就能快速調整直條的顏色。

## 5 設定標題與座標軸的單位

2013 2016 2019

為柏拉圖設定標題。由於現在 Y 座標軸的數字太大，圖表不是很方便閱讀，所以要在圖表工具的「版面」分頁設定 Y 座標軸的單位。

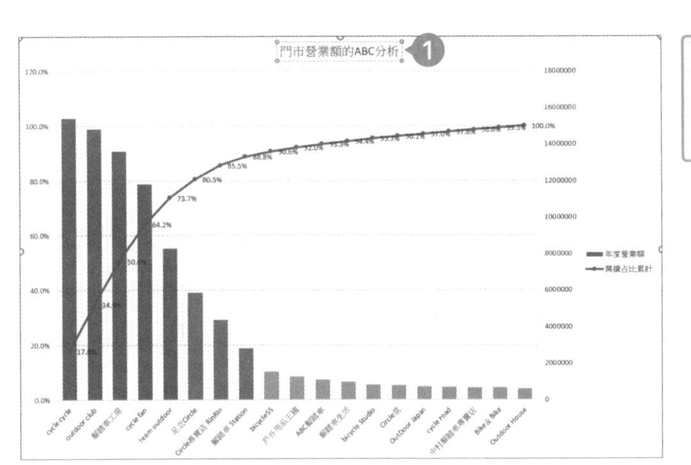


1 點選圖表標題，刪除「圖表標題」輸入「門市營業額的 ABC 分析」。

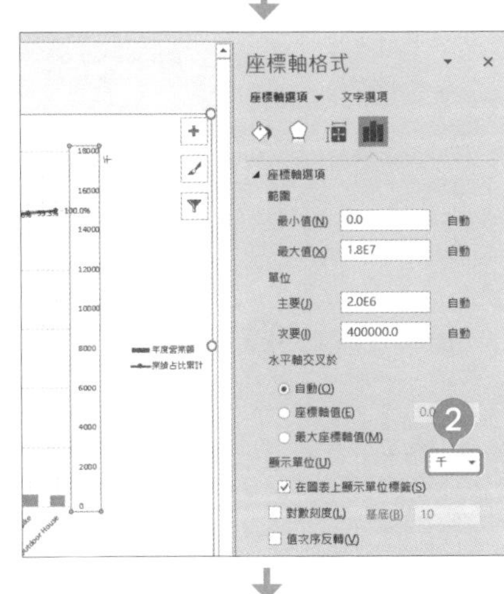


2 雙點第二垂直軸，從「座標軸格式設定」的「座標軸選項」→「顯示單位」選擇「千」。

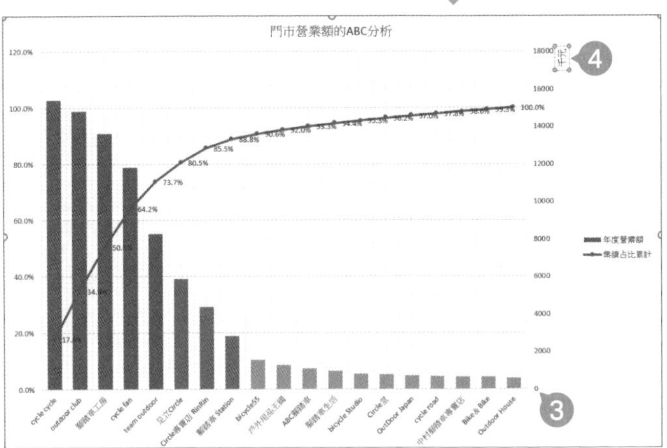


3 第二垂直軸的單位變成「千」。

4 雙點「副座標軸 垂直（值）軸顯示單位標籤」，將「千」改成「千元」。

# 6 製作 PowerPoint 投影片

將 Excel 的 ABC 分析圖表貼入 PowerPoint，完成 PowerPoint 的投影片。

在投影片的標題撰寫選擇促銷重點門市的理由，再利用圖案工具加入 ABC 分級的範圍，讓觀眾更容易閱讀 ABC 分析的結果，再利用圖案強調重點門市，讓圖表的結果變成更明確的訊息。

1 依照 227 頁的步驟新增「只有標題」的投影片。

2 在標題物件輸入選擇該門市的理由。

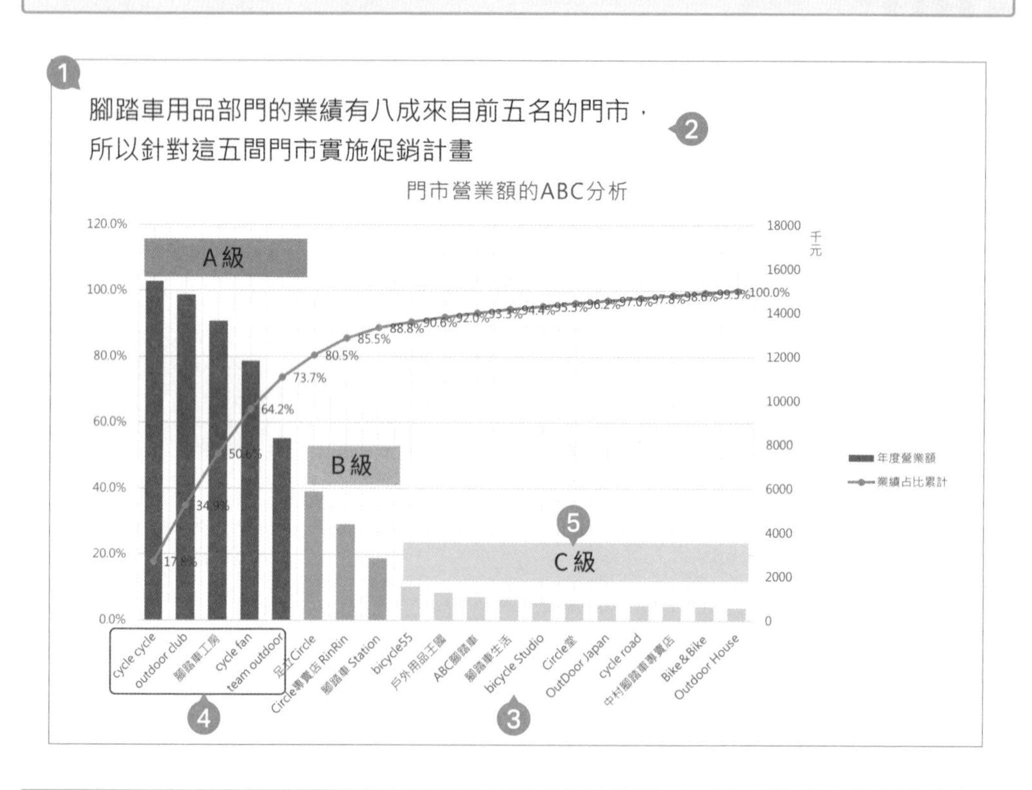


3 利用 227 頁的步驟將 Excel 的 ABC 分析圖表貼入投影片，再調整位置與大小。

4 利用圖案工具圈出重點門市。

5 利用不同色條增加直條圖的說明。

# Chapter 09

# 製作訂購計畫書

採購存貨負責人常製作的簡報之一為訂購計畫書。此時會用到的資料分析手法為存貨周轉率、再訂購點、安全存貨、線性規劃法。本章假設藥局日用品採購負責人準備製作訂購計畫書，藉此說明上述的資料分析方法與簡報製作方法。

# 01 找出存貨過多的商品

要擬訂適當的訂購計畫，就必須先找出存貨過多的商品，審視這類商品的訂購計畫。要知道哪些商品的存貨過多，可先計算存貨周轉率。這次要使用存貨周轉率製作投影片，說明必須重新檢視訂購計畫的商品有哪些。

**Point**

- 藥局日用品採購負責人為了減少存貨，打算重新檢視各商品的訂購計劃是否需重新擬定。
- 若只檢視商品的訂購量或訂購時間點，無法判斷訂購計畫是否正確，而且存貨是多是少，也只能憑感覺決定。照理說，業績較高的商品可以多點存貨才對。
- 因此要利用存貨周轉率與業績，找出適當的存貨量。

**Sample** 說明需要重新擬訂訂購計畫的商品的投影片

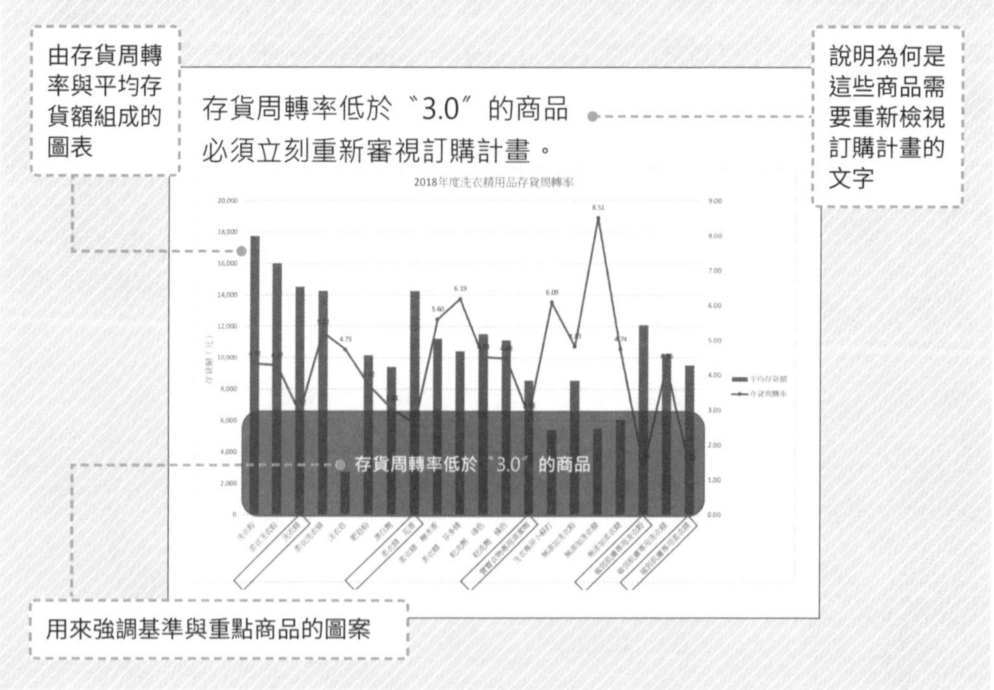

由存貨周轉率與平均存貨額組成的圖表

存貨周轉率低於〝3.0〞的商品必須立刻重新審視訂購計畫。

說明為何是這些商品需要重新檢視訂購計畫的文字

2018年度洗衣精用品存貨周轉率

存貨周轉率低於〝3.0〞的商品

用來強調基準與重點商品的圖案

## 何謂存貨周轉率

存貨周轉率是效率分析指標之一，指的是在固定期間（全年、上下半季、季、月），存貨周轉幾次的數據。

存貨周轉率越高，代表商品入庫到銷售的期間越短，存貨管理也越有效率，反之，存貨周轉率越低，代表商品存貨時間越長，倉儲費也越高，滯銷的風險也越大。

但是，不同的業種或產品的存貨周轉率有不同的標準，例如屬於消耗品的牙刷就不該與可長期使用的手電筒比較。在比較存貨周轉率的時候，必須先考慮該商品的特性或銷路。

存貨周轉率可透過下列的公式求得。

$$存貨周轉率 = \frac{（某段期間）銷貨成本}{（某段期間）平均存貨額}$$

此外，公式裡的各部分可透過下列的方式計算。

- 銷貨成本（有時可以用「營業額」代替）

  計算存貨周轉率的期間之內的商品銷貨成本總和。

- 平均存貨額（有時可以用「期末存貨量」代替）

  期初存貨量與期末存貨量加總除以 2 的數值。

$$平均存貨額 = \frac{（期初存貨量 + 期末存貨量）}{2}$$

表 9-1-1

| | 2018 年 | | | | | | | |
|---|---|---|---|---|---|---|---|---|
| | 1 月 | 2 月 | 3 月 | 4 月 | 5 月 | 6 月 | 7 月 | … |
| 期初存貨量 | 80,000 元 | 100,000 元 | 120,000 元 | 90,000 元 | 95,000 元 | 135,000 元 | 150,000 元 | … |
| 期末存貨量 | 100,000 元 | 120,000 元 | 90,000 元 | 100,000 元 | 135,000 元 | 150,000 元 | | … |
| ↓ | ↓ | ↓ | ↓ | ↓ | ↓ | ↓ | | … |
| 平均存貨額 | 90,000 元 | 110,000 元 | 105,000 元 | 95,000 元 | 115,000 元 | 143,500 元 | | … |

## Column 存貨周轉率與存貨周轉天數

另一個分析存貨效率的指標為「存貨周轉天數」。存貨周轉天數指的是在某段期間之內，該存貨為幾天份銷貨成本的「存貨周轉率」，是存貨周轉率的倒數，可利用下列的公式求出。

$$存貨周轉天數 = \frac{存貨額}{\left(\frac{銷售成本}{365}\right)}$$

存貨周轉天數可分成以全年為單位的「存貨周轉年數」，以月為單位的「存貨周轉月數」以及上述公式之中，以天數為單位的「存貨周轉天數」，所以使用這些值的時候，必須注意用於計算的基礎單位。

此外，存貨周轉期間與存貨周轉率都沒有在幾天以內的周轉期間就沒有問題的明確基準。以薄利多銷的業種而言，商品的存貨期間都較短，但是利潤較高或高附加價值的商品，則有存貨周轉期間拉長的傾向。只有在比較相同商品時，存貨周轉期間越短，才能做出存貨管理較有效率的結論。

# 1 準備計算存貨周轉率的資料 2013 2016 2019

使用範例資料的期初存貨量與期末存貨量算出平均存貨額，再進一步算出存貨周轉率。這些資料將於下列的欄位儲存。

- 平均存貨額：E 欄
- 存貨周轉率：F 欄

SUM　=(C2+D2)/2

| | A | B | C | D | E | F | G |
|---|---|---|---|---|---|---|---|
| 1 | 商品名稱 | 銷貨成本 | 期初存貨量 | 期末存貨量 | 平均存貨額 | 存貨周轉率 | |
| 2 | 洗衣粉 | 76,520 | 16,840 | 18,610 | =(C2+D2)/2 | | |
| 3 | 柔衣洗衣粉 | 68,400 | 15,250 | 16,780 | | | |
| 4 | 洗衣精 | 42,380 | 16,280 | 12,770 | | | |
| 5 | 柔衣洗衣精 | 74,410 | 14,210 | 14,280 | | | |
| 6 | 洗衣皂 | 12,830 | 2,240 | 3,180 | | | |
| 7 | 肥皂粉 | 37,820 | 8,820 | 11,530 | | | |
| 8 | 漂白劑 | 28,500 | 10,500 | 8,280 | | | |
| 9 | 柔衣精　花香 | 37,150 | 12,400 | 16,060 | | | |
| 10 | 柔衣精　檜木香 | 62,870 | 12,050 | 10,410 | | | |
| 11 | 柔衣精　芬多精 | 64,490 | 10,830 | 10,020 | | | |
| 12 | 乾洗劑　綠色 | 52,180 | 12,680 | 10,380 | | | |
| 13 | 乾洗劑　橘色 | 49,880 | 10,370 | 11,910 | | | |
| 14 | 寶寶衣物專用清潔劑 | 24,130 | 8,260 | 8,800 | | | |
| 15 | 洗衣專用小蘇打 | 32,860 | 6,640 | 4,160 | | | |
| 16 | 無添加洗衣粉 | 41,170 | 8,040 | 9,020 | | | |
| 17 | 無添加洗衣精 | 46,860 | 6,200 | 4,810 | | | |
| 18 | 無添加柔衣精 | 28,590 | 6,230 | 5,830 | | | |
| 19 | 敏弱肌膚專用洗衣粉 | 16,640 | 10,890 | 13,270 | | | |
| 20 | 敏弱肌膚專用洗衣精 | 43,710 | 12,460 | 8,040 | | | |
| 21 | 敏弱肌膚專用柔衣精 | 12,840 | 10,040 | 9,020 | | | |
| 22 | | | | | | | |

1 在儲存格「E2」輸入「=(C2+ D2)/2」，算出平均存貨額。

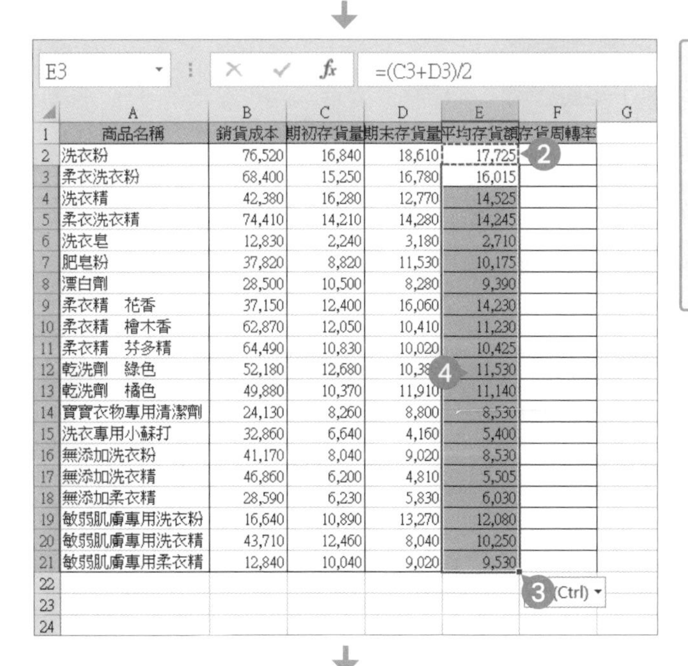

E3　=(C3+D3)/2

| | A | B | C | D | E | F | G |
|---|---|---|---|---|---|---|---|
| 1 | 商品名稱 | 銷貨成本 | 期初存貨量 | 期末存貨量 | 平均存貨額 | 存貨周轉率 | |
| 2 | 洗衣粉 | 76,520 | 16,840 | 18,610 | 17,725 | | |
| 3 | 柔衣洗衣粉 | 68,400 | 15,250 | 16,780 | 16,015 | | |
| 4 | 洗衣精 | 42,380 | 16,280 | 12,770 | 14,525 | | |
| 5 | 柔衣洗衣精 | 74,410 | 14,210 | 14,280 | 14,245 | | |
| 6 | 洗衣皂 | 12,830 | 2,240 | 3,180 | 2,710 | | |
| 7 | 肥皂粉 | 37,820 | 8,820 | 11,530 | 10,175 | | |
| 8 | 漂白劑 | 28,500 | 10,500 | 8,280 | 9,390 | | |
| 9 | 柔衣精　花香 | 37,150 | 12,400 | 16,060 | 14,230 | | |
| 10 | 柔衣精　檜木香 | 62,870 | 12,050 | 10,410 | 11,230 | | |
| 11 | 柔衣精　芬多精 | 64,490 | 10,830 | 10,020 | 10,425 | | |
| 12 | 乾洗劑　綠色 | 52,180 | 12,680 | 10,38 | 11,530 | | |
| 13 | 乾洗劑　橘色 | 49,880 | 10,370 | 11,910 | 11,140 | | |
| 14 | 寶寶衣物專用清潔劑 | 24,130 | 8,260 | 8,800 | 8,530 | | |
| 15 | 洗衣專用小蘇打 | 32,860 | 6,640 | 4,160 | 5,400 | | |
| 16 | 無添加洗衣粉 | 41,170 | 8,040 | 9,020 | 8,530 | | |
| 17 | 無添加洗衣精 | 46,860 | 6,200 | 4,810 | 5,505 | | |
| 18 | 無添加柔衣精 | 28,590 | 6,230 | 5,830 | 6,030 | | |
| 19 | 敏弱肌膚專用洗衣粉 | 16,640 | 10,890 | 13,270 | 12,080 | | |
| 20 | 敏弱肌膚專用洗衣精 | 43,710 | 12,460 | 8,040 | 10,250 | | |
| 21 | 敏弱肌膚專用柔衣精 | 12,840 | 10,040 | 9,020 | 9,530 | | |
| 22 | | | | | | | |
| 23 | | | | | | | |
| 24 | | | | | | | |



2 算出平均存貨額。

3 將儲存格「E2」的公式複製到儲存格範圍「E3」至「E21」。

4 算出「柔衣洗衣粉」到「敏弱肌膚專用柔衣精」的平均存貨額了。

SUM =B2/E2

| | A | B | C | D | E | F |
|---|---|---|---|---|---|---|
| 1 | 商品名稱 | 銷貨成本 | 期初存貨量 | 期末存貨量 | 平均存貨額 | 存貨周轉率 |
| 2 | 洗衣粉 | 76,520 | 16,840 | 18,610 | 17,725 | =B2/E2 |
| 3 | 柔衣洗衣粉 | 68,400 | 15,250 | 16,780 | 16,015 | |
| 4 | 洗衣精 | 42,380 | 16,280 | 12,770 | 14,525 | |
| 5 | 柔衣洗衣精 | 74,410 | 14,210 | 14,280 | 14,245 | |
| 6 | 洗衣皂 | 12,830 | 2,240 | 3,180 | 2,710 | |
| 7 | 肥皂粉 | 37,820 | 8,820 | 11,530 | 10,175 | |
| 8 | 漂白劑 | 28,500 | 10,500 | 8,280 | 9,390 | |
| 9 | 柔衣精　花香 | 37,150 | 12,400 | 16,060 | 14,230 | |
| 10 | 柔衣精　檜木香 | 62,870 | 12,050 | 10,410 | 11,230 | |
| 11 | 柔衣精　芬多精 | 64,490 | 10,830 | 10,020 | 10,425 | |
| 12 | 乾洗劑　綠色 | 52,180 | 12,680 | 10,380 | 11,530 | |
| 13 | 乾洗劑　橘色 | 49,880 | 10,370 | 11,910 | 11,140 | |
| 14 | 寶寶衣物專用清潔劑 | 24,130 | 8,260 | 8,800 | 8,530 | |
| 15 | 洗衣專用小蘇打 | 32,860 | 6,640 | 4,160 | 5,400 | |
| 16 | 無添加洗衣粉 | 41,170 | 8,040 | 9,020 | 8,530 | |
| 17 | 無添加洗衣精 | 46,860 | 6,200 | 4,810 | 5,505 | |
| 18 | 無添加柔衣精 | 28,590 | 6,230 | 5,830 | 6,030 | |
| 19 | 敏弱肌膚專用洗衣粉 | 16,640 | 10,890 | 13,270 | 12,080 | |
| 20 | 敏弱肌膚專用洗衣精 | 43,710 | 12,460 | 8,040 | 10,250 | |
| 21 | 敏弱肌膚專用柔衣精 | 12,840 | 10,040 | 9,020 | 9,530 | |

5

**5** 在儲存格「F2」輸入「=B2/E2」，算出存貨周轉率。

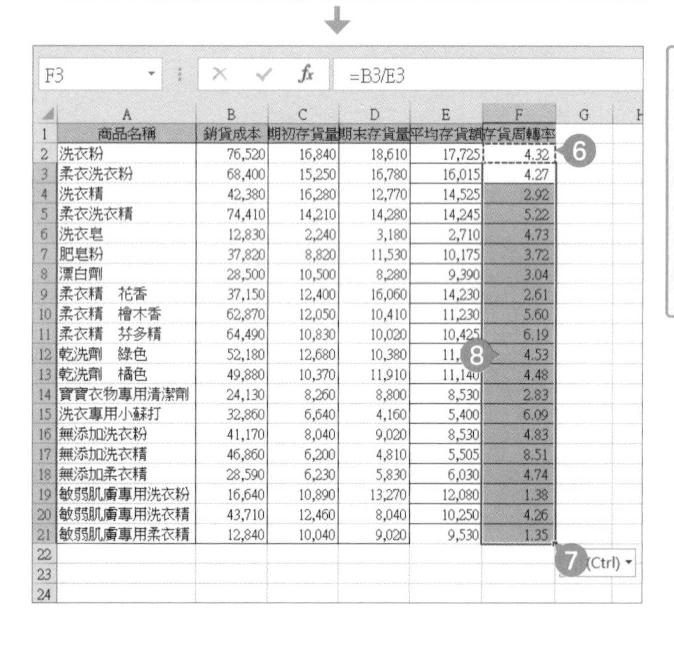

F3 =B3/E3

| | A | B | C | D | E | F |
|---|---|---|---|---|---|---|
| 1 | 商品名稱 | 銷貨成本 | 期初存貨量 | 期末存貨量 | 平均存貨額 | 存貨周轉率 |
| 2 | 洗衣粉 | 76,520 | 16,840 | 18,610 | 17,725 | 4.32 |
| 3 | 柔衣洗衣粉 | 68,400 | 15,250 | 16,780 | 16,015 | 4.27 |
| 4 | 洗衣精 | 42,380 | 16,280 | 12,770 | 14,525 | 2.92 |
| 5 | 柔衣洗衣精 | 74,410 | 14,210 | 14,280 | 14,245 | 5.22 |
| 6 | 洗衣皂 | 12,830 | 2,240 | 3,180 | 2,710 | 4.73 |
| 7 | 肥皂粉 | 37,820 | 8,820 | 11,530 | 10,175 | 3.72 |
| 8 | 漂白劑 | 28,500 | 10,500 | 8,280 | 9,390 | 3.04 |
| 9 | 柔衣精　花香 | 37,150 | 12,400 | 16,060 | 14,230 | 2.61 |
| 10 | 柔衣精　檜木香 | 62,870 | 12,050 | 10,410 | 11,230 | 5.60 |
| 11 | 柔衣精　芬多精 | 64,490 | 10,830 | 10,020 | 10,425 | 6.19 |
| 12 | 乾洗劑　綠色 | 52,180 | 12,680 | 10,380 | 11,[illegible] | 4.53 |
| 13 | 乾洗劑　橘色 | 49,880 | 10,370 | 11,910 | 11,140 | 4.48 |
| 14 | 寶寶衣物專用清潔劑 | 24,130 | 8,260 | 8,800 | 8,530 | 2.83 |
| 15 | 洗衣專用小蘇打 | 32,860 | 6,640 | 4,160 | 5,400 | 6.09 |
| 16 | 無添加洗衣粉 | 41,170 | 8,040 | 9,020 | 8,530 | 4.83 |
| 17 | 無添加洗衣精 | 46,860 | 6,200 | 4,810 | 5,505 | 8.51 |
| 18 | 無添加柔衣精 | 28,590 | 6,230 | 5,830 | 6,030 | 4.74 |
| 19 | 敏弱肌膚專用洗衣粉 | 16,640 | 10,890 | 13,270 | 12,080 | 1.38 |
| 20 | 敏弱肌膚專用洗衣精 | 43,710 | 12,460 | 8,040 | 10,250 | 4.26 |
| 21 | 敏弱肌膚專用柔衣精 | 12,840 | 10,040 | 9,020 | 9,530 | 1.35 |



**6** 算出存貨周轉率了。

**7** 複製儲存格「F2」的公式，貼入儲存格範圍「F3」至「F21」。

**8** 算出「柔衣洗衣粉」到「敏弱肌膚專用柔衣精」的存貨周轉率了。

## ❷ 利用存貨周轉率繪製圖表

2013 2016 2019

接著利用「平均存貨額」與「存貨周轉率」繪製圖表。

E1 平均存貨額

| | A | B | C | D | E | F | G |
|---|---|---|---|---|---|---|---|
| 1 | 商品名稱 | 銷貨成本 | 期初存貨量 | 期末存貨量 | 平均存貨額 | 存貨周轉率 | |
| 2 | 洗衣粉 | 76,520 | 16,840 | 18,610 | 17,725 | 4.32 | |
| 3 | 柔衣洗衣粉 | 68,400 | 15,250 | 16,780 | 16,015 | 4.27 | |
| 4 | 洗衣精 | 42,380 | 16,280 | 12,770 | 14,525 | 2.92 | |
| 5 | 柔衣洗衣精 | 74,410 | 14,210 | 14,280 | 14,245 | 5.22 | |
| 6 | 洗衣皂 | 12,830 | 2,240 | 3,180 | 2,710 | 4.73 | |
| 7 | 肥皂粉 | 37,820 | 8,820 | 11,530 | 10,175 | 3.72 | |
| 8 | 漂白劑 | 28,500 | 10,500 | 8,280 | 9,390 | 3.04 | |
| 9 | 柔衣精　花香 | 37,150 | 12,400 | 16,060 | 14,230 | 2.61 | |
| 10 | 柔衣精　檜木香 | 62,870 | 12,050 | 10,410 | 11,230 | 5.60 | |
| 11 | 柔衣精　芬多精 | 64,490 | 10,830 | 10,020 | 10,425 | 6.19 | |
| 12 | 乾洗劑　綠色 | 52,180 | 12,680 | 10,380 | 11,530 | 4.53 | |
| 13 | 乾洗劑　橘色 | 49,880 | 10,370 | 11,910 | 11,140 | 4.48 | |
| 14 | 寶寶衣物專用清潔劑 | 24,130 | 8,260 | 8,800 | 8,530 | 2.83 | |
| 15 | 洗衣專用小蘇打 | 32,860 | 6,640 | 4,160 | 5,400 | 6.09 | |
| 16 | 無添加洗衣粉 | 41,170 | 8,040 | 9,020 | 8,530 | 4.83 | |
| 17 | 無添加洗衣精 | 46,860 | 6,200 | 4,810 | 5,505 | 8.51 | |
| 18 | 無添加柔衣精 | 28,590 | 6,230 | 5,830 | 6,030 | 4.74 | |
| 19 | 敏弱肌膚專用洗衣粉 | 16,640 | 10,890 | 13,270 | 12,080 | 1.38 | |
| 20 | 敏弱肌膚專用洗衣精 | 43,710 | 12,460 | 8,040 | 10,250 | 4.26 | |
| 21 | 敏弱肌膚專用柔衣精 | 12,840 | 10,040 | 9,020 | 9,530 | 1.35 | |
| 22 | | | | | | | |

❶ 選取儲存格範圍「A1」至「A21」。

❷ 按住 Ctrl 鍵，選取儲存格範圍「E1」至「F21」。

》Excel 2013 的情況：

從「插入」分頁的「插入折線圖」選擇「含有資料標記的折線圖」。

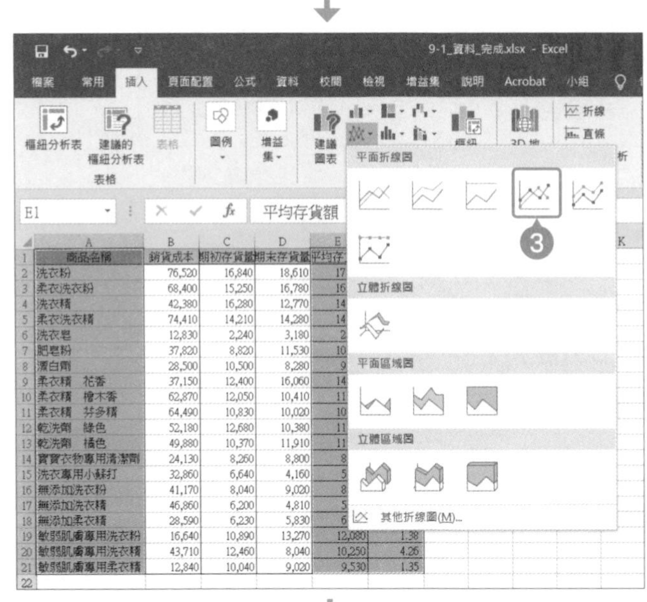


❸ 在「插入」分頁的「插入折線圖或區域圖」點選「含有資料標記的折線圖」。

》Excel 2013 的情況：

從「插入」分頁的「插入折線圖」選擇「含有資料標記的折線圖」。

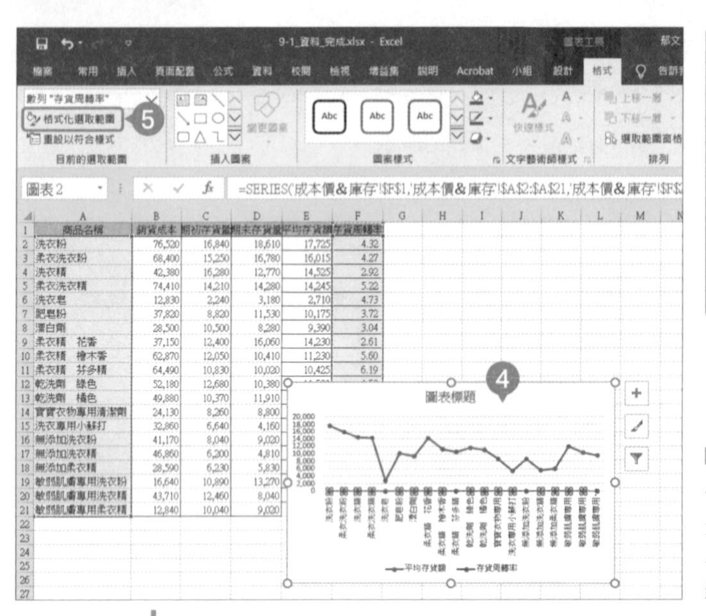


❹ 圖表與資料於同一張工作表顯示了。

❺ 點選圖表裡的「存貨周轉率」折線，在圖表為選取的狀態下點選「圖表工具」的「格式」分頁的「格式化選取範圍」。

**開啟圖表工具選單：**

假設沒看到圖表工具選單，請先點選圖表，因為圖表工具選單只會在圖表為選取的狀態下顯示。

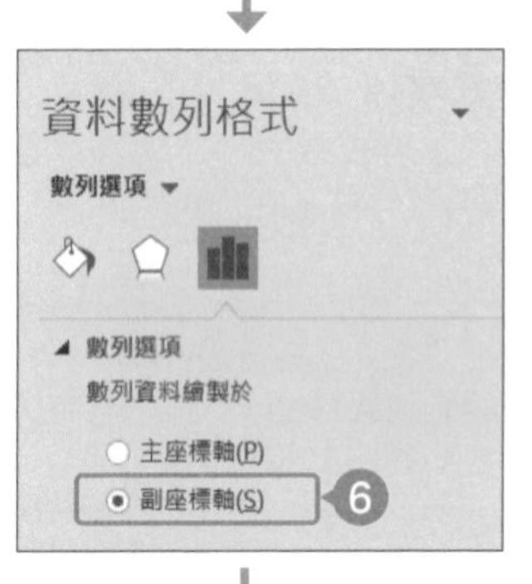


❻ 在「資料數列格式」畫面點選「數列選項」→「數列資料繪製於」→「副座標軸」，再點選「×」。

❼「存貨周轉率」的座標軸轉換成副座標軸（右側的座標軸）了。

❽ 在「圖表工具」的「設計」分頁點選「變更圖表類型」。

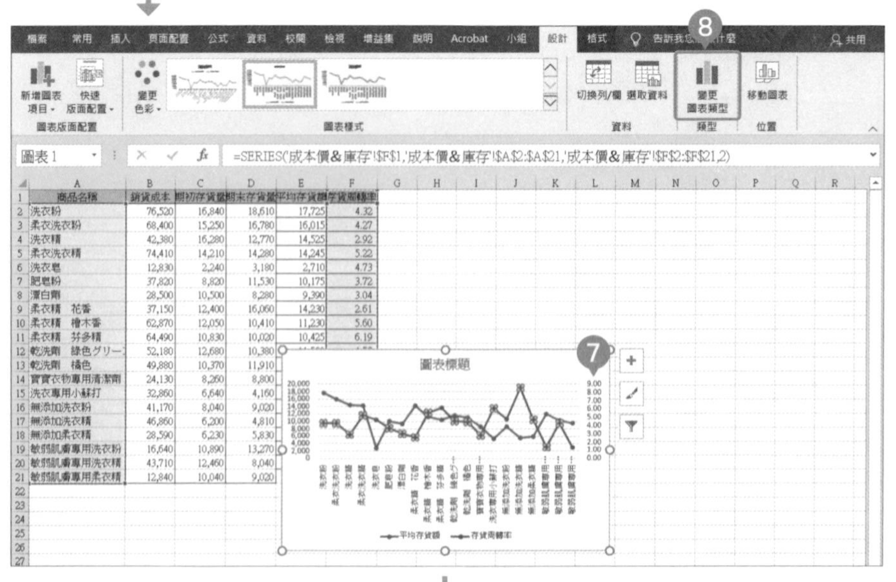

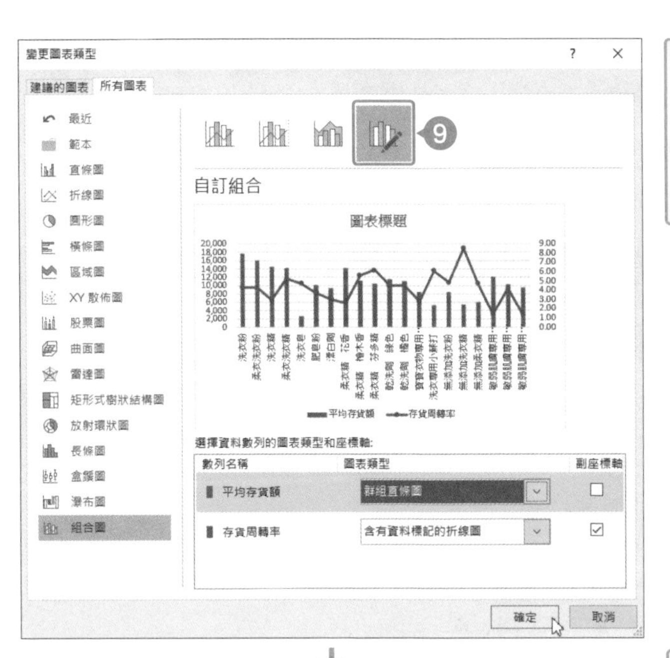


9 開啟「變更圖表類型」對話框之後，將「數列名稱：平均存貨額」的「圖表類型」變更為「群組直條圖」，再點選「確定」。

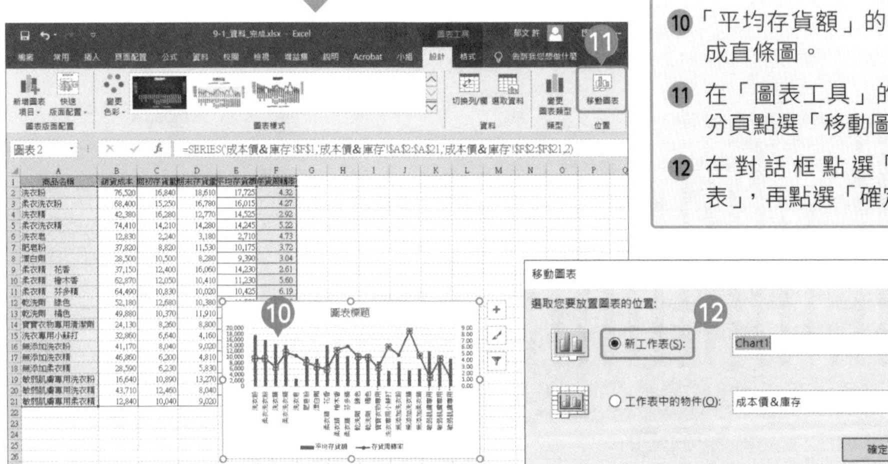


10「平均存貨額」的圖表轉換成直條圖。

11 在「圖表工具」的「設計」分頁點選「移動圖表」。

12 在對話框點選「新工作表」，再點選「確定」。

13 圖表於新工作表顯示了。

# ❸ 設定標題與座標軸標題

2013 2016 2019

圖表工具的「設計」分頁可替圖表套用各種設定，讓我們利用這項功能替圖表設定標題與直軸的標題吧！

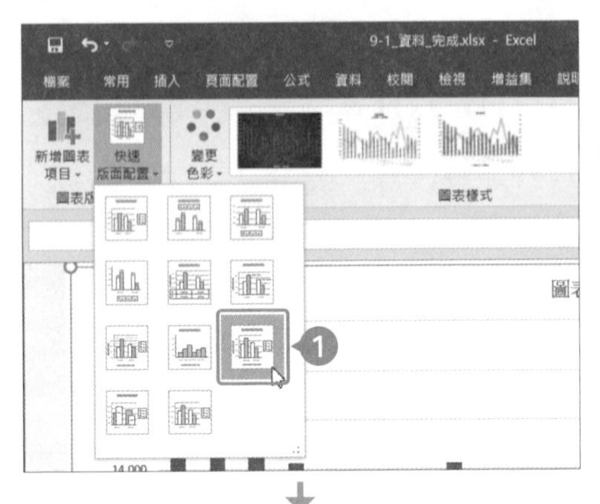


❶ 在「圖表工具」的「設計」分頁點選「快速版面配置」的「版面配置 9」。

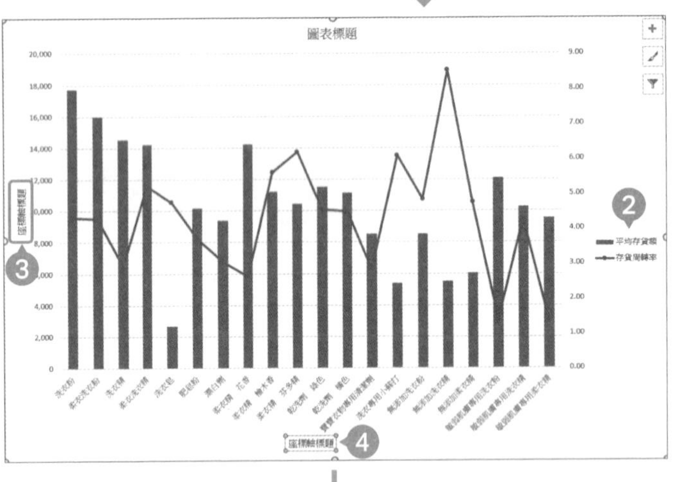


❷ 圖例的位置移至右側了。

❸ 直軸的座標軸標題顯示了。

❹ 雖然也顯示了橫軸的座標軸標題，但這次不需要使用，請先點選再按下 Delete 鍵刪除。

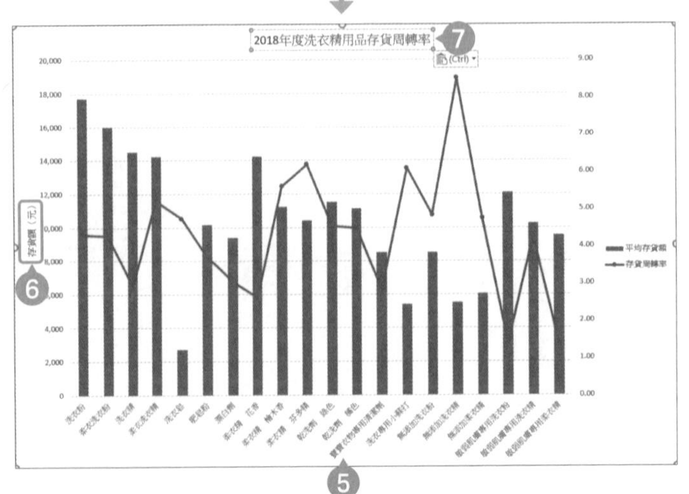


❺ 刪除橫軸的標題。

❻ 點選直軸的標題，刪除「座標軸標題」文字後，輸入「存貨額（元）」。

❼ 點選圖表標題，刪除「圖表標題」，輸入「2018 年度洗衣精用品存貨周轉率」。

## 4 顯示資料標籤

2013 2016 2019

接著要於存貨周轉率的圖表顯示資料標籤，才能快速瀏覽存貨周轉率的數字。

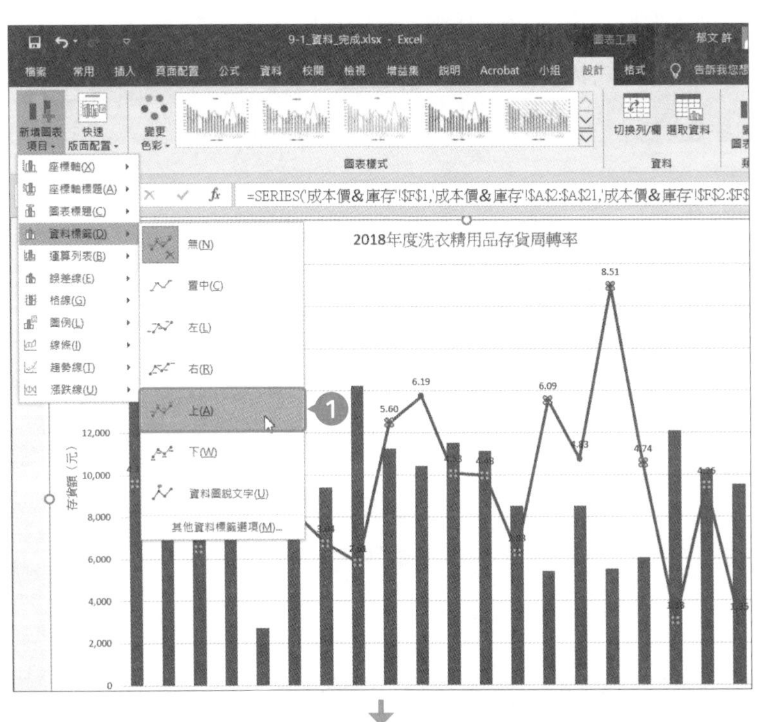


1 點選「存貨周轉率」的折線，再於圖表被選取的狀態點選「圖表工具」的「設計」分頁，然後點選「新增圖表項目」→「資料標籤」→「上」。

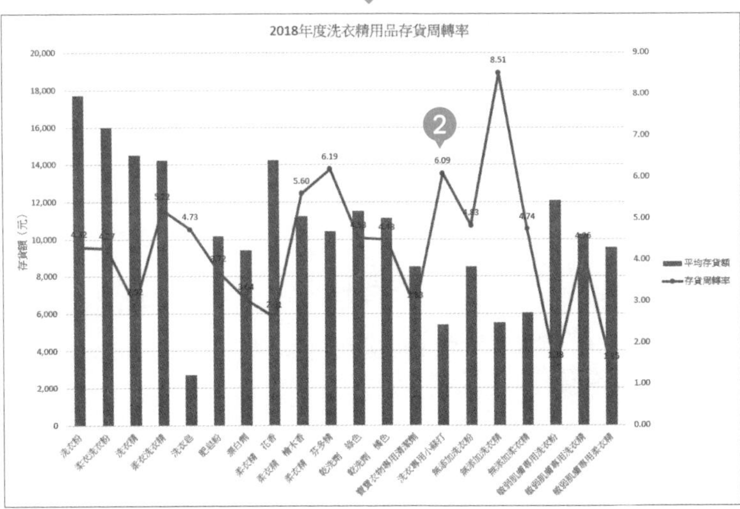


2「存貨周轉率」的折線上方顯示對應的值了。

## 5 將圖表貼入 PowerPoint 投影片

2013 2016 2019

圖表完成後，可發現有幾項商品的存貨周轉率較低，所以要製作說明這些商品訂購計畫如何重新擬定的投影片。第一步先將圖表貼入 PowerPoint 的投影片。

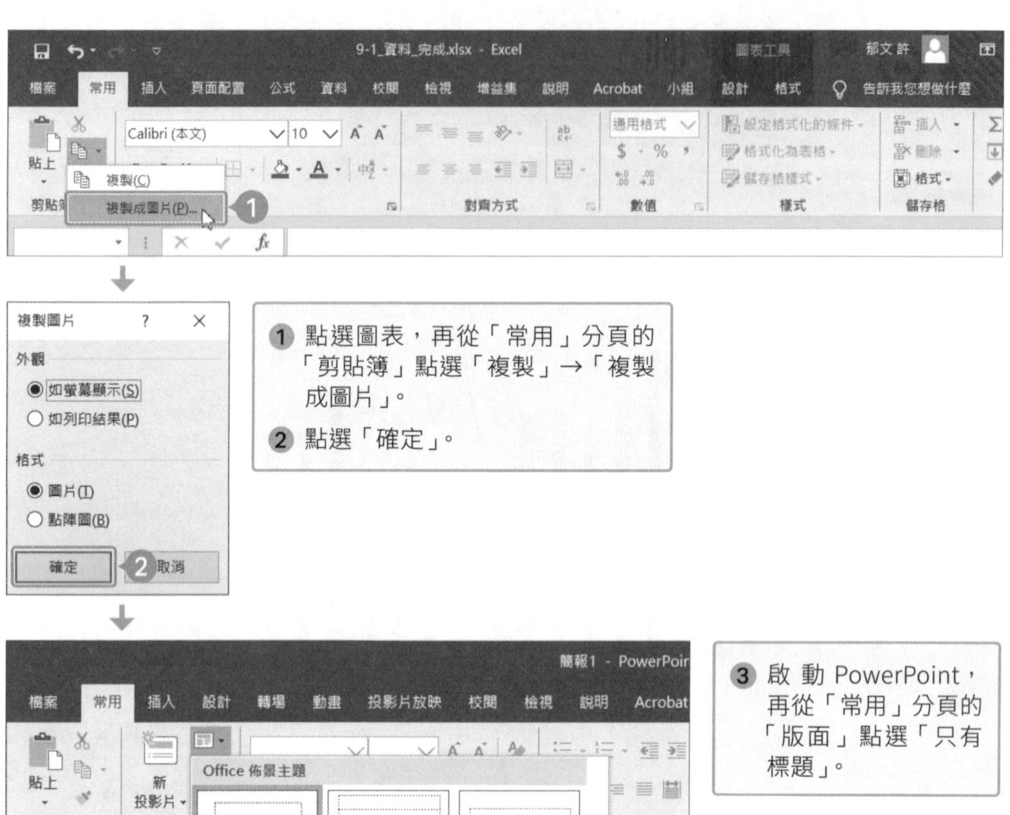


① 點選圖表，再從「常用」分頁的「剪貼簿」點選「複製」→「複製成圖片」。

② 點選「確定」。

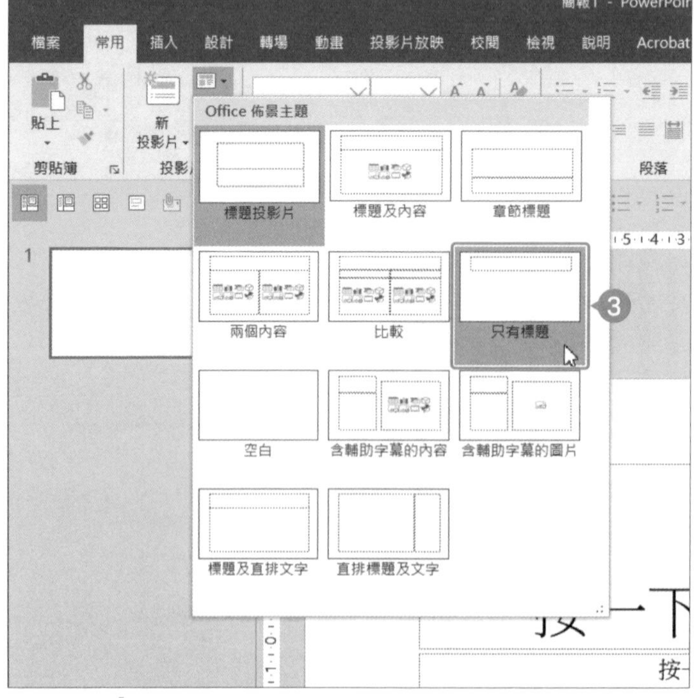


③ 啟動 PowerPoint，再從「常用」分頁的「版面」點選「只有標題」。

按一下以新增標題

4

❹ 投影片轉換成只有標題物件的版面了。

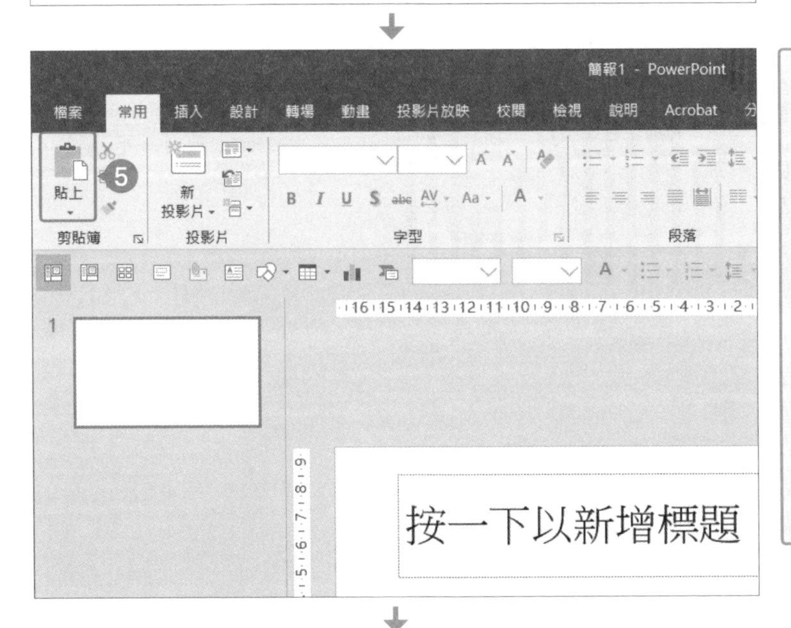


❺ 點選「常用」分頁的「貼上」。

❻ 剛剛複製到剪貼簿的圖表將以內容物件的方式貼入投影片。

❼ 拖曳圖表物件至標題下方空白處中心點。

❽ 拖曳圖表物件四個角落的控制點，讓圖表縮放成能完全置於投影片的大小。

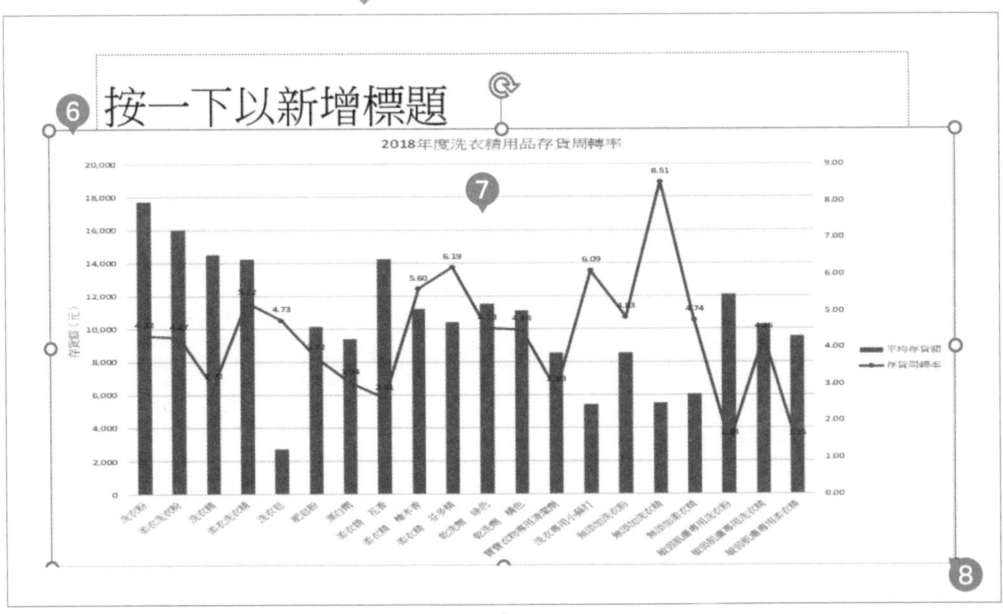

❾ 圖表物件的位置與大小改變了。

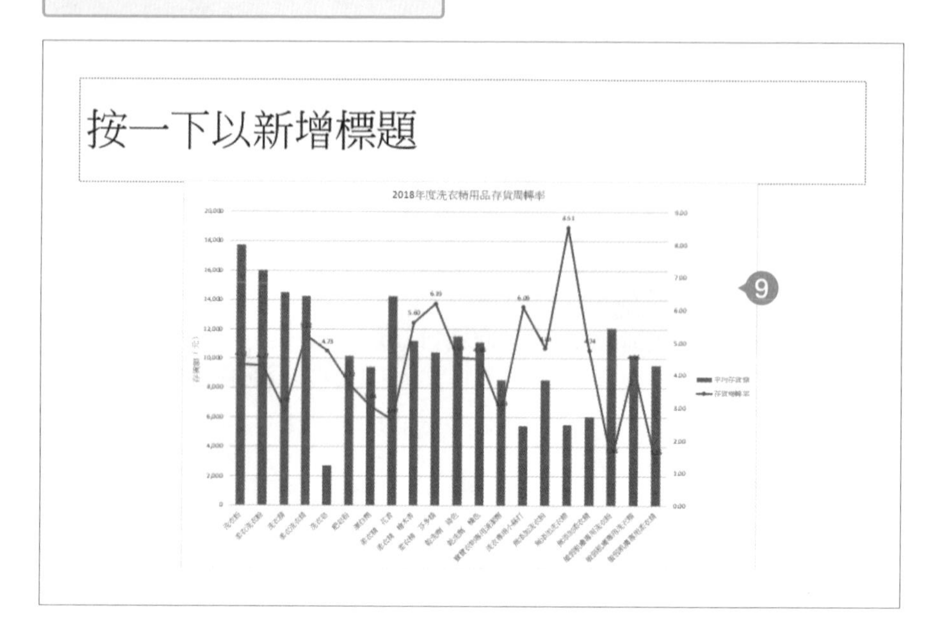

## ❻ 完成 PowerPoint 投影片 2013 2016 2019



在投影片的標題撰寫商品之所以需要重新審視訂購計畫的理由，完成簡報使用的投影片。利用圖案強調重新審視訂購計畫的基準與目標商品，能進一步突顯投影片的重點。

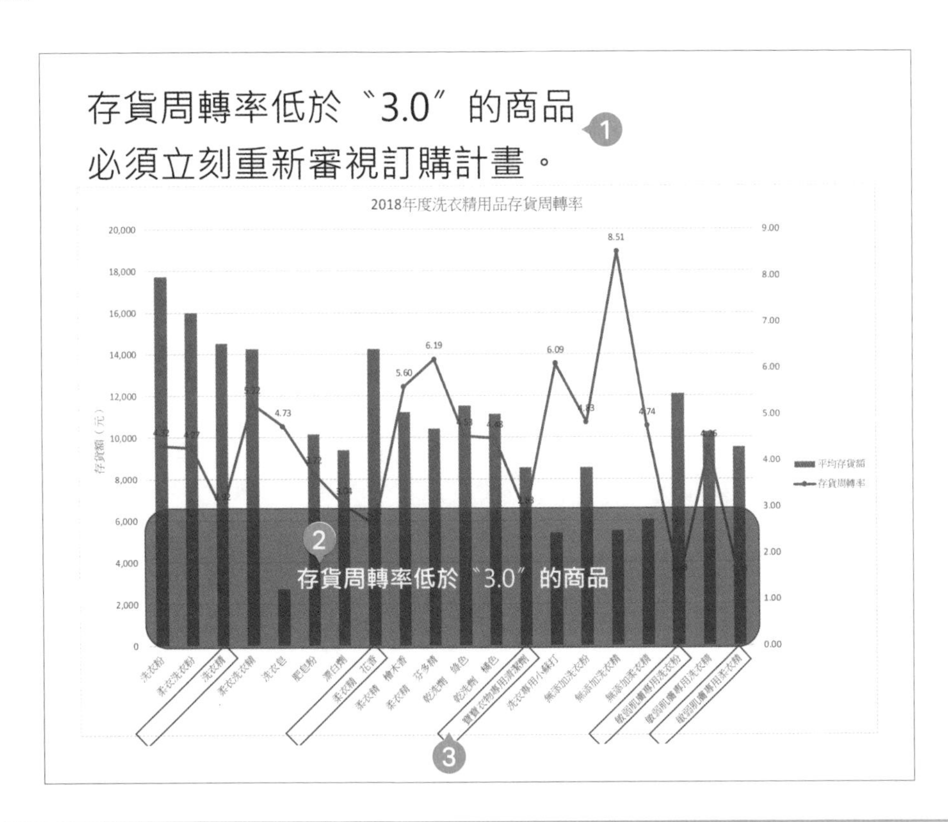


❶ 在標題物件輸入重新審視訂購計畫的理由。

❷ 利用圖案工具圈出作為基準點的商品的範圍。

❸ 在圖表裡圈出需要重新審視訂購計畫的商品。

# 02 找出最佳的再訂購點

要讓存貨量保持穩定適量且不缺貨的狀態，必須根據過去的銷售成績計算安全存貨量，再依照安全存貨量擬定訂購計畫。這次要針對存貨過多的商品，根據過去的銷售數量算出適當的再訂購點（訂購時間點），再依此調整訂購方法的投影片。

**Point**

- 假設藥局日用品採購負責人要針對存貨過多的商品重新檢視訂購方式。
- 因為商品銷量不定，不能總是在固定的日期訂購固定的數量，必須依照過去的銷售數量算出安全存貨量，再考量從訂購到交貨的前置時間這個變數，算出再訂購點。
- 最後根據再訂購點決定「不定期卻定量的訂購方式」（存貨低於某個數量，就再次訂購事先設定的量）。

**Sample** 說明重新檢視訂購方式的投影片

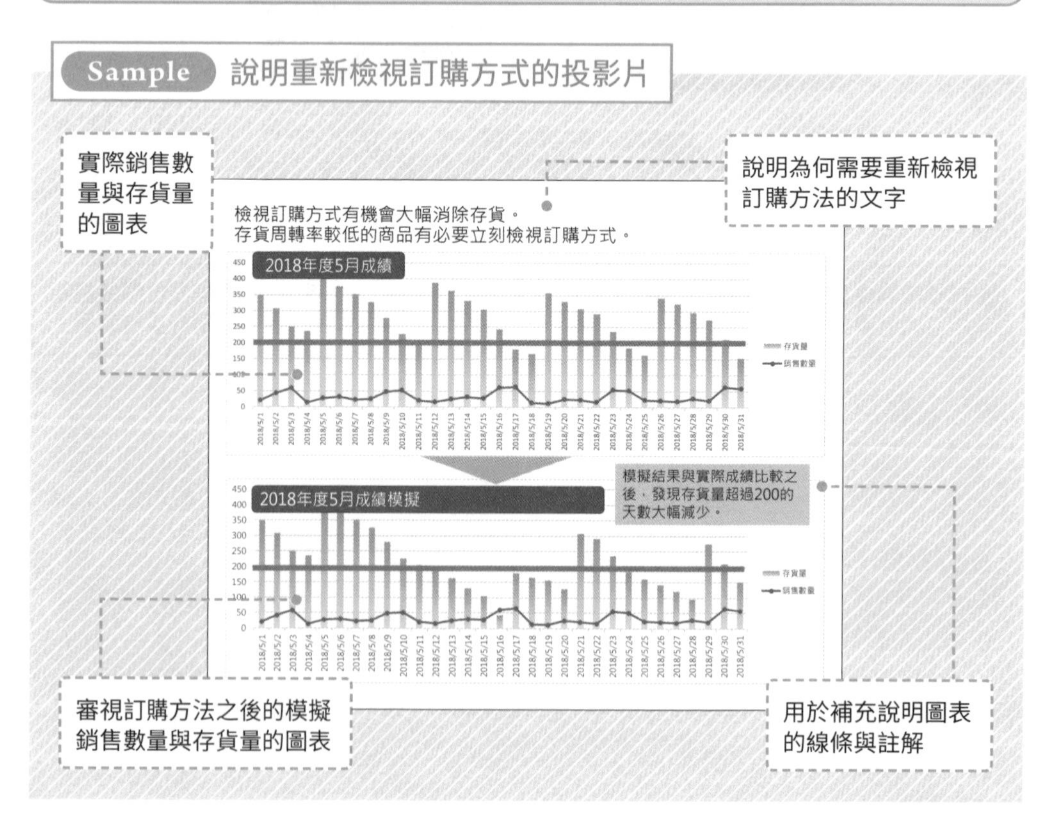

## 何謂再訂購點與安全存貨量

再訂購點就是事先設定的存貨水準，一般會在低於這個存貨量重新訂購商品，換言之，就是重新訂購商品的存貨量。

再訂購點通常可透過下列的公式計算。

**再訂購點 = 單日平均銷售數量 × 採購前置時間 + 安全存貨量**

從訂購到入庫這段時間稱為採購前置時間，而這段時間之內的預估銷售數量的總和加上能弭平單日銷售數量變動的安全存貨量，就是所謂的再訂購點。

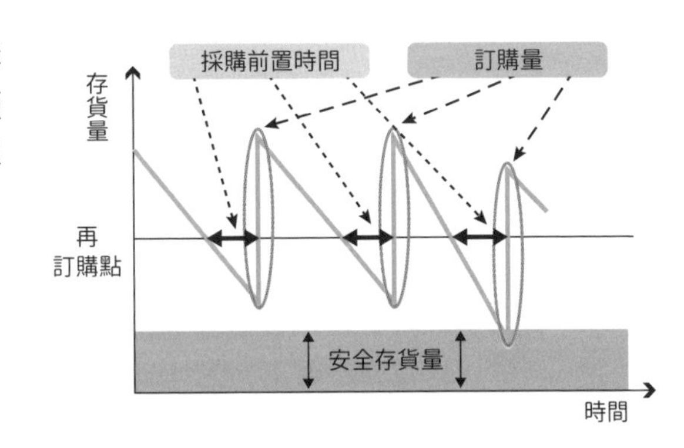


### 安全存貨量

所謂安全存貨量就是預估變動的銷售數量、商品入庫的延遲，入庫量不足這類變數，以免賣到缺貨的存貨量。雖然高水位的安全存貨量可避免賣到缺貨，也能避免錯失商機，卻也有可能面臨存貨過剩的危機。

雖然設定安全存貨量需要考慮各種變數，但是考慮銷售數量這項變數的安全存貨量可透過下列的算式求出。

**安全存貨量 = 安全係數 × 單日銷售數量變動量（= 標準差）× √採購前置時間**

### 安全係數

用於計算安全存貨量的安全係數為風險係數。從上述算式可知，這個係數越高，安全存貨量越大。若是使用 Excel，可運用 NORMSINV 函數快速求出結果。

- **NORMSINV 函數**

  NORMSINV 函數為 NORMINV 函數的常態分佈版，是計算常態分佈機率 P 的隨機變數（X 軸的值）的函數。假設想設定賣到缺貨的機率為 5%，就等於要計算 95% 機率的值（參考下一頁的圖）。

| 語法 | =NORMSINV（機率） |
|---|---|
| 參數 | 「0」～「1」或是「0%」～「100%」 |

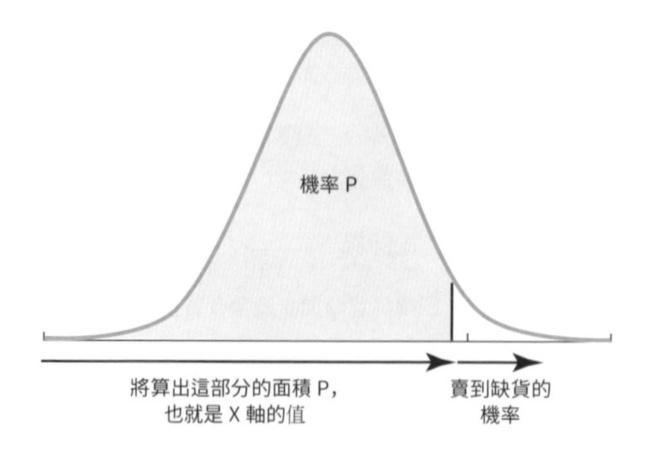


### ➲ 銷售數量的變動（標準差）

代表資料變動量的數值就是「標準差」。一般來說，要計算精準的銷售數量平均值，就必須收集更多銷售資料，但是若使用 Excel 的 STDEV 函數計算，就能將工作表的資料當成整體資料的樣本，藉此算出資料的標準差。

● STDEV 函數

STDEV 函數是計算資料變動量（樣本標準差）的函數。求出的數值越大，代表變動量越大，數值越小，變動量越小。

| 語法 | =STDEV（資料的儲存格範圍） |
|---|---|
| 參數 | 資料的儲存格範圍 |

## Column 不同的採購方式

採購方式可隨著再訂購點與訂購量分成下列模式。在不同的採購模式下，可變動的數值也會跟著改變。

| | | 訂購時間點 | |
|---|---|---|---|
| | | 定期 | 不定期 |
| 訂購量 | 定量 | 定期定量訂購 | 不定期定量訂購 |
| | 不定量 | 定期不定量訂購 | 不定期不定量訂購 |

**訂購時間點**：是否於固定日期訂購，例如設定在每月的固定日期或每週固定星期幾訂購。

**訂購量**：是否訂購固定的批量。

## 1 準備計算再訂購點的資料 2013 2016 2019

接下來要使用範例資料的每日銷售數量計算單日平均銷售數量，再算出安全存貨量。

- 單日平均銷售數量與採購前置時間之內的平均銷售數量：F、G 欄的上方表格
- 單日銷售數量的標準差與安全存貨量：F、G 欄位的中段表格

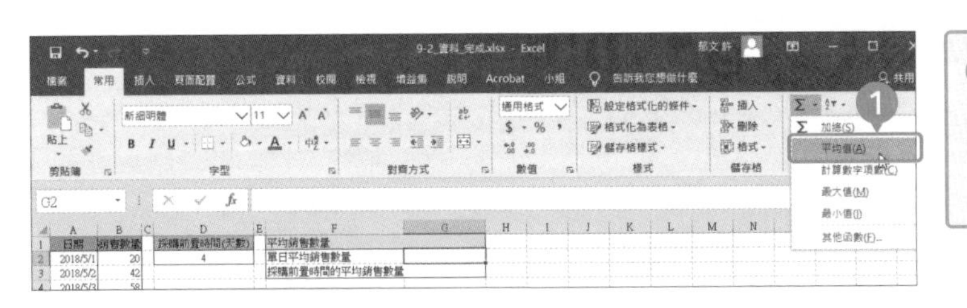

1 點選儲存格「G2」，再點選「常用」分頁的「Σ▼」，點選「平均值」。

**計算平均銷售數量的方法：**

要算出正確的銷售數量平均值，必須盡可能收集足夠的銷售數量資料。這次的範例準備了三個月份的銷售數量資料，但有可能的話，還是最好準備期間更長的資料量。

2 選取儲存格範圍「B2」至「B93」，確認公式為「AVERAGE (B2:B93)」，再按下 Enter 鍵。

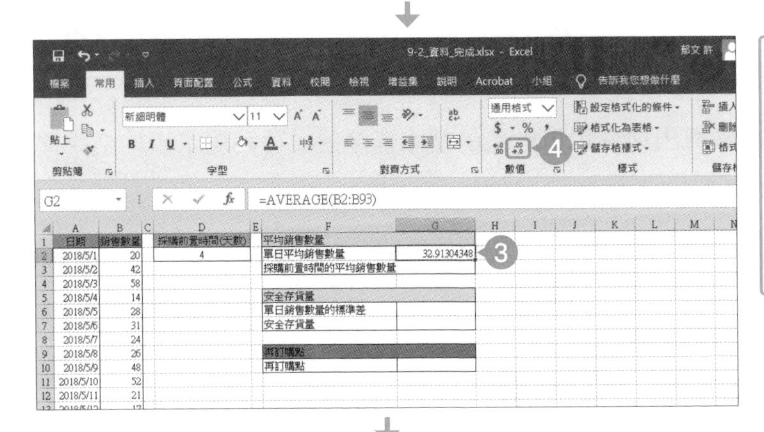

3 算出單日平均銷售數量了。

4 在「常用」分頁的「數值」群組反覆點選「減少小數位數」按鈕，直到沒有小數點的數值為止。

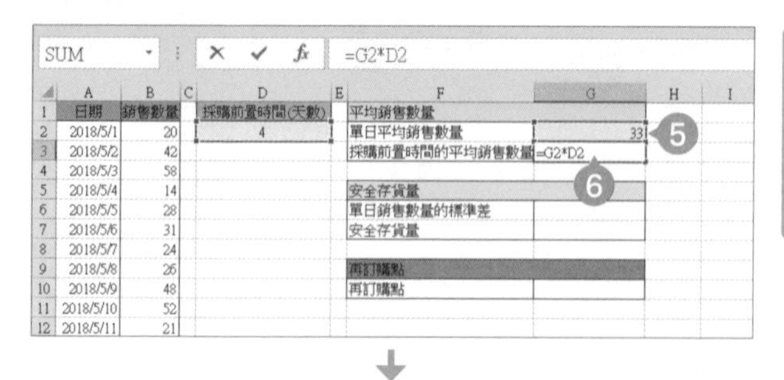


5. 顯示整數的單日平均銷售數量了。
6. 在儲存格「G3」輸入「=G2*D2」再按下 Enter 鍵。

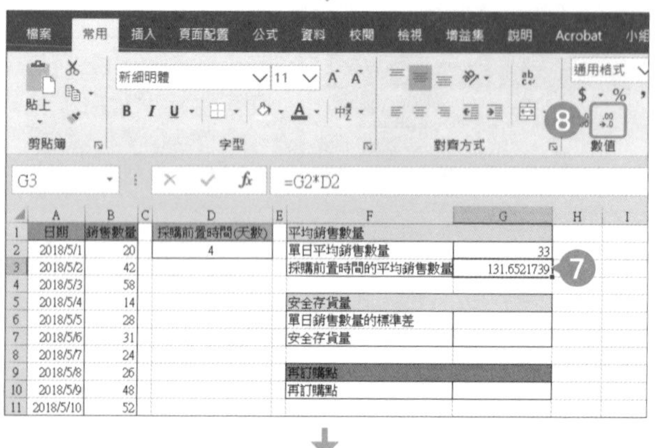


7. 利用剛剛單日平均銷售數量的操作，在「常用」分頁的「數值」重覆點選「減少小數位數」按鈕，直到計算結果沒有小數點的數值為止。
8. 將採購前置時間的平均銷售數量轉換成整數了。

9. 顯示整數的採購前置時間的平均銷售數量了。

接著要計算單日銷售數量的標準差與採購前置時間的平方根，算出安全存貨量。一如 271 頁「何謂再訂購點與安全存貨量」的說明，安全存貨量是弭平銷售數量或入庫延遲這類變動量的存貨量。

第一步要利用 STDEV 函數算出單日銷售數量的樣本標準差，再利用求出的結果算出安全存貨量。

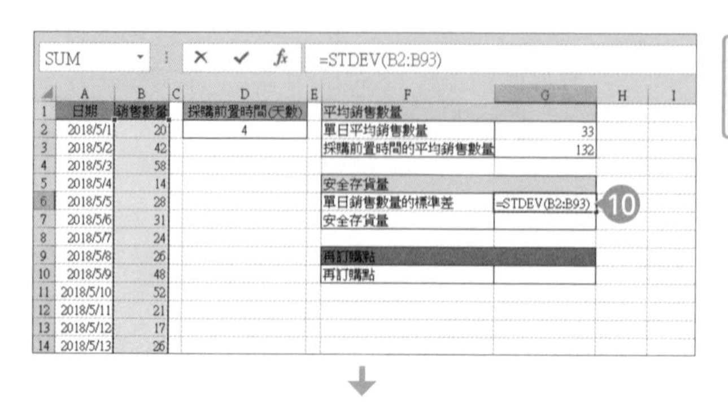


10. 在儲存格「G6」輸入「=STDEV(B2:B93)」再按下 Enter 鍵

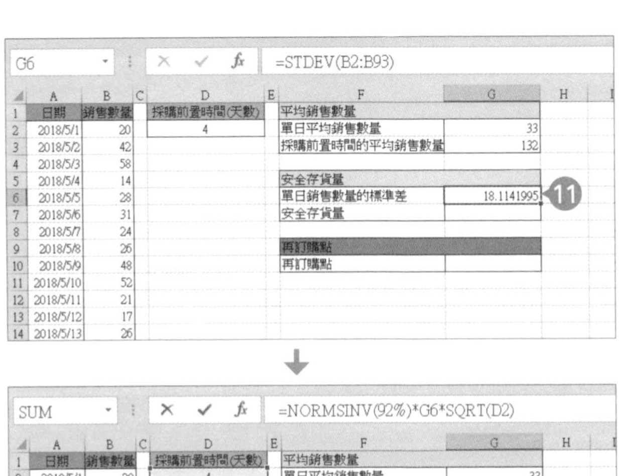


⑪ 算出單日銷售數量的標準差了。

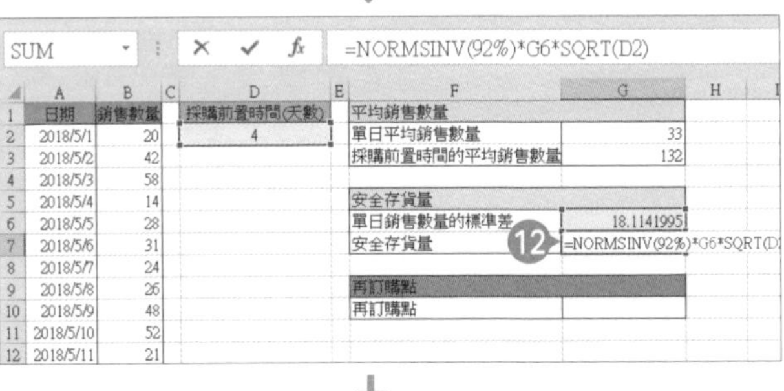


⑫ 在儲存格「G7」輸入「=NORMSINV(92%)*G6*SQRT(D2)」，再按下 Enter 鍵。

⑬ 算出安全存貨量了。

⑭ 在「常用」分頁的「數值」重覆點選「減少小數位數」按鈕，直到計算結果沒有小數點的數值為止。

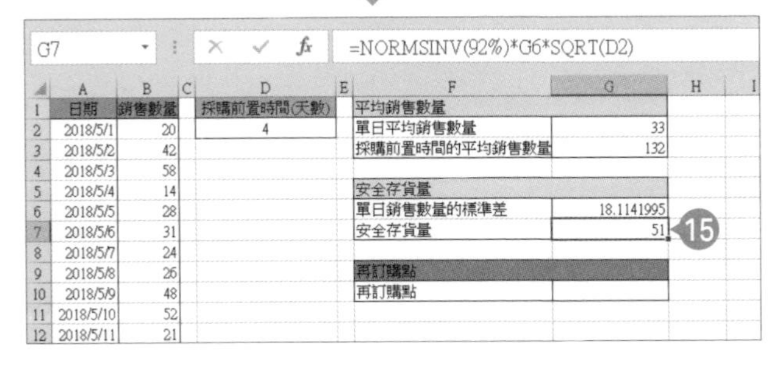


⑮ 顯示整數的安全存貨量了。

**計算安全存貨量的方法**：安全存貨量等於「安全係數 × 單日銷售數量標準差 × 根號採購前置時間」，而採購前置時間的平方根可利用 SQRT 函數計算。

**安全係數**：安全係數會隨著存貨性質或訂購對象改變，這次設定為「8%」，所以 NORMSINV 函數的參數設定為「92%」。

## ❷ 根據安全存貨量計算再訂購點

根據剛剛求出的「安全存貨量」、「單日平均銷售數量」與「採購前置時間」計算再訂購點。

一如 271 頁的「何謂再訂購點與安全存貨量」的說明，再訂購點可根據「採購前置時間的平均銷售數量（單日平均銷售數量 × 採購前置時間）+ 安全存貨量」計算。

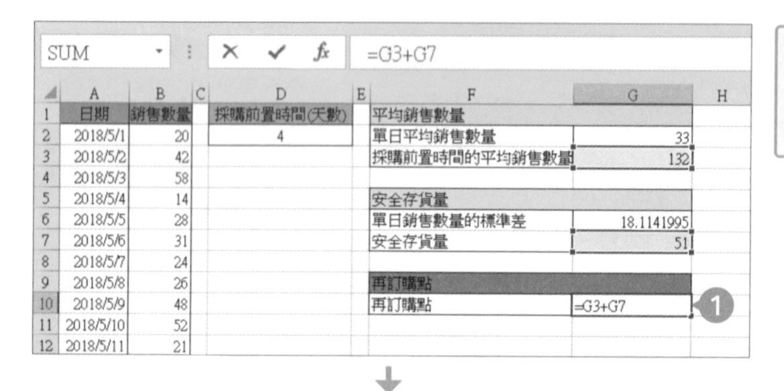


❶ 在儲存格「G10」輸入「=G3+G7」再按下 Enter 鍵。

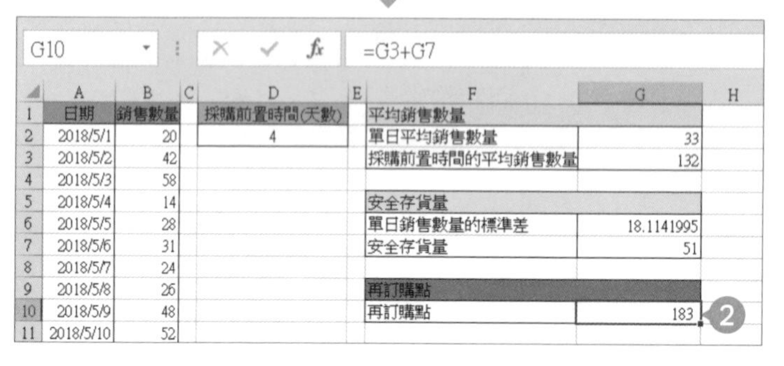


❷ 算出再訂購點了。

## 3 模擬存貨量的變化

2013 2016 2019

接著，要利用範例資料的每日銷售數量與庫存量模擬調整訂購方式之後的存貨量變化。這些資料將於下列的欄位儲存。

- 重新檢視之後的入庫量：G 欄
- 重新檢視之後的存貨量：H 欄

SUM　=H3-B4+G4

| | A | B | C | D | E | F | G | H | J | K |
|---|---|---|---|---|---|---|---|---|---|---|
| 1 | | | 重新檢視之前的情況（每週訂購200個） | | | 重新檢視之後的模擬情況（到達183個的再訂購點 | | | 採購前置時間(天數) | 再訂購點（個） |
| 2 | 日期 | 銷售數量 | 訂購量 | 入庫量 | 存貨量 | 訂購量 | 入庫量 | 存貨量 | 4 | 183 |
| 3 | 2018/5/1 | 20 | 200 | | 350 | 200 | | 350 | | |
| 4 | 2018/5/2 | 42 | 0 | | 308 | | | B4+G4 | | |
| 5 | 2018/5/3 | 58 | 0 | | 250 | | | | | |

❶ 在儲存格「H4」輸入「=H3-B4+G4」，算出 2018/5/2 的存貨量。

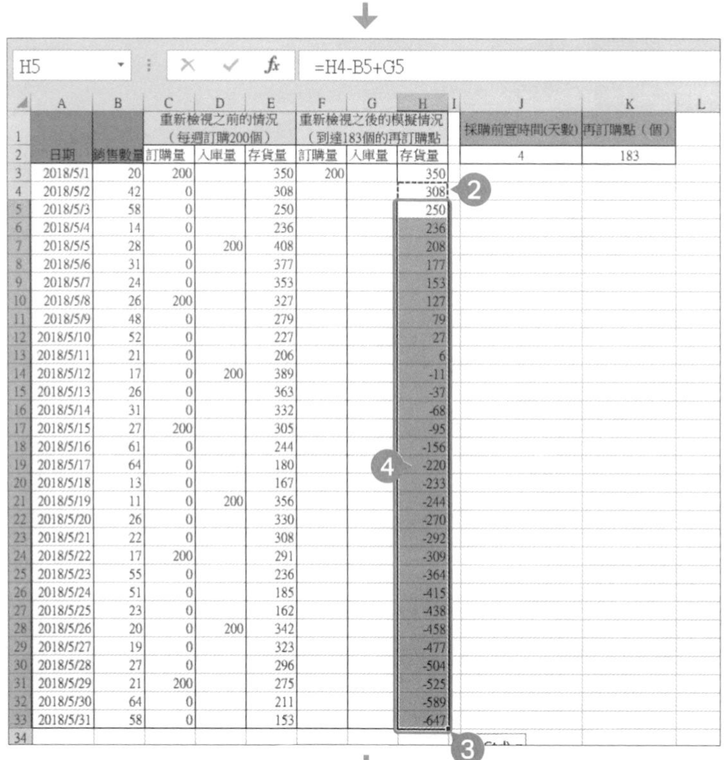

H5　=H4-B5+G5

| | A | B | C | D | E | F | G | H | J | K |
|---|---|---|---|---|---|---|---|---|---|---|
| 1 | | | 重新檢視之前的情況（每週訂購200個） | | | 重新檢視之後的模擬情況（到達183個的再訂購點 | | | 採購前置時間(天數) | 再訂購點（個） |
| 2 | 日期 | 銷售數量 | 訂購量 | 入庫量 | 存貨量 | 訂購量 | 入庫量 | 存貨量 | 4 | 183 |
| 3 | 2018/5/1 | 20 | 200 | | 350 | 200 | | 350 | | |
| 4 | 2018/5/2 | 42 | 0 | | 308 | | | 308 | | |
| 5 | 2018/5/3 | 58 | 0 | | 250 | | | 250 | | |
| 6 | 2018/5/4 | 14 | 0 | | 236 | | | 236 | | |
| 7 | 2018/5/5 | 28 | 0 | 200 | 408 | | | 208 | | |
| 8 | 2018/5/6 | 31 | 0 | | 377 | | | 177 | | |
| 9 | 2018/5/7 | 24 | 0 | | 353 | | | 153 | | |
| 10 | 2018/5/8 | 26 | 200 | | 327 | | | 127 | | |
| 11 | 2018/5/9 | 48 | 0 | | 279 | | | 79 | | |
| 12 | 2018/5/10 | 52 | 0 | | 227 | | | 27 | | |
| 13 | 2018/5/11 | 21 | 0 | | 206 | | | 6 | | |
| 14 | 2018/5/12 | 17 | 0 | 200 | 389 | | | -11 | | |
| 15 | 2018/5/13 | 26 | 0 | | 363 | | | -37 | | |
| 16 | 2018/5/14 | 31 | 0 | | 332 | | | -68 | | |
| 17 | 2018/5/15 | 27 | 200 | | 305 | | | -95 | | |
| 18 | 2018/5/16 | 61 | 0 | | 244 | | | -156 | | |
| 19 | 2018/5/17 | 64 | 0 | | 180 | | | -220 | | |
| 20 | 2018/5/18 | 13 | 0 | | 167 | | | -233 | | |
| 21 | 2018/5/19 | 11 | 0 | 200 | 356 | | | -244 | | |
| 22 | 2018/5/20 | 26 | 0 | | 330 | | | -270 | | |
| 23 | 2018/5/21 | 22 | 0 | | 308 | | | -292 | | |
| 24 | 2018/5/22 | 17 | 200 | | 291 | | | -309 | | |
| 25 | 2018/5/23 | 55 | 0 | | 236 | | | -364 | | |
| 26 | 2018/5/24 | 51 | 0 | | 185 | | | -415 | | |
| 27 | 2018/5/25 | 23 | 0 | | 162 | | | -438 | | |
| 28 | 2018/5/26 | 20 | 0 | 200 | 342 | | | -458 | | |
| 29 | 2018/5/27 | 19 | 0 | | 323 | | | -477 | | |
| 30 | 2018/5/28 | 27 | 0 | | 296 | | | -504 | | |
| 31 | 2018/5/29 | 21 | 200 | | 275 | | | -525 | | |
| 32 | 2018/5/30 | 64 | 0 | | 211 | | | -589 | | |
| 33 | 2018/5/31 | 58 | 0 | | 153 | | | -647 | | |

❷ 算出 2018/5/2 的存貨量了。

❸ 複製儲存格「H4」的公式，再貼入儲存格範圍「H5」至「H33」。

❹ 算出 2018/5/3 到 2018/5/31 的存貨量了。

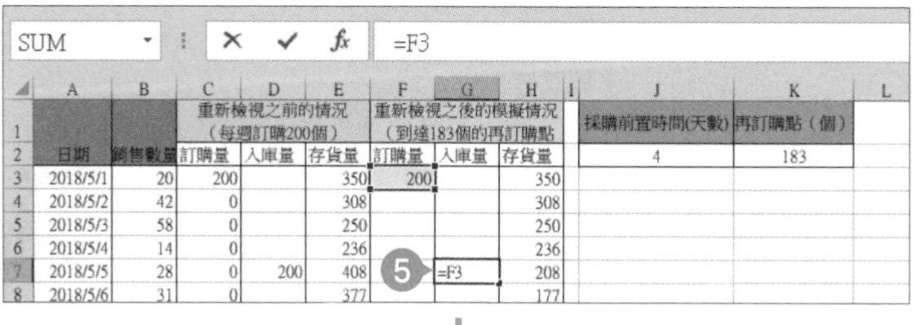

SUM　=F3

| | A | B | C | D | E | F | G | H | J | K |
|---|---|---|---|---|---|---|---|---|---|---|
| 1 | | | 重新檢視之前的情況（每週訂購200個） | | | 重新檢視之後的模擬情況（到達183個的再訂購點 | | | 採購前置時間(天數) | 再訂購點（個） |
| 2 | 日期 | 銷售數量 | 訂購量 | 入庫量 | 存貨量 | 訂購量 | 入庫量 | 存貨量 | 4 | 183 |
| 3 | 2018/5/1 | 20 | 200 | | 350 | 200 | | 350 | | |
| 4 | 2018/5/2 | 42 | 0 | | 308 | | | 308 | | |
| 5 | 2018/5/3 | 58 | 0 | | 250 | | | 250 | | |
| 6 | 2018/5/4 | 14 | 0 | | 236 | | | 236 | | |
| 7 | 2018/5/5 | 28 | 0 | 200 | 408 | | =F3 | 208 | | |
| 8 | 2018/5/6 | 31 | 0 | | 377 | | | 177 | | |

❺ 在儲存格「G7」輸入「=F3」，算出訂購後四天的存貨量。

| 日期 | 銷售數量 | 重新檢視之前的情況（每週訂購200個） | | | 重新檢視之後的模擬情況（到達183個的再訂購點） | | |
|---|---|---|---|---|---|---|---|
| | | 訂購量 | 入庫量 | 存貨量 | 訂購量 | 入庫量 | 存貨量 |
| 2018/5/1 | 20 | 200 | | 350 | 200 | | 350 |
| 2018/5/2 | 42 | 0 | | 308 | | | 308 |
| 2018/5/3 | 58 | 0 | | 250 | | | 250 |
| 2018/5/4 | 14 | 0 | | 236 | | | 236 |
| 2018/5/5 | 28 | 0 | 200 | 408 | | 200 | 408 |
| 2018/5/6 | 31 | 0 | | 377 | | 0 | 377 |
| 2018/5/7 | 24 | 0 | | 353 | | 0 | 353 |
| 2018/5/8 | 26 | 200 | | 327 | | 0 | 327 |
| 2018/5/9 | 48 | 0 | | 279 | | 0 | 279 |
| 2018/5/10 | 52 | 0 | | 227 | | 0 | 227 |
| 2018/5/11 | 21 | 0 | | 206 | | 0 | 206 |
| 2018/5/12 | 17 | 0 | 200 | 389 | | 0 | 189 |
| 2018/5/13 | 26 | 0 | | 363 | | 0 | 163 |
| 2018/5/14 | 31 | 0 | | 332 | | 0 | 132 |
| 2018/5/15 | 27 | 200 | | 305 | | 0 | 105 |
| 2018/5/16 | 61 | 0 | | 244 | | 0 | 44 |
| 2018/5/17 | 64 | 0 | | 180 | | 0 | -20 |
| 2018/5/18 | 13 | 0 | | 167 | | 0 | -33 |
| 2018/5/19 | 11 | 0 | 200 | 356 | | 0 | -44 |
| 2018/5/20 | 26 | 0 | | 330 | | 0 | -70 |
| 2018/5/21 | 22 | 0 | | 308 | | 0 | -92 |
| 2018/5/22 | 17 | 200 | | 291 | | 0 | -109 |
| 2018/5/23 | 55 | 0 | | 236 | | 0 | -164 |
| 2018/5/24 | 51 | 0 | | 185 | | 0 | -215 |
| 2018/5/25 | 23 | 0 | | 162 | | 0 | -238 |
| 2018/5/26 | 20 | 0 | 200 | 342 | | 0 | -258 |
| 2018/5/27 | 19 | 0 | | 323 | | 0 | -277 |
| 2018/5/28 | 27 | 0 | | 296 | | 0 | -304 |
| 2018/5/29 | 21 | 200 | | 275 | | 0 | -325 |
| 2018/5/30 | 64 | 0 | | 211 | | 0 | -389 |
| 2018/5/31 | 58 | 0 | | 153 | | 0 | -447 |

❻ 2018/5/1 的訂購量顯示為 4 天後的 2018/5/5 的入庫量，存貨量也因此增加了。

❼ 複製儲存格「G7」的公式，再貼入儲存格範圍「G8」到「G33」。

❽ 顯示 2018/5/6 到 2018/5/31 的入庫量了。

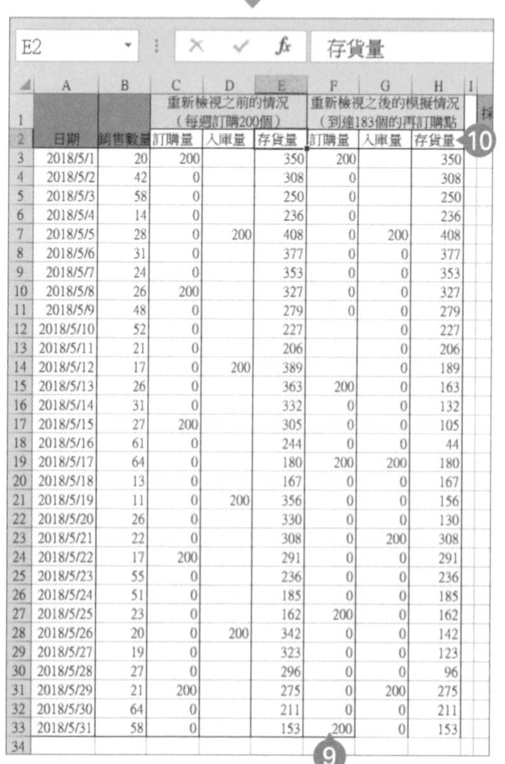

| 日期 | 銷售數量 | 重新檢視之前的情況（每週訂購200個） | | | 重新檢視之後的模擬情況（到達183個的再訂購點） | | |
|---|---|---|---|---|---|---|---|
| | | 訂購量 | 入庫量 | 存貨量 | 訂購量 | 入庫量 | 存貨量 |
| 2018/5/1 | 20 | 200 | | 350 | 200 | | 350 |
| 2018/5/2 | 42 | 0 | | 308 | 0 | | 308 |
| 2018/5/3 | 58 | 0 | | 250 | 0 | | 250 |
| 2018/5/4 | 14 | 0 | | 236 | 0 | | 236 |
| 2018/5/5 | 28 | 0 | 200 | 408 | 0 | 200 | 408 |
| 2018/5/6 | 31 | 0 | | 377 | 0 | 0 | 377 |
| 2018/5/7 | 24 | 0 | | 353 | 0 | 0 | 353 |
| 2018/5/8 | 26 | 200 | | 327 | 0 | 0 | 327 |
| 2018/5/9 | 48 | 0 | | 279 | 0 | 0 | 279 |
| 2018/5/10 | 52 | 0 | | 227 | | 0 | 227 |
| 2018/5/11 | 21 | 0 | | 206 | | 0 | 206 |
| 2018/5/12 | 17 | 0 | 200 | 389 | | 0 | 189 |
| 2018/5/13 | 26 | 0 | | 363 | 200 | 0 | 163 |
| 2018/5/14 | 31 | 0 | | 332 | 0 | 0 | 132 |
| 2018/5/15 | 27 | 200 | | 305 | 0 | 0 | 105 |
| 2018/5/16 | 61 | 0 | | 244 | 0 | 0 | 44 |
| 2018/5/17 | 64 | 0 | | 180 | 200 | 200 | 180 |
| 2018/5/18 | 13 | 0 | | 167 | 0 | 0 | 167 |
| 2018/5/19 | 11 | 0 | 200 | 356 | 0 | 0 | 156 |
| 2018/5/20 | 26 | 0 | | 330 | 0 | 0 | 130 |
| 2018/5/21 | 22 | 0 | | 308 | 0 | 200 | 308 |
| 2018/5/22 | 17 | 200 | | 291 | 0 | 0 | 291 |
| 2018/5/23 | 55 | 0 | | 236 | 0 | 0 | 236 |
| 2018/5/24 | 51 | 0 | | 185 | 0 | 0 | 185 |
| 2018/5/25 | 23 | 0 | | 162 | 200 | 0 | 162 |
| 2018/5/26 | 20 | 0 | 200 | 342 | 0 | 0 | 142 |
| 2018/5/27 | 19 | 0 | | 323 | 0 | 0 | 123 |
| 2018/5/28 | 27 | 0 | | 296 | 0 | 0 | 96 |
| 2018/5/29 | 21 | 200 | | 275 | 0 | 200 | 275 |
| 2018/5/30 | 64 | 0 | | 211 | 0 | 0 | 211 |
| 2018/5/31 | 58 | 0 | | 153 | 200 | 0 | 153 |

❾ 在存貨量低於再訂購點的「183」的再訂購量輸入「200」，其他的日子則輸入「0」，然後按下 Enter 鍵。

❿ 算出入庫量與存貨量了。

**訂購時間點：**

因為設定了採購前置時間，所以訂購到入庫這段期間的存貨量都會低於訂購量。由於在計算再訂購點的時候會納入安全存貨量這個變數，所以在訂購到入庫這段時間內，存貨量低於再訂購點也不會訂購。

## 4 繪製銷售數量與存貨量的圖表 2013 2016 2019

利用剛剛求得的「銷售數量」與「存貨量」繪製銷售數量與存貨量趨勢的圖表。

E2 存貨量

| | A | B | C | D | E | F | G | H | I |
|---|---|---|---|---|---|---|---|---|---|
| 1 | | | 重新檢視之前的情況（每週訂購200個） | | | 重新檢視之後的模擬情況（到達183個的再訂購點 | | | 採 |
| 2 | 日期 | 銷售數量 | 訂購量 | 入庫量 | 存貨量 | 訂購量 | 入庫量 | 存貨量 | |
| 3 | 2018/5/1 | 20 | 200 | | 350 | 200 | | 350 | |
| 4 | 2018/5/2 | 42 | 0 | | 308 | 0 | | 308 | |
| 5 | 2018/5/3 | 58 | 0 | | 250 | 0 | | 250 | |
| 6 | 2018/5/4 | 14 | 0 | | 236 | 0 | | 236 | |
| 7 | 2018/5/5 | 28 | 0 | 200 | 408 | 0 | 200 | 408 | |
| 8 | 2018/5/6 | 31 | 0 | | 377 | 0 | 0 | 377 | |
| 9 | 2018/5/7 | 24 | 0 | | 353 | 0 | 0 | 353 | |
| 10 | 2018/5/8 | 26 | 200 | | 327 | 0 | 0 | 327 | |
| 11 | 2018/5/9 | 48 | 0 | | 279 | 0 | 0 | 279 | |
| 12 | 2018/5/10 | 52 | 0 | | 227 | | 0 | 227 | |
| 13 | 2018/5/11 | 21 | 0 | | 206 | | 0 | 206 | |
| 14 | 2018/5/12 | 17 | 0 | 200 | 389 | | 0 | 189 | |
| 15 | 2018/5/13 | 26 | 0 | | 363 | 200 | 0 | 163 | |
| 16 | 2018/5/14 | 31 | 0 | | 332 | 0 | 0 | 132 | |
| 17 | 2018/5/15 | 27 | 200 | | 305 | 0 | 0 | 105 | |
| 18 | 2018/5/16 | 61 | 0 | | 244 | 0 | 0 | 44 | |
| 19 | 2018/5/17 | 64 | 0 | | 180 | 200 | 200 | 180 | |
| 20 | 2018/5/18 | 13 | 0 | | 167 | 0 | 0 | 167 | |
| 21 | 2018/5/19 | 11 | 0 | 200 | 356 | 0 | 0 | 156 | |
| 22 | 2018/5/20 | 26 | 0 | | 330 | 0 | 0 | 130 | |
| 23 | 2018/5/21 | 22 | 0 | | 308 | 0 | 200 | 308 | |
| 24 | 2018/5/22 | 17 | 200 | | 291 | 0 | 0 | 291 | |
| 25 | 2018/5/23 | 55 | 0 | | 236 | 0 | 0 | 236 | |
| 26 | 2018/5/24 | 51 | 0 | | 185 | 0 | 0 | 185 | |
| 27 | 2018/5/25 | 23 | 0 | | 162 | 200 | 0 | 162 | |
| 28 | 2018/5/26 | 20 | 0 | 200 | 342 | 0 | 0 | 142 | |
| 29 | 2018/5/27 | 19 | 0 | | 323 | 0 | 0 | 123 | |
| 30 | 2018/5/28 | 27 | 0 | | 296 | 0 | 0 | 96 | |
| 31 | 2018/5/29 | 21 | 200 | | 275 | 0 | 200 | 275 | |
| 32 | 2018/5/30 | 64 | 0 | | 211 | 0 | 0 | 211 | |
| 33 | 2018/5/31 | 58 | 0 | | 153 | 200 | 0 | 153 | |
| 34 | | | | | | | | | |

1 選取儲存格範圍「A2」至「B33」。

2 按住 Ctrl 鍵，選取儲存格範圍「E2」至「E33」。

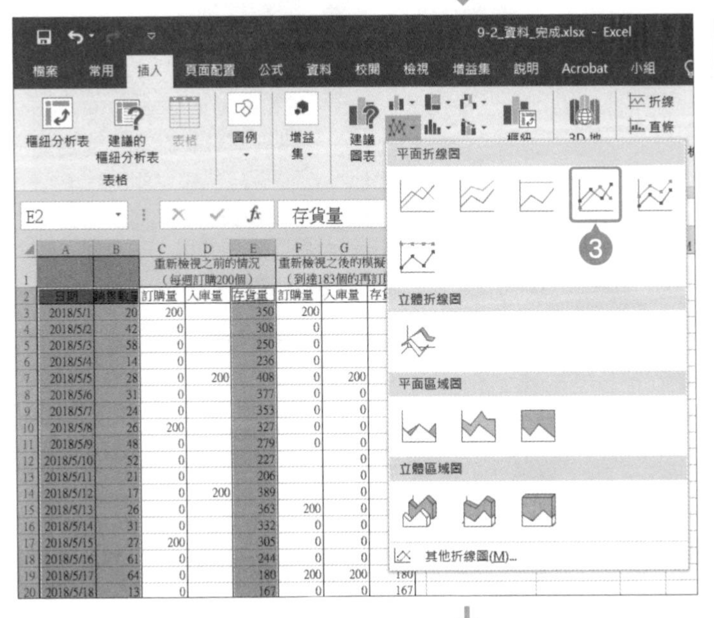


3 從「插入」分頁的「插入折線圖或區域圖」點選「含有資料標記的折線圖」。

» Excel 2013 的情況：

從「插入」分頁的「插入折線圖」點選「含有資料標記的折線圖」。

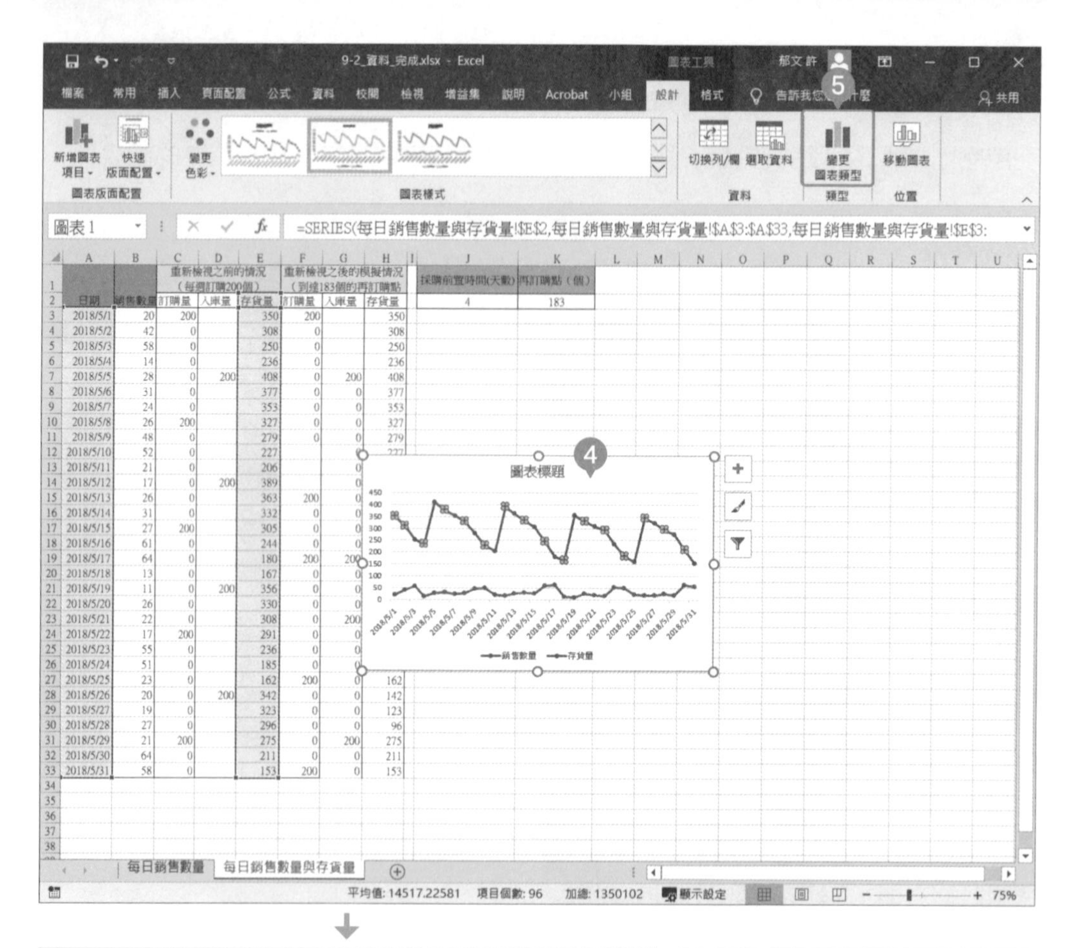


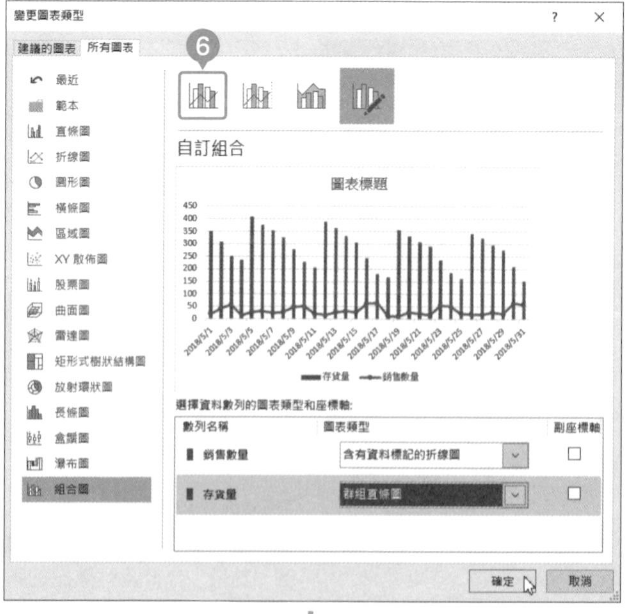


4 圖表與資料於同一張工作表顯示了。

5 點選圖表裡的「存貨量」折線，再從「圖表工具」的「設計」分頁點選「變更圖表類型」。

6 在「變更圖表類型」對話框將「數列名稱：存貨量」的「圖表類型」設定為「群組直條圖」，再點選「確定」。

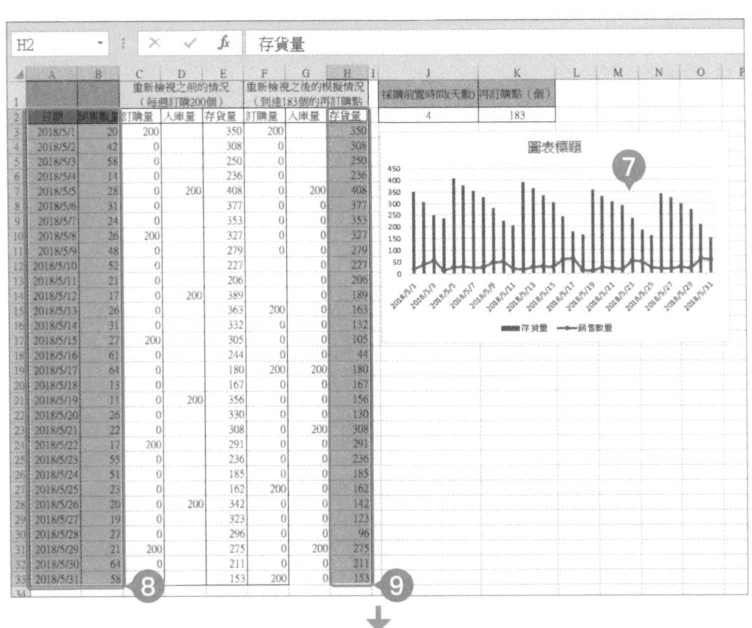


7「存貨量」的圖表轉換成直條圖了。

8 選取儲存格範圍「A2」至「B33」。

9 按住 Ctrl 鍵，選取儲存格範圍「H2」至「H33」。

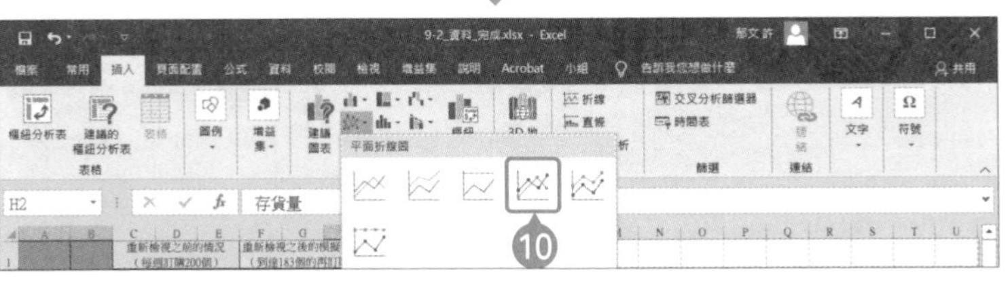


10 從「插入」分頁的「插入折線圖或區域圖」點選「含有資料標記的折線圖」。

》Excel 2013 的情況：

從「插入」分頁的「插入折線圖」點選「含有資料標記的折線圖」。

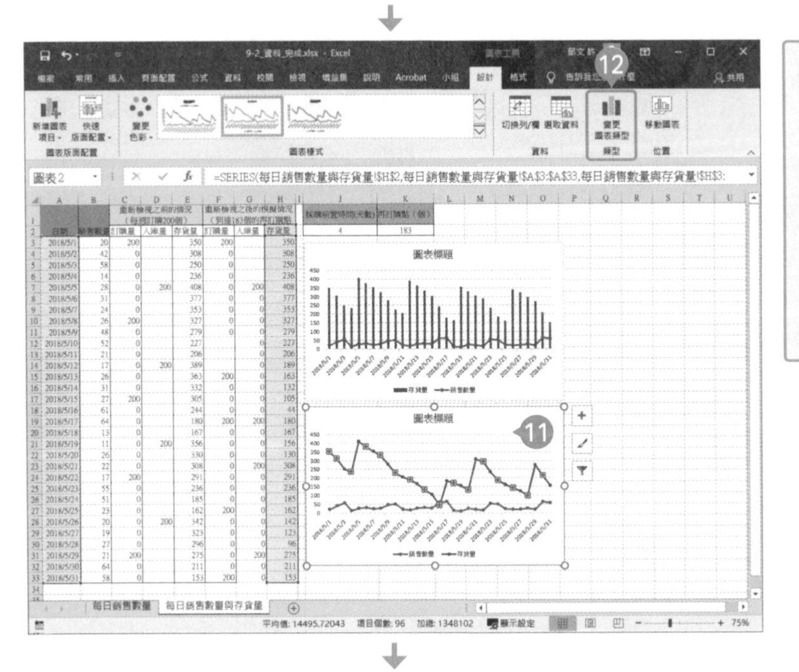


11 圖表與資料在同一張工作表顯示了。

12 點選圖表裡的「存貨量」折線，再從「圖表工具」的「設計」分頁點選「變更圖表類型」。

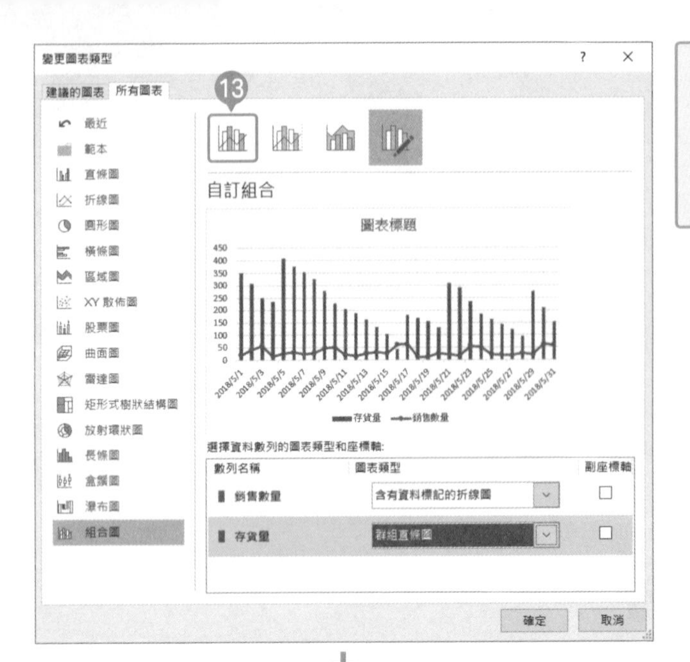


⑬ 在「變更圖表類型」對話框將「數列名稱：存貨量」的「圖表類型」設定為「群組直條圖」，再點選「確定」。

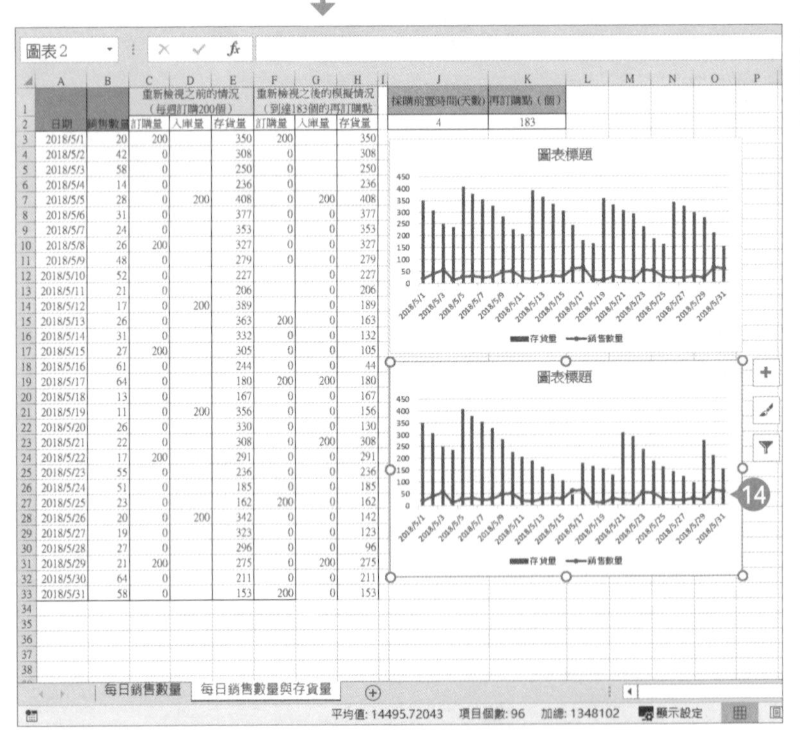


⑭「存貨量」圖表變成直條圖了。

# 5 變更圖表的顏色與版面

2013 2016 2019

接著要將圖表的顏色設定為漸層色，再變更版面，可以更清楚看出存貨量的變化。

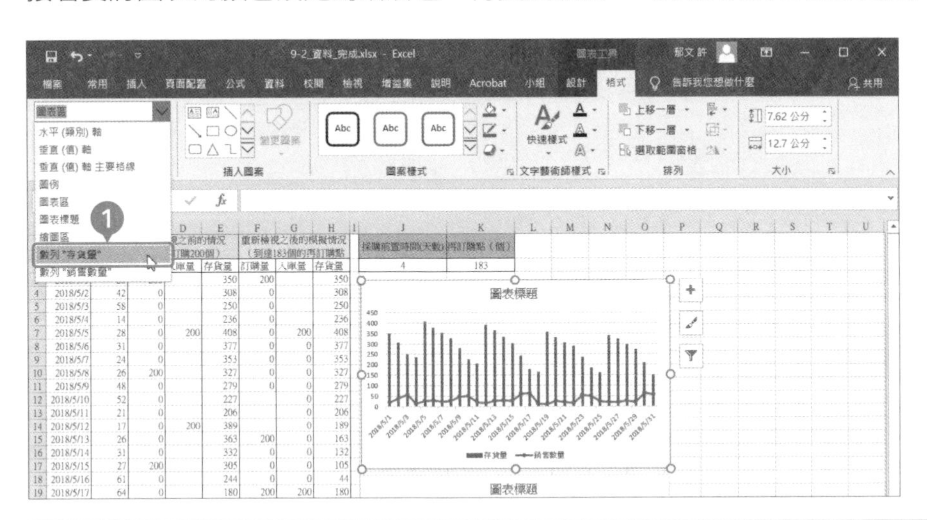


❶ 選取上方的圖表，再於「圖表工具」的「格式」分頁點選「圖表項目」的「▼」，從中選擇「數列 " 存貨量 "」。

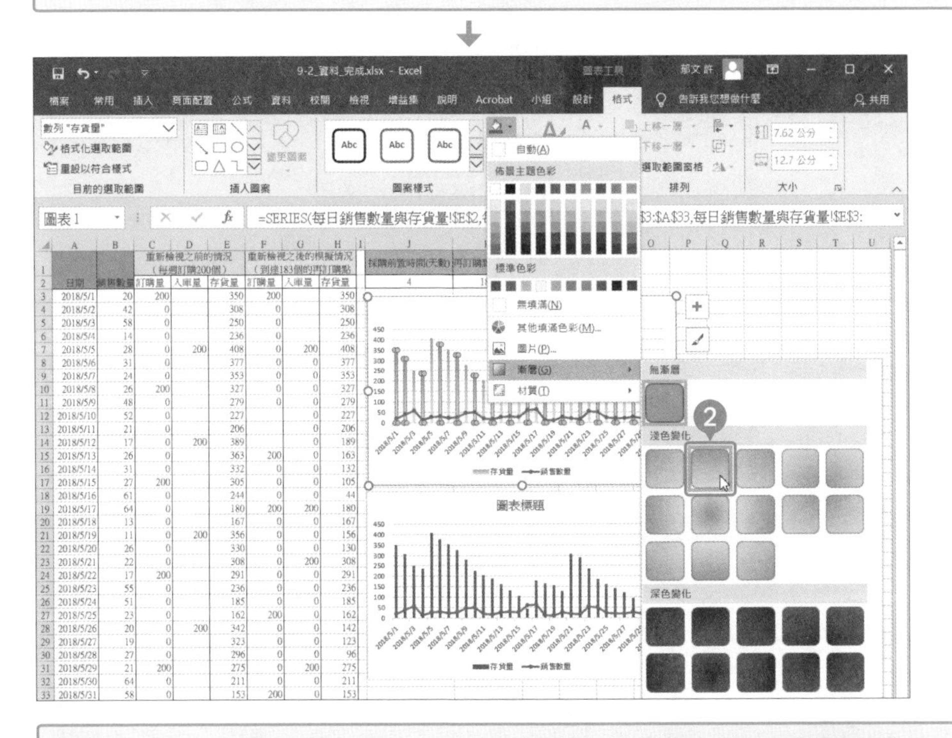


❷ 從「格式」分頁的「圖案樣式」點選「圖案填滿」的「▼」，再從中點選「漸層」→「淺色變化」→「線性向下」。

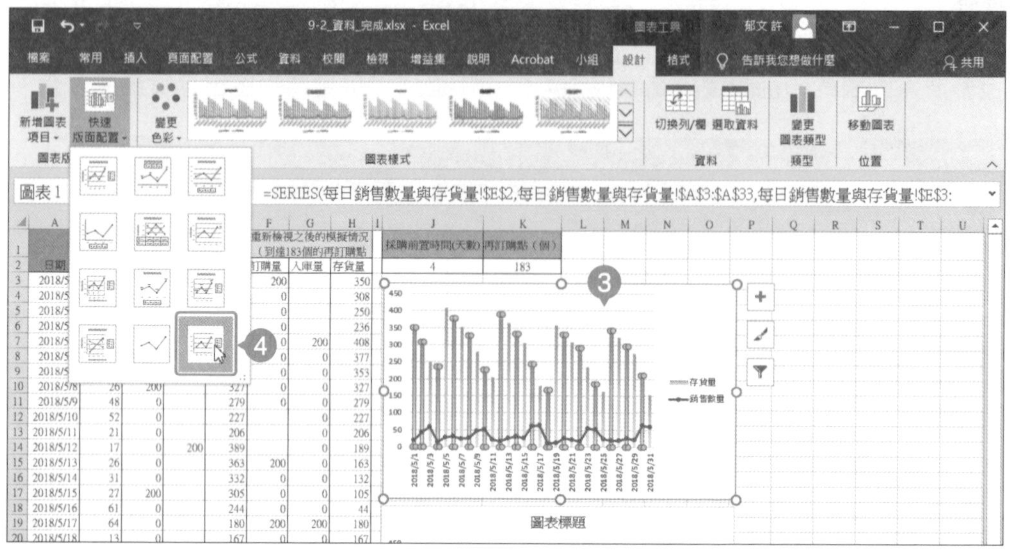

❸「存貨量」的圖表變色了。

❹ 從「圖表工具」的「設計」分頁點選「快速版面配置」的「版面配置 12」。

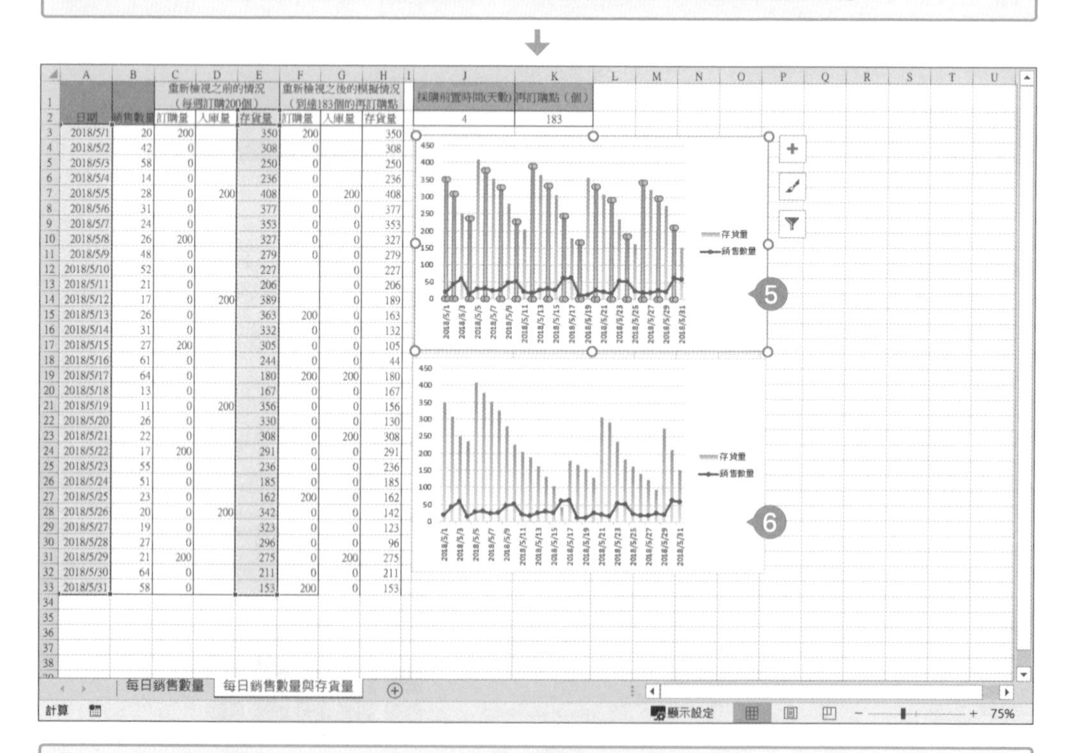

❺ 圖表的版面改變了。

❻ 下方的圖表也利用❸～❹的步驟變更顏色與版面。

# 6 製作 PowerPoint 投影片

2013 2016 2019

接著要將剛剛在 Excel 製作的圖表貼入 PowerPoint 投影片，再於投影片的標題輸入檢視訂購方式，可減少存貨的說明，並且利用圖案在圖表增加補充說明，以突顯投影片的說明重點。

1 利用 266 頁的步驟新增「只有標題」的投影片。

2 在標題物件輸入為何需要重新檢視訂購方式的文章。

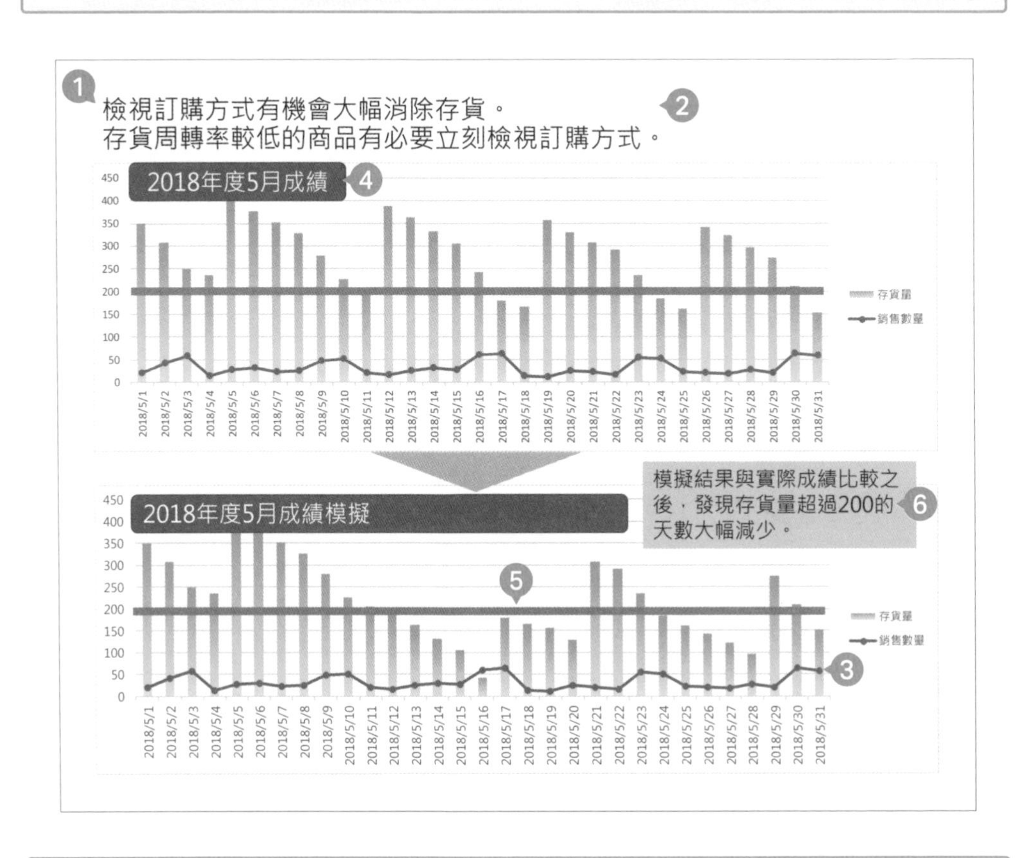


3 利用 266 頁的步驟將 Excel 的圖表貼入投影片，再調整位置與大小。

4 利用圖案工具加入標題。

5 為了一眼看出兩張圖表的差異，使用圖案工具在數值刻度加入線條。

6 利用圖案工具在圖表加入結論。

# 03 規劃架上商品的套餐組合

不管是展示商品的門市陳列架還是儲存商品的倉庫，空間都十分有限，所以必須有效使用這些空間，以獲得更多利潤，這也是撰寫訂購計畫的重點。在此要利用規劃求解這項功能找出商品的排列方式（陳列方式），再製作說明流程的投影片。

**Point**

- 假設藥局日用品採購負責人正在思考能獲得最大利潤的商品陳列方式。
- 陳列架的空間有限，只能陳列有限的商品數量，還須考慮哪些商品應該排在前排，因為排在前排的商品比較容易吸引顧客的注意。
- 在此要使用的是線性規劃法。這種分析手法可以找出在現有的可陳列商品數量中，能夠達成最高利潤的陳列方式。若是小規模的線性規劃法，可直接使用 Excel 的規劃求解法找出最佳解。

**Sample** 說明陳列方式的投影片

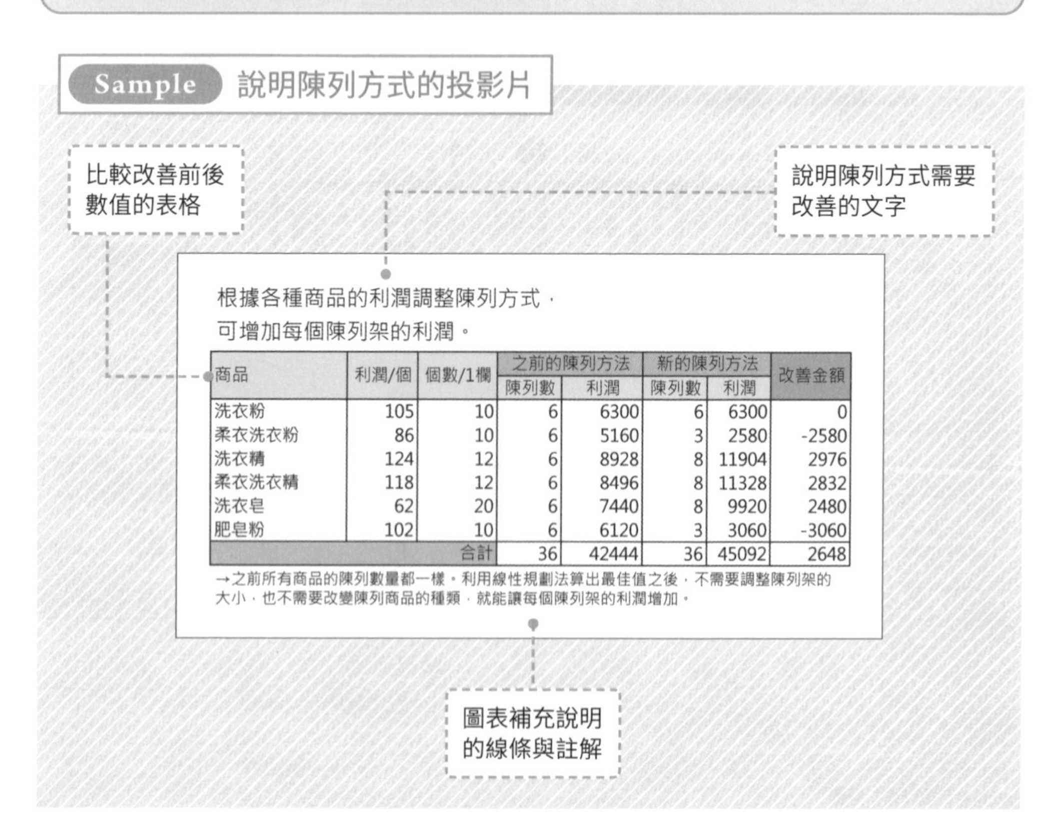


| 商品 | 利潤/個 | 個數/1欄 | 之前的陳列方法 | | 新的陳列方法 | | 改善金額 |
|---|---|---|---|---|---|---|---|
| | | | 陳列數 | 利潤 | 陳列數 | 利潤 | |
| 洗衣粉 | 105 | 10 | 6 | 6300 | 6 | 6300 | 0 |
| 柔衣洗衣粉 | 86 | 10 | 6 | 5160 | 3 | 2580 | -2580 |
| 洗衣精 | 124 | 12 | 6 | 8928 | 8 | 11904 | 2976 |
| 柔衣洗衣精 | 118 | 12 | 6 | 8496 | 8 | 11328 | 2832 |
| 洗衣皂 | 62 | 20 | 6 | 7440 | 8 | 9920 | 2480 |
| 肥皂粉 | 102 | 10 | 6 | 6120 | 3 | 3060 | -3060 |
| | | 合計 | 36 | 42444 | 36 | 45092 | 2648 |

## 何謂線性規劃法

線性規劃法就是一種在滿足多種條件下，算出最佳解（最大值或最小值）的資料分析手法，具體來說，就是符合多個一次式的限制式，算出同為一次式的目標函數的最佳解。例如以下幾種情形我們都可以使用這種分析手法：如何最有效地運用有限資源、在費用最低的情況下可實施何種措施。

線性規劃法可透過下列三個步驟求出最佳解。

- **設定明確的限制式**
- **將限制式寫成公式**
- **算出最佳解**

接著讓我們以下列的例題說明線性規劃法的邏輯。

### 例題

本月推出的新商品有商品 A 與商品 B。請在滿足下列的條件下，找出業績最高的商品陳列數。

- 商品 A 的售價為 120 元，在陳列架上，可水平排成四欄，往後排成 8 列。
- 商品 B 的售價為 180 元，在陳列架上，可水平排成四欄，往後排成 5 列。

①設定明確的限制式

- 假設需要同時陳列商品 A 與商品 B 這兩項新商品，所以商品 A 與商品 B 至少得佔有一欄的位置（但是一欄的商品數量不一定非得兩個以上）。
- 商品 A 與商品 B 必須為整數。

②將限制式寫成公式

假設商品 A 的陳列數為 X，商品 B 的陳列數為 Y，公式如下：

營業額：120 元（8X）+180 元（5Y）

陳列架的欄數：X+Y=4

值：X>=1、Y>=1

③算出最佳解

由於 X 與 Y 都是整數，而且大於 1，X 與 Y 的總和又等於 4，所以會有下列的組合。

a. X 為 1，Y 為 3 → 120×8×1+180×5×3=3660

b. X 為 2，Y 為 2 → 120×8×2+180×5×2=3720

c. X 為 3，Y 為 1 → 120×8×3+180×5×1=3780 →這個組合為最佳解

這個例題的條件很簡單，只需要檢查三組模式，就能找出最佳解（X=3、Y=1），但是當條件更加複雜，就很難逐一檢查各種模式。Excel 內建了計算線性規劃法最佳解的規劃求解功能，所以讓我們利用這項功能算出最佳解吧。

有關規劃求解的功能請參考「6-3 規劃求解」。

## ❶ 準備資料 2013 2016 2019

在此要利用範例資料的商品陳列條件算出最高利潤的商品陳列數。這些資料將於下列的列儲存。

- 商品陳列條件：10 列～ 15 列
- 商品陳列計畫：17 列～ 25 列

為了執行規劃求解功能，必須將下列的條件寫成 Excel 的商品陳列條件。

表 9-3-1

| 條件 1 | 商品陳列數為整數 | 條件 4 | 「洗衣精」的陳列數大於等於 4 |
|---|---|---|---|
| 條件 2 | 商品陳列數的總和為 30 | 條件 5 | 各商品的陳列數小於等於 6 |
| 條件 3 | 「洗衣粉」的陳列數大於等於 5 | 條件 6 | 各商品的陳列數大於等於 2 |

❶ 在儲存格「B11」與「C11」輸入條件 2 的「30」與「等於」，在儲存格「B12」與「C12」輸入條件 3 的「5」與「大於等於」，在儲存格「B13」與「C13」輸入條件 4 的「4」與「大於等於」，在儲存格「B14」與「C14」輸入條件 5 的「6」與「小於等於」，在儲存格「B15」與「C15」輸入條件 6 的「2」與「大於等於」。

❷ 選取儲存格範圍「D19」至「D24」，輸入「0」，然後按住 Ctrl 鍵再按下 Enter 鍵。

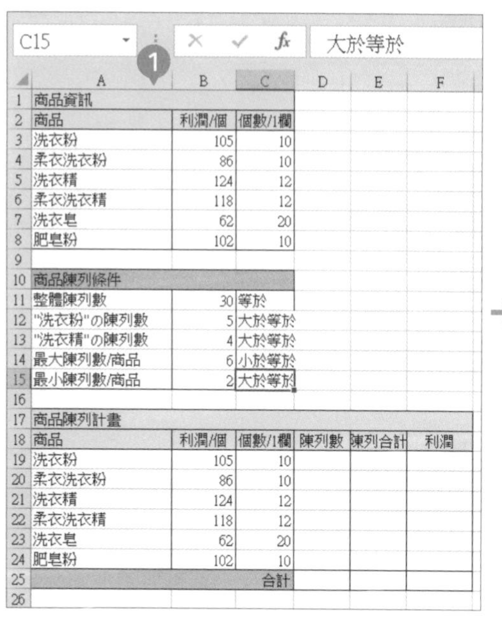


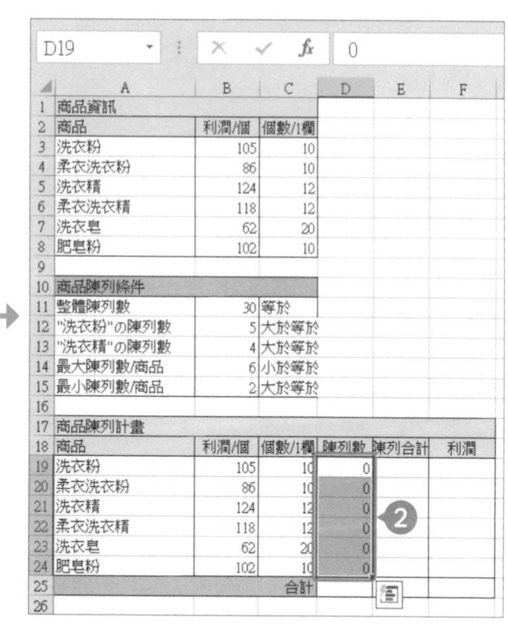


**如何一次輸入多個相同值：**

選取儲存格範圍與輸入值之後，按住 Ctrl 鍵再按下 Enter 鍵，就能在選取範圍內輸入相同的值。

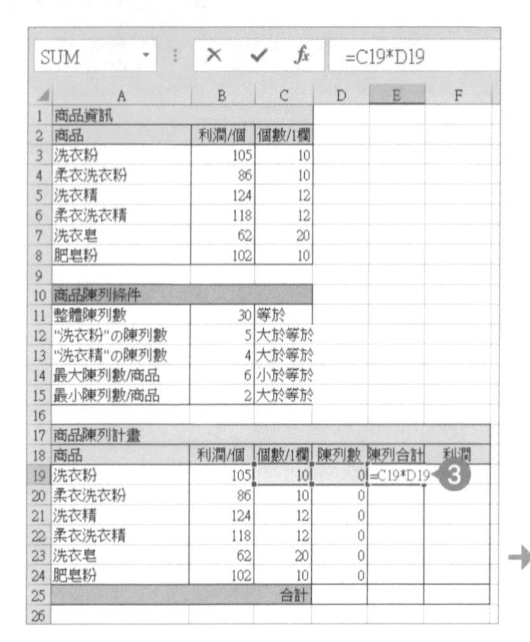

SUM | =C19*D19

| | A | B | C | D | E | F |
|---|---|---|---|---|---|---|
| 1 | 商品資訊 | | | | | |
| 2 | 商品 | 利潤/個 | 個數/1欄 | | | |
| 3 | 洗衣粉 | 105 | 10 | | | |
| 4 | 柔衣洗衣粉 | 86 | 10 | | | |
| 5 | 洗衣精 | 124 | 12 | | | |
| 6 | 柔衣洗衣精 | 118 | 12 | | | |
| 7 | 洗衣皂 | 62 | 20 | | | |
| 8 | 肥皂粉 | 102 | 10 | | | |
| 9 | | | | | | |
| 10 | 商品陳列條件 | | | | | |
| 11 | 整體陳列數 | 30 | 等於 | | | |
| 12 | "洗衣粉"の陳列數 | 5 | 大於等於 | | | |
| 13 | "洗衣精"の陳列數 | 4 | 大於等於 | | | |
| 14 | 最大陳列數/商品 | 6 | 小於等於 | | | |
| 15 | 最小陳列數/商品 | 2 | 大於等於 | | | |
| 16 | | | | | | |
| 17 | 商品陳列計畫 | | | | | |
| 18 | 商品 | 利潤/個 | 個數/1欄 | 陳列數 | 陳列合計 | 利潤 |
| 19 | 洗衣粉 | 105 | 10 | 0 | =C19*D19 | |
| 20 | 柔衣洗衣粉 | 86 | 10 | 0 | | |
| 21 | 洗衣精 | 124 | 12 | 0 | | |
| 22 | 柔衣洗衣精 | 118 | 12 | 0 | | |
| 23 | 洗衣皂 | 62 | 20 | 0 | | |
| 24 | 肥皂粉 | 102 | 10 | 0 | | |
| 25 | | | 合計 | | | |
| 26 | | | | | | |



❸ 在儲存格「E19」輸入「=C19*D19」，算出陳列合計數。

❹ 利用自動填滿功能，將公式複製到儲存格範圍「E19」至「E24」。

E19 | =C19*D19

| | A | B | C | D | E | F |
|---|---|---|---|---|---|---|
| 1 | 商品資訊 | | | | | |
| 2 | 商品 | 利潤/個 | 個數/1欄 | | | |
| 3 | 洗衣粉 | 105 | 10 | | | |
| 4 | 柔衣洗衣粉 | 86 | 10 | | | |
| 5 | 洗衣精 | 124 | 12 | | | |
| 6 | 柔衣洗衣精 | 118 | 12 | | | |
| 7 | 洗衣皂 | 62 | 20 | | | |
| 8 | 肥皂粉 | 102 | 10 | | | |
| 9 | | | | | | |
| 10 | 商品陳列條件 | | | | | |
| 11 | 整體陳列數 | 30 | 等於 | | | |
| 12 | "洗衣粉"の陳列數 | 5 | 大於等於 | | | |
| 13 | "洗衣精"の陳列數 | 4 | 大於等於 | | | |
| 14 | 最大陳列數/商品 | 6 | 小於等於 | | | |
| 15 | 最小陳列數/商品 | 2 | 大於等於 | | | |
| 16 | | | | | | |
| 17 | 商品陳列計畫 | | | | | |
| 18 | 商品 | 利潤/個 | 個數/1欄 | 陳列數 | 陳列合計 | 利潤 |
| 19 | 洗衣粉 | 105 | 10 | 0 | 0 | |
| 20 | 柔衣洗衣粉 | 86 | 10 | 0 | 0 | |
| 21 | 洗衣精 | 124 | 12 | 0 | 0 | |
| 22 | 柔衣洗衣精 | 118 | 12 | 0 | 0 | |
| 23 | 洗衣皂 | 62 | 20 | 0 | 0 | |
| 24 | 肥皂粉 | 102 | 10 | 0 | 0 | |
| 25 | | | 合計 | | | |
| 26 | | | | | | |

4

**利用自動填滿功能複製：**

選取儲存格之後，將滑鼠游標移至儲存格右下角，讓滑鼠游標轉換成 + 再拖曳，儲存的內容就會複製到拖曳範圍之內的儲存格。

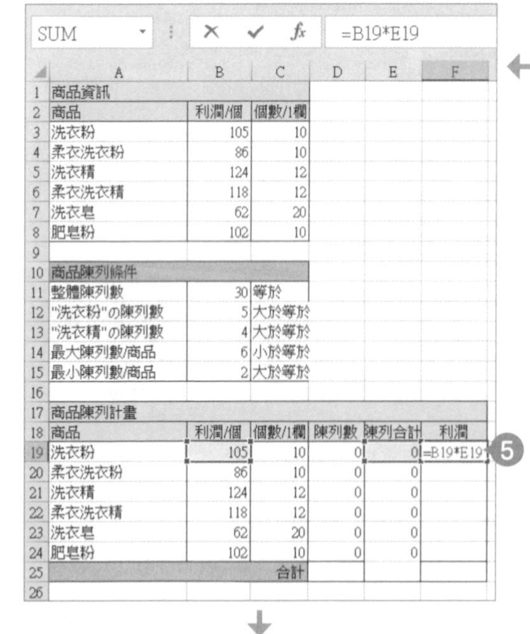

SUM | =B19*E19

| | A | B | C | D | E | F |
|---|---|---|---|---|---|---|
| 1 | 商品資訊 | | | | | |
| 2 | 商品 | 利潤/個 | 個數/1欄 | | | |
| 3 | 洗衣粉 | 105 | 10 | | | |
| 4 | 柔衣洗衣粉 | 86 | 10 | | | |
| 5 | 洗衣精 | 124 | 12 | | | |
| 6 | 柔衣洗衣精 | 118 | 12 | | | |
| 7 | 洗衣皂 | 62 | 20 | | | |
| 8 | 肥皂粉 | 102 | 10 | | | |
| 9 | | | | | | |
| 10 | 商品陳列條件 | | | | | |
| 11 | 整體陳列數 | 30 | 等於 | | | |
| 12 | "洗衣粉"の陳列數 | 5 | 大於等於 | | | |
| 13 | "洗衣精"の陳列數 | 4 | 大於等於 | | | |
| 14 | 最大陳列數/商品 | 6 | 小於等於 | | | |
| 15 | 最小陳列數/商品 | 2 | 大於等於 | | | |
| 16 | | | | | | |
| 17 | 商品陳列計畫 | | | | | |
| 18 | 商品 | 利潤/個 | 個數/1欄 | 陳列數 | 陳列合計 | 利潤 |
| 19 | 洗衣粉 | 105 | 10 | 0 | 0 | =B19*E19 |
| 20 | 柔衣洗衣粉 | 86 | 10 | 0 | 0 | |
| 21 | 洗衣精 | 124 | 12 | 0 | 0 | |
| 22 | 柔衣洗衣精 | 118 | 12 | 0 | 0 | |
| 23 | 洗衣皂 | 62 | 20 | 0 | 0 | |
| 24 | 肥皂粉 | 102 | 10 | 0 | 0 | |
| 25 | | | 合計 | | | |
| 26 | | | | | | |



❺ 在儲存格「F19」輸入「=B19*E19」，算出每項商品的總利潤。

❻ 利用自動填滿功能，將公式複製到儲存格範圍「F19」至「F24」。

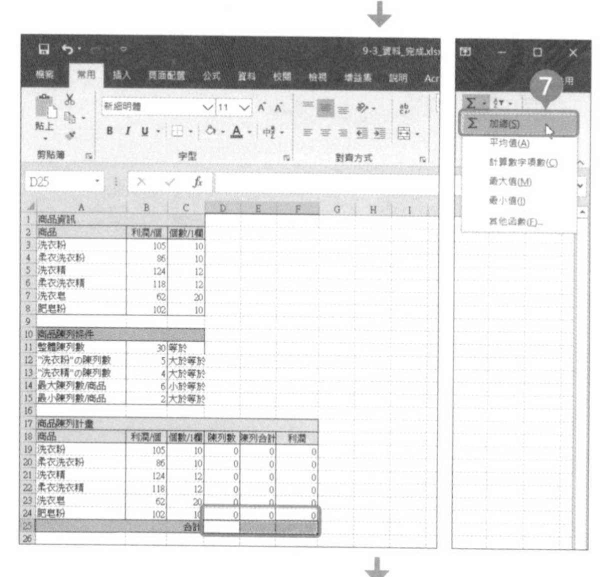


❼ 選取儲存格範圍「D25」至「F25」，再從「常用」分頁的編輯點選「Σ」的「▼」，從中選取「加總」。

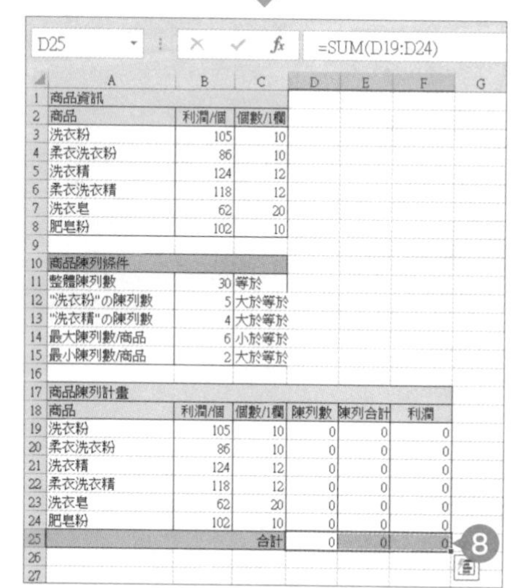


❽「陳列數」、「陳列合計」、「利潤」分別輸入加總的公式了。

## ❷ 算出符合限制式的陳列數

2013 2016 2019

接著要執行規劃求解功能，輸入 289 頁介紹的 6 個陳列條件，算出最高利潤的各商品陳列數。要使用規劃求解功能必須先安裝這項功能，請參考 158 頁的「安裝規劃求解」。

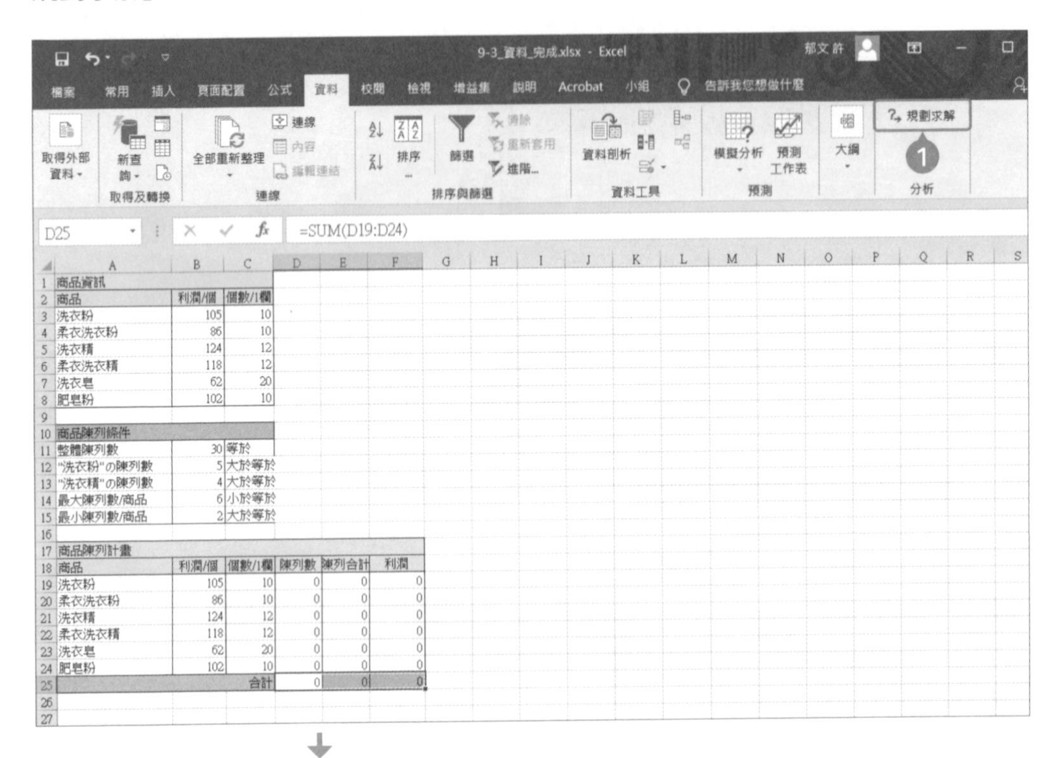

❶ 從「資料」分頁的「分析」點選「規劃求解」。

❷ 在「設定目標式」選擇「利潤」加總儲存格「F25」。

❸ 在「至：」選擇「最大值」。

❹ 在「藉由變更變數儲存格」選擇相當於「陳列數」的「D19」至「D24」。

❺ 點選「新增」。

❻

❻ 接著要將條件 1 的「商品陳列數為整數」設定為限制式。

❼ 在此選取「陳列數」的儲存格範圍「D19」至「D24」。

❽ 點選這裡的「▼」，選擇「int」。

❾「限制式」將顯示為「整數」。

❿ 點選「新增」。

⓫

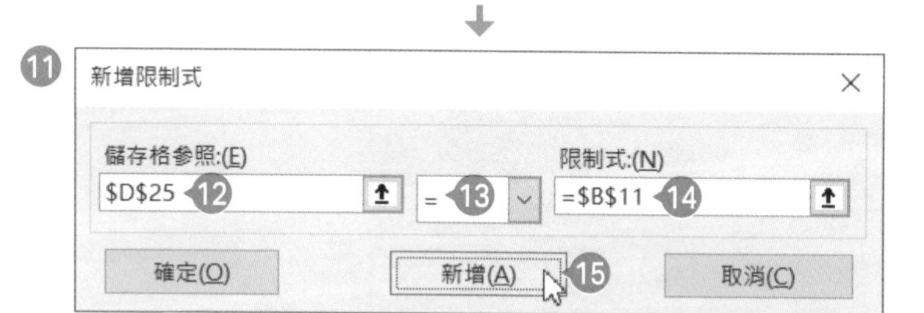


⓫ 接著要將條件 2 的「商品陳列數的總和為 30」新增為限制式。

⓬ 選取「陳列數」的合計儲存格「D25」。

⓭ 點選「▼」，再選擇「=」。

⓮「限制式」選擇儲存格「B11」。

⓯ 點選「新增」。

⓰

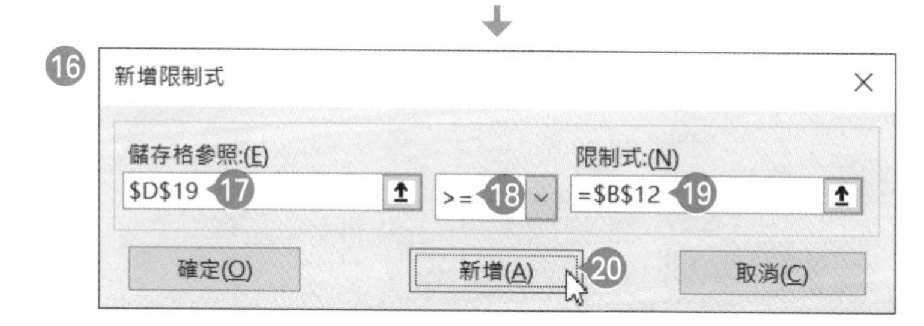


⓰ 接著要將條件 3 的「洗衣粉的陳列數大於等於 5」新增為限制式。

⓱ 選擇「洗衣粉」的陳列數儲存格「D199」。

⓲ 點選「▼」，選擇「>=」。

⓳ 在「限制式」選擇儲存格「B12」。

⓴ 點選「新增」。

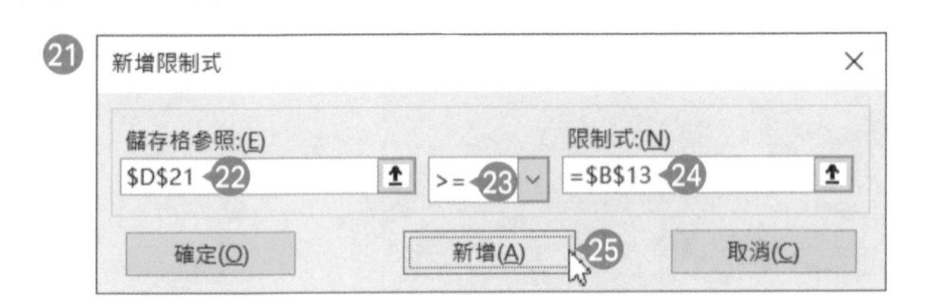


21 接著要將條件 4 的「洗衣精的陳列數大於等於 4」新增為限制式。

22 選擇「洗衣精」的陳列數儲存格「D21」。

23 點選「▼」，選擇「>=」。

24 在「限制式」選擇儲存格「B13」。

25 點選「新增」。

↓

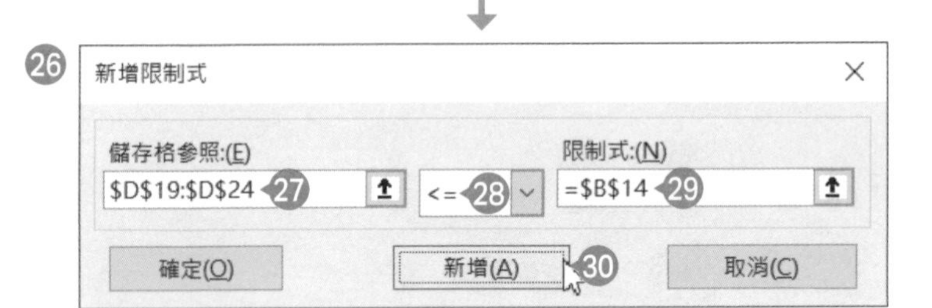


26 接著要將條件 5 的「各商品的陳列數小於等於 6」新增為限制式。

27 選擇各商品陳列數儲存格「D19」至「D24」。

28 點選「▼」，選擇「<=」。

29 在「限制式」選擇儲存格「B14」。

30 點選「新增」。

↓

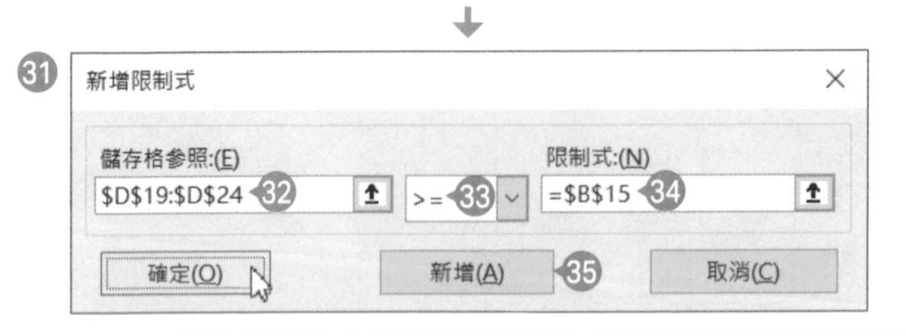


31 接著要將最後的條件 6 的「各商品的陳列數大於等於 2」新增為限制式。

32 選擇各商品陳列數儲存格「D19」至「D24」。

33 點選「▼」，選擇「>=」。

34 在「限制式」選擇儲存格「B15」。

35 點選「確定」。

↓

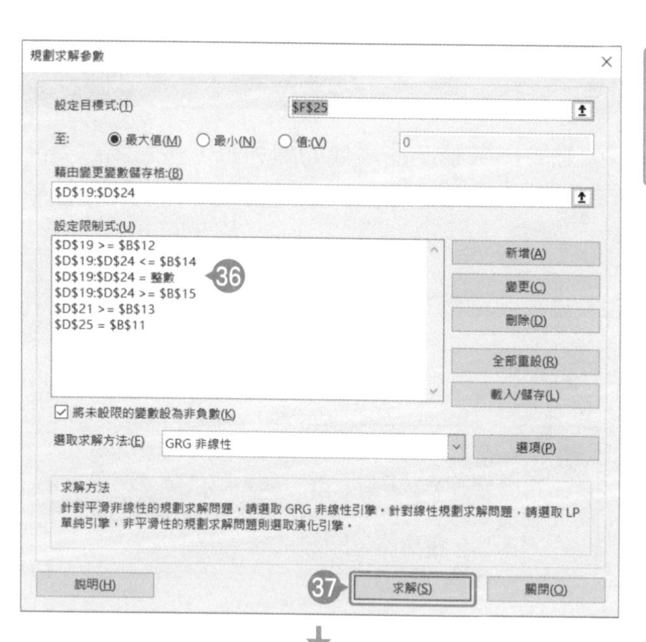


36「設定限制式」顯示了條件 1 至 6 的 6 個限制式。

37 點選「求解」。

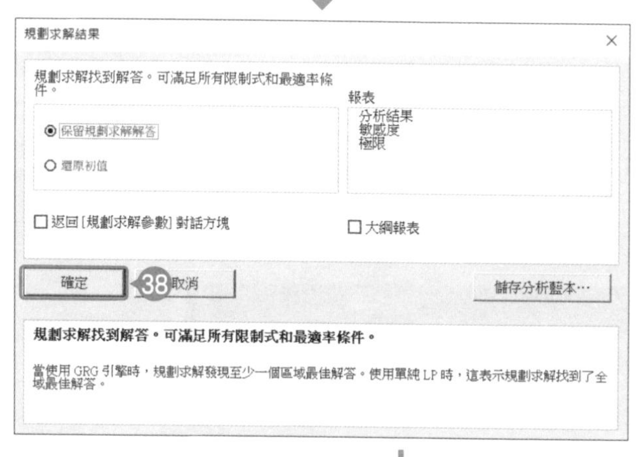


38 確認已點選了「保留規劃求解解答」之後，按下「確定」。

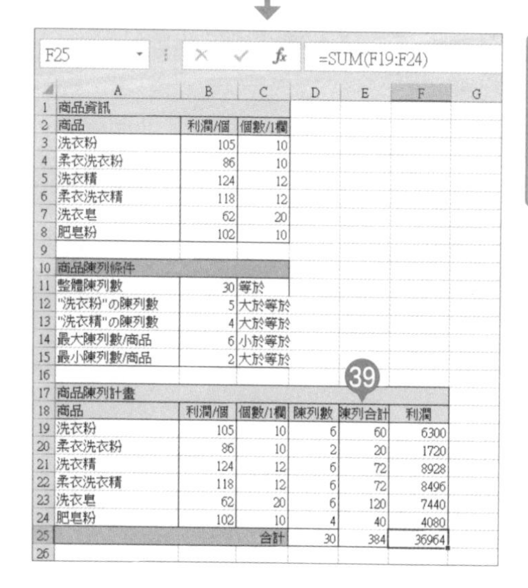


| | A | B | C | D | E | F | G |
|---|---|---|---|---|---|---|---|
| 1 | 商品資訊 | | | | | | |
| 2 | 商品 | 利潤/個 | 個數/1欄 | | | | |
| 3 | 洗衣粉 | 105 | 10 | | | | |
| 4 | 柔衣洗衣粉 | 86 | 10 | | | | |
| 5 | 洗衣精 | 124 | 12 | | | | |
| 6 | 柔衣洗衣精 | 118 | 12 | | | | |
| 7 | 洗衣皂 | 62 | 20 | | | | |
| 8 | 肥皂粉 | 102 | 10 | | | | |
| 9 | | | | | | | |
| 10 | 商品陳列條件 | | | | | | |
| 11 | 整體陳列數 | 30 | 等於 | | | | |
| 12 | "洗衣粉"の陳列數 | 5 | 大於等於 | | | | |
| 13 | "洗衣精"の陳列數 | 4 | 大於等於 | | | | |
| 14 | 最大陳列數/商品 | 6 | 小於等於 | | | | |
| 15 | 最小陳列數/商品 | 2 | 大於等於 | | | | |
| 16 | | | | | | | |
| 17 | 商品陳列計畫 | | | | | | |
| 18 | 商品 | 利潤/個 | 個數/1欄 | 陳列數 | 陳列合計 | 利潤 | |
| 19 | 洗衣粉 | 105 | 10 | 6 | 60 | 6300 | |
| 20 | 柔衣洗衣粉 | 86 | 10 | 2 | 20 | 1720 | |
| 21 | 洗衣精 | 124 | 12 | 6 | 72 | 8928 | |
| 22 | 柔衣洗衣精 | 118 | 12 | 6 | 72 | 8496 | |
| 23 | 洗衣皂 | 62 | 20 | 6 | 120 | 7440 | |
| 24 | 肥皂粉 | 102 | 10 | 4 | 40 | 4080 | |
| 25 | | | 合計 | 30 | 384 | 36964 | |
| 26 | | | | | | | |

39 儲存格範圍「D19」至「D24」之間顯示了符合條件的陳列數，也算出「陳列合計」與「利潤」。

# ❸ 調整限制式

2013 2016 2019

目前已根據整體陳列數與各商品陳列數算出各種商品最佳的陳列數，接著要試著將陳列架換成洗衣精專區，增加最大陳列數，同時還要因為商品整體陳列情況不佳新增最小陳列數，調整整體的陳列情況。

此外，規劃求解功能可新增運算結果報表，比較執行前後的值。

在此要調整條件，還要試著新增運算結果報表。

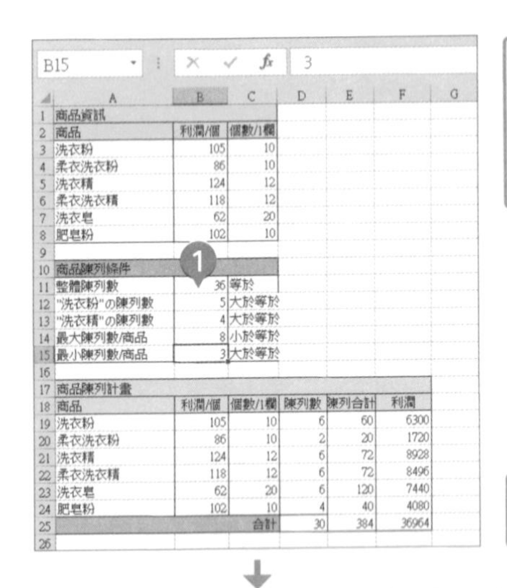

B15 | 3

| 商品資訊 | | |
|---|---|---|
| 商品 | 利潤/個 | 個數/1欄 |
| 洗衣粉 | 105 | 10 |
| 柔衣洗衣粉 | 86 | 10 |
| 洗衣精 | 124 | 12 |
| 柔衣洗衣精 | 118 | 12 |
| 洗衣皂 | 62 | 20 |
| 肥皂粉 | 102 | 10 |

| 商品陳列條件 | | |
|---|---|---|
| 整體陳列數 | 36 | 等於 |
| "洗衣粉"の陳列數 | 5 | 大於等於 |
| "洗衣精"の陳列數 | 4 | 大於等於 |
| 最大陳列數/商品 | 8 | 小於等於 |
| 最小陳列數/商品 | 3 | 大於等於 |

| 商品陳列計畫 | | | | | |
|---|---|---|---|---|---|
| 商品 | 利潤/個 | 個數/1欄 | 陳列數 | 陳列合計 | 利潤 |
| 洗衣粉 | 105 | 10 | 6 | 60 | 6300 |
| 柔衣洗衣粉 | 86 | 10 | 2 | 20 | 1720 |
| 洗衣精 | 124 | 12 | 6 | 72 | 8928 |
| 柔衣洗衣精 | 118 | 12 | 6 | 72 | 8496 |
| 洗衣皂 | 62 | 20 | 6 | 120 | 7440 |
| 肥皂粉 | 102 | 10 | 4 | 40 | 4080 |
| | | 合計 | 30 | 384 | 36964 |

❶ 將儲存格「B11」的「整體陳列數」變更為「36」，再將儲存格「B14」的「最大陳列數／商品」變更為「8」，之後將儲存格「B15」的「最小陳列數／商品」變更為「3」。

❷ 從「資料」分頁的「分析」點選「規劃求解」。

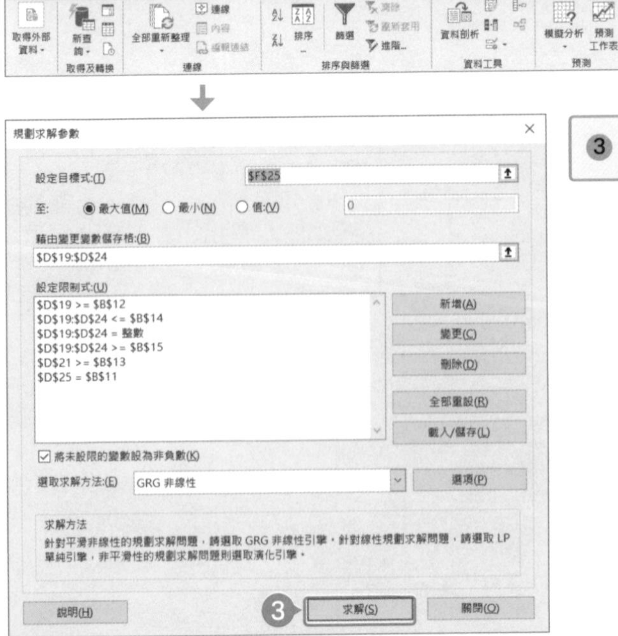


❸ 點選「求解」。

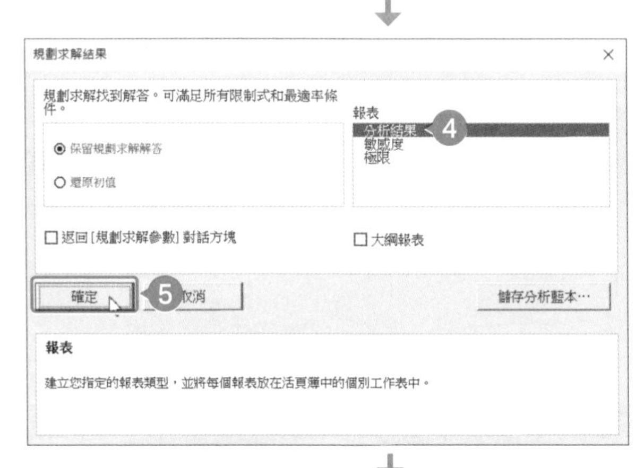


4 點選「分析結果」。

5 點選「確定」。

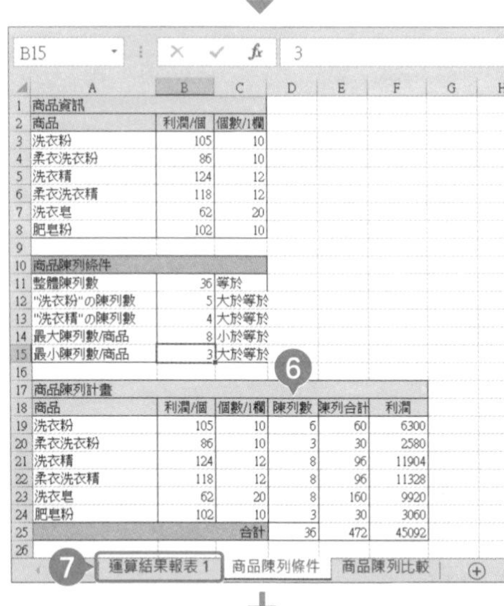


6 儲存格範圍「D19」至「D24」的陳列數重新設定，「陳列合計」與「利潤」也重新計算了。

7 新增「運算結果報表 1」，請點選「運算結果報表 1」的工作表。

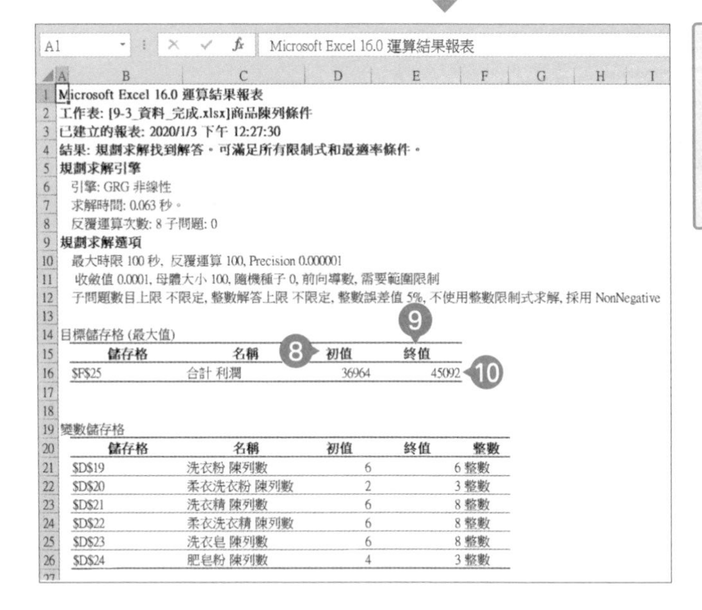


8「初值」就是執行規劃求解之前的值。

9「終值」就是執行規劃求解之後的值。

10 可發現利潤增加了。

# 4 製作商品組合改良前後的比較表

利用範例資料的商品陳列比較，製作「過去的商品陳列方法」與「利用規劃求解算出的重視利潤的商品陳列方法」的資料比較表。上述的資料將於下列的列儲存。

- 重視利潤的商品陳列方法：12 列～ 21 列
- 商品陳列方法比較表：23 列～ 32 列

【過去的商品陳列方法（＝每項商品架位空間相同）】

商品陳列計畫

| 商品 | 利潤/個 | 個數/1欄 | 陳列數 | 陳列合計 | 利潤 |
|---|---|---|---|---|---|
| 洗衣粉 | 105 | 10 | 6 | 60 | 6300 |
| 柔衣洗衣粉 | 86 | 10 | 6 | 60 | 5160 |
| 洗衣精 | 124 | 12 | 6 | 72 | 8928 |
| 柔衣洗衣精 | 118 | 12 | 6 | 72 | 8496 |
| 洗衣皂 | 62 | 20 | 6 | 120 | 7440 |
| 肥皂粉 | 102 | 10 | 6 | 60 | 6120 |
| | | 合計 | 36 | 444 | 42444 |

【重視利潤的商品陳列方法（＝以線性規劃去分配架位空間）】

商品陳列計畫

| 商品 | 利潤/個 | 個數/1欄 | 陳列數 | 陳列合計 | 利潤 |
|---|---|---|---|---|---|
| 洗衣粉 | 105 | 10 | 6 | 60 | 6300 |
| 柔衣洗衣粉 | 86 | 10 | 3 | 30 | 2580 |
| 洗衣精 | 124 | 12 | 8 | 96 | 11904 |
| 柔衣洗衣精 | 118 | 12 | 8 | 96 | 11328 |
| 洗衣皂 | 62 | 20 | 8 | 160 | 9920 |
| 肥皂粉 | 102 | 10 | 3 | 30 | 3060 |
| | | 合計 | 36 | 472 | 45092 |

【商品陳列方法比較表】

| 商品 | 利潤/個 | 個數/1欄 | 之前的陳列方法 | | 新的陳列方法 | | 改善金額 |
|---|---|---|---|---|---|---|---|
| | | | 陳列數 | 利潤 | 陳列數 | 利潤 | |
| 洗衣粉 | 105 | 10 | | | | | |
| 柔衣洗衣粉 | 86 | 10 | | | | | |
| 洗衣精 | 124 | 12 | | | | | |
| 柔衣洗衣精 | 118 | 12 | | | | | |
| 洗衣皂 | 62 | 20 | | | | | |
| 肥皂粉 | 102 | 10 | | | | | |
| | | 合計 | 0 | 0 | 0 | 0 | 0 |

❶ 將剛剛製作的「商品陳列計畫」的「陳列數」、「陳列合計」與「利潤」複製到儲存格「A15」至「F20」。

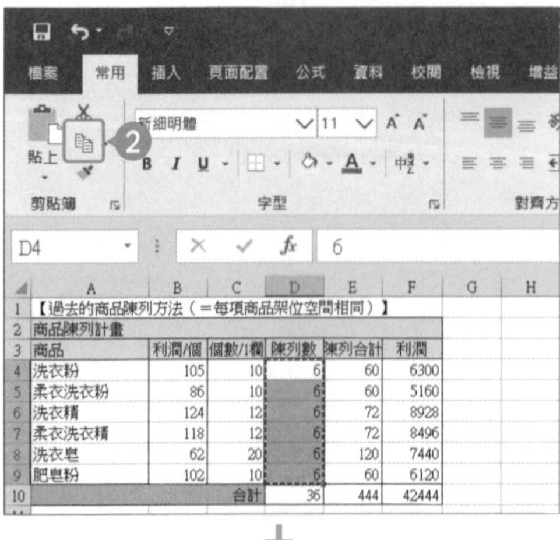


【過去的商品陳列方法（＝每項商品架位空間相同）】

商品陳列計畫

| 商品 | 利潤/個 | 個數/1欄 | 陳列數 | 陳列合計 | 利潤 |
|---|---|---|---|---|---|
| 洗衣粉 | 105 | 10 | 6 | 60 | 6300 |
| 柔衣洗衣粉 | 86 | 10 | 6 | 60 | 5160 |
| 洗衣精 | 124 | 12 | 6 | 72 | 8928 |
| 柔衣洗衣精 | 118 | 12 | 6 | 72 | 8496 |
| 洗衣皂 | 62 | 20 | 6 | 120 | 7440 |
| 肥皂粉 | 102 | 10 | 6 | 60 | 6120 |
| | | 合計 | 36 | 444 | 42444 |

❷ 選取儲存格「D4」至「D9」，再點選「常用」分頁的「複製」，將資料貼入剪貼簿。

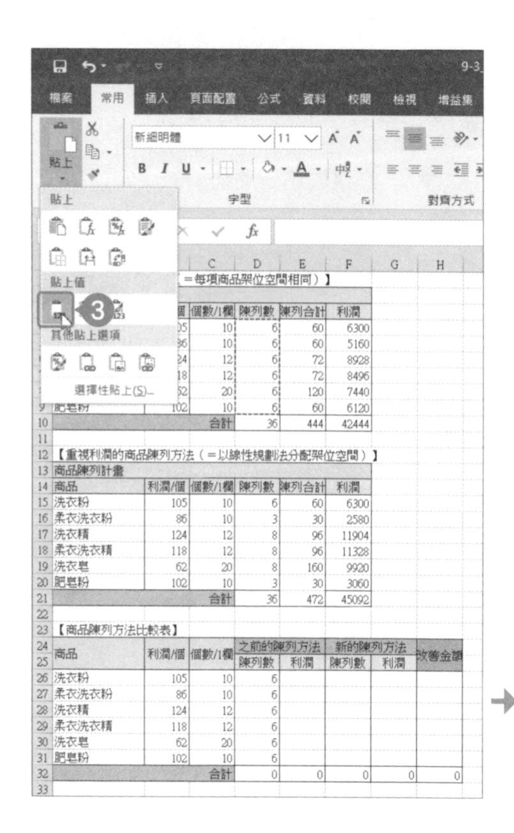

❸ 選取儲存格「D26」，再點選「常用」分頁的「貼上」的「▼」，然後點選「貼上值」的「值」。

❹ 儲存格範圍「D26」至「D31」貼上值了。

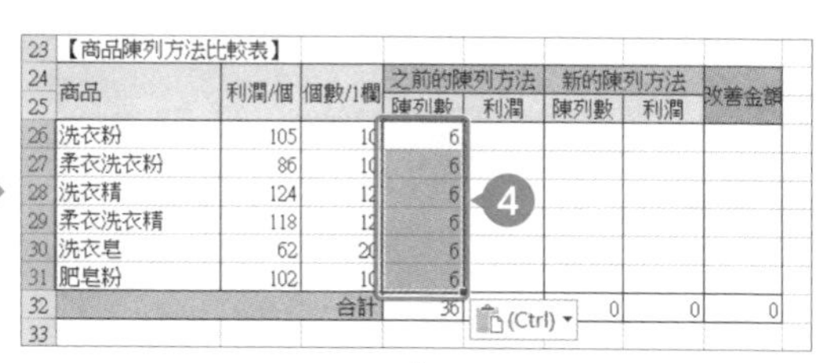

G26 | 6300

| | A | B | C | D | E | F | G | H |
|---|---|---|---|---|---|---|---|---|
| 1 | 【過去的商品陳列方法（＝每項商品架位空間相同）】 | | | | | | | |
| 2 | 商品陳列計畫 | | | | | | | |
| 3 | 商品 | 利潤/個 | 個數/1欄 | 陳列數 | 陳列合計 | 利潤 | | |
| 4 | 洗衣粉 | 105 | 10 | 6 | 60 | 6300 | | |
| 5 | 柔衣洗衣粉 | 86 | 10 | 6 | 60 | 5160 | | |
| 6 | 洗衣精 | 124 | 12 | 6 | 72 | 8928 | | |
| 7 | 柔衣洗衣精 | 118 | 12 | 6 | 72 | 8496 | | |
| 8 | 洗衣皂 | 62 | 20 | 6 | 120 | 7440 | | |
| 9 | 肥皂粉 | 102 | 10 | 6 | 60 | 6120 | | |
| 10 | | | 合計 | 36 | 444 | 42444 | | |
| 11 | | | | | | | | |
| 12 | 【重視利潤的商品陳列方法（＝以線性規劃法分配架位空間）】 | | | | | | | |
| 13 | 商品陳列計畫 | | | | | | | |
| 14 | 商品 | 利潤/個 | 個數/1欄 | 陳列數 | 陳列合計 | 利潤 | | |
| 15 | 洗衣粉 | 105 | 10 | 6 | 60 | 6300 | | |
| 16 | 柔衣洗衣粉 | 86 | 10 | 3 | 30 | 2580 | | |
| 17 | 洗衣精 | 124 | 12 | 8 | 96 | 11904 | | |
| 18 | 柔衣洗衣精 | 118 | 12 | 8 | 96 | 11328 | | |
| 19 | 洗衣皂 | 62 | 20 | 8 | 160 | 9920 | | |
| 20 | 肥皂粉 | 102 | 10 | 3 | 30 | 3060 | | |
| 21 | | | 合計 | 36 | 472 | 45092 | | |
| 22 | | | | | | | | |
| 23 | 【商品陳列方法比較表】 | | | | | | | |
| 24 | 商品 | 利潤/個 | 個數/1欄 | 之前的陳列方法 | | 新的陳列方法 | | 改善金額 |
| 25 | | | | 陳列數 | 利潤 | 陳列數 | 利潤 | |
| 26 | 洗衣粉 | 105 | 10 | 6 | 6300 | 6 | 6300 | |
| 27 | 柔衣洗衣粉 | 86 | 10 | 6 | 5160 | 3 | 2580 | |
| 28 | 洗衣精 | 124 | 12 | 6 | 8928 | 8 | 11904 | |
| 29 | 柔衣洗衣精 | 118 | 12 | 6 | 8496 | 8 | 11328 | |
| 30 | 洗衣皂 | 62 | 20 | 6 | 7440 | 8 | 9920 | |
| 31 | 肥皂粉 | 102 | 10 | 6 | 6120 | 3 | 3060 | |
| 32 | | | 合計 | 36 | 42444 | 36 | 45092 | |
| 33 | | | | | | | | |

(Ctrl) ▾

❺ 利用❷～❹的步驟將儲存格「F4」～「F9」的值貼入儲存格「E26」～「E31」，將儲存格「D15」～「D20」的值貼入儲存格「F26」～「F31」，再將儲存格「F15」～「F20」的值貼入儲存格「G26」～「G31」。

❻ 在儲存格「H26」輸入「=G26-E26」，再按下 Enter 鍵。

| | | | | | | | | |
|---|---|---|---|---|---|---|---|---|
| 22 | | | | | | | | |
| 23 | 【商品陳列方法比較表】 | | | | | | | |
| 24 | 商品 | 利潤/個 | 個數/1欄 | 之前的陳列方法 | | 新的陳列方法 | | 改善金額 |
| 25 | | | | 陳列數 | 利潤 | 陳列數 | 利潤 | |
| 26 | 洗衣粉 | 105 | 10 | 6 | 6300 | 6 | 6300 | =G26-E26 |
| 27 | 柔衣洗衣粉 | 86 | 10 | 6 | 5160 | 3 | 2580 | |
| 28 | 洗衣精 | 124 | 12 | 6 | 8928 | 8 | 11904 | |
| 29 | 柔衣洗衣精 | 118 | 12 | 6 | 8496 | 8 | 11328 | |
| 30 | 洗衣皂 | 62 | 20 | 6 | 7440 | 8 | 9920 | |
| 31 | 肥皂粉 | 102 | 10 | 6 | 6120 | 3 | 3060 | |
| 32 | | | 合計 | 36 | 42444 | 36 | 45092 | 0 |
| 33 | | | | | | | | |

7 算出過去的商品陳列方法與新陳列方法在「利潤」上的差距。

8 選取儲存格「H26」，再點選「常用」分頁的「複製」，將資料貼入剪貼簿。

9 選取儲存格範圍「H27」至「H31」，再點選「常用」分頁的「貼上」的「▼」，然後點選「貼上」的「公式」。

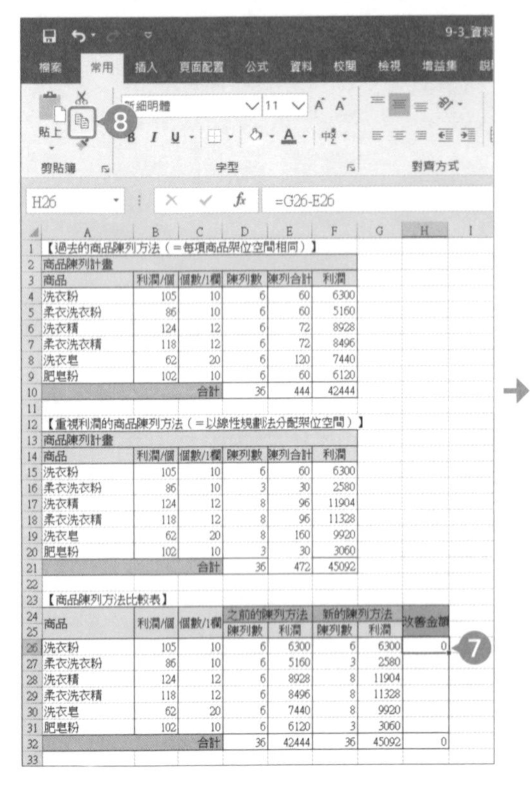


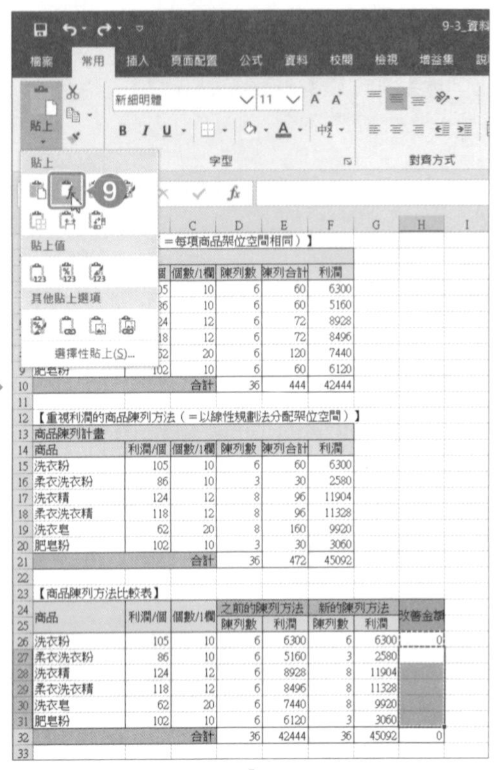


10 將儲存格「H26」的公式貼入儲存「H27」至「H31」，算出前後的利潤差距。

【商品陳列方法比較表】

| 商品 | 利潤/個 | 個數/1欄 | 之前的陳列方法 |  | 新的陳列方法 |  | 改善金額 |
|---|---|---|---|---|---|---|---|
|  |  |  | 陳列數 | 利潤 | 陳列數 | 利潤 |  |
| 洗衣粉 | 105 | 10 | 6 | 6300 | 6 | 6300 | 0 |
| 柔衣洗衣粉 | 86 | 10 | 6 | 5160 | 3 | 2580 | -2580 |
| 洗衣精 | 124 | 12 | 6 | 8928 | 8 | 11904 | 2976 |
| 柔衣洗衣精 | 118 | 12 | 6 | 8496 | 8 | 11328 | 2832 |
| 洗衣皂 | 62 | 20 | 6 | 7440 | 8 | 9920 | 2480 |
| 肥皂粉 | 102 | 10 | 6 | 6120 | 3 | 3060 | -3060 |
|  |  | 合計 | 36 | 42444 | 36 | 45092 | 2648 |

(Ctrl)

# 5 製作 PowerPoint 投影片

將 Excel 的比較表貼入 PowerPoint 的投影片，於投影片的標題說明改變陳列方式可增加利潤，再利用圖案強調表格裡的重要數字，讓投影片變得更具說服力。

1 利用 266 頁的步驟新增「只有標題」的投影片。

2 在標題物件輸入調整陳列方式的必要性。

1

根據各種商品的利潤調整陳列方式，可增加每個陳列架的利潤。 2

| 商品 | 利潤/個 | 個數/1欄 | 之前的陳列方法 | | 新的陳列方法 | | 改善金額 |
|---|---|---|---|---|---|---|---|
| | | | 陳列數 | 利潤 | 陳列數 | 利潤 | |
| 洗衣粉 | 105 | 10 | 6 | 6300 | 6 | 6300 | 0 |
| 柔衣洗衣粉 | 86 | 10 | 6 | 5160 | 3 | 2580 | -2580 |
| 洗衣精 | 124 | 12 | 6 | 8928 | 8 | 11904 | 2976 |
| 柔衣洗衣精 | 118 | 12 | 6 | 8496 | 8 | 11328 | 2832 |
| 洗衣皂 | 62 | 20 | 6 | 7440 | 8 | 9920 | 2480 |
| 肥皂粉 | 102 | 10 | 6 | 6120 | 3 | 3060 | -3060 |
| | | 合計 | 36 | 42444 | 36 | 45092 | 2648 |

3 4

→之前所有商品的陳列數量都一樣。利用線性規劃法算出最佳值之後，不需要調整陳列架的大小，也不需要改變陳列商品的種類，就能讓每個陳列架的利潤增加。

3 利用 267 頁的步驟將 Excel 的比較表貼入投影片，再調整位置與大小。

4 利用圖案工具強調表格裡的數值。

5 可視情況利用文字方塊新增說明。

## Column 使用預測工作表

預測工作表是根據過去資料計算預測值的功能，自 Excel 2016 之後便成為內建功能。這項功能可參照日期或時間的欄位以及對應的值（個數、金額）計算預測值。用於計算預測值的手法為「指數平滑法」。

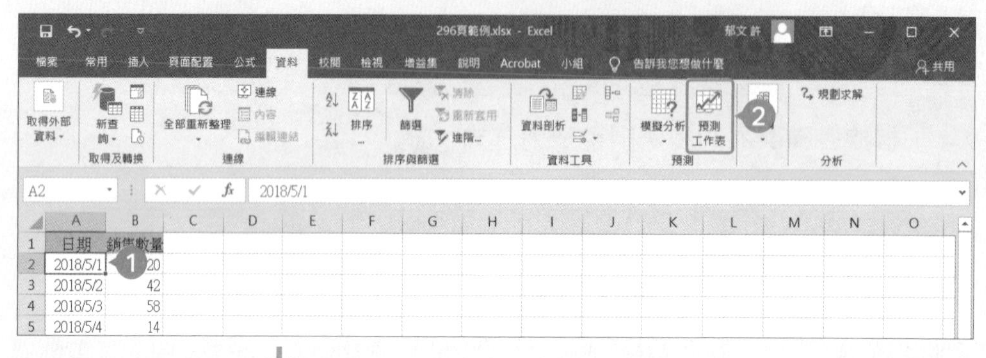

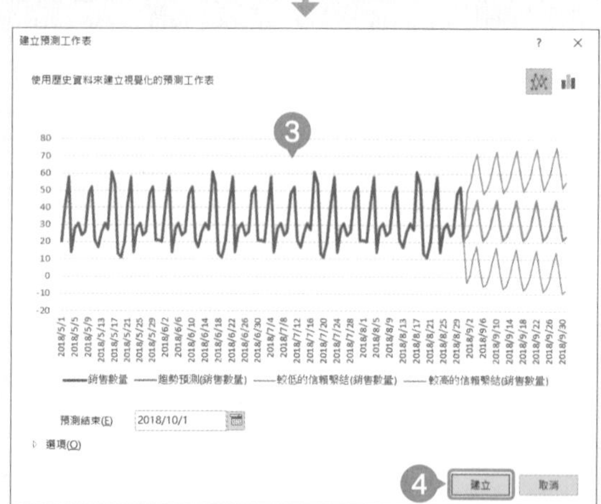

❶ 選取資料表的某個儲存格。

❷ 點選「資料」分頁的「預測」群組的「預測工作表」。

❸「建立預測工作表」對話框會顯示銷售數量、趨勢預測、較低的信賴繫結、較高的信賴繫結這四條線（較低與較高的信賴繫結代表預測值會有 95% 的機率落在這兩條線之間範圍）。

❹ 點選「建立」。

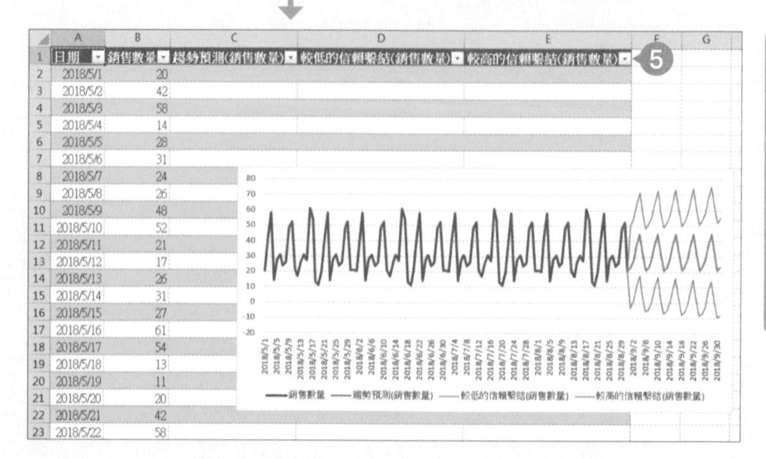

❺ 線條圖將於工作表顯示，原始的表也將轉換成表格，並且新增「趨勢預測」、「較低的信賴繫結」、「較高的信賴繫結」欄位。

Chapter 10

# 製作業績報告表

經營企業負責人常製作的簡報之一就是業績報告表。此時會使用的資料分析手法包含預算差異分析、費用分析、利益分析。本章以某企業的業務主管要製作業績報告表為例，介紹上述的資料分析方法與製作簡報的方法。

# 01 報告每月預算達成率

每月業績管理的重要工作之一就是預算差異管理。企業會編列每年與每月的預算，並以這些預算擬定與執行各種戰略，因此，迅速分享預算達成率是非常重要的一環。在此要繪製預算達成率的圖表，藉此製作能一眼看懂目前狀況的投影片，而且要將圖表的參照範圍設定為變動範圍，快速完成每月的報告。

## Point

- 假設某間企業的業務主管要於每個月的業績會議報告預算的達成率。
- 僅列出預算與實際數值無法迅速看出各預算指標達成與否。
- 因此要先根據預算值與實際值計算達成率，掌握哪些預算未達標，哪些預算超過預期目標。尤其是預算的編列會因季節而大幅變動企業，更應利用達成率取代金額，管理預算差異。

## Sample 報告每月預算達成率的投影片

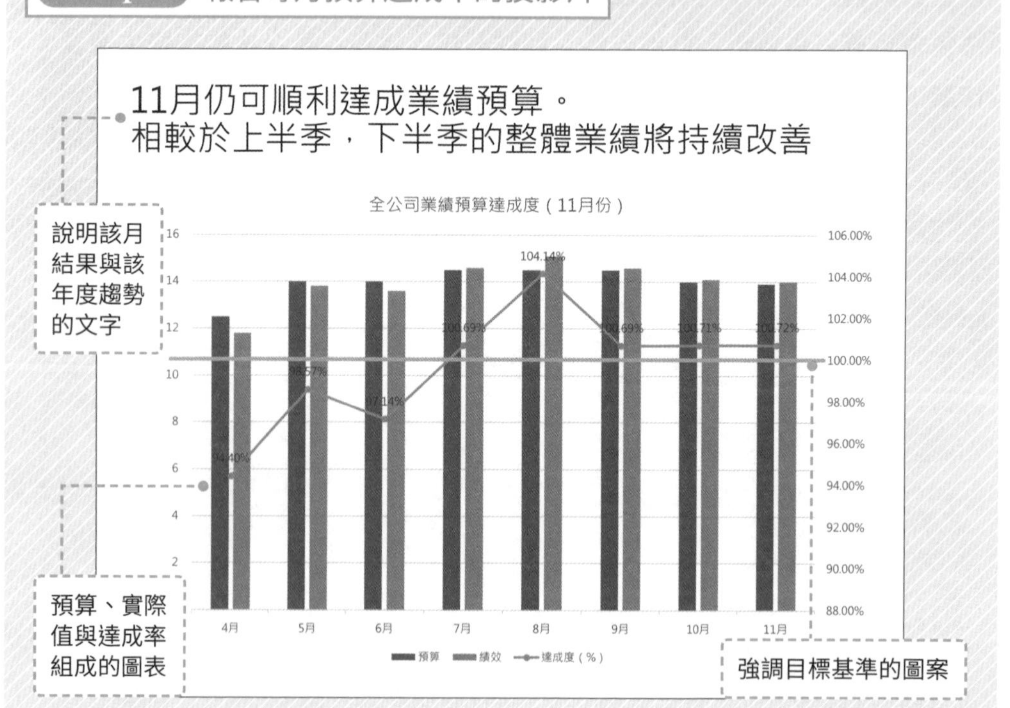

# 所謂預算差異管理

預算差異管理指的是比較各種預算的績效，釐清達成率與各預算的差異，再分析造成差異的原因，同時擬定對策。

## 預算管理

一般企業都會在年底編列下年度的預算。編列方法有很多種，例如「Top-down」這種根據經營目標編列各組織預算的方法，或是「Bottom-up」這種由各部門制定目標，藉此形成企業經營目標的方法。不管是哪種方法，現況是大部分的企業都會利用 Excel 編列與管理預算。

Top-down 模式

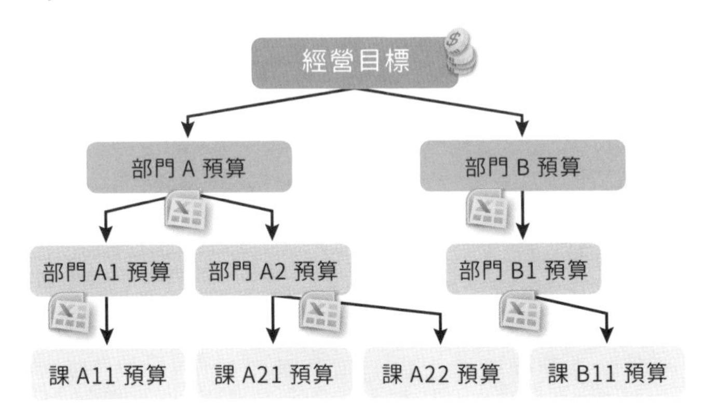


Bottom-up 模式

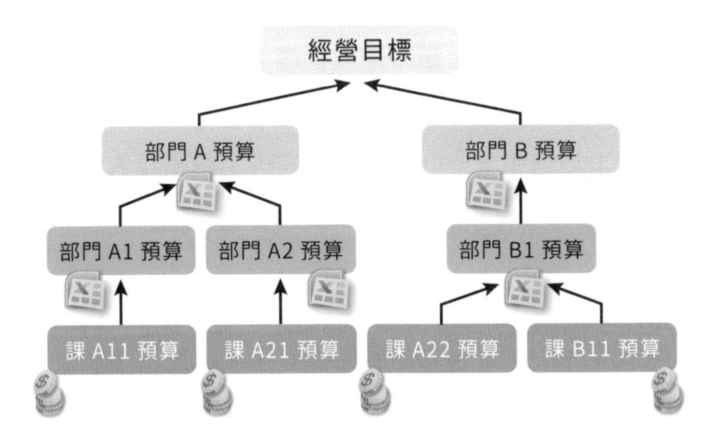

## ➲ 績效管理

大部份的公司，分析預算資料來源的數字都是來自 ERP 系統，將資料匯入 Excel 後進一步計算分析，比較實際達成與預算之落差，完成預算差異分析。

下列是預算差異管理的大致流程。

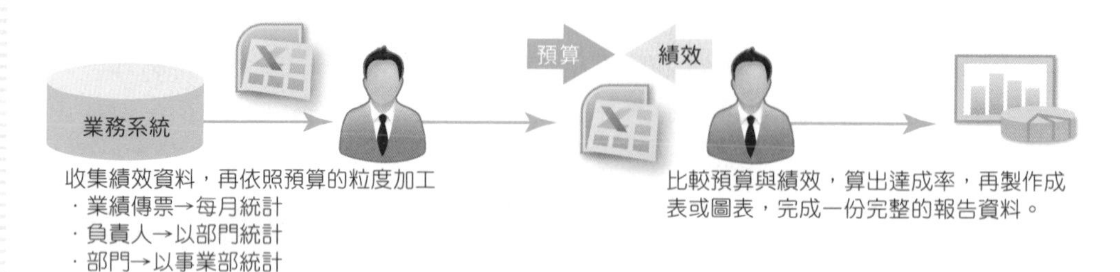


## ➲ 預算差異管理的兩種手法

此外，就算每個月都要進行預算差異管理，仍要依照報告對象改變觀察角度。例如，該於每個月觀察預算的達成度與預算之間的差異，或是以一整年為期觀察。

1. 於每個月進行預算差異管理

   每個部門的業績目標都屬於來自第一線的數值，所以通常會於每個月這種較短期的時間段進行預算差異管理，比較每月預算績效分析。這種方式不會包含本月之前的數值，僅能了解本月的達成結果。

2. 一年執行一次預算差異管理

   整個公司或整個部門的業績配額、利潤預算、經費預算都屬於經營層級的資料，所以不太適合每個月進行一次預算差異管理，而是要將單位拉長為全年，了解在本月之前的績效與本月之前的預算總和。

   如此一來，即可在上下半年總和或年度總和這類報告了解預算的達成率是否符合目標，而上下半年的決算或年度決算的預估也可作為企業業績報告使用。

以兩種角度將同一筆資料繪製成圖表，可得到右頁的圖表。這兩張圖表對於達成率的觀察非常不同，所以要先思考要報告的是何種數字，再著手繪製圖表。

①單月進行的預算差異管理

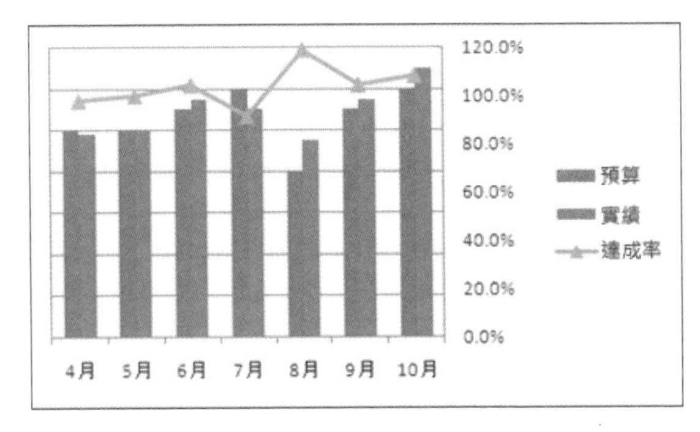


②全年進行的預算差異管理

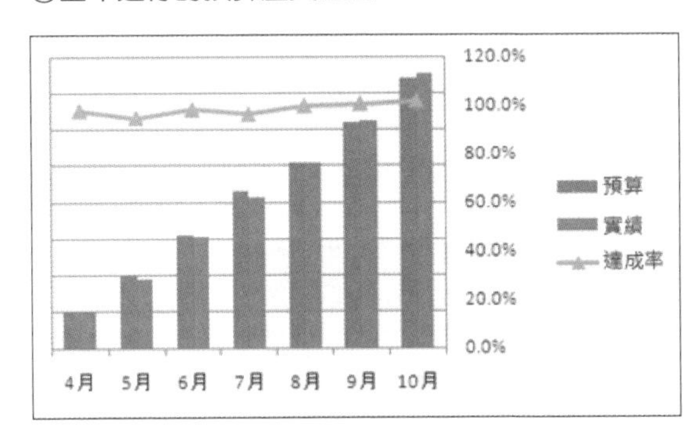


## Column 各種預算與預算差異報告

「預算」似乎是個簡單的詞彙，但企業通常會編列下面這些各式各樣的預算。

- **組織預算：公司整體的預算、各事業部門的預算、各部門預算。**
- **會計科目預算：業績配額、營業損益預算、營商成本預算。**
- **各期間預算：年度預算、上下半季預算、季預算、各月預算。**

此外，企業也可能中途依照市場情況修正預算。

要針對這些預算進行預算差異管理，並且整理成業績報告是件耗時耗力的作業，而且在各種變數的影響下，很難正確掌握現況。

因此在製作單月報告時，會將重點放在「業績」，再根據全公司每月業績預算以及層級降至各事業部門的各事業部每月業績預算製作報告表。反觀季報告則會為了避免整份報告表都是數字而篩選某些與管理或報告相同的資料，藉此完成包含「利潤」與「費用」的預算差異報告表。

重點在於管理每個月的資料，一旦環境產生劇變，即可視情況報告所有的狀況。

# ❶ 準備達成度資料

接下來要利用範例資料的預算與績效算出達成率。資料將於下列的欄位儲存。

● 達成度（%）：D 欄

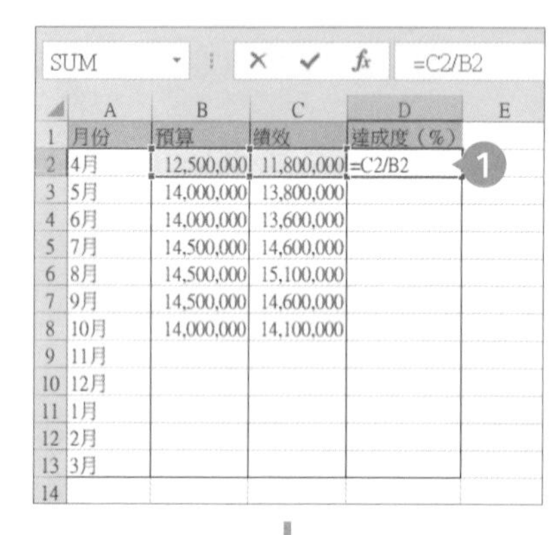


❶ 在儲存格「D2」輸入「=C2/B2」，算出達成度。

❷ 算出達成度。

❸ 點選「常用」分頁的「%」按鈕，將計算結果轉換成百分比。

❹ 點選「常用」分頁的「增加小數位數」。

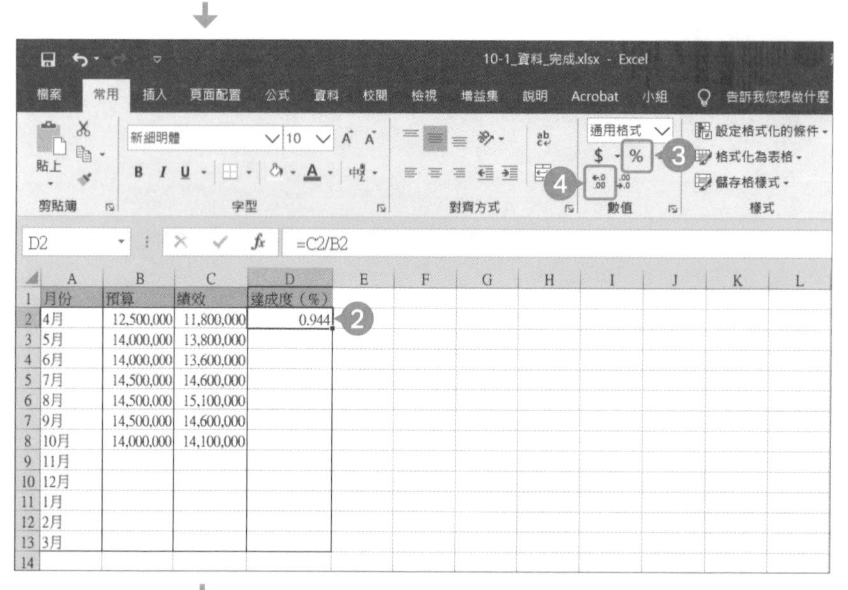


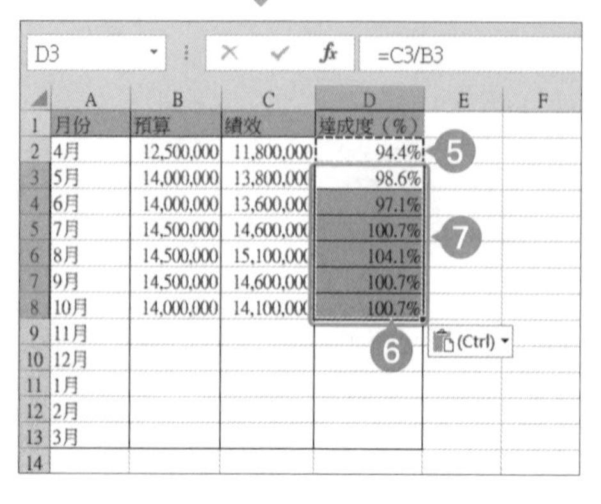


❺ 顯示至小數點第一位的位數。

❻ 複製儲存格「D2」，再將公式貼至儲存格範圍「D3」至「D8」。

❼ 顯示「5 月」至「10 月」的達成度（%）。

## 2 繪製預算績效的圖表 2013 2016 2019

利用剛剛求得的「達成度（%）」與「預算」、「績效」的資料，繪製預算績效圖表。

1 選取儲存格「A1」至「D8」。
2 在「插入」分頁點選「插入直條圖或橫條圖」，再點選「群組直條圖」。

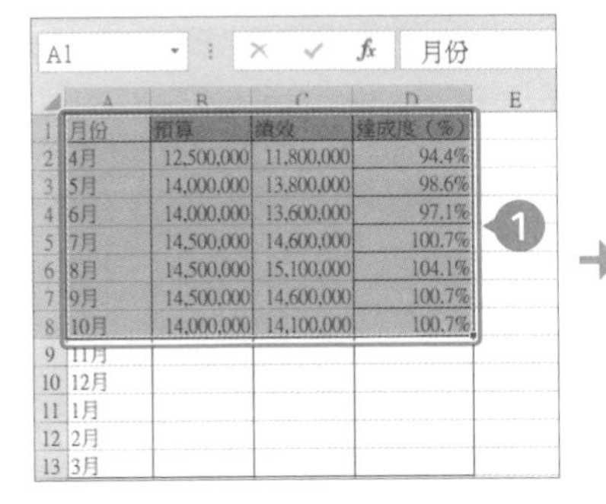

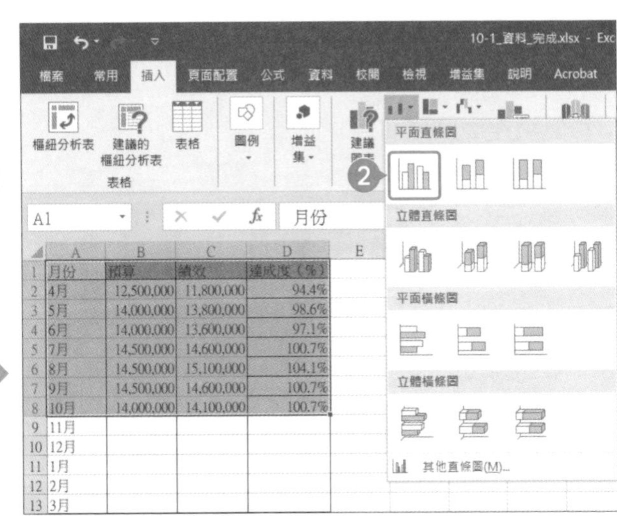

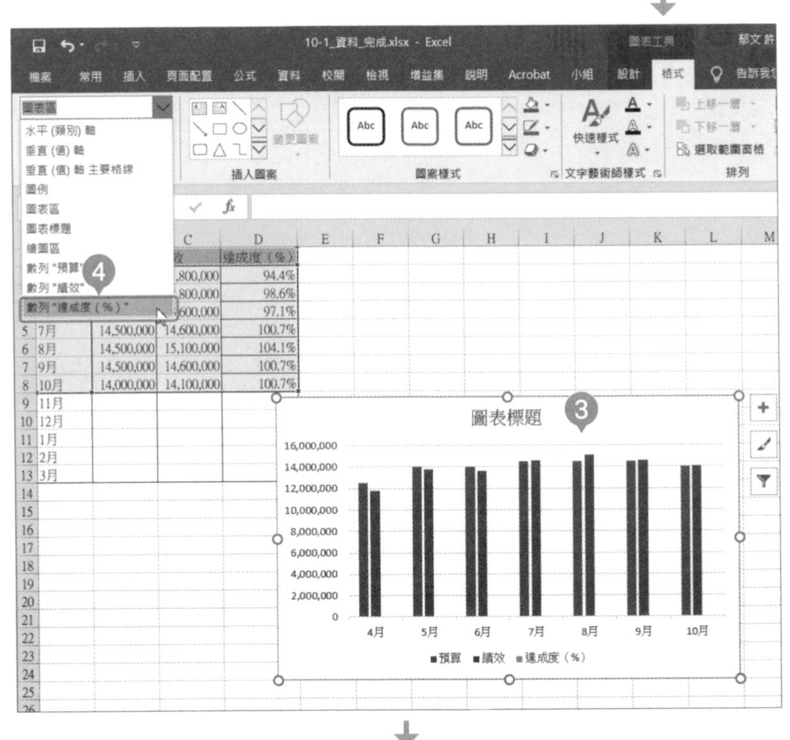

3 資料與圖表在同一張工作表顯示了。
4 在「圖表工具」的「格式」分頁點選「圖表項目」，再選擇「數列 "達成度（%）"」。

» Excel 2013 的情況 2：在「插入」分頁點選「直條圖」的「▼」，再選擇「群組直條圖」。

**開啟圖表工具選單**：假設沒看到圖表工具選單，請先點選圖表，因為圖表工具選單只會在圖表為選取的狀態下顯示。

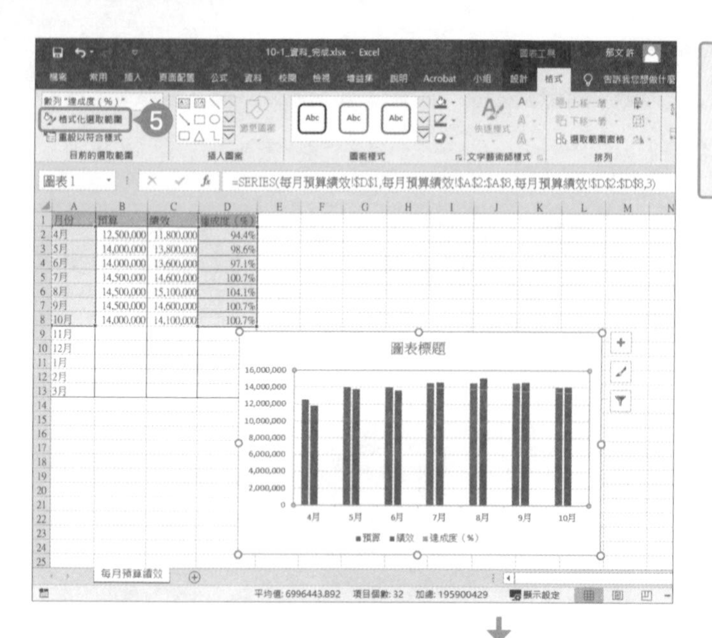


❺ 在「圖表工具」的「格式」分頁的「目前的選取範圍」點選「格式選取範圍」。

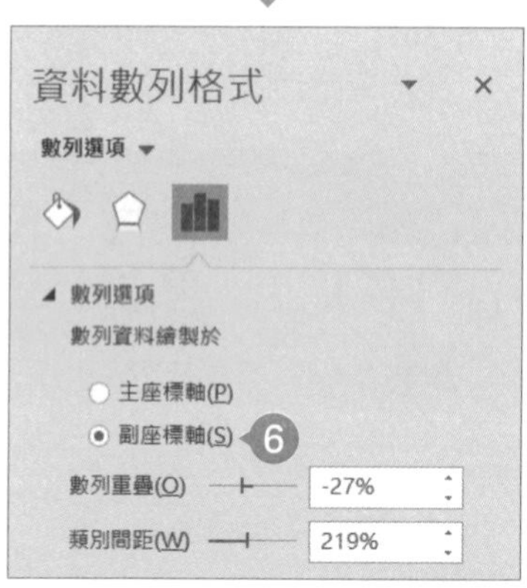


❻ 在「資料數列格式」畫面的「數列選項」點選「數列資料繪製於」的「副座標軸」，再點選「×」。

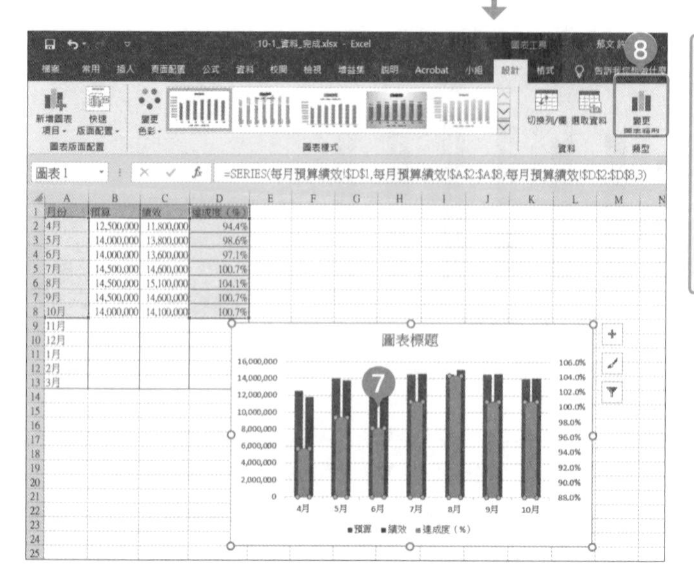


❼「達成度（%）」切換成副座標軸了。

❽ 在「達成度（%）」的圖表為選取的狀態下，在「圖表工具」的「設計」分頁，點選「類型」的「變更圖表類型」。

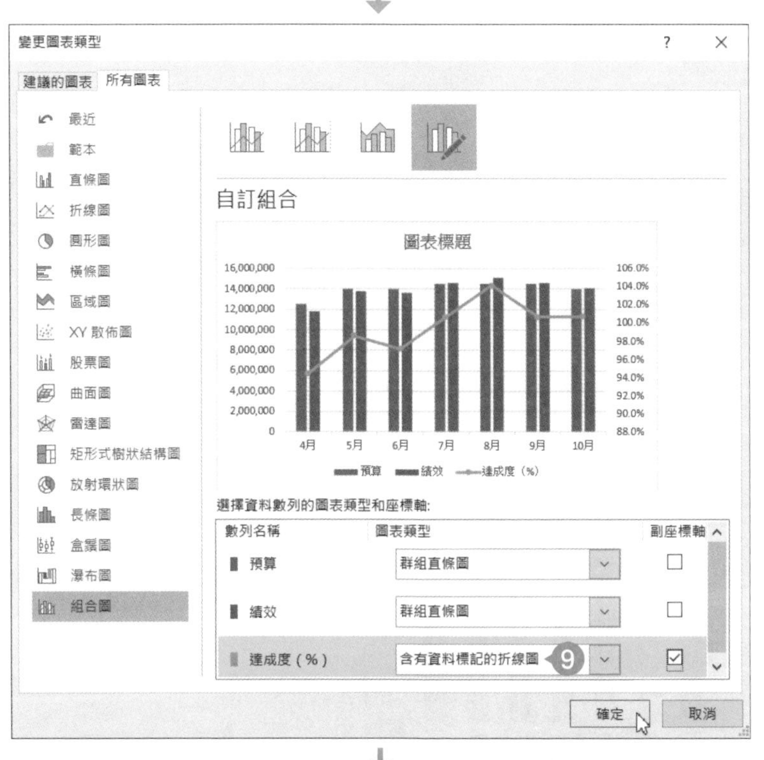


9 在「變更圖表類型」的對話框將「數列名稱」的「達成度（%）」的「圖表類型」設定為「含有資料標記的折線圖」，再點選「確定」。

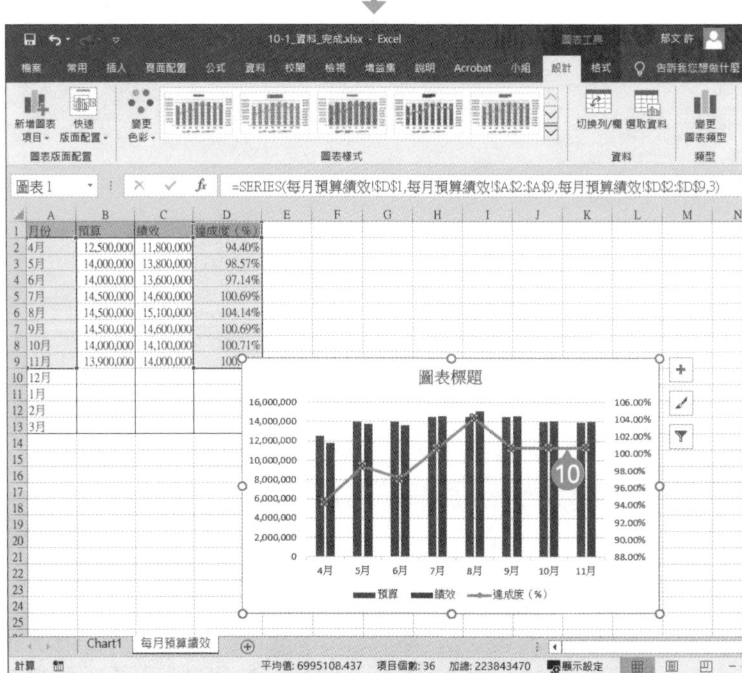


10「達成度（%）」的圖表轉換成折線圖了。

## ❸ 將圖表的參照範圍設定為變動範圍

2013 2016 2019

接著於 OFFET 函數定義圖表參照範圍的名稱，這麼一來，月份改變或新增資料的時候，都不需要重新修正圖表。

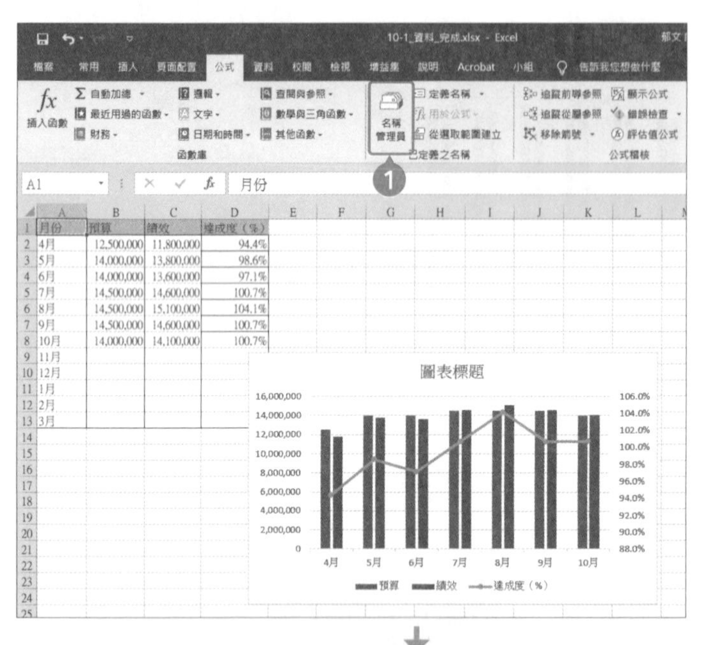

❶ 點選「公式」分頁的「名稱管理員」。

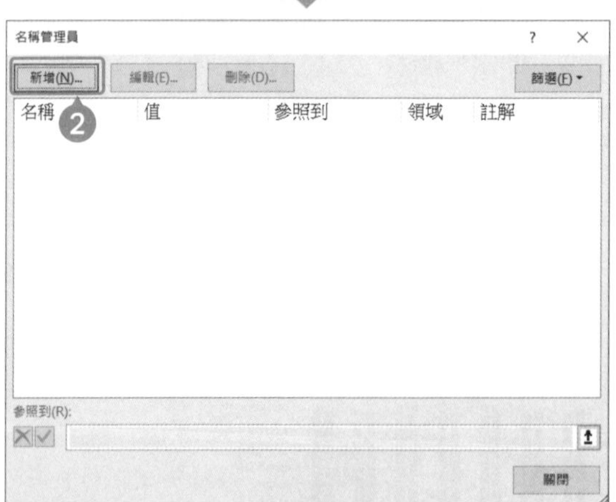

❷ 在「名稱管理員」對話框點選「新增」。

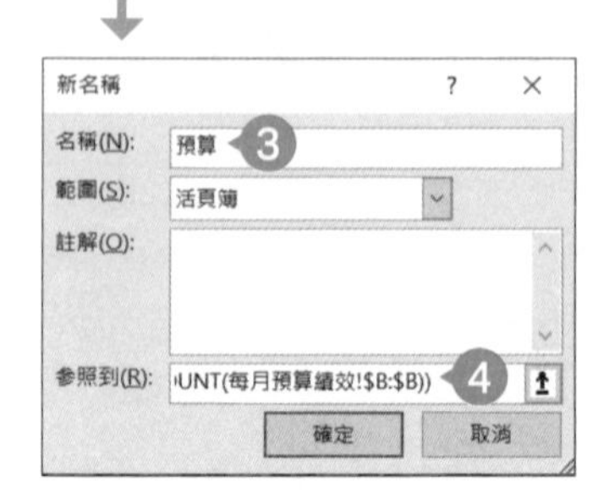

❸ 在「新名稱」對話框的「名稱」輸入「預算」。

❹ 在「參照到」輸入「=OFFSET(每月預算績效!$B$2,0,0,COUNT(每月預算績效!$B:$B))」，再點選「確定」。

**使用 OFFSET 函數的參考範圍需要插入工作表名稱：**

在此輸入的「每月預算績效!」就是工作表名稱。假設工作表名稱包含非文字的符號，就必須在工作名稱的前後插入單引號（'）。

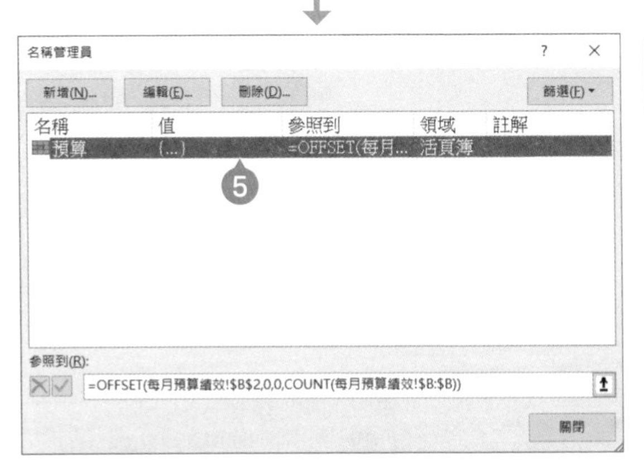


5 新增名為「預算」的資料範圍。請利用相同的步驟新增「績效」、「達成度」、「月份」的名稱（參考下列表格設定）。

| 名稱 | 要輸入的公式 |
|---|---|
| 績效 | =OFFSET( 每月預算績效 !$C$2,0,0,COUNT( 每月預算績效 !$C:$C)) |
| 達成度 | =OFFSET( 每月預算績效 !$D$2,0,0,COUNT( 每月預算績效 !$D:$D)) |
| 月份 | =OFFSET( 每月預算績效 !$A$2,0,0,COUNT( 每月預算績效 !$A:$A)) |

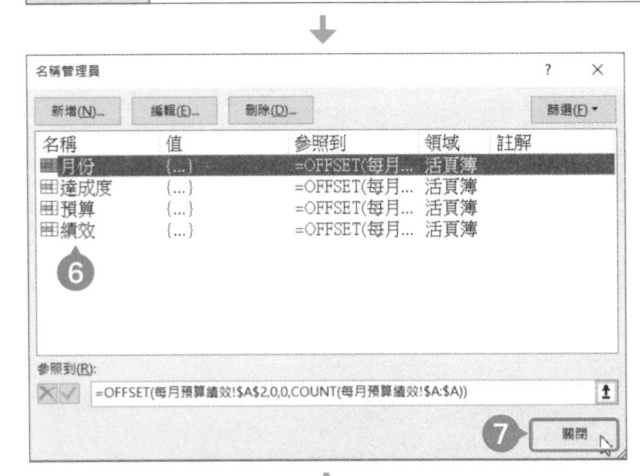


6 新增「績效」、「達成度」、「月份」這些名稱的資料範圍了。

7 點選「關閉」。

8 在「圖表工具」的「設計」分頁點選「資料」的「選取資料」。

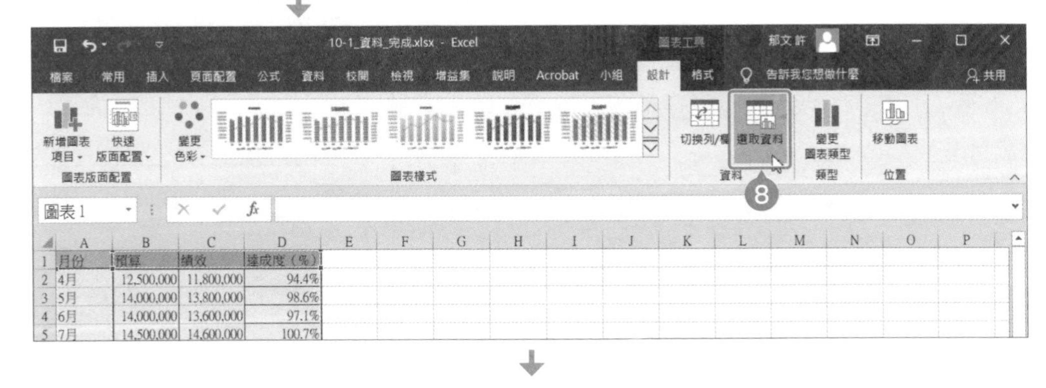


**使用 COUNT 函數之前的準備**：COUNT 函數是能計算包含數值的儲存格有幾個，也可計算參數列表裡的數值有幾個，但文字資料不在計算範圍之內，所以範例資料是以數值格式輸入日期值「2017/4/1」，再利用「儲存格格式」的「數值」→「自訂」讓這個數值顯示為「4 月」。

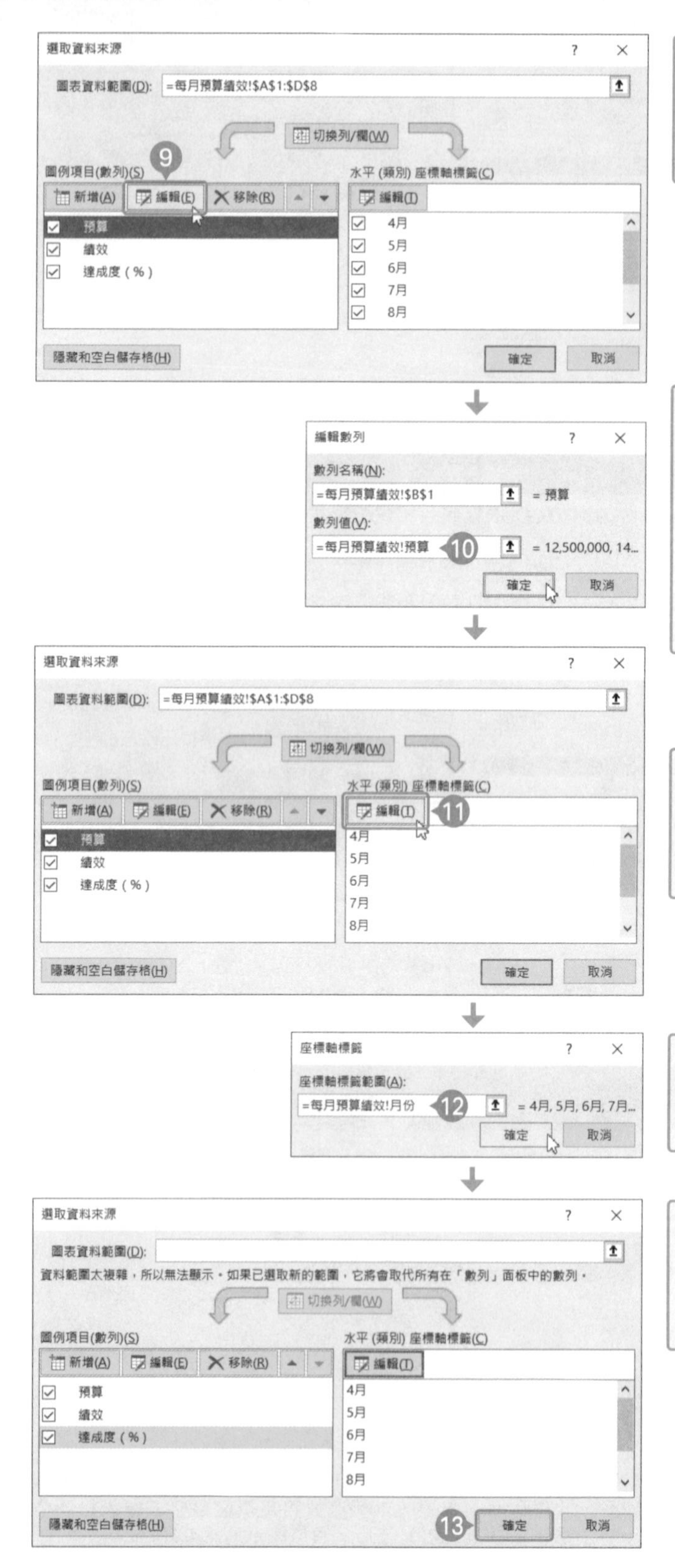


❾ 在「選取資料來源」對話框選擇「圖例項目（數列）」的「預算」，再點選「編輯」。

❿ 開啟「編輯數列」對話框之後，在「數列值」輸入「=每月預算績效!預算」，再點選「確定」。同樣的「績效」與「達成度（%）也修正為剛剛定義的名稱，分別是「績效」與「達成度」。

⓫ 點選「圖例項目（數列）的「預算」，再點選「水平（類別）座標軸標籤」的「編輯」。

⓬ 將「座標軸標籤範圍修正為「=每月預算績效!月份」，再點選「確定」。

⓭ 回到「選取資料來源」對話框之後，針對「績效」與「達成度」執行⓫～⓬的步驟，再點選「確定」。

## 4 新增資料

2013 2016 2019

新增資料延展預算績效圖表範圍。

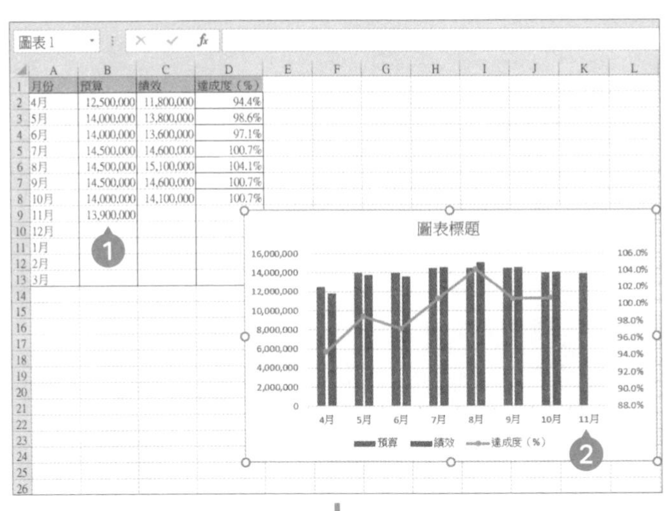


1. 在儲存格「B9」輸入 11 月預算的「13900000」。
2. 圖表會新增 11 月的預算。
3. 在儲存格「C9」輸入 11 月績效的「14000000」，再於「儲存格 D9」輸入「=C9/B9」。
4. 圖表將新增 11 月的績效與達成度的資料。
5. 在「圖表工具」的「設計」分頁點選「移動圖表」。

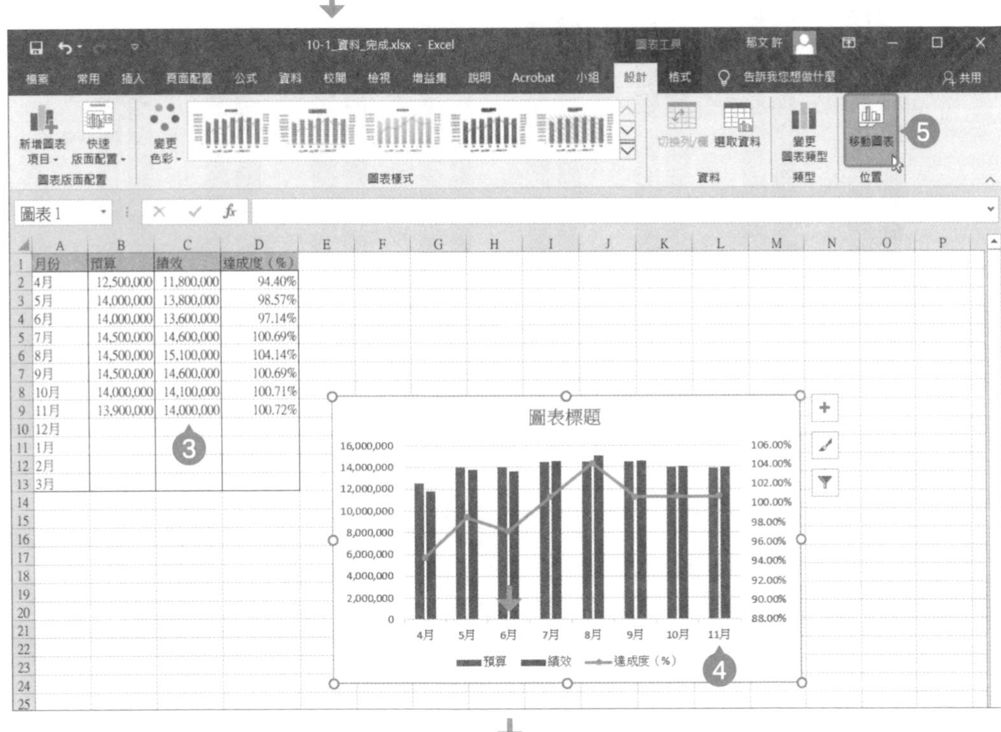

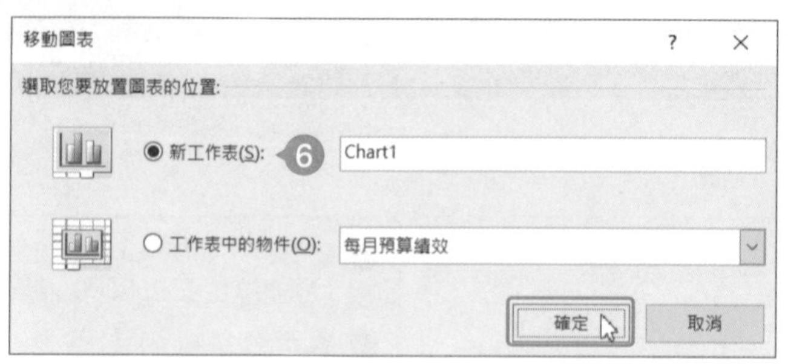


❻ 在「移動圖表」對話框點選「新工作表」，再點選「確定」。

❼ 圖表於新工作顯示了。

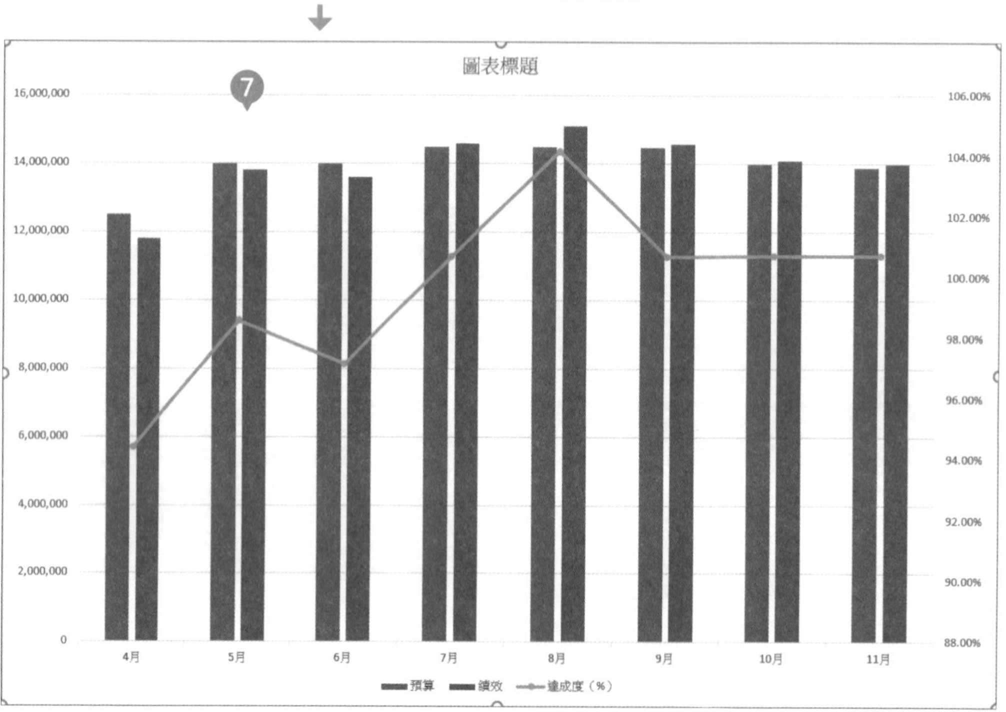

## 5 設定標題與座標軸單位

2013 2016 2019

「圖表工具」的「設計」分頁可指定圖表的各種設定，讓我們利用這個功能設定圖表的標題與座標軸的單位吧！

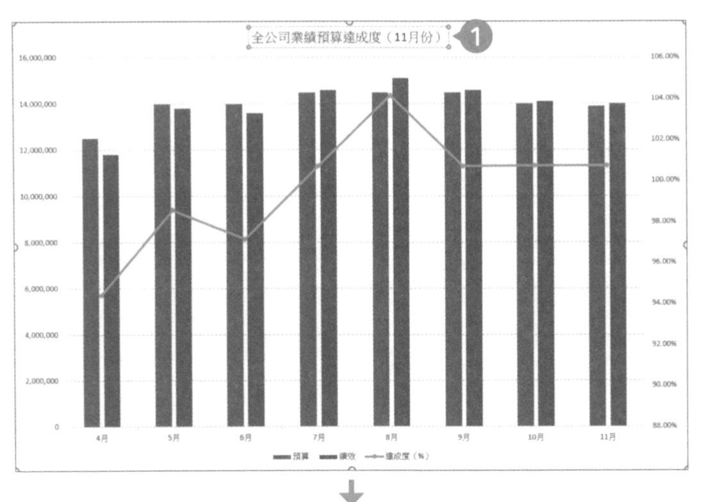


1 點選圖表標題，刪除「圖表標題」文字，輸入「全公司業績預算達成度（11月份）」。

2 雙點第一垂直軸。

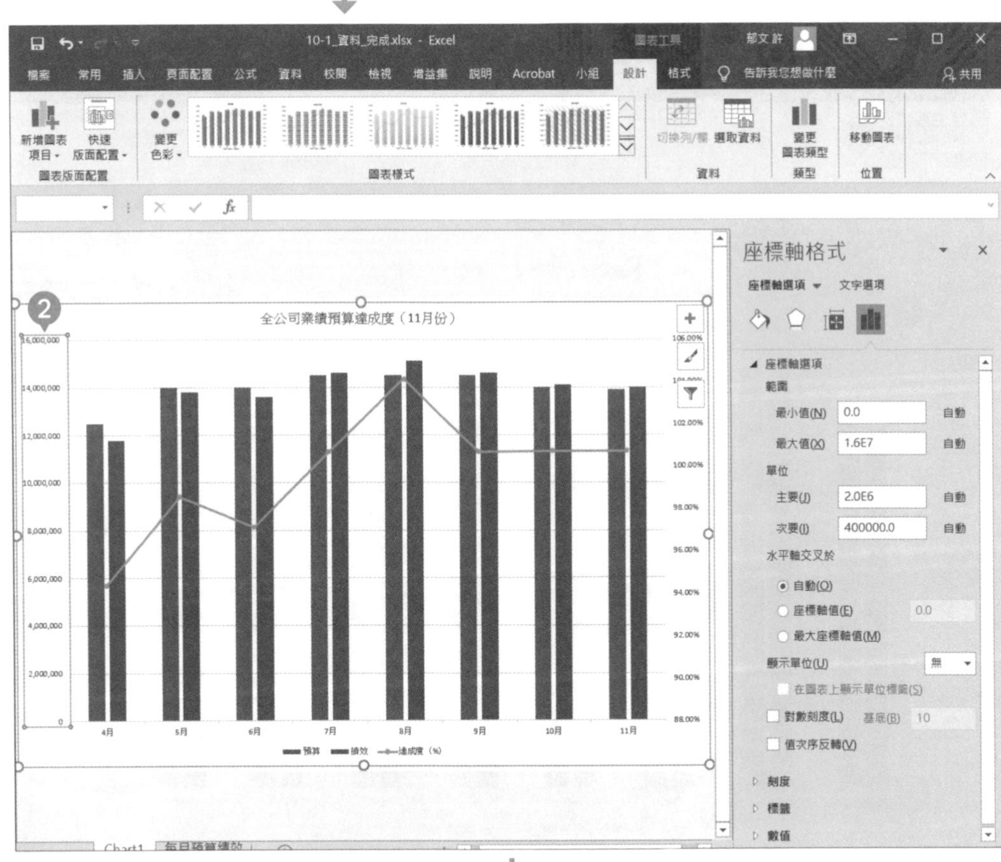

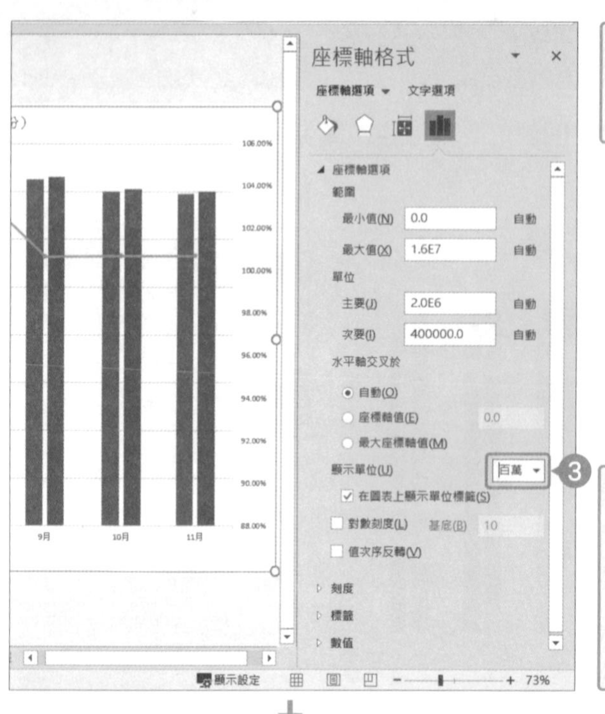


3 在座標軸格式」的「座標軸選項」點選「顯示單位」→「百萬」。

4 垂直軸的單位變更為百萬，也顯示了「百萬」的單位標籤。

5 選取「百萬」這個單位標籤，再從「圖表工具」的「格式」分頁點選「目前的選取範圍」的「格式化選取範圍」。

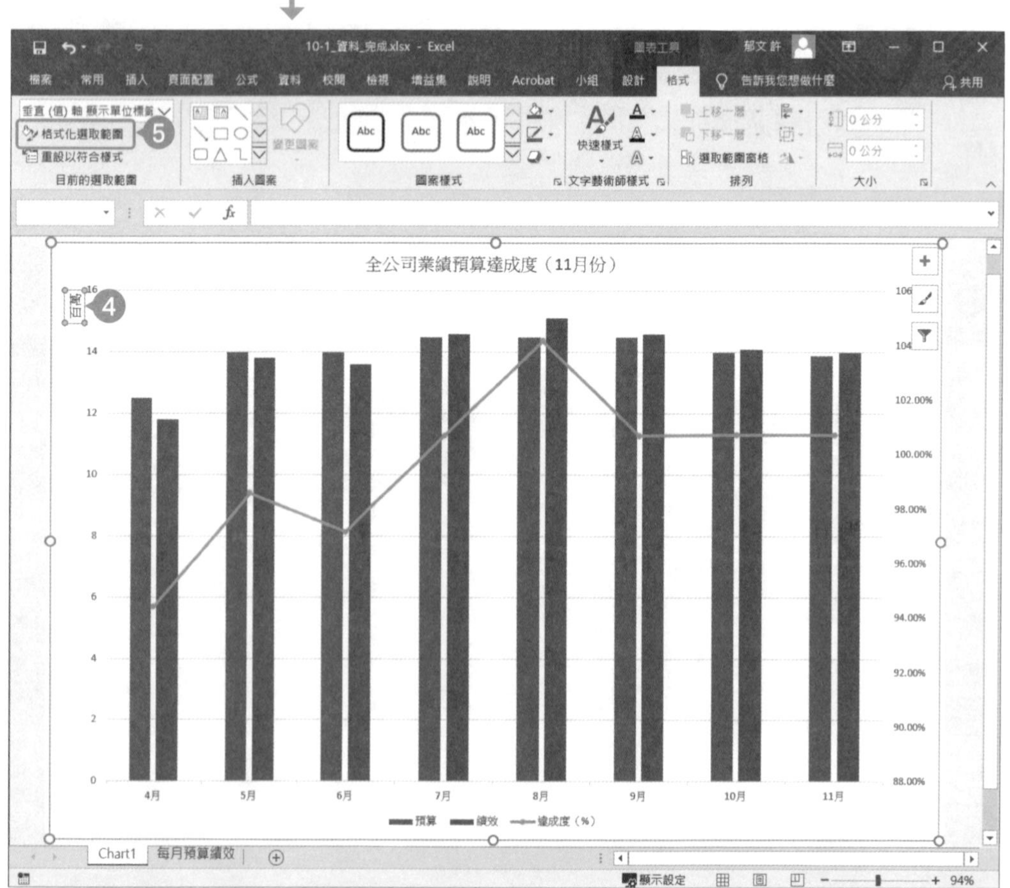

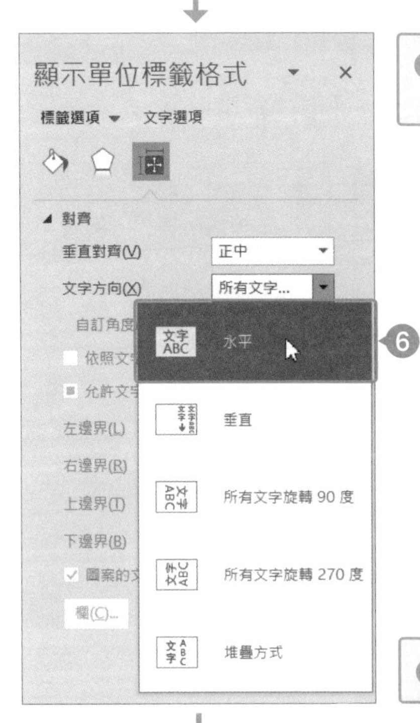


❻ 在「顯示單位標籤格式」的「對齊」將「文字方向」設定為「水平」。

❼「顯示單位標籤」的「百萬」轉換成「水平方向」了。

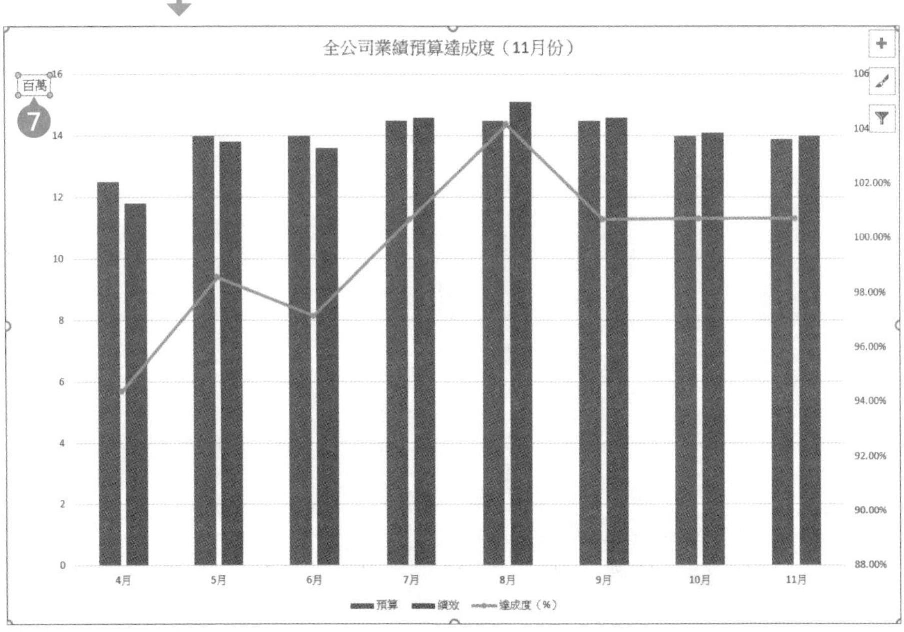

# 6 顯示資料標籤

2013 2016 2019

在達成度（%）的圖表顯示資料標籤，就能一眼看出達成度的數字。

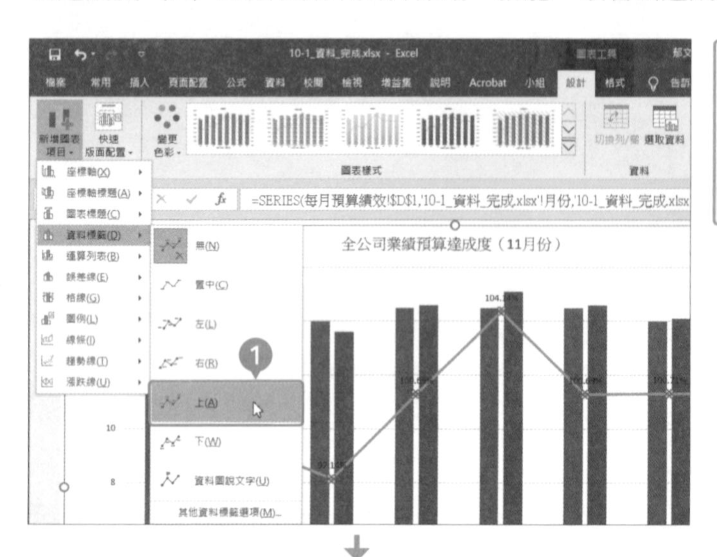


1. 點選「達成度（%）」的折線，再於「圖表工具」的「設計」分頁點選「新增圖表項目」→「資料標籤」→「上」。

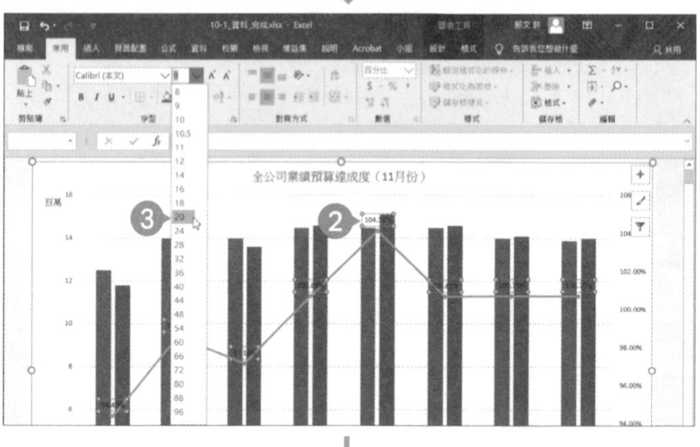


2. 「達成度（%）」的折線上方顯示了資料標籤（達成度的值）。
3. 選取「達成度（%）」的資料標籤，再於「常用」分頁的「字型大小」點選較大的字型，讓達成度的值更容易閱讀。

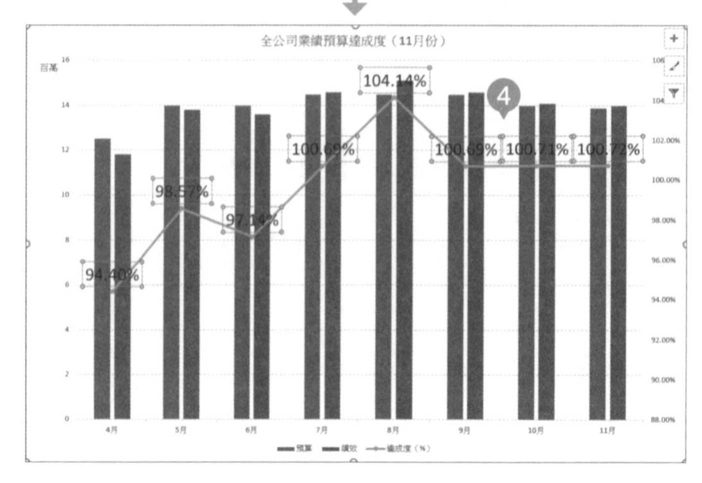


4. 「達成度（%）」的值放大後，更容易看出達成度的變化了。

## 7 將圖表貼入 PowerPoint 的投影片 2013 2016 2019

圖表完成後，除了可看出 11 月的值之外，也能看出業績在下半年的趨勢。這裡要根據這張圖表製作說明 11 月業績與全年度業績趨勢的投影片。

第一步先將圖表貼入 PowerPoint 的投影片。

1 點選圖表，再於「常用」分頁的「剪貼簿」群組點選「複製」的「▼」，再從中點選「複製成圖片」。

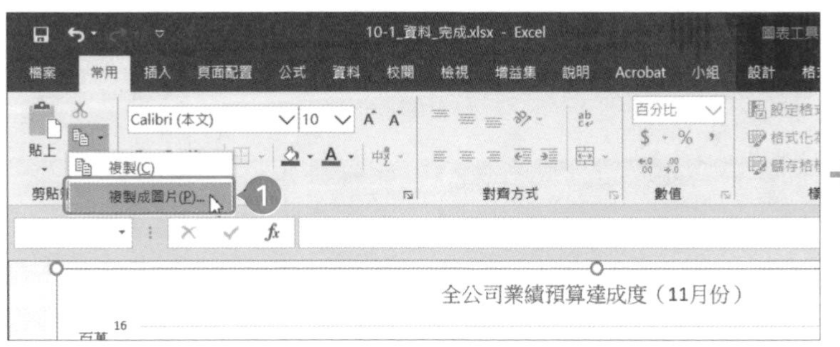

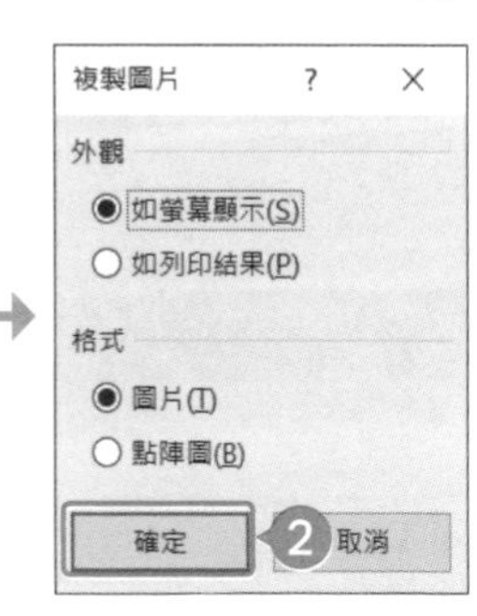


3 啟動 PowerPoint，再從「常用」分頁的「投影片版面配置」點選「只有標題」。

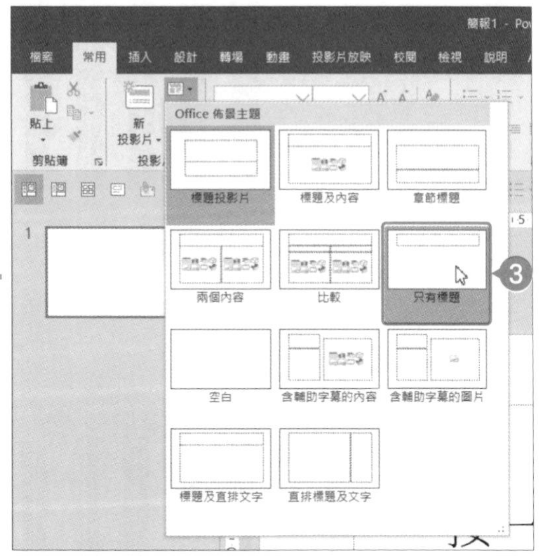


4 投影片的版面只剩下標題物件。

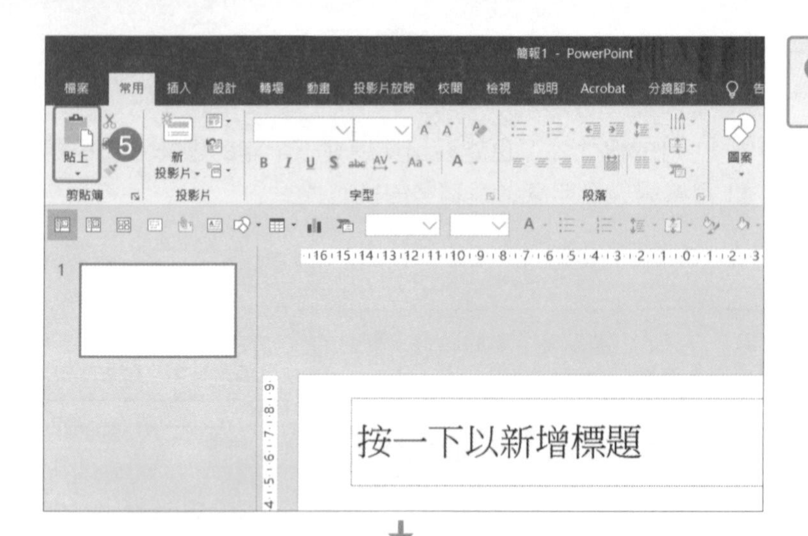


❺ 點選「常用」分頁的「貼上」。

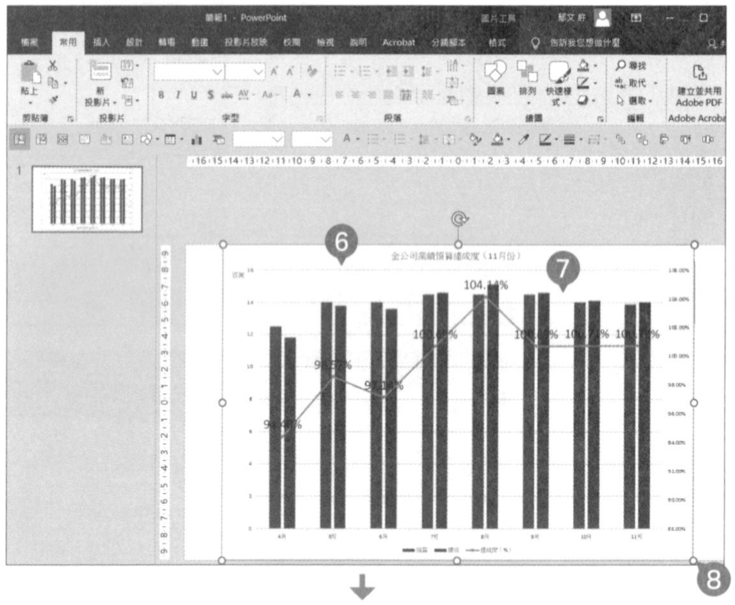


❻ 剛剛複製到剪貼簿的圖表將以內容物件的方式貼入投影片。

❼ 拖曳圖表物件至標題之外的空白處的中心點。

❽ 利用圖表四個角落的控制點將投影片縮放至符合投影片的大小。

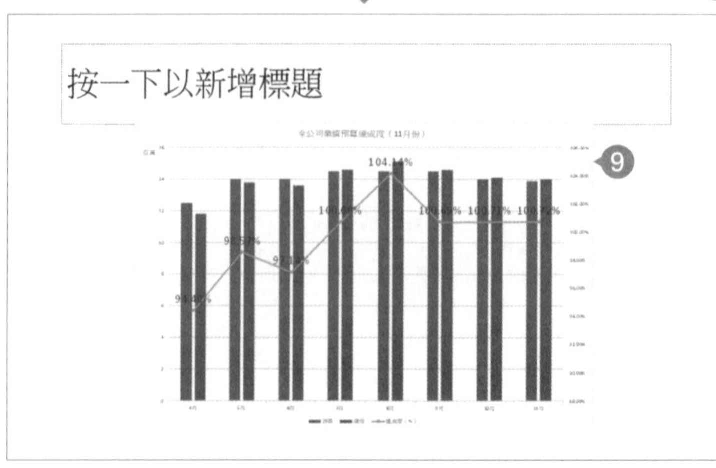


❾ 圖表物件的位置與大小調整完畢了。

# 8 完成 PowerPoint 投影片 2013 2016 2019



在投影片的標題輸入為何可從圖表得知業績改善的情況，再利用線條圖案標示預算達成度 100% 的位置，讓觀眾能根據投影片看出預算達成狀況。

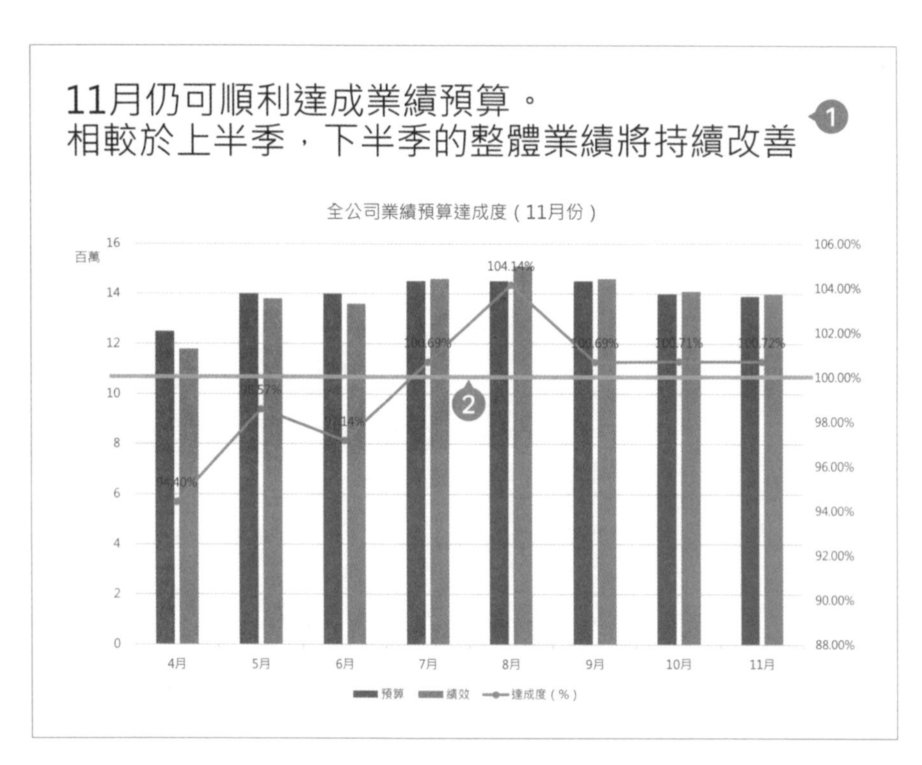


❶ 在標題物件輸入 11 月狀況以及整體狀況的說明文字。

❷ 利用圖案工具在圖表繪製達成率 100% 的基準線。

# 02 掌握各項目費用佔總體費用的比例

企業每天都會支出各種費用，而且除了要努力提升業績，當然也要努力減低成本，所以管理成本也是業績管理的重要工作之一。正確掌握費用支出的情況是降低成本的第一步。在此除了要將費用的明細製作成表格，還要利用多重圓形圖製作說明各項目費用佔總體費用比例的投影片。

**Point**

- 假設某間企業的業績管理負責人要報告上半季「營銷費用與一般費用」的費用分析結果。
- 報告各費用明細當然重要，但是掌握各項目費用佔總體費用比例，有助於後續編列相關費用的預算以及減少成本支出，所以也非常重要。
- 在此要利用多重圓形圖統整費用分析結果，以便掌握各費用項目的比例。

**Sample** 說明各費用項目佔總體費用比例的投影片

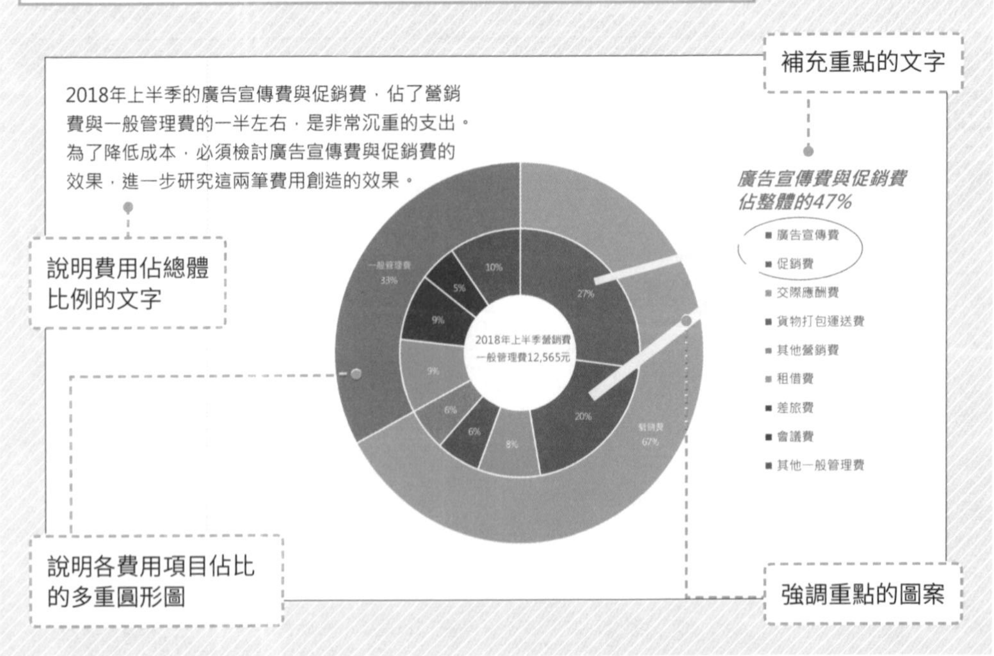

## 何謂費用管理

企業為了執行每天的業務，需要支出不同的費用。想要永續經營就必須盡可能提高利潤，但不管業績如何提升，若無法降低費用，就無法增加利潤。

為了增加利潤，在追求業績成長的同時也需控制成本支出，所以費用管理也是經營管理重要的一環。

企業常支出的費用項目如下表。

| 費用 | 概要 | 名目 |
|---|---|---|
| 營業成本 | 與營業額（企業本業業績）有關的商品採購費或生產費。 | 成本費、採購零件費、倉儲費、運費、研究開發費、薪水、獎金、差旅費、外包費、水電瓦斯費、折舊攤提費、租賃費。 |
| 營銷費用與一般管理費 | 企業營銷與公司管理業務相關的費用。 | 銷售手續費、包裝費、搬運費、廣告宣傳費、倉儲費、差旅費、交際應酬費、薪水、獎金、電話費、水電瓦斯費、耗品費、租稅公共費、保險費、租賃費。 |
| 非營業費用 | 企業本業之外的費用，例如投資或財務活動過程產生的費用。 | 支付利息、公司債利息、有價證券出售損失、票據處分損失。 |
| 特別損失 | 非經常性的損失，例如臨時的巨額支出（經常性支出或金額較小的臨時支出會歸類為非營業費用）。 | 遞延資產攤銷、投資有價證券損失、因天災造成的損失、存貨資產評估下修的損失。 |

上述各種費用支出，必須先確認費用支出來源與目的，分析與管理費用資料是非常重要的工作。

以「薪水」來說，「營業成本」與「營銷費用與一般管理費」都有這個項目，但是在工廠工作的員工的薪水屬於「營業成本」，而業務員與總務內勤員工的薪水則屬於「營銷費用與一般管理費」。所以單就「薪水」的金額來看，無法判斷這筆支出隸屬何處，也無法根據該金額擬訂適當的對策。

因此要觀察各費用項目的金額大小，也要了解各費用項目的總體佔比，並且進行相關的費用分析。

### Column 營銷費用與一般管理費

一般來說，會被稱為「經費」或「費用」的是「營銷費用與一般管理費」，其中包含「廣告宣傳費」或是業務部門、人事部這類的「交際應酬費」、「差旅費」以及其他諸如此類的費用。該如何管理與減少這類費用，都是改善企業「營業利潤」的重點。

此外，「營銷費用與一般管理費」也由相對於「營業收入」的「營業收入管銷費用一般管理費率」管理，是代表企業收益的重要數字之一。

# ❶ 繪製費用的圓形圖

首先利用範例資料的「費用項目」與「2018 年上半季支出明細」繪製說明各費用項目金額的圓形圖。

1. 按住 Ctrl 鍵選取儲存格範圍「B3」～「B8」、儲存格範圍「D3」～「D8」、儲存格範圍「B10」～「B18」、儲存格範圍「D10」～「D18」。
2. 在「插入」分頁的「插入圓形圖或環圈圖」點選「環圈圖」。
3. 環圈圖與資料在同一張工作表顯示了。

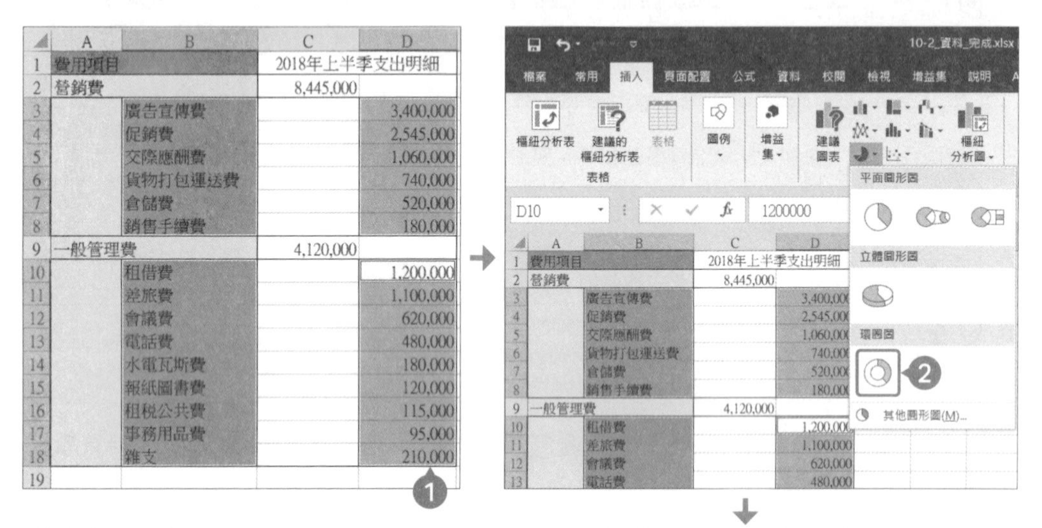


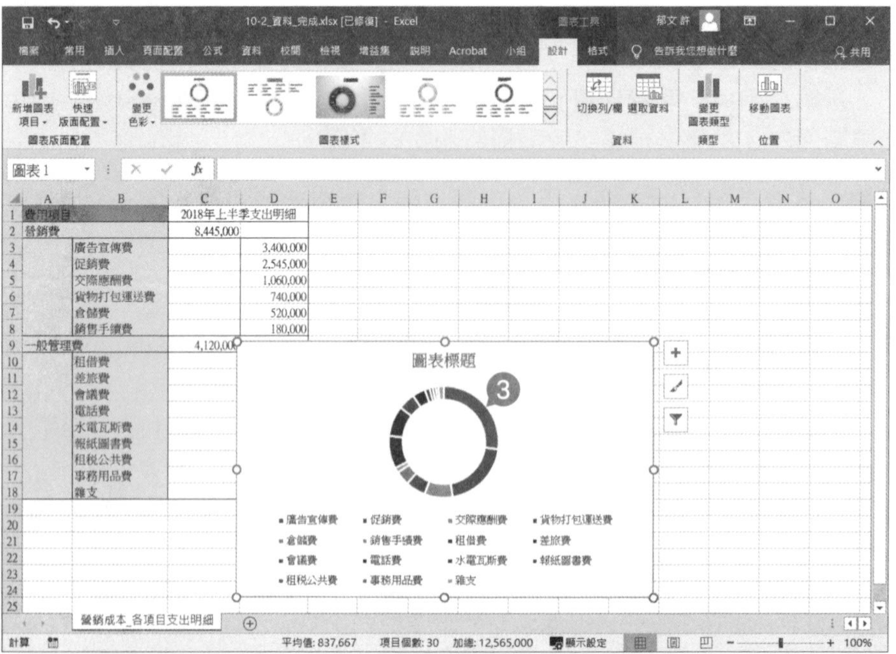

## 2 整合值較小的資料 2013 2016 2019

環圈圖的項目一多，就難以閱讀每項資料，所以接下來要將「營銷費」與「一般管理費」中小於整體費用 5% 的費用整合至「其他營銷費」與「其他一般管理費」。

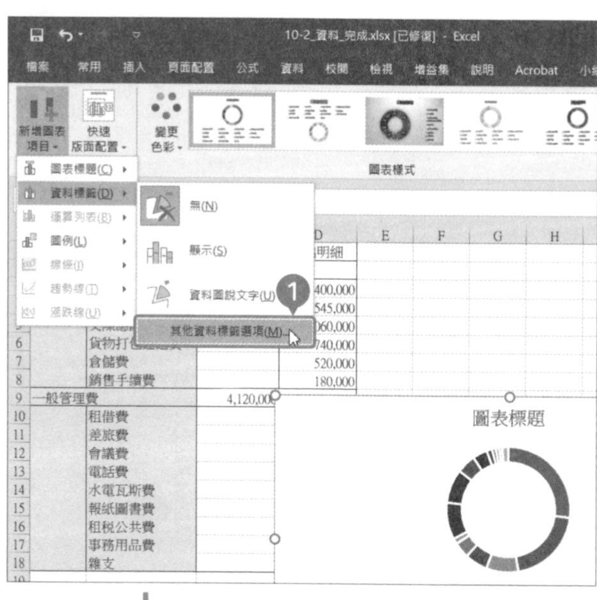

1. 在「圖表工具」的「設計」分頁點選「新增圖表項目」→「資料標籤」，再點選「其他資料標籤選項」。
2. 在「資料標籤格式」的「標籤選項」取消「值」的選項，點選「百分比」選項，再點選「×」。
3. 環圈圖的資料標籤將從數值轉換成百分比。
4. 由於「營銷費」的「倉儲費」小於整體費用的 5%，請選取「倉儲費」的儲存格「B7」，再從「常用」分頁的「儲存格」點選「插入」→「插入工作表列」。

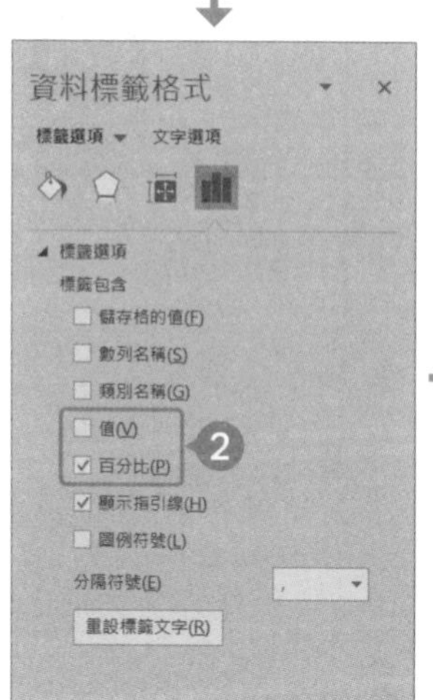

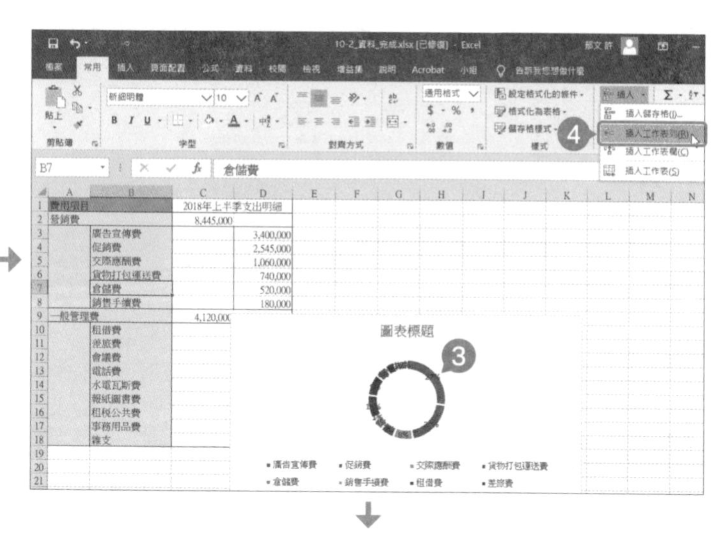

**開啟圖表工具選單：**假設沒看到圖表工具選單，請先點選圖表，因為圖表工具選單只會在圖表為選取的狀態下顯示。

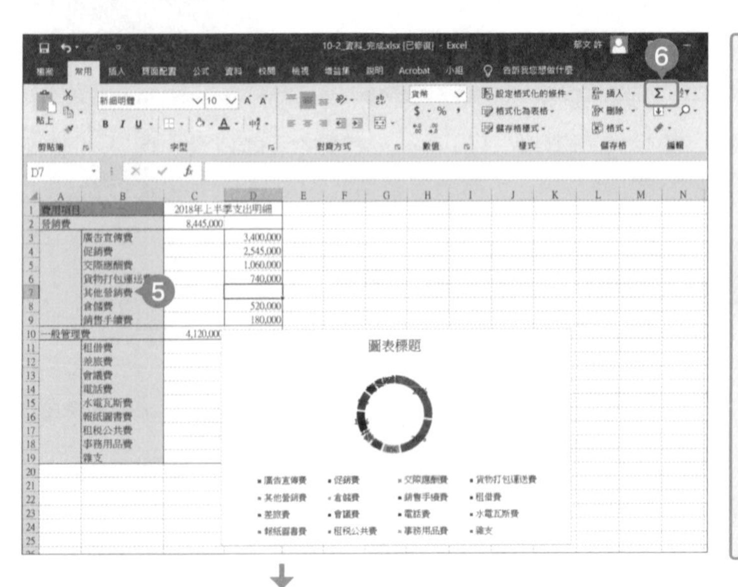


5 此時「倉儲費」的上方會插入一列，請在插入的儲存格「B7」輸入「其他營銷費」。

6 選取儲存格「D7」，再於「常用」分頁的「編輯」點選「Σ」。

7 選取儲存格範圍「D8」至「D9」，確認儲存格「D7」輸入了「SUM(D8:D9)」再按下Enter鍵。

8「倉儲費」與「銷售手續費」的總和將顯示為「其他營銷費」。

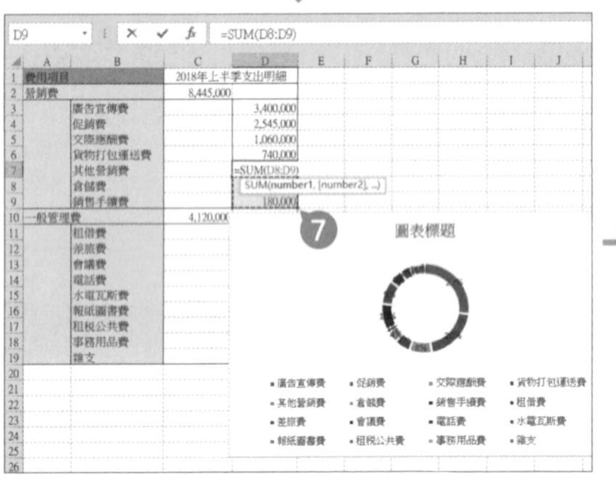


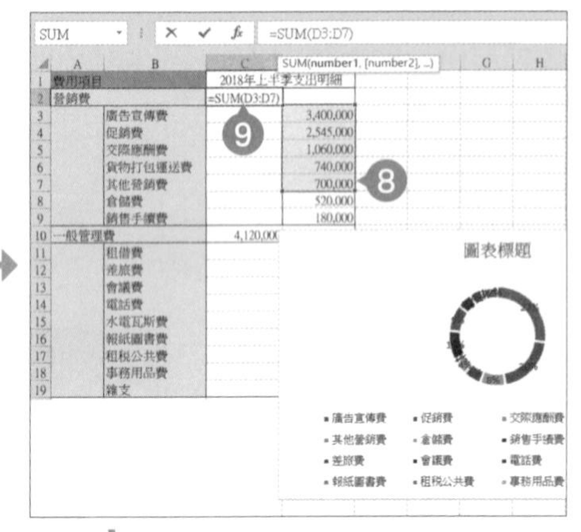


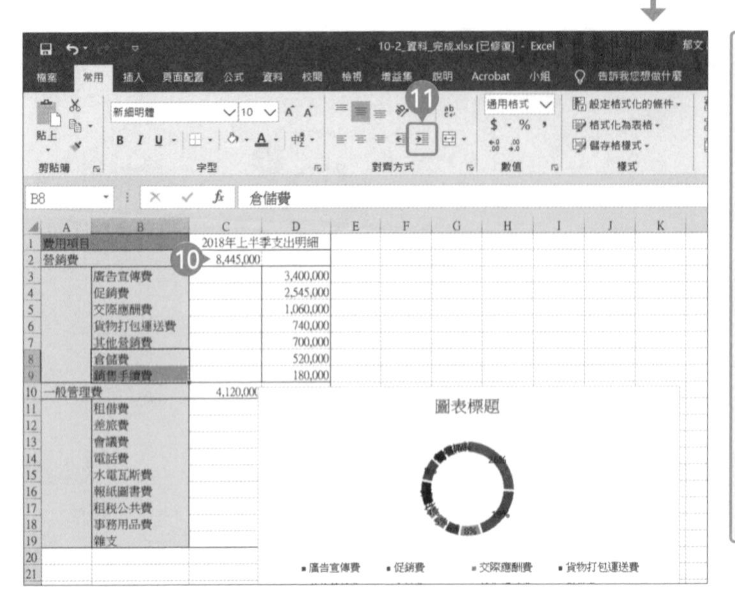


9 接著在儲存格「C2」輸入「=SUM(D3:D7)」，確認加總範圍從「廣告宣傳費」(儲存格「D3」)改成其他營銷費(儲存格「D7」)，然後按下鍵。

10 儲存格「C2」的值修正了。

11 選取儲存格「B8」至「B9」，再從「常用」分頁的「對齊方式」點選「增加縮排」，顯示為「其他營銷費」的項目。

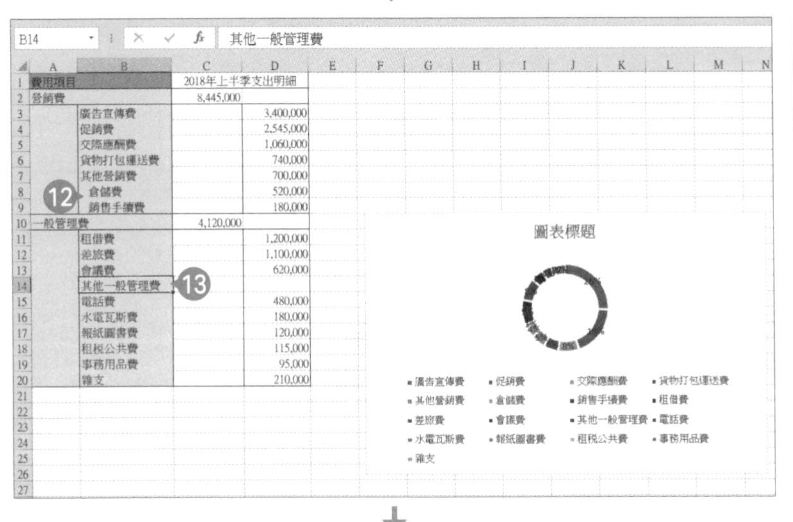


⓬ 可以發現「倉儲費」與「銷售手續費」套用縮排樣式了。

⓭ 利用❹～⓫的步驟在「電話費」的上方新增「其他一般管理費」，再將「電話費」至「雜支」的數字整理成相同項目。

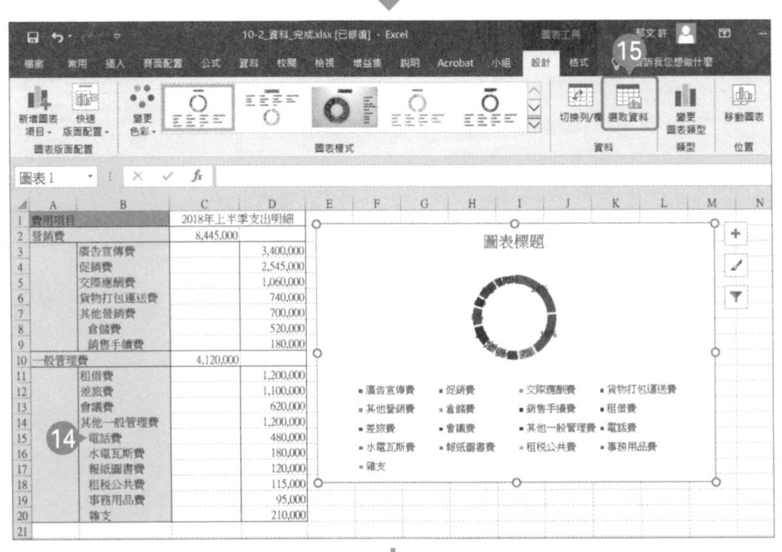


⓮ 自「電話費」底下的項目全部統整為「其他一般管理費」。

⓯ 在「圖表工具」的「設計」分頁點選「資料」群組的「選取資料」。

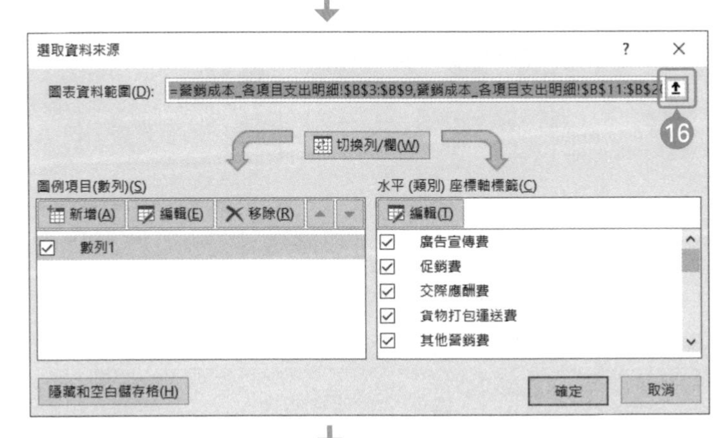


⓰ 開啟「選取資料來源」對話框之後，點選「圖表資料範圍」旁邊的按鈕。

⑰ 按住Ctrl鍵，選取儲存格「B3」～「B7」、儲存格「D3」～「D7」儲存格「B11」～「B14」、儲存格「D11」～「D14」。

⑱ 在「選取資料來源」對話框確認顯示了「= 營銷成本 _ 各項目支出明細 !$B$3:$B$7, 營銷成本 _ 各項目支出明細 !$D$3:$D$7, 營銷成本 _ 各項目支出明細 !$B$11:$B$14, 營銷成本 _ 各項目支出明細 !$D$11:$D$14」，再點選一次旁邊的按鈕。

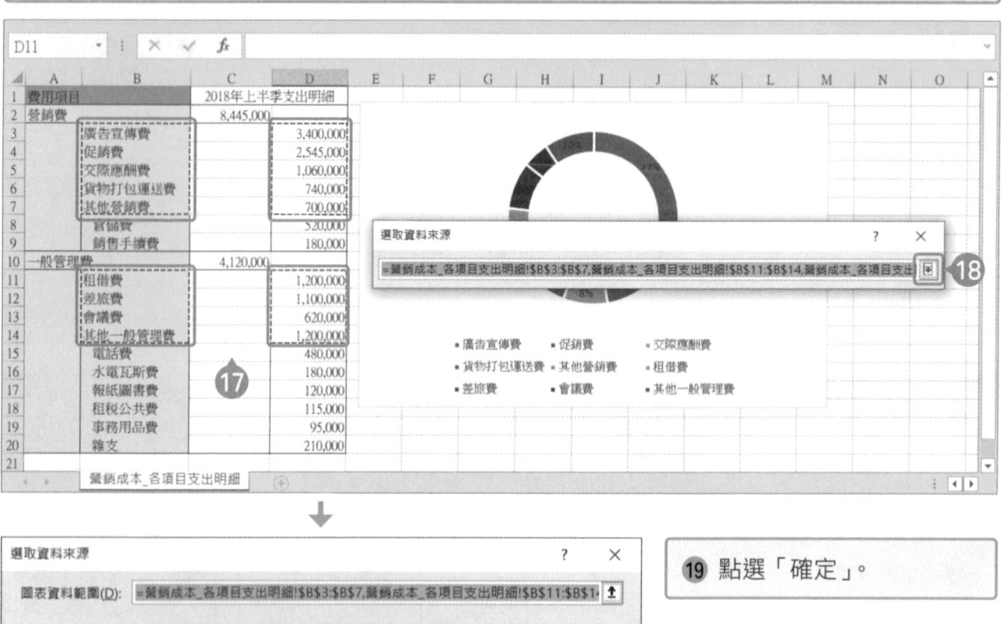


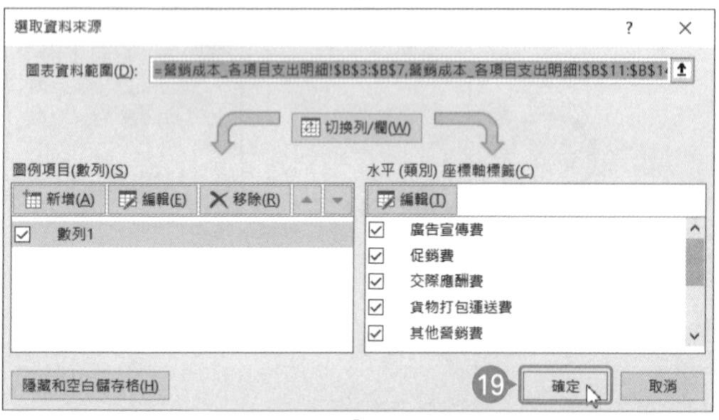


⑲ 點選「確定」。

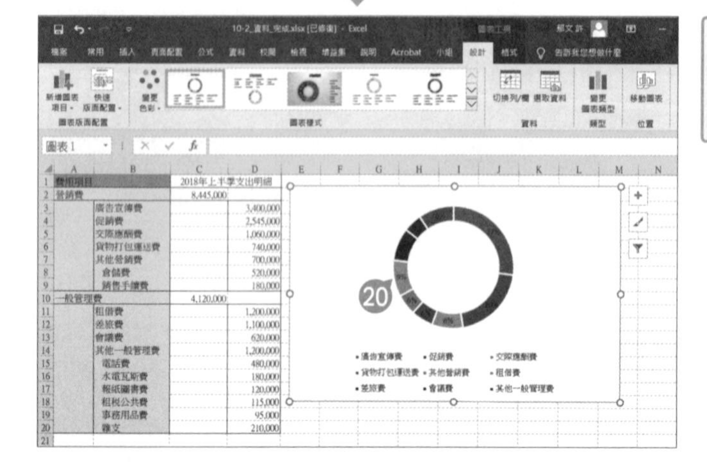


⑳ 值較小的項目都被歸類為「其他營銷費」與「其他一般管理費」。

# 3 繪製多重圓形圖

2013 2016 2019

為了讓營銷費與一般管理費的比例更方便閱讀，要在剛剛繪製的環圈圖外側新增「營銷費」與「一般管理費」的圓形圖，形成多重圓形圖。

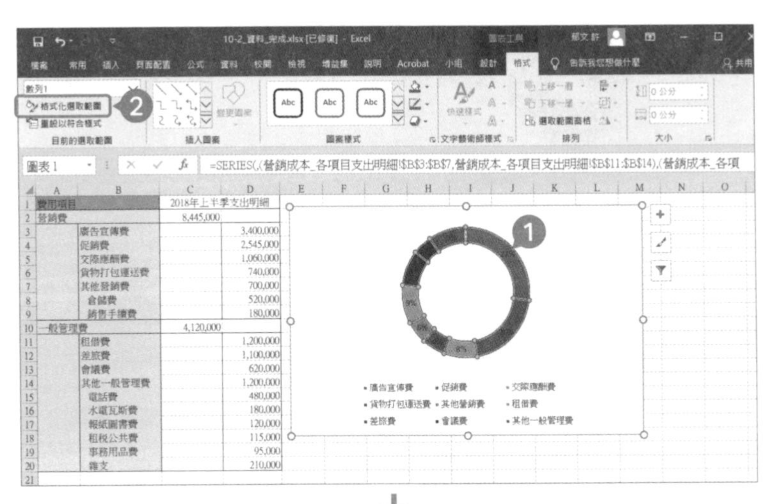


1. 點選圓形圖的資料部分。
2. 在「圖表工具」的「格式」分頁點選「目前的選取範圍」的「格式化選取範圍」。

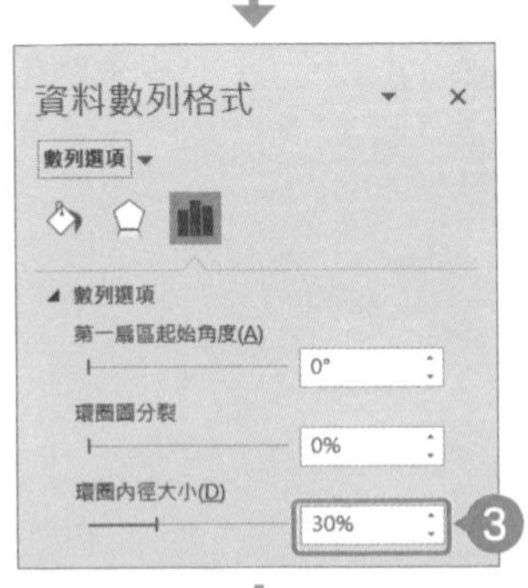


3. 在「資料數列格式」的「數列選項」設定「環圈內徑大小」為「30%」。

4. 環圈圖的形狀改變了。
5. 按住 Ctrl 鍵，選取儲存格「C2」與「C10」，再於「常用」分頁的「剪貼簿」點選「複製」。

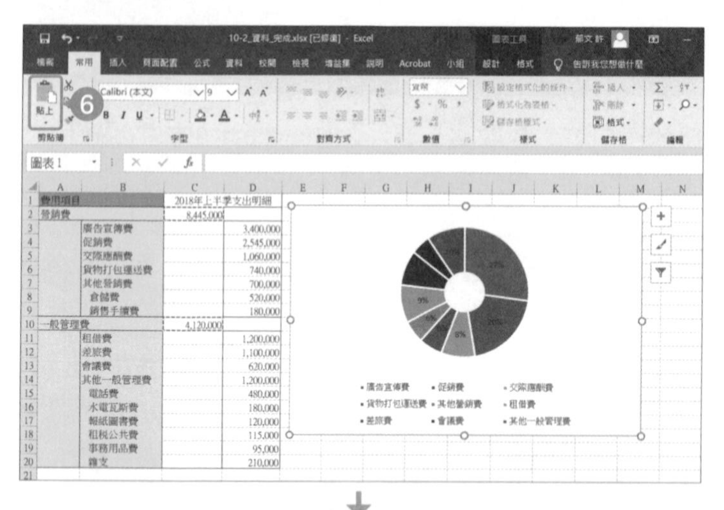


6 在圖表為選取的狀態下，在「常用」分頁的「剪貼簿」點選「貼上」。

7 此時會在原本的環圈圖外側新增另一個圓形圖，形成多重圓形圖。

8 點選外側的圖表資料，再於「圖表工具」的「設計」分頁點選「新增圖表項目」→「資料標籤」，從中點選「其他資料標籤選項」。

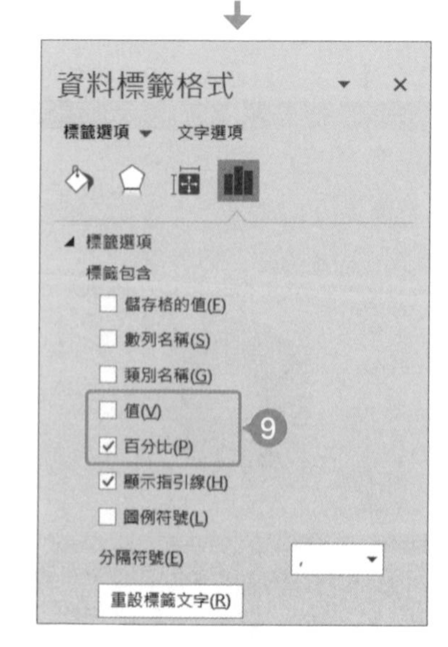


9 在「資料標籤格式」的「標籤選項」取消「值」這個選項，再勾選「百分比」選項，接著點選「×」。

## 4 調整圓形圖的外觀

2013 2016 2019

此時外側的圓形圖與內側的圓形圖使用了相同的顏色，所以要調整顏色，還要在各元素新增資料標籤。

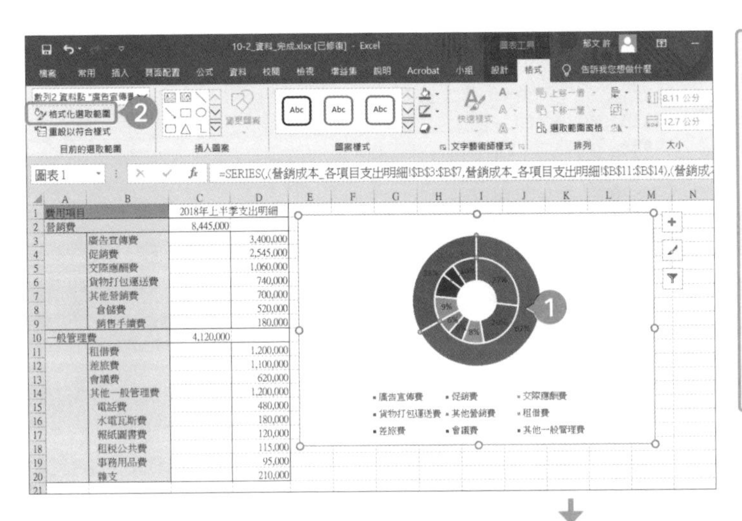


1 外側的圓形圖也以百分比的方式顯示。

2 選取外側圓形圖的「廣告宣傳費」資料，再於「圖表工具」的「格式」分頁確認「目前的選取範圍」為「數列 2 資料點 " 廣告宣傳費」，再點選「格式化選取範圍」。

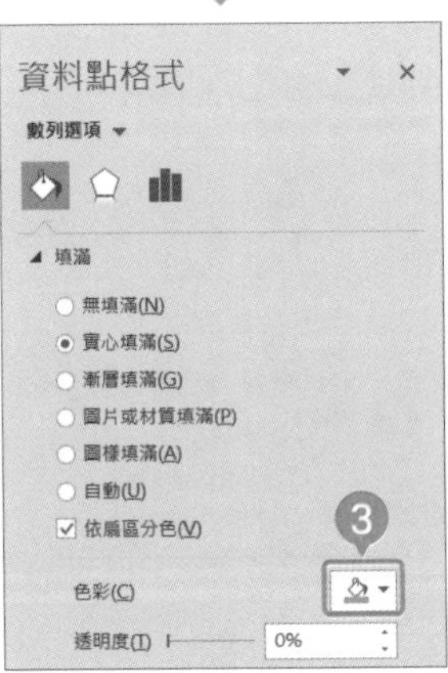


3 在「資料點格式」的「填滿與線條」選擇「實心填滿」，再點選「色彩」旁邊的「▼」，選擇適當的顏色後，點選「×」。

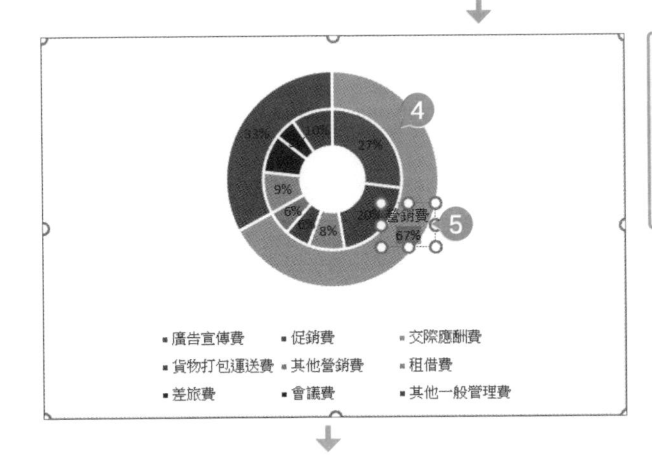


4 外側圖表的顏色改變了。

5 接著點選「資料標籤」，新增「營銷費」這三個字。

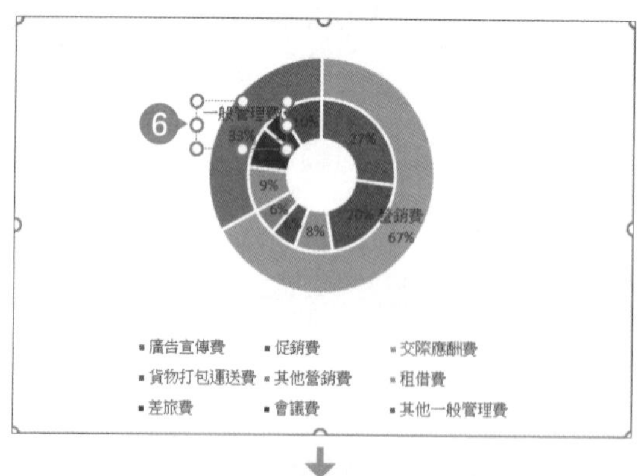


❻ 利用❶～❺的步驟變更「一般管理費」的顏色與資料標籤。

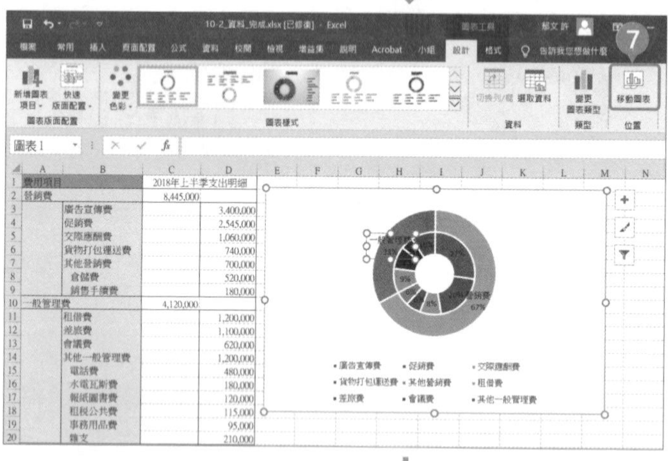


❼ 在「圖表工具」的「設計」分頁點選「移動圖表」。

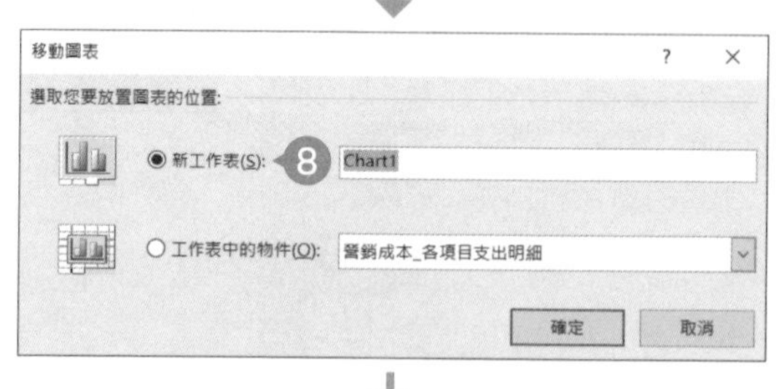


❽ 在對話框選擇「新工作表」再點選「確定」。

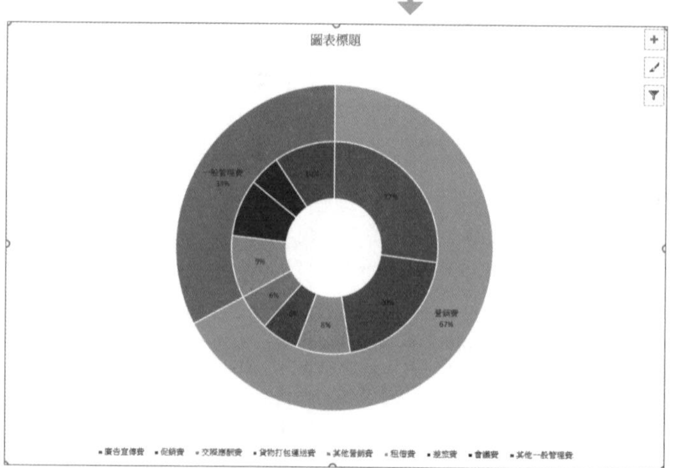


❾ 圖表在新工作表顯示了。

## 5 調整圖例與標題的位置

2013 2016 2019

接著要將圖例移到右側，標題移到圓形中央。Excel 沒有將標題移到環圈圖中央的功能，只能手動移動。

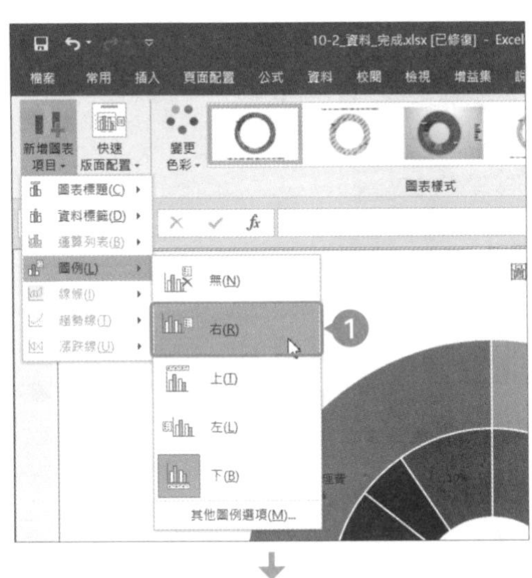


1 在「圖表工具」的「設計」分頁點選「新增圖表樣式」→「圖例」→「右」。

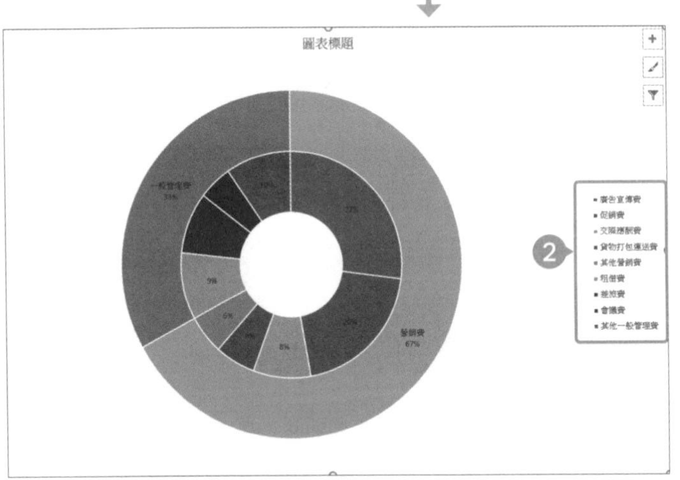


2 圖例移到圖表右側了。

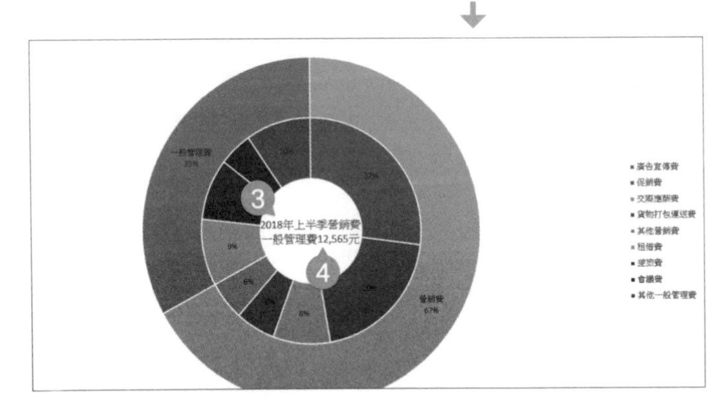


3 點選圖表標題，刪除「圖表標題」文字，輸入「2018 年上半季營銷費、一般管理費 12,565 元」。

4 將圖表標題移動到環圈圖中央。

## Column 使用子母圓形圖

子母圓形圖與環圈圖一樣，都可在單一圖表顯示兩個層級的資料。如果想放大圓形圖裡過小的值，或是想進一步放大某個資料項目，就可使用子母圓形圖。

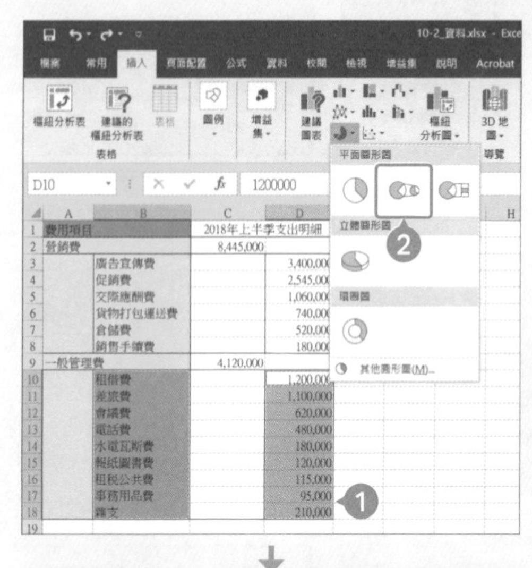

❶ 按住 Ctrl 鍵選取儲存格範圍「B10」～「B18」、儲存格範圍「D10」～「D18」。

❷ 在「插入」分頁的「點選圓形圖或環圈圖」點選「子母圓形圖」。

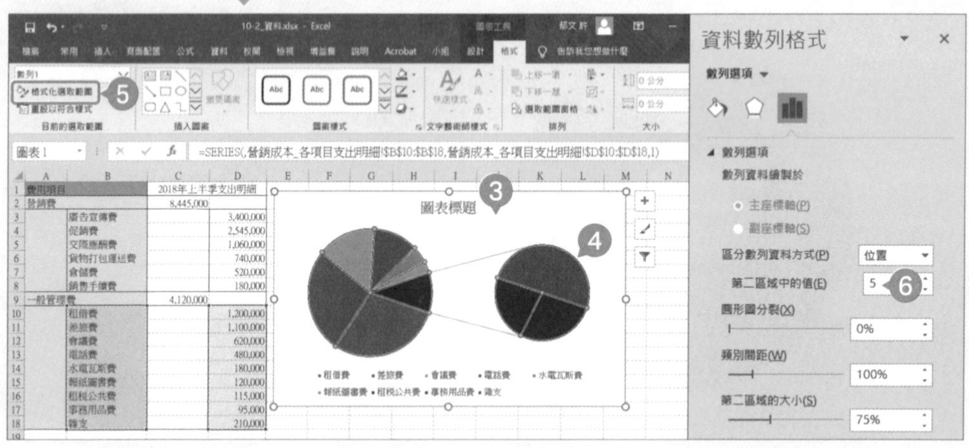

❸ 顯示子母圓形圖了。

❹ 點選子母圓形圖的資料。

❺ 在「圖表工具」的「格式」分頁點選「格式化選取範圍」。

❻ 在「資料數列格式」的「第二區域中的值」設定「5」。

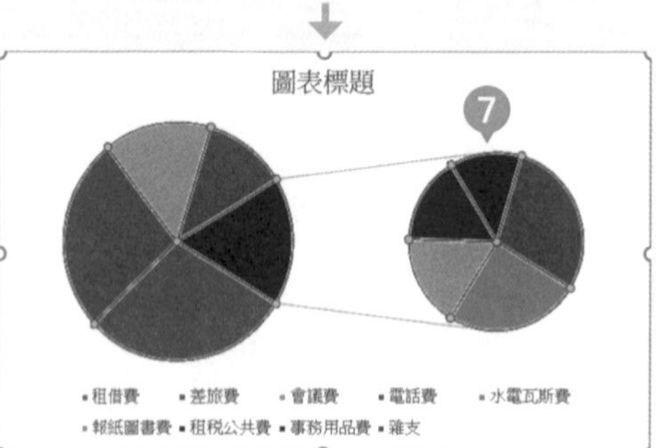


❼ 第二區域的資料個數變成五個了。

# 6 製作 PowerPoint 投影片

2013 2016 2019

將在 Excel 繪製的環圈圖貼入 PowerPoint 的投影片。

投影片的標題將說明廣告宣傳費與促銷費的比例過高，需要進一步稽查性價比的明細，還要利用文字補充說明圖表裡的重要數字，或是利用圖案強調需要注意的費用項目，讓投影片變得更有說服力。

1. 利用 321 頁的步驟新增「只有標題」的投影片。
2. 在標題物件輸入根據圖表解讀之後的現況。

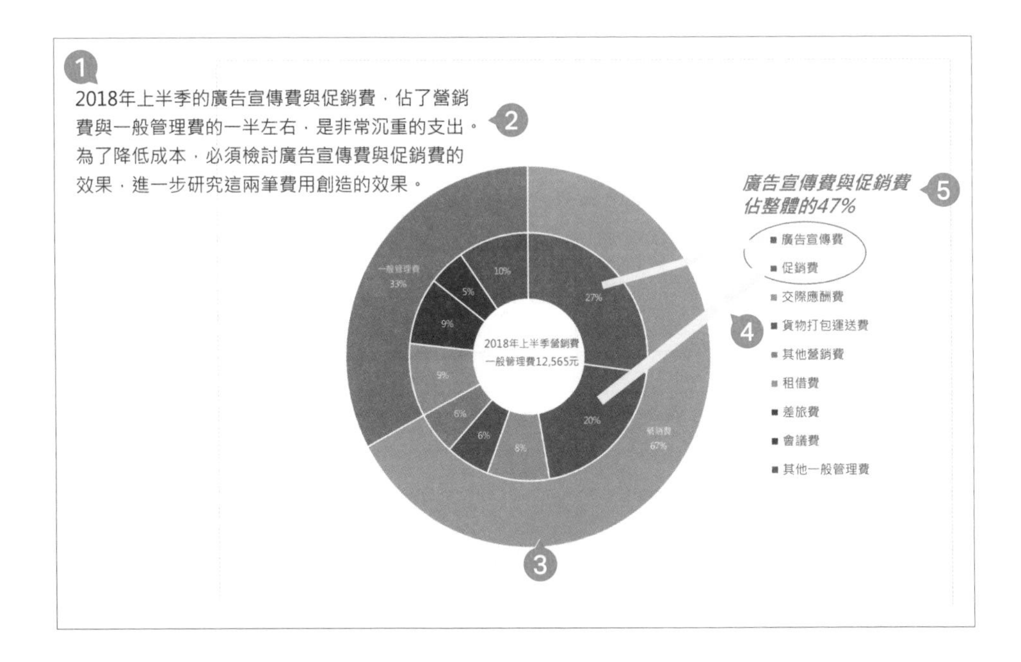


3. 利用 322 頁的步驟將 Excel 的環圈圖貼入投影片，再調整位置與大小。
4. 利用圖案強調重點。
5. 針對圖表的重點補充說明。

# 03 掌握各事業部的營業利潤占比

多角化經營的企業通常會分成事業總部與事業部這類組織架構，分頭推進不同的業務。要決定將企業的資源分配到各事業部的比例之前，必須先了解各事業的定位，例如個別事業能創造多少利潤，以及全公司的重心放在哪種事業。在此要利用百分比堆疊直條圖製作說明各事業部狀況的投影片。

## Point

- 假設企業的業務主管要統整這幾季各事業部的業績。
- 由於各事業部的規模不同，只看利潤，無法了解事業定位或狀況，也無法擬訂這些事業的投資戰略。
- 因此要繪製將企業整體營業利益視為「100%」的百分比堆疊直條圖，並以時間軸的方式比較各事業部的營業利益。

**Sample** 說明各事業部營業利益佔全公司營業利益比例的投影片

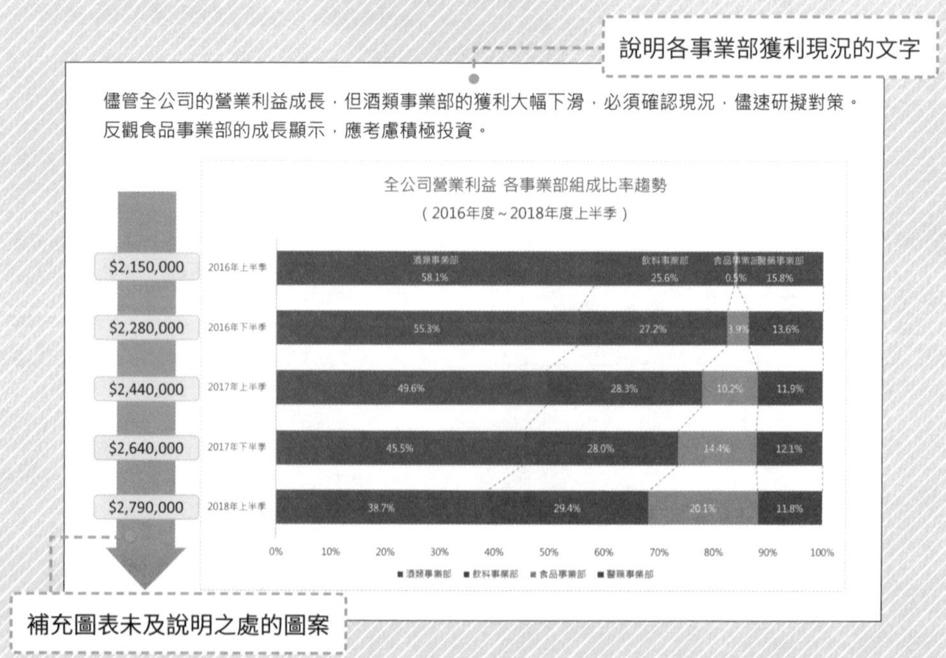

## 何謂事業部制組織

事業部制組織制度是許多大企業採用的組織形態。

當企業的規模越來越大，經營越來越多角化，事業形態、商品、產品的種類就會越來越多，高階管理層就很難對所有事業下達正確的決策，所以採用事業部制組織制度之後，就能依照產品、服務、市場或地區組成不同級別的組織，再將經營事業的責任與權限交給各組織，讓決策得以更快落實。

這種架構要求各事業部門自行評估財務層面，會計方面也要求獨立結算，所以需要具備所有經營事業的機能，但就現況來看，每個事業部門沒有產品調度與製造、人事、總務這類事業部都有的共通機能，而是只有總公司才有這類共通機能。

採行事業部制組織制度，進行多角化經營的企業必須分析每個事業的收益性與成長性，判斷這些事業部該分配多少資源，這也是制定經營戰略的重點。

為了打造永續的企業價值，必須不斷地檢視各事業的定位，判斷這些事業是否為「成長市場」或已經是「成熟市場」，或是「具有潛力的市場」，之後再擬訂投資與收益計畫。

不將所有資源投注在「成長市場」，而是以中期計畫的角度，同時投資「具有潛力的市場」，以期開創藍海市場，也是非常重要的經營戰略。

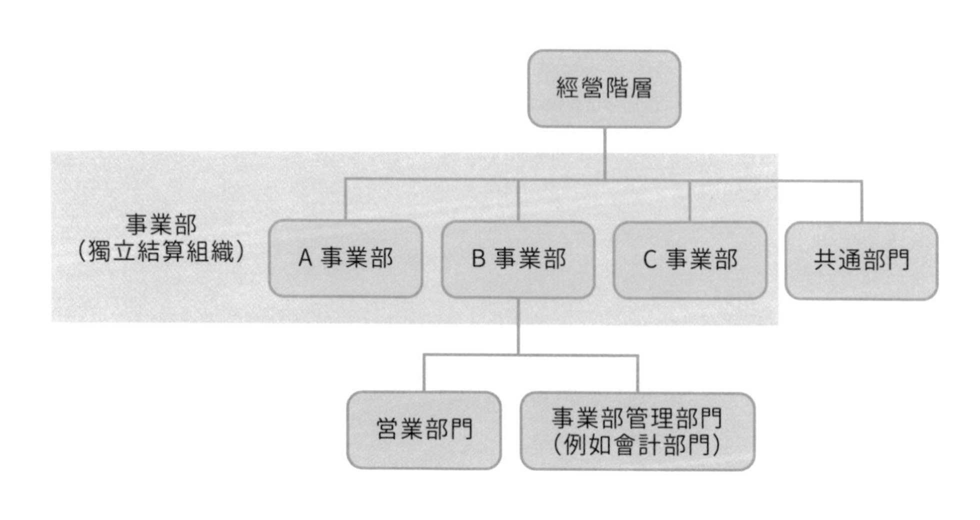

## Column 事業部制組織制度的缺點

事業部制組織雖然具備快速決策與透過推動業務，培養經營階層人材的優點，但有可能會因為各事業部具有相同機能的部門，導致重複投資的問題發生，或是各事業部之間的競爭過於白熱化，導致分區主義盛行，結果產生事業部最佳化過於偏頗的問題。

以日本為例，1933 年，松下電器產業（現在的 Panasonic、松下電器）就採用了事業部制組織制度，但之後卻在 2001 年放棄這個制度。

不管是哪種組織制度，都有其優點與缺點，企業到底適合採用哪種組織制度，都必須根據企業戰略進行徹底檢討。

# 1 準備各事業部組成比率的資料

2013 2016 2019

首先要利用範例檔案的各事業部營業利潤計算組成比率。資料將於下列的列儲存。

● 組成比率：8 列～ 13 列

SUM　=B2/$F2

| | A | B | C | D | E | F | G |
|---|---|---|---|---|---|---|---|
| 1 | 利潤 | 酒類事業部 | 飲料事業部 | 食品事業部 | 醫藥事業部 | 合計 | |
| 2 | 2018年上半季 | 1,080,000 | 820,000 | 560,000 | 330,000 | 2,790,000 | |
| 3 | 2017年下半季 | 1,200,000 | 740,000 | 380,000 | 320,000 | 2,640,000 | |
| 4 | 2017年上半季 | 1,210,000 | 690,000 | 250,000 | 290,000 | 2,440,000 | |
| 5 | 2016年下半季 | 1,260,000 | 620,000 | 90,000 | 310,000 | 2,280,000 | |
| 6 | 2016年上半季 | 1,250,000 | 550,000 | 10,000 | 340,000 | 2,150,000 | |
| 7 | | | | | | | |
| 8 | 組成比率 | 酒類事業部 | 飲料事業部 | 食品事業部 | 醫藥事業部 | | |
| 9 | 2018年上半季 | =B2/$F2 ❶ | | | | | |
| 10 | 2017年下半季 | | | | | | |
| 11 | 2017年上半季 | | | | | | |
| 12 | 2016年下半季 | | | | | | |
| 13 | 2016年上半季 | | | | | | |
| 14 | | | | | | | |

❶ 在儲存格「B9」輸入「=B2/$F2」，算出「2018 年上半季」的「酒類事業部」組成比率。

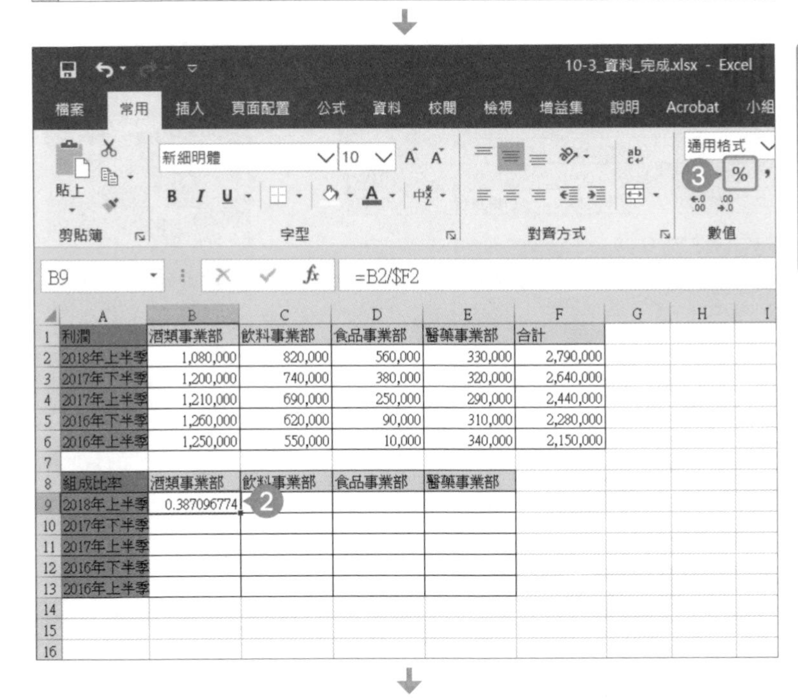


| | A | B | C | D | E | F |
|---|---|---|---|---|---|---|
| 1 | 利潤 | 酒類事業部 | 飲料事業部 | 食品事業部 | 醫藥事業部 | 合計 |
| 2 | 2018年上半季 | 1,080,000 | 820,000 | 560,000 | 330,000 | 2,790,000 |
| 3 | 2017年下半季 | 1,200,000 | 740,000 | 380,000 | 320,000 | 2,640,000 |
| 4 | 2017年上半季 | 1,210,000 | 690,000 | 250,000 | 290,000 | 2,440,000 |
| 5 | 2016年下半季 | 1,260,000 | 620,000 | 90,000 | 310,000 | 2,280,000 |
| 6 | 2016年上半季 | 1,250,000 | 550,000 | 10,000 | 340,000 | 2,150,000 |
| 7 | | | | | | |
| 8 | 組成比率 | 酒類事業部 | 飲料事業部 | 食品事業部 | 醫藥事業部 | |
| 9 | 2018年上半季 | 0.387096774 ❷ | | | | |
| 10 | 2017年下半季 | | | | | |
| 11 | 2017年上半季 | | | | | |
| 12 | 2016年下半季 | | | | | |
| 13 | 2016年上半季 | | | | | |

❷ 算出組成比率了。

❸ 點選「常用」分頁的「%」，將數值轉換成百分比。

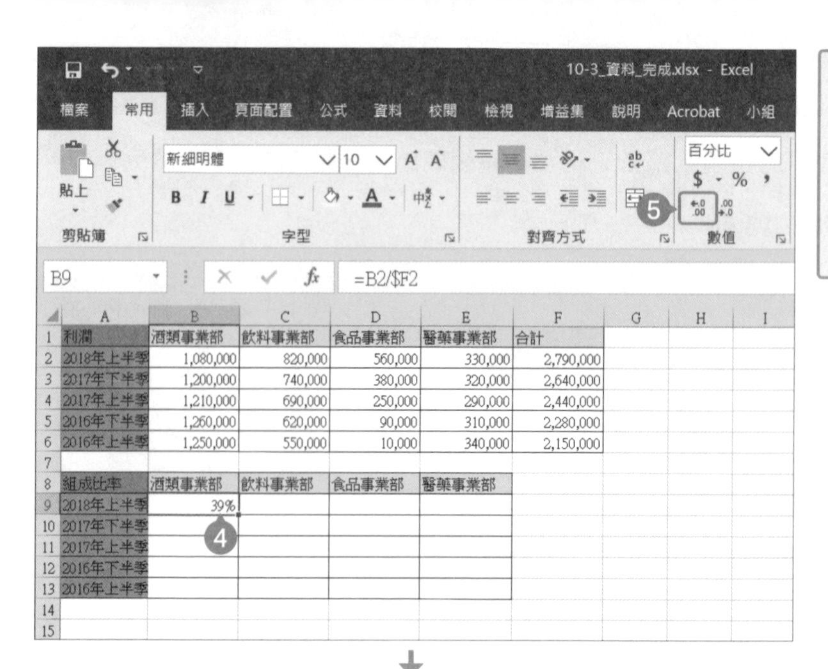


| | A | B | C | D | E | F |
|---|---|---|---|---|---|---|
| 1 | 利潤 | 酒類事業部 | 飲料事業部 | 食品事業部 | 醫藥事業部 | 合計 |
| 2 | 2018年上半季 | 1,080,000 | 820,000 | 560,000 | 330,000 | 2,790,000 |
| 3 | 2017年下半季 | 1,200,000 | 740,000 | 380,000 | 320,000 | 2,640,000 |
| 4 | 2017年上半季 | 1,210,000 | 690,000 | 250,000 | 290,000 | 2,440,000 |
| 5 | 2016年下半季 | 1,260,000 | 620,000 | 90,000 | 310,000 | 2,280,000 |
| 6 | 2016年上半季 | 1,250,000 | 550,000 | 10,000 | 340,000 | 2,150,000 |
| 7 | | | | | | |
| 8 | 組成比率 | 酒類事業部 | 飲料事業部 | 食品事業部 | 醫藥事業部 | |
| 9 | 2018年上半季 | 39% | | | | |
| 10 | 2017年下半季 | | | | | |
| 11 | 2017年上半季 | | | | | |
| 12 | 2016年下半季 | | | | | |
| 13 | 2016年上半季 | | | | | |

4 數值轉換成百分比了。

5 點選「常用」分頁的「增加小數位數」按鈕。

| | A | B | C | D | E | F |
|---|---|---|---|---|---|---|
| 1 | 利潤 | 酒類事業部 | 飲料事業部 | 食品事業部 | 醫藥事業部 | 合計 |
| 2 | 2018年上半季 | 1,080,000 | 820,000 | 560,000 | 330,000 | 2,790,000 |
| 3 | 2017年下半季 | 1,200,000 | 740,000 | 380,000 | 320,000 | 2,640,000 |
| 4 | 2017年上半季 | 1,210,000 | 690,000 | 250,000 | 290,000 | 2,440,000 |
| 5 | 2016年下半季 | 1,260,000 | 620,000 | 90,000 | 310,000 | 2,280,000 |
| 6 | 2016年上半季 | 1,250,000 | 550,000 | 10,000 | 340,000 | 2,150,000 |
| 7 | | | | | | |
| 8 | 組成比率 | 酒類事業部 | 飲料事業部 | 食品事業部 | 醫藥事業部 | |
| 9 | 2018年上半季 | 38.7% | 29.4% | 20.1% | 11.8% | |
| 10 | 2017年下半季 | 45.5% | 28.0% | 14.4% | 12.1% | |
| 11 | 2017年上半季 | 49.6% | 28.3% | 10.2% | 11.9% | |
| 12 | 2016年下半季 | 55.3% | 27.2% | 3.9% | 13.6% | |
| 13 | 2016年上半季 | 58.1% | 25.6% | 0.5% | 15.8% | |

6 顯示小數點一位數的百分比了。

7 複製儲存格「B9」，再貼入儲存格範圍「B9」～「E13」。

8 算出「酒類事業部」至「醫藥事業部」各上下半季的組成比率了。

## 2 繪製百分比堆疊橫條圖 2013 2016 2019

利用剛剛的「組成比率」表繪製百分比堆疊橫條圖。

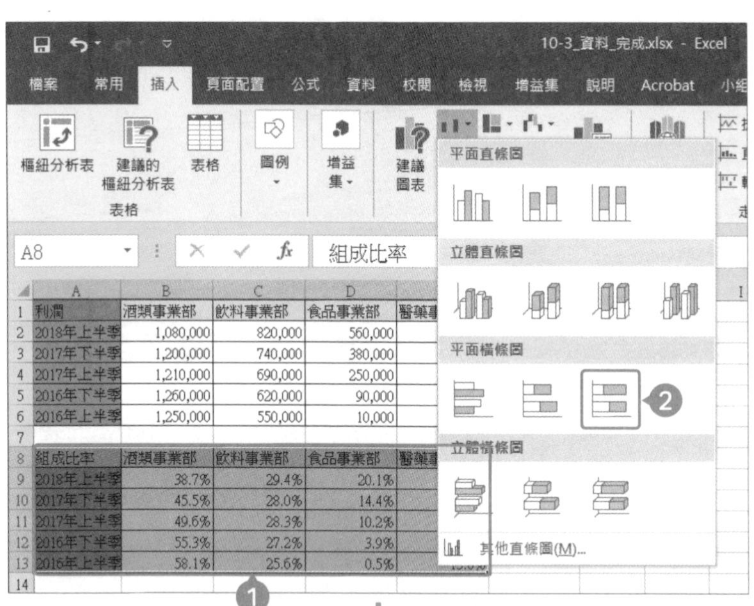

1 選取儲存格「A8」至「E13」的組成比率表。

2 在「插入」分頁的「插入直條圖或橫條圖」點選「百分比堆疊橫條圖」。

3 百分比堆疊橫條圖與資料在同一張工作表顯示了。

4 在「圖表工具」的「設計」分頁點選「移動圖表」。

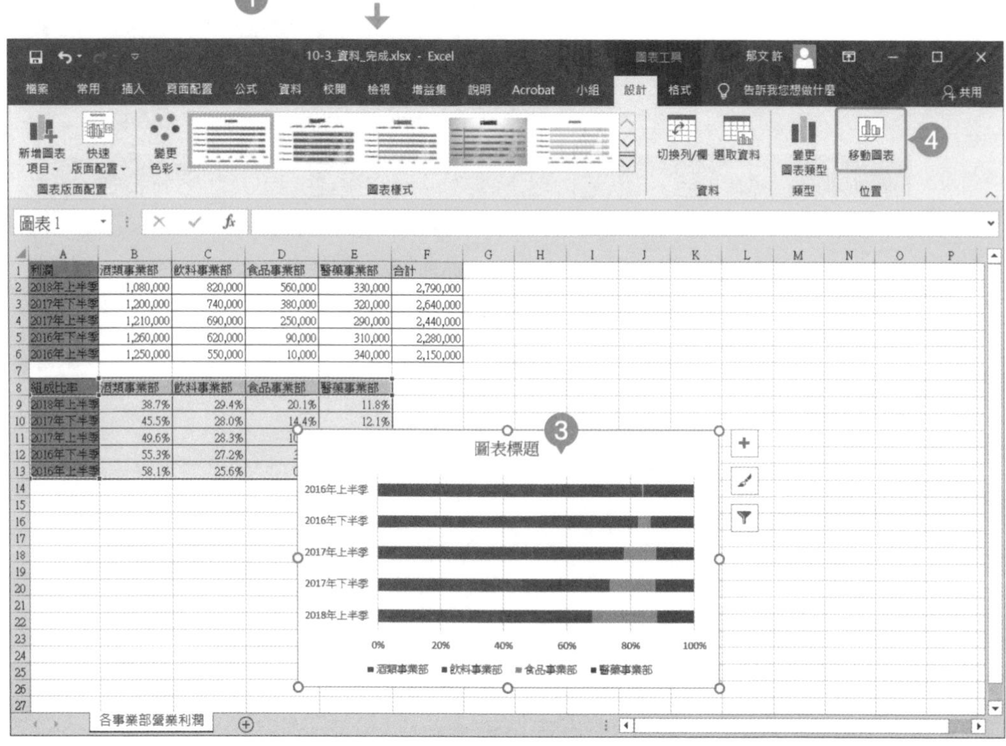

》Excel 2013 的情況 2：從「插入」分頁的「圖表」點選「橫條圖」的「▼」，再從「平面橫條圖」點選「百分比堆疊橫條圖」。

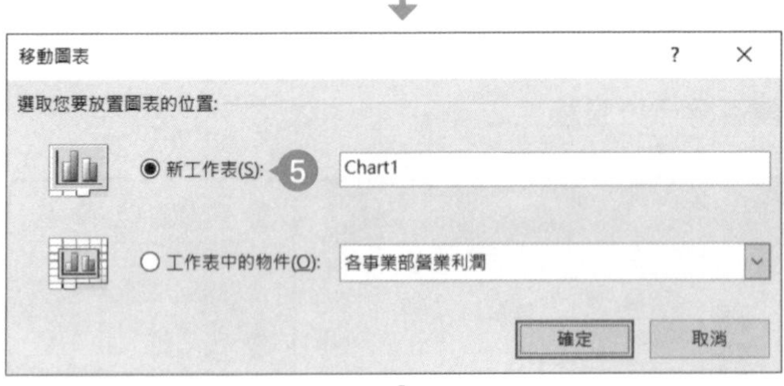


5 在對話框點選「新工作表」，再點選「確定」。

6 圖表在新工作表顯示了。

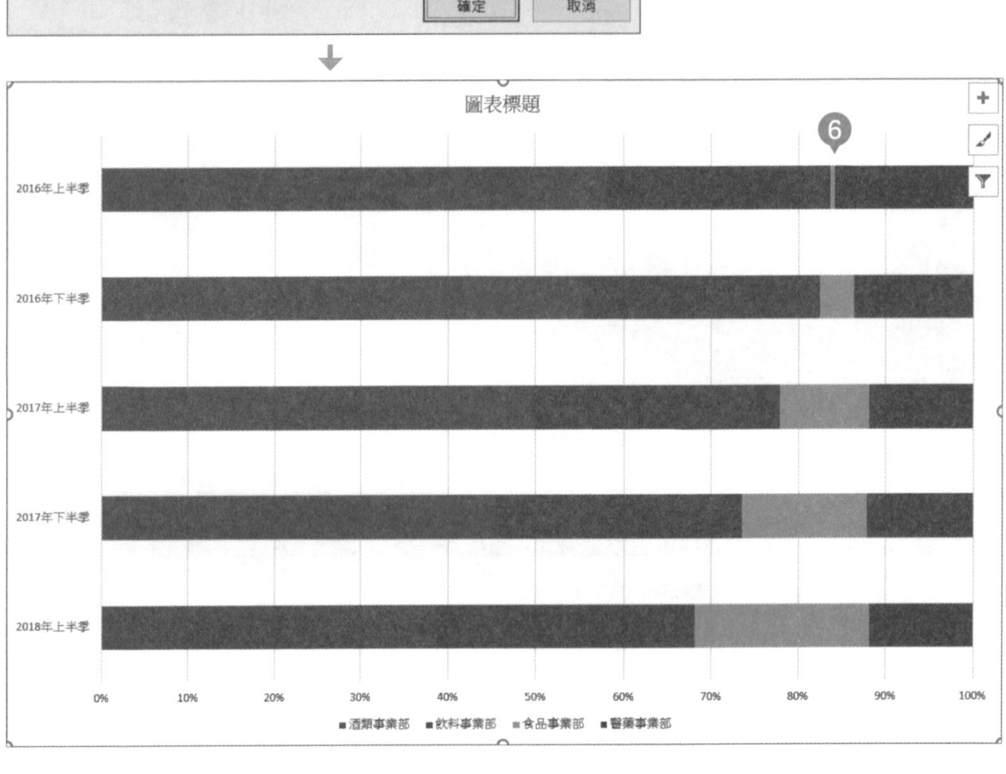

## ❸ 設定資料標籤

2013 2016 2019

為了讓圖表變得更方便閱讀，要在「圖表工具」的「設計」分頁新增資料標籤。第一步是顯示資料的值，接著要在圖表新增數列名稱。

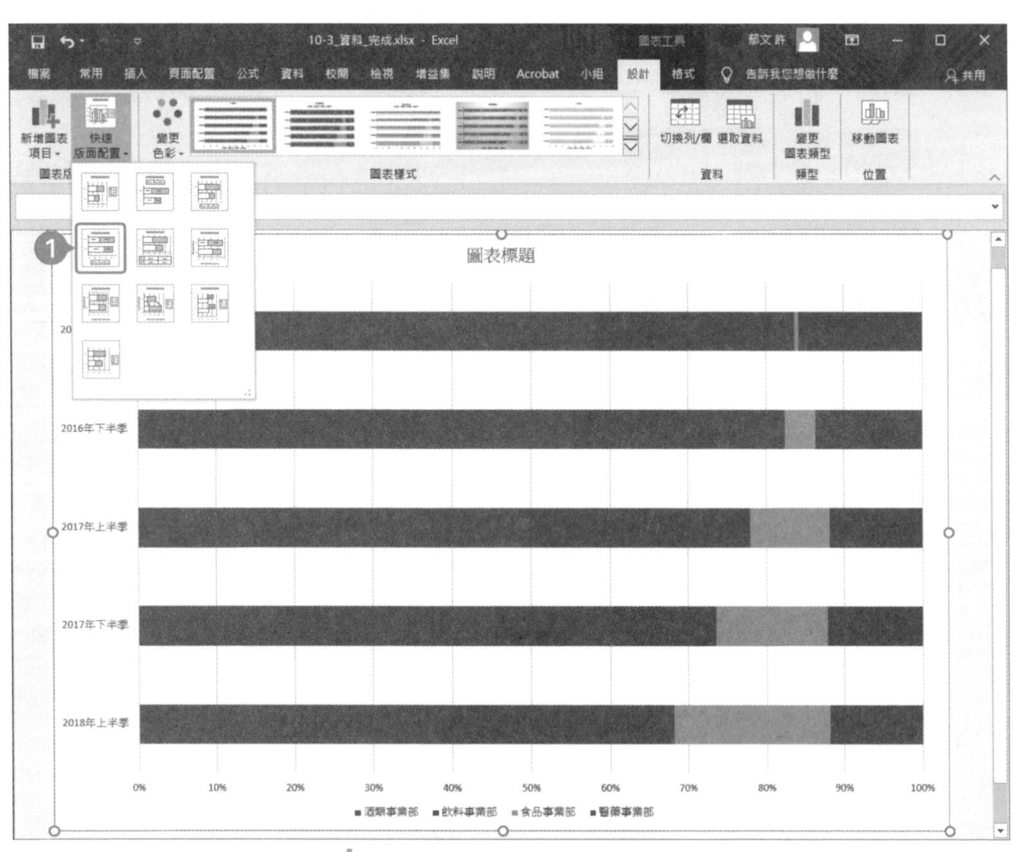


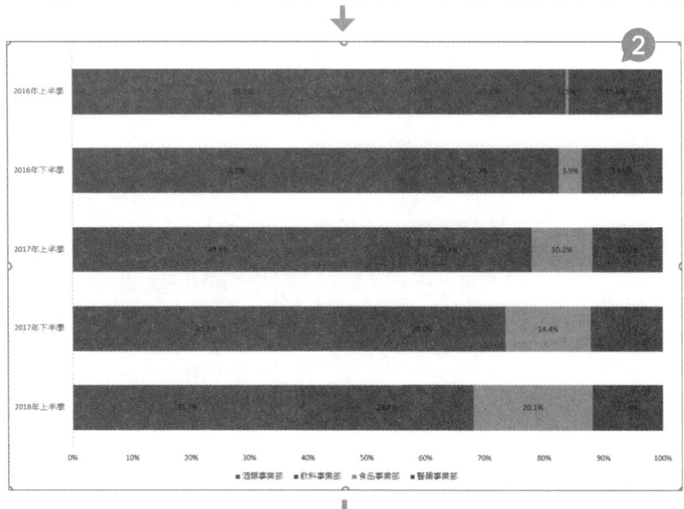

1. 在「圖表工具」的「設計」分頁點選「快速版面配置」的「版面配置 4」。
2. 圖表顯示了各自的值。

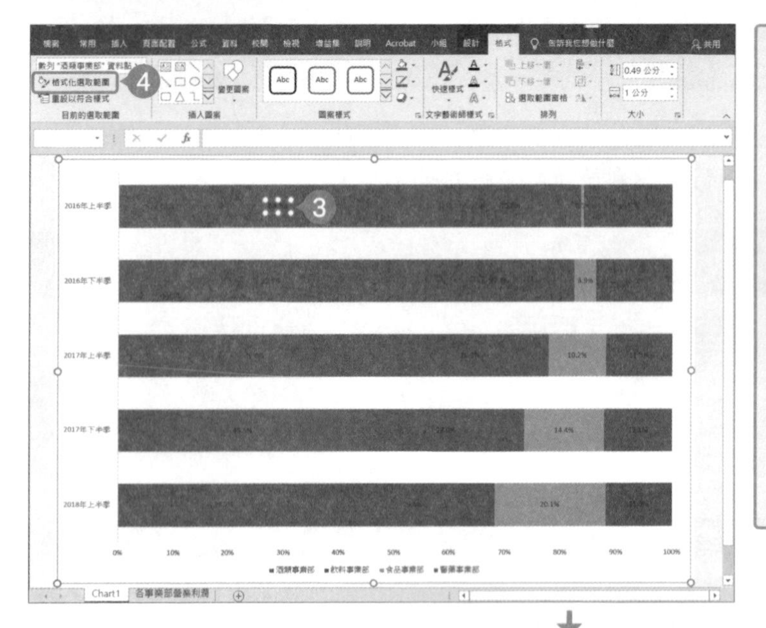

3 雙點 2016 年上半季的「酒類事業部」資料標籤，單選 2016 年上半季的「酒類事業部」資料標籤。

4 確認「圖表工具」的「格式」分頁的「目前的選取範圍」為「數列 " 酒類事業部 " 資料點 "2016 年上半季 " 資料標籤」，再點選「格式化選取範圍」。

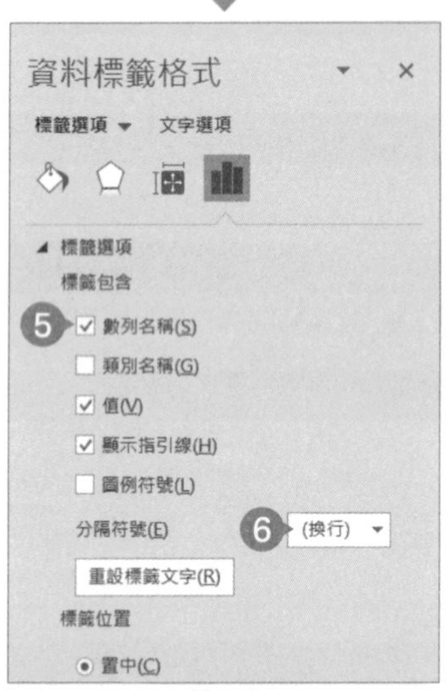


5 在「資料標籤格式」的「標籤選項」→「標籤包含」勾選「數列名稱」。

6 將「分隔符號」設定為「(換行)」。

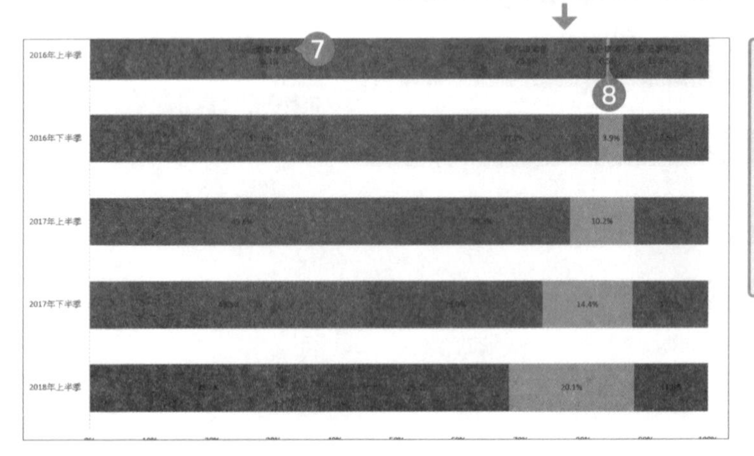


7 新增資料的值，也顯示了數列名稱。

8 重覆 3 ～ 6 的步驟，讓飲料事業部、食品事業部、醫藥事業部的數列名稱都顯示。

## ④ 設定標題

2013 2016 2019

設定圖表標題。

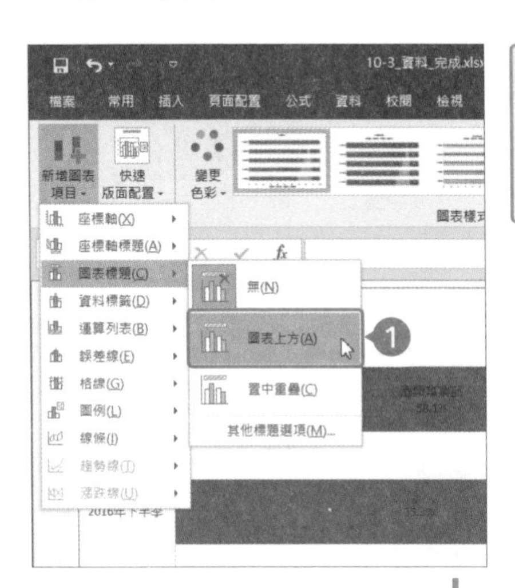


❶ 在「圖表工具」的「設計」分頁點選「新增圖表項目」→「圖表標題」→「圖表上方」。

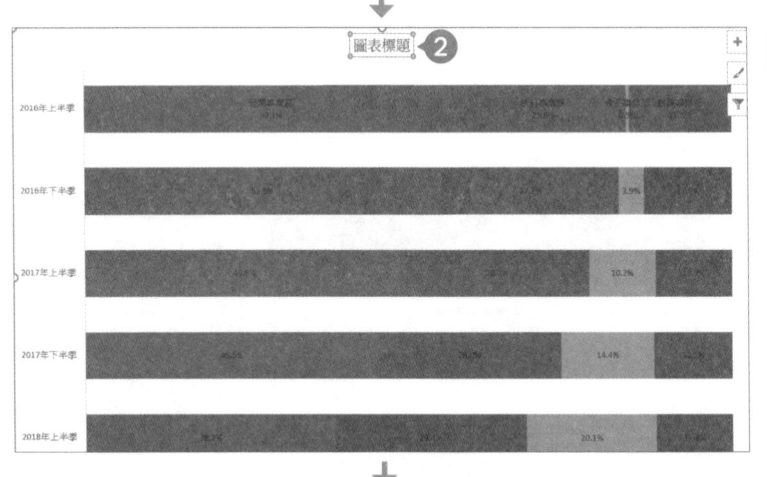


❷ 顯示圖表區塊了。

❸ 點選圖表標題區塊，刪除「圖表標題」，輸入「全公司營業利益 各事業部組成比率趨勢（2016 年度～2018 年度上半季）」。

# ❺ 顯示數列線

2013 2016 2019

在圖表顯示數列線，讓組成比率在時間軸的變化更加明顯。

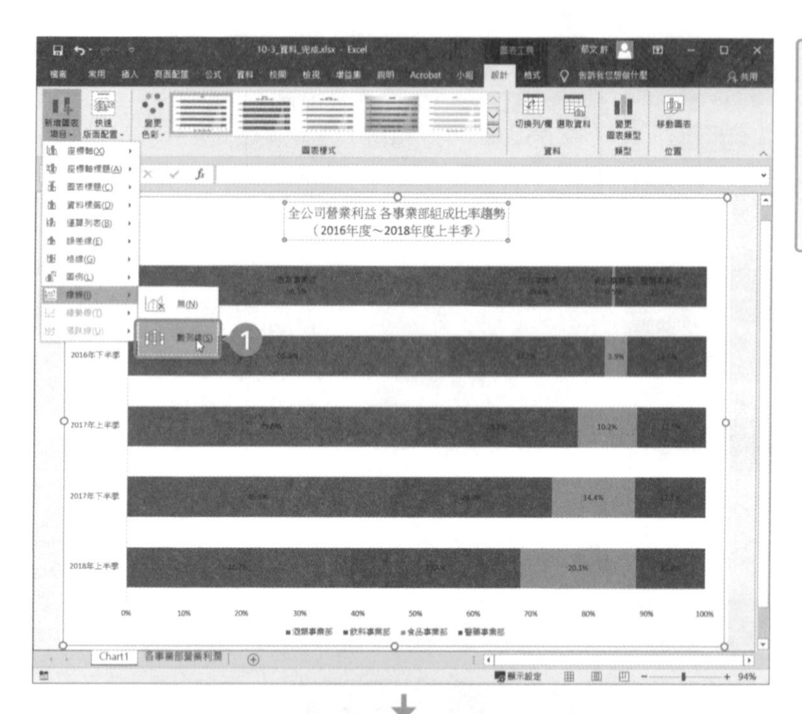


❶ 在「圖表工具」的「設計」分頁點選「新增圖表項目」→「線條」→「數列線」。

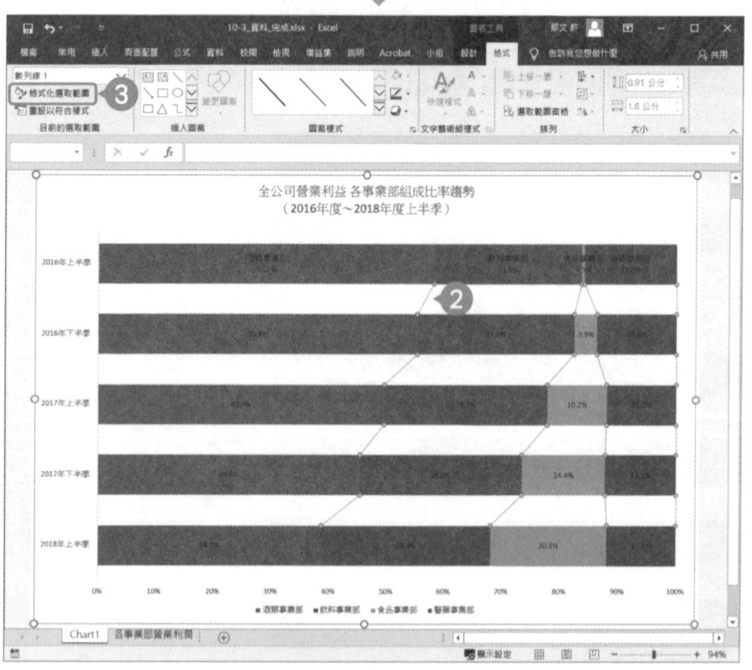


❷ 圖表顯示數列線了。

❸ 點選數列線，再於「圖表工具」的「格式」分頁點選「目前的選取範圍」的「格式化選取範圍」。

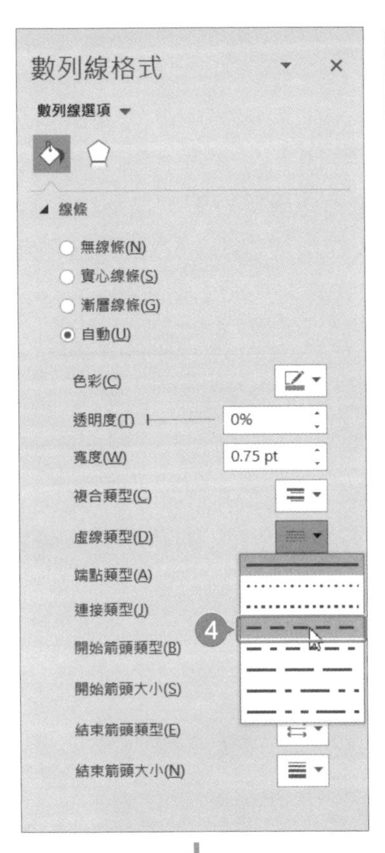


❹ 在「數列線格式」的「線條」點選「虛線類型」→「虛線 1」，再點選「×」。

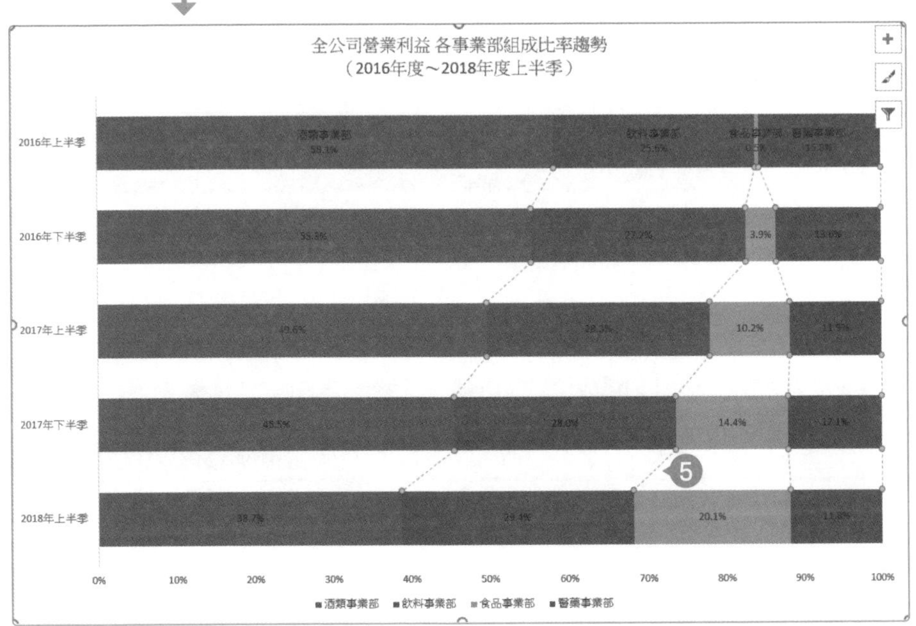


❺ 數列線轉換成虛線了。

# 6 製作 PowerPoint 投影片

將在 Excel 繪製的百分比堆疊橫條圖貼入 PowerPoint 的投影片。

在投影片的標題輸入酒類事業部的利潤大幅下滑，必須儘速研擬對策，以及食品事業部的成長顯著，應該積極投資，讓該事業進一步擴大的現況說明。之後要利用圖案補充圖表未及說明的整體利益趨勢。

① 利用 322 頁的步驟新增「只有標題」的投影片。

② 在標題物件輸入從圖表得知的現況。

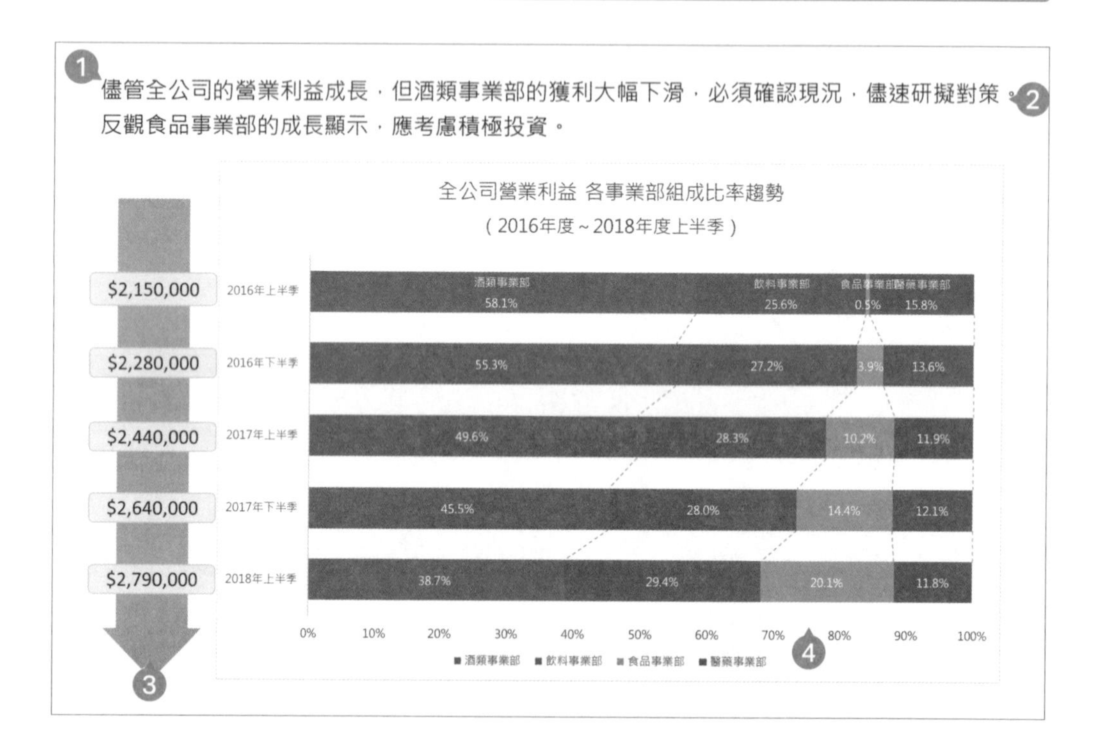


③ 以 321 頁說明的步驟將 Excel 的百分比堆疊橫條圖貼入投影片，再調整位置與大小。

④ 利用圖案加入圖表未能說明的公司整體利益趨勢。

# 職場決勝關鍵Excel商業資料分析｜正確分析+用對圖表，你的報告更有說服力！

作　　者：平井明夫
譯　　者：許郁文
企劃編輯：莊吳行世
文字編輯：詹祐甯
設計裝幀：張寶莉
發 行 人：廖文良

發 行 所：碁峰資訊股份有限公司
地　　址：台北市南港區三重路 66 號 7 樓之 6
電　　話：(02)2788-2408
傳　　真：(02)8192-4433
網　　站：www.gotop.com.tw
書　　號：ACI032700
版　　次：2020 年 05 月初版
建議售價：NT$450



國家圖書館出版品預行編目資料

職場決勝關鍵 Excel 商業資料分析：正確分析+用對圖表，你的報告更有說服力！/ 平井明夫原著；許郁文譯. -- 初版. -- 臺北市：碁峰資訊, 2020.05
面；　公分
ISBN 978-986-502-481-9(平裝)
1. EXCEL(電腦程式)
312.49E9　　109005363

讀者服務

- 感謝您購買碁峰圖書，如果您對本書的內容或表達上有不清楚的地方或其他建議，請至碁峰網站：「聯絡我們」\「圖書問題」留下您所購買之書籍及問題。（請註明購買書籍之書號及書名，以及問題頁數，以便能儘快為您處理）
http://www.gotop.com.tw

- 售後服務僅限書籍本身內容，若是軟、硬體問題，請您直接與軟體廠商聯絡。

- 若於購買書籍後發現有破損、缺頁、裝訂錯誤之問題，請直接將書寄回更換，並註明您的姓名、連絡電話及地址，將有專人與您連絡補寄商品。